TRAITÉ

ÉLÉMENTAIRE

D'ASTRONOMIE PHYSIQUE.

PARIS. — IMPRIMERIE DE MALLET-BACHELIER,
rue du Jardinet, n° 12.

TRAITÉ

ÉLÉMENTAIRE

D'ASTRONOMIE PHYSIQUE,

PAR J.-B. BIOT,

Membre de l'Académie des Sciences, de l'Académie Française et du Bureau des Longitudes ; membre libre de l'Académie des Inscriptions et Belles-Lettres ; professeur de Physique mathématique au Collége de France ; professeur honoraire d'Astronomie à la Faculté des Sciences de Paris ; membre des Sociétés royales de Londres et d'Édimbourg ; de l'Académie impériale de Saint-Pétersbourg ; des Académies royales de Berlin, Stockholm, Upsal, Turin, Munich, Lucques, Milan, Venise, Naples, Messine, Catane et Palerme ; membre honoraire de l'Université de Wilna ; de l'Institution royale de Londres ; de la Société philosophique de Cambridge ; Astronomique de Londres ; des Antiquaires d'Écosse ; littéraire et philosophique de Saint-Andrews ; de Manchester ; de la Société pour l'avancement des Sciences naturelles de Marbourg ; de Halle ; de la Société helvétique des Sciences naturelles ; de la Société de Médecine d'Aberdeen ; de la Société italienne des Sciences résidante à Modène, et des Lincei de Rome ; de l'Académie américaine des Sciences et Arts de Boston ; de la Société littéraire et historique de Québec ; des Académies de Nancy, d'Arras, et de la Société philomathique de Paris.

> Omnium rerum principia parva sunt ;
> sed suis progressionibus usa, augentur.
>
> Cic., *de Fin.*, Lib. V.

Cinquième Édition, corrigée et augmentée.

TOME CINQUIÈME.

PARIS,

MALLET-BACHELIER, IMPRIMEUR-LIBRAIRE

DU BUREAU DES LONGITUDES, DE L'ÉCOLE IMPÉRIALE POLYTECHNIQUE, ETC.

QUAI DES AUGUSTINS, N° 55.

1857.

AVERTISSEMENT

RELATIF AU PRÉSENT VOLUME.

J'avais depuis longtemps préparé le plus grand nombre des matériaux dont ce volume se compose. Mais j'aurais manqué de forces pour les mettre en œuvre, si je n'avais pas été soutenu dans cette tâche par l'assistance continue, habile, et bienveillante, de mon petit-fils d'adoption, M. Lefort. Il me l'a rendue possible, en prenant sur lui toute la portion du travail qui m'aurait été la plus pénible : la vérification des calculs numériques, le tracé des figures, la révision des épreuves, souvent même le perfectionnement des détails que j'avais trop incomplétement exposés. Je ne saurais assez reconnaître combien je suis redevable à son affectueux dévouement; et ce que je viens de dire n'exprime qu'une faible partie du service qu'il m'a rendu.

Ce volume contient les lois des mouvements planétaires, déduites des observations qui ont servi à les établir. Sans doute, si l'on voulait prendre l'Astronomie dans l'état de perfection où elle est aujourd'hui parvenue, avec la disposition des instruments précis qu'elle possède, des formules mathématiques dont

elle est pourvue; avec les connaissances maintenant
acquises sur la forme réelle des orbites que les planètes décrivent, sur la variabilité des vitesses qu'elles
y acquièrent, et sur la nature de l'action physique
par laquelle tous leurs mouvements sont régis, on
pourrait tirer immédiatement les lois de ces mouvements des observations modernes, sans aucun dé-
tour, les obtenir ainsi, du premier coup, définitives,
et en déduire un code général d'Astronomie planétaire, dont les praticiens n'auraient plus qu'à suivre
et appliquer les préceptes. Mais des ouvrages de ce
genre ne peuvent s'adresser qu'à des lecteurs déjà
nourris de fortes études, qui voudraient embrasser
les connaissances astronomiques dans toute leur étendue et toute leur sublimité. Bornant ici mon ambition
et mes efforts à composer un livre élémentaire, je me
suis prescrit une autre marche, plus immédiatement
dirigée au but d'instruction préparatoire que je me
proposais d'atteindre. J'ai voulu résumer, avec une
précision fidèle, les travaux des inventeurs, et montrer clairement la marche des idées, la succession
d'efforts, par lesquels on est progressivement arrivé, de
l'appréciation empirique des mouvements planétaires,
à leur intelligence théorique, telle que nous l'avons
aujourd'hui. Ces études rétrospectives, peu suivies
depuis qu'elles ont cessé d'être pratiquement nécessaires, n'ont pas seulement pour utilité de faire connaître à la jeunesse studieuse ce que la science moderne doit aux grands observateurs qui l'ont préparée.
En les montrant ainsi à ses yeux dans l'exercice de
leur génie, luttant avec une infatigable patience con-

tre l'imperfection des instruments et des méthodes de
calcul, on lui apprend comment une sagacité habile
et persévérante peut distinguer, saisir les lois abstraites des phénomènes, à travers le chaos de données
imparfaites; et en même temps qu'on lui communique
la connaissance de ces lois, on l'instruit dans l'art de
les découvrir. Par exemple : tout l'édifice de l'Astronomie planétaire a été primitivement fondé sur les
périodes numériques par lesquelles Hipparque avait
exprimé, pour les cinq planètes principales, les rapports des durées moyennes de leurs révolutions synodiques, à la durée moyenne de l'année, soit tropique,
soit sidérale, qu'il avait adoptée. Ptolémée nous a
transmis ces périodes, qu'il emploie comme autant
de faits. Elles sont d'une exactitude surprenante. On
n'avait guère mieux au temps de Képler; et aujour-
d'hui même, on ne trouve que très-peu de chose à y
changer. Elles comprennent des nombres entiers de
révolutions synodiques tels, qu'après leur accomplissement, la planète, et le soleil en apparence, ou
la terre en réalité, se trouvent avoir décrit des nombres entiers ou presque entiers de révolutions complètes, dans leurs orbites propres. Ptolémée nous dit
qu'Hipparque s'était spécialement prescrit cette condition de concordance en les composant. Elle est en
effet indispensable pour que les durées des révolutions synodiques qu'on en déduit aient des valeurs
réellement *moyennes;* les inégalités périodiques du
mouvement propre des deux astres comparés, ayant
parcouru toutes leurs phases, et repris finalement les
mêmes valeurs. Quel trait de sagacité n'est-ce pas de

s'être mis ainsi en garde contre les effets possibles de ces inégalités, dont l'existence seule pouvait être alors tout au plus soupçonnée! Ptolémée ajoute qu'Hipparque a exprimé ses périodes par les *moindres multiples entiers,* qui puissent accorder d'aussi près les durées moyennes des révolutions synodiques, avec la durée de l'année. Mais il ne nous fournit aucun renseignement sur le procédé de calcul qui a dû être employé pour leur assurer ce caractère; et il ne dit pas même de quelles données elles sont déduites. Quant à ce dernier point, on peut suppléer à son silence. Hipparque a dû avoir à sa disposition des levers de planètes observés à la vue simple, probablement pendant beaucoup de siècles, par les Chaldéens de Babylone; car il a employé des données tirées de cette même source ancienne, dans l'établissement de ses périodes lunisolaires. Il a pu y joindre les observations plus rares qu'il aurait faites lui-même sur les planètes supérieures dans leurs oppositions au soleil, et sur les inférieures dans leurs plus grandes élongations de cet astre. Comment est-il parvenu à extraire de tels documents des périodes moyennes si étonnamment précises? C'est là, sans doute, une question de méthode scientifique, autant que d'histoire, qui mérite bien d'être éclaircie. A cet effet, il faut d'abord se rendre compte de l'usage que l'on pouvait faire des levers et des élongations des planètes, pour évaluer les durées apparentes de leurs révolutions. Cette connaissance préliminaire étant acquise, si l'on suppose que l'on a dans les mains une collection d'observations pareilles, nombreuses et longtemps continuées, un mode de discussion critique très-simple, et tout à fait conforme à l'esprit, ainsi qu'aux procédés de l'arithmétique grecque, conduit, pas à pas, à en extraire des périodes de plus en plus exactes, qui se trouvent être finalement celles mêmes d'Hipparque, quand on les arrête, comme lui, aux limites probables d'erreur que l'on ne pouvait pas espérer d'éviter alors. Pour surcroît d'intérêt, ce mode de discussion qui atténue progressivement, et sûrement, les erreurs individuelles des données employées, se trouve être équivalent, dans sa marche et dans ses conséquences, à notre méthode actuelle des fractions continues, si ce n'est que celle-ci exprime, par des formules écrites, la série des raisonnements. Même, quand on arrive ainsi à deux périodes consécutives, dont l'une semblerait ne pas devoir atténuer suffisamment les erreurs, tandis que l'autre serait trop longue pour être pratiquement établie ou employée, on peut en composer une intermédiaire plus acceptable, qui est justement celle qu'Hipparque choisit dans de tels cas. L'identité du procédé implique donc, pour les multiples auxquels il arrive, le caractère de *minima* qu'il leur attribuait. J'ai consacré quelques pages à l'étude de ces périodes célèbres, qui ont fourni le premier document théorique sur lequel toute l'Astronomie planétaire a été établie. Conduire ainsi le lecteur à découvrir par lui-même le principe de leur formation, et la précision assurée des résultats qui s'en déduisent, m'a paru plus satisfaisant et plus utile que de lui faire accepter directement les résultats analogues tirés des observations modernes, en lui laissant ignorer les efforts d'invention et de

travail par lesquels on les a primitivement obtenus (*).

J'ai continué de diriger le lecteur par cette même
voie d'invention et de découvertes progressives, dans
toutes les autres parties de l'astronomie planétaire :
lui exposant d'abord les méthodes d'observation ou
de calcul au moyen desquelles on constate les caractères généraux des orbites que les planètes décrivent;
leur constitution sensiblement plane; la position de
leurs nœuds et leurs inclinaisons sur l'écliptique;
puis les formes de ces orbites, les lois des mouvements
intérieurs suivant lesquels les planètes y circulent; et
les rapports qu'ont entre eux ces mouvements dans
les différentes orbites, à mesure quelles sont plus distantes du soleil. Tous ces problèmes ont été complétement aperçus et abordés pour la première fois par
Képler. Toutes les méthodes qui les résolvent, ont été
successivement inventées et appliquées par lui dans
son admirable ouvrage intitulé : *De Stellâ Martis.*
C'est là que je les prends; et en les présentant d'après
lui, avec ses nombres, dans l'ordre de nécessité logique
qui les lui amène, je suis pas à pas la marche de son
génie, et je montre le rare assemblage de qualités
qui le distinguent : la justesse de son coup d'œil pour

(*) Je profite de l'occasion pour signaler dans cette étude deux
fautes d'impression, d'ailleurs faciles à reconnaître, qui s'y sont
glissées.

Page 50, ligne 20, 21551",3, *lisez* 21551¹,3.

Page 64, 3ᵉ réduite 69 R, *lisez* 59 R.

découvrir la voie droite qui mène à la vérité, à travers les préjugés séculaires de la science antique; son invariable constance à la débarrasser des obstacles qui l'encombrent; les hardiesses de divination qui le conduisent; les tentatives heureuses ou malheureuses qui tour à tour l'approchent du but ou l'en éloignent, sans jamais le décourager, ni lasser sa patience; jusqu'à ce qu'enfin il arrive au succès définitif qui a couronné ses immenses travaux. Quoi de plus attachant, de plus profitable pour de jeunes esprits, que l'instruction puisée à une pareille école, où ils trouvent l'occasion inappréciable d'apprendre toutes les méthodes, toutes les découvertes fondamentales de l'astronomie planétaire, par l'exemple et les leçons mêmes de celui qui l'a créée.

Toutes les lois phénoménales découvertes par Képler dans les mouvements des planètes ne sont qu'approximatives. On ne peut apprécier leur juste valeur, et en saisir l'ensemble, qu'après les avoir vues concentrées par Newton dans une loi unique, celle de l'attraction. Je ne pouvais pas me dispenser de les montrer réunies par ce lien commun; et toutefois le caractère élémentaire de mon ouvrage ne me permettait pas de faire pénétrer ceux auxquels il est destiné, dans tous les détails mathématiques de cette déduction admirable. Ils les trouveront plus tard complétement exposés dans le Traité de la *Mécanique céleste* de Laplace, où la théorie de l'attraction est développée et poussée jusqu'aux dernières conséquences qui nous soient jusqu'à présent accessibles. Les Traités modernes de Mécanique offrent, de la même théorie, des analyses abrégées qui forment une introduction suffisante à l'étude de cette grande œuvre. Je me suis donc borné à spécifier et à présenter par ordre, la nature ainsi que la succession des raisonnements dont Newton s'est servi, pour extraire des énoncés de Képler les conséquences mécaniques qu'ils renferment. Le soin que j'ai mis à reproduire ainsi la marche de ses propres idées, immédiatement à la suite, et pour ainsi dire en présence des résultats d'observation auxquels il les appliquait, pourra, je crois, offrir encore un préliminaire qui ne sera pas inutile pour l'intelligence des ouvrages supérieurs que je viens de mentionner.

Il en pourra résulter un autre avantage. Au commencement du *Livre des Principes*, Newton a établi les véritables lois du mouvement, dans leur acception la plus générale. Seulement, il en a présenté les applications sous des formes en quelques points différentes de celles que nous leur donnons aujourd'hui. Ces différences sont peu sensibles dans la conception et la mesure des mouvements rectilignes, soit uniformes, soit continûment variés, suivant des lois quelconques; mais elles le sont très-essentiellement dans la manière de mesurer les mouvements curvilignes et de les représenter théoriquement. Il est indispensable de bien comprendre l'idée qu'il s'en forme, pour rattacher exactement aux méthodes modernes les résultats qu'il a obtenus et les considérations sur lesquelles il se fonde pour les obtenir; sans quoi on s'exposerait à de graves méprises que d'Alembert a judicieusement signalées, mais qui n'ont pas été toujours évitées par des hommes pourtant fort habiles. En outre, dans ces premiers chapitres de la philosophie naturelle, Newton envisage les effets calculables des mouvements sous des acceptions moins abstraites, je serais tenté de dire plus vraies, que celles qu'on admet communément aujourd'hui; et par là il échappe, dans leur application, à des difficultés métaphysiques dont on a souvent peine à se démêler, quoiqu'elles ne portent nullement sur les choses mêmes, mais sur les mots par lesquels on les exprime. Ce point de vue, plus rapproché des réalités que celui où conduisent les abstractions suggérées par l'analyse mathématique pure, pourra n'être pas inutilement offert à de jeunes esprits.

Le reste de ce volume ne contient que des expositions de faits particuliers dont j'ai dû resserrer les détails dans les limites qu'un livre élémentaire comporte. Je me suis attaché seulement à en donner une notion assez précise pour inspirer le désir d'en prendre la connaissance plus complète, dans les ouvrages, ou les Mémoires, qui leur sont spécialement consacrés.

En résumé : je n'ai voulu présenter ici que des éléments d'initiation aux études savantes d'astronomie. Si quelques jeunes gens studieux trouvent que je leur ai fourni d'utiles secours pour les aborder, j'aurai atteint le but que je me suis proposé, et toute mon ambition sera satisfaite. Je n'ai travaillé que pour eux. Quant aux maîtres de la science, si quelqu'un d'entre eux daignait parcourir ce volume, il n'y trouverait sans doute rien qui ne lui fût depuis longtemps connu,

mais j'essayerai de désarmer sa sévérité en lui rappelant ces deux vers d'Ovide :

Da veniam scriptis, quorum non gloria nobis
Causa, sed utilitas officiumque, fuit.

(Ex Ponto, lib III, ep. ix.)

15 Avril 1857.

TABLE DES CHAPITRES

contenus dans ce cinquième volume,

ET INDICATION DES PRINCIPAUX OBJETS QUI Y SONT TRAITÉS.

CHAPITRE IV.

CHAPITRE V.

CHAPITRE VI.

CHAPITRE VII.

CHAPITRE VIII.

CHAPITRE IX.

SUPPLÉMENT AU CHAPITRE XV DU TOME IV.

CHAPITRE X.

CHAPITRE XI.

CHAPITRE XII.

AVERTISSEMENT.

CHAPITRE XIII.

NOTE I.

NOTE II.

NOTE III.
Éléments principaux du système solaire.

XIII Planches.

FIN DE LA TABLE DU CINQUIÈME VOLUME.

TRAITÉ

ÉLÉMENTAIRE

D'ASTRONOMIE PHYSIQUE.

LIVRE TROISIÈME.

THÉORIE DES PLANÈTES ET DE LEURS SATELLITES.

CHAPITRE PREMIER.

Du mouvement des planètes autour du soleil.

1. De tous les astres du ciel, le soleil et la lune sont les premiers dont les mouvements ont été étudiés, dans le dessein de découvrir leurs lois apparentes. Ils nous intéressent en effet, sous ce rapport, plus que tous les autres : le premier, comme étant pour nous la source de la lumière et de la chaleur qui entretiennent la vie sur la terre; le second à cause de sa proximité, de son éclat, de ses phases; tous deux enfin, comme étant les régulateurs naturels des jours, des nuits, des mois, des années, des saisons. Les autres astres permanents, perceptibles à la vue simple, qui se déplacent aussi, révolutivement dans le ciel, et que l'on a nommés *planètes*, n'offrant pas d'applications immédiates aux besoins de la société, n'ont été observés, pendant bien des siècles, que comme des objets de curiosité ou de superstition; et lorsqu'enfin les astronomes grecs ont voulu assujettir leurs mouvements à des lois calculables, ils n'ont pu y réussir, même très-imparfaitement, que par un échafaudage de fictions géométriques excessivement compliquées. Mais toutes ces difficultés se sont évanouies, depuis que Copernic eut fait voir que les planètes et la

terre même exécutent en réalité leurs révolutions autour du soleil comme centre. Car, envisagés à ce point de vue, tous ces mouvements se sont trouvés individuellement bien plus simples, et bien plus aisément calculables que celui de la lune ; de sorte que l'ordre des idées, autre que celui des temps, nous conduit à placer la théorie des planètes avant la théorie beaucoup plus complexe de la lune.

2. Dans la première énumération que j'ai faite des astres qu'on voit briller dans le ciel, tome Ier, chap. I, j'ai indiqué les particularités les plus apparentes, qui distinguent ceux que l'on nomme *planètes*, particularités qui, dès la plus haute antiquité, ont fait remarquer, à la simple vue, les cinq que nous appelons, d'après les Grecs, Mercure, Vénus, Mars, Jupiter et Saturne. Observés au télescope, ces cinq astres présentent un disque arrondi, d'une amplitude sensible, dont le contour est nettement défini, sans nébulosité ni chevelure environnante ; la lumière qui en émane est mate, tranquille, et ne scintille jamais comme celle des étoiles, même dans les cas où les images de celles-ci paraissent le plus agitées. J'ai annoncé aussi que depuis l'année 1781, jusqu'en 1841 où je publiais ce premier volume, le télescope avait fait apercevoir cinq autres planètes. Aujourd'hui, en 1856, au moment où ceci s'imprime, on en a découvert encore trente et une de plus, ce qui porte actuellement leur nombre total à quarante et une. Parmi ces trente-six nouvelles, dont l'existence était restée ignorée pendant tant de siècles, deux seulement, que l'on appelle Uranus et Neptune, offrent un disque d'une amplitude appréciable aux instruments. Les autres, vues dans les plus puissantes lunettes, sous-tendent un diamètre angulaire si petit, qu'elles paraissent comme de simples points stellaires. Mais on les reconnaît tout d'abord pour de véritables planètes, à leur mouvement propre, à la netteté de l'image focale qu'elle donnent, et parce que leur lumière ne scintille point. L'étude suivie de leur déplacement parmi les étoiles confirme ensuite ces premiers aperçus, en constatant qu'elles suivent chacune une route spéciale, périodiquement révolutive, comme les planètes anciennement connues, et qu'elles la parcourent avec une stricte conformité aux lois de mouvement établies pour celles-ci

par Képler. Cette dernière assimilation résulte de l'application
même, toujours heureuse et féconde, que l'on fait de ces lois, pour
calculer la marche ultérieure de chaque planète nouvellement aperçue, quand on a seulement fixé un petit nombre de ses positions
successives par des observations continuées durant peu de jours.
Afin de bien comprendre les fondements logiques de cette importante induction, il faut se rappeler l'exposition abrégée que j'ai
faite du travail de Képler sur les planètes, et en particulier sur
Mars, aux pages 425 et suivantes du tome IV. Après avoir rapporté les trois relations phénoménales auxquelles il était parvenu,
j'ai annoncé que Newton les avait résumées en une seule, qui en
est une déduction nécessaire, et qui exprime la loi de la force mécanique, simple et unique, en vertu de laquelle les mouvements
des planètes et des comètes sont opérés. De là, par un calcul mathématique général et sûr, on conclut la forme, la situation et
toutes les particularités de l'orbite d'un astre soumis à une telle
force, quand on a seulement observé trois de ses positions apparentes vues de la terre. Appliquant donc ce calcul à une planète
nouvellement aperçue, on en infère toute sa marche ultérieure,
dans l'hypothèse d'identité de la force qui la régit; et l'accord de
ses positions réelles avec celles que le calcul lui assigne, complète
la certitude de l'induction, en même temps qu'elle assure désormais pour toujours la connaissance de la planète. Telle est aujourd'hui la méthode dont les astronomes sont en possession. Elle
exige des calculs beaucoup trop élevés pour être expliquée dans
un livre où l'on se propose seulement d'établir les fondements
physiques de l'astronomie. Je ne pourrai donc qu'indiquer les ouvrages spéciaux dans lesquels les géomètres l'ont présentée sous
les diverses formes qu'elle peut prendre. C'est ce que je ferai plus
tard. Mais déjà, d'après l'indication que je viens de donner de la
marche logique par laquelle on y arrive, on voit qu'elle repose
entièrement sur les trois lois déduites par Képler des seules observations faites sur les cinq planètes anciennement connues. Il faut
donc reprendre ici l'étude des apparences phénoménales qu'elles
présentent, avec plus de détail que nous ne l'avons fait dans l'exposé préliminaire du tome IV, page 425, qui avait seulement pour

but de nous guider dans le calcul des mouvements apparents du soleil ; et tel va être l'objet des paragraphes suivants. Pour ne pas commettre de cercle vicieux dans cette recherche rétrospective, il faudra évidemment y procéder comme l'ont fait effectivement les astronomes, c'est-à-dire par de simples calculs trigonométriques, en profitant de la connaissance séculaire qu'on a eue du mouvement révolutif de ces astres, pour choisir dans leurs positions successives celles où il convenait le mieux de les observer, afin de découvrir la forme véritable des orbites qu'elles parcouraient. Et, comme toutes les méthodes que l'on a progressivement imaginées pour résoudre les diverses parties de ce grand problème, ont été conçues ainsi qu'appliquées en employant les subdivisions sexagésimales du cercle et du jour, je les adopterai aussi généralement dans l'exposé qui va suivre, à moins de cas exceptionnels, où j'aurai soin d'avertir que j'y renonce momentanément. Car, bien que les subdivisions décimales eussent l'avantage de simplifier les opérations numériques que nous aurons à effectuer, surtout quand elles porteront sur de grands nombres, nous ne pourrions les introduire qu'en appliquant aux données d'observations des anciens astronomes des transformations qui les déguiseraient, et qui donneraient ainsi au lecteur des difficultés inutiles pour les retrouver dans les ouvrages originaux d'où nous les extrairons.

5. Commençons par *Vénus*, qui est la plus apparente de toutes les planètes. Il n'est presque personne qui n'ait remarqué une belle étoile qui brille quelquefois le soir à l'occident, un peu après le coucher du soleil, et que l'on nomme pour cette raison l'*étoile du soir*. C'est Vénus. En l'observant de suite pendant quelques jours, on s'aperçoit qu'elle ne reste pas constamment à la même distance angulaire du soleil. Elle s'en écarte vers l'orient jusqu'à un certain terme qui est d'environ 45° sexagésimaux, ou $\frac{1}{4}$ de l'hémisphère céleste ; après quoi elle semble retourner vers cet astre ; et, comme on ne peut ordinairement la voir à la vue simple que lorsque le soleil est sous l'horizon, elle n'est plus visible alors que quelques instants immédiatement après le coucher de cet astre. Bientôt elle se couche en même temps que lui, et l'éclat de la lumière du soleil empêchant de l'apercevoir, on la perd tout à fait de vue.

Mais au bout de quelques jours, on découvre, le matin, vers
l'orient, une belle étoile qui ne paraissait pas auparavant. Elle ne
se montre d'abord que peu d'instants avant le lever du soleil, et
on la nomme, pour cette raison, l'*étoile du matin* (*). Elle s'éloigne de jour en jour de cet astre vers l'occident, et devance ainsi
de plus en plus son lever. Mais, après s'en être écartée dans ce sens
jusqu'à un certain terme, qui est d'environ 45° sexagésimaux, elle
retourne vers lui, et se lève tous les jours plus tard ; enfin, elle le
rejoint de nouveau, se lève avec lui, et on cesse de l'apercevoir.

C'est alors, ou du moins c'est quelques jours après, que l'on
revoit à l'occident l'étoile du soir, à peu de distance du soleil. En
se dégageant de ses rayons, elle s'en éloigne de nouveau vers l'o-
rient, et s'en rapproche ensuite, toujours suivant les mêmes lois.

Ces mouvements alternatifs, observés depuis plus de deux mille
ans sans interruption, nous indiquent évidemment que l'étoile du
soir et l'étoile du matin ne sont qu'un seul et même astre. Ils
nous apprennent aussi que cet astre a un mouvement propre, en
vertu duquel il oscille autour du soleil, et se montre dans le ciel,
tantôt avant, tantôt après lui.

Voilà ce que l'on peut apercevoir à la vue simple ; mais l'admirable invention du télescope permet de pousser beaucoup plus
loin ces observations.

5. En observant Vénus au télescope, on voit qu'elle a des phases comme la lune. Le soir, lorsqu'elle se rapproche angulairement du soleil, par le mouvement rétrograde qui la porte alors
vers l'occident, elle présente un croissant lumineux, dont les
pointes sont tournées vers l'orient, c'est-à-dire du côté du ciel
opposé au soleil. La largeur apparente de ce croissant diminue de
jour en jour, à mesure que Vénus se rapproche de lui. Mais,

(*) Elle a été désignée ainsi chez les Égyptiens dès les temps Pharaoniques. La Bible lui donne un nom qui se traduit en latin par *Lucifer, porte-
lumière*. Les Grecs l'appelaient Εωσφόρος, porteur de l'aurore. Ces diverses
dénominations semblent dater d'une époque où l'on n'avait pas encore reconnu que l'*étoile du matin* et l'*étoile du soir* ne sont qu'un même astre,
amené tour à tour à l'occident ou à l'ouest du soleil, par son propre mouvement autour de lui.

après qu'elle l'a dépassé, lorsqu'elle reparaît, le matin, de l'autre côté de cet astre, les pointes du croissant sont tournées du côté opposé, c'est-à-dire vers l'occident. La phase lumineuse augmente peu à peu de largeur à mesure que l'écart occidental s'agrandit, et quand il atteint sa limite, la portion lumineuse du disque a la forme d'un demi-cercle, dont la convexité est tournée vers le soleil. Vénus est alors dans son *premier quartier*. Après avoir paru momentanément stationnaire dans cette position, elle reprend sa marche vers l'orient, et se rapproche angulairement du soleil. Dans ce retour, à mesure qu'elle revient vers lui, la portion éclairée de son disque augmente, s'arrondit, et quand elle a rejoint le cercle de latitude qui passe par le centre du soleil, si elle se trouve assez distante de l'écliptique pour qu'on puisse l'apercevoir encore avec des lunettes, on la voit complétement ou presque totalement ronde ; de sorte qu'on peut dire, alors, qu'elle paraît *pleine*. Plus tard, la continuité de sa marche vers l'orient l'écartant du soleil dans ce sens, son disque commence à s'échancrer, et la grandeur de la portion lumineuse qu'il nous présente décroît progressivement par les mêmes périodes qu'elle avait suivies dans son augmentation. Il se réduit de même à un demi-cercle convexe vers le soleil, quand l'écart oriental atteint son maximum d'amplitude, ce qui nous montre la planète dans son *dernier quartier*. Dès lors son mouvement devenu rétrograde la rapproche angulairement du soleil ; la portion lumineuse de son disque se rétrécit par degrés, et finit par devenir à peine perceptible, ou tout à fait nulle, quand elle se retrouve dans le même cercle de latitude que lui.

4. Ces phénomènes, découverts par Galilée, nous montrent donc Vénus comme une sorte de lune tournant autour du soleil, et éclairée par sa lumière. Toutes les observations confirment cette vérité.

Lorsque Vénus paraît pleine, elle est au delà du soleil par rapport à la terre ; aussi son diamètre apparent est alors fort petit, et ne va quelquefois qu'à 3o" décimales (*). Au contraire, lorsque

---

(*) Dans tout ce chapitre, où il n'est question que d'aperçus généraux, j'expliquerai les plus grands et les plus petits diamètres apparents des pla-

ses phases diminuent et que sa face éclairée se trouve de plus en plus opposée à nous, son diamètre apparent augmente : elle est donc alors beaucoup plus près de la terre. Enfin, dans l'intervalle qui sépare sa disparition le soir et sa réapparition le matin, on la voit quelquefois se mouvoir sur le disque du soleil, avec l'apparence d'une tache ronde et noire ; elle est alors entre la terre et le soleil, et son diamètre apparent est le plus grand qu'on observe dans une même révolution ; il s'élève quelquefois jusqu'à 184″.

Ces diminutions et ces accroissements ne sont pas sensibles à la vue simple, à cause de l'irradiation qui dilate un peu les diamètres apparents des objets, et d'autant plus qu'ils sont éclairés ; les phases de Vénus augmentant d'étendue lorsque cet astre se trouve placé au delà du soleil, l'accroissement de sa lumière compense, pour nos yeux, l'augmentation de sa distance ; mais le télescope détruit ces illusions, et nous indique les variations réelles de la distance par celles du diamètre apparent.

5. L'orbite de Vénus n'embrasse pas la terre ; car si cela était, cette planète viendrait quelquefois en opposition avec le soleil, et la terre se trouverait alors entre elle et cet astre : ce qui n'arrive jamais. Son orbe n'est pas non plus tout entier au delà du soleil par rapport à la terre ; puisque, si cela était, Vénus ne se trouverait jamais entre la terre et le soleil, au lieu qu'elle nous cache parfois des points de son disque. Enfin, tandis que le soleil se meut, ou semble se mouvoir, sur le contour de l'écliptique, Vénus l'accompagne, sans s'écarter jamais de lui au delà de certaines limites d'*élongations*, ou de *digressions* apparentes, dont l'amplitude, vue de la terre, ne varie guère qu'entre 44° 57′ et 47° 48′. Ces faits réunis prouvent évidemment que Vénus se meut autour

---

nètes en nombres ronds de secondes de la division décimale, comme Laplace l'a fait dans le *Système du monde* ; ce qui facilite l'appréciation des rapports de leurs distances extrêmes à la terre, lesquelles sont en raison inverse de ces valeurs. Mais, à la fin du § 12, je donnerai un tableau plus exact de ces valeurs, calculées par M. Largeteau, en secondes de la division sexagésimale.

du soleil dans une orbite rentrante, que cet astre emporte avec lui sur l'écliptique dans son mouvement annuel. La marche progressive des phases de cette planète indique de plus qu'elle est opaque, non lumineuse par elle-même, et à peu près sphérique. Toutes ces conséquences ont été également déduites des observations optiques par Galilée. Je n'ai fait ici que les reproduire à peu près comme il les a exprimées dans le troisième de ses *Dialogues sur le système du monde*, édit. de Florence, 1632, page 321.

6. L'orbe de Vénus s'offrant à nous sous des points de vue différents dans ses positions successives, il en doit résulter une foule d'irrégularités et de bizarreries apparentes, lorsqu'on veut rapporter ces mouvements au centre de la terre; mais cette complication doit disparaître, lorsqu'on les considère par rapport au soleil, qui en est le centre véritable. C'est ce que l'expérience confirme, comme on le verra bientôt.

7. Vénus n'est pas la seule planète qui offre les phénomènes que nous venons d'examiner. *Mercure* en présente aussi qui sont absolument semblables, mais ses excursions sont renfermées dans des limites plus étroites. Leur amplitude est aussi plus inégale, variant depuis 17° 36' jusqu'à 28° 20'. Cet astre tourne donc autour du soleil comme Vénus, mais dans un orbe plus petit, et plus différent du cercle. Aussi l'a-t-on vu, à la vérité bien rarement, occulté par elle, et cela est arrivé le 17 mai 1737. Quand il se projette sur le soleil, il y paraît comme une petite tache noire et ronde. Il est donc opaque, à peu près sphérique, et ne brille point d'une lumière propre, mais en vertu de celle qu'il reçoit du soleil. Sa proximité de cet astre le rend très-difficile à percevoir à la vue simple. On ne peut le saisir que pendant peu d'instants le matin ou le soir quand il se trouve au-dessus de l'horizon, le soleil étant au-dessous. Aussi n'a-t-il pu être observé que très-imparfaitement dans l'antiquité. L'invention des lunettes a permis de le suivre avec bien plus de facilité et d'avantage. On a pu même mesurer ainsi son diamètre apparent, qui se montre très-variable selon les positions de l'astre. Sa plus grande valeur s'élève à 34″,8, et la plus petite descend jusqu'à 15″,4.

Mercure et Vénus sont les seules planètes dont les digressions autour du soleil soient limitées. Ce sont aussi les seules qui s'interposent occasionnellement entre la terre et le soleil, les seules par conséquent dont les orbites autour de cet astre ne s'étendent pas jusqu'à la terre. On les appelle les planètes *inférieures*.

8. Les autres planètes, au contraire, s'écartent du soleil à toutes les distances angulaires, sans s'interposer jamais entre la terre et cet astre. Elles se maintiennent donc toujours au delà de la terre dans leur cours. On les appelle *supérieures*, par opposition aux précédentes.

Le mouvement apparent de ces planètes est fort inégal; il est tantôt direct, tantôt rétrograde. En les comparant aux étoiles qui se rencontrent sur leur route, ou, ce qui est bien plus exact, en observant jour par jour leur déclinaison et leur ascension droite, on voit qu'elles ne restent pas toujours sur le même parallèle à l'équateur : elles ne suivent pas non plus exactement le plan de l'écliptique. Cependant toutes les planètes anciennement connues s'écartent très-peu de ce dernier plan; et c'est ce qui avait fait, dès la plus haute antiquité, distinguer par une dénomination particulière la zone du ciel où elles sont comprises. On l'appelait le *Zodiaque*, et on lui attribuait environ 10 degrés décimaux de largeur de chaque côté de l'écliptique. Mais depuis la découverte des trente-six nouvelles planètes, cette dénomination est devenue inutile; car Cérès, Junon, par exemple, et surtout Pallas, s'écartent beaucoup au delà des limites que l'on avait voulu assigner.

9. Toutes ces planètes, dans leurs révolutions, viennent *en conjonction et en opposition* avec le soleil, c'est-à-dire que dans certains temps elles se trouvent du même côté que le soleil par rapport à la terre, tandis que dans d'autres la terre se trouve entre elles et le soleil. Cette dernière circonstance leur est particulière; elle n'arrive jamais pour Mercure ni pour Vénus : l'analogie porte déjà à examiner si ces planètes ne tournent pas autour du soleil, comme Vénus et Mercure, mais dans des orbites plus étendues. En suivant cette idée, on voit que tous les phénomènes s'y rapportent.

10. Prenons pour exemple Mars (*). Lorsqu'on l'observe au
télescope, son disque paraît constamment éclairé et arrondi; il
n'est jamais échancré comme celui de Vénus : cependant il éprouve
dans sa forme apparente des variations très-sensibles. Cette forme
est tout à fait circulaire dans les conjonctions et dans les oppositions. En passant d'une de ses positions à l'autre, elle se
rétrécit peu à peu, et prend la forme d'un ovale plus ou moins res-
serré. Ce passage se fait toujours d'une manière lente et progressive.

Ces phénomènes nous apprennent que Mars est un corps opaque, et à peu près sphérique, qui reçoit sa lumière du soleil. Ils
sont très-bien représentés, en supposant cette planète en mouvement dans une orbite rentrante qui embrasse la terre et le soleil.
Il y a même une liaison si nécessaire de cette conséquence avec
les phénomènes, que ceux-ci ne peuvent pas être vrais, sans
qu'elle le soit également. En effet, si Mars n'embrassait pas la
terre, il ne viendrait jamais à l'opposition; et s'il n'embrassait
pas le soleil, de sorte qu'en venant à la conjonction il passât entre
la terre et cet astre, il devrait paraître échancré comme Vénus et
la lune, au lieu qu'il reste toujours arrondi.

De plus, le diamètre apparent de Mars augmente en venant de
la conjonction à l'opposition; il diminue, en allant de l'opposition
à la conjonction. Ainsi, dans le premier cas, Mars s'approche de
la terre; dans le second, il s'en éloigne. Les variations de son
diamètre apparent sont très-considerables. Sa plus grande valeur
est de 90″, sa plus petite de 18″; les distances correspondantes
sont entre elles comme 18 est à 90, ou dans le rapport de 1 à 5,
c'est-à-dire que Mars est cinq fois plus éloigné de la terre dans le
second cas que dans le premier.

Ces grandes différences nous apprennent que la terre n'est pas

---

(*) Mars se fait remarquer entre les planètes par sa couleur notablement
rouge. Les Égyptiens des temps Pharaoniques l'ont appelé, sur leurs monuments, *Horus, le rouge*; les Grecs l'appelaient πυρόεις, *l'enflammé*.
Ce caractère physique, qui lui est particulier, s'est ainsi maintenu à tous les
yeux depuis près de cinquante siècles.

au centre du mouvement de Mars. En nous laissant guider par l'analogie, il est beaucoup plus naturel de penser que cette planète se meut autour du soleil, ainsi que Mercure et Vénus; alors cet astre emportera aussi l'orbe de Mars, sur l'écliptique, dans son mouvement annuel : les plus grandes et les plus petites distances de Mars à la terre devront avoir lieu lorsque le soleil se trouvera à l'apogée; ce sera donc alors que l'on devra observer les plus grands ou les plus petits diamètres apparents de cette planète. C'est aussi ce que l'expérience confirme, et l'on doit en conclure que Mars tourne autour du soleil.

11. La marche des phénomènes que présentent les autres planètes dont l'orbite embrasse la terre, et que l'on nomme pour cette raison *supérieures,* est absolument la même : elle nous conduira donc aux mêmes conclusions; seulement les variations que la forme apparente de leur disque éprouve, sont beaucoup moins sensibles, et cette forme s'écarte moins du cercle : ce qui prouve que leur distance au soleil est beaucoup plus considérable que celle de Mars; car s'il existait une planète assez éloignée du soleil pour que l'orbe solaire pût être regardé comme un point par rapport à cette distance, et que cependant la planète pût être aperçue de la terre, les apparences qu'elle nous offrirait seraient sensiblement les mêmes que si nous étions placés au centre du soleil, et si elle tournait autour de cet astre, en recevant de lui sa lumière. Son disque nous paraîtrait donc toujours sous la forme d'un cercle, les variations de ses phases étant trop peu considérables pour qu'on pût les apprécier.

12. Afin de rendre plus sensibles les variations qu'éprouvent les distances des planètes à la terre, j'ai réuni, dans le tableau suivant, leurs plus grands et leurs plus petits diamètres apparents, tels qu'ils sont donnés par l'observation. Il faut remarquer que les planètes *Cérès, Pallas, Vesta, Junon,* ainsi que toutes les autres plus nouvellement découvertes, sont trop petites pour qu'on ait pu jusqu'à présent déterminer leurs diamètres avec quelque apparence de certitude.

	DEMI-DIAMÈTRE apparent en secondes sexagésimales.		DISTANCE AU SOLEIL en parties du demi grand axe de l'orbite terrestre.		PARALLAXE en secondes sexagésimales.	
	Plus grand.	Plus petit.	Plus grande.	Plus petite.	Plus grande.	Plus petite.
Mercure..	6,3	2,3	0,46669	0,30750	16,6	5,8
Vénus. . .	32,4	9,7	0,72826	0,71811	33,6	4,9
Mars. . . .	12,2	1,7	1,66579	1,38159	23,5	3,2
Jupiter. .	25,3	15,4	5,44639	4,94444	2,2	1,3
Saturne..	10,2	7,3	10,04636	8,97338	1,1	0,8
	Demi-diamètre du soleil à la distance moyenne de la terre = 16' 1",35.		Ces nombres sont relatifs à 1850.		Parallaxe horizontale équatoriale du soleil à la distance moyenne de la terre = 8",5776.	

13. Nous sommes donc conduits par ces réflexions à considérer le soleil comme placé à peu près au centre de tous les orbes planétaires, et les entraînant avec lui sur l'écliptique dans son mouvement annuel.

Mais supposerons-nous maintenant que cet astre emporte réellement ces orbites, ainsi que l'admettait Tycho-Brahé? ou plutôt, avec Copernic et Galilée, regarderons-nous ce mouvement comme une apparence produite par le mouvement réel de la terre, qui, nous transportant successivement dans les différents points de l'écliptique, nous montre le soleil et les orbites des planètes, dont il est le centre, comme tournant avec lui autour de nous?

Assurément, si nous nous laissons guider par l'analogie, toujours si évidente dans les ouvrages de la nature, nous serons portés puissamment à embrasser cette dernière opinion; car alors le soleil devenant le centre commun de notre système planétaire, la symétrie est rétablie complètement.

Néanmoins, comme nous n'avons pas encore rassemblé toutes les preuves qui pourront décider l'alternative, et qu'elles se multiplieront sans doute, à mesure que nous étudierons le système du monde, contentons-nous d'avoir envisagé ce dernier état de choses comme possible. Oublions la terre; et, nous plaçant par la pensée au centre du soleil, essayons d'y transporter nos observations.

CHAPITRE II.

Considérations générales sur la détermination des mouvements planétaires par les données que les observations astronomiques peuvent fournir. Indication des problèmes divers que nous aurons successivement à résoudre pour établir, logiquement et avec certitude, les lois physiques de ces mouvements.

14. Cette étude, comme toutes celles que l'Astronomie nous a déjà présentées, nécessitera deux ordres de recherches, distinctes par leur but, comme par le degré de précision que nous devrons exiger. Nous chercherons d'abord à fixer isolément les conditions physiques des mouvements de chaque planète, par des approximations qui diffèrent très-peu des réalités. Nous essaierons ensuite de perfectionner ces approximations, en liant leurs résultats individuels par des relations mathématiques qui en embrassent l'ensemble, comme nous l'avons fait déjà pour le soleil. Comparant ensuite les relations ainsi obtenues, pour les orbites des différentes planètes, nous résumerons ce qu'elles présenteront de commun à toutes, et nous en verrons sortir les trois lois générales de leurs mouvements que Képler a découvertes.

La réalisation de ce travail exigera la démonstration successive d'un certain nombre de faits et de propositions, que je vais énoncer ici à l'avance, dans l'ordre logique suivant lequel nous devrons les établir d'après les observations.

Nous déterminerons d'abord les mouvements révolutifs moyens des cinq planètes autour du soleil, en choisissant des positions telles, qu'elles aient parcouru dans leurs orbites respectives des nombres entiers de circonférences complètes, ou presque complètes, afin que toutes les inégalités de leur marche locale aient pu s'y accomplir, et disparaître dans le résultat total, par compensation.

Nous prouverons ensuite que chacun de ces astres se meut autour du soleil dans une orbite sensiblement plane, dont le plan passe par le centre du soleil. Nous déterminerons les directions actuelles des traces de ces plans sur l'écliptique, ainsi que les quantités angulaires dont ils lui sont respectivement inclinés.

Ces deux éléments étant connus, chaque rayon visuel mené de la terre à une planète, à un instant donné, ira percer le plan de son orbite, en un point, dont la position absolue pourra être calculée relativement à la terre et au soleil. De là nous déduirons en toute rigueur, pour le même instant, la longitude et la latitude héliocentrique de la planète, ainsi que la longueur de son rayon vecteur mené du centre du soleil, exprimé en parties du demi grand axe de l'orbe terrestre. Nous en conclurons l'angle que ce rayon forme, dans le plan de l'orbite, avec la droite qui passe par ses nœuds. Ces résultats ne pourront être qu'approximatifs, parce que les rayons visuels menés de la surface terrestre à la planète devraient y être remplacés par les rayons qui seraient menés au même instant du centre même de la terre. Cela exigerait donc une rectification de parallaxe qui devra se calculer et s'appliquer comme nous l'avons exposé en général au chap. XXII du tome III. Mais cette correction, que l'on ne peut jamais omettre dans le calcul des observations de la lune à cause de sa proximité, sera ici beaucoup moindre et toujours fort petite, parce que la distance des planètes à la terre est toujours très-considérable comparativement au rayon de celle-ci. Nous pouvons donc provisoirement la négliger et la rejeter dans une seconde approximation que nous parviendrons à effectuer, quand nous aurons déterminé les dimensions absolues des orbes planétaires, et de l'orbe terrestre même, comparativement aux dimensions du globe terrestre.

Chaque observation géocentrique d'une planète nous faisant ainsi connaître la grandeur actuelle de son rayon vecteur héliocentrique en parties d'une même unité de longueur, et l'angle que ce rayon forme avec la trace du plan de l'orbite sur l'écliptique, nous pouvons, soit graphiquement, soit par le calcul, construire la courbe que la planète décrit dans ce plan autour du soleil. Nous trouverons alors, comme l'a annoncé Kepler, que toutes ces courbes sont sensiblement des ellipses dont le soleil occupe un des foyers, et dans lesquelles le rayon vecteur mené au soleil trace des aires proportionnelles aux temps. Nous pourrons donc déterminer les positions actuelles des axes de ces ellipses dans chaque orbite, ainsi que les grandeurs respectives de ces mêmes axes et de l'excentricité, en parties du demi grand axe de l'ellipse terrestre pris pour unité commune de longueur. Nous confirmerons tous ces résultats par une vérification inverse, en prouvant qu'avec les éléments des orbites ainsi définis, et les deux lois de mouvement obtenues dans les ellipses, on peut représenter et prédire les positions apparentes de chaque planète, pour tout instant, dans les étroites limites d'erreur qu'une première approximation comporte ; ce qui permettrait d'en construire des Tables isolées, telles que les astronomes ont pu en avoir depuis l'époque de Képler jusqu'à celle de Newton.

Enfin quand ces faits seront individuellement établis pour chacune des cinq planètes, il ne restera plus qu'à comparer les temps de leurs révolutions sidérales, et les longueurs des grands axes de leurs ellipses, pour mettre en évidence la troisième loi de Képler, qui lie tous les éléments séparés de notre système planétaire en un seul faisceau.

Tel est le plan que je me suis tracé, et que je me propose de remplir dans les chapitres qui vont suivre.

CHAPITRE III.

Détermination des mouvements révolutifs moyens que les cinq planètes exécutent autour du centre du soleil.

Section I. — *Considérations préliminaires.*

13. Les observations vont nous apprendre que le mouvement révolutif des cinq planètes autour du soleil est constamment dirigé d'occident en orient, comme celui de la terre autour de cet astre. La vitesse angulaire moyenne de ces mouvements devient moindre à mesure que les corps qui les exécutent sont placés à une plus grande distance de leur centre commun de circulation ; et les longueurs absolues des arcs qu'ils décrivent, en temps égal, sur leurs orbites propres, décroissent aussi à mesure que cette distance augmente. Après avoir constaté les caractères généraux et les valeurs propres des moyens mouvements, si l'on étudie les détails des mouvements vrais, on y découvre, comme dans celui de la terre, des variations locales de vitesse, qui se reproduisent périodiquement, à chaque retour de la planète aux mêmes points de son orbite ; mais jamais son mouvement ne devient nul, ni rétrograde, *en réalité.* Les apparences contraires sont des effets purement optiques, produits par les déplacements simultanés de la planète et de la terre d'où nous l'observons. Il importe de constater ces illusions et d'en dépouiller les phénomènes, avant de chercher à découvrir leurs lois véritables. C'est ce que nous allons faire dans cet aperçu préliminaire, en nous aidant des *fig.* 1, 2, 3, 4, *Pl. I.* Les deux premières s'appliquent aux planètes dites *inférieures*, comme étant toujours plus proches du soleil que la terre ; les deux autres aux planètes dites *supérieures*, comme étant toujours plus loin qu'elle, de lui. Ces quatre figures sont construites d'après des principes semblables, et accompagnées de notations littérales, analogues entre elles. On n'y trouvera d'autres différences que celles que nécessitaient la grandeur et la position relative des

orbes que l'on comparait à celui de la terre, selon qu'il les enveloppe ou en est enveloppé.

16. Je considère d'abord les *fig.* 1 et 2. Elles sont tracées dans le plan de l'écliptique. La courbe extérieure sur laquelle on a marqué les points T_0, T_1, représente l'orbite *rentrante*, décrite par la terre autour du soleil S. La configuration circulaire qu'on lui a donnée, n'a pas d'autre motif que de simplifier le mode de construction, sans intervenir en rien dans les raisonnements. La courbe intérieure sur laquelle on a marqué les points V_0, V_1, représente la projection orthogonale, faite sur l'écliptique, de l'orbite rentrante décrite hors de ce plan, autour du soleil S, par une planète inférieure, Vénus ou Mercure. Le sens du mouvement révolutif, dans les deux orbites comparées, est indiqué par des flèches courbes, qui le désignent comme dirigé, *pour toutes deux*, de l'occident du ciel vers l'orient, particularité qui sera tout à l'heure prouvée par le fait. D'après les spécifications précédentes, les droites ST_0, ST_1 représenteront en direction et en grandeur absolue les rayons vecteurs menés du soleil à la terre; mais les droites SV_0, SV_1 ne représenteront que les projections faites sur l'écliptique des rayons vecteurs menés du soleil à la planète, ce que l'on nomme astronomiquement ses *distances accourcies héliocentriques*. En élevant sur ces droites des cercles de latitude perpendiculaires à l'écliptique, la planète se trouvera dans leur plan, sur les normales à l'écliptique, menées par les points V_0, V_1. La droite $T_1 V_1$ est donc aussi la projection de la distance absolue qui existe à chaque instant entre la planète et la terre. On l'appelle la *distance accourcie géocentrique*.

Parmi toutes les positions relatives, que la terre et la planète peuvent prendre en vertu de l'inégalité qui existe entre leurs mouvements circulatoires, j'en choisis qui soient telles, que les deux corps mobiles se trouvent compris dans un même cercle de latitude, dont la trace sur l'écliptique sera conséquemment une droite $T_0 S V_0$, passant par le soleil S. Cela peut arriver de deux manières. Dans l'une, représentée *fig.* 1, la planète V_0 se trouve au delà du soleil S, relativement à la terre désignée par T_0: c'est ce que l'on appelle *une conjonction supérieure*. Dans l'autre, représentée *fig*. 2, la planète V_0 se trouve en deçà du soleil relativement à la terre T_0 : c'est ce que l'on appelle *une conjonction inférieure*. Ces deux genres de rencontres s'opèrent successivement dans toutes les parties des deux orbites en vertu de l'incommensurabilité des temps dans lesquels l'un et l'autre sont décrits. J'expliquerai plus loin comment on peut déterminer et fixer par observation les instants précis où chacune de ces coïncidences se réalise : pour le moment, il me suffit qu'elles soient évidemment possibles ; et je prends nos deux figures, comme adaptées à chacun de ces cas.

17. Je considère d'abord la première, qui s'applique à une conjonction *supérieure*. Par la terre T_0, je mène, dans l'écliptique, la droite indéfinie $T_0 Y_0$, dirigée au point équinoxial Y, d'où les longitudes se comptent, sur ce plan même, en allant de l'occident vers l'orient. Pour simplifier les considérations, j'admettrai que ce point est celui où se trouvait l'équinoxe vernal moyen à une époque connue t_0, à partir de laquelle on compte le temps t, et qu'on le prend pour origine fixe des arcs de longitude, relatifs à toute autre époque quelconque. Cette convention faite, si l'on suppose la trace commune $T_0 SY_0$ prolongée indéfiniment vers S_0, dans la plage opposée du ciel stellaire, l'angle $S_0 T_0 Y_0$ sera la *longitude géocentrique* commune de la planète et du soleil à l'instant de la conjonction considérée, longitude que je nommerai l_0. Si l'on veut établir autour du soleil S un système analogue de désignations angulaires, on n'aura qu'à mener la droite $S Y_0$, parallèle à $T_0 Y_0$, et compter les arcs de longitude à partir de ce nouvel axe, dans le même sens que les précédents. Alors, sous la conjonction supérieure ici considérée, la *longitude héliocentrique* de la planète V_0 sera encore l_0, comme la géocentrique, mais la longitude héliocentrique de la terre T_0 sera $180^e + l_0$.

Je laisse maintenant écouler un petit intervalle de temps, par exemple un jour, depuis la conjonction. La terre, continuant sa marche propre, se sera transportée sur son orbite en un autre point T_1, situé sur notre figure à l'occident de sa position précédente ; si de là on mène dans l'écliptique la droite indéfinie $T_1 Y_0$, parallèle à $T_0 Y_0$, ce sera le nouvel axe d'où partiront les longitudes géocentriques comptées autour de T_1. Le nouveau rayon vecteur $T_1 S_2$ mené de la terre au soleil, étant prolongé indéfiniment vers la plage opposée du ciel en S', la branche SS' s'écartera de SS_2, *vers l'orient*, d'un certain angle $S_2 SS'$, ou τ, qui sera égal à $T_2 ST_1$, que la terre a décrit autour du soleil, en sens opposé. Si de T_1 on mène $T_1 S'_2$ parallèle à $T_2 S_2$, la longitude du soleil, devenue $\Upsilon_0 T_1 S'$, sera évidemment $l_0 + \tau$.

Pendant ce même intervalle d'un jour, écoulé depuis la conjonction, la planète V_0 a dû pareillement se déplacer sur son orbite propre et se transporter en un autre point V_1. Or, si on l'observe du point T_1, dans cette nouvelle position qu'elle a prise, on trouve toujours que le nouveau cercle de latitude géocentrique $T_1 V_1$, qui la contient, est devenu plus oriental que $T_1 S'$. De sorte que la longitude géocentrique de la planète $\Upsilon_0 T_1 V_1$ est maintenant $l_0 + \tau + E$, plus grande que celle du soleil de l'angle oriental $V_1 T_1 S'$, ou E, que l'on appelle l'*élongation*. Ainsi le mouvement *géocentrique* de la planète, en partant de sa conjonction supérieure, aura été *direct*.

Je dis de plus que, dans ces mêmes circonstances, son mouvement angulaire *héliocentrique* $V_0 S V_1$ a été pareillement direct, et plus considérable que celui de la terre. En effet, si on le suppose moindre, ou égal, le point V_1 tombera dans l'intérieur de l'angle $S'SS_2$, ou sur la branche SS' même, auxquels cas l'élongation E sera occidentale, ou nulle, mais ne pourra être *orientale* comme elle l'est effectivement. Or ce sens spécial qu'elle affecte s'observe dans toutes les conjonctions supérieures; et comme elles se réalisent, avec le temps, sur tous les points quelconques du contour de l'orbite que décrit la planète, la même conclusion s'y applique en général; c'est-à-dire que le mouvement révolutif de la planète autour du soleil est *toujours* direct, et angulairement plus rapide que celui de la terre, dont l'orbe enveloppe le sien.

18. Ceci reconnu, nommons ϖ l'angle $V_0 S V_1$, que le rayon vecteur de la planète a décrit autour du soleil dans l'intervalle d'un jour, en partant de la conjonction. Ce sera le *mouvement héliocentrique diurne de la planète*. L'angle moindre $S_2 SS'$, égal à son opposé $T_2 ST_1$, que nous avons nommé τ, est le *mouvement hélio-*

centrique diurne de la terre. L'excès du premier sur le second V_iSS', ou $\varpi - \tau$, s'appelle le mouvement *synodique* diurne de la planète. On l'a ainsi nommé parce que c'est lui qui, en se continuant, fait revenir la planète sur la même direction visuelle, ou plus exactement dans le même cercle de latitude géocentrique que le soleil. Désignons-le généralement par la lettre σ, nous aurons, dans les circonstances que représente la *fig.* 1,

$$(1) \qquad\qquad \sigma = \varpi - \tau.$$

Les inégalités que les mouvements propres de la planète et de la terre éprouvent dans les diverses portions de l'une et de l'autre orbite, font varier quelque peu les valeurs absolues des angles diurnes ϖ et τ, suivant les points respectifs de ces orbites où la conjonction s'opère, ce qui réagit nécessairement sur l'angle σ, qui exprime leur différence. Mais la valeur absolue de σ est toujours essentiellement positive, dans les cas représentés par notre *fig.* 1.

19. Les trois angles du triangle T_iSV_i, formé à chaque instant par la terre, le soleil et la projection de la planète sur l'écliptique, ont reçu des dénominations dont l'emploi revient sans cesse dans l'étude des mouvements planétaires. Je saisis donc cette occasion de les indiquer. J'ai déjà dit que l'angle à la terre, qui a son sommet en T_i, s'appelle l'*élongation*; l'angle à la planète, qui a son sommet en V_i, s'appelle la *parallaxe annuelle*; ou, plus convenablement, la *parallaxe du grand orbe*, *prostaphæresis orbis*, parce que c'est l'angle sous lequel la planète *voit*, à chaque instant, le rayon de l'orbe que la terre décrit. Enfin, le troisième angle, qui a son sommet au soleil en S, s'appelle la *commutation*. Cette expression conventionnelle offre un sens analogue à celui de parallaxe. Ce dernier angle, étant le supplément de $S'SV_i$, a pour valeur $180^\circ - \sigma$ ou $180 - \varpi + \tau$.

20. Je considère maintenant la *fig.* 2, qui représente une conjonction *inférieure*. Sa discussion nous deviendra bien facile par analogie, les mêmes lettres y étant appliquées aux mêmes détails. D'abord, au moment de la conjonction, le soleil S et la planète V_o ont la même longitude géocentrique $\Upsilon_o T_o S_o$. Un jour plus tard, la terre a décrit autour du soleil l'angle T_oST_i, que nous nommons

τ; et elle est venue en T,. Pendant ce même intervalle de temps,
la planète a quitté le point V₀, et s'est transportée quelque part
en V,, sur son orbite propre. Or, dans ce cas, on trouve que l'é-
longation ST,V,, qui s'observe, est toujours à l'occident du soleil S. Donc, en raisonnant ici comme nous l'avons fait sur la
fig. 1, nous conclurons pareillement de cette particularité que le
mouvement héliocentrique de la planète, depuis la conjonction, a
été direct, et angulairement plus rapide que celui de la terre. Le
caractère occidental de l'élongation en quelque point des deux
orbites, où la conjonction inférieure s'opère, prouve encore
que ces deux résultats ont toujours lieu dans la continuité du mouvement de la planète, comme la *fig.* 1 nous l'avait appris.

En désignant ici par ϖ l'angle diurne $V_0 S V,$ décrit autour du
soleil par la planète pendant que la terre a décrit l'angle $T_0 S T,$, ou
τ; l'excès du premier sur le second, ou $\varpi - \tau$, représentera,
comme dans l'autre figure, le mouvement synodique pour le
même intervalle de temps; or, en le nommant σ, nous aurons
comme tout à l'heure

$$(1) \qquad \sigma = \varpi - \tau,$$

équation qui pourra donner occasionnellement à σ des valeurs
quelque peu différentes entre elles, mais constamment positives.

21. Si par le soleil S on mène dans l'écliptique la droite $S \Upsilon_0$
dirigée au point équinoxial fixe Υ_0, les longitudes héliocentriques
devront être comptées à partir de cette droite, en allant de l'occident vers l'orient. Celle du point V, sera alors plus grande que
celle du point V₀; et ainsi le mouvement *héliocentrique* de longitude, considéré depuis la conjonction, aura été direct. Quant au
mouvement *géocentrique* de longitude, qui est mesuré par la différence des angles $\Upsilon_0 T_0 V_0$, $\Upsilon_0 T, V,$, le caractère toujours occidental de l'élongation E ne suffit pas pour nous apprendre s'il
sera direct, nul, ou rétrograde, quoique ce dernier cas soit celui
qui se réalise toujours dans les circonstances que nous considérons. En effet, la question revient à savoir si une droite menée sur
l'écliptique du point T,, parallèlement à $T_0 S_0$, passera à l'orient ou
à l'occident de V,, ou sur ce point même. Or, ces trois supposi-

tions sont géométriquement compatibles avec une élongation occidentale E, laquelle se réalisera toujours à l'occident de T_1S, si le
mouvement angulaire ϖ de la planète autour du soleil S surpasse
le mouvement angulaire τ de la terre autour de cet astre, dans
un même temps, quelque petit que soit d'ailleurs l'excès du premier sur le second. Le caractère toujours rétrograde des longitudes géocentriques que l'on observe dans les conjonctions inférieures de Mercure et de Vénus, doit donc dépendre à la fois de ce
que ces deux planètes circulent autour du soleil plus rapidement
que la terre, et aussi des rapports de grandeur qui existent entre
les distances du soleil, auxquelles ces inégales vitesses de circulation sont appliquées.

22. Pour rendre cette connexion manifeste, faisons aux circonstances géométriques du problème une modification qui les
simplifiera sans les dénaturer. Considérons les orbites comme des
cercles exacts, décrits concentriquement autour du soleil S, dans
le plan de l'écliptique même, et dont les rayons respectifs soient ρ
pour la planète, r pour la terre, ρ étant moindre que r. Attachons
ensuite, par hypothèse, à ces rayons, des mouvements angulaires ϖ
et τ, dont les grandeurs leur soient réciproques, en sorte qu'on ait

$$\rho\varpi = r\tau.$$

Cela conservera la condition exigée que ϖ surpasse τ. Appliquons
maintenant cette relation aux angles $V_1 S V_1$, $T_1 S T_1$, *fig.* 2, décrits
dans les deux orbites depuis la conjonction inférieure, en les supposant assez petits, c'est-à-dire décrits dans un même intervalle
de temps assez court, pour que l'on puisse les considérer comme
sensiblement proportionnels à leurs sinus. Alors l'équation qui
les concerne pourra s'écrire sous la forme suivante :

$$\rho \sin \varpi = r \sin \tau.$$

En se reportant à notre *fig.* 2, $\rho \sin \varpi$ est la longueur de la perpendiculaire $V_1 v_1$ menée du point V_1 sur la droite $T_1 SS_1$, où la
conjonction s'est opérée; et $r \sin \tau$ est la longueur de la perpendiculaire analogue $T_1 \vartheta_1$, menée du point T_1 sur la même droite. Ces
deux perpendiculaires se trouvant égales, *d'après la relation supposée*, il en résulte que, dans cette loi de mouvement, la droite

$T_2 V V'$ est parallèle à la droite $T_2 V_2 S_2$. Par conséquent, la longitude
géocentrique $\Upsilon_2 T_2 V_2$, qui a lieu très-peu de temps *après* la conjonction sera égale à la longitude géocentrique $\Upsilon_2 T_2 V_2$, qui avait lieu
dans la conjonction même ; et il est aisé de voir que la même égalité
relative subsistera aussi, dans les mêmes limites d'approximation,
pour les longitudes géocentriques quelque peu *antérieures* à ce
phénomène : c'est-à-dire que la planète considérée paraîtra stationnaire dans sa conjonction inférieure, si la relation des vitesses
angulaires et des distances au soleil est telle, que le produit $\rho\varpi$
soit égal à $\rho\tau$. Supposez-le plus grand, la planète paraîtra directe
dans la conjonction ; moindre, elle paraîtra rétrograde. Ce dernier cas est celui qu'on observe *toujours* dans les circonstances
que nous considérons. Ainsi la relation des vitesses angulaires aux
distances, qui s'y trouve établie par la nature, doit donner $\rho\varpi$
moindre que $r\tau$ pour les planètes inférieures comparées à la terre.

23. Soient T et P les durées des révolutions sidérales de la
terre et de la planète, exprimées l'une et l'autre en jours moyens
solaires. Si, par approximation, nous voulons considérer les mouvements révolutifs comme tout à fait uniformes, en les évaluant
pour 1 jour, ϖ sera $\dfrac{360°}{P}$, et τ, $\dfrac{360°}{T}$. Ces valeurs substituées
dans la relation que nous avons admise, donnent en la renversant

$$\frac{P}{\rho} = \frac{T}{r};$$

c'est-à-dire que les durées des révolutions sidérales seraient proportionnelles aux rayons des orbites, et ainsi les arcs décrits en
un même temps auraient, dans toutes, d'égales longueurs. La loi
véritable, qui a été découverte par Képler, est autre. Il en résulte, comme nous le prouverons plus tard :

$$\frac{P}{\rho} = \frac{T}{r}\left(\frac{\rho}{r}\right)^{\frac{1}{2}}.$$

En l'appliquant à une planète inférieure, ρ est moindre que r, ce
qui rend P moindre que dans la relation tout à l'heure adoptée.
Or, dans la supposition d'uniformité que nous avons admise, on a

généralement :

$$\varpi = \tau \frac{T}{P};$$

donc

$$\rho\varpi = r\tau \left(\frac{r}{\rho}\right)^{\frac{1}{2}}.$$

Dans la conjonction inférieure à laquelle notre *fig.* 2 s'applique, ϖ et τ étant supposés de très-petits arcs, $\rho\varpi$ et $r\tau$ représentent respectivement les longueurs des perpendiculaires menées des points V_1 et T_1 sur la droite $T_0 V_0 S$, où la conjonction s'est opérée.

Ici, $\frac{r}{\rho}$ surpassant l'unité, la première de ces perpendiculaires $V_1 v_1$ est plus grande que la seconde $T_1 \theta_1$. Ainsi le rayon visuel $T_1 V_1$ s'incline vers l'occident de $T_0 V_0 S$, comme notre figure le représente ; la longitude géocentrique $\Upsilon_0 T_1 V_1$ devient moindre que $\Upsilon_0 T_0 V_0$; et la planète paraît rétrograde, comme on l'observe effectivement. Elle doit même se montrer déjà telle, avant d'arriver à la conjonction, comme il est facile de le prouver par un calcul pareil ; et c'est aussi ce que l'observation constate. Mais ces apparences de rétrogradation ne peuvent exister que dans les lois de mouvement, qui font décroître les vitesses de circulation plus rapidement que les rayons des orbites n'augmentent ; en sorte que les arcs décrits en temps égal, par différentes planètes, aient des grandeurs absolues décroissantes à mesure qu'elles sont plus distantes du soleil. Galilée avait bien senti la nécessité de cette condition pour représenter les phénomènes, quoiqu'il ne connût pas le rapport exact des distances aux durées des révolutions (*).

24. Je passe aux *fig.* 3 et 4 qui s'appliquent aux planètes supérieures. La première représente la planète Σ_1 en *conjonction*

(*) *Troisième Dialogue sur le système du monde*, éd. de Florence, 1632, page 334. Dans la construction de la figure que Galilée emploie pour expliquer la rétrogradation apparente de Jupiter dans les conjonctions, il suppose expressément que les arcs décrits par cette planète sur son cercle propre, auront des longueurs absolues moindres que les arcs décrits par la terre sur le sien dans le même temps. Mais il ne donne pas de preuve qu'il en soit ainsi.

avec le soleil S; la seconde la représente en *opposition*. La courbe intérieure marquée des lettres T_0, T_1 est l'orbe terrestre situé dans le plan de l'écliptique, et la courbe extérieure marquée des lettres Σ_0, Σ_1 est la projection sur ce même plan de l'orbe réel décrit par la planète dans l'espace. Ces figures ne diffèrent essentiellement des précédentes que par la situation relative des deux orbites comparées, et l'identité des notations rendra manifeste l'analogie de leurs détails avec ceux que nous avons déjà étudiés.

Prenant d'abord la *fig.* 3, on voit que la conjonction s'est opérée sur la droite $T_0 S \Sigma_0$. La longitude géocentrique du soleil et de la planète, comptée de l'équinoxe fixe Υ_0, était alors la même, et représentée par l'angle $\Upsilon_0 T_0 S_0$, que je nomme l_0, comme précédemment. Cet angle l_0 était aussi, au même instant, la longitude héliocentrique de la planète.

Un jour plus tard, la terre s'est transportée en T_1, ayant décrit autour du point S l'angle $T_0 S T_1$ ou τ dans le sens direct. La longitude du soleil, devenue $\Upsilon_0 T_1 S'$, s'est évidemment accrue de la même quantité, et est maintenant $l_0 + \tau$.

Pendant le même temps, la planète s'est pareillement déplacée sur son orbite propre. Sa projection Σ_0 a été transportée sur un autre point Σ_1, en décrivant autour du soleil un certain angle $\Sigma_0 S \Sigma_1$, que je désigne par ϖ, sans rien spécifier pour le moment quant à sa grandeur, ni même quant à son sens, oriental ou occidental. Quel qu'il soit, je mène la droite $\Sigma_1 T_1$, et je forme le triangle $\Sigma_1 S T_1$, dans lequel l'angle à la terre E est l'élongation résultante. Or l'observation prouve deux choses : 1° le mouvement géocentrique de longitude a été direct, c'est-à-dire que l'angle $\Upsilon_0 T_1 \Sigma_1$ est plus grand que $\Upsilon_0 T_0 \Sigma_0$; 2° l'élongation E est occidentale à la droite $T_1 S$, comme on l'a représentée dans la figure. Discutons les conséquences de ces deux faits.

Le premier se conçoit avec évidence, si l'on veut admettre que le mouvement propre de la planète sur son orbite a été direct, ce qui met le point Σ_1 à l'orient de Σ_0. Toutefois l'accroissement de la longitude géocentrique n'atteste pas incontestablement le sens du transport; car on devrait encore la trouver accrue, si la planète était restée fixe en Σ_0, ou même si elle avait reculé vers l'occident sur un des points de l'arc de son orbite qui est contenu entre les parallèles $T_0 S_0$, $T_1 S'_0$. Mais, outre l'incohérence physique qu'il y aurait à supposer de telles inversions du mouvement réel, se produisant ainsi, avec une constante opportunité, dans chaque point quelconque de l'orbite qui se présente successivement à la conjonction, la marche régulière des longitudes géocentriques tant avant qu'après cette époque, où elle devient plus rapide que dans toute autre, écarte le soupçon de discontinuités pareilles; de sorte qu'on peut considérer en toute assurance le point Σ_1 comme étant à l'orient de Σ_0. Alors le sens de l'élongation E le plaçant à l'occident de la droite $T_1 S S'$, on voit que le mouvement angulaire héliocentrique de la planète en sortant de la conjonction, exprimé par l'angle $\Sigma_0 S \Sigma_1$, ou ϖ, a été direct, et moindre que $\Sigma_0 S S'$, ou $T_0 S T_1$, ou τ, qui représente le mouvement héliocentrique de la terre dans le même intervalle de temps.

Ici l'angle $\Sigma_1 S S'$ ou $\tau - \varpi$ est le mouvement synodique de la planète S; en le nommant σ, nous aurons donc

$$(2) \qquad\qquad \sigma = \tau - \varpi.$$

Cette équation, relative aux planètes supérieures, est analogue à celle que nous avons trouvée pour les inférieures aux §§ 17 et 18. Elle n'en diffère que par l'inversion de signe des deux éléments qui composent σ, lequel reste ainsi toujours positif dans les applications, quoique pouvant, devant même offrir quelques variations de valeur, selon les points des deux orbites entre lesquels la conjonction s'est opérée.

25. J'arrive enfin à la *fig.* 4, qui suppose la planète supérieure en opposition au soleil S, sur la droite $\Sigma_0 T_0 S$. Un jour plus tard, la terre arrive en T_1, la planète en Σ_1; et l'élongation E, qui naît de ces circonstances est, d'après l'observation, toujours occidentale au rayon vecteur $S T_1 S'$, mené du soleil à la terre, dans sa nouvelle position. De là on conclut que le mouvement angulaire héliocentrique de la planète $\Sigma_0 S \Sigma_1$, ou ϖ, a été direct, et moindre que $T_0 S T_1$, ou τ, qui exprime le mouvement angulaire héliocentrique de la terre dans le même temps. La longitude héliocentrique de la planète, $\Upsilon_1 S \Sigma_1$, est aussi devenue évidemment

plus grande que dans l'opposition. Mais, quant à la longitude géocentrique $\Upsilon, T, \Sigma,$, le caractère toujours occidental de l'élongation
E relativement à la droite T, S', ne suffit pas pour décider si elle
sera plus grande que l'initial $\Upsilon_0 SS_0$, ou égale, ou moindre;
conséquemment, si la planète, vue de la terre, paraîtra directe,
stationnaire ou rétrograde. Car ici, comme dans la *fig*. 2, le résultat dépendra des rapports de longueur qu'auront entre eux les
arcs Σ, Σ_0, T, T_0, considérés comme très-petits, et comme parallèles. Supposez $\Sigma_0 \Sigma$, plus grand que $T_0 T$, la marche de la planète
en longitude paraîtra directe; supposez-le égal, elle paraîtra nulle;
moindre, elle paraîtra rétrograde. Ce dernier cas est celui qui se
réalise toujours pour les planètes supérieures dans l'opposition,
comme pour les inférieures dans leur conjonction inférieure; et
la condition déterminante de ce fait est pareille : c'est que les longueurs absolues des arcs décrits en temps égal par les planètes,
dans leurs orbites propres, décroissent à mesure que ces corps
circulent à une plus grande distance du soleil. La loi de Kepler,
que j'ai rapportée § 22, satisfait évidemment encore à cette condition, dans le cas actuel, comme dans celui auquel nous l'avions
d'abord appliquée. Car, pour les planètes supérieures, ρ devenant
plus grand que r, elle donne $\rho\varpi$ moindre que $r\tau$. Nous verrons
plus tard que cette même loi ne s'accorde pas moins bien avec
les phénomènes, quand on l'emploie pour déterminer les portions
de chaque orbite, dans lesquelles une planète désignée doit paraître directe, stationnaire ou rétrograde. Mais nous ne pouvons
atteindre ces détails qu'après avoir établi toutes les conditions
géométriques et numériques suivant lesquelles les mouvements
de circulation autour du soleil sont opérés. Ce qui précède suffira
pour en préparer l'étude, en montrant les illusions optiques qui
se mêlent à leurs apparences observables, et dont il faut avant
tout les dégager.

Je reviens encore un moment à notre *fig*. 4. Ici, comme dans
la *fig*. 3, l'angle $T_0 S \Sigma$, ou $\tau - \varpi$, est le mouvement synodique
de la planète. Ainsi, en la désignant de même par σ, nous aurons
encore

$$(2) \qquad \sigma = \tau - \varpi;$$

σ devant avoir toujours des valeurs positives, mais susceptibles de quelques variations occasionnelles.

25 *bis*. Dans les formules que nous venons d'établir, les arcs ϖ, τ sont mesurés à partir d'un même point *fixe* de l'écliptique, c'est pourquoi on les appelle les mouvements diurnes *sidéraux*. Mais on pourrait se proposer aussi, et il est fréquemment nécessaire, d'évaluer les mouvements diurnes de transport d'une planète ou de la terre relativement au point équinoxial mobile. C'est ce que l'on nomme ses mouvements diurnes *périodiques* ou de *longitude*. Je les désignerai par ϖ', τ', pour les distinguer des sidéraux ,dont il est facile de les conclure.

Nommons, en effet, $\delta\psi'$ la quantité angulaire dont le point équinoxial Υ rétrograde en un jour sur l'écliptique mobile, en vertu de la *précession*. Ce mouvement étant de sens opposé à celui des planètes qui est direct, la somme des deux composera leur mouvement relatif de longitude. On aura, par conséquent,

$$\varpi' = \varpi + \delta\psi', \qquad \tau' = \tau + \delta\psi';$$

et, par suite,

$$\varpi' - \tau' = \varpi - \tau.$$

Il résulte de là que le mouvement synodique σ peut s'exprimer également par la différence des mouvements *périodiques* ou *sidéraux* d'une planète et de la terre. Ayant donc,

pour les planètes inférieures :

$$(1) \qquad \sigma = \varpi - \tau, \quad \text{on aura de même} \quad (1)' \quad \sigma = \varpi' - \tau';$$

pour les planètes supérieures :

$$(2) \qquad \sigma = \tau - \varpi, \quad \text{on aura de même} \quad (2)' \quad \sigma = \tau' - \varpi'.$$

Dans les calculs de la *Mécanique céleste*, la rétrogradation du point équinoxial, *sur l'écliptique mobile*, est supposée de $50''{,}1$, par année julienne de $365^j{,}25$. Ainsi, quand nous voudrons nous conformer à cette évaluation, nous devrons prendre

$$\delta\psi' = \frac{50'',1}{365,25} = 0'',1371663244.$$

D'après une note que j'insère au bas de cette page, à l'époque où Hipparque déterminait les longitudes d'étoiles qui nous restent de lui, la rétrogradation annuelle du point équinoxial sur l'écliptique mobile était de $49'',82357$ (*). On avait donc alors pour

---

(*) D'après ce qui a été établi dans le tome IV, page 337, si l'on compte le temps t en années juliennes de $365^j\frac{1}{4}$, à partir du 1er janvier 1800, l'arc de rétrogradation du point équinoxial Υ, sur l'écliptique mobile, arc que nous avons nommé ψ, a l'expression numérique suivante :

$$\psi'_t = + 50'',404762\,t + 0'',00011\,23105\,t^2,$$

ou symboliquement

$$\psi'_t = a'\,t + b'\,t^2.$$

Nous avons de plus constaté, par diverses épreuves, page 613 et suiv., que cette expression, et toutes celles du tableau formé page 337, quoique n'étant qu'approximatives, peuvent être appliquées avec une suffisante exactitude aux époques les plus anciennes dont il nous reste des observations.

Cela posé, si l'on fait croître t d'une unité dans ψ'_t, on aura

$$\psi'_{t+1} = \psi'_t + a' + b' + 2\,b'\,t.$$

$\psi'_{t+1} - \psi'_t$ représente évidemment la valeur de la précession *annuelle*, sur l'écliptique mobile, à une époque séparée du 1er janvier 1800, par le nombre d'années juliennes t. En la désignant par $\Delta\psi'_t$, et donnant aux coefficients a' et b', les valeurs qui leur sont attribuées à la page 337 du tome IV, il en résulte

$$\left(\tfrac{7}{4}, 3537643\right)$$
$$\Delta\psi'_t = + 50'',260527 + 0'',00022\,58210\,t.$$

Le terme proportionnel à t donnera ainsi la variation de la précession annuelle sur l'écliptique mobile, aux diverses époques que l'on voudra considérer.

Dans ce même tome IV, page 608, nous avons discuté trois déterminations de longitudes d'étoiles dues à Hipparque. Leur date moyenne comptée de 1800 est -1935. En donnant à t cette valeur, le terme variable de $\Delta\psi'_t$ donne $-0'',43696$; et il en résulte pour la précession annuelle à cette époque

$$\Delta\psi'_t = 49'',82357.$$

Cette valeur surpasse de $0'',2$ celle que j'avais donnée d'après Laplace à la page 127 du tome IV; elle me semblerait préférable en raison des données plus précises sur lesquelles elle est fondée.

Je saisis cette occasion pour signaler une erreur d'impression, d'ailleurs très évidente, qui a été faite dans ce même tome IV, page 622. En transcri-

sa rétrogradation diurne

$$\delta\psi' = \frac{49'',82357}{365,25} = 0'',13640\,9500.$$

C'est la valeur que nous devons appliquer aux déterminations de ce temps.

26. Pour compléter ces préliminaires, il me reste à expliquer comment on peut déterminer, par observation, l'instant précis de l'opposition ou de la conjonction d'une planète, ainsi que ses coordonnées angulaires, tant géocentriques qu'héliocentriques, à ce même instant, sans employer d'autres secours théoriques que les Tables du soleil, qui doivent être supposées préalablement établies.

Je considère d'abord ce problème au point de vue de son application actuelle. Je suppose l'observateur établi dans un observatoire fixe, muni de tous les instruments de précision que nous possédons pour déterminer les positions des astres et mesurer le temps. Alors, la méthode qui se présente le plus naturellement, et qui a été longtemps la seule en usage, est la suivante. Quelques jours avant, et quelques jours après la concordance cherchée, on détermine par observation l'ascension droite et la déclinaison de la planète, à des instants connus, par exemple quand elle passe au méridien. Après avoir dépouillé ces données des effets de la réfraction, qui sont théoriquement assignables, on en déduit par le calcul trigonométrique la longitude et la latitude *apparentes* de la planète, dans chaque observation; et d'après les variations diurnes de ces éléments, on calcule, par proportion, l'instant auquel la longitude a dû devenir égale à celle du soleil, s'il s'agit d'une conjonction, ou en différer de 180°, s'il s'agit d'une opposition.

J'ai appelé ces coordonnées *apparentes* et non pas *géocentri-*

---

vant la valeur numérique que doit y avoir la quantité α', qui exprime le déplacement du point équinoxial en ascension droite, on lui a, par méprise, appliqué les mêmes chiffres de minutes et de secondes qui entrent, deux lignes plus haut, dans la quantité désignée par λ. Sa valeur véritable est — 41'.28'',7, et c'est ainsi qu'elle a été effectivement employée dans le calcul de réduction de α' en α'' qui se trouve au haut de la page 62.

ques, parce que je ne veux, ni ne dois logiquement supposer ici
que l'on connaisse déjà les corrections de parallaxe qu'il faut
leur appliquer, pour les réduire aux valeurs qu'elles auraient si
la planète avait été vue du centre de la terre, non de sa surface.
Par le même motif, j'admettrai que les Tables du soleil, construites
en conformité avec les observations optiques, donnent, à chaque
instant, la longitude vraie et actuelle de cet astre : de sorte qu'on
obtient la longitude héliocentrique de la terre en y ajoutant 180°.
C'est, en effet, ce que les astronomes ont cru et pratiqué jusqu'à
1728, époque à laquelle Bradley montra qu'en vertu de la propagation successive et non pas instantanée de la lumière, la
longitude vraie du soleil est toujours plus grande d'environ 20″
que celle qu'on lui voit ; de sorte qu'il faut ajouter à celle-ci
180° + 20″, et non pas 180° seulement, pour avoir la véritable
longitude de la terre à l'instant considéré. Mais ne devant pas
anticiper sur la découverte de ce fait, que l'on appelle *l'aberra-*
tion de la lumière, je suivrai provisoirement l'ancienne pratique,
où cette rectification était ignorée ; et j'établirai les lois générales
des mouvements planétaires en la *négligeant* d'abord, sauf à la
comprendre dans une approximation ultérieure, où sa petitesse
permettra de l'introduire, sans les altérer essentiellement.

27. Je prends comme exemple une opposition de Saturne, observée par Jacques Cassini en 1725. C'est le cas de notre *fig.* 4,
sauf que le point équinoxial ♈ s'y trouvait dans une position relative différente de celle que je lui ai donnée dans le tracé. Le tableau
suivant présente les longitudes apparentes de la planète vue de la
terre, telles qu'elles ont été déduites de sa déclinaison et de son
ascension droite, observées dans le méridien aux instants marqués dans la première colonne. On y a joint, pour les mêmes
instants, les longitudes du soleil augmentées de 180°, représentant les longitudes héliocentriques de la terre, qui, dans la figure,
équivalent aux longitudes apparentes du point S′, situé sur le prolongement indéfini du rayon vecteur terrestre, vers la plage du
ciel opposé au soleil, dans laquelle Saturne se trouvait alors.

DATES DES OBSERVATIONS, en temps vrai de Paris, compté de midi.	DIFFÉR.	LONGITUDES apparentes de Saturne vue de la terre. l	DIFFÉRENCES.	LONGITUDES héliocentriques de la terre et du point S'. L.	DIFFÉRENCES.
1725. h m s Juillet 10. 12. 1.36	h m s 23.55.36	348.51.28″	—0.4.44″ ou —284″	348.28.2″	+0.57.2 ou +3512″
Juillet 11. 11.57.12		348.46.44		349.25.4	

On voit que les longitudes de la terre ont été croissantes avec le temps. Mais celles de Saturne ont été décroissantes. C'est ce qui arrive toujours aux planètes supérieures, quand on les observe dans les phases voisines de leur opposition.

Soit : I l'intervalle de temps compris entre les deux observations, exprimé en heures.

On aura.......................... $I = 23{,}926667$;

μ le mouvement horaire de Saturne en longitude géocentrique, exprimé en secondes de degré................... $\mu = -\dfrac{284''}{I}$;

m le mouvement horaire de la terre en longitude héliocentrique, exprimé de même...................... $m = +\dfrac{3422''}{I}$.

La concordance des longitudes a dû évidemment arriver à une époque comprise entre les deux dates rapportées. Partons de la première, et désignons par x un intervalle quelconque de temps écoulé depuis cette époque, x étant exprimé en heures, de même que I. En considérant les mouvements horaires μ et m, comme s'étant soutenus l'un et l'autre avec uniformité, durant l'intervalle total I, lorsque l'intervalle partiel x se sera écoulé, la longitude géocentrique de Saturne sera devenue $l_1 + \mu x$, et celle de la terre, vue du soleil $L_1 + m x$. Comme la condition de la phase cherclive, est qu'elles se trouvent égales, la détermination de l'inconnue x résultera de cette condition même, en posant

$$l_{1} + \mu x = L_{1} + m x,$$

d'où

$$x = I \left(\frac{l_{1} - L_{1}}{m - \mu} \right);$$

et en remplaçant les symboles littéraux par leurs valeurs numériques, on obtiendra

$$x = I \frac{1406''}{3706''} = + 9^{h},0774 \iota = 9^{h} 4^{m} 38'',676.$$

Ce calcul s'effectue facilement par les Tables de logarithmes ordinaires. Le temps x, étant ajouté à la première date, donnera celle de l'opposition qui sera, en négligeant les fractions de seconde ,

$$1720 \text{ juillet } 10 \quad 21^{h} 6^{m} 15^{s}.$$

Alors on pourra calculer le produit μx ou $- 284''. \frac{x}{I}$, que l'on trouvera égal à $- 107'',74,5$ ou $- 1'.48''$; et en l'ajoutant à l_{1} avec son signe propre, ce qui exige qu'on l'en retranche , on aura la longitude géocentrique de Saturne , à l'instant de l'opposition même , laquelle sera

$$l_{1} + \mu x = 348^{\circ} 49' 40''.$$

C'est le résultat auquel Cassini arrive. Il est évident que l'on calculerait de même l'instant précis d'une conjonction , pour laquelle on aurait des observations antérieures et postérieures, faites à peu de distance de cette phase. On ne peut pas en obtenir de telles, pour les planètes supérieures, parce que les plans de leurs orbites sont si peu inclinés sur l'écliptique, que, lorsqu'elles approchent de la conjonction, elles se projettent sur des points du ciel trop peu écartés du disque de cet astre pour que son éclat permette de les distinguer. On ne peut continuer à les suivre, ou parvenir à les revoir, qu'à des distances angulaires fort notables autour de la conjonction; et alors les réductions qu'il faudrait faire subir aux

observations pour les ramener à cette phase, rendraient la détermination physique de celle-ci peu certaine. Heureusement les oppositions y suppléent autant qu'il est nécessaire, puisque, s'opérant successivement sur toutes les diverses portions des orbites,
elles suffisent pour déceler toutes les inégalités des mouvements
angulaires. Ces phénomènes s'opèrent d'ailleurs dans des conditions qui en rendent l'observation particulièrement facile, parce
que, lorsqu'ils se produisent, la planète passe dans le méridien supérieur, vers minuit. Les conjonctions des planètes inférieures,
Mercure et Vénus, sont seules pratiquement observables, surtout
celles que l'on appelle inférieures, où ces astres se rapprochent le
plus de nous. Le calcul de ces phénomènes est exactement pareil
à celui que nous venons d'exposer pour les oppositions.

C'est quand Mercure et Vénus passent dans leurs conjonctions,
que l'on voit occasionnellement ces astres se projeter comme de
petites taches noires sur le disque du soleil. Cela arrive lorsqu'elles se trouvent alors assez proches des nœuds de leurs orbites pour que leur latitude apparente, vue de la surface de la
terre, se trouve moindre que le demi-diamètre apparent du soleil.
Ces phénomènes, qui ont une très-grande importance en astronomie, sont appelés, par abréviation, *les passages de Mercure et de
Vénus*. Nous en discuterons plus loin les détails. Ici je dois me borner à les annoncer comme de simples faits.

28. Le calcul des oppositions et des conjonctions, tel que je viens
de le présenter dans l'exemple précédent, n'est qu'approximatif.
Pour lui donner toute la précision qu'il exige, et dont il est susceptible, il faut y employer certaines précautions, comme aussi
lui ajouter un perfectionnement essentiel, dont je n'ai pas voulu
parler d'abord, pour montrer dans toute sa simplicité le principe
fondamental sur lequel il repose : d'autant que ce perfectionnement
n'y peut être apporté que dans une seconde approximation.

La première précaution à prendre, c'est d'établir ces phénomènes
de concordances relativement au soleil *vrai*, et non pas au soleil
moyen, comme le faisait Ptolémée, et après lui Tycho. Ce fut
Képler qui le premier les reporta au soleil vrai, se fondant sur
la nécessité d'obtenir les directions des rayons vecteurs menés du

centre *réel* de cet astre à la planète, pour connaître suivant quelles lois de mouvement elle circule autour de lui. Il eut à soutenir des luttes très-vives pour introduire cette amélioration dans la méthode, et Tycho n'y donna jamais son assentiment. Sa distinction aurait été à peu près indifférente, si les oppositions n'avaient dû servir qu'à établir les durées des révolutions des planètes, et à construire des Tables qui reproduisissent arithmétiquement leurs positions. C'était à cela que s'était bornée l'ambition des astronomes, jusqu'au temps de Képler. Personne avant lui, pas même Copernic, n'avait osé prétendre à substituer partout, aux lois empiriques des mouvements, les lois physiques, suivant lesquelles ils s'opèrent en réalité.

Une autre précaution qu'il est presque superflu de rappeler aujourd'hui, c'est que les longitudes sur lesquelles on établit les conjonctions ou les oppositions soient conclues d'observations de hauteur et de passage ayant subi toutes les corrections reconnues maintenant nécessaires pour réduire les lieux apparents des astres à leurs lieux vrais, vus du centre de la terre. Au temps de Képler on se bornait à y corriger l'effet du mouvement de précession que l'on supposait uniforme, l'effet de la réfraction atmosphérique imparfaitement évalué, le déplacement optique occasionné par la parallaxe qui s'estimait empiriquement. Il n'en pouvait être autrement alors. La parallaxe qu'il faut appliquer à chaque lieu apparent d'une planète, est l'angle sous lequel le rayon terrestre qui aboutit au zénith de l'observateur est vu du centre de la planète, à la distance où elle se trouve de la terre. Or ces distances ne peuvent être connues, pour chaque instant donné, qu'après qu'on a établi les lois de la circulation des planètes autour du soleil dans leurs orbites propres, les dimensions relatives de ces orbites, et que l'on est parvenu à évaluer la distance absolue d'une d'elles à la terre, en parties du rayon terrestre à un instant connu. Ces lois et ces rapports ont été découverts par Képler, sans avoir une appréciation, ni même une notion exacte, des distances absolues : de sorte qu'il n'a pu y employer que des lieux apparents non corrigés, ou mal corrigés, des parallaxes actuelles propres à chaque planète. Heureusement ici, comme dans la plupart des grands phénomènes astronomiques, le cercle vicieux est sauvé par la petitesse des termes correctifs qui complètent la détermination rigoureuse, ce qui permet de les négliger dans une première approximation, sans que les lois générales s'en trouvent dénaturées. Pour les parallaxes planétaires en particulier, on peut constater ce caractère de petitesse, en jetant les yeux sur le tableau suivant où j'ai rassemblé, par anticipation, leurs plus grandes et plus petites valeurs, telles que nous savons les déterminer aujourd'hui, en y joignant l'indication des circonstances dans lesquelles ces deux extrêmes se réalisent, pour le soleil et les cinq anciennes planètes, les seules que nous devions ici considérer.

Le soleil.

La terre aphélie. Parallaxe minimum.	8″,4339
La terre périhélie. Parallaxe maximum.	8″,7241

Planètes inférieures.

	MERCURE.	VÉNUS.
La terre aphélie, planète aphélie, en conjonction supérieure. Parallaxe minimum	5″,8	4″,9
La terre périhélie, planète aphélie, en conjonction inférieure. Parallaxe maximum	16″,6	33″,6

Planètes supérieures.

	MARS.	JUPITER.	SATURNE.
La terre aphélie, planète aphélie, en conjonction avec le soleil. Parallaxe minimum	3″,2	1″,3	0″,8
La terre aphélie, planète périhélie, en opposition au soleil. Parallaxe maximum.	23″,5	2″,3	1″,1

Au temps de Képler, et plus d'un siècle après encore, on déterminait les époques des oppositions et des conjonctions, par une simple proportionnalité, comme nous l'avons fait pour Jupiter dans le § **27**. Mais depuis on a rendu ces déterminations plus précises, en y faisant concourir plusieurs observations faites à peu de distance du phénomène, comme je l'ai expliqué pour les équinoxes et les solstices aux pages 32-35 du tome IV. Supposons, par exemple, qu'il s'agisse d'une opposition de Jupiter. On possède aujourd'hui des Tables de cette planète qui donnent déjà très-approximativement sa longitude géocentrique pour tout instant assigné. Comme elles sont fondées sur des lois de mouvement continues et révolutives, leurs erreurs locales ne peuvent pas varier par sauts brusques. Elles doivent rester sensiblement constantes pendant des intervalles de temps peu étendus. Ceci admis, soit L une longitude géocentrique de Jupiter, conclue d'observations faites à l'instant t, peu éloigné de l'opposition, et nommons L_1 la valeur que les Tables assignent à cette longitude pour le même instant. Leur erreur locale, déduite de cette comparaison, sera $L - L_1$; et l'on peut admettre que, de là jusqu'à l'opposition, elle restera sensiblement la même. Cherchez alors par ces Tables la longitude L_2 qu'elles indiquent pour le moment de l'opposition. La différence $L_2 - L_1$ pourra être considérée comme exempte d'erreur. Donc, en l'ajoutant à la longitude L, observée hors de l'opposition, la somme $L + L_2 - L_1$ exprimera la valeur qu'on lui aurait trouvée si l'observation eût été faite dans l'opposition précise. Toutes les observations peu antérieures ou postérieures à ce phénomène pouvant y être ainsi réduites, le résultat moyen conclu de leur ensemble sera évidemment plus assuré que si on l'avait déduit d'une seule, parce que leurs erreurs individuelles devront s'y compenser en partie ou en totalité.

Dans l'état actuel de l'astronomie planétaire, les corrections des Tables s'obtiennent par une méthode d'une application plus générale, que j'exposerai en son lieu.

28 bis. Après avoir montré comment on détermine aujourd'hui les oppositions et les conjonctions à l'aide des instruments et des méthodes modernes, il ne sera pas inutile d'indiquer les moyens que les astronomes de l'antiquité employaient pour reconnaître et constater les époques de ce premier genre de phénomènes, le seul qui leur fût accessible, puisque les conjonctions ne sont pas observables à la vue simple. En effet, nous avons reçu d'eux les mouvements moyens des cinq anciennes planètes, déjà si approximativement évalués, que l'on ne trouve à y faire que de très-petites corrections. C'est une avance immense qu'ils nous ont léguée, puisque ces moyens mouvements sont la base fondamentale de

toute l'astronomie planétaire. Il importe donc de savoir comment
ils ont pu les établir.

Pour déterminer les positions du soleil, de la lune et des planètes relativement aux étoiles, ou celles de ces astres mobiles
relativement les uns aux autres, Ptolémée employait un instrument
appelé l'*astrolabe*, qu'il décrit au chap. I du livre V de l'*Almageste*.
Il consistait en un assemblage de cercles métalliques évidés à
l'intérieur, divisés sur leur contour, tournant ensemble autour
d'un axe idéal fixé dans le plan du méridien parallèlement à l'axe
de rotation diurne, et tellement ajustés, que l'un d'eux représentant l'écliptique pouvait être mis en coïncidence avec ce cercle
céleste dans toutes les positions que celui-ci se trouvait successivement occuper au-dessus de l'horizon, à chaque instant. A cet
écliptique matériel étaient adaptés deux cercles de latitude Δ, $\Delta_{,}$,
mobiles autour de ses pôles, et pouvant ainsi être ramenés à volonté sur tous les points de son contour. L'un, $\Delta_{,}$, contenait un
cercle intérieur, mobile dans son plan, lequel portait aux extrémités d'un de ses diamètres deux pinnules, alignées sur son centre ;
de manière qu'en dirigeant la ligne visuelle ainsi définie vers un
point quelconque du ciel, la division tracée sur le cercle intérieur
faisait connaître la latitude de ce point. L'instrument étant ainsi
établi, lorsque l'on pouvait apercevoir simultanément le soleil,
ou une étoile située dans l'écliptique céleste, et la lune ou une
planète, on amenait l'écliptique matériel à passer par le soleil
ou par l'étoile, et l'on fixait le cercle de latitude Δ au point d'intersection. Puis on amenait le cercle mobile $\Delta_{,}$ sur l'astre qu'on
voulait leur comparer, et l'on dirigeait les pinnules vers lui, en
maintenant la coïncidence sur Δ ; cela faisait connaître à cet instant sa latitude absolue, et sa différence de longitude avec le soleil
ou l'étoile auxquels on l'avait ainsi rapporté. La longitude absolue
de ceux-ci étant censée connue pour l'instant de l'observation,
l'on en concluait celle de l'autre.

En réitérant la même manœuvre sur une planète supérieure,
pendant plusieurs nuits consécutives, dans les temps où on la
voyait se lever un peu après le coucher du soleil, ou se coucher
un peu avant son lever, on en pouvait conclure, par une interpo-

lation facile, l'instant où elle se trouvait en opposition exacte avec lui, à peu près comme nous le faisons nous-mêmes, si ce n'est que les différences diurnes des longitudes étaient mécaniquement mesurées par l'astrolabe bien moins exactement que nous ne les obtenons. C'est ainsi que Ptolémée a déterminé les oppositions qu'il dit avoir observées lui-même. Il semble insinuer que l'astrolabe aurait été inventé par lui. Mais comme il rapporte des oppositions observées par Hipparque, dont les éléments sont donnés exactement sous la même forme, il est vraisemblable qu'il n'a fait qu'en continuer et s'en approprier l'usage.

Ptolémée s'est également servi de l'astrolabe pour déterminer les maxima d'élongation des planètes inférieures, dont les conjonctions ne sont pas observables à la vue simple. Il est encore à présumer qu'Hipparque l'avait précédé dans cette application, qui lui devenait nécessaire pour obtenir les périodes moyennes de ces phénomènes que Ptolémée rapporte d'après lui, et que nous aurons tout à l'heure l'occasion d'exposer.

Mais il faudrait faire remonter l'emploi de cet instrument beaucoup plus haut, si l'on voulait supposer que les données anciennes qu'Hipparque a fait entrer dans ses calculs des mouvements moyens ont été obtenus ainsi. Toute l'antiquité nous atteste que depuis des temps très-reculés les Chaldéens et les Égyptiens observaient assidûment les levers du soleil, de la lune, des étoiles et des planètes. Au chap. V du livre IV de l'*Almageste*, Ptolémée emploie trois éclipses de lune qu'il dit *avoir choisies parmi celles qui ont été observées par les Chaldéens à Babylone*; et, ajoute-t-il, *il est écrit* que la plus ancienne de ces trois arriva dans la 1re année du roi assyrien Mardocempal, laquelle remonte à 720 ans avant l'ère chrétienne. Il ne leur a pas emprunté d'éclipses de soleil, qui ne pouvaient lui servir pour l'établissement de ses théories, d'où l'on ne doit nullement conclure qu'ils n'en auraient ni vues, ni mentionnées dans leurs registres. Le seul établissement de la période luni-solaire de $6585\frac{1}{3}$ suppose une longue série d'observations attentivement suivies et comparées. Quant aux levers et aux couchers des planètes, Ptolémée, au chap. VII du livre XIII, reconnaît que les meilleures observations de ces phénomènes, et les plus nombreuses, ont été faites par les Chaldéens sur le parallèle de la Phénicie; et par les Égyptiens, ainsi que par les Grecs, sur des parallèles peu différents. A la vérité, au chap. II du livre IX, il expose avec raison les incertitudes que ce genre d'observations présente pour la détermination des inégalités planétaires. Mais il ne dit pas l'utilité dont elles ont pu être pour déterminer les périodes des mouvements moyens; et sur ce point, je crois essentiel de suppléer à son silence. Car sans ce secours il me semblerait inexplicable qu'Hipparque eût pu déterminer ces périodes aussi exactement que je montrerai qu'il l'a fait.

28 *ter*. Pour justifier cette assertion, je considérerai d'abord les oppositions des planètes supérieures, et je prends comme exemple celle de Jupiter. Aux époques où elles arrivent, Jupiter se lève quand le soleil se couche, et se couche quand il se lève. On ne peut l'apercevoir à la vue simple, à ces deux instants. Mais quelques jours *avant* l'opposition, Jupiter se lève *après* que le soleil est couché, comme la *fig.* 5, *Pl. II*, le représente, et il est perceptible alors à l'horizon oriental, si l'abaissement vertical du soleil, au-dessous de l'horizon, atteint ou excède une certaine limite angulaire que je désignerai par H. Cette limite est nécessairement différente pour les différentes planètes, en raison de leur éclat inégal. Mais, dans les démonstrations que je vais avoir ici à exposer, nous n'aurons pas besoin de lui assigner des valeurs numériques. Il suffira d'admettre généralement que l'on attribue au symbole H, celle qui convient à chaque planète, dans les conditions d'aspect où on la suppose actuellement placée relativement au soleil et à l'observateur.

Revenons à la *fig.* 5. Elle est construite en projection orthogonale sur le plan du vertical d'est et ouest, coupant celui de l'horizon local, suivant la droite HH. T y désigne la terre, J Jupiter se levant à l'orient, et ⊙ le soleil placé au même instant sous l'horizon occidental, à un degré d'abaissement vertical que je suppose d'abord plus grand que H. Dans ces circonstances, on verra Jupiter quand il se lève. Mais on ne le verra pas quand il se couche, parce que l'angle JT⊙ étant moindre que 180°, lorsque le mouvement révolutif de la sphère céleste ramènera le soleil à l'horizon oriental, Jupiter se trouvera au-dessus de cet horizon en J_1, ce qui le rendra invisible. Le replaçant donc à son lever en J, et le soleil en $\odot$, l'excès du mouvement propre de cet astre sur celui de J fera que de jour en jour, ou plutôt de soir en soir, l'angle $H_1T\odot$ deviendra moindre que dans la première observation; et quand il aura atteint la limite H_1, Jupiter sera visible à son lever du soir, *pour la dernière fois*. Soit E_1 la date de jour et d'heure à laquelle on observe ce dernier lever visible; et désignons par E celle de l'opposition suivante qui s'opérera quand le soleil se couchera dans l'horizon TH_1, Jupiter se levant en J. E_1 précédera E d'un certain intervalle de temps t_1, qui sera celui que le soleil emploiera pour remonter l'arc limite d'abaissement H_1, par l'excès de son mouvement propre sur celui de Jupiter. On aura donc

$$(1) \qquad\qquad E = E_1 + t_1,$$

où t_1 a une valeur déterminée qui reste inconnue.

À l'instant E l'angle $JT\odot$ est devenu égal à $180°$. Par conséquent, si l'on construit la *fig.* 6 sur le même mode de projection que la *fig.* 5, et qu'on y suppose Jupiter se couchant en J, à ce même instant le soleil sera en H, dans l'horizon opposé. Mais le mouvement propre de cet astre continuant d'agir sur lui dans le même sens que précédemment, il se trouvera progressivement de plus en plus abaissé sous l'horizon oriental, quand Jupiter se couchera en J. Il arrivera donc ainsi un jour où cet abaissement vertical atteindra la limite H_2, et alors Jupiter deviendra visible à son coucher *pour la première fois*. Soit E_2 la date de jour et d'heure, à laquelle on observe ce premier coucher visible du matin. E précédera E_2 d'un certain intervalle de temps t_2 qui sera celui que le soleil aura employé pour descendre l'arc limite d'abaissement H, par l'excès de son mouvement propre sur celui de Jupiter. On aura donc alors

$$(2) \qquad\qquad E = E_2 - t_2,$$

Dans ce second cas, l'angle $\odot TJ$ étant moindre que $180°$, lorsque le mouvement révolutif de la sphère céleste ramènera Jupiter dans l'horizon oriental H, le soleil se trouvera au-dessus de ce plan, dans la position $\odot_2$, par conséquent Jupiter ne sera plus visible à son lever.

A la rigueur t_2 est différent de t_1, parce que l'excès du mouvement propre du soleil sur celui de la planète n'est pas identiquement le même aux deux époques E_1, E_2. Mais comme elles ne sont séparées l'une de l'autre que par un petit nombre de jours, l'erreur que l'on commettrait, en le supposant égal, sera fort petite, et probablement au-dessous de celles que comportent les observations des deux phases limites. En admettant cette tolérance, on aura

$$E = \tfrac{1}{2}\,(E_1 + E_2).$$

On conclura donc ainsi très-approximativement l'instant de l'opposition par des observations faites à la vue simple.

28 *quater*. Hipparque en a-t-il trouvé de telles, qui lui parussent assez sûres pour être employées immédiatement? Nous l'ignorons. Mais quand il a voulu déterminer les durées moyennes des révolutions synodiques, ce qui est un des résultats les plus importants que nous ayons de lui, il a pu très-légitimement les conclure des retours de chaque planète à une même phase, soit de lever du soir, soit de coucher du matin, en combinant, par couples, des époques E_1 ou E_2, qui comprissent entre elles des révolutions complètes ou presque complètes de la planète dans son orbite propre. Or cette condition d'accouplement est précisément celle qu'il s'est imposée dans tous ses calculs des périodes planétaires, et je montrerai plus loin comment il est parvenu à la remplir.

Il a pu encore, sous cette même condition, obtenir, quoique plus difficilement, des résultats analogues pour les planètes inférieures, par les observations de leurs retours, à leurs plus grandes élongations de même sens et d'égale amplitude. C'était le seul élément de comparaison que les procédés pratiques de son temps pussent lui fournir.

Je suis entré dans ces détails, parce que les périodes d'Hipparque ont été la base fondamentale de toute l'astronomie planétaire. Nous reconnaîtrons bientôt qu'elles sont d'une précision à peine croyable. Il m'a paru indispensable de faire connaître exactement la nature des données d'où il a pu les conclure.

Section II. — *Détermination expérimentale des mouvements moyens synodiques, périodiques et sidéraux des cinq planètes.*

29. La *révolution synodique* d'une planète est l'intervalle de temps qui s'écoule entre deux de ses retours consécutifs à l'opposition ou à la conjonction. La *révolution périodique*, et la *révolution sidérale* sont les intervalles de temps que la planète emploie, en décrivant son orbite propre, pour revenir à une même longitude comptée de l'équinoxe mobile, ou d'un point de l'écliptique absolument fixe. Le premier genre de révolution est le seul qui s'observe immédiatement. Les deux autres s'en concluent par le calcul numérique, quand on a établi les lois du mouvement réel de la terre, ou du mouvement apparent du soleil. Nous avons, dans ce qui précède, tous les éléments nécessaires pour effectuer cette déduction.

30. Je prends d'abord comme exemple une planète supérieure partant de l'opposition. Conformément aux notations que nous avons établies dans la section précédente, soit σ le mouvement synodique diurne de la planète, compté de cet instant; ϖ son mouvement diurne héliocentrique, et τ celui de la terre, l'un et l'autre sidéraux. D'après ce que nous avons démontré § 25, il y aura entre ces trois quantités la relation générale

$$(1) \qquad \sigma = \tau - \varpi.$$

Laissons ces mouvements se continuer pendant un temps connu t, et désignons par de grandes lettres correspondantes, Σ, Θ, Π, les angles respectifs qu'ils auront fait simultanément décrire, dans les conditions réelles d'uniformité ou de variabilité qui ont pu naturellement y exister. Ces angles résultants auront entre eux une relation de sommes, tout à fait pareille à la précédente. Ce qui donnera de même

$$[2] \qquad \Sigma = \Theta - \Pi.$$

Supposons que l'on observe les instants du retour de la planète à une ou plusieurs oppositions consécutives. Σ se composera d'un certain nombre de circonférences entières, qui sera connu par ces observations. Θ pourra se calculer par la théorie du mouvement de la terre, puisque ce sera l'angle total qu'elle aura décrit autour du soleil, en vertu de son mouvement sidéral, pendant l'intervalle de temps t compris entre les oppositions que l'on a choisies pour termes extrêmes. Ces deux éléments étant ainsi connus, l'équation [2] donnera l'angle total Π que la planète a dû décrire par son mouvement *sidéral* propre, dans le même intervalle de temps.

Établissons maintenant l'équation (2), entre les mouvements diurnes *périodiques*, ou de longitude ϖ', τ', comptés de l'équinoxe mobile, comme dans le § 23 *bis*. Elle deviendra

$$(2)' \qquad \sigma = \tau' - \varpi'.$$

Alors, son application continuée pendant le temps t donnera en somme

$$[2]' \qquad \Sigma = \Theta' - \Pi',$$

Θ' et Π' étant les arcs de longitude que la terre et la projection de la planète sur l'écliptique ont décrits à partir du point équinoxial mobile pendant le temps t. Si t comprend un nombre entier connu d'oppositions, Σ se composera du même nombre de circonférences complètes. L'arc Θ' pourra s'évaluer, étant celui que la terre décrit en longitude pendant le temps t, en vertu de son mouvement *tropique*. L'équation donnera donc Π', c'est-à-dire l'arc décrit par la planète parallèlement à l'écliptique, en vertu de son mouvement périodique, pendant le même temps t.

Mais dans ces deux cas d'application, il y a une précaution importante à prendre, pour que les équations [2] ou [2]' donnent des valeurs de Π ou de Π' réellement moyennes, c'est-à-dire dans lesquelles les inégalités du mouvement propre de la planète, aient dû détruire mutuellement leurs effets individuels. Cette compensation s'opérera évidemment par un artifice très-simple et unique, lequel n'a pas échappé à la sagacité d'Hipparque. Il faut prendre le nombre de révolutions synodiques Σ, tel qu'il embrasse un nom-

bre entier, ou presque entier, d'années soit tropiques, soit sidérales. Car alors l'angle total Θ contiendra un nombre complet ou
presque complet de circonférences C, qui auront été décrites par
la terre autour du point équinoxial mobile, ou autour du point
fixe de l'écliptique que l'on aura pris pour origine des longitudes.
Et, comme Σ contiendra toujours un nombre entier exact de circonférences C, la différence $\Theta - \Sigma$ donnera aussi un nombre entier ou presque entier de circonférences complètes C, décrites par
la planète sur son orbite propre; de sorte que les inégalités locales de son mouvement s'étant toutes entièrement accomplies, et
ayant repris les mêmes valeurs dans les points extrêmes où on la
ramène, l'arc II ou II' ainsi conclu donnera réellement son mouvement moyen, sidéral ou périodique, quels que puissent être le
nombre et l'étendue des inégalités qu'elle subit, dans les diverses
portions de sa révolution autour du soleil.

Par exemple : suivant les déterminations d'Hipparque, que
Ptolémée rapporte, et que je traduis dans notre langage actuel,
Saturne fait 57 révolutions synodiques en 59 années *tropiques*,
plus $1\frac{1}{2}\frac{1}{4}$; et, pendant ce même intervalle de temps, Saturne, par
son mouvement propre de longitude, décrit autour du point équi-
noxial mobile 2 circonférences complètes, plus $1°\frac{2}{3} - \frac{3}{70}$, c'est-à-
dire plus $1° 43'$ (*Almag.*, liv. IX, chap. III). Mettons ces données
dans notre formule [2], et voyons si le mouvement propre de la
planète qui en résulte est conforme à l'énoncé de l'astronome grec.

Σ est ici 57 C. Les 59 années tropiques donnent en arc 59 C,
décrites autour de l'équinoxe mobile. Pour convertir de même en
arc la portion complémentaire $1\frac{1}{2}\frac{1}{4}$; comme Ptolémée a dû le
faire, il faut prendre dans ses Tables du soleil, au livre III de l'*Almageste*, le mouvement *moyen* de cet astre pour un pareil intervalle de temps. On trouve ainsi, en poussant les évaluations jusqu'aux tierces :

		°	'	"	'"
Pour	1^d	0	59	8	17
	$\frac{1}{2}$	0	29	34	8
	$\frac{1}{4}$	0	14	47	4
Somme pour	$1^d\frac{1}{2}\frac{1}{4}$	1	43	39	29

Ptolémée a négligé les secondes de degré. En faisant comme lui,
nous aurons donc

$$\Theta' = 59\,C + 1^{\circ}.43';$$

et comme on a

$$\Sigma = 57\,C,$$

il en résultera

$$\Pi' = \Theta - \Sigma = 2\,C + 1^{\circ}.43';$$

c'est précisément le résultat qu'il admet. Nous discuterons tout à
l'heure le degré d'exactitude de cette détermination. Pour le moment, je me borne à la reproduire par nos formules telle que Ptolémée l'a donnée.

31. Je considère maintenant les conjonctions des planètes inférieures. Pour celles-ci, d'après les §§ 18 et 20, la relation des
mouvements angulaires diurnes, soit sidéraux, soit périodiques,
sera toujours

$$(1)\qquad \sigma = \varpi - \tau;\qquad\qquad (1)'\qquad \sigma = \varpi' - \tau'.$$

Et en laissant ces mouvements se continuer pendant un temps
connu quelconque, les angles simultanément décrits auront entre
eux les relations analogues

$$[1]\qquad \Sigma = \Pi - \Theta,\qquad\qquad [1]'\qquad \Sigma = \Pi' - \Theta'.$$

La précaution à prendre, pour qu'elles donnent des valeurs de
Π ou de Π' appartenant en réalité au mouvement moyen de la planète, sera la même que tout à l'heure. Il faudra établir le calcul sur
des conjonctions qui soient séparées les unes des autres par des
nombres entiers, ou à peu près entiers, d'années complètes, soit
sidérales, soit tropiques. C'est encore ce qu'Hipparque a fait, ou
du moins il a procédé d'une manière équivalente.

Les observations de ce temps se faisaient à la vue simple. Ni
Mercure, ni Vénus même, ne pouvaient être aperçus ainsi dans leurs
conjonctions avec le soleil. Mais la formule $[1]$ n'exige pas nécessairement que l'on parte de cette phase. Elle suppose seulement
que les trois angles Σ, Θ, Π soient décrits en temps égaux, et que
l'angle Σ ramène la planète à une élongation égale ainsi que de

même sens autour du soleil. L'opposition n'a que l'avantage, et il est considérable, de fixer plus précisément l'identité des conditions du départ et du retour. Ne pouvant y recourir, Hipparque a dû établir ses comparaisons entre les époques où Mercure et Vénus revenaient à *leurs plus grandes élongations*, surtout à celles qui offraient des maxima absolus d'écart, puisque ce caractère marquait plus évidemment le retour de ces planètes à une position plus spécialement identique. Ceci convenu, il ne restait plus qu'à choisir des périodes après lesquelles les retours des conditions signalées se trouvassent concorder avec des nombres à peu près entiers d'années; et c'est ce qu'Hipparque a fait encore.

Ainsi, au même chapitre de l'*Almageste* déjà cité, Ptolémée nous apprend que, d'après les déterminations d'Hipparque, Vénus fait 5 retours pareils en 8 années *tropiques* moins $2^j \frac{1}{18}$: et, pendant ce même intervalle de temps, son mouvement propre de longitude lui fait décrire, autour du point équinoxial mobile, 5 plus 8, ou 13 circonférences complètes, moins $2° \frac{1}{4}$.

Ici nous avons d'abord Σ égal à 5 C. Les 8 années tropiques converties en arc font 8 C, dont il faut retrancher le mouvement du soleil pour $2^j \frac{1}{18}$. D'après les Tables de Ptolémée, cela équivaut à $2° 16' 1''$, qu'il réduit, en nombres ronds, à $2° \frac{1}{4}$. Les données à substituer dans notre formule [1] seront donc

$$\Sigma = 5C, \quad \Theta' = 8C - 2''\tfrac{1}{4};$$

d'où résulte

$$\Pi' = \Sigma + \Theta = 13C - 2°\tfrac{1}{4}.$$

C'est l'énoncé de Ptolémée. Dans ce calcul, comme dans le précédent, l'arc total décrit par le soleil, ou par la terre, en une année tropique, ayant été supposé égal à une circonférence complète C, les arcs, introduits en somme dans l'expression de Θ', se trouvent également comptés à partir du point équinoxial mobile Υ. De sorte que les valeurs de Π' qui se déduisent des équations [1]' et [2]', ainsi interprétées, appartiennent au *mouvement périodique ou de longitude* de la planète, lequel se compte à partir de la même origine, comme nous l'avons expressément remarqué.

52. Je rassemble, dans le tableau suivant, les résultats de ce genre que Ptolémée rapporte d'après Hipparque.

TABLEAU A.

DÉSIGNATION des planètes par leurs noms et leurs caractères symboliques.	NOMBRE et amplitude totale des révolutions synodiques. Σ.	LEUR DURÉE totale exprimée en années tropiques A et en jours solaires. D.	ARC TOTAL décrit par la planète en vertu de son mouvement périodique, ou de longitude H', pendant le temps D.	ÉVALUATION DE D en jours solaires, en faisant A égal à $365J\frac{1}{4}-\frac{1}{717}$ ou $365J,2466667$, comme Ptolémée.	ÉVALUATION ANALOGUE donnée par Ptolémée, en jours et soixantièmes, appelés des *minutes* de jours par les astronomes anciens.
Saturne ♄	5_7 C	$59 A + 1\frac{1}{4}$	$2 C + 1.43$	$21551,30333\ 38$	$21551.18 = 21551,3000$
Jupiter ♃	65 C	$71 A - 4\frac{2}{15}$	$6 C - 4.50$	$25927,61333\ 57$	$25927.37 = 25927,6167$
Mars ♂	3_7 C	$79 A + 3\frac{15}{16}$	$42 C + 3.10$	$28857,70333\ 60$	$28857.53 = 28857,8833$ (faut¹)
Vénus ♀	5 C	$8 A - 2\frac{4}{15}$	$13 C - 2.15$	$2919,67333\ 36$	$2919.40 = 2919,6667$
Mercure ☿	145 C	$46 A + 1\frac{1}{15}$	$191 C + 1$	$16802,38000\ 15$	$16802.24 = 16802,4000$

Les quatre premières colonnes de ce tableau n'ont pas besoin d'explication. Ce sont les données mêmes que Ptolémée rapporte. La cinquième contient l'expression des intervalles D en jours, calculés d'après la durée qu'il attribuait à l'année tropique A. La sixième présente l'expression des mêmes intervalles telle qu'il l'a donnée. Le peu de différence qui se trouve entre ses nombres et les nôtres, prouve l'identité de l'année A, d'où les uns et les autres sont conclus. Cette différence s'explique en remarquant qu'il a exprimé les fractions de jours par des nombres entiers de minutes, c'est-à-dire de soixantièmes de jour, tandis que nous en avons poussé l'appréciation jusqu'à des décimales plus éloignées. Mais ces évaluations approximatives suffisaient pour les applications qu'il en voulait faire, devant y entrer divisées, par les coefficients de C dans la deuxième colonne de notre tableau. La valeur de D qu'il attribue à Mars est fautive dans la portion fractionnaire. Il aurait dû écrire 42' au lieu 53'; et ceci n'est pas simplement une faute de copiste, car les Tables des mouvements moyens de Mars donnés par Ptolémée ne reproduisent qu'incomplétement la période d'où elles sont censées déduites. Elles sont inexactes dans les fractions d'heures.

Ptolémée ne nous apprend point comment Hipparque est parvenu à déterminer les nombres entiers de révolutions synodiques rapportées dans la deuxième colonne; ni pourquoi il a choisi tel multiple entier de chaque révolution, plutôt que tel autre. Il nous dit seulement que ces multiples sont *les moindres* qui accordent d'aussi près les temps de ces révolutions avec la durée de l'année. Je reviendrai sur ce sujet dans une Note spéciale que l'on trouvera à la suite du présent chapitre; et nous serons conduits, par des méthodes directes, identiquement à ces mêmes multiples qu'Hipparque avait préférés. Pour le moment, j'admets ces résultats tels que Ptolémée les rapporte, et je vais les prendre pour base de raisonnement.

Les résultats consignés dans la quatrième colonne lui servent seulement pour montrer que les périodes choisies ont bien pour effet que chaque planète ait décrit, en longitude, un nombre presque complet de circonférences, pendant leur durée. En divisant chacun de ces arcs par la valeur correspondante de D, convertie en jours, telle que la cinquième colonne l'exprime, il aurait obtenu immédiatement le mouvement *périodique* moyen de chaque planète dans l'intervalle d'un jour, que j'ai désigné par m' pour le distinguer du moyen mouvement *sidéral* diurne, qui est représenté dans nos formules par m. Mais les hypothèses mathématiques dont il faisait usage l'ont conduit à opérer différemment, quoique d'une manière équivalente. Elles exigeaient que l'on connût séparément, pour chaque planète, non-seulement le mouvement périodique moyen Π', afférent à tout intervalle de temps assigné, mais encore le mouvement synodique moyen Σ, correspondant au même temps, et qu'il appelait le *mouvement d'anomalie*. Alors, afin d'abréger le travail, il a d'abord calculé directement les valeurs de σ, pour un intervalle d'un jour, en divisant les arcs marqués dans la deuxième colonne de notre tableau par les nombres de jours et de fractions de jours employés à le décrire; c'est-à-dire par les valeurs de D que j'ai rapportées dans la sixième colonne : opération qu'il a poussée jusqu'à des subdivisions sexagésimales très-éloignées. De là il déduit, par multiplication, les sommes de cet élément σ, accumulées pendant des nombres de jours, de mois et d'années, autant que cela lui a paru nécessaire. Après cela, d'accord avec nos formules

$$[1]' \qquad\qquad \Pi' = \Theta' + \Sigma,$$

$$[2]' \qquad\qquad \Pi' = \Theta' - \Sigma,$$

il a obtenu les valeurs correspondantes du moyen mouvement périodique Π', en prenant les valeurs homochrones de Θ' dans ses Tables du soleil déjà calculées, puis les ajoutant à celles de Σ pour les planètes inférieures, et en retranchant Σ pour les planètes supérieures. C'est ainsi qu'il a formé, avec le moins de travail possible, les Tables étendues des moyens mouvements synodiques et périodiques des cinq planètes qui sont consignées dans le livre IX de son ouvrage (*).

Pour donner un exemple de ces opérations qui nous deviendra tout à l'heure spécialement utile, je choisis Saturne. En divisant $57\,\text{C}$ ou $20520°$ d'anomalie, par $21551°,3$ qu'il suppose être le temps employé à les décrire, il obtient le moyen mouvement synodique de Saturne en un jour, qui est dans notre notation σ; et il trouve en subdivisions sexagésimales,

$$\sigma = 0°\ 57'\ 7''\ 43'''\ 11^{\text{iv}}\ 43^{\text{v}}\ 40^{\text{vi}};$$

(*) Ces Tables ont une disposition différente pour les deux ordres de planètes. Dans celles qui concernent les inférieures, Mercure et Vénus, la première colonne de chaque page présente le moyen mouvement de longitude Θ' du soleil pour l'intervalle de temps considéré, mouvement pris dans les Tables solaires du livre III. La deuxième colonne contient le moyen mouvement synodique ou d'*anomalie* Σ, calculé pour le même intervalle de temps, d'après les périodes d'Hipparque. Mais la somme $\Theta' + \Sigma$ qui exprime le moyen mouvement périodique Π' de la planète, reste à faire. Dans les Tables relatives aux planètes supérieures, au contraire, la première colonne de chaque page présente la différence $\Theta' - \Sigma$ ou Π' tout effectuée; la deuxième présente les valeurs de Σ calculées pour le même intervalle de temps.

or le mouvement diurne moyen du soleil en longitude est, d'après ses Tables,

$$\tau' = 0^\circ\, 59'\, 8''\, 17'''\, 13^{iv}\, 12^v\, 31^{vi}.$$

De là il conclut, par différence,

$$\varpi' = \tau' - \sigma = 0^\circ\, 2'\, 0''\, 33'''\, 31^{iv}\, 28^v\, 51^{vi};$$

ce qui, converti en fractions décimales de secondes de degré, équivaut à

$$\varpi' = 120''\, 55874\, 46759\, 2.$$

C'est le mouvement diurne moyen de Saturne en longitude, que Ptolémée admet. Or la valeur de σ qu'il conclut des périodes d'Hipparque est un peu trop forte dans les fractions de seconde. Celle de τ' qu'il lui associe est, au contraire, un peu trop faible, parce qu'il supposait l'année tropique plus longue qu'elle ne l'était en réalité. Ces deux erreurs concourent donc pour lui donner une valeur trop faible de ϖ', comme nous aurons l'occasion de le reconnaître ultérieurement.

55. Le mouvement synodique moyen d'une planète, et son mouvement sidéral moyen, sont des quantités qui restent les mêmes dans tous les siècles. Ce sont là par conséquent les deux éléments qu'il faut nous attacher à déduire des périodes d'Hipparque pour apprécier leur justesse, ce qui est surtout le point que nous pouvons avoir aujourd'hui intérêt à examiner. Afin d'y procéder avec sûreté, et simplicité, je vais tirer d'abord de ces périodes les durées des révolutions synodiques *moyennes*, puis celles des révolutions *sidérales*, en jours; et je comparerai ces évaluations à celles que fournissent les observations modernes, considérées comme parfaites relativement aux données analogues qu'Hipparque a pu employer.

Les durées moyennes des révolutions synodiques se déduisent immédiatement de notre tableau A, en divisant les nombres de jours D, rapportés dans la cinquième colonne, par les coefficients numériques de C, dans la deuxième. J'exprime les résultats de ces divisions sous deux formes : en subdivisions sexagésimales, et en subdivisions décimales de jour, les premières étant d'un

usage habituel, qui nous donne le sentiment intime de leurs valeurs, et les dernières étant plus commodes pour les calculs numériques. J'ai pris les déterminations modernes dans l'*Astronomie*
de Schubert, tome II, page 142. Il les a déduites des valeurs que
Laplace assigne aux durées des révolutions sidérales, dans la *Mécanique céleste*. Ce grand ouvrage étant aujourd'hui la base de
toutes nos études astronomiques, les données qui y sont admises
m'ont paru offrir les types de comparaison les plus convenables
que je pusse choisir, malgré les légères modifications que les travaux ultérieurs ont pu y apporter.

TABLEAU B.

NOMS et désignations symboliques des planètes.	DURÉES DE LEURS RÉVOLUTIONS SYNODIQUES		EXCÈS des évaluations grecques.
	d'après les déterminations modernes.	d'après les périodes d'Hipparque.	
	j h m s	j h m s	m s
Saturne ♄ ...	378. 2.12.49,63 (02224 1088)	378. 2.13.58,74 (02304095)	+ 1. 9,11
Jupiter ♃	398.21.12.58,47 (98401 01978)	398.21.16.21,43 (98855 976)	+ 3.22,95
Mars ♂	779.22.28.32,75 (88040 0162)	779.22.30.37,06 (98791 89)	+ 2. 4,31
Vénus ♀	583.22. 6.55,88 (92148 009)	583.22.25.55,19 (90466 000)	+18.59,31
Mercure ☿ ...	115.21. 3 34,19 (87747 899)	115.21. 5. 9,11 (87818 277)	+ 1.34,92

54. La dernière colonne de ce tableau nous montre ce qu'il y
avait d'imparfait dans les évaluations d'Hipparque. Ces imperfections tiennent à deux causes : aux erreurs des observations d'a-
bord, puis à la durée inexacte attribuée par lui et par Ptolémée
à l'année tropique A. Celle-ci, étant trop longue, donne des valeurs
trop grandes à D, et par suite à S ; ce qui explique le signe posi-

tif de tous les écarts exprimés dans la dernière colonne. Ces écarts portant sur des résultats conclus d'observations faites à la vue simple, sont d'une petitesse remarquable, excepté pour Vénus. Mais l'inexactitude particulière de la valeur de S propre à cette planète se conçoit très-bien, d'après la brièveté de la période à laquelle Hipparque s'est arrêté. Car, n'embrassant que cinq révolutions synodiques, le coefficient 5 était trop petit pour éteindre suffisamment les erreurs de l'intervalle D, provenant des deux causes que j'ai ci-dessus mentionnées; surtout si l'on considère que, pour les deux planètes inférieures, cet intervalle ne pouvait se conclure que de leurs retours à des maxima d'élongation, desquels l'instant précis ne saurait être assigné qu'avec beaucoup d'incertitude, comme Ptolémée en fait la remarque. Acceptant donc ces résultats, tels qu'il nous les a transmis, je vais en conclure les durées des révolutions sidérales, qui ont servi de point de départ à tous les astronomes postérieurs.

33. Ces dernières sont en effet les éléments fondamentaux de la théorie des planètes, parce qu'elles se maintiennent éternellement constantes. On les extrait immédiatement des révolutions synodiques, quand on connaît la durée de la révolution sidérale du soleil, qui représente aussi celle de la terre. Il ne faut pour cela que s'appuyer sur les équations générales

(1) $\sigma = \varpi - \tau$,   qui s'applique aux planètes inférieures,

(2) $\sigma = \tau - \varpi$,   qui s'applique aux planètes supérieures,

comme nous l'avons prouvé précédemment.

En effet, nommons S et P les durées des révolutions synodique et sidérale d'une planète, la première ayant été observée dans les conditions choisies par Hipparque, de manière qu'elle soit attribuable au mouvement moyen. Soit T la révolution sidérale de la terre. D'après ces définitions, les trois mouvements diurnes σ, ϖ, τ, pris dans ces trois genres de révolutions, auront respectivement les valeurs suivantes, où C représente une circonférence complète,

$$\sigma = \frac{C}{S}; \quad \varpi = \frac{C}{P}; \quad \tau = \frac{C}{T}$$

Et en les substituant dans les équations (1) et (2), celles-ci, dégagées du facteur commun C, donneront,

Pour les planètes inférieures :

$$\frac{1}{S} = \frac{1}{P} - \frac{1}{T}, \quad \text{d'où l'on tire} \quad (3) \quad P = \frac{ST}{S+T} = T - \frac{T^2}{S+T};$$

Pour les planètes supérieures :

$$\frac{1}{S} = \frac{1}{T} - \frac{1}{P}, \quad \text{d'où l'on tire} \quad (4) \quad P = \frac{ST}{S-T} = T + \frac{T^2}{S-T}.$$

Donc, T étant connu, si S est observé, P se déduira numériquement de ces expressions dans les deux cas.

Soit maintenant P' la révolution périodique de la planète, celle qui s'opère autour du point équinoxial mobile ♈. Si l'on admet, avec Laplace, que ce point rétrograde sur l'écliptique de $50'',1$, en une année julienne de $365^j,25$, son mouvement de rétrogradation diurne sera

$$\delta\psi = \frac{50'',1}{365^j,25} = 0'',137\,16\,6324\ldots$$

En l'ajoutant au mouvement sidéral diurne ϖ de la planète, on aura son mouvement périodique diurne ϖ', qui sera

$$\varpi' = \varpi + \rho.$$

De là on déduira la révolution périodique de la planète,

$$P' = \frac{C}{\varpi + \delta\psi'}.$$

Mais P étant la révolution sidérale, nous avons déjà

$$P = \frac{C}{\varpi}.$$

Donc en éliminant C on aura

$$(5) \qquad P' = \frac{P\varpi}{\varpi + \delta\psi'} = P - \frac{P\,\delta\psi'}{\varpi + \delta\psi'}.$$

Pour montrer l'usage de ces formules, cherchons la valeur de P pour Mercure, d'après celle de S que fournissent les périodes d'Hipparque. Ce sera une application de l'équation (3). Dans ce cas, les déterminations modernes, bien plus sûres que les anciennes, nous donneront d'abord

$$T = 365^j,2563835.$$

La valeur de S qui se conclut des périodes d'Hipparque, étant mise sous la même forme, est, selon notre tableau B,

$$S = 115^j,87848277, \quad \text{d'où} \quad S + T = 481^j,13486627.$$

Le calcul du terme additionnel à T, dans l'expression de P, semble devoir être fort pénible à faire exactement, avec des nombres qui contiennent autant de décimales. Mais on le rend très-aisé, et très-rapide même, en n'y employant que les Tables ordinaires de logarithmes, au moyen d'un artifice arithmétique dont j'ai déjà plusieurs fois indiqué l'usage. En effet, on a rigoureusement

$$T^2 = 133412,2256874990\,7225;$$

et approximativement

$$\log T^2 = 5,1251956, \qquad \log (S + T) = 2,6822668.$$

De là on tire, toujours par approximation,

$$\log \left(\frac{T^2}{S + T} \right) = 2,4429288 \quad \text{et} \quad \frac{T^2}{S + T} = 277^j,286;$$

pour abréger, représentons S + T par D; et faisons

$$\frac{T^2}{D} = 277^j,286 + y.$$

Effectuez la multiplication exacte de D par 277,286; puis retranchez le produit de T^2, vous trouverez, par différence,

$$y = + \frac{0,26315\,89558\,5}{D}.$$

Alors, en évaluant le second membre par les Tables ordinaires de logarithmes, employées conformément aux règles de proportionnalité prescrites pour leurs applications usuelles, on obtiendra, comme valeur approximative,

$$y = + 0^j,0054\,6954.$$

Si l'on veut éprouver le degré d'exactitude de ce résultat, il n'y a qu'à lui ajouter une inconnue corrective y', en l'employant comme multiplicateur de D; puis, formant l'expression de y' par différences, on reconnaîtra que ses huit premiers chiffres sont exacts, de sorte qu'il n'est pas nécessaire de pousser le calcul plus loin, puisqu'il comprend déjà plus de décimales que n'en contiennent T et S. Toutefois, cette épreuve montrera que le huitième chiffre peut être avantageusement augmenté d'une unité. Faisant donc cette modification, en ajoutant y à la portion du quotient précédemment trouvée, on aura, au même degré d'approximation,

$$\frac{T}{S+T} = 277^j,28654\,696$$

et comme on a $\qquad T = 365\,,25638\,350$

il en résultera $\qquad P = 87\,,96983\,654$

C'est la révolution sidérale de Mercure qui se déduit des périodes synodiques admises par Hipparque. Le même procédé donnera aussi aisément celles des autres planètes. Seulement, pour Jupiter et Saturne, les valeurs de P embrassant des nombres de jours fort considérables, la correction y du premier quotient ne s'obtiendra pas du premier coup dans tous ses chiffres nécessaires; et il faudra les compléter par une seconde y', qui s'y appliquera selon les mêmes principes.

56. Je présenterai tout à l'heure l'ensemble de ces résultats; mais pour en apprécier le degré de précision comparativement aux résultats modernes, je résumerai d'abord ceux-ci dans le tableau suivant, qui nous sera plus tard, par lui-même, d'un fréquent usage. Je l'extrais pareillement de l'*Astronomie* de Schubert, tome II, pages 141-142. Il est fondé sur les nombres adoptés par Laplace dans la *Mécanique céleste.* Je n'ai pas cru nécessaire de le calculer à nouveau pour introduire dans les données les légères modifications qu'ont pu suggérer des déterminations plus récentes, parce qu'elles n'auraient rien changé aux conséquences que j'en veux déduire.

TABLEAU C.

NOMS et désignations des planètes, la terre comprise.	DURÉES de leurs révolutions sidérales exprimées en jours moyens solaires.	MOUVEMENT SIDÉRAL diurne exprimé en secondes sexagésimales de degré, ϖ.	MOUVEMENT DIURNE périodique, ou de longitude, ϖ', exprimé en degrés et fractions sexagésimales de degré (*).	DURÉES des révolutions périodiques effectuées autour du point équinoxial mobile ♈.
Mercure ☿ ...	87,96915804 (23ʰ18ᵐ40ˢ,895)	14732″,41936 4046	4°. 5′.32″,55653 0370	87,96843 891 (23ʰ14ᵐ23′,122)
Vénus ♀ ...	224,70082 40 (16.49.11,193)	5767,66910 2985	1.36. 7,80626 9309	224,6 548 000 (16.51.29,472)
La terre ♁ ...	365,25638 35 (6. 9.11,334)	3548,19260 811	0.59. 8,32977 4435	365.24126 360 (5 48.51,573)
Mars ♂ ...	686,97961 86 (48.30.30,047)	1886,51884 9930	0.31.26,65601 6244	685,92967 180 (22.18.43,643)
Jupiter ♃ ...	4332,59630 76 (14.15.40,977)	299,12779 9589	0. 4.59.26496 5913	4330,61044 601 (15.39. 9,538)
Saturne ♄ ...	10758,96984 00 (23.46.34,176)	120,45762 9263	0. 2. 0,59479 5587	10746,73216 501 (17.34.19,057)

(*) Ces mouvements périodiques diurnes se déduisent des sidéraux en ajoutant à ceux-ci le nombre constant 8″,13712 6824, qui exprime la rétrogradation diurne du point équinoxial, à raison de 50″,1 pour une année julienne de 365ʲ 25.

Voici maintenant les durées des révolutions sidérales qui se déduisent des périodes d'Hipparque, par le mode de calcul expliqué § 58.

Tableau D.

NOMS et désignations symboliques des planètes.	DURÉES de leurs révolutions sidérales, en jours moyens solaires, conclues des périodes synodiques d'Hipparque.	ERREUR de ces déterminations sur les évaluations modernes, exprimé aussi en jours.	LE MÊME traduit en subdivisions sexagésimales.
	j	j	j h m s
Mercure ☿ ...	87,96983 654	+ 0,00057 85	+ 0. 0. 0.49,982
Vénus ♀	224,70277 64	+ 0,00195 36	+ 0. 0. 2.48,704
Mars ♂	686,97850 30	— 0,00111 56	— 0. 0. 1.36,392
Jupiter ♃	4332,31921 07	— 0,27709 69	— 0. 6.39. 1,173
Saturne ♄	10758,32224 62	— 0,64759 38	— 0. 15.39.32,105

Les écarts rapportés dans la dernière colonne sont fort petits pour les trois planètes les moins distantes du soleil. Ils s'accroissent pour Jupiter et Saturne dont les révolutions embrassent des temps beaucoup plus longs. Il faut remarquer d'ailleurs que pour ces deux-ci, et pour Mars, l'expression de la révolution sidérale P en fonction de la révolution synodique S renferme en dénominateur S — T, ce qui y rend les erreurs d'observation de S proportionnellement plus sensibles que dans l'expression relative aux planètes inférieures, où ce dénominateur est S + T.

Je reprends maintenant l'équation (5),

$$(5) \qquad P' = P - \frac{P \, \delta \psi'}{\varpi + \delta \psi'},$$

qui donne la révolution périodique P' quand la sidérale P est connue, et je vais l'appliquer à Saturne, en attribuant d'abord à P sa valeur exacte prise dans le tableau C, puis la valeur déduite des périodes d'Hipparque qui est consignée dans le tableau D. J'ef-

fectuerai ces deux opérations avec la valeur de $\delta\psi'$ qui avait lieu
au temps d'Hipparque et que nous avons déterminée au § 25 *bis*.
Je rassemble ici les éléments des deux calculs et leurs résultats.

		ÉVALUATIONS MODERNES.	ÉVALUATIONS TIRÉES D'HIPPARQUE.
Révolution sidérale de Saturne	P	10758,96984 00	10758,32224 62
Mouvement diurne sidéral $\dfrac{360°}{P}$	ϖ	120,45762 9263	120,46488 013
Mouvement diurne de précession	$\delta\psi'$	0,13640 9500	0,13640 950
Mouvement périodique vrai $\varpi + \delta\psi'$	ϖ'	120,59403 8763	120,60198 963
Terme soustractif de P. $\dfrac{P\delta\psi'}{\varpi'}$		12,17003 888	13,16830 473
Révolution périodique conclue	P'	10746,79980 312 = 10746.19.11.43	10746,15374 15 = 10746. 3.41.23
Excès de l'évaluation tirée d'Hipparque			— 0.15.30.20

Les deux révolutions périodiques ainsi conclues ont donc entre
elles à peu près la même différence que les révolutions sidérales,
comme on devait s'y attendre, étant calculées avec une valeur égale
de la précession. Mais l'écart est beaucoup plus grand lorsque l'on
déduit la valeur de P' du nombre assigné par Ptolémée au mouvement périodique diurne de Saturne, que nous avons vu être

$$\varpi' = 120'',55874\ 46759\ 2.$$

En effet, on en tire directement

$$P' = \frac{360°}{\varpi'} = \frac{1296000''}{\varpi'};$$

et en effectuant la division avec les artifices que j'ai indiqués, pour les opérations entre des grands nombres, on trouve

$$P' = 10749^{\circ},9460\,4\,6936 = 10749^{j}.22^{h}.36^{m}.18^{s}$$

tandis que la véritable valeur est.... $P' = 10746 \cdot 19 \cdot 11 \cdot 43$

ce qui donne l'excès de l'évaluation tirée
de Ptolémée .... $+ 3 \cdot 3 \cdot 24 \cdot 35$

L'écart est donc cinq fois plus grand que celui d'Hipparque en sens opposé, ce qui tient surtout à la valeur trop longue de l'année tropique, d'où Ptolémée déduisait le mouvement diurne du soleil τ' trop faible, comme nous l'avons remarqué § 32.

Ayant ainsi prouvé la remarquable exactitude des résultats qui se concluent des périodes d'Hipparque, je vais montrer dans une Note spéciale par quelle voie il a pu, je dirai même il a dû, être conduit à les découvrir.

NOTE

Sur les périodes numériques établies par Hipparque, pour caractériser les durées moyennes des révolutions synodiques.

1. On a vu que ces périodes comprennent des nombres entiers de révolutions synodiques tels, qu'après leur accomplissement, la planète et la terre se trouvent toutes deux avoir décrit, à très-peu de chose près, des nombres entiers de révolutions complètes dans leurs orbites propres. Ptolémée nous dit que cette concordance était la condition qu'Hipparque s'était spécialement prescrite en les composant; et elle est, en effet, indispensable pour que les durées des révolutions synodiques qu'on en déduit, aient des valeurs réellement *moyennes*. Ptolémée ajoute même qu'Hipparque a formé ses périodes avec les *moindres nombres* qui pussent opérer l'accord voulu. Mais il ne nous apprend pas comment elles ont été obtenues. Je me propose ici de suppléer à son silence, et de montrer qu'Hipparque ayant une une fois reconnu la condition géométrique à laquelle ces périodes devaient satisfaire, il lui devenait très-facile de les *déduire des observations telles qu'il les a données*, avec le caractère de simplicité numérique qu'il leur attribue, les nombres qui les composent lui étant directement fournis par le principe même de compensation d'après lequel il les établissait.

2. Pour qu'il ne nous manque rien de ce qui nous sera nécessaire dans cette recherche rétrospective, je remets ici sous les yeux du lecteur l'ensemble des périodes d'Hipparque, extrait du tableau A § 33. J'y joins, à titre de documents auxiliaires, les durées moyennes des révolutions synodiques et sidérales établies par les observations modernes, que je tire des tableaux C § 34 et D § 36.

DÉSIGNATION des planètes.	DURÉES de leurs révolutions sidérales, en jours moyens solaires, tirées des évaluations modernes. R'.	DURÉES moyennes de leurs révolutions synodiques, conclues de ces mêmes évaluations. S.	PÉRIODES D'ÉQUIVALENCE établies par Ptolémée, d'après Hipparque, entre les durées moyennes des révolutions synodiques S, et la durée de l'année tropique A, telle qu'il l'admettait.	REMARQUES.
Saturne....	$10758^{\mathrm{j}},96984\ 00$	$378^{\mathrm{j}},09224\ 109$	$57S = 59A + 1^{\mathrm{j}},75$	Dans la colonne précédente, les compléments des multiples de A, en jours et fractions de jour, sont tous indiqués par Ptolémée comme étant évalués approximativement : ἔγγιστα.
Jupiter...	$4332,59630\ 76$	$398,88401\ 013$	$65S = 71A - 4,90$	
Mars.....	$636,97961\ 86$	$779,93649\ 01$	$37S = 79A + 3,2167$	
Vénus. ..	$224,70082\ 40$	$583,92148\ 009$	$5S = 8A - 2,30$	
Mercure..	$87,96925\ 804$	$115,87747\ 90$	$145S = 46A + 1,0333$	

Nota. — Dans l'emploi des évaluations modernes, on devra se rappeler que la révolution sidérale de la terre est $R = 365^{\mathrm{j}},25638\ 58$.

3. Préalablement à toute discussion, je ferai remarquer que l'expression donnée ici par Ptolémée des révolutions synodiques S, en fonction de l'année tropique A, est très-probablement une modification de forme apportée par lui aux déterminations primitives d'Hipparque, pour obtenir immédiatement les mouvements moyens de longitude des planètes, comptés du point équinoxial mobile Υ ; ce qui lui était nécessaire pour en former des Tables applicables à des intervalles de temps exprimés en années solaires. La position temporaire du point équinoxial Υ et sa mobilité n'interviennent nullement dans les concordances qu'Hipparque voulait établir. Les conditions en sont relatives aux seuls mouvements sidéraux. Aussi, quand Hipparque compléta et étendit les périodes luni-solaires des Chaldéens, il se garda bien d'y introduire comme élément l'année tropique. Il les rapporta expressément au mouvement sidéral du soleil ; et il est très-présumable qu'il aura agi ici de même, par le même motif. Ce sera donc dans cette voie que nous devrons chercher à retrouver sa marche. Quand nous aurons obtenu ainsi ses nombres, il sera facile d'en déduire ceux de Ptolémée. Car nous savons qu'il supposait l'année tropique A égale à $365^{\mathrm{j}}\frac{1}{4} - \frac{1}{300}$ ou $335^{\mathrm{j}},246666_{7}$. Si nous la comparons à l'année sidérale R, telle que nous la connaissons aujourd'hui, nous en conclurons

$$R = A + 0^{\mathrm{j}},009_{7}168.$$

Alors, en désignant par n A un quelconque des multiples de A admis par Ptolémée, nous aurons

$$nR = nA + n \cdot 0j,0007168,$$

ce qui nous permettra de remplacer n A par n R dans les expressions pour retrouver celles de Ptolémée, ou inversement, si nous voulons revenir de celles-ci aux siennes.

A la vérité, Hipparque n'avait pas une évaluation tout à fait exacte de l'année sidérale R, car il lui attribuait la valeur trop forte (*)

$$R' = 365j,25985868$$

De là on tirerait

$$R' - A = 0j,01319191,$$

et, par suite,

$$nR' = nA + n \cdot 0j,01319191.$$

Mais, par le peu d'amplitude des multiples de A qui entrent dans ses périodes, l'erreur de cette évaluation n'a pu influer que pour une petite fraction de jour sur la valeur absolue du terme correctif qu'il annexait à ses multiples entiers de R' ou de S. Or Ptolémée nous donnant ces périodes réduites en fonctions de l'année A, telles qu'il a dû les conclure des résultats d'Hipparque, dans quelque forme qu'ils fussent énoncés, ce sont ces expressions ainsi transformées qu'il faut nous attacher à vérifier, sans vouloir remonter aux primitives que nous n'avons plus.

4. A cet effet, je vais commencer par me servir des évaluations et des méthodes modernes, pour retrouver les périodes que nous considérons. Cela nous guidera pour voir comment Hipparque a pu les tirer des observations, par les seules méthodes de calcul qu'il possédait. Comme premier exemple d'application, je prends :

Saturne et la terre.

Nous connaissons aujourd'hui la durée exacte de la révolution synodique moyenne de Saturne. En la combinant avec la révolution sidérale de la terre par la méthode des fractions continues, que je suppose être en la possession du lecteur, nous obtiendrons directement toutes les périodes qu'Hipparque a pu en déduire (**). Voici la série des opérations que je

---

(*) On la déduit immédiatement de ses périodes luni-solaires. *Voyez* mon *Résumé de chronologie astronomique*, page 402. *Académie des Sciences*, tome XXII, *ibid.* La même déduction avait été fort antérieurement obtenue par M. Sédillot, professeur d'histoire au collège Saint-Louis.

(**) Toute la doctrine des fractions continues, envisagée au point de vue de ses usages numériques, est exposée et a été démontrée pour la première fois, avec une lucidité admirable, par Huyghens, dans une dissertation intitulée : *Descriptio automati planetarii. Voyez* Hugenii *Opera reliqua*, tome I, page 167, in-4°.

pousse seulement aussi loin qu'il est nécessaire pour atteindre la réduite à laquelle il s'est arrêté.

Éléments des divisions	$378^j,09224\,109$	$365^j,25638\,350$	$12^j,83585\,759$	$5^j,85237\,098$
Quotients entiers.....		1	28	2
Restes successifs.....	$12,83585\,759$	$5,85237\,098$	$1,13111\,563$	

De là on tire :

$$1^{re}\ \text{réduite} \quad S = R + 12^j,83585759,$$
$$2^e \quad\quad 28\,S = 29\,R - 5^j,85237098,$$
$$3^e \quad\quad 57\,S = 69\,R + 1^j,13111563.$$

La troisième est celle d'Hipparque. Il s'agit de découvrir comment il a pu y être conduit ; et par quels procédés il a pu la déduire des données que lui fournissaient les observations faites de son temps ou dans les temps antérieurs.

Ces données ne pouvaient être que des oppositions de Saturne, observées isolément à des époques connues, et affectées des erreurs que comportaient des déterminations prises à la vue simple avec une mesure sans doute imparfaite du temps. Je désigne généralement ces époques par les symboles E_1, E_2, E_3, E_4, etc., sans rien prononcer sur leur nombre total, ni sur leurs intervalles, ni sur les points des deux orbites où les oppositions observées s'étaient opérées.

Hipparque avait une évaluation approximative de l'année sidérale R. En prenant deux oppositions *consécutives* quelconques, l'intervalle de temps compris entre elles lui donnait une évaluation particulière, et l'on pourrait dire locale, de la révolution synodique S, durée qui, étant rapportée à l'année sidérale, fournissait nécessairement une égalité de cette forme,

$$(1) \qquad\qquad S = R + 12,83585759 + c_1 + \mu_1,$$

dans laquelle je désigne par c_1 la somme positive ou négative des erreurs provenant des observations, ainsi que de la valeur inexacte attribuée à R ; tandis que μ_1 représente la portion de S qui devait s'écarter de la valeur moyenne, en vertu des inégalités de mouvement propres à Saturne et à la terre, dans les points de leurs orbites où les deux oppositions comparées avaient eu lieu.

D'après cette définition de μ_1, sa valeur éventuelle est de l'ordre des excentricités des deux orbites ; elle ne peut donc être qu'une petite fraction du terme constant. Sans connaître la grandeur, et encore moins la cause des inégalités dont elle résulte, Hipparque savait qu'elles existaient, puisqu'il s'était précisément proposé d'obtenir une valeur de S où elles se trouvassent compensées. Ayant cette vue, il lui était déjà facile d'atténuer leur influence dans l'égalité (1), en la formant sur plusieurs couples d'oppositions consécutives opérées en différents points des deux orbites, et prenant la moyenne entre toutes. Ce même procédé devait évidemment affaiblir la partie de c, qui provient des erreurs des observations; et ce n'est pas trop présumer d'un esprit aussi exact que de croire qu'il n'a pas dû l'omettre. Quant à la portion de c, qui provient de l'inexacte appréciation de R, il était impossible de l'atténuer; mais nous la connaissons, et nous savons qu'elle était de l'ordre des millièmes de jour.

5. Ceci reconnu par nous, et les précautions précédentes étant supposées prises, le premier pas à faire pour former une période qui embrassât des nombres entiers de révolutions complètes, c'était de voir si l'excès

$$12^j,835\,857\,59 + c_1 + \mu_1$$

ne serait pas un sous-multiple exact de R, ou un sous-multiple si près d'être exact, que le reste de la division fût négligeable. Effectuant donc cette épreuve, Hipparque a dû trouver comme nous pour quotient 28, puisque la très-petite différence, qui existait entre les deux termes de son opération et les nôtres, ne pouvait pas changer le quotient d'une unité entière. Alors en négligeant provisoirement le reste, sans même qu'il fût nécessaire de l'évaluer, Hipparque a dû avoir pour résultat approximatif

$$S = R + \tfrac{1}{28}\,R = \tfrac{29}{28}\,R\,;$$

par conséquent,

$$28\,S = 29\,R.$$

Ceci lui apprenait donc que, pour obtenir des valeurs de S qui approchassent davantage d'être indépendantes des inégalités locales inhérentes aux mouvements vrais, il ne fallait pas les conclure d'oppositions immédiatement consécutives, mais combiner la 1re avec la 29e, la 2e avec la 30e, et ainsi des autres, de manière qu'il y eût toujours entre elles 28 révolutions synodiques, embrassant un intervalle d'environ 29 années. Si les observations anciennes et les siennes propres lui en fournissaient qui fussent ainsi espacées, il pouvait les employer sans préparation; s'il en avait dont les intervalles comprissent des nombres de révolutions quelque peu différents de 28, soit en plus, soit en moins, il pouvait les employer encore, en les ramenant à ce nombre par l'addition ou la soustraction de quelques-unes, tirées de sa première évaluation approximative :

$$(1)\qquad S = R + 12^j,835\,857\,59 + c_1 + \mu_1.$$

Alors, en formant avec chacun de ces couples le multiple $28\,S$, et l'égalant à sa durée observée en jours, puis prenant la moyenne de tous ces résultats, Hipparque dut nécessairement en déduire une égalité de la forme suivante :

$$(2)\qquad 28\,S = 29\,R - 5^j,852\,370\,98 - c_2 - \mu_2.$$

dans laquelle c_2 et μ_2 ont des significations analogues à c_1 et μ_1; c'est-à-dire que e_2 représente la somme des erreurs, provenant des observations, qui reste après leur compensation mutuelle dans la moyenne ainsi formée; tandis que μ_2 représente la portion du second membre qui contient la différence des inégalités locales propres aux oppositions combinées, différence évidemment très-petite, puisqu'elles sont observées dans des points déjà presque identiques des deux orbites.

6. Toutefois, il est facile de voir qu'on peut la rendre plus petite encore, en combinant convenablement les deux inégalités précédentes, où les excédants en jours des multiples de R sont de signes opposés.

En effet, si l'on divise le premier $12^j, 835\,857\,59 + e_1 + \mu_1$, par le second $5^j, 852\,370\,98 + e_2 + \mu_2$, on aura 2 pour la partie entière du quotient. Donc, si l'on double la seconde égalité, et qu'on ajoute le produit à la première, les nombres de jours respectivement annexés aux multiples de R se détruiront presque en totalité dans la somme ainsi formée; de sorte que si l'on négligeait ce qui pourra en rester encore, on aurait

$$57\,S = 59\,R.$$

Ceci montrait évidemment que pour assembler les oppositions par couples qui comprissent des nombres entiers de révolutions presque complètes des deux orbites, comme Hipparque se l'était proposé, il fallait combiner la 1re opposition avec la 58e, la 2e avec la 59e, et ainsi par ordre, puis évaluer leurs intervalles en jours et prendre la moyenne des résultats ainsi obtenus : ce qu'il pouvait immédiatement sur les oppositions qui se trouvaient ainsi espacées, et en complétant au besoin cet intervalle au moyen des évaluations précédentes de S, s'il s'en fallait de peu qu'il ne fût rempli exactement. Cette opération dut ainsi conduire Hipparque à une troisième inégalité de la forme suivante :

$$[3] \qquad 57\,S = 59\,R + 1^j, 131\,1563 + e_3 + \mu_3,$$

dans laquelle les symboles e_3 et μ_3 ont des significations analogues à celles que nous leur avons attribuées dans les égalités précédentes, sauf que μ_3 peut maintenant être considéré comme tout à fait insensible.

C'est là que s'est arrêté Hipparque. Il ne reste plus qu'à voir jusqu'à quel point le reste numérique rapporté par Ptolémée s'accorde avec celui que fournissent nos évaluations modernes. D'après celles-ci, la valeur de R en A étant

$$R = A + 0^j, 003\,7168;$$

il en résulte

$$59\,R = 59\,A + 0^j, 573\,2912,$$

et ceci étant introduit dans le second membre de l'égalité précédente, elle devient

$$[3] \qquad 57\,S = 59\,A + 1^j, 704\,4068 + e_3 + \mu_3.$$

Suivant Ptolémée le terme complémentaire de $59\,A$ est $+ 1^s, 75$. Donc, en negligeant p, il en résulte

$$\varepsilon_2 = + 0^j,045\,593\,2 = + 1^h\,5^m\,33^s,25.$$

Telle serait donc l'erreur de l'intervalle 57 S provenant des oppositions qu'Hipparque avait combinées. Elle est inconcevablement petite; et elle ne peut s'être ainsi atténuée que dans la moyenne d'un grand nombre de couples pareils tirés d'observations d'époques différentes.

7. La marche que nous avons suivie pour arriver à ces résultats, n'a exigé aucune opération qu'Hipparque ne sût faire, et qui ne fût naturelle à un observateur aussi habile, ayant parfaitement distingué la condition essentielle à remplir pour obtenir des évaluations réellement moyennes de la révolution synodique. Cette condition étant posée, il ne s'agissait plus que de former des combinaisons de S et de R dans lesquelles le nombre de jours annexé aux multiples entiers de R se trouvât nul, s'il pouvait l'être, ou du moins extrêmement atténué. Arriver progressivement à ce but par la compensation mutuelle des périodes successives, où ces annexes avaient des sens opposés, c'était un procédé qui se présentait de lui-même; et rendre chacune de ces déductions aussi exacte que possible, en prenant la moyenne de toutes les combinaisons d'oppositions qui pouvaient la fournir, c'est un artifice habituel à tout observateur exercé. Il est sans doute fort digne de remarque que la mise en pratique de ces idées si simples conduit absolument à la même suite d'opérations que prescrit la méthode moderne des fractions continues. Mais elles y sont amenées, à chaque pas, indépendamment de toute spéculation théorique, par la seule convenance d'améliorer le résultat déjà obtenu. C'est là ce qui la rend si facilement supposable.

8. La même marche d'idées conduit aussi directement aux périodes qu'Hipparque assigne pour les quatre autres planètes. Je leur en ferai toutefois l'application individuelle, afin de signaler certaines difficultés particulières qu'Hipparque y a rencontrées. Elles se manifesteront d'elles-mêmes dans le progrès des opérations numériques, sans que j'aie besoin de reproduire en détail les raisonnements qui en règlent la succession, ces raisonnements ne différant point de ceux que je viens d'exposer.

Jupiter et la terre.

Ici, comme dans le cas précédent, j'applique d'abord la méthode des fractions continues aux évaluations modernes, pour former directement les périodes de S et de R, auxquelles Hipparque a dû arriver.

Élém. des divis.	398,684 01 013	365,25638 350	33,62762 663	28,9801 1 720	4,64750 943
Quotients entiers		1	10	1	6
Restes successifs.	33,62762 663	28,9801 1 720	4,64750 943	1,09506 062	

De là on tire :

$$1^{re}\ \text{Réduite} \quad S = \quad R + 33^j,6276266 3,$$
$$2^e \qquad 10\,S = 11\,R - 28,980\,11720,$$
$$3^e \qquad 11\,S = 12\,R + 4,647\,50943,$$
$$4^e \qquad 76\,S = 83\,R - 1,095\,03062.$$

Hipparque n'avait probablement pas à sa disposition des oppositions observées de Jupiter qui remontassent à 83 ans en arrière des siennes, et qu'il jugeât assez sûres pour en pouvoir faire usage. Car, s'il en avait eu de telles, il aurait pu facilement en déduire la quatrième égalité affectée de leurs erreurs, laquelle lui aurait donné un reste moindre que les précédentes, et moindre que celui qui complète la période intermédiaire à laquelle il s'est arrêté. Pour comprendre comment il a pu être conduit, je dirai presque obligé, à ce choix restreint, remarquons que la 2e et la 3e inégalité ont dû se présenter à lui sous les formes suivantes :

$$[2] \qquad 10\,S = 11\,R - 28^j,980\,11720 - e_1 - \mu_2,$$
$$[3] \qquad 11\,S = 12\,R + 6^j,647\,50943 + e_2 + \mu_2.$$

Les deux restes étant de signes opposés pouvaient évidemment s'entre-détruire en partie l'un l'autre, par addition, en multipliant la 3e inégalité par un nombre entier de fois convenable. Pour trouver ce nombre, il n'y avait qu'à diviser $28^j,980\,11720 + e_2 + \mu_2$ par $4^j,647\,500\,43 + e_2 + \mu_2$, ce qui donnait pour quotient entier 6, malgré la présence des petites erreurs que les symboles littéraux représentent. Ceci montrait qu'en formant la combinaison $6[3] + [2]$ on obtiendrait $76\,S = 83\,R$ plus un faible reste, que l'on conclurait des observations, supposé qu'il en existât de suffisamment exactes qui fussent réparties sur un intervalle de 83 années ou davantage. N'en ayant pas apparemment de telles, Hipparque a pris pour multiplicateur le nombre entier inférieur, le plus proche de 6, qui restreignait l'intervalle, autant que l'exigeaient celles dont il pouvait disposer. Il a pris 5, qui donnait par addition $65\,S = 71\,R$, plus un reste dont l'évaluation lui devenait accessible ; il a obtenu ainsi

$$[4] \qquad 65\,S = 71\,R - 3^j,742\,57005 - e - \mu,$$

où le symbole e représente l'erreur moyenne de toutes les oppositions accouplées, et μ l'effet résultant des inégalités locales des mouvements dans les deux orbites. Si l'on s'étonne qu'il ait préféré cette période à la combinaison [3], où le reste numérique était un peu moindre, je dirai que c'est une preuve de son habileté. Car le coefficient de S étant presque sextuple dans [4] de ce qu'il est dans [3], les erreurs e, μ y avaient une influence proportionnellement moindre sur la valeur de la révolution synodique S, qu'on en déduisait.

Pour apprécier l'exactitude de cette combinaison d'Hipparque, j'y néglige μ devenu insensible ; et, remplaçant R par sa valeur en A, nous aurons d'abord

$$71\,R = 71\,A + 0^j,689\,892\,8$$

et, par suite,

$$65\,S = 71\,A - 5^j,052\,677\,25 - e. \qquad\qquad \text{Ptolémée dit} - 4^j,90.$$

Il en résulte donc

$$e = + 0^j,152\,677\,25 = + 3^h\,31^m\,51^s,3.$$

Cette erreur sur une période de 71 ans paraîtra encore bien petite, si l'on se rappelle comment avaient dû être observées les anciennes oppositions qu'Hipparque a pu employer.

Mars et la terre.

9. Voici d'abord la série des opérations effectuées avec les évaluations modernes.

Élém. des divis.	$779,03649\,01$	$365,25638\,35$	$19,42372\,31$	$19,29032\,18$	$10,84307\,95$	$8,44724\,23$
Quotients entiers.		2	7	2	1	1
Restes successifs.	$49,42372\,31$	$19,29032\,18$	$10,84307\,95$	$8,44724\,23$	$2,39583\,72$	

De là on tire :

$$\begin{aligned}
\text{1}^{re}\ \text{Réduite} \qquad & S = 2\,R + 49^j,423\,7231,\\
\text{2}^e \qquad & 7\,S = 15\,R - 19,290\,3218,\\
\text{3}^e \qquad & 15\,S = 37\,R + 10,843\,0795,\\
\text{4}^e \qquad & 22\,S = 47\,R - 8,447\,2423,\\
\text{5}^e \qquad & 37\,S = 79\,R + 2,395\,8372.
\end{aligned}$$

Hipparque a trouvé des oppositions de Mars assez anciennes pour remonter jusqu'à la dernière de ces égalités qu'il a nécessairement obtenue sous la forme suivante :

$$37\,S = 79\,R + 2^j,395\,8372 + e_5 + \mu_5,$$

e_5 représentant l'erreur moyenne qui provient des observations qu'il a combinées, et μ_5 celle qui vient des inégalités locales des mouvements, laquelle doit être considérée comme insensible à cause de leur restitution presque complète. Ceci admis, l'expression de R en A donne

$$79\,R = 79\,A + 0^j,767\,6272;$$

de là il résulte, en négligeant μ_5,

$$37\,S = 79\,A + 3^j,163\,4644 + e_5 \qquad\qquad \text{Ptolémée dit} + 3^j,2167.$$

D'où l'on conclut

$$e_5 = + 0^j,053\,2356 = + 1^h\,16^m\,39^s,16.$$

Cette erreur résultante sur une période de 79 années est d'une petitesse surprenante quand on songe à la nature des procédés par lesquels on avait dû déterminer les anciennes oppositions qu'Hipparque avait à combiner.

10. J'arrive maintenant aux périodes relatives aux planètes inférieures. On se rappelle qu'elles ne sont pas conclues d'oppositions, mais d'élongations observées dans des conditions égales de sens et de grandeur.

Vénus et la terre.

J'opère d'abord avec les évaluations modernes.

Élém. des divis.	$583^j,92148009$	$365^j,25638350$	$218^j,66509659$	$146^j,59128691$	$72^j,07380968$
Quotients entiers.	1	1	1	1	2
Restes successifs.	218,66509659	146,59128691	73,07380968		

De là on tire :

$$\text{1}^{\text{re}}\text{ Réduite} \quad S = R + 218^j,66509659,$$
$$\text{2}^e \quad S = 2R - 146,59128691,$$
$$\text{3}^e \quad 2S = 3R + 72,07380968,$$
$$\text{4}^e \quad 5S = 8R - 2,44366755.$$

Hipparque s'est arrêté à la dernière de ces inégalités, de sorte que le résultat auquel il est parvenu peut s'exprimer sous la forme suivante :

$$5S = 8R - 2^j,44366755 - e_4 - \mu_4,$$

où les symboles e_4, μ_4 représentent, comme ci-dessus, la somme des erreurs provenant des observations ainsi que des inégalités locales des mouvements qui ne se sont pas complétement compensées ; μ_4 y est évidemment négligeable. Ceci admis, l'expression de R en A donne

$$8R = 8A + 0^j,07773441,$$

d'où il résulte, en négligeant μ_4,

$$5S = 8A - 2^j,36593315 - e_4, \qquad\qquad \text{Ptolémée dit} - 2^j,3o.$$

D'où l'on conclut

$$e_4 = + 0^j,06593315 = + 1^h\,34^m\,56^s,62.$$

La petitesse de cette erreur est encore plus surprenante que dans les cas précédents, quand on songe que les observations se bornaient à constater les époques où Vénus revenait à des élongations de même sens et d'égales grandeurs, phénomènes dont les époques précises étaient encore bien plus difficiles à fixer que celles des oppositions.

Mercure et la terre.

Voici d'abord le calcul avec les évaluations modernes. Ici S étant moindre que R, il faut le prendre pour diviseur.

Éléments des divisions.	$306,2463835$	$115,8757490$	$17,6039465$	$10,1338000$	$7,4901465$	$2,6436535$	$2,2028395$
Quotients entiers. . . .		3	6	1	1	2	1
Restes successifs	$17,6239465$	$10,1338000$	$7,4901465$	$2,6436535$	$2,2028395$	$0,4408140$	

De là on tire :

$$1^{re}\ \text{Réduite.}\qquad R = 3\,S + 17^{j},6239465,$$
$$2^e\qquad\qquad 6\,R = 19\,S - 10,1338000,$$
$$3^e\qquad\qquad 7\,R = 22\,S + 7,4901465,$$
$$4^e\qquad\qquad 13\,R = 41\,S - 2,6436535,$$
$$5^e\qquad\qquad 33\,R = 104\,S + 2,2028395,$$
$$6^e\qquad\qquad 46\,R = 145\,S - 0,4408140.$$

Hipparque est allé jusqu'à cette sixième égalité, qu'il a obtenue sous la forme suivante :

$$145\,S = 46\,R + 0^{j},4408140 + e_6 + \mu_5,$$

les symboles e, μ, ayant la signification que nous leur avons attribuée dans tous les cas précédents, et μ_5 pouvant être considéré comme insensible. Ceci admis, l'expression de R en A donne

$$45\,R = 46\,A + 0^{j},4469728;$$

donc, en négligeant μ_5, on a

$$145\,S = 46\,A + 0^{j},8877868 + e_6. \qquad \text{Ptolémée dit} + 1^{j},0333333.$$

De là on conclut

$$e_6 = + 0^{j},1455465 = + 3^h\,29^m\,35^s,22.$$

CHAPITRE IV.

Détermination de la forme et de la situation des orbites décrites par les cinq planètes.

SECTION I. — *Exposé de la méthode générale et des formules qui en dérivent.*

37. Continuons de considérer la terre comme un simple point matériel, circulant autour du soleil dans le plan de l'écliptique, suivant des conditions de mouvement et de positions relatives, qui nous sont connues à chaque instant. Si nous concevons un rayon visuel dirigé de ce point mobile au centre du disque d'une planète, à un instant assigné, les observations fixent la direction de ce rayon à partir du lieu où la terre se trouve. Car elles nous font connaître : 1° son inclinaison sur le plan de l'écliptique, ou la latitude apparente de l'astre, que je nomme λ ; 2° l'angle que sa projection sur ce plan forme avec la droite menée de la terre au point équinoxial actuel Υ, c'est-à-dire la longitude apparente de l'astre que je nomme l. Mais cela nous laisse complétement ignorer la distance actuelle r de l'astre à la terre, ainsi que la projection de cette droite sur le plan de l'écliptique, projection que l'on appelle la distance accourcie géocentrique de la planète, et que je désignerai par ρ.

Pour employer sans confusion ce mélange d'éléments déterminés et indéterminés, je les assemblerai sous les formes si claires, et si commodes de la géométrie analytique. Le mouvement révolutif des planètes, vu de la terre, offre une analogie manifeste avec la rotation des taches que l'on observe sur la surface du soleil. Aussi la même marche de raisonnement et de calculs va-t-elle nous servir pour en constater les lois phénoménales. Rapportons les points de l'espace à trois axes de coordonnées rectangulaires x, y, z, ayant leur origine fixée au centre de la terre, se transportant avec ce centre sur tous les points de l'orbite qu'il décrit annuellement autour du soleil, et se maintenant toujours parallèles à eux-mêmes durant ce transport. Pour leur assurer cette condition de parallélisme, l'axe des x, compris dans l'écliptique, sera constamment dirigé vers le point équinoxial Υ, de la sphère céleste, d'où l'on comptait les longitudes à une époque déterminée, que nous adopterons comme origine du temps; et nous prendrons les x positifs en allant vers ce point, rendu ainsi théoriquement fixe. L'axe des y sera placé aussi dans l'écliptique, perpendiculairement aux x, les y étant pris positifs vers le point solsticial $\mathfrak{S}$ de la même époque, lequel y marque le commencement du signe du Cancer. Enfin l'axe des z sera normal à l'écliptique, et les z seront pris positifs en allant vers le pôle boréal à partir de ce plan. Dans les applications, nous ferons partir les longitudes l, non pas du point équinoxial actuel et mobile Υ, auquel l'observation immédiate les rapporte, mais du point équinoxial fixe Υ_{a}, sur lequel l'axe des x reste constamment dirigé. Pour cela, nous calculerons, l'arc de précession qui doit être compris entre ces deux points sur l'écliptique mobile à raison de l'intervalle de temps qui les sépare; puis nous ajouterons cet arc aux longitudes observées si Υ précède Υ_{a}, et nous l'en retrancherons s'il le suit. Par ce moyen, toutes les longitudes qui entreront dans nos calculs partiront de l'axe des x, se maintenant toujours parallèle à lui-même, tel que nous l'avons défini, et je les emploierai désormais comme étant ainsi réduites.

58. Ces conventions étant admises, soient X, Y les coordonnées du soleil, L sa longitude, R sa distance à la terre, ou le rayon vecteur de l'orbe terrestre à un instant assigné. On aura évidemment

$$X = R \cos L, \quad Y = R \sin L.$$

L'époque de l'application étant assignée, L et R seront donnés par les Tables du soleil; de sorte que X et Y s'en concluront, ou pourront s'en conclure.

Au même instant, les coordonnées apparentes x, y, z, de la planète seront

$$(1) \quad \begin{cases} x = \rho \cos l, \quad y = \rho \sin l, \quad z = \rho \tang \lambda, \\ \text{à quoi il faudra joindre} \\ \rho = r \cos \lambda, \quad \text{et, par suite,} \quad z = r \sin \lambda; \end{cases}$$

les lettres qui entrent dans les seconds membres ayant les significations que je leur ai ci-dessus attribuées.

Maintenant, appelons x', y', z', les coordonnées *héliocentriques* de la planète rapportées à trois axes rectilignes menés par le centre du soleil parallèlement aux précédents ; et employons aussi des lettres semblables munies d'un accent pour désigner les autres éléments tant linéaires qu'angulaires de sa position, vue de ce centre. Nous aurons, par analogie,

$$(2) \quad \begin{cases} x' = \rho' \cos l', \quad y' = \rho' \sin l', \quad z' = \rho' \tang \lambda', \\ \text{à quoi il faudra joindre} \\ \rho' = r' \cos \lambda', \quad \text{et, par suite,} \quad z' = r' \sin \lambda'. \end{cases}$$

Ces deux systèmes de coordonnées seront liés entre eux par leurs conditions d'origines propres, qui exigeront que l'on ait toujours, à un même instant,

$$(\circ) \quad x - x' = \mathrm{X}, \quad y - y' = \mathrm{Y}, \quad z' = z.$$

Tous les problèmes qui ont pour objet les mouvements de la planète autour du soleil dépendent des coordonnées héliocentriques x', y', z'. Ce sont là par conséquent les véritables inconnues qu'il faut savoir déduire des observations géocentriques pour connaître les lois de ces mouvements.

Supposez que l'on soit parvenu ainsi à les découvrir, et à en construire des Tables qui donnent les valeurs de x', y', z', ou de leurs équivalents trigonométriques, pour un instant quelconque assigné t. Le problème analytique consistera alors à déduire de ces valeurs celles des coordonnées géocentriques x, y, z, ainsi que de leurs éléments angulaires pour le même instant, soit afin de confirmer ou de corriger les premières en les comparant à l'observation, soit afin de suppléer à celles-ci.

39. Dans ces deux cas, le passage d'un des systèmes de coordonnées à l'autre s'opère au moyen des équations qui lient leurs origines. Pour réduire cette opération tant directe qu'inverse à ses termes les plus simples, remplacez, dans nos trois équations de condition, les coordonnées rectangulaires par leurs équivalents

angulaires, respectivement associés aux distances accourcies ρ, ρ'. Elles deviendront

$$(\mathrm{o}) \qquad \begin{aligned} \rho \cos l - \rho' \cos l' &= \mathrm{R} \cos \mathrm{L}, \\ \rho \sin l - \rho' \sin l' &= \mathrm{R} \sin \mathrm{L}, \\ \rho' \operatorname{tang} \lambda' &= \rho \operatorname{tang} \lambda. \end{aligned}$$

Concevons d'abord que l'on soit en possession de Tables calculées qui fassent connaître les angles l', λ', et la distance accourcie héliocentrique ρ', pour un instant quelconque assigné que je nomme t. R et L seront donnés aussi, pour ce même instant, par les Tables du soleil. Alors, nos trois équations ne contiendront plus d'inconnues que l, λ, ρ, qui pourront ainsi s'en conclure.

A cet effet, je prends d'abord les deux qui ne contiennent que l et ρ. Elles donnent

$$\rho \cos l = \rho' \cos l' + \mathrm{R} \cos \mathrm{L}, \qquad \rho \sin l = \rho' \sin l' + \mathrm{R} \sin \mathrm{L};$$

en multipliant la 1re par $\sin l$, la 2e par $- \cos l$, et ajoutant, ρ disparaît, et il reste

$$\mathrm{o} = \rho' \sin (l' - l) - \mathrm{R} \sin (l - \mathrm{L}).$$

Or $l' - l$ équivaut à $l' - \mathrm{L} - (l - \mathrm{L})$. En effectuant cette transformation, $l - \mathrm{L}$ demeure seule inconnue, et en la dégageant on obtient

$$\operatorname{tang} (l - \mathrm{L}) = \frac{\rho' \sin (l' - \mathrm{L})}{\mathrm{R} + \rho' \cos (l' - \mathrm{L})}.$$

Quand on aura calculé l'arc $l - \mathrm{L}$ par cette expression de sa tangente, on en pourra conclure l, puisque L est donné. Connaissant l, on déduira des deux équations ci-dessus considérées,

$$\rho = \frac{\rho' \sin (l' - \mathrm{L})}{\sin (l - \mathrm{L})}.$$

On pourrait aussi obtenir directement

$$\rho^2 = \rho'^2 + 2 \rho' \mathrm{R} \cos (l' - \mathrm{L}) + \mathrm{R}^2;$$

d'où

$$\rho = \rho' \left[1 + \frac{2 \mathrm{R}}{\rho'} \cos (l' - \mathrm{L}) + \frac{\mathrm{R}^2}{\rho'^2} \right]^{\frac{1}{2}},$$

mais cette expression de ρ, quelquefois utile, ne se prête pas au calcul logarithmique.

Ayant ainsi les deux coordonnées géocentriques l et ρ, on obtiendra la troisième λ par celle de nos équations de condition qui la renferme, et elle donnera

$$\operatorname{tang}\lambda = \frac{\rho'\operatorname{tang}\lambda}{\rho}.$$

Comme les formules auxquelles nous venons de parvenir sont d'un usage continuel pour calculer les lieux géocentriques des planètes d'après les Tables, il ne sera pas inutile d'en montrer la signification géométrique. C'est l'objet de la *fig. 7*.

Elle est construite dans le plan de l'écliptique. M désigne la projection de la planète sur ce plan, S le soleil, T la terre, qui y sont contenus. ♈ est le point équinoxial d'où l'on compte les longitudes tant géocentriques qu'héliocentriques. En formant les expressions des trois angles T, S, M en fonction de ces arcs, on trouve ce qui suit :

L'angle à la terre... $T = l - L$,   on l'appelle l'*élongation*.

L'angle au soleil.... $S = 180° + L - l'$,   »   la *commutation*.

L'angle à la planète. $M = l' - l$,   »   la *parallaxe annuelle*.

C'est l'angle sous lequel la planète projetée sur l'écliptique voit le rayon R.

Maintenant, concevez une perpendiculaire menée du sommet S sur le côté ρ. Elle aura ces deux expressions équivalentes : $\rho'\sin M$ ou $R\sin T$. C'est la première égalité d'où nous avons déduit l.

La proportionnalité des côtés du triangle aux sinus des angles qui leur sont opposés, donne ensuite

$$\frac{\rho}{\rho'} = \frac{\sin S}{\sin T}.$$

C'est la seconde égalité de laquelle nous avons déduit ρ, après que l était connu.

La troisième formule qui donne la latitude géocentrique λ, ne fait qu'exprimer que la droite PM menée de la planète perpendiculairement à l'écliptique est commune aux deux systèmes de coordonnées rectangulaires x, y, z; x', y', z'.

Si l'on supposait les éléments l, λ du lieu géocentrique observés, et ρ déterminé par quelque procédé auxiliaire, ou en déduirait l' et λ' en les dégageant de nos deux premières équations de condition par une série d'opérations tout à fait pareille. Mais on peut les obtenir tout de suite, sans nouveau calcul, en remarquant que, dans ces équations, les termes qui appartiennent aux deux systèmes de coordonnées entrent exactement de la même manière, sauf que ρ et ρ' y sont affectés de signes opposés. Les résultats de l'une ou l'autre élimination ne peuvent donc différer que par cette opposition de signes, de sorte que l'on devra avoir

$$\operatorname{tang}(l' - L) = \frac{- \rho \sin(l - L)}{R - \rho \cos(l - L)} ;$$

et ensuite

$$\rho' = - \frac{\rho \sin(l - L)}{\sin(l' - L)} ;$$

ou encore

$$\rho' = \rho \left\{ 1 - \frac{2R}{\rho} \cos(l - L) + \frac{R^2}{\rho^2} \right\}^{\frac{1}{2}}.$$

C'est ce que l'on peut effectivement vérifier. l' et ρ' étant ainsi connus, la troisième équation de condition, qui est de même forme pour les deux systèmes de coordonnées, donnera

$$\operatorname{tang} \lambda' = \frac{\rho \operatorname{tang} \lambda}{\rho'}.$$

Il reste donc seulement à voir, comment on pourra se procurer la valeur de ρ.

40. On l'obtient en s'appuyant sur un fait dont nous aurons bientôt la preuve matérielle. C'est que les orbites de toutes les planètes sont contenues dans des plans qui passent par le centre du soleil, lequel est aussi le centre de nos coordonnées x', y', z'. Admettons pour le moment qu'il en soit ainsi. Alors les valeurs simultanées de x', y', z', propres à une planète, devront toujours

satisfaire à une même équation linéaire ayant pour forme

$$A x' + B y' + z' = 0,$$

A et B étant des constantes connues ou déterminables en nombres. Pour leur donner une signification astronomique, formons la trace du plan sur l'écliptique, trace que l'on appelle la *ligne de ses nœuds*; et nommons N la longitude de sa branche ascendante, par laquelle la planète passe quand elle traverse l'écliptique en s'élevant du sud au nord, ce qui, d'après nos conventions antérieures, devra rendre les valeurs de z' positives, de négatives qu'elles étaient avant ce passage. Nommons encore $+$ I l'inclinaison du plan sur l'écliptique, en la comptant aussi du sud vers le nord. Cela exigera que l'on fasse

$$A = + \text{ tang I sin N}, \qquad B = - \text{ tang I cos N};$$

or, en éliminant les deux coefficients A, B, par ces expressions, l'équation de notre plan deviendra

$$(3) \qquad x' \text{ tang I sin N} - y' \text{ tang I cos N} + z' = 0.$$

Et il est aisé de vérifier qu'elle satisfait effectivement à toutes les conditions conventionnelles que nous nous sommes imposées.

On verra plus loin que les observations font immédiatement connaître les deux éléments I, N, dont elles prouvent aussi la constance d'application à tous les points de chaque orbite. Supposons donc qu'on les ait ainsi obtenus : alors, quand on aura deux des coordonnées x', y', z' d'une planète, on pourra conclure la troisième de cette équation.

Remplaçons ces coordonnées par leurs expressions respectivement équivalentes, $x - X$, $y - Y$, z, où X représente R cos L, et Y, R sin L. Il en résultera

$$(4) \quad x \text{ tang I sin N} - y \text{ tang I cos N} + z + R \text{ tang I sin} (L - N) = 0,$$

qui est la relation analogue entre les coordonnées géocentriques.

Si dans la première on remplace x', y', z' par leurs valeurs respectives, $\rho' \cos l'$, $\rho' \sin l'$, $\rho' \text{ tang} \lambda'$, ρ' disparaît comme factenr commun ; et, après l'avoir supprimé, il reste

$$(3)' \qquad \operatorname{tang} I \sin(l' - N) - \operatorname{tang} \lambda' = o.$$

Mais si l'on fait la substitution analogue dans la seconde, ρ n'en disparaît point, et l'on trouve

$$(4)' \quad \rho \left\{ \operatorname{tang} I \sin(l - N) - \operatorname{tang} \lambda \right\} - R \operatorname{tang} I \sin(l - N) = o.$$

Cette dernière nous montre que, si l'on a déterminé par observation, à un certain instant, la latitude et la longitude géocentriques l, λ d'une planète relativement à laquelle on connaît les constantes I, N, on en conclura, pour le même instant, la valeur du rapport $\dfrac{\rho}{R}$, et, par suite, les coordonnées, tant géocentriques qu'héliocentriques, x, y, z, x', y', z', en fonction de ce même rapport, puisqu'il entre seul comme inconnue dans leurs expressions générales, quand l, λ et L sont donnés.

Ce résultat est facile à comprendre. I et N étant connus, le plan de l'orbite qui passe par le soleil est défini de position relativement à cet astre. Il l'est aussi relativement à la terre qui est liée au soleil par le rayon R, dont les Tables font connaître, pour chaque instant, la direction et la longueur en partie du demi grand axe de l'orbe terrestre pris pour unité. D'une autre part, quand on a observé à un certain instant la latitude ou la longitude géocentriques λ, l d'une planète, ces deux angles fixent complétement la direction du rayon visuel mené de la terre au point du plan où la planète se trouve. Ses coordonnées géocentriques x, y, z de ce point, ainsi que sa distance r à la terre, et la projection ρ de celle-ci sur l'écliptique, sont donc alors déterminables en fonction du rayon R, qui est le seul élément linéaire explicitement introduit dans le calcul. Notre formule ne fait qu'exprimer un des résultats de cette détermination en nous faisant connaître le rapport $\dfrac{\rho}{R}$, d'où se déduisent tous les autres éléments linéaires, tant géocentriques qu'héliocentriques, du lieu observé.

Il est également facile de voir pourquoi le rapport $\dfrac{\rho'}{R}$ disparaît de l'équation (3)′, qui par conséquent le laisse indéterminé. Soient (*fig.* 8) S le soleil, N Π′ l'orbite d'une planète, comprise tout entière dans un plan dont la trace sur l'écliptique est SN, le point N étant, par exemple, le nœud ascendant de l'orbite N Π′. Menons dans l'écliptique la droite S γ, dirigée au point équinoxial de printemps, et à partir de laquelle nous compterons les longitudes, dans le sens indiqué par la flèche courbe. A un instant quelconque la planète étant en P, on vous donne l'angle PSM, ou λ′ qui est sa latitude héliocentrique, et l'angle MS γ, ou *l*′ qui est sa longitude héliocentrique aboutissant au cercle de latitude PSM, qui la contient. L'angle NS γ, ou N, étant supposé connu, les deux éléments observés λ′, *l*′ détermineront complétement la *direction* du rayon vecteur héliocentrique PS, ou *r*′, et celle de sa projection sur l'écliptique MS, ou ρ′, mais nullement leurs longueurs absolues, puisque *r*′ étant tout entier compris dans le plan de l'orbite, ses coordonnées angulaires resteront les mêmes, quelque longueur arbitraire qu'on veuille lui assigner. Les deux éléments angulaires λ′, *l*′ ne peuvent donc avoir entre eux d'autre relation obligée que celle qui est nécessaire pour que la droite *r*′ soit comprise dans le plan donné; et c'est précisément ce qu'exprime l'équation (3)′.

Pour le reconnaître, prolongez les trois droites SN, SP, SM, jusqu'à ce qu'elles aillent percer la surface de la sphère céleste, supposée décrite du centre S, avec un rayon d'une longueur indéfinie. Ces trois points d'intersection *n*, *p*, *m*, étant joints par des arcs de grand cercle, deviendront, sur cette surface, les trois sommets d'un triangle sphérique rectangle en *m*, dans lequel on connaîtra le côté *pm*, qui est λ′, le côté *mn*, qui est *l*′ — N, et l'angle *pnm*, ou I, qui est l'inclinaison du plan de l'orbite sur l'écliptique. Or, d'après les règles de la trigonométrie sphérique (2ᵉ cas de Legendre), ces trois données devront avoir entre elles la relation suivante :

$$\tan I \cdot \sin(l' - N) = \tan \lambda';$$

c'est précisément notre équation (3)′.

40 *bis*. L'hypoténuse *nm* de ce même triangle a une grande importance en astronomie, parce qu'elle mesure l'angle PSN que le rayon vecteur héliocentrique de la planète forme, dans le plan de l'orbite, avec la ligne des nœuds; et ce sont les variations progressives de cet angle qui définissent la loi de circulation de la planète *dans son orbite*. Or on le conclut aisément des mêmes données. En effet, si l'on désigne, pour abréger, le côté $l' - N$ par v, et que l'on nomme v' l'hypoténuse nm, on obtiendra celle-ci par l'une ou l'autre des deux relations

$$\cos v' = \cos v \cos \lambda',$$

ou encore

$$\tang v = \tang v' \cos I,$$

lesquelles ont simultanément lieu dans notre triangle npm. Mais la seconde est de beaucoup la mieux adaptée aux applications pratiques, et c'est toujours celle qu'on y emploie. Je vais dire tout de suite pourquoi on en use ainsi, car je n'en trouverai jamais une occasion plus favorable.

Pour exprimer les lois des mouvements des planètes autour du soleil, et en former des Tables numériques, qui servent à prédire les positions de ces astres en fonction du temps, les astronomes procèdent de la même manière que pour exprimer les mouvements révolutifs de la lune autour de la terre. Considérant d'abord les mouvements moyens, ils en reportent la marche uniforme sur les cercles de la sphère céleste qui résultent de l'intersection de cette sphère par les plans des orbites véritables. Tel serait l'arc $n\pi$ de notre *fig.* 8. Pour assigner sur ces cercles les projections successives des lieux moyens et vrais, ils les y répartissent à partir d'une origine commune prise dans leur plan, et qui est désignée par Υ', dans notre *fig.* 8. Elle est conventionnellement choisie par cette condition, que l'arc $n\Upsilon'$, compté sur le cercle de l'orbite, dans un sens rétrograde, à partir de la projection n du nœud ascendant, soit constamment égal à l'arc $n\Upsilon$ de l'écliptique, qui exprime la longitude héliocentrique actuelle N de ce même nœud. C'est à partir de ce point Υ' que les astronomes comptent les longitudes, tant vraies que moyennes, *dans l'orbite*. Ayant donc déduit des Tables, pour le temps donné t, la longi-

tude moyenne ainsi définie, ils y ajoutent toutes les inégalités locales qui l'affectent, ce qui leur donne le lieu vrai p de la planète
projetée sur son cercle céleste, par conséquent l'arc total $\Upsilon'np$,
qu'ils appellent la longitude vraie, *dans l'orbite*, et que je nommerai $l^{(i)}$. De là, retranchant l'arc $\Upsilon'n$, qui est la longitude
actuelle N du nœud comptée de même, ils obtiennent l'arc np ou
v', qu'ils appellent l'*argument de latitude*, parce qu'en effet quand
il est connu, ainsi que l'inclinaison I du plan de l'orbite sur l'é-
cliptique, on en conclut immédiatement la latitude héliocentrique
mp ou λ' de la planète, au moyen de la formule

$$\sin \lambda' = \sin \text{I} \sin v'.$$

Ce même arc v' étant projeté sur l'écliptique donnera l'arc nm,
c'est-à-dire v ou $l' - \text{N}$, par l'équation en tangentes

$$[1] \qquad \tang v = \tang v' \cos \text{I};$$

alors v ou $l' - \text{N}$ étant connu, on y ajoute N, et l'on a

$$l' = v + \text{N};$$

l' est la longitude de la planète dans l'écliptique, comptée du point
équinoxial Υ. Avec ces éléments les Tables font connaître le rayon
vecteur absolu r' et la distance accourcie ρ', qui y correspondent,
ce qui complète les coordonnées héliocentriques de la planète pour
le temps donné t; d'où l'on déduit ses coordonnées géocentriques
à la même époque par les formules du § 39.

Si c'étaient les coordonnées géocentriques qui fussent données,
on en déduirait d'abord les héliocentriques, λ', l', r', par les
formules inverses du même § 39. De la longitude l' comptée sur
l'écliptique on retrancherait la longitude N du nœud, ce qui donnerait $l' - \text{N}$ ou v, d'où l'on tirerait v' par l'équation en tangentes.
Ayant v', on y ajouterait N, et l'on obtiendrait

$$l^{(i)} = v' + \text{N};$$

$l^{(i)}$ serait la longitude de la planète, comptée *dans l'orbite*, à partir
de l'origine conventionnelle Υ'.

Ici, le passage de e' à e, ou de e à e', s'opère au moyen de l'équation [1], mais non pas en lui appliquant le calcul numérique direct. Les inclinaisons I des orbites planétaires sur le plan de l'écliptique étant généralement peu considérables, la différence $e' - e$, que l'on appelle la *réduction à l'écliptique*, est toujours fort petite, de sorte que, pour les évaluer, on peut employer avec avantage les séries de Lagrange, qui donnent

$$e = e' - R'' \tan^2 \tfrac{1}{2} I \sin 2e' - \tfrac{1}{2} R'' \tan^4 \tfrac{1}{2} I \sin 4e'$$
$$- \tfrac{1}{3} R'' \tan^6 \tfrac{1}{2} I \sin 6e' \dots, \text{etc.},$$

$$e' = e + R'' \tan^2 \tfrac{1}{2} I \sin 2e + \tfrac{1}{2} R'' \tan^4 \tfrac{1}{2} I \sin 4e$$
$$+ \tfrac{1}{3} R'' \tan^6 \tfrac{1}{2} I \sin 6e \dots, \text{etc.},$$

dans lesquelles le facteur R'' représente le rayon du cercle plié en arc, et réduit en secondes de l'espèce de subdivision que l'on veut employer. Si l'on adopte, par exemple, la sexagésimale, il suffira de prendre

$$\log R'' = 5,3144251 \quad \text{ou} \quad \log \left(\frac{1}{R''} \right) = \bar{6},6855749.$$

40 *ter*. Au temps de Képler ces développements n'étaient pas connus, et les logarithmes, qui en rendent l'application si facile, n'étaient pas inventés. C'est pourquoi, au chap. XV, page 83, ayant besoin d'évaluer la réduction à l'écliptique $e' - e$, e étant donné, il calcule directement e' par la formule exacte

$$\tan e' = \frac{\tan e}{\cos I},$$

qu'il reconnaît devoir à Landsberg. De là il déduit la latitude héliocentrique locale λ' par la formule directe

$$\sin \lambda' = \sin I \sin e',$$

se permettant souvent d'y remplacer e' par e, pour abréger le calcul, ce que la petitesse de I dans l'orbite de Mars lui permet de faire sans erreur notable, puisque la formule exacte en e serait

$$\tan \lambda' = \tan I \tan e.$$

Ayant λ', il en conclut

$$r' = \frac{\rho'}{\cos \lambda'} = \rho' \left\{ 1 + 2 \sin^2 \tfrac{1}{2} \lambda' + 4 \sin^4 \tfrac{1}{2} \lambda' \right\};$$

ce qu'il obtient par un procédé analogue au développement du second membre en ajoutant à ρ' son produit par séc $\lambda' - 1$, qui lui était immédiatement donné par les Tables de sécantes naturelles qu'on avait alors.

Au reste, dans la plupart de ses déterminations relatives à Mars, la réduction à l'écliptique $v' - v$ tombait dans les limites d'incertitude des observations qu'il employait. Car en faisant comme lui l'inclinaison I égale à $1^\circ 50'$, nos deux séries donnent pour cette planète

$$v' = v + 52'',8052 \sin 2 v + 0'',00676 \sin 4 v \ldots, \text{etc.}$$
$$v = v' - 52'',8052 \sin 2 v' - 0'',00676 \sin 4 v' \ldots, \text{etc.},$$

de sorte que les plus grandes valeurs de $v' - v$ ne peuvent pas s'élever à $53''$. C'est ce qu'il sentait fort bien lui-même. Car dans un calcul d'opposition où elle se trouve avoir cette grandeur totale, au chap. XV, page 86, il s'excuse d'en tenir compte, en disant qu'une telle réduction est *ridicula sane hoc loco , cum observatio ipsa aliquot scrupulorum incertitudinem habeat.* Toutefois il faut le louer d'avoir montré par cet excès de recherche qu'il connaissait toutes les exigences du problème astronomique, et qu'il savait s'y astreindre au besoin.

40 *quater*. Nous avons vu qu'il s'était proposé d'établir toutes les lois des mouvements planétaires d'après les faits seuls, sans y introduire aucune hypothèse. Il ne voulut pas même admettre *à priori* que les orbites fussent planes. Encore moins aurait-il voulu assigner hypothétiquement les vitesses de circulation, dans les portions diverses d'une même orbite. La méthode suivante offre un moyen rigoureux et direct de les déterminer.

Considérons deux rayons vecteurs héliocentriques r', $r'_{\prime}$, correspondants à deux positions distinctes de la planète ; et soit V l'angle oblique compris entre eux, dans le plan de l'orbite même. Les cercles de latitude menés par ces deux rayons se couperont au pôle boréal de l'écliptique, en comprenant l'angle dièdre $l_1 - l'$; et l'arc oblique V, opposé à cet angle, sera le troisième côté d'un triangle sphérique, dont les deux côtés latéraux seront respectivement $90^a - l_1$, $90^o - l'$. On aura donc, par le troisième cas de Legendre,

$$\cos V = \cos \lambda' \cos \lambda_1' \cos (l_1 - l') + \sin \lambda' \sin \lambda_1 .$$

Alors, l'angle V étant connu, ainsi que les deux rayons vecteurs r', r_1, qui le comprennent, on pourra tracer ces rayons sur un plan, dans les conditions relatives de position et de longueur où ils se trouvent dans l'orbite même. Une construction pareille appliquée à tous les couples d'observations qui se suivent à des temps connus, montrera donc la forme réelle de l'orbite, et mettra en évidence, sans aucune hypothèse, les lois du mouvement angulaire suivant lesquelles la planète le décrit. Tout cela exige uniquement que l'on sache déterminer les valeurs de l'inconnue ρ, pour chacune des positions différentes où la planète s'est successivement transportée.

40 *quinquies*. La valeur de ρ peut être trouvée directement à l'aide d'un artifice admirablement imaginé par Képler, et qui a été le principe de toutes ses découvertes sur la nature des orbites planétaires. Il consiste à combiner ensemble deux observations de la planète, qui soient séparées par un intervalle de temps égal à une ou plusieurs de ses révolutions sidérales complètes. En effet, après chaque révolution pareille, la planète se trouve revenue exactement au même point de son orbite et de l'espace absolu. Elle est donc alors, pour l'observateur, comme un objet qui serait demeuré fixe, et qu'il aurait vu successivement de deux stations différentes. La corde de l'orbe terrestre qui joint les deux points d'où les observations ont été faites, est la distance de ces stations, laquelle devient ainsi la base d'un triangle rectiligne ayant son sommet à la planète. Les côtés latéraux de ce triangle sont fixés de position par les longitudes et latitudes géocentriques observées aux deux stations, et les longueurs de ces mêmes côtés peuvent être calculées d'après ces données en fonction de la base rectiligne, laquelle peut être évaluée en parties des rayons de l'orbe terrestre aboutissant aux deux stations. La position de la planète, qui se trouve au sommet du triangle, est donc ainsi complétement déterminée et assignable.

La solution analytique de ce problème découle immédiatement, et sans aucun effort, des formules que nous venons d'établir. Pour l'en déduire, je marque d'un indice inférieur les éléments géocentriques qui appartiennent à la deuxième station. Puisque les coordonnées héliocentriques x', y', z' sont les mêmes dans les deux observations considérées, cette condition d'égalité, introduite dans les équations (1), relatives à l'une et à l'autre, donnera évidemment

$$\rho_1 \cos l_1 - R_1 \cos L_1 = \rho \cos l - R \cos L,$$
$$\rho_1 \sin l_1 - R_1 \sin L_1 = \rho \sin l - R \cos L,$$
$$\rho_1 \operatorname{tang} \lambda_1 = \rho \operatorname{tang} \lambda.$$

Or, en désignant la première par (a), la deuxième par (b), si l'on forme les combinaisons $(a) \sin l_1 - (b) \cos l_1$, et $(a) \sin l - (b) \cos l$, les deux inconnues ρ, ρ_1 se trouveront dégagées : ce qui donnera séparément

$$[3] \quad \begin{cases} \rho \sin(l_1 - l) = R_1 \sin(L_1 - l_1) - R \sin(L - l_1), \\ \rho_1 \sin(l_1 - l) = R_1 \sin(L_1 - l) - R \sin(L - l); \end{cases}$$

ρ et ρ_1 seront calculables par ces déduites, où elles sont seules inconnues; après quoi les coordonnées héliocentriques, tant linéaires qu'angulaires, qui ne renferment d'inconnu que ρ, pourront être évaluées en parties de R et R_1, par conséquent du demi grand axe A de l'orbe terrestre, qui est leur unité commune.

Quoique la formation des équations [3], qui résolvent le problème trigonométrique, soit incontestable, je ne crois pas inutile d'en montrer la signification par une construction géométrique fort simple. C'est l'objet de la *fig*. 9. Elle est tracée dans le plan de l'écliptique. S est le soleil ; T, T_1, sont les deux points où la terre s'est trouvée dans son orbite annuelle, quand on a observé la planète, dont la projection sur le plan de l'écliptique tombait en M. Ainsi les droites TM, T_1M, sont les deux distances accourcies

ρ, ρ_1 de la planète à la terre, et TS, T$_1$S$_1$ sont les deux rayons vecteurs terrestres, R, R$_1$. Enfin les droites parallèles TΥ_0, T$_1\Upsilon_1$ désignent l'axe mobile des x qui se transporte avec la terre, en se maintenant toujours parallèlement à lui-même, puisqu'il reste constamment dirigé vers le point équinoxial Υ_0, situé à l'infini sur la sphère céleste, dans le prolongement de l'écliptique. Les longitudes se comptent à partir de cet axe, dans le sens marqué par la flèche courbe tracée sur la figure. Ceci reconnu, veut-on interpréter une des deux équations [3], par exemple la deuxième, qui fait connaître ρ_1; du point T$_1$ menez T$_1$M$_1$ parallèle à TM, ou ρ, et T$_1$H$_1$ qui lui soit perpendiculaire; menez aussi du point S la droite SQ, perpendiculaire à T$_1$M$_1$, et qui coupera sa parallèle TM, ou ρ, en un point H. Considérez alors les trois triangles rectangles T$_1$M H$_1$, T$_1$SQ, T S H : les angles aigus en M, T$_1$, T, y seront respectivement $l_1 - l$, L$_1 - l$, L $- l$. Alors T$_1$H$_1$, ou $\rho_1 \sin(l_1 - l)$, sera égal à SQ, qui est R$_1 \sin(L_1 - l)$, moins S H, qui est R $\sin(L - l)$. C'est précisément ce qu'exprime la deuxième des équations [3]. La première, qui donne ρ_1, se prête à une interprétation analogue, en dirigeant les perpendiculaires sur ρ_1 et non sur ρ.

Section II. — *Application de la méthode précédente à la détermination des nœuds et des inclinaisons des orbites planétaires par les observations, en supposant que ces orbites soient contenues dans des plans fixes passant par le centre du soleil.*

41. Ce qui se présente d'abord de plus simple, c'est de regarder les orbes des planètes comme des courbes planes dont le plan passe par le centre du soleil. Voyons comment cette supposition s'accorde avec les observations.

Si les planètes se meuvent dans des orbites planes, et si le plan de ces orbites passe par le centre du soleil, les points où chaque planète rencontre l'écliptique doivent être opposés sur une même ligne droite, menée par le centre du soleil, et mobile sur l'écliptique avec lui. Ces points déterminent donc la trace du plan de l'orbite sur l'écliptique, trace que l'on appelle, en astronomie, *la ligne des nœuds*.

Un observateur qui serait placé dans le soleil, pourrait aisément vérifier si cette condition est remplie. Il déterminerait par la série des observations les instants où la latitude de la planète est nulle, et il verrait si, à ces mêmes instants, ses longitudes héliocentriques sont égales ou diffèrent d'une demi-circonférence. Pour nous, qui sommes placés sur la terre, nous pouvons bien également déterminer par des observations géocentriques l'instant où la planète passe par ses nœuds; mais, n'étant pas au centre des mouvements planétaires, ces nœuds ne peuvent pas nous paraître opposés sur la sphère céleste; et la droite qui les joint, étant emportée sur l'écliptique par le soleil, doit se présenter successivement à nous sous divers degrés d'obliquité, qui rendent cette opposition méconnaissable.

Cependant, parmi toutes les situations que peut prendre le plan de l'orbite par rapport à nous, il en est deux, à la vérité fort rares, où la difficulté peut être éludée : ce sont celles où la planète se trouverait sans latitude, et en même temps en opposition ou en conjonction avec le soleil. Car alors nous la verrions, de la terre, sur la même droite que si nous étions au centre du soleil. Plusieurs observations de ce genre montreraient si le nœud de la planète répond toujours à la même longitude vue du soleil. S'il n'est pas en notre pouvoir de multiplier à volonté ces concordances spécialement favorables, il n'est peut-être pas indispensable à notre but qu'elles se trouvent rigoureusement accomplies; et il est au contraire à présumer qu'ici, comme dans toute autre détermination astronomique, les circonstances voisines de celleslà pourront y être ramenées par quelque artifice de réduction approximative. Telle est donc la marche logique qu'il nous faudra suivre pour constater ce premier caractère des orbites planes.

I. — *Détermination des nœuds par les observations.*

42. Ce fut là aussi le premier problème que se proposa Képler, lorsque, muni des observations de Tycho, il entreprit de découvrir les véritables lois physiques des mouvements planétaires, de les établir par des démonstrations rigoureuses, et d'en construire des Tables fondées sur les réalités naturelles, non plus sur des fictions géométriques arbitrairement imaginées : œuvre immense, que seul, parmi tous les astronomes qui l'avaient précédé, il eut la hardiesse de concevoir et la force d'accomplir.

Dans cette voie expérimentale tout était à faire. Les particularités les plus simples d'un mouvement circulatoire opéré autour du soleil dans une orbite plane, celles que nous admettons aujourd'hui sans difficulté, presque sans réflexion, devaient alors être recherchées, et établies par les observations comme autant de faits. En procédant ainsi, Képler eut d'abord à traiter la question suivante (*) :

Lorsqu'une planète est amenée par son mouvement propre à traverser le plan de l'écliptique, sa latitude héliocentrique et sa latitude géocentrique deviennent nulles toutes deux à la fois. On peut donc déterminer les instants de ces passages par l'observation, soit en y saisissant la planète, soit en interpolant ses latitudes géocentriques observées un peu avant et un peu après. Ceci étant effectué, *si l'orbite est fixe dans l'espace*, ou si elle ne se déplace que très-lentement, comme la permanence des mouvements relatifs semble l'indiquer, chaque fois que la planète reviendra à un même nœud, soit ascendant, soit descendant, elle s'y retrouvera à une même distance du soleil, sur un rayon vecteur héliocentrique dont la longueur et la direction stellaire n'auront pas changé. Alors ses retours consécutifs à chaque nœud devront comprendre entre eux un intervalle de temps égal à une de ses révolutions sidérales ; et, réciproquement, cet intervalle ne peut être tel, que si les nœuds sont restés sensiblement fixes, en direction et en distance héliocentrique, entre les époques des retours que l'on a comparés. Képler trouva dans les observations de Tycho les moyens de prouver la réalité de ce fait pour chacun des deux nœuds de Mars, qui était alors le sujet spécial de ses recherches. S'il avait eu à sa disposition des observations plus précises et plus nombreuses, la même méthode aurait pu lui donner,

---

(*) *De motibus stellæ Martis*, chap. XII, page 72.

à la fois, la longueur et la direction absolue du rayon vecteur mené à chaque nœud, du centre du soleil, ce qui lui aurait épargné beaucoup d'essais et d'incertitudes pénibles. Nous effectuerons plus tard cette application pour Mercure : mais elle eût été impossible alors.

45. Cette fixité de position et de distance des nœuds autour du soleil réalisait évidemment les deux premières particularités que doit présenter une orbite sensiblement immobile. Il fallait maintenant savoir si les rayons vecteurs héliocentriques, menés à ces deux nœuds, sont situés dans l'écliptique sur une même ligne droite, de manière à y constituer la trace d'un plan passant par le centre du soleil. Ceci est l'objet d'une démonstration plus subtile, que Képler établit de la manière suivante (*).

Il prend une opposition de Mars qui s'est opérée à une époque connue T_0, dans la longitude géocentrique L_0, laquelle était par conséquent aussi la longitude héliocentrique de Mars à la même époque. Il la choisit encore telle, que la planète, ayant alors une très-petite latitude géocentrique, perce l'écliptique, dans son nœud ascendant, à une époque T_1, peu éloignée de T_0. Il détermine T_1 en interpolant les latitudes géocentriques observées peu avant et peu après ce passage, pour en conclure l'instant où elles deviennent nulles. Prenant alors la durée de la révolution périodique de Mars qui lui est connue, il calcule par proportionnalité l'angle m, que le rayon vecteur héliocentrique de cette planète, projeté sur l'écliptique, doit décrire autour du soleil, dans le court intervalle de temps $T_1 - T_0$; et l'ajoutant à la longitude héliocentrique L_0, observée dans l'opposition même, il obtient la longitude, pareillement héliocentrique, $L_0 + m$ du nœud considéré. Le seul défaut de cette méthode, défaut que Képler lui-même indique, consiste en ce que l'arc de réduction m devrait être évalué d'après le mouvement vrai et local de la planète en longitude, et non pas d'après son mouvement moyen. C'est ainsi que nous ferions aujourd'hui, possédant des Tables fort exactes des mouvements de Mars. Mais la différence est presque insensible quand l'intervalle $T_1 - T_0$

(*) *De motibus stellæ Martis*, chap. LXI, page 303.

ne comprend que 1 ou 2 jours. Et d'ailleurs Képler n'aurait pas pu opérer autrement sans tomber dans un cercle vicieux, puisqu'il lui était nécessaire de s'appuyer uniquement sur les observations, et non pas sur des Tables qui étaient construites d'après de faux systèmes de mouvements.

Ayant ainsi déterminé la direction héliocentrique du nœud ascendant de Mars à une époque connue, il cherche par la même méthode celle du nœud descendant, qu'il déduit d'une autre opposition, antérieurement observée à une petite distance de ce nœud. La longitude héliocentrique obtenue par ce second calcul, étant ramenée à la même origine équinoxiale que celle du nœud ascendant, se trouve en être le supplément à quelques minutes près qui peuvent être facilement imputées aux incertitudes des observations. De là Képler conclut que les deux nœuds de Mars sont opposés l'un à l'autre sur une même droite passant par le centre du soleil : ce qui est le premier caractère géométrique et physique de l'orbite qu'il décrit. La même méthode appliquée aux observations des autres planètes a fait depuis connaître que ce caractère est individuellement réalisé dans chaque orbite, suivant des directions propres autour du centre du soleil.

En comparant les longitudes héliocentriques du nœud ascendant de Mars conclues aussi d'oppositions observées à des époques très-distantes, Képler trouva que ce nœud avait un mouvement sidéral propre, et rétrograde comme celui des points équinoxiaux (*). Il l'évalue à 10″,57 par année. Les observations postérieures ont prouvé que ce mouvement de rétrogradation est très-réel, et qu'il se manifeste pareillement, avec des vitesses diverses, dans les nœuds de toutes les autres planètes, et la théorie de l'attraction a décelé la cause physique de ce fait général. Elle tient aux situations respectives que les orbites des planètes prin-

---

(*) *De motibus stellæ Martis*, chap. XVI, page 107. Képler dit 10″ 3/4‴ à la manière des Grecs. L'emploi bien plus simple des fractions décimales n'avait pas encore été imaginé à l'époque où il écrivait son travail sur Mars. Napier le premier introduisit ce genre de calcul dans son livre : *Mirifici logarithmorum canonis descriptio*, publié en 1614, deux ans après sa mort. Voyez le *Journal des Savants* pour l'année 1835, page 207.

cipales se trouvent maintenant avoir les unes par rapport aux autres; et de là on conclut les vitesses actuelles de rétrogradation de leurs nœuds, plus sûrement que par les observations directes, qui sont ou trop récentes, ou trop imparfaites, pour cet usage. La rétrogradation annuelle des nœuds de Mars ainsi calculée est $22'',498$. Képler, qui la supposait de $10''$, se trompait sur la vitesse absolue de ce mouvement, non sur sa direction; et il est presque incroyable qu'il ait pu saisir un fait si délicat, ou même qu'il ait songé à le constater, avec les observations imparfaites dont il disposait.

44. Pour compléter cet exposé, je reproduirai ici les données et les calculs par lesquels il détermine la longitude héliocentrique du nœud ascendant de Mars en 1595. Voici d'abord les observations sur lesquelles il se fonde : les dates de jour sont exprimées en style julien, et les heures comptées à partir de midi (*).

DATES DES OBSERVATIONS.	LONGITUDE héliocentrique de Mars, observée dans son opposition au soleil vrai.	LATITUDE géocentrique de Mars, observée.
1595. Octobre 28, jour 301ᵉ, 12ʰ. 0ᵐ	. . . .	$4'.30''$ australe.
Octobre 31, jour 304ᵉ, 0.39 (*)	$47°.31'.40''$	8. 0 boréale.
Novembre 3, jour 307ᵉ, 12. 0	. . . .	19.45 boréale.

(*) *De motibus stellæ Martis*, cap. XV, pag. 90.

L'intervalle de la 1ʳᵉ observation à la 3ᵉ comprend 6 jours complets, pendant lesquels la latitude géocentrique de Mars a été ascendante vers le pôle boréal de l'écliptique, et s'est accrue dans ce sens de $24'15''$. Ce mouvement, considéré comme uniforme,

(*) *De motibus stellæ Martis*, chap. LXI, page 302.

a donc été, pour chaque jour, de $4' 2'',5$ ou $242'',5$. L'époque du passage par le nœud a donc précédé la 1re observation du temps nécessaire pour opérer dans la latitude un accroissement de $4' 30''$ ou $270''$ avec la vitesse diurne ainsi définie, de sorte que ce temps, exprimé en jours, a dû être, par proportion,

$$1^j \frac{270}{242,5} \quad \text{ou} \quad 1^j. 2^h.43^m,18^s$$

Ceci étant ajouté à la date de la
1re observation. . . . . 1595 octobre 28.12

ou a pour la date du passage par
le nœud. . . . . 1595 octobre 29.14.43.18

Or la date de l'opposition observée
est. . . . . 1595 octobre 31. 0.39

Donc le passage au nœud a précédé
l'opposition de. 1. 9.55.42

Il ne reste plus qu'à calculer l'angle m que le rayon vecteur héliocentrique de Mars, projeté sur l'écliptique, a dû décrire autour du soleil, dans cet intervalle de temps, avec son mouvement périodique moyen; et cet angle retranché de la longitude héliocentrique, observée dans l'opposition, donnera la longitude, pareillement héliocentrique, du nœud ascendant de Mars, à l'époque calculée.

Or, d'après le tableau D rapporté au § **56**, on a

Le mouvement périodique moyen de
Mars. . . . . en 24^h $1886,6560''$

Donc en 1^h $78,6107$

en 1^m $1,31018$

en 1^s $0,021836$

Effectuant les produits respectifs de ces nombres par les parties de l'intervalle de temps $1^j 9^h 55^m 42^s$, et prenant leur somme, on trouvera. . . . . $m = 0°44' 27''$

ce qui retranché de la longitude observée dans
l'opposition. 47.31.40

donnera, pour la longitude du nœud ascendant
de Mars. 46.47.13

en 1595, 29 octobre à $14^h 42^m 18^s$ après midi au méridien du lieu d'observation. Képler dit $46° 45' \frac{1}{3}$ au commencement de novembre, soit qu'il ait négligé dans son calcul quelques petites fractions, ou qu'il ait employé une valeur du moyen mouvement tant soit peu différente de celle dont nous avons fait usage.

Pour apprécier le degré d'exactitude de cette détermination, calculons le lieu du nœud de Mars pour la même époque par les Tables modernes. Je prends celles de M. Lindenau. Elles donnent pour le 1er janvier 1800, style grégorien,

Longitude du nœud ascendant de Mars $47° 59' 38'' 4$.

Mouvement de précession en une année julienne moyenne de $365^j \frac{1}{4} \ldots 25''$, déduction faite du mouvement propre sidéral du nœud.

Le 1er janvier 1800 grégorien, peut s'écrire année 1799, jour 366e; d'où retranchant 11 jours supprimés depuis la réforme, on aura, pour date julienne équivalente,

année 1799 jour 355^e

La détermination de Képler est datée   année 1595 jour 305

Intervalle. . . . . $204^a + 50^j$.

Cet intervalle contient un nombre entier de tétraétérides, parce que les années qui le limitent sont toutes deux de la forme $4 n - 1$. On aura donc :

Le mouvement de précession du nœud

en 204 ans. . . . . $5100''$

En 50 jours. . . . . $3,4$

Somme, ou réduction de précession. $5103'',4 = 1°.25', 3'',4$

Longitude du nœud à l'époque des

Tables. . . . . $47 \; 59 . 38 , 4$

Donc au 1er novembre 1595 julien. . $46 . 34 . 35$

Képler trouve à cette même date $46 . 45 . 20$

Excès de sa détermination. . . . . $0 . 10 . 45$

Si l'on considère que les observations qu'il a combinées, étaient faites avec des instruments dépourvus de lunettes, et qu'il les calculait en attribuant à Mars une parallaxe excessivement erronée, puisqu'il la supposait de 3', on sera surpris que son résultat soit si peu éloigné de la vérité.

Toutes les déterminations de ce genre obtenues par les astronomes postérieurs ont été calculées par cette même méthode de Képler. Seulement ils ont pu y employer des données plus précises ; et comme, grâce à ses découvertes, ils avaient de meilleures Tables de Mars, ils ont pu évaluer l'arc de réduction m avec le mouvement vrai et local de chaque planète, et non pas avec son mouvement périodique moyen (*).

44 *bis*. Les passages de Mercure et de Vénus sur le disque du soleil, que j'ai annoncés à titre de faits dans le § 27, offrent des occasions spécialement favorables pour déterminer les longitudes héliocentriques des nœuds de ces deux planètes. En effet, nous les voyons alors sur la même ligne droite que cet astre ; et, en même temps, leurs latitudes géocentriques se trouvent nécessairement très-petites, puisqu'elles ne dépassent pas son demi-diamètre apparent. Les conjonctions, dans ces circonstances, s'opèrent toujours très-près des nœuds, et par conséquent doivent pouvoir servir à déterminer leurs positions, en mesurant les variations progressives des latitudes géocentriques sur le disque même du soleil, pendant tout le temps que la planète se projette sur lui.

C'est à quoi l'on parvient aisément aujourd'hui, ayant des Tables du soleil et des deux planètes, qui représentent leurs mouvements avec une approximation presque équivalente aux réalités. Car, en cherchant les époques où elles devront revenir en conjonction avec le soleil, les Tables feront voir si leur latitude géocentrique s'y trouvera moindre que le demi-diamètre apparent de cet astre, c'est-à-dire environ 16' sexagésimales ; auxquels cas seulement elles passeront en projection sur son disque, et l'on pourra se préparer à les y observer. On pourra même déterminer ainsi à l'avance, par les Tables, l'instant où la planète commencera à paraître sur le

---

(*) On peut voir un grand nombre de ces applications dans l'ouvrage de Jacques Cassini, intitulé : *Éléments d'Astronomie*. Paris, 1740; in-4°.

disque solaire, l'instant où elle sortira, la route qu'elle y suivra; et la comparaison de ces prévisions avec les effets réels servira pour vérifier les Tables, ensuite pour les corriger. C'est ainsi que l'on a procédé, depuis que l'invention des lunettes astronomiques a rendu ces phénomènes physiquement saisissables. Mais il a fallu aussi que les Tables devinssent assez sûres pour assigner d'avance, avec certitude, sinon l'heure, du moins le jour où ils doivent se réaliser, ce qui n'a eu lieu que depuis Képler.

Nous tomberions dans un cercle vicieux évident, si nous voulions nous prévaloir d'avance de ces connaissances aujourd'hui acquises. Mais notre but actuel ne l'exige point. Sans savoir dès à présent prédire des passages de Mercure et de Vénus sur le soleil, sans supposer des Tables qui les annoncent, il nous est logiquement permis de nous appuyer sur ceux que l'on a déja vus et constatés en fait, pourvu que les considérations, auxquelles nous les soumettrons, n'anticipent point sur les résultats que nous n'aurions pas encore établis; or voilà uniquement ce que nous allons faire.

45. Je prends pour exemple Mercure. Lorsque nous le voyons projeté sur le disque du soleil, il semble en parcourir une corde oblique à l'écliptique, et il met souvent plusieurs heures à le traverser. Pendant tout ce temps, si le ciel est pur, on peut le suivre avec des lunettes parallactiques, munies de réticules à fils mobiles, ou avec des héliomètres à mouvement équatorial. On peut constater ainsi le moment de son entrée et de sa sortie, et déterminer à chaque instant les coordonnées de ses positions intermédiaires, relativement au centre du disque. Avant que l'on eût des instruments aussi parfaits, Hévélius y suppléait par un procédé en partie graphique, d'un effet bien moins sûr, mais analogue: dans une chambre obscure de son observatoire, faisant face au midi, il avait adapté au volet un tube métallique contenant une lentille à long foyer, qui jetait simultanément l'image du soleil ou de la planète sur un tableau placé à une distance convenable pour la recevoir. Tout le système était mû par des vis calantes qui permettaient de maintenir constamment l'image du disque sur un cercle blanc de même grandeur, subdivisé par un grand nombre de cercles con-

centriques, au milieu desquels la direction de l'écliptique et celle
de la verticale, tracées à l'avance, se trouvaient placées dans leurs
positions réelles, où l'on prenait constamment soin de les maintenir. Ces cercles faisaient l'office d'un réticule, sur lequel on
pouvait marquer à chaque instant la position de la tache planétaire, tracer sa route apparente, et relever graphiquement ses
coordonnées successives relativement au centre du disque solaire.
C'est ainsi qu'Hévélius observa le passage de Mercure en 1661 (*).
Cette simple méthode graphique, à la perfection près, fournit des
données pareilles à celles que l'on tire des réticules de nos instruments parallactiques. Les Tables du soleil font connaître à
chaque instant la longitude apparente du centre de son disque.
En y ajoutant les coordonnées relatives de la tache planétaire,
évaluées angulairement en parties du demi-diamètre du disque,
on aura la longitude ainsi que la latitude apparentes de la planète,
au même instant; et l'on pourra conséquemment les obtenir pour
l'instant précis de la conjonction, où la tache se sera trouvée
dans le même cercle de latitude que le centre du soleil. A la vérité
ce ne seront pas là les valeurs géocentriques rigoureuses de ces
deux éléments, à cause de la parallaxe relative qui déplace l'astre.
Mais pour Mercure et Vénus, leur proximité du soleil rend la correction à faire si petite, que j'admettrai qu'on la néglige dans ces
premières déterminations.

Dans tout ce qui précède il n'y a rien qui suppose des connaissances théoriques anticipées. Nous pouvons donc, sans pétition
de principes, emprunter aux observations déjà faites les deux ré-

---

(*) *Johannis Hevelii Mercurius in sole visus*, HEVELII opuscula in-folio. Le
tracé du passage de 1661 se trouve en regard de la page 70. La description
détaillée de l'appareil se trouve dans la *Selenographia*. Hévélius employait le
même procédé pour suivre les taches du soleil et les phases des éclipses solaires. Aujourd'hui que nous possédons des héliostats, si l'on y adaptait
aussi un appareil de projection achromatisé, qui jetterait l'image du soleil
sur un papier photographique divisé concentriquement, ou par un réseau
de lignes droites rectangulaires, on obtiendrait sans doute, par des expériences de ce genre assidûment suivies, des connaissances bien curieuses,
non-seulement sur les taches solaires, mais en général sur les phénomènes
physiques qui s'opèrent à la surface du soleil.

sultats que je viens de définir. Un autre s'offre encore. Ayant la
trace de la corde décrite par la trace sur le disque, si on la pro-
longe graphiquement ou par le calcul, jusqu'à la trace du plan
de l'écliptique qui passe par le centre, le point d'intersection sera
le lieu apparent du nœud de la planète, dont la distance angulaire Δ au centre du disque pourra être évaluée dans la même
échelle de parties. Or la vitesse du déplacement de la tache planétaire parallèlement à l'écliptique est donnée par l'observation,
il sera donc facile d'évaluer proportionnellement l'intervalle de
temps τ qu'elle devra employer pour parcourir cette distance Δ.
Alors, comme on connaît la vitesse du mouvement périodique
moyen de la planète, on en déduira par une autre proportion, l'angle m que son rayon vecteur héliocentrique projeté sur l'écliptique
aura dû décrire autour du centre du soleil pendant le temps τ;
et cet arc, combiné par addition ou par soustraction avec la longitude L_0 de la planète observée dans la conjonction, donnera la
longitude héliocentrique $L_0 + m$ du nœud considéré. On voit que
cette méthode est exactement celle que Képler a donnée pour déterminer le lieu des nœuds des planètes. Les astronomes postérieurs
n'en ont pas employé d'autres pour calculer les circonstances des
passages de Mercure et de Vénus. Seulement, comme ils avaient
de meilleures Tables de ces deux planètes, ils ont conclu l'arc de
réduction m, du mouvement héliocentrique local, et non du
mouvement moyen. Delambre l'a encore améliorée, en substituant
partout le calcul aux déterminations graphiques, et les vitesses
angulaires vraies tirées des Tables aux simples proportionnalités.
C'est ce que l'on verra plus tard, lorsque j'exposerai, d'après lui,
tous les détails et toutes les conséquences du passage de Vénus
observé le 3 juin 1769 dans son nœud descendant. Mais la méthode est toujours, au fond, celle de Képler. Je pourrai donc, sans
pétition de principes, mettre dès à présent ici, sous les yeux du
lecteur, les époques où se sont opérés ceux de ces phénomènes
que l'on a observés assez complétement pour que l'on ait pu en
conclure les lieux des nœuds de Mercure et de Vénus avec une
exactitude qui s'est accrue à mesure que les procédés d'observation se sont perfectionnés. Mais, en outre, pour laisser apercevoir,

dans son intégrité, l'ordre suivant lequel ces phénomènes se succèdent, j'y joindrai, par anticipation, la liste complète de tous
ceux que les Tables actuelles de Mercure indiquent comme ayant
dû se produire, depuis celui de 1661 qui a été observé dans tous
ses détails par Hévélius, jusqu'à nos jours, soit qu'on les ait, ou
qu'on ne les ait pas saisis quand ils ont eu lieu.

Passages de Mercure sur le soleil par son nœud ascendant.

ÉPOQUES des passages, années et jours complets au minuit.	LONGITUDE géocentrique de ☿ en conjonction avec le ☉.	LATITUDE géocentrique de ☿ dans la conjonction.	LONGITUDE héliocentrique du nœud ☊ à l'instant où ☿ y est arrivé.	NOMS DES OBSERVATEURS et désignation des lieux où le passage a été observé.
7. 7 nov.	7.15.44.20	4. 3″ bor.	44.26.38	Halley à Ste.-Hélène, Gallot à Avignon (1).
9. 10 nov.	7.18.20.46	12.20 bor.	44.20.50	Les jésuites à Canton, obs. incomplètes (2).
7. 3 nov.	7.11.33.50	10.42 aust.	14.39.21	D. Cassini, Maraldi, Lahire, à Paris (3).
9. 6 nov.	. . . .	. . . .	. . . .	Inobservé.
8. 9 nov.	7.16.47.20	6. 0 bor.	45. 3. 4	Astron. de Paris, observ. incomplètes (4).
7. 11 nov.	7.19.23.34	14. 7½ bor.	45.16. 7	J. Cassini à Thury (5).
8. 5 nov.	7.12.37.40	9. 1½ aust.	non calc.	Maraldi à Paris (6).
8. 7 nov.	7.15.13.41	0.58,8 aust.	45.23.32	Gaubil et Amiot à Pékin, obs. fautives (7).
9. 9 nov.	. . . .	. . . .	. . . .	Observations défectueuses (8).
8. 2 nov.	. . . .	. . . .	. . . .	Inobservé.
2. 12 nov.	7.20.25.41	15.53,3 bor.	non calc.	Lalande, Méchain, etc., à Paris (9).
	7.20.25.44	15.51,6 bor.	. . . .	Méchain à Paris (10).
9. 5 nov.	7.13.40.48	. . . .	non calc.	Delambre à Paris (11).
9. 9 nov.	7.16.17. 9	0.53 bor.	46. 0.37	Lalande à Paris (12).

Indication des ouvrages où les détails du calcul sont consignés.

(1) J. Cassini, *Élém.*, pages 589-591.
(2) *Ibid.*, pages 593-596.
(3) *Ibid.*, pages 596-599.
(4) *Ibid.*, pages 599-602.
(5) *Ibid.*, pages 602-605.
(6) Maraldi, *Acad. des Sciences*, pages 281-287.

(7) J. Delisle, *Acad. des Sciences* pour 1758, page 154.
(8) Employées par Lalande, *A. des S.*, 1772, t. I, p. 446.
(9) *Acad. des Sciences* pour 1782, page 207.
(10) *Ibid.*
(11) Lalande, *Acad. des Sciences*, 1789, page 178.
(12) *Mém. de l'Institut*, tome VI, pages 57-58.

46. Ce tableau va nous fournir le sujet de deux remarques
importantes; l'une relative au phénomène lui-même, l'autre à
l'usage qu'on en a fait.

La première porte sur ce simple fait, que tous les passages de Mercure sur le soleil, qui se sont ainsi opérés quand il était proche de son nœud ascendant, ont eu lieu dans la première moitié du mois de novembre. Nous en verrons tout à l'heure la cause, quand j'aurai rapporté la liste des phénomènes analogues qui se sont opérés près du nœud descendant.

La seconde remarque porte sur la nature des déterminations que le tableau présente. Lorsque Képler eut découvert les véritables lois des mouvements du soleil, de la lune et des planètes, il s'en servit pour calculer de nouvelles Tables astronomiques ayant ces lois pour base, et il les appela *Rudolphines*, du nom de l'empereur Rodolphe II auquel il les avait dédiées. Cette œuvre, qui lui coûta vingt-six ans de travail, parut en 1627, trois ans avant sa mort. Dans ce nouveau mode de construction, tous les fondements de l'édifice étaient réels, et indestructibles. Mais les valeurs numériques des éléments du calcul étaient nécessairement imparfaites, étant déduites d'observations faites avec des instruments grossièrement divisés, dépourvus de lunettes, sans la mesure exacte des réfractions produites par l'atmosphère, et sans que l'on connût encore les dimensions absolues des orbites planétaires en parties du rayon du sphéroïde terrestre, ce qui faisait attribuer au soleil, ainsi qu'aux planètes, des parallaxes excessivement erronées. Les astronomes postérieurs à Képler, durent donc s'attacher d'abord à perfectionner ces détails. Voilà pourquoi dans les premiers passages de Mercure que présente notre tableau, nous les voyons s'appliquer à en déduire les constantes déterminatrices de ces phénomènes, c'est-à-dire la longitude et la latitude géocentrique de la planète au moment de la conjonction, ainsi que la longitude héliocentrique du nœud, d'où l'on concluait l'inclinaison de l'orbite dont je n'ai pas parlé encore. Plus tard, les instruments divisés et les horloges se sont améliorés; les éléments propres des orbites ont été mieux connus. En 1686, Newton a découvert le principe de l'attraction qui explique la cause physique des principales inégalités que les mouvements planétaires éprouvent, en décèle les périodes, et montre les occasions favorables pour déterminer chacune d'elles. Alors Halley, profondément imbu de ces principes, construisit en 1717 de nouvelles Tables du soleil, de la lune et des planètes, dont les astronomes n'eurent plus qu'à constater, qu'à corriger les erreurs locales, la continuité des déductions numériques qu'elles renferment étant théoriquement assurée. C'est désormais à ce point de vue que les passages de Mercure leur ont servi pour perfectionner la théorie de cette planète, en montrant les corrections locales que sa longitude et sa latitude indiquées par les Tables exigent pour s'accorder avec le ciel dans ces phénomènes. Les dernières déterminations rapportées dans notre tableau, sont presque uniquement dirigées vers ce but. Un dernier pas restait à faire pour l'atteindre. Les erreurs locales ainsi constatées, sont le résultat complexe de toutes celles qui existent dans chacun des éléments qui y concourent. Pour remonter à leur véritable source, il faut les considérer comme les fonctions de toutes celles-ci; exprimer analytiquement cette dépendance par autant d'équations que l'on possède d'observations distinctes qui donnent leur effet total; et combiner ces équations de manière à en déduire les corrections simultanées que nécessitent tous les éléments qui l'ont produit. Telle est la méthode des *équations de conditions*, imaginée par Mayer en 1750 (*), et que j'ai exposée en détail au chapitre XII du tome précédent, page 503. C'est la seule que l'on emploie avec raison aujourd'hui, c'est la seule aussi qui soit logique. Mais je crois, qu'en France du moins, Delambre est le premier qui l'ait appliquée. Grâce à cette heureuse pratique, pour qu'un passage de Mercure ou de Vénus sur le soleil serve à corriger les Tables, il n'est plus besoin, comme autrefois, qu'il ait été observé dans toutes ses phases dans un même lieu. Chaque observation isolée d'un contact, soit antérieur, soit postérieur, faite dans un point connu du globe, fournit une équation de condition; et l'ensemble de toutes les équations obtenues ainsi par un même passage, ou par plusieurs de même sorte, donne les corrections simultanées de tous les éléments qui y ont concouru. M. Le Verrier a fait l'application très-complète de cette

---

(*) *Mémoires de la Société cosmographique de Nuremberg*, 1750. — *Comptes rendus*, tome XX, page 589.

méthode aux passages de Mercure, dans les Additions à la *Connaissance des Temps* de 1848, page 97 ; et je n'en puis pas indiquer un meilleur modèle.

47. Revenons à notre tableau. Quoique les déterminations de la longitude du nœud, rapportées dans la quatrième colonne, doivent probablement être affectées de notables erreurs, surtout les plus anciennes, étant conclues d'observations imparfaites, calculées isolément par des méthodes presque graphiques; cependant elles s'accordent à montrer que cette longitude, rapportée à l'équinoxe mobile, croît avec le temps ; de sorte que la grandeur annuelle moyenne de cet accroissement, étant comparée à la précession annuelle, nous apprendra si le nœud est fixe sur l'écliptique, ou s'il a un mouvement sidéral propre, soit rétrograde, soit direct.

Dans ce dessein je prends la détermination obtenue en 1802, et je la combine successivement par différence, avec celles de 1677, 1697, et 1736, rejetant celle de 1690, qui se montre évidemment fautive par sa discordance avec la loi générale de progression qui se manifeste dans l'ensemble. Je forme ainsi le tableau suivant :

ÉPOQUES des déterminations combinées.	LEUR INTERVALLE en années complètes.	ACCROISSEMENT TOTAL qui en résulte dans la longitude du nœud ☊.	ACCROISSEMENT ANNUEL de la longitude du nœud conclu.
1802 — 1677	125	$1.33'.59''$	$+ 45'',11$
1802 — 1697	105	$1.21.16$	$+ 46,44$
1802 — 1736	66	$0.44.30$	$+ 40,56$
		Moyenne.....	$+ 44,0$

Chacune de ces déterminations donne un accroissement annuel moindre que le mouvement de précession, qui d'après l'évaluation que nous en avons faite au tome IV, page 337, était au 1ᵉʳ janvier 1800 $+ 50'',26$, et au 1ᵉʳ janvier 1677 $+ 50'',23$. Ainsi le nœud de Mercure a un mouvement sidéral propre, qui est rétrograde comme celui de Mars. La moyenne de nos trois résultats donnerait pour sa quantité annuelle — 6″,24. M. Le Verrier trouve — 7″,585 par la théorie de l'attraction.

En établissant tous les éléments du mouvement de Mercure, par la méthode des équations de condition, appliquée aux données qu'ont fournies ses passages sur le soleil, et un nombre considérable d'observations faites à l'Observatoire de Paris depuis 1801 jusqu'à 1842, M. Le Verrier a trouvé que la longitude θ du nœud ascendant, rapportée à l'équinoxe moyen mobile, était représentée par cette formule :

$$\theta = 45°\,57'\,37'',7 + 42'',511 \cdot t,$$

dans laquelle t désigne le temps, exprimé en années juliennes, partant du 1er janvier 1800 et prises comme négatives avant cette époque, comme positives après. Cette formule devant être plus sûre qu'aucune détermination isolée, nous pouvons nous en servir pour apprécier les erreurs de celles dont nous avons fait usage. Tel est l'objet du tableau suivant.

DATES des observations employées.	LEUR DISTANCE au 1er janv. 1800, exprimée en années et fractions d'années t	RÉDUCTION de précession pour le temps t, calculée par les formules.	LONGITUDE du nœud ☊, conclue de la formule	LONGITUDE déduite des observations	EXCÈS de chaque détermination isolée, sur la formule.
1677, 848	—122,152	—1.26.32,8	44.31. 4,9	44.26.38	—0. 4.26,9
1697, 838	—102,162	—1.12.23,0	44.45.14,7	44.39.21	—0. 5.43,7
1736, 859	— 63,141	—0.44.44,2	45.12.53,5	45.16. 7	+0. 3.13,5
1802, 854	+ 2,854	+0. 2. 1,3	45.59.39,0	46. 0.37	+0. 0.58,0

Le progrès du temps est rendu sensible par l'affaiblissement des erreurs exprimées dans la dernière colonne; il l'est encore plus dans les applications. En 1786, Mercure passa sur le soleil dans son nœud descendant. Les Tables de Halley annoncèrent ce phénomène $\frac{3}{7}$ d'heure trop tard ; celles de Lalande $\frac{2}{7}$ d'heure trop tôt. Cinquante-neuf ans après, M. Le Verrier a publié les siennes, dans les Additions à la *Connaissance des Temps* pour 1848, laquelle calculée plusieurs années d'avance, selon l'usage, parut au commencement de 1845. Cette même année Mercure devait passer sur le soleil, dans son nœud descendant, le 8 mai. Dès le 3 mars M. Le Verrier inséra dans les *Comptes rendus* de l'Académie des Sciences une annonce détaillée, où il prédisait en nombres les instants absolus auxquels devaient s'opérer le premier et le dernier contact de la planète avec le disque du soleil. Le 26 mai, M. Le Verrier put établir, dans le même recueil, que quatre observations du premier contact, complétement concordantes entre elles, et faites dans trois lieux différents, Altona, Genève et Marseille, n'avaient devancé que de 18″ en temps l'époque qu'il avait fixée. Mais cette fois l'écart ne tenait plus à l'imperfection des éléments de Mercure. Il dépendait des incertitudes qui restent encore sur la mesure du diamètre apparent du disque solaire, sur lequel la planète devait se projeter.

48. J'arrive maintenant aux passages de Mercure qui se sont opérés ainsi par son nœud descendant, et je vais en présenter la liste sous la même forme que j'ai adoptée pour les opposés, en la limitant à un intervalle de temps à peu près égal.

Passages de Mercure sur le soleil par son nœud descendant.

Époques des passages ans et jours comptés minuit.	LONGITUDE géocentrique de ☿ en conjonction avec le ☉.	LATITUDE géocentrique de ☿ dans la conjonction.	LONGITUDE héliocentrique du nœud ☋ à l'époque où ☿ y est arrivé.	NOMS DES OBSERVATEURS et désignation des lieux où le passage a été observé.
3 mai.	43.33.27	4.30 bor.	7.14.24. 5	Hévélius à Dantzik (1).
7 mai.	. . . .	. . . .	. . . .	Inobservé.
5 mai.	. . . .	. . . .	. . . .	Inobservé.
2 mai.	. . . .	. . . .	. . . .	Aperçu p^r Wintrop à Cambrigde, Ét.-Unis (2)
6 mai.	45.48.11	2.22 aust.	7.15.25.11	Lacaille, île de France (3).
	45.47.54	2.19 aust.	7.15.24.29	Mayer à Gottingue (4).
4 mai.	43.49.58	11.42 bor.	7.15.48.11	
7 mai.	46.54.27	5.44,3 aust.	7.15.57. 5	Delambre à Paris (5).

Indication des ouvrages où les détails du calcul sont consignés.

1. Cassini, *Élém.*, pages 587-618.
Données non calculables.
Lacaille, *Acad. des Sciences*, 1754, pages 46-48.

(4) Mayer, *Comm. de Gottingue*, tome III, page 444.
(5) Delambre, *Mém. de l'Institut*, tome III, page 447.

Nous voyons que tous ces passages se sont opérés dans la première moitié du mois de mai, comme ceux du tableau précédent ont eu lieu dans la première moitié du mois de novembre.
Ces deux époques sont séparées par un intervalle de six mois dans
une même année.

Nous voyons encore ici que la longitude du nœud descendant
a été toujours croissante avec le temps, comme celle du nœud
ascendant l'a été dans l'autre série. Le progrès de cet accroissement a été aussi pour les deux le même, autant que le petit nombre
de déterminations, et leurs incertitudes permettent d'en juger.
En effet si on l'apprécie, en les comparant toutes à la dernière
comme nous l'avons fait alors, on trouve les résultats ci-après
rapportés.

ÉPOQUES des déterminations combinées.	LEUR INTERVALLE en années complètes.	ACCROISSEMENT TOTAL qui en résulte dans la longitude du nœud ☋.	ACCROISSEMENT ANNUEL de la longitude du nœud, conclu.
1799—1661	138	+ 1.33. 6	+ 40,43
1799—1753	46	+ 0.32.58	+ 43,00
1799—1786	13	+ 0. 8.54	+ 41,07
		Moyenne....	+ 41,05

Les passages observés dans le nœud ascendant accusaient un mouvement plus fort de $2''{,}5$. Mais les éléments d'où nous avons déduit ces deux évaluations ne sont pas assez certains pour que nous puissions répondre d'une si petite différence. La moyenne $41''{,}5$ coïncide presque exactement avec le nombre adopté par M. Le Verrier. Admettant donc comme lui et comme tous les astronomes, que les deux nœuds sont diamétralement opposés l'un à l'autre, et ont sur l'écliptique un mouvement angulaire égal relativement aux points équinoxiaux, voyons si les déterminations partielles de la longitude du nœud descendant de Mercure obtenues à diverses époques et que nous avons rassemblées, confirment ou infirment cette conséquence.

A cet effet, ajoutons 6^s, ou une demi-circonférence, à la longitude du nœud ascendant de Mercure établie par M. Le Verrier, pour un nombre quelconque d'années t, postérieures ou antérieures au 1er janvier 1800, et nous aurons celle du nœud descendant, qui sera

$$7^s\,15^o\,57'\,37''{,}7 + 42{,}511\,t.$$

Donnant alors à la variable t les valeurs qu'elle a eues aux quatre époques de nos déterminations, nous obtiendrons les comparaisons de leurs résultats avec la formule, comme on le voit ici.

ÉPOQUES des passages en ans et jours, comptés de minuit.	LEUR DISTANCE au 1er janv. 1800, exprimée en années et fractions d'années. t.	RÉDUCTION de précession pour le temps t, calculée par la formule.	LONGITUDE du nœud ☊, conclue de la formule.	LONGITUDE déduite des observations.	EXCÈS de chaque détermination isolée, sur la formule.
1661, 33¼	—138,666	—1.38.14,8	7.14.19.22,9	7.14.24. 5″	+0. 5.42,1
1753, 34½	— 46,638	—0.33. 3,5	7.15.24.34,2	7.15.24.24,7	—0. 0. 9,5
1786, 33⁷	— 13,663	—0. 9.40,8	7.15.47.56,9	7.15.48.10,9	+0. 0.14,0
1799, 345	— 0,655	—0. 0.27,8	7.15.57. 9,9	7.15.57. 5,0	—0. 0. 4,9

La première détermination présente seule un écart de quelque importance ; et l'on ne peut lui accorder qu'une confiance très-restreinte, étant déduite de mesures graphiques, prises par projection dans une chambre obscure. Les trois autres diffèrent d'autant moins de la formule qu'elles ont été obtenues par des astronomes plus habiles, avec de meilleurs instruments. La conséquence légitime à tirer de toutes ces épreuves est donc que les deux nœuds, l'ascendant et le descendant de l'orbite de Mercure, se trouvent constamment situés sur une même ligne droite passant par le centre du soleil. Le même fait d'opposition rigoureuse a été constaté, pour les quatre autres planètes anciennes, Vénus, Mars, Jupiter et Saturne, par la méthode générale que nous avons exposée d'après Képler. Newton a prouvé depuis qu'il est un résultat nécessaire de la force d'attraction qui régit les mouvements de ces corps et de tous les autres appartenant à notre système planétaire, qui circulent comme eux autour du soleil, dans des orbites diversement étendues.

49. Les passages de Mercure sur le soleil présentent deux particularités qui se manifestent avec évidence dans les listes que j'en ai rapportées, et qu'il me reste à expliquer. Pourquoi ceux qu'on observe dans le nœud ascendant arrivent-ils toujours dans la première moitié du mois de novembre ; ceux qu'on observe dans le

nœud descendant, toujours dans la première moitié du mois de mai? En outre, pourquoi ceux-ci ont-ils lieu beaucoup moins fréquemment que ceux-là? De 1677 à 1802, il s'est écoulé cent vingt-cinq ans; de 1661 à 1799, cent trente-huit. Pourtant ce second intervalle n'a offert que 7 passages par le nœud descendant; l'autre 13 par le nœud ascendant. Voilà deux faits singuliers dont il faut trouver la cause.

Le premier tient uniquement à l'obliquité de l'orbite de Mercure sur l'écliptique, et à la situation actuelle de ses nœuds. Cette obliquité est assez grande pour que, dans certaines positions relatives de la terre et de Mercure, sa latitude géocentrique, malgré le grand éloignement où il se trouve, dépasse 4°. Or, lorsque Mercure, vu de la terre, se projette sur le disque du soleil, il est nécessairement compris dans le cône de rayons visuels qui a ce disque pour base. Cela suppose la réunion de deux circonstances. 1°. Il faut que sa latitude géocentrique, boréale ou australe, n'excède pas le demi-diamètre apparent, *actuel*, du soleil, lequel varie entre 16′ 17″,78 et 15′ 45″,24; ce qui exige que Mercure soit très-près d'un de ses nœuds. 2°. Il faut aussi que sa longitude géocentrique diffère de celle du centre du soleil, d'une quantité moindre que ce demi-diamètre, ce qui, combiné avec la condition précédente, exige que, pendant toute la durée du passage, la longitude géocentrique du nœud s'écarte peu de celle du soleil, soit en plus, soit en moins. Étudions l'effet de cette dernière circonstance, sur un passage opéré de nos jours par le nœud ascendant, dont la longitude héliocentrique est, en nombres ronds, 1ˢ 16°. La longitude héliocentrique de la terre, à l'époque du passage, devra être peu différente de celle-là; de sorte qu'elle verra le soleil se projeter sur le ciel proche du nœud opposé vers la longitude 7ˢ 16°, à laquelle il arrive environ 46 jours après l'équinoxe d'automne. Or, dans notre calendrier intercalé, cet équinoxe tombe toujours au 21 ou 22 septembre, jour 264°-265°, si l'année est commune. Ajoutant 46 jours, vous arrivez au jour 310°-311°, qui est le 6-7 novembre. Ce sera donc exclusivement aux environs de cette date, ou à cette date même, que l'on pourra voir Mercure passer sur le soleil dans son nœud ascendant.

Un raisonnement tout pareil appliqué aux passages par le nœud descendant, montrera qu'ils doivent exclusivement s'opérer quand la longitude du soleil diffère peu de $1^s\,16^o$, ce qui arrive 46 jours environ après l'équinoxe vernal, c'est-à-dire aux environs du 6-7 mai.

Maintenant pourquoi ceux de novembre sont-ils plus fréquents que ceux de mai? On s'en rend compte en comparant les rapports de distance que la terre et la planète ont entre elles, et ont aussi avec le soleil à ces deux époques, quand la planète passe par l'un ou l'autre de ses nœuds.

Nous avons reconnu que, dans les passages de novembre, la longitude héliocentrique de la terre diffère peu de $1^s\,16^o$. Or, d'après les déterminations que j'ai rapportées au tome IV, page 449, le périhélie de l'ellipse terrestre est situé actuellement vers $3^s\,9^o\,30'$ de longitude héliocentrique (*); en sorte que la terre, à ces époques, a seulement $1^s\,23^o\,30'$ d'anomalie. Elle se trouve donc alors dans la portion de son ellipse la plus rapprochée du soleil, ce qui rend le diamètre apparent de cet astre plus grand que le diamètre moyen. C'est déjà une circonstance favorable pour que Mercure, vu de la terre, puisse se projeter sur son disque. La circonstance contraire, et défavorable, a lieu dans les passages du mois de mai.

Un autre élément de nature variable intervient dans la possibilité du phénomène, et agit successivement dans le même sens que ces deux-là pour l'accroître ou l'affaiblir. Nous reconnaîtrons bientôt que Mercure décrit autour du centre du soleil une ellipse

---

(*) Dans l'endroit auquel je renvoie, on voit que Delambre a trouvé la longitude géocentrique du périgée solaire égale à $310^g,0608$ à la fin de 1775. De là jusqu'au 1er janvier 1800, il s'est écoulé 24 années complètes, pendant lesquelles cette longitude a dû augmenter de $24.0^g,0191066$8 ou $0^g,4586$ selon l'évaluation théorique de son mouvement annuel, ce qui la porte à $310^g,5194$ pour cette dernière époque. En ajoutant 200^g, et ne prenant que l'excès sur une circonférence entière, on aura la longitude héliocentrique du périhélie de l'ellipse terrestre en 1800, laquelle sera $110^g,5194$; ou en mesures sexagésimales, $3^s\,9^o\,28'\,2'',86$. Par des calculs postérieurs, M. Le Verrier trouve $3^s\,9^o\,30'\,28'',6$.

très-excentrique dont le périhélie avait pour longitude héliocentrique $2^s 14^\circ 20' 41'',6$ au 1er janvier 1800, avec un mouvement annuel de $+ 55'',589$, relativement à l'équinoxe mobile (*). Donc, toutes les fois que Mercure passe par son nœud descendant, supposé dans $1^s 16^\circ$, il n'a qu'environ 28° d'anomalie vraie, ce qui l'amène dans la portion de son ellipse la moins éloignée du soleil. D'après cela, quand ce passage arrive dans une conjonction de novembre, la terre et la planète sont toutes deux rapprochées du soleil à des distances peu différentes des plus petites qu'elles puissent atteindre; mais, comme la proportion de ce rapprochement est relativement plus forte pour Mercure que pour la terre, à cause de la grandeur de son excentricité, la distance absolue des deux corps s'en trouve accrue; de sorte que, pour une même hauteur de Mercure au-dessus ou au-dessous de l'écliptique, conséquemment pour une égale distance angulaire de son nœud, sa latitude géocentrique est moindre qu'à toute autre époque. Ceci conspire donc avec l'augmentation du diamètre apparent du soleil, pour que les rayons visuels menés de la terre à Mercure puissent aller aboutir à l'intérieur du disque solaire, dans les oppositions qui s'opèrent près du nœud ascendant.

Des effets tout contraires se produisent dans les oppositions opérées près du nœud descendant, lorsque le mouvement propre de Mercure l'amène à le traverser. Alors le diamètre apparent du soleil est moindre, et les latitudes géocentriques sont plus grandes à une même distance de ce nœud. Ces deux circonstances conspirent donc pour rendre plus difficile que les rayons visuels menés de la terre à Mercure aillent aboutir dans l'intérieur du disque solaire.

Voilà pourquoi les passages de Mercure sur le soleil qui arrivent dans le mois de novembre, sont beaucoup plus fréquents que ceux qui arrivent dans le mois de mai.

80. Lorsque l'on n'avait que des Tables encore très-imparfaites de Mercure, on a cherché à découvrir des périodes qui fissent

____

(*) Le Verrier, *Théorie du mouvement de Mercure.* Additions à la *Connaissance des Temps* de 1848, page 123.

prévoir les retours de ces phénomènes. Quoiqu'elles ne soient plus maintenant nécessaires, il ne sera pas inutile de les connaître, et surtout de savoir comment on peut y être directement conduit. Cela nous offrira d'ailleurs l'occasion de faire un rapprochement historique très-digne d'être signalé, auquel on n'a pas, je crois, donné l'attention qu'il méritait.

Établissons d'abord nettement la nature et les conditions du problème. C'est l'objet de la *fig.* 10. Elle est tracée sur le plan de l'écliptique. S y désigne le soleil, T la terre décrivant autour de lui, dans ce plan, son ellipse presque circulaire ATP, dont A est l'aphélie, P le périhélie. Ω s $\mho$ est la ligne des nœuds de l'orbite de Mercure, lequel est représenté en projection sur l'écliptique par la courbe ovale $a\,\mathrm{M}\,p$, dont la moitié ponctuée est supposée au-dessous du plan de la figure. Son aphélie réel s'y voit projeté en a, son périhélie en p, lui-même en M. S Υ est la droite menée du centre du soleil à l'équinoxe vernal du 1ᵉʳ janvier 1800, et le nœud ascendant Ω de l'orbite de Mercure, ainsi que les périhélies p, P, sont placés approximativement, aux longitudes héliocentriques comptées de cette droite où elles se trouvaient alors. Comme ces trois points Ω, p, P, n'ont que des mouvements sidéraux très-lents, la même figure pourra représenter avec une approximation suffisante, leurs positions relatives, pendant tout l'intervalle de temps que nous aurons à considérer.

Ces conventions préparatoires étant posées, concevons qu'à un instant connu, Mercure M, ait été observé en conjonction inférieure sur la droite SMTL. On demande après combien de temps, il se retrouvera encore en conjonction inférieure *sur cette même droite*, maintenue fixe dans l'écliptique, en admettant d'abord, dans le calcul, que la ligne de ces nœuds n'a aucun mouvement. C'est là évidemment la première question qu'il nous faut résoudre. Car l'orbite de Mercure étant supposée immobile, chaque conjonction nouvelle ainsi réglée, l'y ramènera dans la même position et à la même distance de son nœud, de sorte que, si on l'a vu passer sur le disque du soleil dans la première, on l'y verra également dans toutes les suivantes. Il ne restera donc plus qu'à déterminer les corrections qu'il faut faire à ces résultats pour avoir égard à la rétrogradation progressive et très-lente du nœud.

La solution du problème ainsi restreint, serait bien facile, si les durées des révolutions de la terre et de Mercure, dans leurs orbites propres, représentées par leurs révolutions sidérales, étaient entre elles comme deux nombres entiers. Car en prenant l'un et l'autre en proportion respectivement inverse de ces nombres, les produits obtenus exprimeraient un même intervalle de temps après lequel les deux corps se trouveraient revenus à leurs positions primitives dans leurs orbites propres, ce qui les y placerait dans les mêmes situations relatives, tant à l'égard l'une de l'autre qu'à l'égard du soleil. Mais ce caractère de commensurabilité n'existe point, les durées des deux révolutions sidérales en jours moyens solaires, étant, d'après les évaluations données dans la *Mécanique céleste* de Laplace,

$$\text{Pour la terre} \ldots \ldots \text{R} = 365^{\text{j}},2563835\text{o},$$
$$\text{Pour Mercure} \ldots \ldots \text{R}' = 87,96925804.$$

Il faut donc se borner à chercher les divers couples de nombres entiers, qui expriment le rapport $\dfrac{\text{R}}{\text{R}'}$, avec des degrés croissants d'approximation, et on les obtient par la méthode des fractions continues, que je suppose connue du lecteur (*). Voici le tableau des opérations successives qu'elle prescrit dans le cas actuel :

365,25638 35o	87,96925 804	13,37935 134	7,69315 000	5,68620 134	2,00694 866	1,67230 402	0,33464 464	0,33372 846
	4	6	1	1	2	1	4	1
13,37935 134	7,69315 000	5,68620 134	2,00694 866	1,67230 402	0,33464 464	0,33372 846	0,00091 918	

En formant les réduites de ces divisons successives, on obtient

---

(*) Voyez Huyghens, *Descriptio automati planetarii.* Opera reliqua, tome Ier, page 157, in-4°.

la série de périodes suivante :

$$
\begin{aligned}
1. \quad & R && = && 4\,R' + 13^{j}{,}3793534 \\
2. \quad & 6\,R && = && 25\,R' - 7^{j}{,}69315000 \\
3. \quad & 7\,R && = && 29\,R' + 5^{j}{,}68620134 \\
4. \quad & 13\,R && = && 54\,R' - 2^{j}{,}00694866 \\
5. \quad & 33\,R && = && 137\,R' + 1^{j}{,}67230402 \\
6. \quad & 46\,R && = && 191\,R' - 0^{j}{,}33464464 \\
7. \quad & 217\,R && = && 901\,R' + 0^{j}{,}33372546 \\
8. \quad & 263\,R && = && 1092\,R' - 0^{j}{,}00091918
\end{aligned}
$$

Je ne m'arrête pas aux cinq premières, qui laissent des restes trop forts. Les deux dernières sont arithmétiquement plus exactes, mais elles sont trop longues pour être admises dans l'application pratique, parce que le grand intervalle de temps qu'elles embrassent y rendrait trop sensible l'effet de la rétrogradation du nœud, que nous avons négligé. Il convient donc de nous fixer à la sixième, qui est presque aussi exacte que la suivante, et bien plus courte.

Une épreuve bien simple montre tout de suite sa justesse, sans aucun calcul. Faisons pour le moment abstraction du tiers de jour dont les 191 révolutions sidérales de Mercure, excèdent les 46 révolutions complètes de la terre dans son orbite propre. Négligeons aussi la petite différence de l'année sidérale à l'année tropique durant ces 46 révolutions. Alors si Mercure en conjonction inférieure a passé sur le disque du soleil au commencement d'une pareille période, il y passera encore à la fin, s'il n'est pas trop dérangé dans le sens des latitudes, par le déplacement de son nœud que nous avons supposé fixe. Il n'y a qu'à voir, par les faits mêmes, dans nos deux tableaux, jusqu'à quel point ce résultat a lieu. Je prends d'abord les passages observés par le nœud ascendant; puis, ceux qui ont été observés par le nœud descendant.

DÉSIGNATION de l'année dans laquelle un passage a été observé.	ÉPOQUES DES PASSAGES QUI ONT SUIVI, après des intervalles de 46 années, ou qui sont indiqués comme certains par les Tables actuelles de Mercure, depuis 1664 jusqu'à 1894 (*).	TERME auquel la période commence à se montrer fautive.
1677 ☊	1723; 1769; 1815; 1861	
1690	1736; 1782	1828
1697	1743; 1789; 1835; 1881	
1710	1664; 1756; 1802; 1848	
1776	1822; 1868	
1661 ☋	1707; 1753; 1799; 1845; 1891	
1674	. . . .	1730
1740	1786; 1832; 1878	

Le nombre de retours après lequel chaque passage considéré
cesse de se reproduire, dépend de deux causes : l'inclinaison de
l'orbite de Mercure sur le plan de l'écliptique, et la rétrogradation
du nœud près duquel le passage sur le soleil est opéré. Prenons
comme exemple le passage de 1677. La latitude géocentrique de
Mercure à l'instant de la conjonction y est marquée $4'\ 3''$ *boréale*.
Donc, puisque Mercure se trouvait alors près de son nœud ascendant, il avait traversé ce nœud *antérieurement* à la conjonction.
46 ans après il le traversait plus antérieurement encore, puisque
dans cet intervalle le nœud avait rétrogradé de $5'\ 49''$. Par suite,
au moment de son retour à la conjonction, en 1723, Mercure devait avoir une latitude boréale plus grande qu'en 1677, comme
en effet cela est arrivé, puisque vue de la terre, elle a été trouvée
de $6'$ au lieu de $4'\ 3''$. A chaque retour suivant, elle s'accroîtra d'une
quantité à peu près pareille, jusqu'à ce qu'enfin elle atteigne ou
dépasse le demi-diamètre apparent du soleil d'environ $16'$, après
quoi la période deviendra fautive. C'est ainsi qu'elle le devient
déjà après deux retours, quand on part du passage de 1690, où la

---

(*) Delambre, *Astronomie théorique et pratique*, tome II, page 518.

latitude géocentrique de Mercure dans la conjonction s'élevait à
12' 20" boréale. Car en 1782 elle était devenue presque égale à 16',
limite au delà de laquelle Mercure ne se projette plus sur le soleil.
Par le même motif, l'application de la période doit se soutenir
pendant bien plus longtemps, lorsqu'on prend pour point de départ le passage de 1697, où la latitude géocentrique dans la conjonction était 10' 42" *australe*; de sorte que Mercure traversait
son nœud ascendant *avant* que la conjonction s'opérât. Alors il
doit s'écouler beaucoup plus de temps, jusqu'à ce que la latitude
géocentrique, devenue boréale, atteigne sa limite.

Des raisonnements analogues expliqueront la justesse plus ou
moins prolongée de la période dans son application aux passages
opérés par le nœud descendant. Seulement, pour ceux-ci la limite des latitudes géocentriques dans la conjonction sera *australe*.
C'est pourquoi la période se soutient si longtemps bonne quand
on part du passage de 1661, où la latitude géocentrique était
de 4' 30" boréale, dans la conjonction.

51. Dans ces épreuves nous n'avons fait qu'un usage approximatif de notre période. Prenons-la maintenant avec toute la rigueur de son expression numérique; et cherchons ce qu'il faut y
ajouter pour qu'elle indique non-seulement les années, mais encore
les jours, et même approximativement les heures où doivent se
succéder les conjonctions qui ramènent, ou peuvent ramener les
passages de Mercure sur le soleil, près d'un même nœud.

Cette expression prise ainsi nous donne

$$191 \, \mathrm{R}' = 46 \, \mathrm{R} + 0^j,3346464.$$

Appliquons-la d'abord aux passages opérés par le nœud ascendant,
pour lesquels notre *fig.* 10 a été primitivement établie, et pour
envisager le phénomène dans son mode d'accomplissement le plus
simple, admettons un moment, par supposition, que ce nœud ne
se déplace point. Alors quand Mercure aura décrit dans son orbite
191 révolutions complètes, il sera revenu en M, sur la droite fixe
SML. Mais comme le temps qu'il aura employé à les décrire,
surpasse 46 R de $0^j,3346464$, ou par abréviation ϑ, la terre ne
se retrouvera plus avec lui sur cette droite en T. Elle aura quitté
ce point, en continuant sa marche propre; et si l'on désigne

8..

par ϖ son mouvement héliocentrique diurne, tel qu'il est dans cette portion de son orbite, elle devancera angulairement Mercure de l'angle $\varpi\theta$. Or, en réalité, cette avance sera rendue encore plus grande par la rétrogradation du nœud, qui détournant tout le plan de l'orbite de Mercure en sens contraire des mouvements propres, à raison de $7'',585$ par année, aura, dans le temps $46\,R + \theta$, fait reculer cette planète parallèlement à l'écliptique de $348'',91$. En sorte qu'après ce temps révolu, la longitude de la terre devancera la sienne de $348'',91 + \varpi\theta$. La conjonction ne se rétablira donc que plus tard, après un certain intervalle de temps t, postérieur aux $46\,R + \theta$, et tel, que Mercure en vertu de sa vitesse de circulation plus rapide ait compensé l'avance que la terre avait sur lui, plus l'arc ϖt qu'elle décrira encore jusqu'à ce qu'il la rejoigne. Soit ϖ' son mouvement héliocentrique diurne, en longitude, dans la portion de son orbite où il se trouve alors. La condition de leur rencontre sera évidemment

$$348'',91 + \varpi\theta + \varpi t = \varpi' t; \quad \text{d'où l'on tire} \quad t = \frac{348'',91 + \varpi\theta}{\varpi' - \varpi}.$$

Pour évaluer exactement t en nombres, il faudrait connaître les vitesses locales ϖ, ϖ', de la terre et de Mercure. Mais cela supposerait plusieurs notions anticipées dont nous ne devons logiquement nous prévaloir ici. Tout ce que nous pouvons faire, comme calcul approximatif, c'est d'attribuer pour le moment à ϖ et à ϖ', leurs valeurs moyennes tirées des périodes d'Hipparque, valeurs qui ne diffèrent pas sensiblement de celles que nous avons rapportées dans le § 36. Nous aurons ainsi

$$\varpi = 3548'',19; \quad \varpi' = 14732'',42;$$

conséquemment

$$\varpi' - \varpi = 11184'',23.$$

Alors l'expression de t donne

$$t = \frac{1536'',29}{11184'',23} = 0^j,13736212$$

à quoi ajoutant $\theta = 0,33464464$

on a pour la portion de temps ultérieure

aux $46\,R$ . . . . $0^j,47200676$

De sorte que l'intervalle complet des deux conjonctions inférieures, sidéralement similaires, devient

$$46 R + 0^j,4720068.$$

Des raisonnements tout pareils s'appliqueront aux passages opérés par le nœud descendant, comme on le reconnaît à l'aspect de notre *fig.* 10, d'après la correspondance des lignes qui leur sont relatives. Et en y attribuant aussi aux vitesses diurnes ϖ, ϖ', leurs valeurs moyennes, on arrivera évidemment au même résultat numérique, pour l'intervalle des deux conjonctions. Seulement, comme celles-ci s'opéreront sur des points des deux orbites diamétralement opposés aux précédents, l'erreur occasionnée par la substitution des vitesses moyennes, aux vitesses réelles, sera de sens contraire dans les deux cas.

Pour appliquer commodément cette période à notre calendrier grégorien intercalé, il convient de l'exprimer en fonction de l'année julienne moyenne contenant $365^j,25$. En désignant celle-ci par J, on a

$$R = J + 0^j,0063835 ;$$

ce qui donne

$$46 R = 46 J + 0^j,2936410.$$

Remplaçant donc $46 R$ par cette valeur, notre période devient

$$46 J + 0^j,7656485 = 46 J + 18^h 22^m 32^s.$$

En l'ajoutant à des dates déjà exprimées sous la forme grégorienne, il faudra se rappeler deux choses :

1°. Le calendrier grégorien supprime la bissextile dans les années séculaires 1700 et 1800. A cela près, il marche comme le julien.

2°. Sauf ces deux exceptions, si à une date donnée, on ajoute un nombre entier de périodes quadriennales par exemple $44 J$, la date courante du jour ne change point, mais lorsque cette addition fait passer par une des années séculaires 1700 ou 1800, il faut augmenter de 1 jour la date résultante, à cause de la bissextile supprimée.

Afin de mettre à profit la facilité que cette règle donne, je sépare des $46 J$ de notre période $44 J$, et je l'écris sous la forme suivante, où A désigne l'année commune de 365^j,

$$44 J + 2A + 16^h 22^m 32^s.$$

Ainsi décomposée, on obtiendra très-aisément les dates résultantes de son addition.

82. Afin de l'éprouver, j'emprunte à Delambre les dates grégoriennes d'une série de conjonctions inférieures de Mercure, avec passage sur le soleil, qu'il a calculées d'après les Tables rectifiées de Lalande (*). L'exactitude de ces Tables sera plus que suffisante pour les comparaisons que nous voulons effectuer.

Passages par le nœud ascendant.   *Passages par le nœud descendant.*

ANNÉES	DATES GRÉGORIENNES DES CONJONCTIONS en temps moyen de Paris, compté de midi.
	h. m. s.
1677	Nov. 7, jour 311e, 0.18. 7
1690	Nov. 9, jour 313e, 18. 6. 0
1697	Nov. 2, jour 306e, 17.42. 0
1710	Nov. 6, jour 310e, 11.19.34
1723	Nov. 9, jour 313e, 5.16. 0
1736a	Nov. 10, jour 315e, 21.59.25
1743	Nov. 4, jour 308e, 21 26. 8
1756a	Nov. 6, jour 311e, 16.17.28
1769	Nov. 9, jour 313e, 18. 7. 7
1776a	Nov. 2, jour 307e, 9.10.17
1782	Nov. 12, jour 316e, 3.48.43
1789	Nov. 5, jour 309e, 3. 9.50
1802	Nov. 8, jour 312e, 20.57. 2
1815	Nov. 11, jour 315e, 14.44.19
1822	Nov. 4, jour 308e, 14 2.34
1835	Nov. 7, jour 312e, 7.57.15
1848a	Nov. 9, jour 314e, 8. 1.47
1861	Nov. 11, jour 315e, 19.29.34
1868a	Nov. 4, jour 309e, 18.53. 6
1881	Nov. 7, jour 311e, 12.46.59
1894	Nov. 10, jour 314e, 6.36.26

ANNÉES	DATES GRÉGORIENNES DES CONJONCTIONS en temps moyen de Paris, compté de midi.
	h. m. s.
1661	Mai 3, jour 123e, 4.48.38
1674	Mai 6, jour 126e, 13.50.25
1707	Mai 5, jour 125e, 11.28.19
1720a	Mai 2, jour 123e, 10.36.37
1733	Mai 5, jour 125e, 18.29.50
1785	Mai 3, jour 123e, 17.11.49
1799	Mai 7, jour 127e, 1 13.50
1812a	Mai 5, jour 126e, 0. 0.43
1845	Mai 8, jour 128e, 8. 3.39
1878	Mai 6, jour 126e, 6.47.51
1891	Mai 9, jour 129e, 14.54.18

Je prends d'abord, comme terme de départ, la conjonction de 1677, et je vais chercher à en dériver les dates de celles qui la suivent, aux intervalles marqués par notre période. Voici le tableau des opérations par lesquelles on obtient ces dates en se con-

---

(*) Delambre, *Astronomie théorique et pratique*, tome II, page 518.

formant aux règles d'intercalation rappelées dans le paragraphe précédent.

	SÉRIE DE CONJONCTIONS proches du nœud ascendant, dérivées de la première par l'application successive de la période.	EXCÈS ABSOLU de la période comparativement aux Tables.	DIFFÉRENCES ou excès partiels de la période dans les applications successives.
1re Série.			
1re conjonction.	1677. Nov. 7, jour 311e, 0.18. 7 (h m s)		
...ute 44 J qui accroissent la date grérienne de 1 jour, à cause de la bissextile supprimée en 1700 : cela nous conduit à... ...ute alors le reste de la période...	1721. Nov. 8, jour 312e, 0.18. 7 2A +1J 6.22.32		
Somme donne........ 2e conj.	1723. Nov. 9, jour 313e, 6.40.39	+1.24.39 (h m s)	+1.24.39 (h m s)
...oute à cette somme 44 J, ce qui nous conduit à... ...oute alors le reste de la période, que je mets sous la forme...	1767 J Nov. 9, jour 313e, 6.40.39 A+1J+A + 6.22.32		
Comme 1768, qui est bissextile, comprend A+1J, j'obtiens..... 3e conj. ...oute 44 J qui accroissent la date grérienne de 1 jour, à cause de la bissextile de 1800 qui est supprimée : cela nous conduit à... ...oute alors le reste de la période...	1769 Nov. 9, jour 313e, 13. 3.11	+2.56. 4	+1.31.35
	1813. Nov. 10, jour 314e, 13. 3.11 2A +1J 6.22.32		
Somme donne........ 4e conj.	1815. Nov. 11, jour 315e, 19.35.43	+4.41.24	+1.45.20
2e Série.			
1re conjonction. ...oute 44 J qui accroissent la date grérienne de 1 jour, à cause de la bissextile supprimée en 1700 : cela nous conduit à...	1690. Nov. 9, jour 313e, 18. 6. 0 1734. Nov. 10, jour 314e, 18. 6. 0		
...oute d'abord A, qui ne change rien à la date courante, puis A+1, qui nous porte dans l'année 1736 B, où la bissextile s'insère en février. On a ainsi.	1736 B Nov. 10, jour 315e, 18. 6. 0		
...utant les 6h 22m 32s qui complètent la période, on arrive à..... 2e conj. ...oute 44 J qui ne changent point la date grégorienne et conduisent à... ...oute alors le reste de la période, que je mets sous cette forme...	1736 B Nov. 11, jour 316e, 0.28.32 1780 B Nov. 11, jour 316e, 0.28.32 A+1J+A + 6.22.32	+1.29. 9	+1.29. 9
Addition de A+1 complète l'année bissextile 1780, sans changer le quantième ordinal du jour, dans les deux années communes qui suivent, on a ainsi............. 3e conj	1782. Nov. 12, jour 316e, 6.51. 4	+3. 2.21	+1.33.11

Je ne multiplierai pas davantage ces exemples. Toutes les autres conjonctions calculées, à partir desquelles on voudra appliquer la période, donneront les dates des suivantes par des supputations semblables, en s'astreignant aux règles de l'intercalation grégorienne. Il faut maintenant comparer les dates ainsi obtenues, avec celles que les Tables fournissent.

On voit qu'elles excèdent toutes celles-ci ; et la grandeur de cet excès s'accroît progressivement à mesure que l'on passe de chaque conjonction à la suivante. On peut aisément se rendre compte de ces deux résultats, en jetant les yeux sur notre *fig.* 10.

Pour qu'elle donnât une idée exacte des conditions réelles du problème, on y a placé, par anticipation, les nœuds de l'orbite de Mercure, son périhélie π, et le périhélie Π de la terre, les positions angulaires relatives, où ils se trouvent actuellement, ainsi qu'on le reconnaîtra plus tard. On reconnaîtra également que le mouvement angulaire héliocentrique de Mercure s'accélère à mesure qu'il se rapproche de son périhélie, comme nous avons vu que cela a lieu pour la terre. Mais à des distances égales de ces deux points, l'accroissement absolu du mouvement est beaucoup plus grand pour lui que pour elle, parce qu'il circule autour du soleil à une distance moindre et dans une orbite plus excentrique. Or, quand nous avons calculé l'arc complémentaire qui ramenait Mercure et la terre à la conjonction, nous avons appliqué à ces deux corps leurs vitesses angulaires moyennes ; lesquelles étaient évidemment moindres que leurs vitesses locales, se trouvant tous deux plus proches de leurs périhélies que de leurs distances moyennes au soleil. Cette substitution, nécessitée par le manque d'éléments plus précis, a dû nous faire trouver, pour le temps de la rencontre, un intervalle additionnel trop grand, et par suite, une période de retour trop longue, comme cela est effectivement arrivé.

De plus, cet excès a dû s'accroître dans les conjonctions successives que nous dérivions ainsi les unes des autres, parce qu'elles s'opéraient sur des points de l'écliptique progressivement plus proches des périhélies des deux orbites, surtout pour Mercure, dont le périhélie π, étant moins avancé en longitude que celui de la terre, se trouvait toujours relativement moins éloigné de lui, dans chacune de ces nouvelles conjonctions.

Des raisonnements tout pareils montreront que des résultats contraires devront se manifester dans l'application de la même période aux conjonctions opérées près du nœud descendant. Pour le prévoir, il suffit de les répéter sur les parties diamétralement opposées de la figure, en partant d'une première conjonction établie sur la droite fixe SL_1, prolongement de SL. Alors la terre T, et Mercure M, étant tous deux plus rapprochés de leurs aphélies a_1, A, que de leurs distances moyennes au soleil, leurs vitesses angulaires locales seront moindres que les mouvements moyens, et en calculant avec eux l'intervalle de temps qui complète le retour à la conjonction, il se trouvera plus court que le réel; ce qui rendra la période ainsi obtenue, trop courte dans les applications. Et l'écart devra s'accroître, en conservant ce même sens, dans les conjonctions consécutives, parce que Mercure se trouvant plus proche de son aphélie a_1 que la terre du sien, sa vitesse angulaire décroîtra toujours en proportion plus forte que la sienne; du moins tant que les aphélies et les nœuds resteront respectivement situés comme notre *fig.* 10, les représente.

Pour montrer que ces conséquences sont, en tout point, conformes aux faits, je prends, à titre d'exemple, la conjonction opérée en 1661, près du nœud descendant, et je vais en déduire les deux suivantes, par l'application de notre période moyenne :

$$44\,J + 2\,A + 1 + 6^h\,22^m\,32^s.$$

Voici le tableau des opérations, tout pareil à celui que nous avons dressé pour les conjonctions opérées près de l'autre nœud.

	SÉRIE DE CONJONCTIONS proches du nœud descendant, dérivées de la première par l'application de la période.	EXCÈS ABSOLU des Tables sur la période.
		h. m. s.
1re *conjonction.*	1661. Mai 3, jour 123°, 4.48.38	
J'ajoute 44 J ; et en tenant compte de la bissextile supprimée en 1700, cela mène à....................	1705. Mai 4, jour 124°, 4.48.38	
J'ajoute le reste de la période........	2 A + 11 6.22.32	
		h. m. s.
Il en résulte.............. 2° *conj.*	1707. Mai 5, jour 125°, 11.11.18	+0.17. 1
J'ajoute 44 J, ce qui conduit à........	1751. Mai 5, jour 125°, 11.11.18	
J'ajoute le reste de la période, que je mets sous la forme.............	A + 1 + A + 6.22.32	
Et, comme 1752 est bissextile, cela nous donne................. 3° *conj.*	1753. Mai 5, jour 125°, 17.33.50	+0.56. 0
J'ajoute 44 J qui conduisent à 1797, sans changer la date courante, puis ajoutant le reste de la période, ou en tout	44 J + 2 A + 11 6.22.32	
On obtient.............. 4° *conj.*	1799. Mai 6, jour 126°, 23.55.22	+1.18.28

Ces résultats vérifient encore toutes nos prévisions sur le sens contraire et l'accroissement progressif des écarts de la période, comparée aux Tables.

On demandera peut-être, par quels motifs, j'ai exposé avec tant de détails, les applications d'une période qui, étant fondée sur des mouvements moyens, est nécessairement fautive, tandis que, plus tard, les mêmes problèmes pourront être résolus avec exactitude quand tous les éléments du mouvement vrai de Mercure auront été établis. Je l'ai fait précisément pour que cette distinction essentielle devînt dès à présent manifeste. Car ayant pu former ainsi, avec les seuls mouvements moyens, une période qui suffit pour prévoir si approximativement les retours des passages de Mercure sur le soleil ; en ne s'écartant de la vérité que par l'intervention de circonstances dont l'influence générale ainsi que les effets propres sont faciles à signaler, cela m'a paru fournir une occasion singulièrement favorable pour faire dès à présent apercevoir tous les éléments de variabilité, dont l'appréciation est nécessaire pour la solution complète du problème, et que les Tables définitives comprennent dans leur construction. Car elles ne font autre chose que fournir les rectifications diverses dont cette première étude nous a fait reconnaître la nécessité.

53. Les passages de Vénus sur le soleil sont beaucoup plus rares que ceux de Mercure. Depuis que l'invention des lunettes a rendu ces phénomènes observables, et que l'amélioration des Tables astronomiques a pu donner l'espérance de les prévoir assez sûrement pour se préparer à les saisir, il ne s'en est opéré que trois, le premier par le nœud ascendant, les deux autres par le nœud descendant. J'en rapporterai ici les résultats immédiats sous la même forme que j'ai adoptée pour ceux de Mercure, mais sans les séparer.

Dates des passages et jours comptés depuis midi réduit, Paris.	LONGITUDE géocentrique de ♀ en conjonction avec le ⊙	LATITUDE géocentrique de ♀ dans la conjonction.	LONGITUDE héliocentrique du nœud soit ascendant soit descendant à l'instant où ♀ y est arrivée.	NOMS DES OBSERVATEURS et des lieux où le passage a été observé.
4 déc.	8.13.29.35″	8.31″ aust.	2.13.22.45″ ☊	Horrox, à Hoole, près Liverpool (1).
même.	8.12.31.41	9. 8 aust.	2.13.28.21 ☊	Horrox, ibid. (2).
6 juin	2.15.36.10	9.30,5 aust.	8.14.31.41 ☋	Divers (3).
3 juin	2.13.27.19	10.16,4 aust.	8.14.36.20 ☋	Divers (4).

Indication des ouvrages où les détails du calcul sont consignés.

Calcul d'Horrox, J. Cassini, *Élém.*, pages 552-55 ; | (3) Lalande, *Ast.*, 3ᵉ éd., tome II, pages 169 et 652.
Calculs de J. Cassini, *Élém.*, pages 557-559 | (4) *Ibid.*, pages 169 et 653.

Les nombres contenus dans la quatrième colonne montrent que les longitudes des deux nœuds, l'ascendant et le descendant, diffèrent de 6ˢ ou une demi-circonférence, c'est-à-dire qu'ils sont opposés l'un à l'autre sur une même ligne droite passant par le centre du soleil. Car les faibles inégalités que l'on y remarque ont un caractère progressif que doit nécessairement leur imprimer le déplacement de l'équinoxe mobile auquel on les a rapportés aux diverses époques où les observations ont été faites. Admettant donc cette opposition, qui se constate dans toutes les orbites planétaires, nous transporterons toutes ces longitudes au nœud ascendant de Vénus, en retranchant 6^s des deux dernières, et leurs différences successives, comparées à l'intervalle de temps qui les sépare, nous donnera le mouvement de ce nœud, comme on le voit dans le tableau suivant :

ÉPOQUES des observations combinées.	LEUR INTERVALLE en années et fractions d'années.	ACCROISSEMENT total qui en résulte dans la longitude du nœud Ω	ACCROISSEMENT annuel de la longitude du nœud, conclu	
$1639,922 - 1769,419$	$129,497$	$+1. 7. 59$	$+31,50$	Détermination de J. Cassini.
$1761,427 - 1769,419$	$7,992$	$+0. 4.39$	$+34,91$	
		Moyenne....	$+33,20$	

Ce déplacement annuel étant moindre que le mouvement de précession, et de même sens, il en résulte que le nœud de Vénus a, comme celui de Mercure, un mouvement sidéral propre, qui est rétrograde. La théorie de l'attraction confirme ce fait. M. Le Verrier, par des calculs récents, l'évalue ainsi à $- 17'',371$ par année julienne de $365^j,25$; de sorte qu'en le retranchant du mouvement de précession, qu'il fait égal à $+ 50'',223$ au 1er janvier 1800, il lui reste pour l'accroissement annuel de la longitude du nœud de Vénus, rapportée à l'équinoxe mobile, $+ 32'',852$, valeur à peine différente de notre moyenne. Cette longitude pour toute autre époque, postérieure ou antérieure à 1800, d'un nombre $\pm t$ d'années juliennes, est, selon M. Le Verrier,

$$2^s\ 14^\circ\ 51'\ 41'' + 32'',852\ t.$$

Si l'on donne à t les valeurs qu'il a, dans nos trois déterminations, on trouve ce qui suit :

DATE des observations employées.	LEUR DISTANCE au 1er janv. 1800, exprimée en années et fractions d'année t	réduction de précession pour le temps t, calculée par la formule.	LONGITUDE du nœud ascendant conclue de la formule, en admettant l'opposition des deux nœuds.	LONGITUDE déduite des observations.	excès de chaque détermination isolée sur la formule.
1639,922	— 160,078	— 1.27.38,9	2.13.24. 2,1	2.13.25.33	+ 1.31
1761,427	— 38,573	— 0.21. 1,4	2.14.30.39,6	2.14.31.41	+ 1. 1
1769,419	— 30,581	— 0.16.44,7	2.14.34.56,3	2.14.36.20	+ 1.23

Les différences rapportées dans la dernière colonne sont de l'ordre des erreurs que l'observation du phénomène comporte ; et leur petitesse dans les différents passages, montre l'opposition constante du nœud ascendant au nœud descendant.

54. Ici, comme nous l'avons fait pour Mercure, on formerait aisément des périodes qui ramèneraient approximativement les passages opérés dans chaque nœud. Mais Vénus, dans ses conjonctions inférieures, s'approchant beaucoup plus de la terre que Mercure, le rapide accroissement des latitudes géocentriques, rendrait ces périodes beaucoup plutôt fautives, et je ne m'y arrêterai point.

La plus belle application que l'on ait faite des passages de Vénus sur le disque du soleil, consiste à en avoir conclu la parallaxe de cet astre. J'exposerai en détail cette importante déduction quand nous aurons rassemblé les matériaux nécessaires pour l'obtenir. Je passe maintenant à la détermination du second élément des orbites planes, qui est l'angle formé avec l'écliptique par les plans qui les contiennent.

II. — *Détermination des inclinaisons des orbites planétaires par les observations.*

55. C'est encore à Képler que l'on doit la seule manière de déterminer les inclinaisons, qui soit à la fois exacte, générale, et qui n'exige pas l'emploi, même approximatif, de notions anticipées. Il l'expose au chapitre XIII de son traité *De motibus stellæ Martis*, page 79. Je la reproduirai ici, en m'aidant de la *fig.* 11.

Pour l'appliquer, il faut choisir les époques où la terre T se trouve sur la ligne des nœuds de la planète, ce qui arrive pour chacune deux fois par an. On reconnaît que la terre est dans cette position, lorsque la longitude du soleil S, devient égale à celle du nœud N, qui est au delà de lui. Soit alors P la planète, M sa projection orthogonale sur le plan de l'écliptique MTS. L'observation fait connaître sa latitude géocentrique λ, et sa longitude géocentrique Υ TM, ou l; d'où retranchant celle du soleil Υ TS, ou L, qui est donnée par la condition de coïncidence, on en conclut l'élongation $l - $ L ou E. Si, comme on le suppose, la planète se meut dans un plan dont la trace dans l'écliptique est TSN, l'inclinaison I de ce plan sur l'écliptique est déterminable par les deux éléments E, λ, ainsi observés.

En effet, rapportons la planète à trois axes de coordonnées rectangulaires x, y, z, ayant leur origine au centre de la terre T, les deux premiers situés dans l'écliptique, et celui des x coïncidant avec la ligne TS. Si l'on nomme ρ la distance accourcie géocentrique TM qui reste inconnue, on aura évidemment

$$x = \rho \cos E ; \quad y = \rho \sin E ; \quad z = \rho \, \mathrm{tang}\, \lambda,$$

et, par suite,

$$(1) \qquad \mathrm{tang}\, \mathrm{I} = \frac{z}{y} = \frac{\mathrm{tang}\, \lambda}{\sin E}.$$

Képler applique cette méthode à une observation de Mars, faite le 26 avril 1585 : la longitude du soleil coïncidait alors avec celle du nœud ascendant de cette planète. Cette observation lui donna

$$\lambda = 1^\circ \, 49' \, 45'' ; \quad l = 141^\circ \, 26' ; \quad \mathrm{L} = 46^\circ ;$$

conséquemment

$$E = 95° 26'.$$

De là on déduit par la formule

$$I = 1° 50' 15''.$$

Képler dit 1° 50' ½, *environ*. Nos procédés d'observation actuels, bien plus précis que les siens, donnent pour l'inclinaison de l'orbite de Mars 1° 51' 6''; plus forte de 51'' que son évaluation. Mais l'imperfection de celle-ci est due à ses instruments, non à sa méthode.

La formule (1) s'obtient, pour ainsi dire à vue, par l'application de la trigonométrie sphérique. Du point T, comme centre, avec le rayon 1, décrivez une surface sphérique; et soient p, q, m, les points où elle coupe les droites TP, TQ, TM. En joignant ces trois intersections par des arcs de grand cercle, vous formerez un triangle sphérique rectangle en m, dans lequel le côté qm sera E, le côté pm, λ; et l'angle pqm, opposé à λ, sera I. Cet angle sera donc donné en fonction des deux côtés par la formule (1). C'est le deuxième cas de Legendre.

La seule difficulté qu'on pourrait y voir pour la pratique, c'est de se procurer des observations de la planète, faites aux instants précis où la terre se trouve sur la ligne de ses nœuds. Mais c'est à quoi il est facile d'obvier. Les époques de ces passages peuvent être très-exactement calculées et prévues par la théorie du soleil, puisque l'on connaît la longitude des nœuds. Soit t le temps où l'un d'eux doit s'opérer. Quelques jours avant et quelques jours après, déterminez par observation, la longitude et la latitude géocentrique de la planète. En interpolant ces résultats vous en déduirez les valeurs de λ et de l, telles que vous les auriez observées à l'instant t. L est donné par les Tables du soleil, pour ce même instant. Rien ne manquera donc pour calculer I.

Dans les Additions à la *Connaissance des Temps* de 1848, M. Le Verrier a rassemblé un grand nombre de longitudes et de latitudes géocentriques de Mercure, qu'il a déduites d'ascensions droites et de déclinaisons de cette planète, observées à l'Observatoire de Paris. Celles qui sont comprises entre le 30 avril et le 11 mai 1841, embrassent un espace de temps pendant lequel la terre a traversé la ligne des nœuds de Mercure, laquelle à cette époque avait pour longitude $46° 26' 55'',2$ d'après la formule rapportée § **47**. Prenant donc, dans la *Connaissance des Temps* de cette même année 1841, les valeurs de la longitude du soleil, qu'on y trouve calculées pour le midi de chaque jour, et interpolant celles du commencement de mai, j'ai trouvé que le passage prescrit avait eu lieu le 7 mai à $5^h 37^m 41^s,3$, de temps moyen à Paris compté de minuit. Alors en interpolant les longitudes et les latitudes de Mercure observées vers cette époque, j'en ai leurs valeurs pour cette date même; et j'ai obtenu ainsi le système de données qui suit :

Année 1841 mai 7 à $5^h 37^m 41^s,3$;

$$\odot : \qquad L = N = 46° 26' 55'',2 ;$$

coordonnées géocentriques de Mercure :

$$l = 26° 45' 25'',4, \quad \lambda = - 2° 22' 30'',8 \text{ australe,}$$

conséquemment

$$E = l - L = - 19° 41' 19'',8 ;$$

avec ces valeurs de λ et de E , la formule (1) donne

$$I = 7° 1' 4'',0.$$

M. Le Verrier adopte $7° 0' 5'',9$. Mais il faut remarquer que les longitudes et latitudes que nous avons employées étaient des coordonnées *apparentes*, c'est-à-dire affectées de l'aberration, de la nutation, et de la parallaxe, comme elles se présentent immédiatement à l'observateur. En outre la petitesse des deux éléments E, λ, fait que les erreurs propres qui les affectent se montrent considérablement agrandies dans la valeur de I qu'on en déduit.

58. En réitérant cette épreuve, pour une même planète, aux époques successives où la terre traverse la ligne des nœuds de son orbite, on saura si cette orbite est réellement plane. En effet, la terre et les diverses planètes, accomplissant leurs révolutions autour du soleil dans des temps inégaux, incommensurables entre eux, lorsque la terre sera revenue une ou plusieurs fois, à un même nœud d'une orbite, la planète qui la décrit s'y trouvera placée, à chaque fois en des points différents; et la valeur de l'angle I, conclue des divers passages, ne pourra rester constante que si tous ces points appartiennent à un même plan. Or cette constance s'observe généralement dans toutes les orbites. L'inclinaison I, propre à chacune d'elles, se montre seulement assujettie à des variations excessivement petites et très-lentes, qui affectent tout l'ensemble de chaque plan.

57. Pour donner un peu plus d'extension à la méthode précédente, supposons que la longitude L du soleil ne coïncide pas tout à fait avec la longitude N du nœud de la planète, mais qu'elle en diffère d'une certaine quantité ω, comme le représente la *fig.* 12, construite, pour ce cas, sur le modèle de la *fig.* 11. Puis voyons comment, avec quelle adjonction de termes correctifs, une observation géocentrique de la planète P, faite dans ces circonstances, pourrait faire connaître l'inclinaison I.

Soit S le soleil, SN la ligne des nœuds de la planète. Par la terre T, menez TN qui lui soit parallèle, et TY qui lui soit perpendiculaire; puis, du point M projection de la planète sur l'écliptique, menez MQ perpendiculaire à SN, et traçant PQ, vous aurez formé le triangle mensurateur de l'inclinaison I. L'angle STM sera l'élongation $l - L$ ou E, qui est donnée par l'observation. L'angle STN ou $L - N$ est aussi donné; nous le désignons par ω. Soient M_1, Q_1, les projections des points M, Q sur l'axe TY; l'angle TMM_1 égal à MTN sera $E + \omega$. On aura évidemment

$$M_1 T = \rho \sin (E + \omega); \quad Q_1 T = R \sin \omega;$$

conséquemment

$$M_1 Q_1 = MQ = \rho \sin (E + \omega) - R \sin \omega.$$

Or on a toujours

$$PM = z = \rho \tang \lambda.$$

De là on tirera donc

$$\tang I = \frac{PM}{QM} = \frac{\rho \tang \lambda}{\rho \sin (E + \omega) - R \sin \omega} = \frac{\tang \lambda}{\sin (E + \omega) - \dfrac{R}{\rho} \sin \omega}.$$

Si ω est nul, c'est-à-dire si le rayon R mené de la terre au soleil, coïncide avec la ligne des nœuds, on rentre dans le cas que nous avions traité d'abord, et la formule qui donne tang I se retrouve la même. Mais quand ω n'est pas nul, le rapport $\dfrac{R}{\rho}$ entre dans l'expression de tang I par le terme $\dfrac{R}{\rho}\sin\omega$ de son dénominateur, de sorte que l'évaluation de ce rapport devient indispensable pour la pouvoir réduire en nombres.

C'est ce qu'a très-bien senti Kepler. Mais il a vu en outre que si l'observation est faite dans des circonstances où l'angle ω est fort petit, le rapport $\dfrac{R}{\rho}$ n'a besoin d'être connu qu'approximativement, les inexactitudes éventuelles de ses valeurs étant atténuées dans la formule par la petitesse du facteur $\sin\omega$, dont il est affecté ; et dans les applications à Mars, il s'est attaché à choisir des positions de cette planète, où le rapport $\dfrac{R}{\rho}$ peut être légitimement supposé peu différent de 1, ω étant d'ailleurs fort petit.

Après lui les astronomes ont eu à leur disposition des Tables des planètes, déjà assez perfectionnées pour ne comporter que de faibles erreurs. En conséquence, conservant toujours ω très-petit, ils ont tiré de ces Tables la valeur du rapport $\dfrac{R}{\rho}$, et ils ont pu employer ainsi en toute sécurité la formule complète. On trouve beaucoup d'applications de ce genre, dans les *Éléments d'Astronomie*, de Jacques Cassini.

Remplaçons dans notre formule les angles ω, E $+\omega$, par leurs expressions équivalentes et explicites, L — N, l — N ; puis tirons-en la valeur du rapport $\dfrac{\rho}{R}$. Nous obtiendrons ainsi

$$\frac{\rho}{R} = \frac{\sin(\mathrm{L} - \mathrm{N})\,\tang \mathrm{I}}{\sin(l - \mathrm{N})\,\tang \mathrm{I} - \tang \lambda}.$$

C'est précisément l'équation (4) du § 40, par laquelle nous avons

vu que l'on pouvait déterminer $\frac{\rho}{R}$, quand les constantes N et I
du plan de l'orbite sont censées connues.

Tous les matériaux que nous venons de rassembler dans les sections précédentes, auront pour le lecteur plusieurs genres d'utilité. Il y verra d'abord la voie directe et sûre, par laquelle un esprit parfait pourrait arriver aujourd'hui à déterminer, par observation, la forme et la situation des orbites planétaires. Il y acquerra la connaissance des formes les plus simples, par lesquelles on peut conclure les lieux héliocentriques des géocentriques, et inversement. Ainsi préparé, il pourra étudier avec une compréhension parfaite, la voie pleine de difficultés que Képler a dû suivre, pour arriver à reconnaître et à déterminer, non-seulement les caractères géométriques des orbites planétaires, mais aussi les lois des vitesses de circulation suivant lesquelles ces orbites sont parcourues, ce qui était un problème d'un tout autre ordre, pour lequel il n'y avait aucun antécédent, aucune méthode connue qui pût servir de guide, et que Képler n'a été conduit à résoudre que par une sorte d'instinct de divination. Cette étude, à la fois attachante et instructive, va être l'objet des sections suivantes.

SECTION III. — *Exposition des procédés astronomiques, et des inductions physiques, par lesquels Képler est parvenu à découvrir et à constater toutes les lois des mouvements de Mars.*

38. Jusqu'à l'époque où Képler conçut la pensée de tirer directement la théorie des mouvements planétaires de l'observation, indépendamment de toute hypothèse préconçue, l'universalité des astronomes admettait comme base de cette théorie les propositions suivantes :

1°. Les orbites de toutes les planètes sont des cercles.

2°. Le soleil n'occupe pas le centre de ces cercles.

3°. Il y a au dedans de chaque cercle, un point autour duquel le mouvement de la planète est uniforme. On l'appelait d'après cette propriété, le point d'*équant* (punctum æquantis).

4°. Dans l'orbe terrestre le point d'équant est le centre même du cercle décrit.

5°. Dans les autres orbites, le point d'équant est situé sur le prolongement de la droite menée du soleil au centre du cercle décrit ; et sa distance à ce centre est égale à celle du centre au soleil, selon Ptolémée ; mais elle en diffère selon Copernic et Tycho.

Sur ces hypothèses on avait construit des Tables qui représentaient tolérablement les observations faites avant Tycho. Mais, en les appliquant à celles-ci, Képler reconnut, par des épreuves multipliées, qu'elles s'en écartaient de quantités trop fortes, et trop régulièrement variables, pour qu'on pût les attribuer à des erreurs d'observation accidentelles ; de sorte que ces écarts devaient provenir, au moins en partie, de la fausseté des hypothèses d'où les Tables étaient déduites.

Il put toutefois constater ainsi, qu'entre les limites d'approximation auxquelles ces Tables pouvaient atteindre, le point d'équant de chaque orbite planétaire devait être placé comme Ptolémée l'avait supposé, c'est-à-dire que le centre du cercle excentrique décrit par la planète, bissectait la distance du point d'équant au soleil.

Alors la généralité de son esprit lui fit comprendre que l'orbe terrestre devait avoir aussi son point d'équant propre, placé suivant la même règle, et que, sans doute, la petitesse de l'intervalle qui le séparait du centre du cercle avait mal à propos fait croire qu'il coïncidait avec lui. J'ai raconté dans le tome IV, page 436, le procédé ingénieux par lequel il parvint à mettre cette vérité en évidence, et à faire rentrer sous ce rapport, le mouvement de la terre dans la loi générale à laquelle tous les corps planétaires paraissaient assujettis. Il donna ainsi aux Tables du soleil une exactitude que Tycho n'avait pas connue ; et, heureusement pour lui, la petitesse de l'excentricité de l'orbe terrestre, fit que l'hypothèse de l'excentrique à équant appliquée à cet orbe, donnait des résultats à peine différents de l'ellipse qui était sa forme véritable, encore ignorée.

Mais, puisque cette même hypothèse se montrait insuffisante quand on l'appliquait aux planètes, dont les orbites sont beaucoup

plus excentriques, Képler en vint à penser que celles-ci pourraient bien différer du cercle, dans des ordres de quantités qui
devenaient insensibles sur l'orbe terrestre, dont l'excentricité est
à peine appréciable. C'est pourquoi, se trouvant alors, par une
bonne fortune, spécialement occupé à la théorie de Mars, il entreprit de déterminer géométriquement, d'après l'observation, les
directions et les longueurs des rayons vecteurs héliocentriques de
cette planète, en divers points de son orbite, pour voir si ces
deux ordres d'éléments étaient, ou n'étaient pas, effectivement
compatibles avec les conditions d'une exacte circularité.

89. Pour cela il employa le procédé que nous avons rapporté
d'après lui, à la fin de la 1ʳᵉ sect. du chap. IV, page 85, § 40 *quinquies*. A deux époques différentes, séparées par une ou plusieurs
révolutions sidérales de Mars, on a observé cette planète, qui s'est
trouvée ainsi revenue à un même point de son orbite. La corde de
l'arc décrit par la terre entre les deux époques, est calculable d'a-
près la théorie de ce mouvement précédemment établie. On la
prend pour base d'un triangle rectiligne qui a son sommet à Mars,
rendu artificiellement fixe, et l'on en conclut ses coordonnées héliocentriques aux époques choisies. Le premier élément nécessaire
pour une telle recherche, c'est la durée de la révolution sidérale
de la planète. Képler la supposait de 686^j 23^h 32^m ; tandis que les
évaluations modernes consignées dans notre tableau C, § 36, don-
nent 686^j 23^h 30^m 39^s 047. L'erreur était ainsi de 1^m 21^s, presque la même que celle d'Hipparque, en sens opposé. Mais elle
était sans importance pour le but proposé. En effet, d'après ce
même tableau C, le mouvement sidéral de Mars en 24^h ou 1440^m,
est de $1886^{''},5$; ce qui fait pour 1^m, $1^{''},31$: et pour 1^m 21, $1^{''},76$.
La petitesse de cette quantité l'aurait rendue insaisissable aux pro-
cédés d'observation que l'on avait du temps de Képler. La valeur
attribuée par lui à cet élément fondamental, était donc parfaitement suffisante pour l'usage qu'il en voulait faire ; et il ne lui
restait qu'à se procurer des observations de Mars, qui comprissent entre elles l'intervalle de temps ainsi assigné. Il les trouva
dans le trésor astronomique que Tycho avait amassé par une ex-
ploration continue du ciel, suivi assidûment pendant beaucoup

d'années. Non pas toutefois qu'elles s'y présentassent d'elles-mêmes aux intervalles requis, ce qu'on ne pouvait raisonnablement espérer, mais il suffisait qu'elles en fussent proches, car étant toujours accompagnées de précédentes et de suivantes très-voisines, en raison de l'assiduité de l'observateur, on pouvait aisément les ramener, par une simple interpolation numérique, à l'intervalle précis qu'on en exigeait. C'est ce que fit Képler : il en choisit d'abord cinq qu'il ramena ainsi aux conditions requises, et je vais les rapporter textuellement, parce que ce sont les premières qu'il ait employées à des déterminations définitives (*). Il y joignit, comme données fondamentales du calcul, les longitudes du soleil déduites des Tables de Tycho pour les mêmes instants, et les longueurs correspondantes des rayons vecteurs de l'orbe terrestre. Mais il n'emprunta pas ces longueurs aux Tables, où elles étaient évaluées dans l'ancienne hypothèse de l'excentrique simple. Il les prit, calculées dans l'hypothèse de l'excentrique à équant, qu'il avait préalablement prouvé être nécessaire, pour la terre comme pour les planètes (**). On verra dans un moment combien cette rectification avait d'importance. Képler n'a pas inséré dans son tableau les latitudes géocentriques de Mars, correspondantes aux longitudes qu'il rapporte. Celles-ci suffisaient momentanément pour son but, qui était de calculer seulement les distances accourcies géocentriques ρ, ρ_1, ainsi que la distance accourcie héliocentrique ρ', qui en résulte, afin de montrer la sûreté de la méthode, par l'identité des valeurs de cet élément final, provenant de ses déterminations diverses, que pouvaient fournir les cinq stations terrestres, combinées deux à deux. Mais nous trouverons tout à l'heure, dans les observations mêmes qu'il cite, les données nécessaires pour suppléer à son silence, et pour compléter ainsi le calcul du lieu héliocentrique de Mars. En attendant, voici le tableau donné par Képler, *De motibus stellæ Martis*, cap. XXVIII, pag. 152.

(*) *De motibus stellæ Martis*, cap. XXVIII, pag. 152.

(**) *Ibid.*, cap. XXVI et XXVII. La méthode que Képler employa pour établir cette nécessité, ainsi que les détails de son calcul, sont exposés avec une parfaite clarté dans l'*Astronomie* de Schubert, tome II, pages 163-165.

DATES JULIENNES DES OBSERVATIONS.	LEURS INTERVALLES consécutifs, exprimés en jours	LONGITUDE géocentrique de Mars, comptée du point équinoxial actuel ♈	LONGITUDES du soleil comptées aussi du point équinoxial actuel ♈.	LONGUEUR du rayon vecteur terrestre exprimée en parties de la distance moyenne de la terre au soleil.
Années. 1583 Avril 23, jour 113ᵉ, 8ʰ 6ᵐ		121.29.30″	42.10′ 3″	1,01049
1584...	686.23.34			
1585. Mars 10, jour 69ᵉ, 7.40		131.48.20	359.41. 4	0,99770
	686.23.30			
1587 Janv. 26, jour 26ᵉ, 7.10		184.41.45	316. 5.55	0,98613
	686.23.35			
1588. Déc. 13, jour 348ᵉ, 6.45		193.35.40	271.44.53	0,98203
	686.23.30			
1590. Oct. 31, jour 304ᵉ, 6.15		182.57.20	227.28.33	0,9?770

Képler n'énonce pas les subdivisions des heures en minutes, mais en fractions simples de l'heure. De même pour les longitudes de la planète il subdivise la minute d'arc en fractions simples. Il ne marque les secondes d'arc que pour le soleil. Dans ses expressions le rayon de l'orbe terrestre est représenté par le nombre 100000. A cette époque l'usage et la notation des décimales n'avaient pas encore été introduits dans les calculs numériques. Les logarithmes n'étaient pas non plus inventés; de sorte que Képler a été contraint de faire toutes ses computations trigonométriques avec les sinus naturels.

Il a eu besoin d'évaluer la précession pour un intervalle de temps égal à la durée de la révolution sidérale de Mars. Il lui attribue pour valeur 1′ 36″. La formule que j'ai annexée en note au § 23 bis, page 29, donne pour la précession annuelle en 1585, 50″,212; ce qui, appliqué à la durée d'une révolution sidérale de Mars, produit 1′ 34″,46. La différence est si peu de chose comparativement aux incertitudes des observations employées, que je préfère conserver l'évaluation de Képler pour le suivre de plus près dans ses calculs (*).

On pourra se demander pourquoi il a rassemblé ainsi cinq observations tandis que deux suffisaient pour fixer la position de la planète. Son motif a été, comme il le dit lui-même, de montrer la sûreté de la méthode, par l'accord des résultats, que l'emploi des couples consécutifs lui donnerait, et il a fait le calcul pour tous.

Il commence par combiner l'observation de 1585 avec celle de 1587. Je les prendrai aussi comme exemple d'application, et j'en présente ici les éléments rattachés aux notations que nous avons adoptées dans nos formules générales. Je choisis le point équinoxial de la première époque pour représenter Υ_2, en conséquence je retranche 1′ 36″ des longitudes de la planète et du soleil observées à la deuxième époque pour les ramener à la même origine. J'ai ainsi

$$L = 359° 41′ 4″, \quad R = 0,99770, \quad l = 131° 48′ 20″,$$
$$L_1 = 316° 4′ 19″, \quad R_1 = 0,98613, \quad l_1 = 184° 40′ 9″;$$

j'introduis d'abord ces données, dans la première des équations [3], § **40** *quinquies*, page 86, qui est

$$\rho \sin(l_1 - l) = R_1 \sin(L_1 - l_1) - R \sin(L - l_1),$$

et j'en tire la distance accourcie de Mars à la première station :

$$\rho = + 0,92784\,09 - 0,10874\,33 = 0,81909\,76;$$
$$\log \rho = \bar{1},91333\,55.$$

Képler, par le calcul trigonométrique trouve pour cette même distance 0,81915 (**). C'est la ligne qui est désignée par s_9, dans sa figure.

(*) Képler, d'après les observations de Tycho, supposait la précession égale à 25′ 30″ en 30 ans, ce qui fait 51″ par année. *De motibus stellæ Martis,* cap. XVI, pag. 107.

(**) *Ibid.*, cap. XXVIII, pag. 154.

Je cherche ensuite la distance accourcie héliocentrique ρ' par son expression formée § 39, page 77,

$$\rho' = \rho\left[1 - \frac{2R}{\rho}\cos(L - l) + \frac{R^2}{\rho^2}\right]^{\frac{1}{2}};$$

elle donne

$$\rho' = 1,66206\ 49, \quad \log\rho' = 0,22065\ 39.$$

Képler trouve pour cette même distance 1,66208. C'est la ligne qui est désignée par zw, dans sa figure.

Je calcule ensuite les deux coordonnées héliocentriques x', y', par leurs expressions formées § 38, page 74,

$$x' = \rho\cos l - R\cos L, \qquad y' = \rho\sin l - R\cos L;$$

elles donnent

$$x' = -1,54369\ 89, \qquad \log x' = 0,18856\ 26 -$$
$$y' = +0,61605\ 92, \qquad \log y' = \overline{1},78962\ 26;$$

de là on déduit la longitude héliocentrique l', par les formules du § 38, page 74,

$$\cos l' = \frac{x'}{\rho'}, \qquad \sin l' = \frac{y'}{\rho'}.$$

Elles donnent

$$\log\cos l' = \overline{1},96790\ 87 -, \quad \log\sin l' = \overline{1},56896\ 87 +.$$

L'angle l' se présente ainsi comme ayant son cosinus négatif, et son sinus positif. D'après ce caractère il doit être compris entre 90° et 180°. Avec cette interprétation les deux expressions précédentes s'accordent à donner

$$l' = 158°\ 14'\ 38'',6.$$

Képler trouve

$$158°\ 14'\ 52''.$$

Nos résultats sont donc en tout conformes aux siens, sauf quelques différences de décimales peu importantes. Mais le système de formules algébriques qui nous a servi, sans être peut-être pratiquement plus court que le calcul trigonométrique, a sur lui le grand avantage de s'appliquer ainsi à tous les cas particuliers, sans le secours de figures spéciales qui en guident l'emploi. Toutes les opérations numériques qu'elles prescrivent s'exécutent directement sur les données que l'observation a fournies, et tous les résultats qu'elles amènent, s'interprètent immédiatement d'après les seules indications des signes algébriques qui les affectent, sans que leur signification, ni leurs caractères spécifiques, aient besoin d'être discutés, ou justifiés par des considérations particulières. Cette généralité de sens et d'usage, qui est propre aux formules algébriques, est, à mon avis, ce qui les rend presque toujours éminemment convenables comme procédés d'exposition.

Dans cet exemple, Képler ne s'est pas occupé des latitudes, qui n'y avaient aucune importance; mais je vais les considérer pour compléter l'application.

En interpolant les observations complètes de Mars qu'il présente comme le fondement de son tableau, je trouve qu'à la date du jour pour laquelle la position de 1585 est établie, on a dû avoir

$$\text{la latitude géocentrique :} \quad \lambda = + 3° 26' 27'' \text{ boréale.}$$

Or, par les formules des § 58 et § 59, la troisième coordonnée héliocentrique z', a ces deux formes :

$$z' = \rho \, \mathrm{tang} \, \lambda, \quad z' = \rho' \, \mathrm{tang} \, \lambda';$$

conséquemment

$$\mathrm{tang} \, \lambda' = \frac{\rho}{\rho'} \cdot \mathrm{tang} \, \lambda;$$

et comme tout se trouve connu dans l'expression de tang λ', on en tire

$$\text{la latitude héliocentrique :} \quad \lambda' = 1° 41' 50'',0.$$

On peut alors calculer le rayon vecteur héliocentrique r' par son expression

$$r' = \frac{\rho'}{\cos \lambda'} = \rho' \left\{ 1 + 2 \sin^2 \tfrac{1}{2} \lambda' + 4 \sin^4 \tfrac{1}{2} \lambda' \quad \text{etc.} \right\}$$

et l'on trouve

$$r' = 1,662\,82.$$

Képler donne, page 157,

$$1,662\,08 \text{ environ.}$$

Il ne dit pas de quelle latitude λ cette valeur est déduite; mais la proximité des résultats montre qu'elle a dû être très peu différente de celle que nous avons employée.

60. Képler répéta le calcul de la distance héliocentrique accourcie ρ', en combinant deux à deux les autres stations terrestres que son tableau mentionne. Il trouve toujours pour cette distance des valeurs qui ne diffèrent entre elles que dans leurs deux derniers chiffres, soit par l'effet des petites incertitudes des computations arithmétiques, soit en conséquence des légères erreurs qui ont dû inévitablement affecter les observations employées. Il en conclut avec toute raison que la méthode est sûre et le résultat moyen indubitable. On peut voir clairement quelle a été la cause déterminante de ce succès, et elle est toute à la gloire de Képler.

D'après les équations [3], établies au § 40 *quinquies*, page 86, les deux distances accourcies géocentriques ρ, $\rho_{\prime}$, sont des fonctions linéaires des deux rayons vecteurs terrestres R, R$_{\prime}$; et la distance accourcie héliocentrique ρ', qui en résulte, a pour son carré ρ'^2, une fonction du second degré de ces mêmes rayons, comme le montre son expression en ρ, § 59, page 77; les erreurs commises dans l'évaluation de ces deux éléments rejaillissent ainsi sur elle. Admettons un moment que Képler les eût pris dans les Tables de Tycho, qui étaient établies sur l'ancienne hypothèse de l'excentrique simple. D'après l'examen que nous avons fait de cette hypothèse dans le tome IV, § 539, pages 495 et suivantes, si l'on nomme e' l'excentricité que l'on attribue au cercle excentrique, c'est-à-dire la distance de son centre au soleil exprimée en parties de son rayon a', l'expression du rayon vecteur terrestre pour le temps t, *compté depuis le passage au périhélie*, est, en se bornant aux termes de l'ordre e'^2,

$$\frac{r}{a'} = 1 + \tfrac{1}{2}e'^2 - e' \cos nt - \tfrac{1}{2}e'^2 \cos 2\,nt,$$

mais nous avons remarqué aussi que, pour ne pas avoir dans l'anomalie vraie des erreurs qui seraient intolérables, on était contraint de prendre e' égal à $2e$, e désignant l'excentricité de l'ellipse réelle, ce que les anciens avaient été conduits à faire insciemment par cette raison même. L'expression du rayon vecteur terrestre ainsi déterminée, devient donc

$$\frac{r}{a'} = 1 + e'^2 - 2\,e\cos nt - e^2\cos 2\,nt.$$

Or le vrai rayon vecteur elliptique, dont j'ai rapporté l'expression comme type, au tome IV, page 485, est, dans les mêmes limites d'approximation,

$$\frac{r}{a} = 1 + \tfrac{3}{2}e^2 - e\cos nt - \tfrac{1}{2}e^2\cos 2\,nt.$$

L'erreur de cet élément, calculé dans l'hypothèse de l'excentrique simple, est donc

$$+ \tfrac{1}{2}e^2 - e\cos nt - \tfrac{1}{2}e^2\cos 2\,nt,$$

c'est-à-dire qu'elle se montre déjà dans un terme qui est de l'ordre de l'excentricité même; et elle varie aux divers points de l'orbite entre les valeurs extrêmes $-e$, $+e$, dont la première se réalise au périhélie où l'angle nt est nul; la seconde à l'aphélie où il devient 180°. Telles auraient donc été aussi l'ordre, et la nature des discordances qui se seraient introduites dans les valeurs de ρ', calculées par Képler, s'il les avait fondées sur des rayons vecteurs terrestres R, R_1, pris dans les Tables de Tycho.

Mais il fut heureusement sauvé de ces inexactitudes par l'idée qu'il s'était faite que l'orbe de la terre devait avoir son équant comme les planètes, la généralité naturelle de son esprit l'ayant depuis longtemps conduit à concevoir que tous ces corps, circulant ensemble dans un même sens autour du soleil, devaient suivre dans leurs mouvements des lois pareilles. Au § 505 du tome IV, pages 436 et suivantes, j'ai exposé la méthode rigoureuse qu'il avait employée pour déterminer la position de l'équant terrestre, et pour constater que le centre du nouvel excentrique bissectait aussi en parties égales l'ancienne excentricité adoptée depuis Hipparque (*). Lorsque nous avons discuté cette seconde hypothèse au § 538 du tome IV, pages 493 et suivantes, nous avons vu qu'en faisant toujours partir le temps t du périhélie, le rayon vecteur mené du soleil à la terre se trouve alors avoir pour expression approximative

$$\frac{r}{a} = 1 + \frac{3}{4}e^2 - e\cos nt - \frac{1}{4}e^2\cos 2nt;$$

il surpasse donc le rayon vecteur elliptique exact de

$$\frac{1}{4}e^2\left[1 - \cos 2nt\right] \quad \text{ou} \quad \frac{1}{2}e^2\sin^2 nt,$$

quantité toujours positive. Ainsi l'erreur ne se montre plus dans les termes du premier ordre de l'excentricité, mais seulement dans ceux du second ordre. Or, la valeur de e, pour la terre, étant 0,016803, son carré 0,00028234 est de 59 à 60 fois moindre; ce qui abaisse, dans la même proportion, l'ordre de l'erreur, comparativement à celle que l'excentrique de Tycho aurait entraînée. Ce faible reste d'influence, sur l'appréciation des rayons vecteurs terrestres, devait se perdre dans les incertitudes des observations de ce temps; mais on va voir que Képler parvint à le rendre sensible dans l'orbite de Mars, dont l'excentricité est presque six fois plus grande que celle de l'orbe terrestre (**).

61. Dans le tome IV, pages 431-435, j'ai donné un aperçu des tentatives multipliées et infructueuses qu'il avait d'abord faites, pour représenter les mouvements de Mars par un excentrique à équant, dont les éléments étaient calculés de manière à satisfaire aux oppositions de cette planète observées par Tycho; et j'ai dit comment ce manque de succès l'avait conduit à soupçonner que l'orbite réelle pouvait bien ne pas être un cercle exact. Après qu'il

---

(*) Tout le détail de son calcul est présenté avec une parfaite clarté dans l'*Astronomie* de Schubert, tome II, pages 162-165.

(**) Ne voulant ici que rappeler les formules qui avaient été préparées au tome IV, j'y ai laissé l'origine du temps au périhélie, comme nous l'avions placée alors. Mais nous devrons tout à l'heure la transporter à l'aphélie, pour nous conformer à l'usage des anciens astronomes, que Képler a également suivi dans tous ses calculs.

fut parvenu à déterminer, indépendamment de toute hypothèse, les longueurs et les directions absolues de plusieurs rayons vecteurs héliocentriques de Mars, il entreprit d'attaquer directement le problème par la voie géométrique. Pour cela il prit, dans ses déterminations précédentes, trois lieux héliocentriques de Mars, dont il rapporta les longitudes diverses à un même point équinoxial fixe Υ_0, en y corrigeant l'effet relatif de la précession. Comme il connaissait la longitude de la trace de l'orbite sur l'écliptique, et son inclinaison à ce plan, il put calculer les angles compris dans l'orbite, depuis le nœud ascendant jusqu'à chacun des rayons vecteurs désignés; et leur ajoutant un arc commun, égal à la longitude du nœud ascendant lui-même, il obtint les longitudes des trois rayons comptées *dans l'orbite*, à partir d'une même origine, comme on le pratique encore aujourd'hui. Voici l'ensemble des données ainsi formées (*). L'époque commune à laquelle elles se rapportent est le 31 octobre 1590.

LONGUEURS des rayons vecteurs héliocentriques exprimées en parties du rayon moyen de l'orbe terrestre.	LEURS LONGITUDES respectives comptées dans l'orbite autour du soleil à partir du même point équinoxial Υ_0	LEURS DISTANCES au nœud ascendant comptées sur l'écliptique et approximativement indiquées.
$r^{(1)}$ 1,47750	$44°.16'.52''$	— $2°.29'$
$r^{(2)}$ 1,66255	158.19. 4	+ 111.34
$r^{(3)}$ 1,63100	185.24.21	+ 138.39

On voit que les trois rayons vecteurs sont convenablement répartis sur le contour d'un demi-cercle de la planète : le premier près du nœud ascendant, le deuxième incliné sur *la ligne des nœuds* d'environ 68°, le troisième d'environ 41°.

Ces données sont construites géométriquement dans la *fig.* 13, qui est tracée dans le plan de l'orbite. S est le soleil, autour du-

---

(*) *De motibus stellæ Martis*, cap. XLI, pag. 201 et 202.

quel les trois rayons vecteurs sont placés avec leurs longueurs respectives, et conformément aux inclinaisons relatives, assignées par les différences de leurs longitudes dans l'orbite. Soit C le centre d'un cercle dont la circonférence passe par les trois points $r^{(1)}$, $r^{(2)}$, $r^{(3)}$. Si Mars décrit réellement un cercle, ce ne peut être que celui-là. Menant alors le diamètre qui passe par les points S, C, l'aphélie se trouvera en A, le périhélie en P; AC sera le rayon a du cercle excentrique; et $\dfrac{SC}{AC}$ ou e sera l'excentricité exprimée en parties de ce rayon. Il ne reste donc qu'à déduire mathématiquement, des données fournies, la longueur du rayon a, la direction du diamètre aphélie P A, puis à voir si l'emploi de ces deux éléments fournit des résultats conformes aux observations tant pour les trois lieux considérés que pour tout autre point quelconque appartenant comme eux à l'orbite réelle de Mars.

Képler résolut aisément ce problème par voie trigonométrique; et l'issue confirma le soupçon qu'il avait conçu. Le rayon a se trouva notablement plus petit, et l'excentricité e notablement plus grande que toutes les approximations précédentes ne l'indiquaient. L'aphélie calculé A se trouva aussi transporté de plus de 1° ½ hors de la place que lui assignait une première détermination qui ne pouvait être aussi fautive. Enfin, le même calcul, appliqué à d'autres points pris également sur l'orbite réelle, donnait à ces trois éléments des valeurs différentes, quoiqu'ils dussent résulter les mêmes de toutes ces épreuves, si l'hypothèse circulaire était véritable. Képler se tint donc pour à peu près assuré qu'elle était fausse, et que L'ORBITE DE MARS N'EST PAS UN CERCLE EXACT; mais il lui fallait constater ce fait par bien d'autres vérifications encore, avant de rompre, pour ses contemporains et pour lui-même, un préjugé admis universellement comme principe depuis trois mille ans.

Ces discordances de résultats provenant de combinaisons diverses, sont aisément compréhensibles aujourd'hui pour nous, qui savons par Képler que l'orbite réelle est une ellipse. En effet, il est, à la vérité, toujours possible de trouver et d'assigner une circonférence de cercle, qui passe par trois points donnés de position; puisqu'il suffit de mener dans leur plan des perpendiculaires sur le milieu des droites qui les joignent, et le concours de ces perpendiculaires détermine le centre du cercle cherché. Mais, quand les trois points sont pris sur une ellipse, le concours des perpendiculaires ne s'opère au centre même de cette courbe que sous des conditions spéciales et exceptionnelles; lorsque les droites de jonction sont rectangulaires entre elles, et respectivement parallèles aux axes principaux. Dans tout autre cas le point de concours est hors du centre de l'ellipse à une distance variable, qui est du même ordre de grandeur que la différence des deux axes, conséquemment de l'ordre e^2, si l'on nomme e le rapport de l'excentricité au demi grand axe. Cette distance, que je désigne généralement par $K e^2$, étant vue du foyer S, à la distance ae, y sous-tend un angle visuel, qui détermine, et constitue, l'écart angulaire de l'aphélie calculé, à droite ou à gauche de l'aphélie véritable, écart qui peut devenir ainsi, occasionnellement, du même ordre que la fraction e elle-même.

62. Puisqu'il était absolument impossible d'identifier l'orbite de Mars avec une circonférence de cercle, le seul moyen de reconnaître sa véritable forme, c'était de la construire dans son propre plan, telle que les observations la donnent; ce que Képler pouvait faire, puisqu'il n'avait pour cela qu'à distribuer dans ce plan autour du soleil, avec leurs rapports réels de longueurs et de positions relatives, les rayons vecteurs héliocentriques, qu'il était parvenu à déterminer. Mais l'élément principal de cette construction, ce devait être évidemment la direction et la longueur du plus grand diamètre de l'orbite, celui qui, passant par le soleil, se dirige au périhélie et à l'aphélie de la planète. Les longitudes héliocentriques de ces deux points étaient déjà connues très-approximativement d'après les observations d'opposition anciennes et modernes, dont l'ensemble avait servi à établir les particularités principales du mouvement de longitude de Mars (*). Képler chercha dans les registres de Tycho, des observations qui en fussent proches, et qui se trouvassent séparées par des révolutions sidé-

---

(*) *De motibus stellæ Martis*, cap. XVIII, pag. 108.

rales de Mars à peu près complètes, condition qu'il acheva de rendre tout à fait exacte au moyen d'interpolations. Il put s'en procurer cinq près de l'aphélie ; et seulement trois, près du périhélie. Je vais en présenter ici les éléments sous forme de tableau, après quoi je dirai comment il en fit usage (*).

DATES PRÉCISES DES OBSERVATIONS	LEURS INTERVALLES consécutifs exprimés en jours.	LONGITUDES géocentriques de Mars, comptées sur l'écliptique, à partir du point équinoxial actuel ♈.	LONGITUDES du soleil comptées aussi du point équinoxial actuel ♈.	LONGUEUR du rayon vecteur terrestre exprimée en parties de la distance moyenne de la terre au soleil.	DÉSIGNATION graphiq des stations terrestres
Observations de Mars faites près de l'aphélie.					
Fév. 17, jour 48e, 10. 0. 0 PM		135°.12′.30″	339°.22′.37″	0,99170	T_1
	686.23.31. 0				
Janv. 5, jour 5e, 9.31. 0		182. 8.30	295.21.16	0,98300	T_2
	686.23.31.30				
Nov. 22, jour 327e, 9. 2.30		182.35.40	250.55. 8	0,98355	T_3
	686.23.32.30				
Oct. 10, jour 283e, 8.35. 0		170.13.30	306.58.46	0,99300	T_4
	5[686.23.32.30]				
Mars 6, jour 66e, 6.17.30		119.18.30	356.31.36	0,99467	T_5
Observations de Mars faites près du périhélie.					
Nov. 1, jour 305e, 6.10. 0 PM		290.59.15	229.13.56	0,98730	t_1
	686.23.32. 0				
Sep. 19, jour 262e, 5.42. 0		284.18.30	185.47. 3	0,99946	t_2
	686.23.32. 0				
Août 6, jour 218e, 5.14. 0		346.56. 0	143.26.13	1,01183	t_3

Kepler dit n'avoir trouvé que ces trois observations faites proche du périhélie de Mars, parce que, dans l'année 1585, le passage de la planète par ce point eut lieu en été, les crépuscules durant alors pendant toute la nuit en Danemark.

(*) *De motibus stellæ Martis*, cap. XLII, pag. 204 et 206.

65. Pour bien saisir l'ensemble de ces données, et en comprendre clairement l'application, il faut jeter les yeux sur la *fig.* 14. Je l'emprunte au livre de Kepler, en y faisant quelques légers changements de construction et de notation qui en faciliteront l'intelligence. Elle est tracée dans le plan de l'écliptique. S est le soleil, et autour de lui les lettres T_1, T_2,.... t_1, t_2,... désignent l'orbe terrestre ayant son périhélie en p, son aphélie en a. On l'a représenté, pour plus de simplicité, par une circonférence de cercle dont le centre est en c, et dont elle s'écarte si imperceptiblement, qu'il eût été presque impossible de faire sentir son ellipticité. La droite S Υ, est menée du soleil S à un point équinoxial fixe, auquel on rapporte toutes les longitudes ; et elle est placée, relativement à Sp, dans la position qu'elle occupait à l'époque où les observations rapportées dans les tableaux ont été faites. Le cercle extérieur, décrit du centre C, ne doit pas non plus être considéré comme rigoureux. Il représente, *conventionnellement*, la projection sur l'écliptique de l'orbite réelle de Mars. La droite centrale et ponctuée, ASP, désigne la trace du cercle de latitude qui contient l'aphélie et le périhélie *véritables* de la planète. A′ et P′ sont les projections de deux points de l'orbite proches de ceux-là ; et qui ont été respectivement observés, le premier des stations T_1, T_2, T_3, T_4, le second des stations t_1, t_2, t_3 ; l'ordre des indices étant conforme à l'ordre des temps dans chaque série. On remarquera que les droites SA′, SP′, ne sont pas le prolongement exact l'une de l'autre. Ainsi les deux points observés A′, P′ ne sont pas tout à fait opposés dans l'orbite comme A et P ; et l'on comprend qu'il aurait fallu un hasard bien extraordinaire pour qu'ils se trouvassent rigoureusement satisfaire à cette condition. Mais, quand leurs positions héliocentriques seront obtenues, on verra que celles de A et de P peuvent s'en conclure, sachant qu'elles doivent être très-peu différentes de celles-là.

Je suis entré dans tous les détails numériques de cette application pour montrer que Kepler n'omet aucun des soins que l'on apporterait aujourd'hui au calcul d'observations plus précises. La combinaison que j'ai employée pour déterminer la distance accourcie héliocentrique SA′ ou ρ' est la seule qu'il ait lui-même

développée par la méthode directe qu'il avait imaginée. Il ne l'a
même traitée ainsi que pour montrer la concordance de ses résultats avec ceux d'une méthode de fausse position qui lui aura paru
sans doute conduire au même but avec moins de peine. De toutes
ces épreuves il tire des valeurs moyennes auxquelles il s'arrête,
et que je vais rapporter, en considérant les longitudes des points
A′ et P′ de notre *fig.* 14 comme transportées à ceux qui leur
correspondent dans l'orbite même, ainsi qu'il l'a fait sans le dire ;
soit qu'il ait compris la petite réduction de 22″ dans ses moyennes,
soit, plutôt, qu'il l'ait jugée à bon droit négligeable, comparativement aux incertitudes des observations qu'il combinait (*).

	DATES JULIENNES de chaque détermination.	LONGITUDE héliocentrique comptée dans l'orbite, à partir du point équinoxial ♈, appartenant à la première date.	LONGUEUR de la distance accourcie héliocentrique ρ'.	LATITUDE héliocentrique λ'.	RAYON vecteur héliocentrique r' ou $\dfrac{\rho'}{\cos \lambda'}$
le point A′	1588. Nov. 22, jour 327ᵉ, 9ʰ 3ᵐ 30ˢ	149°.20′.12″	1,66698	+1°.48′ bor.	1,66780
le point P′	1589. Nov. 1, jour 305ᵉ, 6ʰ 10ᵐ 0ˢ	329.54. 5	1,38432	—1.48 aust.	1,38500

Différence des temps et des longitudes … $\quad$ T = 343ʲ.21ʰ.7ᵐ.30ˢ $\quad$ D = 180°.33′.53″

Durée d'une révolution sidérale de Mars,
suivant Képler, R = 686ʲ 23ʰ 32ᵐ … $\quad$ ½ R = 343. 11.46. 0

Excès de T sur ½ R … $\quad$ T — ½ R = + 0. 9.21.30

Képler admet que la droite qui dans l'orbite joint l'aphélie et le
périhélie véritables, passe par le centre du soleil et partage l'orbite,
quelle que puisse être sa forme, en deux moitiés complétement symétriques l'une à l'autre. Cela est en effet manifesté avec évidence

---

(*) *De motibus stellæ Martis*, cap. XLII, pag. 206 et 207.

par l'égalité des rayons vecteurs et des mouvements angulaires héliocentriques, considérés dans l'orbite à des distances égales de part et d'autre de ces points, qui se trouvent ainsi être les deux sommets de la courbe décrite par la planète. Soit donc ASP, *fig.* 14, la projection sur l'écliptique de ce diamètre inconnu, lequel y marquera la projection de l'aphélie réel en A, celle du périhélie réel en P; et transportons idéalement ces mêmes lettres ainsi que A′ et P′ aux points correspondants de l'orbite même, pour leur appliquer les raisonnements qui vont suivre. Les longitudes inconnues qui définissent les deux points A, P *dans l'orbite*, devront être censées se rapporter à une certaine date absolue de temps. Car la comparaison des observations anciennes et modernes, prouve que la droite ASP tourne continuellement autour du soleil S, avec un mouvement angulaire très-lent, qui lui est propre et qui est direct, c'est-à-dire dirigé de l'occident vers l'orient du ciel; par suite de quoi, dans le cours d'une année julienne, la longitude du point A, comptée d'un équinoxe fixe tel que Υ_{o}, augmente de $15″,8243$. Kepler connaissait ce mouvement, dont il avait même fait une appréciation remarquablement approchée; car il l'évaluait à $13″$ par année (*). Mais ici, pour des réductions qui n'embrassaient pas un intervalle d'une année, il l'a négligé comme insensible, comparativement aux incertitudes des observations qu'il combinait. J'adopterai cette simplification dans un premier calcul, qui montrera clairement l'esprit de sa méthode; après quoi, il sera facile de la compléter; et l'on verra qu'elle est la même que nous employons aujourd'hui.

64. Je prends donc, avec lui, A et P comme fixes. Alors, si les points observés A′ et P′, rapportés au même point équinoxial Υ_{o}, coïncidaient géométriquement avec ceux-là, l'intervalle de temps T, employé par la planète pour aller de l'un à l'autre, serait égal à une demi-révolution sidérale; et la différence de leurs longitudes sur l'écliptique, comme entre les points qui leur correspondent dans l'orbite, serait égale à $180°$. Mais puisque ces deux conditions d'égalité, sans être exactement satisfaites, approchent beau-

---

(*) *De motibus stellæ Martis*, cap. XVI, pag. 107.

coup de l'être, A' doit différer très-peu de A, P' de P; comme aussi les instants où Mars a passé par ces deux sommets de son orbite doivent différer très-peu de ceux où on l'a observé en A' et en P'; il ne reste donc qu'à évaluer ces petites réductions de temps et d'arcs pour conclure A de A' et P de P'.

Képler les obtient avec autant de simplicité que d'adresse, en se servant des vitesses angulaires héliocentriques de Mars en A et en P. Ces vitesses sont inégales; la plus petite a lieu en A, la plus grande en P. Mais Képler avait trouvé le moyen de déterminer leur rapport et leurs valeurs absolues. Prenons le jour solaire pour unité de temps; et soient z la vitesse diurne en A; ϖ la vitesse diurne en P; n la moyenne pour toute l'orbite, ou $\dfrac{360°}{R}$. D'après la valeur de R adoptée par Képler, n est $31'\,26'',518$; il prend $31'\,27''$; puis il ajoute que la vitesse apogée z est d'environ $26'\,13''$, et la vitesse périgée ϖ environ $38'\,2''$. Je dirai tout à l'heure comment il a trouvé ces deux derniers nombres, et cela est très-important à savoir. Car c'est le principe d'où il les a déduits, qui lui a suggéré l'une de ses plus belles découvertes, la loi des aires. Mais pour ne pas interrompre le cours du raisonnement auquel je vais les faire servir, je les emploierai provisoirement comme vrais.

Soit $+\tau$ le temps inconnu qui s'est écoulé *depuis* le passage de Mars à son aphélie A jusqu'à son arrivée en A', τ devant être pris avec le signe négatif si A' précède A. D'après nos conventions précédentes, τ devra être exprimé en jours; et l'angle ASA', que Mars aura décrit autour du soleil dans cet intervalle, sera $z\tau$. Toutefois, sa valeur ne pourra être conclue ainsi, par proportionnalité, que s'il se trouve assez petit pour que la vitesse angulaire de l'astre puisse être supposée sensiblement constante pendant tout le temps τ qu'il emploie à le décrire.

Nommons pareillement $+\tau'$ le temps qui s'est écoulé *depuis* le passage de Mars à son périhélie inconnu P, τ' devant être pris avec le signe négatif si P' précède P; l'angle PSP' sera exprimé par $\varpi\tau'$, sous les mêmes réserves de petitesse. Ceci étant admis, le temps total employé par l'astre pour aller de l'aphélie A au périhélie P dans l'orbite, sera représenté par $\tau + T - \tau'$; et l'angle total que son rayon vecteur aura décrit autour du soleil, en passant d'un de ces points à l'autre, sera représenté par $\alpha\tau + D - \varpi\tau'$. Or les points A et P étant supposés être effectivement les lieux fixes de l'aphélie et du périhélie véritables, le premier intervalle devra être $\frac{1}{2}R$; le second $180°$ ou $\frac{1}{2}C$. Ainsi, en assujettissant leurs expressions symboliques à ces conditions, on aura les deux égalités suivantes, où τ et τ' restent seules inconnues :

$$\tau + T - \tau' = \tfrac{1}{2}R, \quad \alpha\tau + D - \varpi\tau' = \tfrac{1}{2}C;$$

ce qui donnera, par l'élimination,

$$\tau = \frac{D - \frac{1}{2}C - \varpi(T - \frac{1}{2}R)}{\varpi - \alpha}; \qquad \tau' = \frac{(D - \frac{1}{2}C) - \alpha(T - \frac{1}{2}R)}{\varpi - \alpha};$$

quand τ et τ' seront ainsi connus, on pourra former numériquement les produits $\alpha\tau$ et $\varpi\tau'$. Alors, en nommant l la longitude héliocentrique du point A', et l' celle du point P' telles qu'on les a observées, la longitude héliocentrique l_α de l'aphélie A, et la longitude héliocentrique l_π du périhélie P, s'obtiendront par les expressions suivantes :

$$l_\alpha = l - \alpha\tau, \quad l_\pi = l' - \varpi\tau';$$

et leur différence $l_\pi - l_\alpha$ se trouvera effectivement égale à $180°$, comme elle doit l'être, en se rappelant que $l' - l$ est D.

En outre, connaissant les époques E, E', auxquelles l'astre a été observé dans les points A', P', de son orbite, on en conclura les époques E_α, E_π, où il s'est trouvé dans son aphélie A, et dans son périhélie P. Car on aura évidemment

$$E_\alpha = E - \tau; \quad E_\pi = E' - \tau'.$$

Et leur différence $E_\pi - E_\alpha$ se trouvera effectivement égale à $\frac{1}{2}R$ comme elle doit l'être, en se rappelant que nous avons désigné $E' - E$ par T.

Dans l'application de ces formules aux nombres de Képler,

on a

$$D - \tfrac{1}{4}C = + 0° 33' 53'' = + 2033'', \qquad T - \tfrac{1}{3}R = + 9^h 21^m 30^s = 0,589930,$$
$$\alpha = + 26' 13'' = + 1573'', \qquad \varpi = + 38' 2'' = + 2282'';$$

De ces données on trouve

$$\tau = + 1,6123833 = 1^j.14^h.41^m.50^s \qquad 2\varpi = + 0°.42'.16''$$

...que de A'... Année 1588. Nov. 22,   9.ʰ2.30   Longitude de A'... l = 149.20.12
...; Mars aphélie... 1588. Nov. 20. 18.20.40   Longitude de l'aphélie A.. 148.37.56
                                              Képler trouve 148.39.46

Mais il y a une inexactitude numérique, dans la valeur qu'il attribue à l'intervalle T des observations, et la réduction de longitude désignée ici par α t, est calculée par une méthode de fausse position, qui ne semble pas très-claire. Au reste, la discussion immédiate des oppositions de Tycho lui avait fourni antérieurement une autre détermination, qui transportée du 6 mars 1587, à la date actuelle donne 148° 50′ 44″, valeur plus forte de 10′ 58″; et il avoue sincèrement que les incertitudes des observations ne lui permettent pas de se décider entre ces deux résultats. Toutefois, le nombre obtenu ici directement, par la triangulation céleste, lui paraît plus digne de confiance; et c'est celui qu'il emploie de préférence dans ses calculs ultérieurs (*).

Képler aurait pu très-aisément appliquer cette méthode au cas où l'on veut avoir égard au mouvement propre de l'aphélie et du périhélie dans l'intervalle des observations combinées. Mais il a jugé avec raison que c'eût été prendre ici une peine inutile. Il avait assez à faire pour établir ses méthodes, et effectuer les calculs qui lui étaient indispensables, sans en chercher dont les applications auraient été pour le moment spéculatives. En consé-

---

(*) Au chap. XLIV, page 213. Mais il changea plus tard de sentiment, car dans ses *Tables Rodolphines*, il donne à l'aphélie de Mars une longitude absolue notablement plus forte, et aussi plus en erreur. Ces vacillations tenaient aux incertitudes des observations de ce temps; et elles ne rendent que plus sensible le mérite qu'a eu Képler, d'avoir pu découvrir et saisir les grandes lois des mouvements planétaires à travers tant d'irrégularité

quence je ne poursuis pas cette facile généralisation, pour ne pas interrompre l'exposé de ses travaux essentiels.

Je reviendrai tout à l'heure sur le mode d'évaluation des mouvements α et ϖ, mais je dois d'abord achever de le suivre jusqu'au but final qu'il s'était proposé d'atteindre.

66. Considérant la petitesse des écarts qui se trouve exister, d'après son calcul, entre les points observés A′, P′ de notre *fig.* 14, et les points A, P, lieux de l'aphélie et du périhélie véritables, il fait remarquer qu'à de si petites distances des sommets de l'orbite, les variations de longueur des rayons vecteurs doivent être insensibles, de sorte que SA′ peut être pris comme équivalent à SA, et SP′ comme équivalent à SP. Appliquant donc ce principe aux rayons vecteurs, dont SA′ et SP′ sont les projections observées, il en déduit, indépendamment de toute hypothèse, les déterminations suivantes (*) :

Distance de Mars au soleil, aphélie	1,66780	
périhélie	1,38500	Évaluées en parties
Somme ou grand diamètre de l'orbite 2a	3,05280	de la distance moyenne
Demi-diamètre, ou distance moyenne a	1,52640	de la terre au soleil.
Excentricité absolue E	0,14140	
Excentricité en parties de la distance moyenne $\dfrac{E}{a}$ ou e	0,092636	

Suivant les déterminations rapportées par Laplace dans les dernières éditions du *Système du Monde*, on a pour Mars

$$a = 1{,}5236935; \quad e = 0{,}092943$$

au commencement de 1589.

Ces résultats diffèrent bien peu de ceux de Képler. L'adjonction d'une date à la valeur de e, est nécessaire, parce que dans toutes les orbites planétaires ce rapport éprouve des variations continues très-lentes, et de sens divers pour les différentes planètes. Dans l'orbite de Mars, e s'accroît avec le temps, de sorte que sa valeur était un peu moindre au temps de Képler, qu'elle ne l'est aujour-

---

(*) *De motibus stellæ Martis*, cap. XLII, pag. 209.

d'hui ; et je l'ai reportée à son temps , pour que la comparaison fût fidèle.

Nous pouvons soumettre à une épreuve analogue , la position qu'il assigne à l'aphélie de Mars. Par les déterminations actuelles, beaucoup plus précises que celles de Képler ne pouvaient l'être , la longitude de cet aphélie, au 1er janvier 1801 était 152° 25′ 24″, avec un mouvement sidéral propre , direct , qui accroît sa longitude apparente de 15″,8243 , par chaque année julienne, indépendemment de la précession. Prenons celle-ci égale à 50″,24, pour une année julienne , ce qui représentera très-approximativement sa valeur moyenne entre les années 1589 et 1801. Alors pour ramener l'indication du 1er janvier 1801 au 20 novembre 1588 , il faudra en soustraire les effets progressifs de ces deux mouvements pendant les 212 ans 1 mois $\frac{1}{3}$, qui séparent les deux époques , puisqu'ils ont conspiré pour accroître la longitude apparente. Nous aurons ainsi :

Précession pour 212 ans	212.50″,24	2°.57′.30″,88
Pour 1 mois $\frac{1}{3}$	1 ÷ $\frac{1}{3}$. 4,52	6,03
Mouvement propre pour 212 ans	212.15,8243	0.55.54,75
Pour 1 mois $\frac{1}{3}$	$\frac{1}{3}$. 1,32	1,76
Somme soustractive		3.53.33,42
Longitude de l'aphélie de Mars au 1er janvier 1801		152.24.24
Donc au 20 novembre 1588		148.30.50,58
Par les données de Képler exactement calculées		148.38.13
Excès provenant des données de Képler		+0. 7.22

Cet excès tombe dans les limites d'incertitude qu'il croyait lui-même ne pouvoir restreindre.

66. Ayant trouvé par ces dernières déterminations que la longitude de l'aphélie de Mars était de 11′ moindre qu'il ne l'avait supposée dans les Tables provisoires dont il avait fait usage, Képler comprit qu'il fallait y faire une correction correspondante , pour détruire les conséquences de cette différence dans leurs indications. En effet , quand la planète se trouvait

amenée par le calcul dans l'aphélie fautif, on l'y supposait exempte d'anomalie ; tandis que, en fait, ayant alors dépassé de 11′ l'aphélie véritable, il fallait lui appliquer une équation du centre proportionnée à cet écart. L'intelligence et la pratique des computations astronomiques font aisément apercevoir la nature de la rectification exigée par une telle circonstance, et Képler se borne à l'énoncer en peu de mots. Mais, comme les principes dont elle se déduit, sont intimement liés au mode de construction des Tables par lesquelles on représente en général les mouvements célestes, qu'elle s'applique même ici à un de leurs éléments les plus importants, je ne crois pas inutile de l'expliquer avec quelques détails, pour en donner une idée précise qui nous dispense d'y revenir.

Soit t le temps compté en jours moyens solaires, à partir d'une époque conventionnellement choisie. Nommons T la durée de la révolution sidérale de la planète exprimée dans la même unité de temps, et Π la demi-circonférence dont le rayon est 1, laquelle pourra, au besoin, être remplacée par 180° de la division sexagésimale. Faisons par abréviation

$$n = \frac{2\Pi}{T}$$

n sera le mouvement sidéral moyen de la planète en un jour. Désignons par l sa longitude vraie *dans l'orbite*, pour l'instant t, en la comptant à partir d'une origine fixe. Dans les mouvements révolutifs des astres permanents, l se composera toujours d'une partie qui croîtra proportionnellement au temps, et d'une autre qui comprendra l'ensemble de toutes les inégalités périodiques. La première aura nécessairement pour forme $nt + \varepsilon$, ε étant une constante. Donc, si l'on représente par φ, la partie périodique qui lui est associée, l'expression la plus générale de l sera

$$(1) \qquad l = nt + \varepsilon + \varphi.$$

Dans cette expression la partie non périodique, $nt + \varepsilon$, s'appelle la *longitude moyenne* de la planète, et la constante ε s'appelle l'*époque* de cette longitude, parce qu'elle représente effectivement sa valeur quand t est nul, c'est-à-dire à l'*époque* où l'on veut placer l'origine d'énumération du temps (*).

Je vais appliquer ceci à un exemple qui nous découvrira immédiatement la modification que Képler devait faire à ses Tables provisoires, pour y introduire la nouvelle position qu'il voulait donner à l'aphélie de Mars; et l'on verra que le même procédé servirait également dans tous les cas pareils, si l'on opérait sur les Tables que nous employons aujourd'hui.

A la page 493 du tome IV, § 558, nous avons établi les lois du mouvement circulatoire d'une planète, dans un excentrique à équant, où le rapport de l'excentricité aux rayons du cercle était e. En y désignant par v les longitudes vraies de la planète comptées dans le plan de son orbite, à partir du périhélie, et faisant commencer le temps t à l'instant de son passage par ce point, nous avons trouvé, page 495, que l'expression de v, développée jusqu'à la seconde puissance de e inclusivement, était

$$v = nt + 2\,e\,\mathrm{R}'' \sin nt + e^2\,\mathrm{R}'' \sin 2\,nt,$$

où

$$\log \mathrm{R}'' = 5,3144251.$$

En comparant cette expression avec le développement complet de v dans une ellipse de même excentricité, que j'avais rapporté par anticipation page 485, j'ai fait remarquer qu'elle n'en différait que dans les puissances de e supérieures à la première. Or, comme les termes affectés de celles-ci n'ont jamais que des valeurs très-petites, comparativement aux observations dont Képler faisait usage, qu'ils n'ont d'ailleurs qu'une influence minime sur la rectification qu'il voulait effectuer, je me bornerai à considérer la

---

(*) Dans les Tables astronomiques relatives au soleil et aux planètes, on donne les valeurs de tous les éléments moyens de leurs mouvements calculées en nombres, pour l'instant qui commence chacune des années que la Table embrasse. Ces valeurs initiales, considérées dans leur ensemble, sont appelées *les époques des moyens mouvements*. Ceci est une application généralisée du mot *époque*, qui s'emploie dans un sens absolu pour désigner la constante e de la longitude moyenne; et il ne faut pas oublier cette distinction.

partie commune et principale :

$$v = nt + 2\,e\,R''\sin nt.$$

Cela suffira pour montrer généralement l'application de la méthode au développement exact dans l'ellipse, tel qu'il est rapporté à la page citée, et avec plus d'extension, dans la *Mécanique céleste*, liv. II, § 22.

D'après les conventions précédentes, quand la planète arrive à son aphélie, v devient $180°$ et t est égal à $\frac{1}{2}$ T. C'est en effet ce que montre notre équation. Car pour cette valeur de t, nt devient $180°$, et $\sin 2\,nt$ s'évanouit, ainsi que tous les autres termes du développement rigoureux, ce qui donne v égal à $180°$. D'après cela, si nous voulons transporter l'origine des temps et des arcs à l'aphélie, pour nous accorder en ce dernier point avec Képler, il faudra remplacer v par $180° + v$, et t par $\frac{1}{2}$ T $+ t$, ce qui change nt en $180° + nt$. Alors notre équation rapportée à ces nouvelles origines devient

$$(2) \qquad\qquad v = nt - 2\,e\,R''\sin nt.$$

Elle ne diffère donc de sa première forme qu'en ce que le terme qui a pour facteur e a passé du positif au négatif. Le même transport d'origine appliqué au développement complet dans l'ellipse s'y traduit aussi par l'inversion du signe de e, comme il est facile de s'en assurer par le fait même.

Comptons maintenant les longitudes de la planète, non plus depuis l'aphélie, mais depuis une autre origine choisie conventionnellement dans le plan de l'orbite, où nous la supposerons fixe; et désignons-les désormais par l. Admettons aussi que l'axe principal de l'excentrique ou de l'ellipse n'a pas de mouvement propre, et que sa longitude comptée de la même origine a pour valeur constante l_a. Si nous voulons introduire ces nouvelles coordonnées angulaires dans notre équation (2), il faudra y remplacer v par $l - l_a$. En outre, comptons le temps t, non plus depuis l'instant du passage de la planète par son aphélie, mais à partir d'une autre époque prise arbitrairement, et telle, qu'il doive s'écouler le temps θ_a depuis cette époque jusqu'au premier passage de la planète par son aphélie. Alors, pour adapter à notre équation (2) ces conventions nouvelles, nous devrons y remplacer t par $t - \theta_a$; ce qui y changera nt en $nt - n\theta_a$. Ces deux ordres de substitutions étant simultanément effectués, elle deviendra, en dégageant l,

$$(3) \qquad l = nt + l_a - n\theta_a - 2e\,\mathrm{R}'' \sin(nt - n\theta_a).$$

Faisons maintenant, pour abréger,

$$\varepsilon = l_a - n\theta_a,$$

et chassant $n\theta_a$ par cette relation, nous aurons finalement

$$(4) \qquad l = nt + \varepsilon - 2e\,\mathrm{R}'' \sin(nt + \varepsilon - l_a).$$

Elle se trouve ainsi amenée à la forme générale de l'équation (1), et l'on voit ce qu'y représente la constante ε, que l'on appelle l'*époque* de la longitude moyenne. Si l'on applique les mêmes changements d'origine du temps et des arcs, au développement complet de e en t dans l'ellipse, il est aisé de voir que l'expression générale de l y contiendra la même constante ε, ayant la même signification physique ; et les termes périodiques de l seront tous des sinus simples ou multiples de l'argument $nt + \varepsilon - l_a$.

Pour faire bien comprendre ce qu'il y a à la fois de déterminé et d'indéterminé, dans l'emploi des deux constantes l_a et θ_a, je suppose qu'on ait constaté par observation la position de l'aphélie de Mars à un instant connu, par exemple au minuit moyen qui ouvre le 1ᵉʳ janvier 1801, sous le méridien de l'Observatoire de Paris ; et que sa longitude mesurée dans l'orbite, à partir de l'équinoxe moyen du même instant, se soit trouvée alors égale à (l). Si l'on veut prendre cet équinoxe pour origine de toutes les longitudes, l_a sera (l). Mais si l'on veut les compter à partir d'un équinoxe moyen *postérieur*, dont l'arc de rétrogradation depuis celui-là soit a, l_a devra être fait égal à $(l) + a$, dans la formule (3).

Semblablement, si l'on veut convenir d'énumérer les valeurs du temps t, à partir du même minuit moyen qui ouvre le 1ᵉʳ janvier 1801, date à laquelle on a déterminé par observation la longitude (l), θ_a devra être fait nul. Mais si l'on veut commencer cette énumération à partir d'une date *antérieure* d'un nombre de jours (t) à ce même minuit, θ_a devra être fait égal à $+ (t)$ dans la formule (3).

Les deux constantes l_a, θ_a, ont ainsi toutes deux leur caractère d'indétermination propre, qui les rend complétement indépendantes l'une de l'autre, et soumises à l'arbitraire du calculateur, dans le choix des origines qu'il peut leur attribuer. C'est pourquoi on les appelle les *constantes arbitraires* du problème astronomique dont elles spécifient les particularités. Le même caractère s'applique aux deux constantes ε, l_a de l'équation (4) qui leur sont équivalentes, la première étant composée de l_a et de θ_a. Il est évident que leurs valeurs se trouveraient déterminées *a posteriori*, si l'on se donnait deux longitudes l de la planète, qui auraient été mesurées dans l'orbite à partir d'une même origine fixe, à deux époques distinctes pour lesquelles on connaîtrait les valeurs absolues du temps t comptées depuis un même instant physique défini. Car on aurait ainsi deux équations de condition, dans lesquelles tout serait connu, hormis les deux constantes ε, l_a, par exemple, et il ne resterait qu'à les en déduire.

Admettant que cette détermination soit obtenue, chaque valeur donnée de t, fera connaître la longitude l de la planète comptée à partir de l'origine fixe, choisie dans l'orbite, et que je supposerai être, par exemple, l'équinoxe moyen qui correspond à l'instant d'où l'on compte le temps t. Pour l'usage des astronomes, il est commode d'obtenir immédiatement ces longitudes rapportées au point équinoxial moyen de l'instant auquel chacune se réalise. Pour cela, soit μ le mouvement de rétrogradation de ce point dans l'intervalle d'un jour. Puisque nous comptons le temps t en jours, la rétrogradation totale pour le temps t, comptée depuis l'instant choisi pour origine, sera μt. Ajoutant donc ce terme à l'expression de l, la somme donnera la longitude l' de la planète dans son orbite, rapportée à l'équinoxe moyen de l'instant t. On aura ainsi, en employant l'équation (4),

$$l' = (n + \mu)t + \varepsilon - 2eR'' \sin(nt + \varepsilon - \varpi_a).$$

Or, suivant nos conventions premières, n est le moyen mouvement sidéral de la planète sur son orbite dans l'intervalle d'un jour. Donc $n + \mu$ est son moyen mouvement tropique diurne. Représentons-le par n', en faisant

$$n' = n + \mu;$$

alors, en éliminant n par sa valeur en n', nous aurons

$$(5) \qquad l' = n't + \varepsilon - 2eR'' \sin\{n't + \varepsilon - (l_a + \mu t)\}.$$

Or $l_a + \mu t$ est la longitude *époque* de l'aphélie, rendue variable par le mouvement de précession. Donc, en convenant de lui appliquer ce mouvement *sous les signes périodiques*, on n'aura plus à employer dans la formule que le moyen mouvement tropique n', pour obtenir la longitude l' de la planète rapportée à l'équinoxe moyen de chaque instant t. C'est sur ce principe que sont construites toutes les Tables des mouvements elliptiques usitées en astronomie.

67. Ayant terminé cette exposition de principes, revenons au passage du livre de Kepler qui l'a nécessitée; et reprenant notre équation (3), rapportée à ses origines fixes de temps et d'arcs, supposons que, par erreur, nous ayons attribué à la longitude de l'aphélie une valeur trop forte, en sorte que l'on ait pris par exemple

$$l_{(a)} = l_a + (\epsilon).$$

Alors, depuis l'origine d'énumération du temps t, jusqu'à l'instant où la planète atteindra cette longitude $l_{(a)}$, il devra s'écouler un intervalle de temps $\theta_{(a)}$ plus grand que θ_a, et tel, qu'on aura par exemple

$$\theta_{(a)} = \theta_a + \tau.$$

L'expression de la longitude l en fonction du temps t, établie sur ces fausses valeurs, sera donc

$$(3)' \qquad l = nt + l_{(a)} - n\theta_{(a)} - 2eR'' \sin\{nt + n\theta_{(a)}\},$$

ou, en faisant, pour abréger,

$$\varepsilon' = l_{(a)} - n\theta_{(a)} = \varepsilon + (\epsilon) - n\tau,$$
$$(4) \qquad l = nt + \varepsilon' = 2eR'' \sin\{nt + \varepsilon' - l_{(a)}\}.$$

Ayant construit d'après cette expression des Tables numériques qui donnent les valeurs de l pour le temps t, des observations postérieures font connaître l'erreur angulaire (e). On demande quelles rectifications ces Tables exigent, pour qu'on en puisse tirer des résultats exacts?

Rien ne serait plus simple si l'on connaissait τ. Car d'abord, ayant pris, dans les Tables imparfaites, la longitude moyenne $nt + \varepsilon'$, qu'elles assignent pour chaque valeur donnée du temps t, on y ajoutera $n\tau - (e)$, ce qui la transformera dans la longitude moyenne véritable $nt + \varepsilon$. Celle-ci étant obtenue, on en retranchera la véritable longitude l_a de l'aphélie, et l'on aura l'argument exact $nt + \varepsilon - l_a$, des termes périodiques. Avec celui-ci on entrera dans la partie de la Table qui donne leurs valeurs pour chaque angle assigné; et l'on aura ainsi ces valeurs exactes. Il ne restera plus qu'à les ajouter avec leurs signes propres à la longitude moyenne corrigée $nt + \varepsilon$, et l'on aura l.

Or, pour trouver τ, il suffit de remarquer que $l_{(a)}$ et $\theta_{(a)}$ doivent satisfaire à l'équation exacte (3), quand on les y introduit simultanément comme représentatifs de l et de t. En effectuant cette substitution, et supprimant les termes qui s'entre-détruisent, on trouve finalement

$$(e) = n\tau - 2eR'' \sin n\tau.$$

Ce résultat était facile à prévoir puisque (e) et τ représentent des valeurs de la longitude vraie et du temps, qui se correspondent, étant comptés de l'aphélie véritable. De là, en se bornant, comme nous le faisons, à la première puissance de l'excentricité, on tire évidemment

$$n\tau = (e) + 2eR'' \sin(e),$$

d'où

$$n\tau - (e) = + 2eR'' \sin(e).$$

Ce terme $+ 2R''e \sin(e)$ est donc ce qu'il faut *ajouter* à la constante ε' des Tables imparfaites, pour les adapter à une longitude de l'aphélie *moindre* de l'angle (e), qu'on ne l'y avait supposée.

Dans le cas considéré par Képler, l'observation lui donne (e) égal à 11'. L'excentricité e qu'il attribue à l'orbite de Mars est

0,09364. Avec ces données on trouve

$$2\,e\,R''\sin(e) = 122'',28.$$

ou un peu plus de $2'$. Képler dit $4'$, soit par une faute de l'imprimeur, soit parce que les premières Tables auxquelles il fait allusion auraient été fondées sur l'hypothèse de l'excentricité non bissectée. Dans tous les cas, le raisonnement qu'il fait pour établir le principe de la correction, et son application à la constante de la longitude moyenne, est parfaitement exact. C'est le même que nous employons aujourd'hui, et que je viens de développer.

68. J'arrive maintenant à l'évaluation des vitesses angulaires z et ϖ, avec lesquelles la planète circule autour du soleil, quand elle se trouve aux deux sommets, aphélie et périhélie de son orbite; problème qui conduisît Képler à des découvertes si importantes.

Il les chercha d'abord dans l'excentrique à équant, dont l'emploi avait paru jusqu'alors suffire pour représenter le mouvement de circulation des planètes (*). Leurs valeurs s'y présentent avec évidence, comme on va s'en convaincre en jetant les yeux sur la *fig.* 15, qui est tracée dans le plan de l'orbite de la planète. Cette orbite y est représentée par la circonférence de cercle AA', PP', décrite du centre C, avec le rayon CA ou CP, que je nomme a. S est le soleil placé hors du centre à la distance SC, que je nomme ae; de sorte que e est un nombre abstrait. Le diamètre mené par les points S, C, va ainsi marquer l'aphélie en A, le périhélie en P. Sur le même diamètre, au delà du centre, à une distance $CF' = ce = ae$, on place le point d'équant F', autour duquel le mouvement de circulation est censé uniforme. D'après cette définition, soient R la durée d'une révolution complète de la planète, exprimée en jours, et 2π la circonférence dont le rayon est 1, laquelle pourra être aussi exprimée par le nombre total de subdivisions conventionnelles, degrés, minutes ou secondes d'arcs, que contient cette circonférence. L'angle décrit autour de l'équant F',

---

(*) *De motibus stellæ Martis*, cap. XXXII, pag. 165.

en un jour, sera $\dfrac{2\pi}{T}$, que je désigne par n; et après le nombre t

de jours il sera proportionnellement $\dfrac{2\pi}{T}t$ ou nt. Si nous con-
venons de placer l'origine de numération du temps, à l'instant du
passage de l'astre par son aphélie, comme je le ferai dans ce qui
va suivre, le produit nt exprimera généralement l'amplitude de
l'angle $AF'A'$, décrit par la planète autour de l'équant F', depuis
ce passage, pendant le temps quelconque t.

Ceci convenu, je prends t égal à 1; et formant l'angle $A'F'A$
égal à n, je mène, par l'équant la droite $A'F'$, dont la branche opposée ira couper la circonférence de l'excentrique en quelque autre point P'. A' et P' marqueront respectivement les lieux où
l'astre est arrivé, sur son excentrique, 1 jour après son passage à
l'aphélie, et 1 jour après son passage au périhélie; puisque les
angles $AF'A'$, $PF'P'$, décrits autour de l'équant F' depuis ces passages, ont tous deux la même amplitude n.

Mais les arcs AA', PP' de l'excentrique, compris entre les branches de ces angles, seront inégaux, comme étant interceptés par
elles à d'inégales distances de F'. Si l'on suppose ces arcs assez petits, pour ne pas différer sensiblement des perpendiculaires menées de leurs extrémités respectives sur le diamètre AP, ce qui
deviendra toujours admissible en prenant au besoin l'unité de
temps moindre que 1 jour, on pourra, dans le même système
d'approximation, les considérer indifféremment comme étant décrits des centres F' ou S, au lieu de l'être du centre C; et cela
avec d'autant moins d'erreur, que les deux points F', S, seront
plus rapprochés l'un de l'autre, c'est-à-dire que le rapport ε soit
une plus petite fraction. Continuant donc à supposer, comme c'est
le fait général, que le jour soit une unité de temps suffisamment
petite, pour ces approximations; si du soleil S on mène les rayons
vecteurs SA', SP', aux deux points A' et P' ainsi définis, les angles
$A'SA$, $P'SP$, seront ceux que la planète décrit en un jour autour
de cet astre, quand elle se trouve à l'aphélie, ou au périhélie de
son cercle; et ils représenteront ainsi ses vitesses angulaires diurnes héliocentriques, que je nommerai respectivement α et ϖ,

comme nous l'avons fait précédemment. Alors les longueurs absolues des arcs AA', PP', comporteront chacune deux expressions différentes, selon que l'on voudra les considérer comme décrits autour des points F' ou S. On aura en effet ainsi :

$$\textit{Autour de l'équant F'}, \qquad\qquad \textit{Autour du soleil S},$$

$$AA' = n\,F'A = na(1 - e), \qquad AA' = \varpi\,SA = \varpi a(1 + e),$$

$$PP' = n\,F'P = na(1 + e), \qquad PP' = \varpi\,SP = \varpi (1 - e).$$

En égalant les expressions équivalentes du même arc, on obtient les deux vitesses angulaires héliocentriques, résultantes de l'hypothèse faite sur la circularité de l'orbite, et sur l'uniformité du mouvement angulaire autour de F',

$$\text{A l'aphélie } \varpi = \frac{n(1 - e)}{(1 + e)}, \qquad \text{au périhélie } \varpi = \frac{n(1 + e)}{1 - e}.$$

Avant d'appliquer ces formules à Mars, nous en tirerons deux conséquences importantes, qui ont lieu dans toutes les orbites planétaires, assujetties aux conditions de forme et de mouvement, que nous avons supposées.

1°. Si l'on forme le rapport $\dfrac{\varpi}{\varpi}$, on trouve

$$\frac{\varpi}{\varpi} = \frac{(1 + e)^2}{(1 - e)^2} = \frac{\overline{SA}^2}{\overline{SP}^2},$$

c'est-à-dire que *les vitesses angulaires héliocentriques de la planète au périhélie et à l'aphélie de son orbite sont réciproques aux carrés de ses distances au soleil, dans ces deux points.*

2°. Si l'on évalue les surfaces ou aires des deux secteurs ASA', PSP' qui ont leur sommet au soleil, en les considérant comme des triangles rectilignes rectangles en A et en P, ainsi que le permet notre approximation, on trouve, en se rappelant que n est $\dfrac{2\pi}{R}$,

$$\text{Aire ASA}' = \tfrac{1}{2}\,AA'.SA = \tfrac{1}{2}na^2(1 - e^2) = \pi a^2(1 - e^2).\frac{1}{R},$$

$$\text{Aire PSP}' = \tfrac{1}{2}\,PP'.SP = \tfrac{1}{2}na^2(1 - e^2) = \pi a^2(1 - e^2).\frac{1}{R}.$$

Les aires de ces deux secteurs sont donc égales entre elles; et, de plus, la valeur absolue de chacune est proportionnelle à l'unité de temps arbitraire, pendant laquelle elle est décrite, sous la seule réserve que cette unité soit assez petite pour que les restrictions géométriques qui légitiment l'approximation, se trouvent remplies. Ce résultat constitue donc une loi générale du mouvement *autour des deux sommets de l'orbite; c'est-à-dire que le rayon vecteur héliocentrique de la planète y décrit, autour du soleil, des aires proportionnelles aux éléments du temps.*

Képler reconnut que les deux propositions précédentes ont lieu, comme nous venons de le dire, aux aphélies, et aux périhélies des planètes, quand on les fait mouvoir sur des excentriques à équant; et il les démontre géométriquement pour ce cas, au chapitre XXXII de son traité *De motibus stellæ Martis.* Il se forma dès lors dans son esprit une présomption invincible que ces deux propositions devaient s'étendre pareillement à tous les autres points des orbites, et constituer deux lois générales du mouvement de circulation des planètes autour du soleil. Il se fortifia dans cette pensée par les considérations physiques et métaphysiques les plus étranges. Il la soumit à une multitude d'épreuves pénibles, qui se montraient toujours infructueuses, sans jamais le décourager. Enfin il eut le bonheur, bien mérité, de l'établir comme un fait rigoureux, par des preuves complètes et indubitables, quand il eut reconnu que l'orbite décrite n'était pas un cercle, mais une ellipse dont le soleil occupe un des foyers.

69. Je rendrai bientôt compte de ces tentatives, qui le conduisirent graduellement à sa découverte. Mais il convient d'abord d'éprouver sur Mars les expressions des vitesses extrêmes α et ϖ que nous venons d'obtenir, afin d'en comparer les résultats aux valeurs qu'il a employées lui-même pour réduire à l'aphélie et au périhélie réels les observations de Mars faites près de ces points. Cela nous fera voir de quels principes il les a conclues.

Prenons comme lui, pour données de ce calcul,

la vitesse angulaire moyenne $n = \dfrac{C}{R} = 1887''$;

l'excentricité de l'orbite . . . $e = 0,09264.$

Cela nous donnera

la vitesse diurne à l'aphélie : $\alpha = \dfrac{n(1 - e)}{(1 + e)} = 1567'' = 26' 7''$

(Képler dit 26' 13''),

au périhélie : $\varpi = \dfrac{n(1 + e)}{(1 - e)} = 2272'' = 37' 52''$

(Képler dit 38' 2'').

Ces vitesses étant notablement moindres que les siennes, il faut qu'il les ait calculées différemment. La seule indication qu'il donne à ce sujet, page 208, c'est qu'elles sont *à fort peu de chose près* (*quàm proximè*), *en raison inverse du carré des distances*. Cela a fait croire à Schubert qu'il les avait calculées d'après cette condition même de réciprocité, appliquée au mouvement dans un excentrique (*). L'examen que nous allons faire de cette question nous montrera qu'elles ont une tout autre origine. Mais cela nous donnera lieu, en outre, de présenter la condition dont il s'agit, sous une forme générale, applicable à des orbites quelconques, ce qui nous sera d'un usage continuel.

70. Pour cela reprenons la *fig.* 15 ; et, après un temps quelconque t, compté depuis le passage de la planète à son aphélie A, menons son rayon vecteur héliocentrique SM, que je nommerai r. Il formera avec la branche diamétrale SA l'angle MSA, appelé l'*anomalie vraie*, que je désignerai par v. Lorsque t se sera accru d'une quantité $+ \delta t$, que je suppose très-petite, la planète aura atteint un autre point M_1, très-voisin de M. Elle s'y trouvera sur un autre rayon vecteur SM_1, avec une autre anomalie vraie v'. Mais ces deux éléments devant différer très-peu de leurs analogues, on pourra les représenter symboliquement par $r + \delta r$, $v + \delta v$; δr et δv désignant des quantités pareillement très-petites, proportionnées à la petitesse de dt. Ceci convenu, du centre S, avec le rayon SM qui est r, décrivons un arc de cercle MH qui se termine au rayon r', ce qui, dans les circonstances locales de notre figure, le rendra extérieur à l'orbite, tandis que dans d'autres il peut lui être intérieur. Comme les angles v, δv sont censés me-

____

(*) *Astronomie de Schubert*, tome II, page 175.

surés par des arcs décrits du centre S avec un rayon 1, la longueur de l'arc MH sera proportionnellement $r\,\delta v$; de sorte qu'il sera très-petit du même ordre que les autres accroissements dépendant de δt. L'aire du secteur circulaire MSH sera $\frac{1}{2}r^2\delta v$. Or, quelle que soit la forme de l'orbite, ce secteur circulaire, dans les conditions de formation auxquelles il est astreint, pourra toujours être considéré comme équivalant au secteur mixtiligne MSM, qui lui correspond dans l'orbite même, et cela avec une proportion d'erreur indéfiniment faible. En effet, il ne diffère de celui-ci que par le triangle mixtiligne M M,H, dont la surface est approximativement $\frac{1}{2}r\,\delta v\,dr$. Ainsi le rapport de SMH à SMM, étant

$$\frac{\frac{1}{2}r^2\delta v}{\frac{1}{2}r^2 dv - \frac{1}{2}r\,\delta v\,dr}$$

ou $\dfrac{1}{1 - \dfrac{\delta r}{r}}$, peut être rendu par l'atténuation indéfinie de δr aussi peu différent de l'unité que l'on voudra. Concevons maintenant, comme loi du mouvement de la planète, que le rayon vecteur r doive, *en fait* on *par hypothèse*, décrire autour du point S des aires proportionnelles au temps. Alors, si l'on nomme ξ la surface totale de l'orbite et R le temps que l'astre emploie pour parcourir son contour, le rapport de $\frac{1}{2}r^2\delta v$ à ξ devra être le même que celui de δt à R ; ce qui donnera

$$\frac{\delta v}{\delta t} = \frac{2\xi}{R}\cdot\frac{1}{r^2}$$

l'accroissement de l'angle v, divisé par l'élément du temps δt employé à le décrire, est précisément l'expression de la vitesse angulaire au point M de l'orbite que l'on a considéré. Cette vitesse sera donc partout réciproque au carré de la distance au centre de circulation S, puisque le coefficient $\dfrac{2\xi}{R}$ est commun à tous les points de l'orbite. Ce caractère de réciprocité se trouve ainsi être une conséquence nécessaire de la loi des aires proportionnelles aux temps ; et, par inverse, celle-ci en résulterait nécessairement s'il était donné.

71. Admettons maintenant que Képler ait calculé ainsi ses deux vitesses extrêmes, dans un excentrique dont le rayon serait a, comme en effet il serait naturel de le croire en considérant l'endroit de son livre où il les introduit, et le caractère de relation qu'il leur attribue. Alors la surface ξ d'un tel cercle sera πa^2, et le rapport $\dfrac{2\pi}{R}$ serait celui que nous avons nommé n. Dans l'application spéciale aux sommets de l'orbite, r serait à l'aphélie $a(1-e)$, au périhélie $a(1+e)$; ce qui donnerait, par notre formule générale,

$$\text{la vitesse aphélie } z' = \frac{n}{(1+e)^2},$$

$$\text{la vitesse périhélie } \varpi' = \frac{n}{(1-e)^2};$$

on comparant celles-ci aux valeurs analogues de z et de ϖ que nous avions obtenues d'abord dans l'excentrique à équant, on trouve

$$z' = \frac{a(1-e)}{(1+e)} \cdot \frac{1}{1-e^2} = \frac{\alpha}{1-e^2},$$

$$\varpi' = \frac{a(1+e)}{(1-e)} \cdot \frac{1}{1-e^2} = \frac{\varpi}{1-e^2};$$

nos nouvelles vitesses sont donc plus fortes que les précédentes, ce qui semblerait mieux convenir ; mais elles dépassent le but. Car elles donnent

$$z' = 26' 7'' + 13'',56 = 26' 21'' \qquad (\text{Képler dit : } 26' 13''),$$
$$\varpi = 37' 52'' + 19'',66 = 38' 11'' \qquad (\text{Képler dit : } 38' 2'').$$

Ainsi, en fin de compte, elles ne s'accordent guère mieux avec lui. Le fait est que, pour cette détermination de l'apogée de Mars qu'il voulait rendre particulièrement exacte, Képler, *sans le dire*, a anticipé sur l'exposé de ses découvertes. Les deux vitesses qu'il rapporte, sont calculées dans l'ellipse, conformément à la loi des aires proportionnelles aux temps, les rayons vecteurs r partant d'un des foyers.

72. Pour en avoir la preuve, prenons comme orbite une ellipse,

dont le demi grand axe soit a, le demi petit axe b, l'excentricité ae, en sorte que b ait pour valeur $a\sqrt{1-e^2}$. La surface totale Σ sera $\pi a b$ ou $\pi a^2(1-e^2)^{\frac{1}{2}}$; et, en désignant toujours $\dfrac{2\pi}{R}$ par n, l'expression générale des vitesses angulaires autour du foyer de circulation sera

$$\frac{\delta v}{\delta t} = \frac{n a^2(1-e^2)^{\frac{1}{2}}}{v^2} ;$$

or, en comptant l'anomalie v *à partir de l'aphélie* (*), l'équation polaire de l'ellipse donne

$$r = \frac{a(1-e^2)}{1-e\cos v},$$

d'où il résulte généralement

$$\frac{\delta v}{\delta t} = \frac{n}{(1-e^2)^{\frac{3}{2}}} \cdot (1-e\cos v)^2 ;$$

à l'aphélie v est nul ; et au périhélie il devient $180°$. De là on tire,

---

(*) Dans toutes les formules que j'ai établies préliminairement au tome IV, sur les mouvements révolutifs du soleil et des planètes, considérés comme elliptiques ou comme circulaires, j'ai compté les anomalies v à partir du périhélie, et le temps t à partir du passage de l'astre par ce point de son orbite. Cela avait l'avantage de donner des résultats immédiatement comparables aux formules de la *Mécanique céleste*, où ces conventions d'origine sont adoptées. Maintenant que je me propose d'exposer les travaux de Kepler, je devrai, par un motif pareil, me conformer aux conventions qu'il s'était faites, et placer, comme lui, à l'aphélie, l'origine des arcs v, ainsi que des temps t. Pour adapter les formules du tome IV à ces nouvelles conditions, il suffira évidemment d'y remplacer la lettre v par $180° + v$, et la lettre t par $\frac{1}{2} R + t$, R étant la demi-révolution sidérale de l'astre que l'on considère. Par ce dernier changement, l'anomalie moyenne nt, où n représente $\dfrac{360°}{R}$, se transforme en $180° + nt$; par ces substitutions, tous les termes de ces formules qui contiennent les variables v, t, sous les symboles de sinus et de cosinus, garderont leur même forme. Mais leur signe s'intervertira, si le multiple de $180°$ qui s'y introduit est impair ; et il se conservera, si ce multiple est pair. Le même effet se produit *analytiquement*, dans toutes les formules, par le changement de $+e$ en $-e$.

après la suppression des facteurs communs,

$$\text{vitesse aphélie } z = \frac{n(1-e)^{\frac{1}{2}}}{(1+e)^{\frac{3}{2}}},$$

$$\text{vitesse périhélie } \varpi = \frac{n(1+e)^{\frac{1}{2}}}{(1-e)^{\frac{3}{2}}} :$$

prenez pour a 1887″, et pour e 0,09264, comme précédemment,

$$z = 1573″,8 = 26' 13″,8,$$
$$\varpi = 2282″,1 = 38' 2″,1.$$

Ce sont les nombres mêmes de Képler, sauf des fractions de seconde dont il ne pouvait guère répondre, n'ayant pas à sa disposition les logarithmes; il n'y a donc pas de doute qu'il a fait son calcul ainsi.

73. Dès que Képler eut aperçu *la loi des aires proportionnelles aux temps*, il l'envisagea comme un effet physique, général, qui exprimait, en quelque sorte, la somme des tractions exercées par la puissance magnétique du soleil sur les planètes, suivant les directions des rayons vecteurs. Il fit une multitude d'épreuves pour découvrir les conditions de mouvement circulatoire qui pouvaient la réaliser. Dans ce grand nombre, j'en signalerai une que l'on a peu remarquée, et qui fut cependant pour lui la plus importante de toutes, parce qu'elle lui donna de cette loi une conception abstraite, dont il n'eut plus ensuite qu'à transporter l'application, comme par nécessité, au mouvement dans l'ellipse, quand il eut reconnu que cette courbe était la forme réelle des orbites décrites (*).

J'établis les raisonnements sur la *fig.* 16. L'orbite est une circonférence de cercle ayant pour centre le point C et pour rayon a. S est le soleil placé hors du centre à une distance CS, que j'exprime par ae. Le point A placé sur le prolongement de SC désigne conséquemment l'aphélie, P le périhélie de la planète. On ne dit

---

(*) Ce paragraphe 73 et le suivant 74, offrent le résumé du chapitre XL *De motibus stellæ Martis*.

pas que le mouvement doive être uniforme autour de tel ou tel point du diamètre AP. On ne prononce absolument rien sur la loi qu'il doit suivre. Mais, prenant cette loi comme inconnue, on demande d'assigner quelle elle doit être, pour que les aires décrites par le rayon vecteur circulaire SM autour du point S soient proportionnelles au temps.

Pour cela, supposons qu'après un certain temps t, *écoulé depuis le passage à l'aphélie*, l'astre, ou plus généralement le mobile se trouve arrivé en M. A cet instant, menons son rayon vecteur héliocentrique MS ou r, ainsi que le rayon central MC, dont la longueur a est constante. Dans le langage des astronomes, l'angle MSA sera l'*anomalie vraie* v du mobile, à l'instant considéré; l'angle MCA sera son *anomalie excentrique* u (*); et le secteur MSA représentera l'aire décrite durant le temps t autour du point S. Or elle se compose du secteur circulaire MCA et du triangle rectiligne MCS. Pour le premier, nous avons désigné l'angle en C par u; c'est-à-dire que u est l'arc que cet angle embrasse, dans une circonférence de cercle décrite du rayon r. Ainsi l'arc AM aura proportionnellement pour longueur au; et l'aire du secteur MCA sera $\frac{1}{2} a^2 u$. Quant au triangle MCS, sa base est SC ou ae; sa hauteur est la perpendiculaire MK menée de M sur CA; laquelle a pour expression $a \sin u$. Ainsi l'aire MCS est $\frac{1}{2} a^2 e \sin u$. En faisant la somme de ces deux parties, on aura donc

Aire décrite autour de S dans le temps t : $\mathrm{ASM} = \frac{1}{2} a^2 \left\{ u + e \sin u \right\}$.

Maintenant, la surface totale du cercle, πa^2, est décrite dans le temps R qui exprime la durée d'une révolution complète du mobile. Si vous voulez que les aires soient proportionnelles au temps,

----

(*) Ces dénominations tirent leur origine de l'astronomie grecque, où l'on appelait généralement *anomalie* tout écart angulaire des positions vraies, ou apparentes, des astres autour des droites qui étaient considérées comme définissant leurs positions moyennes. Ce que nous nommons aujourd'hui l'*anomalie vraie*, est appelé par Képler, comme par tous les astronomes du même temps, l'*anomalie égalée*, c'est-à-dire rendue égale à la véritable, *anomalia coæquata*.

$\dfrac{\pi a^2}{R}$ devra être égal à $\dfrac{1}{2}\dfrac{a^2(u + e\sin u)}{t}$. En établissant cette égalité, a^2 disparaîtra des deux côtés comme facteur commun ; et si
vous faites, par abréviation, $\dfrac{2\pi}{R} = n$, il restera

$$(1) \qquad nt = u + e\sin u.$$

Ce sera la condition demandée, et c'est aussi à quoi Képler arrive (*). Dans le langage astronomique, le produit nt s'appelle
l'anomalie moyenne, quelle que soit la loi de variabilité du mouvement circulatoire réel auquel on en fait l'application.

L'équation (1), telle que nous venons de l'obtenir, suppose que
les deux arcs nt, u, sont pris sur une circonférence de cercle
dont le rayon est égal à l'unité de longueur, et qu'ils sont exprimés en parties de ce rayon. Si l'on veut les y introduire exprimés
en parties de quelque autre unité conventionnellement choisie, il
sera toujours nécessaire de conserver, au rapport abstrait que chacun d'eux représente, la même valeur. On devra donc y remplacer
le dénominateur 1 par le rayon du cercle plié en arc, et exprimé
en parties de l'unité adoptée. Par exemple, si les arcs désignés par
nt, u, doivent être énoncés en secondes de la graduation sexagé-
simale du cercle, il faudra remplacer leurs symboles par $\dfrac{nt}{R''}$, $\dfrac{u}{R''}$;

R'' étant le nombre dont le logarithme tabulaire est $5,3144251$,
comme nous l'avons établi tome III, page 62. Alors l'équation,
débarrassée de ce dénominateur, prendra la forme

$$(1) \qquad nt = u + R'' e\sin u.$$

C'est ainsi qu'on l'emploie habituellement pour des évaluations
angulaires. Le produit $R'' e$ s'appelle improprement *l'excentricité
exprimée en secondes de degré*.

74. D'après cela, si l'on pose une loi quelconque de circulation
comme ayant hypothétiquement lieu, dans une orbite circulaire,
il devient bien facile de savoir si le mouvement qu'elle assigne au

---

(*) *De motibus stellæ Martis*, cap. XL, pag. 194, 1er alinéa.

rayon vecteur, fait décrire à ce rayon autour du soleil des aires proportionnelles au temps. Car il suffit d'examiner si l'expression de nt et u, qui en résulte, satisfait ou ne satisfait pas à l'équation (1). Prenons avec Képler, comme exemple, l'hypothèse de l'excentrique à équant dont je spécifie les conditions dans la *fig.* 17. Elle est semblable à la *fig.* 16, si ce n'est que le mouvement angulaire autour de l'équant F' s'y trouve déterminé et astreint à être uniforme. Conséquemment, si l'on mène la droite MF', à un instant quelconque, l'angle $AF'M$ devra avoir pour valeur nt, le coefficient n étant tel que nous l'avons introduit dans notre équation de condition (1). Ceci donne immédiatement la relation de nt à u, dans l'hypothèse de mouvement que nous considérons. En effet, l'angle $F'MC$ y est évidemment $nt - u$; et si l'on mène $F'Q$ perpendiculaire sur CM, cet angle sera donné par le triangle rectangle $F'MQ$, dans lequel le côté $F'Q$ sera $ae\sin u$, et le côté MQ sera $a(1 - e\cos u)$. On en conclura donc

$$\operatorname{tang}(nt - u) = \frac{e\sin u}{1 - e\cos u}.$$

l'angle $nt - u$ se trouve ainsi être d'un ordre de petitesse proportionnel à celui de l'excentricité e, comme cela était facile à prévoir. D'après cela nous pouvons l'extraire de sa tangente par la série indiquée tome III, page 60, ce qui donnera

$$\frac{nt - u}{R''} = \frac{e\sin u}{1 - e\cos u} - \frac{1}{3}\frac{e^3\sin^3 u}{(1 - e\cos u)^3}\dots,$$

R'' représente le rayon des Tables exprimé en secondes. Pour l'épreuve que nous voulons faire, il suffira de développer le second membre jusqu'aux puissances de e^3 inclusivement, car la discordance avec l'équation (1) va être déjà sensible dans les termes de cet ordre. En effet, lorsqu'on s'y borne, le terme qui exprime la première puissance de la tangente suffit. Or, en le développant par la division, il devient $e\sin u + e^2\sin u\cos u$; ce qui équivaut à $e\sin u + \frac{1}{2}e^2\sin 2u$; et l'on a finalement

$$nt = u + R''e\sin u + \frac{1}{2}R''e^2\sin 2u.$$

L'expression complète de nt s'obtiendrait aisément par le procédé de Lagrange qui consiste à n'effectuer les développements qu'après avoir remplacé les sinus et cosinus par leurs expressions en exponentielles imaginaires ; et l'on trouverait ainsi :

$$nt = u + R'' e \sin u + \tfrac{1}{2} R'' e^2 \sin 2u + \tfrac{1}{3} R'' e^3 \sin 3u \ldots$$

Mais la seule manifestation du terme de l'ordre e^2 suffit pour l'épreuve que nous avons voulu effectuer.

Son adjonction aux deux premiers montre que l'hypothèse de l'excentrique à équant ne fait pas décrire au rayon vecteur de l'astre des aires exactement proportionnelles au temps. La différence est exprimée approximativement en secondes par le terme $\tfrac{1}{2} R'' e^2 \sin 2u$, qui, remis sous sa première forme $e^2 \sin u \cos u$, représente le double de l'aire du triangle CQF' ou de son équivalent CKS, réduite dans le rapport de a^2 à 1. Cette différence devient nulle aux quatre points de l'orbite A, B, P, D, où les valeurs de l'angle u sont $0°$, $90°$, $180°$, $270°$. Elle atteint au contraire ses maxima dans les points intermédiaires que l'on appelle *les octants*, quand u devient $45°$, $135°$, $225°$, $315°$; ce qui rend $\sin 2u$ égal à $\pm$ 1. Alors elle s'élève à $\pm \tfrac{1}{2} R'' e^2$. Pour l'évaluer en nombres, il faut remplacer le rapport e par la fraction de l'unité qui l'exprime, et achever le calcul avec la valeur de R'' qui convient à la graduation du cercle que l'on veut adopter. Par exemple, admettons, comme Képler, que e soit $0,01800$ dans l'orbe terrestre, et $0,09264$ dans l'orbe de Mars. Avec ces données, on obtient, en secondes sexagésimales,

$$\text{pour la terre} \quad \tfrac{1}{2} R'' e^2 = 33'',415,$$
$$\text{pour Mars} \quad \tfrac{1}{2} R'' r^2 = 885'' = 14' 25''.$$

Képler évalue le premier maximum à $33''$, et il dit qu'il est bien plus fort dans l'orbite de Mars (*).

75. Quand il se crut assuré de connaître exactement la position de l'aphélie de Mars, la longueur du diamètre qui va de l'aphélie au périhélie, et l'excentricité, il tenta une épreuve inverse de la précédente. Ayant pris, dans l'origine, pour base de son travail sur Mars,

---

(*) *De motibus stellæ Martis*, cap. XLIII, pag. 210.

douze oppositions de cette planète, qui avaient été observées par Tycho et par d'autres astronomes, entre les années 1580 et 1604, il les avait liées par une hypothèse analogue à celle de l'excentrique à équant, mais d'un empirisme plus général qui reproduisait numériquement les longitudes dans les limites de précision, ou, si l'on veut, d'incertitude, que les observations de ce temps comportaient. J'en ai donné une idée abrégée dans le tome IV, pages 431 et suivantes. Il pouvait donc considérer cette hypothèse comme fournissant une représentation du mouvement de longitude, sinon rigoureuse, au moins très-approximativement fidèle ; de sorte que les lois physiques véritables, si l'on réussissait à les découvrir, devaient nécessairement s'y accorder, ou en différer très-peu dans leurs résultats. Il se proposa de soumettre à cette comparaison, l'hypothèse qui ferait mouvoir Mars sur la circonférence d'un cercle excentrique, dans lequel son rayon vecteur décrirait autour du soleil des aires proportionnelles au temps, condition qui s'était établie dans son esprit, avec le caractère d'une vérité physiquement nécessaire. Tous les éléments de cette épreuve étaient dans ses mains (*).

En effet, reprenons la *fig.* 16. Soit M la position du mobile après le temps t, écoulé depuis son passage par l'aphélie A. La condition que les aires décrites autour de S, soient proportionnelles au temps, déterminera, pour le temps t, l'anomalie excentrique u, par l'équation

$$(1) \qquad nt = u + \mathrm{R}'' e \sin u \, ;$$

menant ensuite SK, perpendiculaire sur MC prolongé, l'angle CMS, que je nomme ω, sera donné par la formule

$$(2) \qquad \operatorname{tang} \omega = \frac{e \sin u}{1 + e \cos u} \, ;$$

de là on tirera ω, soit directement par le calcul trigonométrique, ou par la série,

$$\omega = \mathrm{R}'' e \sin u - \tfrac{1}{2} \mathrm{R}'' e^2 \sin 2u + \tfrac{1}{3} \mathrm{R}'' e^3 \sin 3u \dots$$

____

(*) *De motibus stellæ Martis*, cap. XLIII, pag. 210.

Alors l'angle u étant extérieur au triangle CMS, l'expression de l'anomalie vraie ASM, ou v, sera

$$(3) \qquad v = u - \omega = nt - R'' e \sin u - \omega;$$

d'où

$$v - nt = - R'' e \sin u - \omega.$$

$v - nt$ constitue, en langage astronomique, *l'équation du centre*, ou encore *l'équation de l'orbite*. Elle contient ici deux parties d'origines distinctes. La première $R'' e \sin u$, provient de la loi qui règle le mouvement circulatoire. Képler l'appelle *l'équation physique*. L'autre ω, résulte de ce que le rayon vecteur héliocentrique SM ou r, ne part pas du centre C, mais du point S, situé hors du centre à la distance SC ou ae; ce qui crée une véritable parallaxe optique SMC, ou ω, qu'il faut retrancher de u pour avoir v. Képler appelle cet angle ω *l'équation optique*. Quoique ces dénominations ne soient plus usitées, il faut les connaître pour les comprendre, car elles reviennent sans cesse dans son livre. D'ailleurs elles caractérisent avec beaucoup de justesse les deux causes, qui s'opposent à ce que l'angle v croisse proportionnellement au temps; et la distinction que Képler a su faire de leur diverse nature, est une des idées qui lui a été le plus utile pour apprécier exactement leurs effets propres.

Enfin le même triangle rectangle SKM, donne aussi l'expression générale du rayon vecteur SM, ou r, qui est

$$(4) \qquad r = a \frac{(1 + e \cos u)}{\cos \omega}.$$

Ces quatre formules contiennent tout ce qui est nécessaire pour étudier l'hypothèse, et en comparer les conséquences aux observations. En effet, le temps t étant donné, l'équation transcendante (1) fera connaître l'angle u, soit par des essais numériques, soit par des séries, comme je l'expliquerai plus en détail tout à l'heure. Lorsque u sera ainsi trouvé, on obtiendra aisément v et r, c'est-à-dire les deux coordonnées héliocentriques, dont la réunion détermine la position de l'astre, pour le temps t. Il ne restera plus qu'à voir si leurs valeurs s'accordent avec celles que l'observation fournit.

Képler n'applique cette épreuve qu'aux anomalies vraies v ; car il avait antérieurement reconnu que le mode empirique de calcul qu'il avait établi sur les oppositions observées, ne reproduisait pas fidèlement les distances r. En outre, pour échapper aux difficultés d'analyse que présente la résolution de l'équation (1) il prend comme données les valeurs connues de u, dont il calcule aisément les nt, pour l'excentricité trouvée 0,09264 ; et il compare les valeurs de v qui s'en déduisent à celles qui correspondent aux mêmes nt, dans la représentation empirique des observations. Voici le tableau des comparaisons qu'il a ainsi effectuées, et l'on en comprendra sans difficultés tous les détails ; je néglige les fractions de seconde comme lui.

ANOMALIE moyenne.	ANOMALIE excentrique.	ÉQUATION physique.	ÉQUATION optique.	ANOMALIE vraie conclue de l'hypothèse physique, dans l'orbite circulaire.	ANOMALIE vraie donnée par la représentation empirique des observations.	excès de la représentation empirique.
nt	u	$R'' \varepsilon \sin u$	ω	v		
95.18.28″	90°	5.18.28″	5.17.34″	84.42.26″	84.42. 2′	—0. 0.24
48.45.12	45	3.45.12	3.31. 5	41.28.55	41.20.33	—0. 8.23
138.45.12	135	3.45.12	4. 0.35	130.59.25	131. 7.26	+0. 8. 1

Képler ne regarde pas comme supposable que son hypothèse empirique puisse donner des erreurs occasionnelles de 8′ dans les longitudes, étant construite sur un grand ensemble d'oppositions qu'elle reproduit fidèlement. Il n'admet pas davantage que l'on puisse contester le principe physique de la proportionnalité des aires au temps. Ces deux points acceptés, il ne lui reste plus qu'un seul élément susceptible de suspicion légitime. C'est la circularité de l'orbite, déjà rendue pour lui fort douteuse par les essais que j'ai mentionnés § 64. Il voit donc l'indispensable nécessité de soumettre cette supposition à une épreuve géométrique décisive ; et c'est ainsi qu'il est conduit, de doute en doute, à reconnaître la fausseté d'un préjugé adopté depuis deux mille ans sans examen.

76. Je rapporterai tout à l'heure les détails de cette remarquable démonstration. Mais je dois d'abord retourner, pour un moment, au sujet que nous venons de traiter, afin d'établir deux résultats qui s'y rapportent, et dont nous aurons besoin plus tard.

Le premier nous fait revenir à la *fig*. 16, considérée au seul point de vue du mouvement dans les orbites circulaires, quelle que soit d'ailleurs la loi par laquelle ce mouvement y est réglé. On demande d'assigner généralement dans une telle orbite la longueur du rayon vecteur SM ou r, qui correspond à une anomalie vraie v, supposée connue. Ce problème est très-facile. L'expression de r s'obtient tout de suite en partageant la longueur totale en deux segments SM, MN, par une perpendiculaire CN, menée du centre C sur sa direction. En effet, dans le triangle rectangle SCN, dont l'hypoténuse SC a pour valeur ae, le côté SN, un des segments cherchés, est $ae\cos v$, et le côté CN est $ae\sin v$.

Ainsi l'autre segment MN est $\left(a^2 - a^2 e^2 \sin^2 v\right)^{\frac{1}{2}}$. On a donc en somme

$$r = ae\cos v + a\left(1 - e^2 \sin^2 v\right)^{\frac{1}{2}}.$$

Le caractère toujours fractionnaire de e, permet de développer le radical en une série rapidement convergente, que l'on peut même borner aux termes de l'ordre e^4, les suivants n'ayant que des valeurs qui seraient insaisissables par les observations, surtout par celles dont Kepler pouvait disposer. En s'arrêtant à cette limite, on obtient finalement

$$r = a + ae\cos v - \tfrac{1}{2} ae^2 \sin^2 v - \tfrac{1}{8} ae^4 \sin^4 v.$$

Si l'on prend par exemple $e = 0,09264$; et $a = 152640$, comme Kepler le fait pour Mars, le terme en e^4 ne s'élève qu'à 1,40, dans son maximum. Cette expression de r va nous servir dans le paragraphe qui suivra celui-ci.

77. La deuxième remarque porte sur la résolution de l'équation transcendante

$$(1) \qquad nt = u + R'' e \sin u,$$

quand on demande d'en extraire l'anomalie excentrique u, qui correspond à une anomalie moyenne nt, que l'on suppose donnée. L'analyse moderne opère cette extraction par une série ordonnée suivant les puissances ascendantes de e, qui se trouve avec sa démonstration, au tome Ier de la *Mécanique céleste*. Il est facile de voir directement que les trois premiers termes doivent être

$$[1] \qquad u = nt - R'' e \sin nt + \tfrac{1}{2} R'' e^2 \sin 2 nt.$$

Les suivants contiennent les sinus de l'arc nt et de ses multiples diversement associés sous des formes linéaires ; mais, à défaut de cette série, que Képler ne pouvait pas connaître, on peut, comme il le dit lui-même, trouver numériquement u par des essais, dont les résultats peuvent être rendus, finalement, aussi exacts qu'on le désire. Leur régularité s'assurera en procédant de la manière suivante. nt étant donné, on calculera d'abord u par son expression approximative [1]. Cette valeur, que je nomme u_0, étant substituée pour u, dans le second membre de l'équation (1), donnera une valeur de nt que je nomme nt_0, laquelle sera nécessairement différente de la proposée, mais toujours peu différente, puisque u n'est fautif que dans les puissances de e supérieures à la deuxième. Formant donc $nt - nt_0$, que je nomme $+ \tau$, nt sera $nt_0 + \tau$; et, comme τ sera un très-petit arc, la valeur exacte de u devra être de la même forme $u_0 + x$, l'arc inconnu x qui la complète étant pareillement très-petit. Substituez ces nouvelles expressions dans l'équation (1), en y mettant pour $\sin(u_0 + x)$, son équivalent $\sin u_0 + \cos u_0 \sin x - 2 \sin u_0 \sin^2 \tfrac{1}{2} x$; vous aurez en résultat

$$nt_0 + \tau = u_0 + R'' e \sin u_0 + x + R'' e \cos u_0 \sin x$$
$$- 2 R'' e \sin u_0 \sin^2 \tfrac{1}{2} x.$$

Les portions, indépendantes des termes correctifs, disparaissent des deux membres, par équivalence, et il reste

$$\tau = x + R'' e \cos u_0 \sin x - 2 R'' e \sin u_0 \sin^2 \tfrac{1}{2} x.$$

L'arc x étant nécessairement fort petit, on peut profiter de cette circonstance pour le faire sortir, sans notable erreur, de dessous les symboles de sinus, en écrivant $\dfrac{x}{R''}$, au lieu de $\sin x$; et $\dfrac{1}{4} \dfrac{x^2}{R''^2}$, au lieu de $\sin^2 \tfrac{1}{2} x$. En outre, il ne se montre différent de τ que par des quantités de l'ordre e, ce qui nous permet de faciliter son extraction, en remplaçant son carré x^2 par τx dans le dernier terme du second membre qui est le moins sensible de tous, et mérite à peine d'être conservé. Alors, l'équation corrective prend cette forme plus simple :

$$\tau = x \left\{ 1 + e \cos u_0 - \tfrac{1}{2} e \frac{x}{R''} \sin u_0 \right\} = x \left(1 + \alpha \right).$$

La quantité que je désigne ici par α, se calculera aisément, étant formée de deux petits termes. Quand elle sera trouvée, on en déduira

$$x = \frac{\tau}{1 + \alpha} = \tau - \frac{\alpha}{1 + \alpha};$$

et par suite on obtiendra $u_0 + x$, ou u'_0, qui sera la valeur corrigée de u. Pour la vérifier, on l'emploiera dans le second membre de l'équation (1), ce qui donnera une nouvelle valeur de nt que je désigne par nt'_0, laquelle devra se trouver égale à la valeur assignée, ou n'en différer que de quantités négligeables. S'il en était autrement, on formerait la différence $nt - nt'_0$, que l'on nommerait τ' et l'on opérerait sur celle-ci comme sur la première avec bien plus d'avantage. Mais cette seconde opération ne sera jamais nécessaire dans les applications aux planètes. Car, même en exagérant l'excentricité e, jusqu'à la faire égale à $0,25$, τ' s'élèvera tout au plus à quelques dixièmes de seconde, dans des cas fort rares; et alors la correction x' de u' s'obtiendrait presque sans calcul, en prenant seulement

$$x' = \tau' - \tau' e \cos u'_0.$$

Je place ici en note deux exemples numériques, qui ont été choisis par Delambre, comme offrant des épreuves extrêmes de la recherche de u quand nt est donné. On verra que la valeur de u s'obtient par la méthode précédente, avec autant de rapidité que de précision, même dans ces cas de difficulté exagérée, sans qu'il soit besoin de recourir à la rectification de x (*).

(*) La série des opérations qu'il s'agit d'effectuer est réglée par les formules suivantes :

$$(1) \qquad nt = u + R''e \sin u,$$

$$(2) \quad u_0 = nt - R''e \sin nt + \tfrac{1}{2}R''e^2 \sin 2nt,$$

$$nt_0 = u_0 + R''e \sin u_0,$$

$$nt - nt_0 = \tau, \quad u - u_0 = x, \quad \alpha = e \cos u - \frac{a}{2R''}\tau \sin u_0,$$

$$x = \tau - \frac{a\tau}{1+\alpha}.$$

On suppose $e = 0,25$; et l'on emploie la graduation sexagésimale du cercle; on a ainsi

$$\log e = \bar{1},3979400, \quad \log R'' = 5,3144251,$$

et, par suite,

$$\log R''e = 4,7123651,$$

$$\log \tfrac{1}{2} R''e^2 = 3,8092751,$$

$$\log \frac{e}{2R''} = \bar{7},7824849.$$

Ce sont les logarithmes de toutes les constantes du calcul numérique, lesquelles sont ainsi données en secondes de degré. On demande que les évaluations des angles calculés soient rendues exactes, jusqu'aux dixièmes de seconde inclusivement.

1er *Exemple.* — On donne $nt = 135°$; et l'on demande u. Voici la succession des résultats :

$$
\begin{array}{lrl}
- R''e \sin nt = & - & 10.\ \ 7.42,807 \\
+ \tfrac{1}{2} R''e^2 \sin 2nt = & - & 1.47.25,773 \\
\hline
\text{Somme} & - & 11.55.\ 8,580 \\
nt = & & 135.\ 0.\ 0 \\
\hline
u_0 = & & 123.\ 4.51,42 \\
R''e \sin u_0 = & & 12.\ 0.\ 7,33 \\
\hline
\text{Somme } nt_0 = & & 135.\ 4.58,75 \qquad \tau = - 298'',75.
\end{array}
$$

78. J'arrive enfin à cette démonstration mémorable par laquelle Képler parvint à constater avec une évidence indubitable

$$e \cos u_0 = - 0,13645\ 583$$
$$- \frac{e}{2\,\mathrm{R}''}\,r \sin u_0 = + 0,00015\ 170$$
$$\alpha = - 0,13630\ 413 \qquad\qquad - \frac{\alpha\tau}{1 + \alpha} = - 47'',147.$$

$$
\begin{aligned}
x &= - && 0^{\circ}.\ 5'.43'',897\\
u_0 &= && 121.\ 4.51,42\\
u'_0 &= && 121.59.\ 5,523\\
\mathrm{R}''\,e \sin u'_0 &= && 14.\ 0\ 54,470\\
nt'_2 &= && 134.59.59,993\\
nt &= && 135.\ 0.\ 0 \qquad\qquad \tau' = + 0'',007\ \text{négligeable.}
\end{aligned}
$$

2ᵉ *Exemple.* — On donne $nt = 95^{\circ}$, et on demande u.

$$
\begin{aligned}
- \mathrm{R}''\,e \sin nt &= - && 14^{\circ}.14'.43'',706\\
+ \tfrac{1}{2}\mathrm{R}''\,e^2 \sin 2nt &= - && 0.22.20,152\\
\text{Somme} &= - && 14.37.\ 3,858\\
nt &= && 95.\\
u_2 &= && 81.22.56,142\\
\mathrm{R}''\,e \sin u_2 &= && 14.\ 9.44,011\\
nt_2 &= && 95.32.40,142 \qquad \tau = + 27'.19'',858 = + 1639'',858.
\end{aligned}
$$

$$e \cos u_2 = + 0,03746\ 0354$$
$$- \frac{e}{2\,\mathrm{R}''}\,r \sin u_2 = - 0,00098\ 2554$$
$$\alpha = + 0,03647\ 7800 \qquad\qquad - \frac{\alpha\tau}{1 + \alpha} = - 0'.57'',713.$$

$$
\begin{aligned}
x &= + && 0.26.32'',145\\
u_2 &= && 81.22.56,142\\
u'_2 &= && 81.49.18,287\\
\mathrm{R}''\,e \sin u'_2 &= && 14.10.41,788\\
nt_2 &= && 96.\ 0.\ 0,075 \qquad \tau' = - 0'',075\ \text{négligeable.}
\end{aligned}
$$

Un avantage de cette méthode consiste à ne recourir que le moins possible aux Tables de sinus. Pour une opération spéculative, où l'on veut pousser

que l'orbite de Mars différait d'une circonférence de cercle, et à découvrir comment, dans quel sens, elle en différait. Il obtint ces deux faits si longtemps ignorés, en rassemblant dans une même construction, pour ainsi dire graphique, les longueurs et les directions des rayons vecteurs héliocentriques, qu'il avait conclus des observations. Ce procédé, en quelque sorte expérimental, s'il l'eût employé sans déviation, de prime abord, aurait pu le conduire tout droit à l'ellipse, comme on le verra, quand nous en ferons usage pour déterminer l'orbite de Mercure. Mais les incertitudes des observations, dont Képler pouvait disposer, et les difficultés matérielles qu'il avait à en trouver dont la combinaison pût lui donner les rayons vecteurs héliocentriques, par la méthode de

---

les appréciations jusqu'aux fractions de seconde, comme nous venons de le faire, il est commode d'employer les Tables de Bagay, qui donnent les logarithmes des sinus, cosinus, etc., explicitement de seconde en seconde, pour tous les degrés du quart de cercle. Cela facilite singulièrement l'évaluation des parties proportionnelles, auxquelles on se trouve obligé d'avoir égard, pour arriver au degré de précision que nous avons voulu atteindre. A cette occasion je ferai remarquer que, si la valeur donnée de nt contenait elle-même des fractions de seconde, il serait très-inutile d'en tenir compte pour former la valeur de u_o, qui doit seulement être proche de at. Il ne faudrait prendre de celle-ci que la partie entière, dont le sinus et le cosinus logarithmiques sont donnés immédiatement par les Tables.

L'équation (1), qui établit la proportionnalité des aires aux temps, a encore lieu dans le mouvement des comètes, mais avec des valeurs de l'excentricité généralement très-grandes, si grandes même, que e s'y trouve souvent peu inférieur à 1. Dans de tels cas les astronomes prennent d'abord pour données les valeurs de u, espacées à de petits intervalles, de 10' en 10' par exemple, et ils calculent directement les valeurs de nt, qui y correspondent ; après quoi ils rassemblent tous ces résultats en une Table numérique qui présente la relation exacte de nt à u pour chacune des intermittences qu'ils ont choisies. Alors les places intermédiaires se remplissent habituellement par de simples interpolations, dont les résultats se vérifient par le calcul direct. Mais, à défaut d'une telle Table, les formules que je viens d'exposer serviraient encore dans ces cas de grandes excentricités, si, connaissant seulement un couple de valeurs nt_o et u_o, qui se correspondent, on voulait avoir celle de u qui répond à un autre nt, séparé de nt_o par un intervalle de douze ou quinze minutes de degré. On peut vérifier aisément cette assertion, en l'éprouvant par le calcul direct pour quelque valeur de e fort grande, par exemple pour $e = 0,9$.

calcul qu'il employait, devaient le détourner de chercher à construire ainsi, par points, l'orbite entière de Mars. Peut-être aussi, en voyant que les hypothèses anciennes ne s'écartaient que peu des lieux réels, pensait-il que des modifications légères suffiraient pour les y adapter complétement, sans se jeter dans de nouvelles tentatives qui en auraient été tout à fait indépendantes.

C'est pourquoi il se résolut seulement à faire une épreuve, qui lui découvrit, sans incertitude, en quoi l'orbite réelle de Mars s'écartait de la forme circulaire. Le procédé qu'il employa est représenté graphiquement par la *fig*. 18.

Déjà, dans le § 61, page 142, on a vu qu'il avait obtenu trois rayons vecteurs héliocentriques de Mars, ayant leurs longitudes connues, et déterminées dans l'orbite, pour une époque commune, celle du 31 octobre 1590. Postérieurement, comme on l'a vu encore, § 64, page 151, il avait obtenu par une méthode pareille les distances aphélie et périhélie, ainsi que la longitude de l'aphélie, égale à 148° 39′ 46″, pour le 21 novembre 1588. De là, jusqu'au 31 octobre 1590, il y a deux années complètes moins 22 jours pendant lesquels la longitude de l'aphélie a dû s'accroître de 2′ 4″, en faisant son mouvement annuel de 64″, comme Képler l'admet. Avec cette addition, la longitude précitée devient 148° 41′ 50″, à la même date pour laquelle on a évalué les trois rayons vecteurs. Képler lui attribue 10″ de moins, ce qui est sans importance; et j'adopterai son évaluation, pour le suivre de plus près dans ses calculs. Les directions relatives de ces diverses lignes sont représentées dans leurs positions naturelles, sur la *fig*. 18, qui est construite dans le plan de l'orbite. $S\Upsilon$, est une droite menée du soleil S, au point équinoxial Υ, de l'époque commune, reportée sur l'orbite à partir du nœud ascendant selon la convention faite § 61, page 142, pour servir d'origine aux longitudes comptées dans l'orbite. Alors, la distance aphélie SA se place relativement à la ligne $S\Upsilon$, d'après sa longitude trouvée tout à l'heure; et la même opération, appliquée aux trois rayons vecteurs du § 61, donne également leurs directions respectives $SM^{(1)}$, $SM^{(2)}$, $SM^{(3)}$, ainsi que leurs distances angulaires à l'aphélie A, c'est-à-dire *les anomalies vraies*, qui leur correspondent.

Portant alors sur SA, l'excentricité SC ou ae, qui a été déterminée § 65, page 152, Képler décrit autour du centre C, avec le rayon CA ou a, une circonférence de cercle qui coupe toutes les droites ainsi reparties autour de S. Les deux points d'intersection A, P, appartiennent donc, par construction, à l'orbite réelle de Mars; mais les trois autres $M^{(1)}$, $M^{(2)}$, $M^{(3)}$, appartiennent au cercle excentrique, décrit du centre C. Or, leurs anomalies vraies autour de SA étant connues, on peut calculer les longueurs $R^{(1)}$, $R^{(2)}$, $R^{(3)}$ des trois rayons vecteurs qui vont y aboutir sur la circonférence de l'excentrique. Car, dans le § **76**, page 177, nous avons établi une formule qui les donne, d'après ces anomalies. Ce calcul étant fait, Képler porte, sur les mêmes directions respectives, les trois rayons vecteurs héliocentriques $r^{(1)}$, $r^{(2)}$, $r^{(3)}$, qu'il a reconnu appartenir à l'orbite réelle. Il les trouve tous trois plus courts que leurs analogues $R^{(1)}$, $R^{(2)}$, $R^{(3)}$; et d'autant plus qu'ils s'écartent davantage des sommets A, P. De là il conclut que l'orbite réelle de Mars est une courbe ovale, comprise tout entière dans la circonférence de l'excentrique avec laquelle elle n'a de commun que les deux sommets A, P.

Voici, dans un même tableau, l'ensemble des données et des résultats qui en dérivent. Le tout se comprendra sans difficulté. Je dois seulement avertir que, pour rendre aisément perceptibles, sur notre *fig.* 18, les inégalités de longueur que je viens de signaler, je les y ai fort exagérées; et j'ai fait l'orbite réelle beaucoup plus distante du contour de l'excentrique qu'elle ne l'est réellement. Mais on appréciera les vraies valeurs d'après les nombres que le tableau leur assigne.

DÉSIGNATION des rayons vecteurs réels de l'orbite de Mars, qui sont portés sur la fig. 18.	LEURS LONGUEURS déterminées par l'observation, et exprimées en parties du rayon moyen de l'orbe terrestre pris pour unité.	LEURS LONGITUDES dans l'orbite, comptées du point équinoxial fixe ♈.	LEURS ANOMALIES vraies, comptées de l'aphélie dans le même sens que les longitudes.	LONGUEUR du rayon vecteur excentrique correspondant à chacune de ces anomalies vraies	EXCÈS du rayon vecteur excentrique sur le rayon vecteur réel de Mars.
	r	l	v	R	$R - r$
Distance aphélie	1,66780	148.41.40	0. 0. 0	1,66780	0,00000
$r^{(1)}$	1,47750	44.16.52	255.35.12	1,48511	+0,00760
$r^{(2)}$	1,66255	158.19. 4	9.37.24	1,66563	+0,00308
$r^{(3)}$	1,63100	185.24.21	36.42.41	1,63741	+0,00641
Distance périhélie	1,38500	328.41.40	180. 0. 0	1,38500	0,00000

Les quatre premières colonnes n'ont pas besoin d'explication. Les valeurs des rayons excentriques R sont obtenues par la formule du § 78, page 177,

$$R = a + ac \cos v - \tfrac{1}{2} ac^2 \sin^2 v - \tfrac{1}{8} ac^4 \sin^4 v,$$

dont le dernier terme atteint seulement 0,0000123 dans le cas de $r^{(1)}$, et est insensible dans les deux autres. Les calculs sont faits avec les données mêmes de Képler, qui sont

le rayon de l'excentrique $a = 1,52640,$

l'excentricité absolue $\quad ac = 0,14140,$

ce qui donne $\qquad \log ac = 1,1504494$ et $\log c = 2,9667810.$

En portant les différences R — r sur notre fig. 18, on voit que les points de l'orbite réelle désignés par les indices [1], [2], [3] sont tous trois intérieurs à la circonférence de l'excentrique, et d'autant plus intérieurs, qu'ils s'écartent davantage des sommets A, P. L'orbite n'est donc pas circulaire, comme on l'avait admis sans examen, jusqu'alors. C'est un ovale aplati dans le sens latéral au diamètre AP, qui va de l'apogée au périgée.

Képler se félicite à bon droit d'avoir constaté cette erreur séculaire, qui était un obstacle invincible à la découverte des vraies lois du mouvement des planètes. Toutefois sa conclusion ne vaut qu'autant que les longueurs $r^{(1)}$, $r^{(2)}$, $r^{(3)}$, déduites des observations, ne peuvent pas être suspectées d'inexactitudes aussi grandes que le sont les différences $R - r$. Képler ne dissimule pas cette objection; mais il regarde comme impossible que ces inexactitudes puissent dépasser 0,00200, ou au plus 0,00300, ce qui laisse subsister la conséquence (*). Il cherche alors quelle forme il peut donner hypothétiquement à l'orbite ovale, pour arriver à carrer sa surface, et y faire décrire au rayon vecteur des aires proportionnelles au temps. Le peu de différence qu'elle doit avoir avec la circonférence de l'excentrique, lui indique l'ellipse comme pouvant fournir au moins une approximation qui réalisera aisément cette condition désirée. Il l'essaye donc, en l'établissant, comme je le représente ici dans la *fig.* 19 (**).

79. Soit AMP la circonférence du cercle excentrique, construit sur le diamètre AP, qui va de l'aphélie au périhélie, et qui a pour rayon CA ou CP, que nous désignerons symboliquement par a. SC sera l'excentricité E, que nous nommerons ae, la lettre e représentant le rapport abstrait de E à CA. Du même centre C, avec la même excentricité ae, on décrit une ellipse qui aura ses sommets A, P, communs avec l'excentrique; et l'on *suppose* que ce soit effectivement l'orbite de la planète. Comme e est une frac-

---

(*) Les valeurs de $R - r$, données par Képler, sont, dans leurs chiffres significatifs 789, 350, 783, toutes trois plus grandes que celles que j'obtiens; et elles ont été reproduites sans changement par Schubert, comme par Delambre. Je ne puis cependant soupçonner d'erreur dans mon calcul, qui les fait trouver directement, et que j'ai recommencé plusieurs fois. Képler les obtient par des opérations trigonométriques successives, dont les résultats ont pu être moins exacts. Dans tous les cas, si, comme j'ai lieu de le croire, les nombres que j'ai rapportés sont les véritables, ils n'en confirment pas moins sa conclusion.

(**) *De motibus stellæ Martis*, cap. XLVII, p. 226 et suiv.

tion peu considérable, il est évident d'abord, que cette construction s'accordera avec les résultats de l'observation, quant à la petitesse et aux dimensions relatives de R — r, qui correspondront à une même anomalie vraie v. Pour rendre la figure distincte, on a donné à l'excentricité une proportion beaucoup plus grande qu'elle ne l'a réellement, dans l'orbite de Mars. Mais cette fiction graphique n'affectera en rien les raisonnements que nous établirons, non plus que les nombres qui en seront déduits.

Il faut maintenant régler le mouvement de la planète sur son ellipse conformément à la condition de proportionnalité des aires au temps, que Képler envisageait désormais comme étant une loi naturelle et nécessaire. A cet effet, concevons une planète fictive M, qui décrive la circonférence de l'excentrique, dans le même temps que la planète m emploie à décrire son ellipse, et dont le rayon vecteur propre SM ou R, trace autour du soleil S, des aires circulaires ASM, proportionnelles au temps. Pour établir cette condition, soit M le lieu de l'astre fictif après le temps t, écoulé depuis son passage à l'aphélie A; et, menant le rayon central M, nommons u son anomalie excentrique, ACM. D'après ce qui a été démontré § 78, page 174, il faudra faire

$$(1) \qquad nt = u + e \sin u;$$

ce qui déterminera u, quand on se donnera t, exprimé dans la même sorte d'unité de temps que l'on a choisie pour représenter la durée de la révolution de la planète.

Le mouvement de M sur le contour du cercle, étant ainsi réglé, menez l'ordonnée circulaire MN, perpendiculaire au grand axe AP, et soit m le point où elle coupe l'ellipse. m sera le lieu où il faut placer la planète réelle sur cette courbe, pour que son rayon vecteur héliocentrique Sm, décrive, autour du foyer S, des aires proportionnelles au temps; et telle est aussi la position relative que lui assigne Képler.

80. La preuve de ce résultat repose sur trois propositions de géométrie élémentaire, que je vais rappeler.

1°. Dans une ellipse dont le demi grand axe est a, l'excentricité ae, le demi petit axe b, on a

$$b = a\sqrt{1-e^2}.$$

2°. Deux ordonnées MN, Mn, élevées sur une même abscisse, et terminées l'une au cercle, l'autre à l'ellipse, sont entre elles comme a à b. C'est-à-dire que l'on a toujours

$$M\,n = MN \cdot \frac{b}{a} = MN \cdot \sqrt{1-e^2}.$$

3°. Le segment circulaire AMN, et le segment elliptique AmN, limités à une abscisse commune, sont aussi entre eux dans ce même rapport. De sorte qu'en nommant S, s leurs aires respectives, on a encore

$$s = S \cdot \frac{b}{a} = S\sqrt{1-e^2}.$$

Cette relation subsiste également pour les aires totales des deux courbes; celle de l'ellipse étant πab, et celle du cercle circonscrit, πa^2.

81. Maintenant les deux mobiles M, m, étant placés respectivement comme nous venons de le prescrire dans le § 78; si on les compare l'un à l'autre, après le temps quelconque t, compté depuis leur passage à l'aphélie A, où ils se sont trouvés ensemble, on aura évidemment, d'après ce qui précède :

Le secteur circulaire

$$AMS = S + \tfrac{1}{2}SN \cdot MN\,;$$

Le secteur elliptique

$$A\,m\,S = s + \tfrac{1}{2}SN \cdot M\,n = \frac{b}{a}\left[S + \tfrac{1}{2}SN \cdot MN\right].$$

Les secteurs décrits simultanément par les rayons vecteurs des deux mobiles m, M, dans leurs orbites propres, seront ainsi entre eux, dans le rapport constant $\frac{b}{a}$. Donc, puisque l'équation (1) fait croître le secteur circulaire AMS, proportionnellement au temps t, le secteur elliptique AmS croîtra aussi proportionnellement à t; du moins, si l'on astreint le mobile m, à se trouver toujours sur la même abscisse que M, comme nous l'avons supposé, et comme notre *fig.* 19 le représente.

Il ne reste donc plus qu'à déduire de cette construction, les coordonnées héliocentriques du point m, c'est-à-dire son anomalie vraie v, et son rayon vecteur r, pour un temps quelconque t, défini par l'anomalie excentrique u, du point M. Puis, on verra si les valeurs trouvées ainsi pour ces deux éléments reproduisent avec fidélité les positions réelles de Mars, que les observations nous font connaître.

Kepler s'est posé ce problème dans ses deux phases. Il en a établi toutes les conditions géométriques comme nous venons de le faire, et il l'a complétement résolu. Mais il n'est parvenu à la solution que par de longs détours, à travers beaucoup d'hésitations, et même d'erreurs, qu'il a sincérement, je dirais presque naïvement racontées. Pour ne pas interrompre l'ordre logique de notre exposition, je démontrerai d'abord ses formules finales. Nous n'en serons que mieux préparés pour étudier ensuite les incertitudes de son esprit.

82. Le rayon vecteur sm ou r est donné immédiatement, comme hypoténuse du triangle rectangle SmN, où l'on a

$$SN = ae + a\cos u = a\,(e + \cos u),$$

$$mN = \frac{b}{a}\,MN = b\cos u = a\sqrt{1-e^2}\cos u.$$

De là on tire

$$\frac{r^2}{a^2} = (e + \cos u)^2 + (1-e^2)\cos^2 u = (1 + e\cos u)^2.$$

Par conséquent,

$$(2) \qquad r = a\,(1 + e\cos u).$$

On a ensuite, dans ce même triangle,

$$(3) \qquad \cos v = \frac{a\,(e + \cos u)}{r} = \frac{e + \cos u}{1 + e\cos u}.$$

Cette équation détermine l'angle v; mais elle le donnerait par un mode de calcul peu commode. Heureusement il est facile de la transformer en une autre, dont l'emploi est bien préférable. Pour cela on en tire successivement

$$1 - \cos v = (1 - e)\,\frac{1 - \cos u}{1 + e \cos u},$$

$$1 + \cos v = (1 + e)\,\frac{1 + \cos u}{1 + e \cos u};$$

ce qui donne par division, membre à membre,

$$\frac{1 - \cos v}{1 + \cos v} = \frac{1 - e}{1 + e} \cdot \frac{1 - \cos u}{1 + \cos u}.$$

Or, pour un arc quelconque x, on a généralement

$$\frac{1 - \cos x}{1 + \cos x} = \frac{2 \sin^2 \frac{1}{2} x}{2 \left(1 - \sin^2 \frac{1}{2} x\right)} = \tang^2 \tfrac{1}{2} x.$$

Faisant donc usage de cette relation, et prenant la racine carrée des deux membres de l'équation précédente, ainsi transformée, elle donne

$$(3) \qquad \tang \tfrac{1}{2} v = \left(\frac{1 - e}{1 + e}\right)^{\frac{1}{2}} \tang \tfrac{1}{2} u;$$

ce qui permet de calculer facilement v, quand on connaît u.

Si l'on reprend cette même équation (3) sous sa première forme, et qu'on en tire $\cos u$ en $\cos v$, on trouve

$$\cos u = \frac{\cos v - e}{1 - e \cos v};$$

et en mettant cette valeur de $\cos u$, dans le second membre de l'équation (2), on trouve, après une réduction facile,

$$r = \frac{a\,(1 - e^2)}{1 - e \cos v}.$$

Cette expression directe de r en v, est habituellement donnée, dans les éléments, sous le nom d'*équation polaire* de l'ellipse, l'origine des r étant à l'un des foyers; et il est tout naturel qu'elle résulte ainsi des précédentes, après l'élimination de u, puisque

Képler plaçait intuitivement le soleil au foyer de l'ellipse qu'il essayait.

85. Les trois équations auxquelles nous venons de parvenir,

$$(1) \qquad nt = u + e \sin u,$$

$$(2) \qquad r = a (1 + e \cos u),$$

$$(3) \qquad \operatorname{tang} \tfrac{1}{2} v = \left(\frac{1 - e}{1 + e} \right) \operatorname{tang} \tfrac{1}{2} u,$$

renferment toutes les lois du mouvement des planètes dans des ellipses, où leur rayon vecteur décrit autour du soleil des aires proportionnelles au temps. Ce sont les mêmes dont nous nous servons aujourd'hui. Seulement les géomètres ont trouvé le moyen d'en extraire les deux coordonnées r et v de la planète, explicitement exprimées en fonction du temps t, par des séries, dont Lagrange a déterminé les lois, en même temps qu'il donnait la manière la plus simple de les former. La méthode est complètement exposée au livre II de la *Mécanique céleste*. Mais la formation des équations fondamentales est entièrement due à Képler; et l'on ne peut trop remarquer que la première n'a été pour lui que l'expression d'une loi physique, hypothétiquement préconçue par son génie.

84. Après qu'il eut été ainsi conduit à l'heureuse idée d'identifier l'orbite ovale de Mars à une ellipse exacte; et, ce qui était plus difficile, après qu'il eut trouvé comment il fallait y placer à chaque instant l'astre, pour que son rayon vecteur Sm, décrivît autour du soleil des aires proportionnelles au temps, il dut naturellement s'empresser de soumettre cette nouvelle construction, aux mêmes épreuves qu'il avait faites sur l'hypothèse circulaire; c'est-à-dire essayer si le mouvement de longitude qui en résultait, s'accordait mieux avec celui qu'il avait établi, par l'interpolation empirique des oppositions. Il choisit donc, comme termes de comparaison, les trois mêmes anomalies moyennes qu'il avait employées pour éprouver le mouvement dans le cercle, ainsi qu'on l'a vu § 73, page 176; et il chercha de même à former les trois anomalies vraies qui devaient y correspondre dans l'ellipse, d'après le mode de mouvement qu'il avait assigné au point m sur cette courbe, et que

représente notre *fig.* 19. On verra tout à l'heure que le résultat aurait dépassé ses espérances. Mais, par une inconcevable méprise, il ne l'aperçut pas de prime abord ; et, au lieu d'une concordance qui était presque parfaite, il trouva des discordances intolérables, qui n'existaient point.

Cette erreur, qui le détourna pendant longtemps du but auquel il touchait, pour le jeter dans de fausses voies, prit son origine, dans le cas d'application le plus simple (*). Il avait voulu, comme épreuve fondamentale, déterminer d'abord la valeur de l'angle CbS, qu'il appelait la plus grande équation optique dans l'ellipse, par analogie à l'angle CBS, la plus grande équation optique dans le cercle, ces angles appartenant, l'un et l'autre, à l'anomalie excentrique de 90°. Or, comme il avait coutume d'évaluer l'angle CBS, d'après sa tangente trigonométrique $\dfrac{CS}{CB}$, c'est-à-dire $\dfrac{ae}{a}$, ou e, il fit de même pour CbS ; ce qui aurait dû lui donner

$$\tang CbS = \frac{ae}{b} = \frac{e}{\sqrt{1-e^2}},$$

ou, plus simplement,

$$\sin CbS = \frac{ae}{a} = e ;$$

et comme il prenait e égal à 0,09264, il aurait dû obtenir par l'une ou l'autre voie

$$CbS = 5° 18' 55'',806 ;$$

au lieu qu'il trouve

$$CbS = 5° 20' 18''.$$

Cela tient à ce qu'il évalue inexactement le demi petit axe b de son ellipse. L'excentricité e, qu'il admettait, étant 0,09264, on a

$$b = a\sqrt{1-e^2} = a.\,0,99570,$$

conséquemment

$$a - b = a.\,0,00430,$$

(*) *De motibus stellæ Martis*, cap. XLVII, p. 226 et suiv.

ou, en faisant, comme Képler, $a = 100000$,

$$b = 99570, \quad a - b = 430.$$

Or, par un faux calcul, fondé sur des considérations trigonométriques, il trouve

$$b = 99142, \quad a - b = 858.$$

Cela lui donne donc le demi-axe Cb trop court, et par suite la distance $a - b$ trop grande, précisément double de sa valeur réelle ; ce qui le conduit à une valeur trop forte de l'angle CbS, telle que je l'ai rapportée.

Cette faute de nombres a vicié ultérieurement toutes ses évaluations de l'anomalie vraie v. En effet, il la déduisait du triangle mSN, par sa tangente, en faisant

$$\tang v = \frac{mN}{SN}.$$

Le dénominateur SN est $a\,(e + \cos u)$; le numérateur est l'ordonnée du cercle, $a \sin u$, réduite dans la proportion de a à b, c'est-à-dire $b \sin u$. On a donc

$$\tang v = \frac{b}{a} \cdot \frac{\sin u}{e + \cos u}.$$

C'est aussi l'expression qu'il employait. Mais, comme il la calculait toujours avec le même rapport inexact de b à a, il obtenait la valeur de v constamment fautive, et moindre qu'elle ne doit être dans l'ellipse sur laquelle il opérait. On en jugera par le tableau suivant, où j'ai mis ses résultats en regard des véritables, pour les mêmes anomalies moyennes déjà employées à la vérification de l'hypothèse circulaire dans le § 75, page 176 (*).

(*) Dans cette même page 227 où Képler expose avec un complet détail son calcul fautif, une annotation imprimée en marge vous avertit de faire attention à ce mode de déterminer les équations de longitude. Le lecteur est prévenu que l'auteur y sera ramené plus tard, et l'adoptera définitivement, après qu'il aura prouvé que l'orbite est, en réalité, une ellipse moitié moins distante du cercle, qu'il ne la suppose ici ; et qu'alors il emploiera

ANOMALIES moyennes données.	ANOMALIES excentriques qui leur correspondent.	ANOMALIES vraies calculées inexactement dans l'ellipse, par Képler.	ANOMALIES vraies calculées exactement dans la même ellipse.	ANOMALIES vraies correspondantes, données par la représentation empirique des oppositions.	EXCÈS de la représentation empirique sur les résultats exactement calculés dans l'ellipse.
m	u	v	v'		
° ′ ″	°	° ′ ″	° ′ ″	° ′ ″	° ′ ″
95.18.28	90	84.39.42	84.41.42,17	84.42.2	+0. 0.57,83
48.45.12	45	41.14.9	41.21.34,05	41.20.33	—0. 0.58,95
138.45.12	135	131.14.5	131.6.45,05	131.7.26	+0. 0.40,95

85. Les différences consignées dans la dernière colonne de ce tableau sont d'un ordre de petitesse dont Képler ne pouvait répondre, ni dans la détermination des éléments de son ellipse, ni dans l'ensemble d'observations, auquel il la comparait. Mais l'erreur qu'il avait commise dans l'appréciation du demi grand axe lui cacha, pendant longtemps encore, cette heureuse terminaison de tous ses travaux. Croyant que l'ellipse s'écartait de la vérité autant que le cercle, il l'abandonna, et chercha dans les spéculations physiques le secret d'un meilleur accord. Pour les mieux appuyer, il voulut tirer des observations un ensemble de données nouvelles, et plus nombreuses. Il s'assura ainsi que l'orbite était exactement symétrique autour de son grand diamètre. Il se procura en outre vingt-huit distances de Mars au soleil par une méthode spéciale qu'il imagina, et il espéra qu'en les substituant aux distances calculées dans l'excentrique pour les mêmes lieux, on corrigerait suffisamment l'imperfection de l'hypothèse circulaire. Mais, comme

seulement un autre procédé, pour évaluer le rayon vecteur héliocentrique. Képler semblerait avoir laissé subsister ici cette erreur qui lui était connue, pour se conserver le plaisir d'exposer au long les spéculations physiques, et métaphysiques, qui l'ont ramené par de longs détours à la vérité, et auxquelles il attachait beaucoup d'importance, toutes vaines et bizarres qu'elles doivent nous paraître aujourd'hui.

on peut aisément le comprendre, les longitudes, qui dépendent du mouvement angulaire, s'en trouvèrent très-peu améliorées. Toutefois ces nouvelles déterminations lui firent voir que les distances prises sur l'excentrique étaient toujours trop grandes, tandis que l'ellipse, *telle qu'il l'employait*, les donnait constamment trop petites ; de sorte que les longueurs véritables semblaient être intermédiaires entre ces deux modes d'évaluation. Cela lui fit penser qu'il fallait réduire à moitié la différence $a - b$ des deux demi-axes, qu'il avait trouvée égale à 858, et l'abaisser à 429. La nécessité de cette rectification purement empirique fut le premier pas qui le ramena insciemment vers la vérité (*).

Pendant qu'il y réfléchissait avec inquiétude, craignant, comme il le dit lui-même, de n'avoir fait, après tant de peines, qu'un travail futile, il s'avisa de prendre, dans sa représentation empirique des observations, la véritable valeur de la plus grande équation optique, laquelle est l'angle CbS de notre *fig.* 19, appartenant à l'anomalie excentrique u, de 90 degrés. Cet angle est le complément de l'anomalie vraie CSb, qui d'après le tableau ci-dessus a pour valeur $84^u\,42'\,2''$, il est par conséquent égal à $5°\,17'\,58''$, ou $5°\,18'$ en nombres ronds. Sa grandeur, supposée exacte, indique évidemment l'intervalle qu'il faut mettre entre le point B du cercle, et le point b de l'orbite, pour l'obtenir tel que l'observation le donne. Or il en résulte que le rapport des côtés Cb, Sb, ou du rayon à la sécante de cet angle est justement celui de 100000 à 100429. En sorte que la sécante, ainsi exprimée, surpasse le rayon de 429 parties. Le retour imprévu de ce nombre 429 frappa Képler comme d'un trait de lumière (**). Il y vit l'indication évidente de la proportion suivant laquelle il fallait couper le rayon CB de l'excentrique, pour obtenir le point b de l'orbite. Alors, dit-il, représentons la sécante par le rayon CB lui-même, que nous ferons égal à 100000, le côté Cb devra alors être représenté par un nombre moindre dans le rapport de 100429 à 100000, comme les observations le prescrivent ; et CB, côté

(*) *De motibus stellæ Martis*, cap. LV, pag. 206, ad calcem.
(**) *Ibid.*, cap. LVI, pag. 267.

droit du triangle CBS, opposé au rayon vecteur SB de l'excentrique, sera le rayon vecteur vrai de l'orbite, en *b*. Képler étend aussitôt cette conception à tout le reste de l'orbite. Ainsi, pour un point quelconque *m*, le rayon vecteur S*m*, devra être fait égal à MK, c'est-à-dire à la projection du rayon vecteur excentrique SM sur le rayon central MC prolongé. Nommant donc SM, R; S*m*, *r*; et ω l'angle CMS, qui est l'équation optique de l'excentrique, en M, on aura généralement

$$ r = R \cos \omega. $$

Il compara tout de suite les résultats de cette construction, avec la nombreuse série de distances de Mars au soleil, qu'il avait récemment conclues des observations, et il trouva qu'ils y étaient constamment conformes, dans toutes les parties de l'orbite. L'accord était plus intime, et plus assuré, qu'il ne le croyait alors lui-même; car son empirisme l'avait conduit, sans qu'il le sût, à la vérité.

En effet, il est évident d'abord, qu'au point *b*, le rayon vecteur *r* de l'ellipse est égal à son demi grand axe, conséquemment au rayon CB du cercle circonscrit. Quant à l'expression générale de *r*, si l'on considère, *fig.* 19, le triangle rectangle SMK, où SM est R, et CK est *ae* cos *u*, *u* désignant l'anomalie excentrique, on en déduira comme dans le § 75, page 175,

$$ R = a \frac{1 + e \cos u}{\cos \omega}; $$

d'où résulte, par substitution

$$ r = a(1 + e \cos u); $$

ce qui est en effet l'expression générale du rayon vecteur elliptique partant du foyer S, comme nous l'avons démontré directement § 82 (*), page 189.

(*) Dans l'explication qui précède les Tables Rudolphines, page 56, Képler reproduit cette construction, comme offrant un moyen simple et commode pour décrire une ellipse par points. En effet soit, *fig.* 19, M un point quelconque du cercle excentrique. Menez de ce point l'ordonnée MN perpendi-

Mais Képler ne fit pas d'abord ce rapprochement qui nous paraît si facile. Il semble moins préoccupé de représenter numériquement le vrai mouvement de la planète, qu'impatient de savoir et d'expliquer le principe occulte qui la fait tour à tour s'éloigner et se rapprocher du soleil comme par une sorte de libration éternellement réitérée. « Si, dit-il, l'on trouve impossible d'attribuer » cette libration à une faculté magnétique exercée par le soleil » sur la planète à travers l'espace, sans intermédiaire matériel, il » faudra que la planète même soit douée d'une sorte de perception » intelligente, qui lui donne à chaque instant la connaissance des » angles et des distances, pour régler ses mouvements (*); » et il laisse l'alternative à peu près douteuse. Il ne revient enfin à l'ellipse, et ne s'y fixe que lorsqu'il y est forcément ramené par les nombres, et qu'il voit que l'oscillation qu'elle engendre, peut se concilier avec ses spéculations.

86. Telle est la route tortueuse et fréquemment déviée, que Képler a suivie pour découvrir, et établir en fait, les lois naturelles des mouvements de la terre ou de Mars autour du soleil; lois d'après lesquelles on peut assigner pour chaque instant, et prédire d'avance, les positions relatives de ces deux corps, avec une précision et une certitude que l'observation confirme toujours. Lorsqu'il fut en possession de ces découvertes, il constata qu'elles s'appliquaient également aux quatre autres planètes qui étaient seules connues alors, et il détermina tous les éléments elliptiques, appartenant à chacune d'elles. Mais cela ne lui donnait encore

---

culaire sur AP, et aussi le rayon central MC que vous prolongez indéfiniment. A celui-ci, menez du foyer S la perpendiculaire SK; et avec MK, pour rayon, décrivez de S, comme centre, un arc de cercle qui coupera l'ordonnée MN, quelque part en m; m sera un point de l'ellipse. Delambre, en rapportant cette construction, dans l'analyse qu'il donne des Tables Rudolphines, s'étonne de ne l'avoir vu indiqué nulle part. Il n'a pas aperçu que c'était celle-là même, à laquelle Képler avait été conduit insciemment, par empirisme, dans ses recherches sur Mars; la même qui lui donna, comme par miracle, la vraie longueur du rayon vecteur de l'ellipse, et le fit heureusement revenir à cette forme d'orbite, dont une faute de calcul l'avait écarté, après l'avoir essayée!

(*) *De motibus stellæ Martis*, cap. LVII, pag. 276 et 278.

que leurs mouvements individuels dans leurs orbites propres, sans établir entre elles aucune relation. Or, dès ses premiers pas dans la carrière astronomique, Képler s'était intimement persuadé qu'une telle relation devait exister; puisque ce ne pouvait pas être indépendamment de toute connexité, et sans être réglés par une loi commune, que leurs mouvements de circulation, tous de même sens, sont plus lents à mesure qu'elles sont plus distantes du soleil. L'assujettissement de tous ces corps à des rapports rationnels, lui semblait d'ailleurs conforme à l'unité de dessein du pouvoir qui les avait créés, et ordonnés à leurs places. Il fit, bien jeune, sur ce grand sujet, une foule de tentatives numériques et mystiques, qu'il publia dans son premier ouvrage, le *Mysterium cosmographicum*, à l'âge de vingt-six ans. Mais, les distances relatives des planètes et de la terre au soleil, étaient alors trop imparfaitement évaluées, pour fournir à une pareille recherche des données suffisamment sûres. Tous ses efforts n'aboutirent qu'à lui faire pressentir le but, et à l'affermir davantage dans sa conviction. Vingt-deux ans plus tard, quand il eut achevé son travail sur Mars, et découvert les véritables proportions des orbes planétaires, il revint sur cette ancienne idée avec une nouvelle ardeur; et, à force de retourner les nombres, il y découvrit enfin cette loi simple :

Les carrés des temps des révolutions de deux planètes quelconques sont entre eux, comme les cubes des demi grands axes des orbites. Képler nous dit lui-même, qu'en voyant se confirmer ainsi le pressentiment, qu'il avait conçu et entretenu depuis tant d'années, il croyait rêver, et avoir fait quelque pétition de principe dans ses calculs (*). Heureusement il tenait bien dans ses mains la vérité, non pas son fantôme. On a trouvé depuis que la même relation existe dans chaque système de satellites rapporté à la planète qui lui sert de centre.

87. Cette loi est aujourd'hui un des fondements de nos Tables astronomiques. C'est par elle que l'on prévoit, et que l'on assigne d'avance, la vitesse propre, ainsi que la durée des révolutions

---

(*) *Harmonices Mundi*, lib. V, pag. 189.

des nouvelles planètes que l'on découvre, dès que l'on a déterminé la grandeur de leurs ellipses, d'après l'arc, souvent très-
restreint, de ces courbes qu'on leur a vu décrire. Sa justesse se
trouve constatée en fait, par ces applications. Il est donc essentiel
d'examiner comment Képler a pu l'établir, et je le ferai sur les
données mêmes dont il a fait usage. Je les rapporte ici telles qu'il
les a présentées dans son ouvrage intitulé, *Epitome astronomiæ
copernicanæ*. Mais pour nous bien assurer que la loi qu'il en a déduite ne résulte pas d'inexactitudes qu'il aurait pu commettre dans
l'appréciation des grands axes de ses ellipses, je soumettrai à la
même épreuve les données analogues qui ont été fournies par
des observations postérieures, dans lesquelles le perfectionnement des méthodes et des instruments n'a pu laisser subsister que
des erreurs très-légères. A cet effet j'emploierai les durées des révolutions sidérales qui ont été adoptées par Laplace dans la
5e édition de l'*Exposition du système du monde*, comme étant les
valeurs les plus précises que l'observation leur assigne ; et je leur
associerai les évaluations des grands axes, obtenues par les astronomes les plus habiles, *antérieurement à l'adoption des théories
newtoniennes*. Cette restriction d'époque est logiquement indispensable. Car, depuis que la confection des Tables astronomiques
a été éclairée par les découvertes de Newton, la loi de Képler,
que nous voulons ici constater, a été théoriquement introduite
dans la détermination des grands axes des ellipses planétaires,
comme on le verra dans le chapitre suivant ; de sorte que l'on
tomberait dans un cercle vicieux, si on les employait pour la vérifier. Dans cette réunion de données astronomiques, je place la
terre à son rang de distance au soleil, parmi les planètes, n'y
ayant aucun motif de la distinguer d'elles quant à son mouvement révolutif ; ainsi que Képler, adoptant à cet égard les idées
de Copernic, l'a toujours admis (*).

(*) Les éléments assignés par Képler aux cinq planètes sont consignés au
tome II de son *Epitome*, pag. 731, 732, 760 et 765. La durée qu'il attribuait
à la révolution sidérale de la terre est mentionnée au tome I, pag. 341. Je
n'ai fait que convertir les subdivisions sexagésimales du jour solaire en frac-

DÉSIGNATION des planètes.	DÉTERMINATIONS DE KÉPLER.		DÉTERMINATIONS MODERNES.		
	Durées des révolutions sidérales en jours solaires. R	Demi grands axes ou distances moyennes au soleil, celle de la terre étant 1. a	Durées des révolutions sidérales en jours solaires moyens. R	Demi grands axes ou distances moyennes au soleil, celle de la terre étant 1. a	
☿	87,9691667	0,38806	87,9692580	0,38760	
♀	224,7034981	0,72400	224,5007869	0,72340	
♁	365,2567015	1,00000	365,2563535	1,00000	
♂	686,9805185	1,52350	686,9796468	1,52373	
♃	4332,6177307	5,19650	4332,5848212	5,20290	5,2004
♄	10759,2072396	9,51000	10759,2198174	9,54180	9,5400

Si l'on prend, dans les deux premières colonnes de nombres, ceux qui appartiennent à deux planètes quelconques, la terre comprise, on trouvera en effet que les carrés des temps de leurs révolutions, et les cubes de leurs demi grands axes, offrent un rapport numérique *à peu près égal*. Ce résultat, qui se reproduit dans toutes les combinaisons que l'on peut faire, sauf de petits écarts en sens divers, comme on doit en attendre de déterminations qui ne sauraient être rigoureuses, montre que l'égalité des deux rapports, est le fait réel; et c'est ce que Képler en a conclu. Toutefois, pour mettre cette induction dans une complète évidence, nous la soumettrons à une épreuve différente, qui rendra plus directement appréciable le degré de certitude qu'il faut logiquement lui attribuer. Soient R, R', a, a', les éléments rela-

tions décimales, pour la commodité du calcul. Les valeurs des demi grands axes rapportées dans l'avant-dernière colonne sont tirées des Tables des planètes du second Cassini. Mais, pour Jupiter et Saturne, j'y ai joint celles qui avaient été adoptées par Halley; parce que, différant sensiblement des premières, elles serviront à montrer dans quelles limites les incertitudes des observations influent sur la détermination de cet élément, et, par suite, sur la loi phénoménale que Képler a énoncée.

tifs à deux planètes, on aura, suivant l'énoncé de Képler,

$$\frac{R'^2}{R^2} = \frac{a'^3}{a^3};$$

conséquemment

$$R = R' \frac{a^{\frac{3}{2}}}{a'^{\frac{3}{2}}}.$$

Prenons pour terme constant de comparaison la terre, à laquelle nous attribuerons les lettres R et a ; et donnons successivement aux deux autres, R', a', les valeurs qui appartiennent aux autres planètes de notre tableau. Alors dans le calcul, a sera toujours égal à 1 ; et l'équation simplifiée deviendra

$$(K) \qquad R = \frac{R'}{a'^{\frac{3}{2}}}.$$

Si la loi énoncée par Képler est exacte, le second membre réduit en nombres, devra toujours reproduire la révolution sidérale de la terre. Voici les résultats de ce calcul pour les cinq planètes, déduits des données de Képler. J'ai mis en regard les résultats analogues que fournissent les déterminations plus modernes, mais encore antérieures à la théorie de Newton (*).

(*) Les calculs des deux colonnes, ont été effectués soigneusement, avec les Tables de logarithmes à 10 décimales, en évaluant les parties proportionnelles par la multiplication immédiate des différences, pour passer des nombres aux logarithmes ; et par la division complète de ces différences effectuée au moyen des Tables logarithmiques ordinaires, pour revenir des logarithmes aux nombres. Je me suis assuré par un calcul direct, que ces opérations ne peuvent donner d'incertitude que dans les unités du dernier ordre de décimales des nombres obtenus, même pour Saturne.

DÉSIGNATION des planètes.	VALEURS DE R fournies par les données de Képler.	VALEURS DE R fournies par les déterminations des demi grands axes	
		de J. Cassini.	de Halley.
Mercure ☿	363^j,90061 42	364^j,54846 70	
Vénus ♀	364,75561 32	365,20510 25	
Mars ♂	365,32612 77	365,24195 08	
Jupiter ♃	365,74969 72	365,07286 79	365^j,27547 41
Saturne ♄	3 6,85771 80	365,03568 07	365,14534 03

Si l'on considère d'abord la colonne qui est déduite des données
de Képler, aucun des nombres qu'elle contient ne reproduit
exactement la révolution sidérale de la terre. Les deux premiers
sont plus faibles, les trois derniers plus forts; et la moyenne de
tous, 365^j,32, pèche dans ce dernier sens. Lorsque Képler eut
saisi cette relation du carré des temps aux cubes des grands axes,
qui l'avait tant frappé, s'il avait cherché à la vérifier par le genre
d'épreuve numérique auquel nous venons de la soumettre, il
aurait pu croire qu'elle ne s'écarte de la vérité rigoureuse que par
des discordances occasionnelles, légitimement attribuables aux
erreurs des observations. Mais cette explication n'est plus admissible pour nous, qui la retrouvons encore plus assurément et
uniformément discordante, quand nous l'éprouvons sur des déterminations auxquelles on ne peut attribuer que des inexactitudes très-restreintes. Toutefois, en reconnaissant ainsi qu'elle
n'a pas une rigueur absolue, nous lui découvrons un caractère
d'approximation, aussi étonnant qu'indubitable, dans ce constant
retour du nombre 365, égal au nombre de jours complets de la
révolution annuelle de la terre, lequel n'y a aucunement concouru. Car ce qui manque pour le compléter, même pour Mercure, ne répond pas à une différence de 33 minutes sexagésimales, dans la position de la terre sur son orbite propre; et pour
les quatre autres planètes, cette différence est beaucoup moindre.

On doit donc, avec Képler, voir ici l'égalité absolue, comme exprimant une grande loi naturelle, marquée et modifiée dans la rigueur de son application, par des influences secondaires, dont il faudra rechercher les causes, en l'admettant au point de vue général comme une vérité. Ce n'est jamais autrement que l'on parvient à découvrir de telles lois dans les recherches expérimentales. L'œuvre du génie consiste à les y démêler et à les saisir. En cette occasion, comme dans tant d'autres, celui de Képler ne lui a pas fait défaut.

88. J'ai maintenant exposé toutes les méthodes d'observation sur lesquelles repose l'astronomie planétaire, et j'ai signalé les lois que Képler en a déduites, à titre de faits. Elles lui ont servi pour construire les premières Tables des planètes qui aient été exemptes d'hypothèses, et elles sont devenues le fondement de toutes celles qui ont été établies par les astronomes postérieurs. Mais, cette universalité d'adoption ne leur a été, n'a pu leur être légitimement donnée, qu'après qu'elles ont été dégagées de leur empirisme originaire, et élevées au rang de vérités mécaniques par leur concentration en un seul principe qui a montré leur mutuelle dépendance, en même temps que les conditions exactes de leur application astronomique. Ce complément a été l'œuvre de Newton. Exposer ici la série des raisonnements, et la chaîne des idées par lesquelles il est arrivé à cette grande déduction, pourrait sembler excéder les bornes scientifiques que je dois me prescrire. Mais en restreignant cette exposition à ce que l'on pourrait appeler la partie logique de sa découverte, je me résoudrai à l'entreprendre, parce que je la crois indispensable pour rassembler sous un même point de vue les travaux que nous avons déjà étudiés, et pour nous préparer utilement à ceux qui vont suivre.

SECTION IV. — *Résumé des trois lois de Képler, en une seule loi mécanique, par Newton.*

89. Lorsqu'on suit les mouvements des planètes par des observations précises, faites avec les instruments perfectionnés que nous possédons aujourd'hui, on reconnaît qu'aucune des lois de

Képler n'y est complétement réalisée, quoiqu'elles y soient toujours empreintes. Ainsi, d'abord, leurs révolutions ne s'accomplissent pas rigoureusement dans des plans abstraits et mathématiques, passant par le centre du soleil. Prenons pour exemple la terre. Les positions successives que son centre occupe dans l'espace, pendant le cours d'une même année, se trouveront toutes, il est vrai, à fort peu près comprises dans un même plan, que nous appelons *l'écliptique*. Mais des observations excessivement précises, feront voir que ce n'est là, en réalité, que le lieu moyen, autour duquel elle oscille dans de très-petites amplitudes d'écart. Après quelques années, on reconnaîtra que ce plan idéal ne conserve pas, dans le ciel, une position constante ; de sorte que, pour continuer de l'employer à titre de fiction géométrique, il faudra concevoir qu'il se déplace continûment avec une extrême lenteur, emportant la terre avec lui. Le mouvement propre et annuel de la terre, dans ce plan transporté, s'opère très-approximativement, comme le prescrit Képler, sur une ellipse dont le centre du soleil occupe un des foyers, son rayon vecteur y décrivant autour de ce centre des aires proportionnelles au temps. Mais cette courbe géométrique n'est, de même, que le lieu moyen autour duquel la marche réelle de la terre se montre légèrement ondulatoire, son mouvement de circulation angulaire y étant aussi, par intermittences, un peu plus lent ou un peu plus rapide que la loi des aires ne l'exigerait. Le grand axe de l'ellipse annuelle, quoique toujours dirigé vers le centre du soleil, se déplace progressivement dans le plan fictif, par un mouvement angulaire très-lent, et il s'opère dans l'excentricité une variation progressive qui est pareillement très-lente. La longueur du grand axe et la durée de la révolution sidérale sont les seuls éléments qui semblent ne pas éprouver d'altérations durables. On n'y découvre que de faibles variations oscillatoires ; et ce caractère d'immutabilité de la révolution se constate à titre de fait général pour toutes les planètes, les durées moyennes que leur assigne Hipparque, ne différant pas sensiblement de celles que nous leur trouvons aujourd'hui. Des modifications du même genre, et de même ordre, les unes temporaires, les autres progressives, s'observent aussi dans les conditions simples de mouvement, que

Kepler avait assignées aux autres planètes sur leurs diverses
ellipses, pour lesquelles il avait lui-même constaté le déplacement
très-lent, mais toutefois manifeste, des nœuds et des périhélies.
Enfin les carrés des temps des révolutions sidérales des différentes
planètes ne sont pas tout à fait proportionnels aux cubes des
demi grands axes de leurs ellipses observées, quoiqu'ils s'écartent
peu de ce rapport, ainsi qu'on l'a vu il n'y a qu'un moment par
les nombres. De tout cela il résulte qu'ici, comme dans la presque
universalité des phénomènes naturels qui s'opèrent avec continuité, notre esprit aperçoit, d'une première vue, certaines lois
générales, qu'il faut d'abord saisir et constituer à titre d'abstraction, en y ajoutant comme correctifs provisoires les détails qui
s'en écartent. Considérant alors ces lois dans leur simplicité idéale,
il faut, s'il se peut, remonter à la cause mécanique, dont elles seraient
les conséquences nécessaires. Appropriant ensuite cette cause au
problème naturel, avec toute la généralité d'application qu'elle peut
recevoir, il faut voir si les effets secondaires, que l'on avait né-
gligés en l'établissant, ne seraient pas eux-mêmes des conséquences
mécaniques de son existence ; tellement que celle-ci étant admise,
tout l'ensemble des faits, tant généraux que particuliers, doivent en résulter numériquement. Cette réduction des questions
naturelles, à dépendre mécaniquement d'un principe physique,
unique et général, est le dernier terme auquel le raisonnement
humain puisse aspirer, pour assigner ce qu'il appelle leur cause ;
et il ne la connaît pleinement que là. Les mouvements des planètes ont été analysés dans cet ordre logique par Newton, en
tirant, successivement des principes de la mécanique, l'interprétation de chacune des lois de Kepler, considérées abstractivement
comme rigoureuses. Je ne saurais entrer ici dans les détails mathématiques de cette déduction admirable. Ils sont complétement
exposés dans le *Traité de la mécanique céleste* de Laplace, auquel
je me suis seulement proposé d'introduire le lecteur. Mais j'essayerai de spécifier et de présenter par ordre, la nature et la succession
des raisonnements dont Newton s'est servi, pour extraire, des
énoncés de Kepler, les conséquences mécaniques qu'ils renferment. Je ne ferai ainsi que procéder dès à présent à un travail

qui deviendra toujours nécessaire à ceux qui voudront approfondir ces grandes théories ; et j'en retirerai l'avantage de pouvoir en
faire intervenir au besoin les résultats, comme autant de théorèmes, dans l'interprétation des phénomènes que j'aurai ultérieurement à exposer.

90. Au commencement du livre des *Principes*, Newton a établi les véritables lois du mouvement dans leur acception la plus
générale. Seulement il a présenté leurs applications sous des
formes, en quelques points différentes de celles que nous leur
donnons aujourd'hui. Ces différences sont peu sensibles dans la
conception et la mesure des mouvements rectilignes, soit uniformes, soit continûment variés suivant des lois quelconques. Mais
elles le sont très-essentiellement dans la manière d'envisager et de
représenter les mouvements curvilignes. Pour ceux-ci, Newton
substitue aux trajectoires courbes des polygones inscrits, dont
chaque côté est successivement parcouru en mouvement uniforme,
dans un même intervalle de temps τ. C'est ce que représente la
fig. 22, dont j'emprunte les éléments, même les lettres, au
livre I des *Principes*, section II, prop. I. Le premier côté AB ou c,
ayant été ainsi décrit, si le mobile était libre, il poursuivrait sa
route suivant cette direction, et y parcourrait une longueur égale
à c, dans le même temps τ. Mais, arrivé à l'extrémité B, l'action ou
force externe qui le sollicite, le dévie de sa route par une impulsion soudaine (*impulsu unico*, *sed magno*), laquelle lui imprime,
suivant sa direction propre, une *vitesse* telle, que, s'il était soumis à sa seule influence, il parcourrait dans ce sens, *en mouvement uniforme*, pendant le temps τ, une longueur f. Alors, dans
ce même temps τ, il décrit en mouvement uniforme, la diagonale
du parallélogramme construit sur les côtés c, f, diagonale qui se
trouve ainsi être le deuxième côté BC ou c' du polygone inscrit à
la trajectoire. La direction, ainsi que la longueur de ce second

côté BC, résulte donc de la combinaison de la vitesse primitive $\dfrac{c}{\tau}$,

avec la vitesse $\dfrac{f}{\tau}$, perturbatrice du mouvement rectiligne ; et réci

proquement, si les deux côtés AB, BC, sont donnés en direction ainsi qu'en longueur, la *vitesse* perturbatrice $\frac{f}{\tau}$, s'en conclut en direction et en intensité par la construction même. Le même raisonnement s'applique, de proche en proche, à tous les côtés suivants du polygone inscrit, qui résulte d'une loi de vitesses donnée; ou, réciproquement, si le polygone est donné, la même construction fait connaître la loi des vitesses qui pourront le faire décrire. L'emploi direct et inverse du mouvement polygonal étant ainsi établi généralement, Newton l'identifie, dans sa dernière limite, au mouvement curviligne rigoureux, en faisant τ infiniment petit. Le résultat ainsi obtenu s'accorde finalement avec celui auquel on arrive par nos méthodes modernes, au moyen d'une conception différente. Dans celles-ci, prenant de même, sur la trajectoire curviligne, deux arcs consécutifs, AB, BC, *fig.* 23, successivement décrits dans un même intervalle de temps infiniment petit dt, on considère le point C comme donné par la composition de deux mouvements continus. L'un uniforme, et dirigé suivant le prolongement de la tangente en B, est produit par la vitesse v, antérieurement acquise, laquelle, si elle agissait seule sur le mobile B, lui ferait décrire, sur cette tangente, la longueur Bγ ou vdt, dans le temps dt. L'autre mouvement est produit par la force accélératrice φ, laquelle étant supposée continue et finie, comme toutes celles auxquelles nos calculs s'appliquent, agit pendant le temps infiniment petit dt comme si elle était constante; de sorte que, si elle s'exerçait seule sur le mobile B, elle lui ferait parcourir en mouvement uniformément accéléré, suivant sa propre direction, dans ce temps dt, la longueur $\frac{1}{2}\varphi\,dt^2$, représentée dans notre *fig.* 23 par Bβ, et que son expression montre être infiniment petite du second ordre, tandis que la longueur BC ou Bγ est infiniment petite du premier. Par la combinaison de ces deux mouvements continus, le mobile B, après le temps infiniment petit dt, se trouve transporté au même point C, où le conduisait la construction de Newton à la fin du temps τ supposé égal à dt, pourvu que, dans l'application des deux procédés aux mêmes éléments consécutifs infiniment petits d'une même trajectoire, la longueur BV ou f de Newton, *fig.* 22, qui est censée décrite en mou-

vement uniforme, soit prise double de la longueur B β de nos
méthodes modernes, qui est censée décrite en mouvement uniformément accéléré. La nécessité de cette condition d'accord est
démontrée ici en note (*). Elle revient à dire que, dans le mou-

---

(*) J'établis d'abord les deux constructions en termes finis dans la *fig.* 24.
Je la limiterai ensuite aux infiniment petits, pour l'application. Par trois
points A, B, C de la trajectoire que l'on veut considérer, je fais passer une
circonférence de cercle, dont je désigne le centre par la lettre O, et par ρ le
rayon. J'appelle la corde AB, *a*; la corde BC, *a'*, et 2*u*, 2*u'*, les angles au
centre qu'elles sous-tendent. Conformément à la règle newtonienne, je pro-
longe la corde AB d'une quantité B *c* égale à elle-même, et, tirant la droite
de jonction C *c*, je lui mène par le point B une parallèle BS sur laquelle je
prends la longueur BV égale à C *c*, ce qui me donne le parallélogramme
newtonien B *c* CV. Maintenant, pour réaliser sur les mêmes cordes la construction moderne, je mène en B la tangente BT' qui coupe C *c* en un point γ;
puis prenant sur BS, la longueur B β égale à C γ, je complète le parallélogramme moderne B γ C β. Quand nous restreindrons la figure au cas où les
trois points ABC de la trajectoire sont infiniment voisins, et les cordes AB,
BC, infiniment petites, la circonférence de cercle qui les joint sera osculatrice en B à la trajectoire considérée, et se confondra avec elle dans l'étendue de l'arc ABC. Les longueurs BV, B β, auront alors les significations mécaniques, que Newton et les géomètres modernes leur attribuent séparément.
Ainsi, quand nous aurons formé l'expression générale de leur rapport dans la
fig. 24, qui est établie sur la condition que le point C de la circonférence
ABC résulte identiquement le même des deux constructions, la valeur que
nous lui trouverons à cette limite finale, sera celle qu'il faudra lui assigner
pour que des deux conceptions, du mouvement polygonal et du mouvement
curviligne, s'accordent à donner identiquement la même trajectoire courbe,
quand on les applique à des conditions mécaniques pareilles.

Continuant donc à raisonner sur la *fig.* 24, en appliquant à ses éléments les symboles conventionnels que je leur ai attribués, on aura d'a-
bord

$$AB = a = 2\rho \sin u; \quad BC = a' = 2\rho \sin u'.$$

Nous avons aussi par construction

$$B c = AB = a.$$

Des points C et *c* je mène à la tangente BT deux perpendiculaires : CP
que je nomme P, et *cp* que je nomme *p*. Les angles respectivement opposés
à ces perpendiculaires au sommet B ont évidemment les valeurs que j'ai
inscrites sur la figure. On en déduira donc

$$p = a \sin u = \frac{a^2}{2\rho}; \quad P = a' \sin u' = \frac{a'^2}{2\rho}.$$

vement polygonal, la force perturbatrice du mouvement rectiligne doit être censée imprimer instantanément au mobile, au commen-

---

Or la similitude des triangles rectangles $c\gamma p$, $C\gamma P$ donne

$$\frac{c\gamma}{C\gamma} = \frac{p}{P} = \frac{a^3}{a'^3}; \quad \text{conséquemment} \quad \frac{c\gamma + C\gamma}{C\gamma} = \frac{a^2 + a'^2}{a'^2}.$$

$c\gamma + C\gamma$ forme la droite totale Cc, égale par construction à BV. De même $C\gamma$ est égale à $B\beta$. L'égalité précédente donne donc

$$\frac{BV}{B\beta} = \frac{a^2 + a'^2}{a'^2}.$$

C'est l'expression générale du rapport que nous avons besoin d'évaluer dans le cas de l'application mécanique, où les arcs a, a' étant supposés décrits dans des intervalles de temps égaux et infiniment petits dt, sont eux-mêmes infiniment petits. Cette simultanéité d'atténuation tient à ce que, dans tous les mouvements que nous observons et qui font l'objet de nos calculs, les longueurs décrites dans des temps finis sont toujours finies, ce qui exige que leurs incréments décroissent indéfiniment avec ceux du temps qui est dépensé à les produire. Mais à cette condition générale il s'en joint une autre plus particulière. C'est que, tous ces mouvements observables et calculables s'opèrent avec une continuité mathématique. De là il résulte que si l'on y considère deux arcs a, a', égaux et infiniment petits d'une même trajectoire, qui soient décrits consécutivement dans un intervalle de temps dt, leur différence $a' - a$, ne peut être qu'infiniment petite relativement à chacun d'eux. Cette seconde condition, que je n'ai fait qu'énoncer, dans le texte auquel la présente note se rapporte, et dont j'aurai l'occasion d'établir plus loin la démonstration générale, va nous fournir le moyen de trouver la valeur initiale du rapport $\frac{BV}{B\beta}$, dans les applications.

Pour l'introduire, faisons généralement

$$a' - a = \delta; \quad \text{d'où} \quad a = a' - \delta.$$

Il en résultera

$$\frac{BV}{B\beta} = \frac{a^2 + a'^2}{a'^2} = 2 - 2\left(\frac{\delta}{a'}\right) + \left(\frac{\delta}{a'}\right)^2.$$

D'après ce qui vient d'être dit en dernier lieu, tous les modes de mouvement que nous avons à considérer sont tels, que lorsque les arcs a, a', arrivent à leur limite finale de petitesse, le rapport $\left(\frac{\delta}{a'}\right)$ est infiniment petit, et conséquemment négligeable, en comparaison de la quantité finie 2. Celle-ci exprimera donc la valeur qu'il faudra donner à $\frac{BV}{B\beta}$, dans ce cas final d'ap-

cement de chaque *dt* infiniment petit, la même vitesse que, dans le mouvement curviligne, elle ne lui ferait acquérir qu'après avoir agi continûment sur lui, suivant sa direction propre, pendant ce même intervalle de temps *dt*.

J'ai cru cette explication nécessaire pour éviter que l'on ne confonde ensemble deux conceptions essentiellement distinctes, dont chacune doit être appliquée avec les éléments déterminatifs qui lui sont propres. Mais après l'avoir donnée, je n'aurai plus qu'à énoncer les résultats qui sont communs à l'une et à l'autre, sans avoir besoin de spécifier celle des deux méthodes par laquelle ils ont été obtenus.

94. Appliquons maintenant ces principes au mouvement curviligne des planètes, en les considérant d'abord, pour simplifier le calcul, comme de simples points, libres, isolés les uns des autres, et parcourant sans obstacle le vide des cieux, supposition physiquement indiquée avec les caractères, sinon d'une vérité absolue, au moins d'une très-grande approximation, par la perpétuité séculaire, et sensiblement inaltérée, de leurs révolutions. Prenons alors isolément une d'elles, et donnons-lui pour première loi abstraite qu'elle se meut actuellement dans un plan qui passe par le centre du soleil. Ce sera encore une condition toujours très-proche de la réalité, et particulièrement exacte, en moyenne. La force accélératrice qui détermine généralement la marche curviligne de la planète devra donc être toujours dirigée dans ce plan même, au moins quant à la partie principale et dominante de son action. Ajoutons à cela cette autre loi, manifestée aussi très-approximativement par les phénomènes, que le rayon vecteur trace autour du soleil des aires proportionnelles au temps. Alors,

---

plication, pour que la construction newtonienne et la moderne, que nous avons fait accorder à donner le même point C dans la *fig.* 24, conservent ce même accord, quand les arcs consécutifs de la trajectoire auxquels on les applique, sont infiniment petits. C'est-à-dire, en résumé, qu'on devra prendre constamment

$$BV = 2B\beta,$$

pour que la conception du mouvement curviligne, s'accorde avec celle du mouvement polygonal.

par une démonstration très-simple, si simple, que je pourrai l'insé-
rer dans la suite de cet ouvrage, Newton prouve que la force accélératrice est toujours dirigée vers un même point central, qui est celui
autour duquel la proportionnalité des aires a lieu ; et, par inverse,
il montre que cette proportionnalité ne saurait exister si la force
accélératrice n'est pas constamment dirigée vers un même centre.
Voilà ce dont Kepler avait un sentiment vague, quand il attribuait
cette importante loi à l'existence des fibres magnétiques qui,
selon lui, rattachaient les planètes au corps du soleil. Introduisons maintenant la forme elliptique des orbites, toujours au même
point de vue d'une abstraction approximative. En chaque point
de son ellipse où la planète se trouve, son mouvement actuel,
pendant un temps très-court, peut être supposé le même que si
elle décrivait un très-petit arc d'une circonférence de cercle, qui
serait osculatrice à la courbe en ce point. Pour qu'elle se maintienne instantanément sur cet arc, il faut que la force centrale
décomposée suivant le rayon du cercle qui aboutit au point d'os-
culation, égale, et contre-balance par son opposition la force centrifuge inhérente au mouvement circulatoire, laquelle tend à tirer
le mobile hors de son orbite suivant la direction de la normale
locale, en le sollicitant avec une énergie proportionnelle au carré
de sa vitesse de translation actuelle, et réciproque au rayon osculateur de la courbe qu'il décrit. Le calcul étant établi sur cet
énoncé, voici le résultat de Newton. Lorsque l'orbite est une
ellipse, dont le centre des forces est un foyer, l'équilibre des deux
efforts contraires exige que l'intensité de la force centrale varie
réciproquement au carré de la distance du centre dont elle émane,
aux points sur lesquels elle agit. L'ellipse ne pouvant être librement décrite qu'à cette condition, sa forme constatée dans les
orbes planétaires, impose nécessairement cette loi de variation à
la force émanée du soleil qui les fait décrire. Arrivé là, Newton
s'est proposé le problème inverse. Supposant qu'un point matériel libre soit maintenu en mouvement dans un plan par une
force accélératrice centrale, qui le sollicite avec une énergie réciproque au carré de la distance, l'orbite qu'il décrira sera-t-elle
nécessairement une ellipse? Pour le savoir, il faut évidemment

14..

appliquer à la force centrale, ainsi définie, le même mode de décomposition que précédemment, et mettre de même sa composante normale en opposition avec la force centrifuge dirigée suivant le rayon osculateur de l'orbite, en laissant, cette fois, indéterminée, la nature de la courbe à laquelle ce rayon appartient; et lui imposant, pour seule condition, qu'en chacun de ses points, il y ait équilibre entre les deux efforts qui s'y combattent. Avec cette inversion de données, Newton trouva, que, sous l'influence d'une force accélératrice centrale, réciproque au carré des distances, l'établissement de l'équilibre exige que l'orbite soit, non pas exclusivement une ellipse, mais une section conique quelconque dont le centre des forces est un foyer; ce qui comprend, outre l'ellipse, la parabole, l'hyperbole, et une circonférence de cercle, ce dernier cas pouvant être considéré comme une particularité du premier. Si l'on imagine que le point matériel ait été mis en mouvement par impulsion, à une certaine distance du foyer de la force centrale qui lui imprime sa marche curviligne, la variété de section conique qu'il se met à décrire, dépend de l'intensité de l'impulsion initiale, et de la distance au centre, où elle a été appliquée. Sa direction n'entre pour rien dans ce résultat. Plus tard Newton montra que la parabole est réalisée dans le mouvement des comètes, et que les lois de Képler s'y appliquent encore, en faisant à leur énoncé les modifications convenables pour les adapter à une ellipse dont le grand axe serait devenu infini. Le cas de l'hyperbole n'a pas encore été constaté dans les astres jusqu'ici découverts (*).

92. Pour compléter ces spéculations il restait un grand pas à faire. Le soleil et les planètes ne sont pas de simples points, mais de vastes corps. Si des forces accélératrices, agissant à distance, en émanent, ou les impressionnent, on ne peut pas physiquement attacher les origines ou les effets de ces forces, à des centres abs-

---

(*) La démonstration de ces deux propositions, tant de la directe que de la réciproque, est exposée sous une forme élémentaire, d'après Newton, dans le *Journal des Savants* pour l'année 1852, pag. 522 et suivantes. J'emprunterai au besoin à cet écrit les expressions simples que j'y ai établies.

traits, n'ayant qu'une existence idéale. Il faut les considérer comme
des résultantes d'action, individuellement exercées ou ressenties,
par tous les éléments matériels qui constituent la masse de chaque
corps; et remonter de ces résultantes, aux composantes molécu-
laires, dont le concours les produit. Heureusement, la forme arrondie et presque sphérique des corps planétaires, combinée avec
la petitesse de leurs dimensions, comparativement aux grandeurs
des intervalles célestes qui les séparent, facilite ce retour pour le
genre de forces que Newton avait ici à leur appliquer. Car il démontra que des sphères homogènes, dont toutes les particules
exercent au dehors des forces proportionnelles à leurs masses
propres, et réciproques au carré des distances, donnent des résultantes qui suivent la même loi, et qui agissent comme si elles
émanaient de la masse totale concentrée à son centre de figure.
Cette équivalence d'effet a encore lieu pour les corps composés
de couches sphériques hétérogènes concentriques entre elles; et,
dans ces deux cas, elle est spécialement propre au mode d'action
que cette loi suppose. Maintenant, si les corps planétaires ne sont
pas rigoureusement sphériques, si la matière dont ils sont composés n'y est pas distribuée par couches concentriques de densités
rigoureusement uniformes, ces inégalités de configuration et de
constitution ne peuvent avoir qu'une influence secondaire sur les
résultantes d'action qu'ils exercent aux distances où ils sont les
uns des autres; car cette influence serait tout à fait nulle si leurs
dimensions étaient infiniment petites comparativement à ces distances, en sorte qu'ils dussent y agir comme des points massifs
mathématiques. Négligeant donc provisoirement ces effets secondaires, pour ne considérer que la partie principale de l'action,
les théorèmes de Newton sur les corps sphériques deviennent légitimement applicables. Ainsi, dans ce retour aux réalités, la force
centrale réciproque au carré de la distance, qui fait graviter
chaque planète vers le soleil, reste encore une conséquence mathématique des conditions phénoménales, suivant lesquelles nous
les voyons circuler dans leurs orbites autour de lui. Seulement,
on devra concevoir que cette gravitation ne s'exerce pas physiquement, de centre à centre, mais qu'elle est la résultante de toutes

les actions qui sollicitent les particules matérielles de la planète vers celles du soleil, suivant la même loi.

95. Dès que Newton fut en possession de ces résultats, il en fit une application qui devait fournir la vérification la plus immédiate comme la plus frappante de leur généralité. La pesanteur, qui sollicite incessamment sous nos yeux tous les corps terrestres, et qui les précipite suivant la verticale quand ils sont libres, nous offre l'exemple d'une force accélératrice, émanée d'un corps planétaire, et s'exerçant à distance. Quelle que soit la substance et la masse des corps que nous voulions soumettre à son action, elle sollicite tous leurs éléments matériels avec une énergie égale ; car elle leur imprime à tous d'égales vitesses de chute, quand on les soustrait à la résistance de l'air ; et ce fait, depuis longtemps remarqué, fut constaté de nouveau par Newton, au moyen de procédés dont la précision aurait rendu sensibles les plus petites différences, s'il en eût existé (*). Alors il pensa que cette force de gravité qui impressionne également les particules de tous les corps terrestres, sans distinction de nature, devait être du même genre que celle qui retient les planètes suspendues dans leurs orbites autour du soleil ; que son action doit s'étendre aussi indéfiniment dans l'espace, avec une énergie décroissante en raison du carré de la distance, au centre de la terre, considérée comme sensiblement sphérique ; et que c'était elle qui, affaiblie suivant cette loi à la distance où la lune se trouve de ce centre, la retenait autour de la terre, dans son orbite, en balançant la force centrifuge engendrée par son mouvement de révolution mensuel. Il soumit cette idée à l'épreuve du calcul, de la manière suivante (**), que je me bornerai à reproduire avec les données dont il a fait usage.

Faisant abstraction de toutes les inégalités qui affectent la marche de la lune, il la considère comme maintenue en moyenne sur une circonférence de cercle concentrique à la terre, ayant pour rayon Δ, qu'elle parcourt d'un mouvement uniforme dans

---

(*) *Philos. natur. principia math.*, lib. III, prop. VI, théor. VI.

(**) *Ibid.*, prop. IV, théor. IV.

le temps t. Soit alors u le petit angle que le rayon vecteur décrit dans l'orbite pendant un intervalle de temps très-court que nous supposerons avec Newton être une minute sexagésimale. Le sinus verse de cet angle aura pour longueur $2 \Delta \sin^2 \frac{1}{2} u$. Or, d'après les démonstrations antérieures que Newton a données, ce sinus verse exprime l'espace que la lune décrirait en tombant directement vers la terre pendant une minute sexagésimale, si la vitesse de circulation qui la sollicite et l'entraîne à chaque instant suivant la tangente locale, était tout à coup anéantie. Et, comme la force centrale qui agit sur elle peut toujours être censée constante pendant un intervalle de temps si court, l'espace décrit $2 \Delta \sin^2 \frac{1}{2} u$ peut être pris pour sa mesure. Il ne s'agit plus que de l'évaluer.

Si l'on suppose t exprimé en minutes, et que l'on représente par π la demi-circonférence dont le rayon est 1, u sera $\frac{2\pi}{t}$, et $\frac{1}{2} u$ sera $\frac{\pi}{t}$. La petitesse de cet angle permettant de le confondre avec son sinus, l'espace décrit aura évidemment pour longueur $\frac{2\pi^2 \Delta}{t^2}$.

Dans l'application numérique, Newton admet les données suivantes :

1°. La terre est sensiblement sphérique; et, d'après les mesures des astronomes français, *uti a Gallis definitum est*, son contour comprend 123249600 pieds de Paris. En effet c'est l'évaluation même qui se déduit de la longueur du degré terrestre mesuré par Picard vers la latitude de 50 degrés; et, heureusement pour Newton, elle est d'une exactitude qui doit surprendre pour le temps où elle a été obtenue.

2°. La distance moyenne de la lune à la terre est de 60 demi-diamètres terrestres. Soit donc R ce demi-diamètre et C la circonférence représentée par le nombre rapporté ci-dessus. On aura $2\pi R = C$, par conséquent $2\pi \Delta = 60 C$; et l'expression de notre sinus verse deviendra

$$\frac{60 \pi C}{t^2}$$

3°. La révolution sidérale de la lune, est de 27^j 7^h 43^m, ou en minutes 39343. Ce sera donc la valeur de t.

Pour employer commodément ces données numériques, on remarquera que C est le produit des trois facteurs 360.6.57060, dont le dernier est précisément la longueur du degré de Picard exprimé en toises. Alors, en formant le logarithme de C par la somme des logarithmes de ses facteurs, les Tables usuelles suffiront pour effectuer le calcul comme il suit :

$$
\begin{aligned}
\log C &= 8,0907856 \\
\log \pi &= 0,4971499 \\
\log 60 &= 1,7781513 \\
\hline
&\;\;10,3660868 \\
\log t^2 &= 9,1897350 \\
\hline
\end{aligned}
$$

$$\log \sin \text{verse} = 1,1763518 ; \quad \sin \text{verse} = 15^p,009.$$

Si la lune existait seule avec la terre dans l'espace, ce sinus verse serait la mesure de la force centrale φ, qui la maintiendrait en mouvement circulaire autour de la terre à la distance A, supposée égale à 60 R. Mais, dans l'hypothèse de la gravitation universelle, que Newton veut soumettre ici à l'épreuve du calcul, le soleil exerce aussi, sur la terre et sur la lune, une force du même genre, qui dans le cours de chaque révolution lunaire, sollicitant ces deux corps avec des énergies inégales, selon leur inégale proximité de son centre, produit en moyenne un effet contraire à la force centrale φ. Conséquemment, la résultante réelle qui soutient la lune à la distance moyenne où elle circule, est moindre que φ d'une certaine quantité que Newton évalue à $\frac{7}{357.45}\varphi$; qui la réduit à $\frac{350.45}{357.45}\varphi$ (*). D'après cela le sinus verse 15^p,009,

---

(*) *Principia*, lib. III, prop. III et corollaire. Le calcul exact donne pour cette réduction une quantité moitié moindre, c'est-à-dire $\frac{1}{717}$, ou $\frac{1}{717}$, comme Laplace le dit : *Expos. du système du Monde*, lib. IV, chap. V, et *Méc. cél.*, liv. II, § 5. Nous retrouverons cette même valeur en traitant de la théorie de la lune. La duplication faite par Newton ne peut pas être attribuée au mode d'évaluation exigé par le mouvement polygonal, puisqu'il s'agit du rapport de deux forces entre elles, qui doit rester le même, de quelque

qui se conclut du mouvement de circulation observé, donne seulement la mesure de cette force réduite ; et, pour avoir la véritable, il faut la multiplier par la fraction inverse $\frac{178,45}{177,45}$ ce qui le porte à $15^p,09344$ ou $15^p\,1^{po}\,1^{t}\,\frac{1}{5}$. C'est aussi le résultat de Newton, qui toutefois omet dans le premier calcul une autre correction également nécessaire, comme on le verra plus tard.

Maintenant, admettons qu'en agissant sur des corps plus rapprochés du centre de la terre, la force accélératrice φ s'accroisse réciproquement au carré de la distance à ce centre, alors, à la surface de la terre où cette distance est 1, tandis qu'elle est 60 dans la région de la lune, l'espace qu'elle fera décrire aux corps en chute libre, pendant 1 minute, sera égal à celui-là, multiplié par 60^2, ou, pouvant la considérer comme constante pendant un intervalle de temps si court, elle fera décrire en 1 seconde cet espace même $15^p\,1^{po}\,1^{t}\frac{1}{5}$, puisque, dans le mouvement rectiligne produit par une force accélératrice constante, les espaces décrits sont proportionnels aux carrés des temps écoulés. « Or, dit Newton,
» d'après les expériences d'Huyghens sur les oscillations des pen-
» dules, les corps graves, tombant en chute libre, sous la lati-
» tude de Paris, décrivent dans 1^t, $15^p\,1^{po}1^{t}\frac{1}{5}$. Ainsi la force
» qui retient la lune dans son orbite, étant ramenée à la surface
» de la terre, s'y trouve égale à la force que nous appelons la
» gravité ; et par conséquent elle est cette gravité même. Car
» nous ne pouvons connaître, et caractériser les forces que par
» leur puissance et leur mode d'action. »

---

manière qu'on les évalue individuellement. Newton me paraît nous donner lui-même la clef de ce mystère quand, pour justifier l'emploi de la correction $\frac{1}{357,45}$, il renvoie au coroll. II de la prop. XLV du livre I, qui est celle où il a cherché à calculer le mouvement imprimé à l'apogée d'une ellipse planétaire, par la force perturbatrice émanée d'une autre planète. Car voulant alors, sans le dire, faire une application de cette théorie au mouvement de la lune troublée par le soleil, il attribue à la force perturbatrice sa vraie valeur $\frac{1}{178}$, ce qui ne lui donne qu'à peu près la moitié du mouvement réel de l'apogée lunaire. Or, ne sachant pas que cette discordance tient à l'insuffisance de la première approximation à laquelle il se bornait, il a pu penser que, dans l'application au problème du liv. III, prop. III, il serait plus juste de doubler la fraction $\frac{1}{357,45}$ pour s'approcher davantage de la réalité.

Cette démonstration est d'une simplicité, et d'une rigueur logique, également admirables. Mais il y manque plusieurs détails que Newton ne pouvait pas connaître, et d'autres y sont imparfaitement appréciés. Comme elle a une importance fondamentale, Laplace l'a reprise, avec une bien plus minutieuse recherche de précision, dans la *Mécanique céleste*, livre II, § 9; puis encore au livre VII, § 19; après quoi, Damoiseau est encore revenu sur cette détermination dans le § 12 de son grand travail sur la théorie de la lune, inséré au tome Ier des *Mémoires des savants étrangers* publiés par l'Académie des Sciences. On est ainsi parvenu à obtenir un accord si proche entre l'intensité de la pesanteur qui s'observe à la surface de la terre, et celle qui se déduit du mouvement révolutif de la lune, qu'en l'admettant comme un fait physique, on a pu renverser le problème, et tirer de là l'évaluation de la masse de la lune d'après la grandeur observée de la parallaxe lunaire, ou inversement. Toutefois, bien que ces déductions soient théoriquement très-légitimes, elles ne sauraient être considérées comme fournissant des nombres absolument rigoureux et définitifs, à cause des petites incertitudes qui restent encore sur plusieurs éléments du calcul; par exemple, sur la grandeur absolue du rayon terrestre et la longueur du pendule à secondes sous une latitude assignée; deux données que les irrégularités de la figure de la terre, et de sa constitution locale, peuvent rendre accidentellement quelque peu inégales en divers points du contour d'un même parallèle, comme on l'a reconnu de nos jours. Newton n'avait que des appréciations bien moins sûres encore de ces éléments de son calcul; et l'accord numérique de son résultat, avec le pendule d'Huyghens, ne se trouve aussi rigoureux qu'il le présente que par des compensations fortuites de petites erreurs. Toutefois, indépendamment de cette rigueur factice dont l'apparence était peut-être nécessaire pour les contemporains, la connexion si intime, qui se trouvait ainsi exister entre la force centripète qui retient la lune, et la gravité terrestre affaiblie en raison du carré des distances, rendait l'identité physique de ces deux forces évidente et indubitable, ce qui était le fait capital d'une importance immense, que Newton voulait établir.

94. Ceci, appliqué aux autres corps planétaires, que la forme de leurs orbites, et les variations de leurs vitesses angulaires, prouvent être régis par des forces centrales, soumises à la même loi de décroissement, montrait par une analogie manifeste, qu'ils sont retenus autour de leurs centres de circulation respectifs, comme la lune l'est autour de la terre, par des forces partant de ces centres, et s'exerçant, comme la gravité terrestre, à travers l'espace, sur tous les éléments matériels du corps excentrique avec une énergie réciproque au carré de sa distance au corps central. Or c'était là un phénomène complexe, que Newton dut et sut habilement analyser, sans quoi les applications de ses premières découvertes se seraient trouvées fausses et improductives. Mais son génie physique, non moins puissant que son génie mathématique, lui en fit voir immédiatement l'interprétation exacte. C'est un fait général d'expérience, et une loi générale de mouvement posée par lui-même, que toute action mécanique exercée par un corps matériel sur un autre, est accompagnée d'une réaction égale et de sens contraire. Cela s'observe même dans les cas où l'action est transmise à travers l'espace, sans apparence de communication par des intermédiaires pondérables ou tangibles. Ainsi, lorsque l'aimant impressionne à distance le fer doux et l'attire, il en est lui-même réciproquement attiré avec une égale énergie. Car si l'on place un morceau de l'un et un morceau de l'autre, sur des disques minces de liége et qu'on les dépose sur la surface d'une eau tranquille où ils puissent flotter en liberté, on les verra d'abord se rapprocher mutuellement avec d'inégales vitesses de transport. Mais quand leurs disques se seront joints, et tournés dans les positions où les centres d'action se trouvent à la moindre distance possible, le système restera en repos ; la résultante des efforts contraires qui tendent à le mouvoir étant rendue nulle par leur exacte égalité. De même, quand un corps électrisé en attire ou en repousse un autre, il est pareillement attiré ou repoussé par lui ; et si on les met dans les conditions où ils puissent librement se mouvoir sous ces influences mutuelles, on les voit se rapprocher simultanément l'un de l'autre, ou se fuir simultanément. Cette égalité générale de la réaction à l'action est la troi-

sième loi de mouvement, que Newton établit par une multitude de preuves expérimentales, dans les premières pages du livre des *Principes*. En l'appliquant aux effets de gravitation céleste qu'il avait analysés, il en conclut et dut en conclure, que dans ces phénomènes, les planètes doivent réagir sur le soleil, comme le soleil agit sur elles, la lune sur la terre comme la terre sur la lune, et généralement chaque système de satellites sur leur planète centrale comme cette planète sur eux ; de manière qu'en chaque cas, les deux corps mutuellement impressionnés dussent se faire réciproquement équilibre, dans le contact, s'ils y étaient placés dans l'état de repos. Il avait aussi prouvé que toutes ces forces de gravitation s'accordaient à varier d'intensité aux diverses distances, suivant une même loi. Mais cela laissait encore incertain si elles étaient physiquement de même ou de différente nature, et si leur action s'exerçait avec une énergie absolue, égale ou inégale entre ces divers corps, quelle que fût la matière qui les composât. Les actions électriques et magnétiques, par exemple, présentent cette communauté de lois entre elles et avec la gravitation céleste, quoique étant physiquement différentes, puisqu'elles peuvent impressionner certains corps et non pas d'autres. Toutefois, la similitude des lois de mouvement que suivent les diverses planètes aux diverses distances du soleil, la reproduction des mêmes analogies dans les mouvements des systèmes de satellites autour de leur planète, enfin l'égalité de pouvoir que la pesanteur terrestre exerce sur les matières de nature quelconque et sur la lune même, tout cela rendait on ne peut plus vraisemblable, qu'il ne se manifestait réellement dans ces divers effets qu'une seule et même force, inhérente aux particules matérielles qui constituent l'universalité des corps planétaires. La troisième loi de Képler, en vertu de laquelle les carrés des temps des révolutions des planètes sont proportionnels aux cubes de leurs moyennes distances au soleil, fournit à Newton le moyen de démontrer cette identité.

95. La démonstration, dans le cas où les orbites sont circulaires, est tellement simple, que je crois devoir l'exposer ici ; et je le ferai d'autant plus volontiers que la formule à laquelle on arrive

est identiquement la même que l'on obtient pour les orbites elliptiques, par une analyse plus savante. Quant aux principes de mécanique analytique, sur lesquels notre calcul reposera, j'adopterai
l'exposition parfaitement judicieuse et précise que Poisson en a
donnée dans la deuxième édition de son *Traité de Mécanique*,
pages 463-465, auxquelles je renverrai le lecteur ; me bornant à
spécifier ici en note quelques détails antérieurs, dont il faut toujours avoir présentes à l'esprit les définitions exactes, pour distinguer clairement ce qu'ils apportent d'éléments positifs ou conventionnels, dans les applications. Du reste, si l'on juge à propos
de recourir à ces notes, il suffira de le faire après avoir lu en entier
le paragraphe suivant, qui contient tous les énoncés qu'elles sont
destinées à éclaircir.

Mettons d'abord en présence le soleil et une seule planète, par
exemple Mars, tous deux à l'état de repos ; puis les abandonnant
à la seule influence de leur attraction mutuelle, qui les portera
l'un vers l'autre, analysons et spécifions les conditions générales de ce mouvement. Pour cela désignons par f, *la force accélératrice*, que l'unité de masse d'un de ces corps, exercerait sur
l'unité de masse de l'autre en vertu de leur attraction mutuelle, si
ces éléments matériels étaient mis ainsi en présence à la distance r
choisie arbitrairement, sous la seule réserve que leurs dimensions
propres soient insensibles, comparativement à sa grandeur (*).

(*) J'emploie ici le mot *force accélératrice*, dans le sens que les analystes
lui donnent généralement aujourd'hui, quoique, ainsi que Newton le fait observer au commencement du livre des *Principes* (definitio IV), il fût plus juste de
l'employer exclusivement pour désigner l'*action* externe qui imprime le mouvement et non pas le *mode* de mouvement imprimé. Ces modes divers, qui seuls
se manifestent à nos sens par l'observation, et font l'objet de nos mesures, se
distinguent entre eux, par l'incrément infiniment petit dv de vitesse que
l'unité de masse, également impressionnée dans tous ses points mathématiques, se trouve avoir acquis, *après* que l'*action* qui l'incite, s'est exercée
sur elle, pendant l'intervalle de temps infiniment petit dt, soit quand cet
élément de masse est déjà en mouvement, soit quand il est en repos. Lorsque
la force accélératrice, prise théoriquement, au sens des analystes, est *constante*, l'incrément dv est constant, par définition, pour le même dt, à toutes
les époques du mouvement. Ainsi l'espace que cet incrément de vitesse,

J'entends ici, par *unités de masse*, des *quantités de matière inerte*, de *nature quelconque, physiquement définies*, qui, étant

---

ferait parcourir à l'unité de masse, pendant le temps 1, en mouvement uniforme, espace qui serait proportionnellement $\frac{dv}{dt}$, aura aussi, à toutes ces époques, une valeur constante g. De plus, à cause de la constance des dv, lorsque la force accélératrice caractérisée par cette constance, est censée agir ainsi continûment suivant une même direction rectiligne pendant le temps quelconque t, la vitesse finale produite par la somme de toutes ses impressions successives, est gt; de sorte que si l'unité de masse se mouvait ultérieurement avec cette seule vitesse acquise, elle décrirait pendant le temps 1 l'espace g, et dans le temps dt l'espace $g dt$, ce qui est conforme à la signification que nous avons primitivement donnée à la constante g. Mais comme la communication des incréments dv est successive, et que l'incitation produite par chacun d'eux, n'agit que pendant une portion progressivement moindre du temps total t, on démontre, par les limites, que l'espace réellement décrit en ligne droite pendant ce même temps t, sous leurs impressions réunies, est $\frac{1}{2}gt^2$, conséquemment dans le temps 1, $\frac{1}{2}g$; et dans le temps dt, $\frac{1}{2}g dt^2$. Telles sont les lois du mouvement rectiligne que les géomètres appellent *uniformément accéléré*. L'action physique qui précipite les corps vers le centre de la terre, suivant la verticale de chaque lieu, et que l'on appelle la *pesanteur* ou la *gravité* terrestre, leur imprime un mode de mouvement conforme à cette conception théorique, quand on les observe entre des limites de parcours très-restreintes, comparativement à leur distance absolue au centre de la terre. Ce fait, constaté d'abord par Galilée, a été confirmé depuis par des expériences qui le rendent indubitable, et qui font connaître pour chaque lieu, la valeur de la constante g, exprimée en mètres, ou dans toute autre unité de distance que l'on veut choisir. Maintenant, pour tout autre mode de mouvement, où la force accélératrice ne sera plus constante, mais variable avec le temps t, l'incrément de vitesse dv, variera à chaque instant, et le rapport $\frac{dv}{dt}$ ou g, sera une certaine fonction de t, propre à chaque mode de mouvement considéré; ce qui fournira généralement un caractère distinctif, par lequel on pourra comparer tous ces modes entre eux. Mais, quand on limite cette application aux mouvements opérés par des causes physiques, lesquels font l'objet spécial de nos observations et de nos calculs, il faut pour la rendre complète, y joindre deux particularités qui achèvent de les définir. La première, c'est que si l'on considère leurs effets sur l'unité de masse partant du repos, les vitesses imprimées v, et les espaces x décrits en lignes droites après un temps fini t, sont toujours finis. La seconde, c'est que dans toute la durée de ces mouvements, depuis leur origine, soit que la force accélératrice s'y montre progressive-

placées dans les deux plateaux d'une balance à bras égaux, se feraient mutuellement équilibre sous l'influence de la force ap-

---

ment croissante, décroissante, ou constante, le rapport $\frac{dv}{dt}$, ou g', y varie continûment, par nuances insensibles, sans présenter d'intermittences occasionnelles qui le rendent nul pendant plusieurs dt consécutifs. D'après cela, conformément à l'esprit du calcul infinitésimal, et par analogie avec ce qui se fait dans la théorie des courbes, on peut se représenter physiquement chacun de ces mouvements divers, comme opéré par une force accélératrice $\frac{dv}{dt}$ ou g', qui reste constante pendant chaque intervalle de temps infiniment petit dt, et qui varie dans une proportion infiniment petite quand on passe de ce dt à celui qui le suit ou à celui qui le précède. On pourra alors, à tout instant, évaluer l'énergie actuelle de ces forces, comparativement à celle de la gravité terrestre, en l'appréciant par le rapport des vitesses $g'\,dt$, $g\,dt$ respectivement imprimées à l'unité de masse, après le temps infiniment petit dt; ou encore par le rapport des espaces $\frac{1}{2}\,g'\,dt^2$, $\frac{1}{2}\,g\,dt^2$, décrits en mouvement uniforme accéléré pendant le même temps, ce qui conduit au même résultat. Seulement, quel que soit celui des deux modes que l'on adopte, il faut appliquer le même à toutes les forces accélératrices que l'on veut comparer entre elles et à la gravité terrestre dans un même calcul.

Maintenant, pour évaluer les espaces que l'unité de masse, partant du repos, aura parcourus en mouvement rectiligne, après un temps quelconque fini t, dans ces modes diversement variés de transport, mesurons ces espaces, depuis son point de départ sur la direction de la droite qu'elle suit. Soient généralement x l'espace qu'elle se trouve avoir ainsi parcouru après le temps t, v sa vitesse actuellement acquise, et g' la valeur actuelle du rapport $\frac{dv}{dt}$. Pendant l'intervalle de temps infiniment petit dt qui suivra, x s'accroîtra d'une quantité dx, qu'il s'agit d'évaluer. Or ce dx se composera de deux parties distinctes, savoir : $v\,dt$ qui provient de la vitesse v précédemment acquise; puis $\frac{1}{2}\,g'\,dt^2$ que la force accélératrice agissant avec son énergie actuelle aura fait décrire en mouvement uniformément accéléré pendant le temps dt. On aura donc en somme

$$dx = v\,dt + \tfrac{1}{2}\,g'\,dt^2.$$

Or, dans les modes de mouvements physiques, que nous considérons ici, le temps t étant supposé fini, v ou g' sont des quantités finies. D'après cela, dt étant infiniment petit, le produit $v\,dt$ est un infiniment petit du premier ordre, et le produit $\frac{1}{2}\,g'\,dt^2$ est un infiniment petit du second, qui doit

pelée *pesanteur*, qui fait tomber les corps vers la surface de la terre, suivant la verticale locale, quand ils sont abandonnés li-

---

être comparativement négligé. On aura donc simplement alors

$$dx = v\,dt, \quad \text{d'où} \quad v = \frac{dx}{dt}.$$

En prenant dt constant, dv sera $\frac{d^2 x}{dt}$, et le rapport $\frac{dv}{dt}$ ou $\frac{d^2 x}{dt^2}$ représentera la valeur actuelle du coefficient g' qui caractérise le mode de mouvement considéré, et qui est immédiatement comparable au g de la pesanteur terrestre. Dans le langage des analystes, on appelle habituellement ce rapport $\frac{d^2 x}{dt^2}$, *la force accélératrice*. Mais ce n'est là qu'une abréviation qu'il faut toujours interpréter dans son véritable sens.

En supposant les espaces x et les temps t, évalués respectivement en unités de leurs espèces propres comme on doit toujours le concevoir, le rapport $\frac{d^2 x}{dt^2}$ ou g' est un nombre abstrait, qui exprime le nombre d'unités de distance contenues dans g', et il se trouve ainsi comparable au nombre d'unités pareilles contenues dans g.

Dans l'énoncé préliminaire que j'ai emprunté à Poisson, le symbole f désigne le g' de la force accélératrice engendrée par l'attraction de l'unité de masse sur l'unité de masse, lorsque ces deux unités sont mises en présence à la distance 1.

Les deux particularités sur lesquelles je me suis fondé, pour considérer la force accélératrice comme constante pendant chaque dt infiniment petit, dans le mode de mouvement auquel nous l'appliquions, sont également celles sur lesquelles Newton (*De motu*, lemma X) établit la proposition suivante, qui conduit à la même conséquence :

« Si un corps est mû par une force *finie* quelconque, soit constante et
» invariable, soit *continûment* croissante ou décroissante, les espaces décrits
» à l'origine du mouvement sont proportionnels aux carrés des temps (et les
» vitesses sont proportionnelles aux temps). »

Pour démontrer cette proposition Newton suppose le mouvement rectiligne et la vitesse initiale nulle. Il construit alors le lieu curviligne des temps et des vitesses, représenté par l'équation

$$v = f\,t;$$

et il prend l'espace décrit

$$t = \int_0^t v\,dt.$$

Alors, le mobile partant du repos, le lieu des vitesses, à l'origine du mou-

brement à son action ; et j'appellerai conventionnellement, *masses
égales* ou *inégales*, des multiples *égaux* ou *inégaux* de ces
mêmes unités (*). Enfin, pour ne rien laisser d'obscur, dans ces

---

vement, coïncide avec la tangente initiale, ce qui donne le résultat
énoncé.

Cette démonstration géométrique peut se traduire en analyse, comme il
suit :

ft étant continue, et restant toujours finie pour un temps fini, si ce
temps est t et que la vitesse initiale v_0 soit supposée nulle, on aura, par la
formule de Maclaurin,

$$v = \frac{t}{1}\left(\frac{dv}{dt}\right)_0 + \frac{t^2}{1.2}\left(\frac{d^2v}{dt^2}\right)_0 + \frac{t^3}{1.2.3}\left(\frac{d^3v}{dt^3}\right)_0 \cdots$$

D'après le second des deux caractères attribués à ft, t étant fini, aucun
des coefficients ne pourra devenir infini ; et aussi en vertu de la continuité
de ft, aucun ne pourra être nul si tous les autres ne le sont.

Cette expression générale de v étant substituée dans z, il en résulte

$$z = \int^t v\,dt = \frac{t^2}{1.2}\left(\frac{dv}{dt}\right)_0 + \frac{t^3}{1.2.3}\left(\frac{d^2v}{dt^2}\right)_0 + \frac{t^4}{1.2\,3.4}\left(\frac{d^3v}{dt^3}\right)_0 \cdots$$

Dans les premières phases du mouvement t étant très-petit, ces développements se réduisent à leur premier terme, ce qui démontre la proposition.

(*) De toutes les forces accélératrices, la gravité, ou pesanteur que
nous voyons s'exercer à la surface de la terre, est une de celles dont les
caractères nous sont les plus immédiatement nécessaires à constater, parce
qu'il n'existe, sur cette terre où nous sommes, aucun corps qui n'y soit
soumis. Elle les précipite tous vers son centre, suivant la verticale, quand
ils sont abandonnés à eux-mêmes sans vitesse initiale ; et l'impression
qu'ils en reçoivent se réitère continûment dans le même sens pendant
qu'ils tombent ; car leur mouvement de chute, au lieu d'être uniforme,
va sans cesse en s'accélérant. Elle agit indistinctement sur tous ces corps
avec une énergie égale quelle que soit leur substance, car si on les
soustrait à la résistance de l'air, en les plaçant dans un tube vide, tous
parcourent une même hauteur de chute, dans un même temps. Cette égalité
s'observe aussi dans le vide, entre tous les fragments d'un même corps,
quelles que soient leurs dimensions relatives, ce qui prouve que la gravité
impressionne également les plus petites parcelles de la matière qui les compose. Ces résultats, que l'on peut reconnaître approximativement par des
épreuves directes, sont confirmés avec la dernière rigueur par l'exacte identité des mouvements oscillatoires que la gravité imprime aux corps de toute
nature librement suspendus, identité que Newton a constatée par des expériences extrêmement précises, qu'il a exposées dans son traité des *Principes*

prémisses, je renverrai aux définitions des forces accélératrices, et des masses, que je donne ici en note. La force que nous avons

---

de la Philosophie naturelle, liv. III, prop. VI, théor. VI. Cette même force ne cesse pas de solliciter les corps, quand on s'oppose à leur descente par l'interposition d'un support horizontal résistant. Car son action sur eux, dans cette circonstance, continue de se manifester par l'effort qu'ils exercent contre le support; effort qui nous devient sensible quand nous employons notre force musculaire pour lui faire obstacle, et que nous appelons leur *poids*. L'expérience nous apprend que ce poids est le même, pour un même corps subdivisé, ou non subdivisé. C'est ce que l'on constate à chaque instant dans les pesées les plus délicates de la chimie et de la physique, quand on les ramène à ce qu'elles seraient dans le vide, en tenant compte de l'inégal volume d'air déplacé par chaque corps et par ses fragments; le même fait s'observe avec autant ou plus de rigueur encore, dans les expériences sur les mouvements oscillatoires, telles que celles de Newton que j'ai tout à l'heure citées. Ceci prouve donc que, pour chaque corps de dimensions restreintes, comme ceux sur lesquels nous pouvons effectuer les épreuves précédentes, le *poids* représente la résultante de toutes les forces verticales, et sensiblement parallèles, que la gravité terrestre imprime à chacun des éléments matériels dont ce corps est composé. De là il suit que, pour chaque corps, et pour chaque classe de corps *où la matière constituante de ces éléments est de même nature,* quel que soit d'ailleurs leur mode d'agrégation, les poids de ces corps, sont proportionnels aux *quantités* de cette *même* matière impressionnable, qu'ils contiennent. Ces quantités considérées abstractivement, au sens absolu, constituent ce que l'on appelle généralement les *masses* des corps. Mais leur évaluation relative par les poids, n'est physiquement assurée que dans le cas d'identité de substance, sur laquelle la démonstration de la proportionnalité repose; et l'étendre à des substances de nature diverse, comme on le fait habituellement, ce serait préjuger que toutes sont également impressionnables par la gravité, ce que rien ne nous atteste. Toutefois, sans tomber dans les hypothèses, on peut, *conventionnellement*, appliquer aux masses de tous les corps, de nature quelconque, ce même mode d'évaluation relatif, pourvu que l'on entende par *quantités de matières égales*, on devrait plutôt dire, *mécaniquement équivalentes*, celles qui étant impressionnées *simultanément* par la gravité terrestre, ont un même poids. La condition de simultanéité est ici nécessaire, parce que des expériences ultérieures nous apprennent que, pour tous les corps, l'énergie de la gravité s'affaiblit sur une même verticale à mesure qu'ils sont placés plus loin du centre de la terre, et l'on y découvre aussi quelque variation à distance égale de la surface terrestre sur des verticales différentes.

La définition précédente ne décide point, et n'éclaire même pas, la question de savoir si la proportionnalité des poids aux quantités de matière

désignée par le symbole f, doit être censée soumise au même mode de mensuration, soit absolu, soit relatif, qui est spécifié par ces définitions; et quand on l'emploie au premier sens, dans les équations différentielles, comme les analystes ont aujourd'hui coutume de le faire, elle y représente une longueur exprimée en parties de l'unité de distance conventionnellement choisie. Quant à l'unité de temps, qui est aussi un élément conventionnel des calculs dynamiques, comme l'idée du temps, et sa mesure, nous sont fournies par des phénomènes de mouvement, on pourrait craindre, qu'il n'y eût un cercle vicieux, à définir cette unité par les indications des horloges mécaniques, réglées sur le mouvement diurne du ciel, ainsi que nous le faisons usuellement. Mais, si l'on se reporte à ce que

---

est physiquement générale, ou si elle est particulière aux substances de même nature, néanmoins elle suffit pour toutes les applications de mécanique pratique. Car, toutes les masses constatées ainsi, je ne dirai pas *égales*, mais *équivalentes* sous l'action de la gravité terrestre, se trouvent encore être telles sous l'influence de toutes les autres forces par lesquelles nous pouvons les impressionner. L'expérience nous apprend d'ailleurs que, dans ces masses, la matière propre de chaque corps, n'existe pas à l'état de parfaite continuité, tous pouvant être progressivement dilatés par la chaleur et condensés par le refroidissement, entre des limites plus ou moins étendues, sans se détruire. S'il existe, dans leurs interstices, des milieux matériels impondérables à nos balances les plus délicates, ou qui même échapperaient entièrement à l'action de la gravité, comme sont peut-être les principes de la chaleur, de l'électricité, du magnétisme, il est évident que la définition précédente de la masse n'en tient aucun compte.

Ces conventions étant admises, prenons pour unité de masse, une *quantité* fixe et connue d'une certaine substance, invariable dans sa composition; par exemple le décimètre cube d'eau distillée, amenée à la température du maximum de condensation de ce liquide. Puis appelons *kilogramme* son poids, tel que la gravité le lui imprime à l'Observatoire de Paris. Alors la masse de tout autre corps quelconque s'exprimera proportionnellement par son poids en kilogrammes, déterminé dans les mêmes conditions de localité, ou ramené théoriquement à ces conditions. Ainsi les masses et les poids s'énonceront généralement par des nombres rapportés chacun à l'unité de son espèce, comme les longueurs le seront au mètre; et ces nombres entreront comme abstraits, dans tous les calculs, parce que les quantités physiques qu'ils représentent, ne s'y emploient jamais que par leurs rapports entre elles. Ce sont là des notions fondamentales de physique mécanique qu'il faut toujours avoir présentes.

j'ai dit sur ce sujet tome II, page 298, on verra que cette pratique ne renferme point de cercle vicieux, parce que la mesure du temps ainsi obtenue, est fondée *uniquement* sur le caractère de périodicité des mouvements qu'on y emploie, et non pas sur les lois qui en règlent les détails intérieurs, lois qu'on ne peut établir qu'en admettant une mesure du temps préalablement convenue qui en soit indépendante. Ces explications m'ont paru nécessaires pour fixer nettement des notions fondamentales, qui se représenteront à chaque pas, dans les questions que nous allons traiter, et dont il ne faut jamais perdre de vue le sens précis.

96. Les conventions précédentes étant posées, soient M la masse du soleil, m celle de Mars; M et m représentant les nombres respectifs d'unités de masse qui les composent. Si nous admettons que les dimensions propres de ces deux astres soient insensibles comparativement à la distance 1 où nous les supposons momentanément placés; ou, seulement, si nous supposons que les théorèmes de Newton sur les corps sphériques leur soient applicables; la masse M, à cette distance, exercera sur chaque unité de masse de Mars, une force *motrice* dont l'expression, proportionnelle au nombre d'unités de masse de M, sera Mf; et pour la masse totale m, la force motrice totale ainsi exercée sera Mmf; laquelle étant supposée varier, en raison inverse du carré des distances, deviendra $\dfrac{Mmf}{r^2}$, à toute autre distance r pour laquelle les dimensions des deux corps, ou leur configuration sphérique, permettront de l'appliquer.

Réciproquement, la force totale exercée par la masse m, sur chaque élément de masse de M, à la distance 1 sera mf; et cette force étendue par sommation à toute la masse de M, sera mMf, devenant $\dfrac{mMf}{r^2}$ à la distance r. L'action totale d'un de ces corps sur l'autre, sera donc toujours égale à la réaction qu'il en éprouve, comme cela doit généralement arriver.

Les deux corps étant supposés libres, et mis tous deux en présence à la distance r, si on les abandonne à la force motrice commune $\dfrac{mMf}{r^2}$, qui les sollicite individuellement, elle leur im-

primera, à chaque instant, des vitesses infiniment petites réciproquement proportionnelles à leurs masses respectives. En conséquence la force qui fera mouvoir M vers m sera $\dfrac{m\,f}{r^2}$, et celle qui

fera mouvoir m vers M, sera $\dfrac{M\,f}{r^2}$. Ces forces conspirant pour les

rapprocher l'un de l'autre, leur somme $\dfrac{(M + m)\,f}{r^2}$ exprimera

la force totale qui produit leurs mouvements relatifs.

97. Supposons maintenant, qu'en vertu d'une telle force, m
décrive autour de M une orbite circulaire dont le rayon soit a.
D'après la symétrie de l'orbite autour du centre M, le mouvement
de circulation ne peut y être qu'uniforme. Désignons par T la durée d'une révolution entière, exprimée dans une unité quelconque, mais convenue, de temps. Alors, pendant un intervalle
de temps infiniment petit dt, exprimé dans la même espèce d'u-
nité, le rayon vecteur central a, décrira un angle u du même
ordre de petitesse, qui sera proportionnellement

$$u = \frac{2\,\pi}{T}\,dt,$$

et l'arc de l'orbite qui le sous-tend aura pour sinus verse

$$2\,a \sin^2 \tfrac{1}{2}\,u\,;$$

ou, à cause de la petitesse de u,

$$\frac{2\,\pi^2\,a\,dt^2}{T}$$

Ce sinus verse représente l'espace s réellement décrit suivant la
direction de la force centrale, pendant le temps dt.

D'après les caractères propres aux forces accélératrices produites
par des actions physiques, caractères que j'ai rappelés ci-dessus
dans l'avant-dernière note, l'espace s supposé infiniment petit, doit
être censé parcouru en mouvement uniformément accéléré ; et la
vitesse infiniment petite acquise par l'unité de masse, après qu'il a

été ainsi parcouru, est $\dfrac{2\,s}{dt}$. Laquelle, si elle continuait de s'exercer

sans altération, pendant le temps 1, ferait décrire proportionnellement à cette même unité de masse, l'espace $\dfrac{2\,\varepsilon}{dt^2}$. Prenant donc
en général les vitesses ainsi acquises pour la mesure comparative
des forces accélératrices, suivant l'usage actuel des analystes, ce
qui supposera la force f évaluée conformément à la même convention, l'expression de la force centrale g', conclue du mouvement
de circulation actuel, sera

$$\frac{4\,\pi^2 a}{T^2};$$

alors en l'égalant à son expression en fonction des masses $\dfrac{(M+m)\,f}{a^3}$,
on en tirera

$$(1)\qquad T^2 = \frac{4\,\pi^2}{(M+m)\,f}\,a^3;$$

ce qui établit une condition de dépendance, entre la durée de
la révolution de m autour de M, et le rayon a du cercle décrit
sous l'influence d'une gravitation mutuelle f, proportionnelle aux
masses et réciproque au carré de la distance.

98. Quand l'orbite doit être une ellipse décrite autour de M
comme foyer, si l'on nomme a le demi grand axe de cette ellipse, e le rapport de l'excentricité au demi grand axe, et c le
double de l'aire constante décrite par le rayon vecteur r, dans
l'unité de temps, on démontre assez simplement que la force φ,
qui sollicite à chaque instant le mobile vers le foyer M, comme
ferait une force accélératrice constante, a pour expression générale (*)

$$(2)\qquad \varphi = \frac{c^2}{a\,(1-e^2)}\cdot\frac{1}{r^2}$$

Soit T la durée d'une révolution de m. Pendant ce temps, le rayon
vecteur r décrit la surface entière de l'ellipse $\pi\,a^2\sqrt{1-e^2}$. Ceci

---

(*) Cette expression se trouve ainsi établie dans l'article du *Journal des
Savants* que j'ai déjà cité; année 1852, pag. 522 et suiv.

donne donc

$$c = \frac{2\pi a \sqrt{1 - e^2}}{T}.$$

En substituant cette valeur de la constante c dans γ, l'excentricité e disparaît, et il reste

$$\varphi = \frac{4\pi^2 a^3}{T^2} \cdot \frac{1}{r^2}.$$

Veut-on maintenant que la force centrale φ, qui fait décrire l'ellipse autour du foyer M, provienne d'une gravitation mutuelle, exercée entre M et m, avec une énergie proportionnelle aux masses et réciproque au carré de la distance ? Alors il faudra lui attribuer son expression spéciale à ce cas, laquelle est

$$\varphi = (M + m)\, f \cdot \frac{1}{r^2};$$

egalant donc ses valeurs sous ces deux formes, on aura, pour condition du fait demandé,

$$(1) \qquad (M + m)\, f = \frac{4\pi^2 a^3}{T^2};$$

conséquemment

$$(1) \qquad T^2 = \frac{4\pi^2}{(M + m)\, f}\, a^3.$$

C'est la même que nous avions trouvée d'abord pour les orbites circulaires, si ce n'est que le demi grand axe de l'ellipse y remplace le rayon du cercle décrit.

99. Cette relation fondamentale intervient continuellement dans les recherches relatives à la mécanique céleste. Mais pour la commodité du calcul, on l'y emploie d'ordinaire sous une forme un peu différente. Si le mouvement de circulation de la planète était supposé uniforme, l'angle que son rayon vecteur décrirait autour du cercle du soleil dans l'unité de temps serait

$$n = \frac{2\pi}{T}.$$

Ce coefficient n s'appelle le *mouvement moyen* de la planète, lequel se conclut ainsi immédiatement de sa révolution sidérale observée. En introduisant son expression dans l'équation (1) elle devient

$$1 = \frac{n^2}{(M + m)f}a^3,$$

et en faisant, par abréviation,

$$(M + m)f = \mu,$$

on en tire

$$n = a^{-\frac{3}{2}}\sqrt{\mu}.$$

C'est la forme sous laquelle elle est le plus fréquemment employée.

Du reste l'expression abstraite de n, $\dfrac{2\pi}{T}$, se traduit dans les applications par des valeurs numériques diverses, selon les espèces d'unités que l'on adopte, pour représenter les temps et les angles. C'est ce que j'ai déja expliqué au tome IV, page 486, en traitant du mouvement du soleil. Par exemple, si le temps T a été observé en jours moyens solaires, et que l'on veuille calculer n pour une année julienne de 365^j,25, en mesurant les angles par des secondes de degrés sexagésimaux, T devra être remplacé dans la formule par $\dfrac{T}{365^j,25}$, 2π par 360.3600; et il en resultera

$$n = \frac{2376000''.365,25}{T}.$$

100. Supposons maintenant que l'ellipse décrite par m, autour de M comme foyer, doive s'allonger en une parabole, dont la distance périhélie $a(1 - e)$ soit finie et égale à D. Pour adapter l'expression générale de φ à cette condition, il faudra y conserver en évidence la constante c, sans l'évaluer en fonction de la révolution sidérale; puis y remplacer le produit $a(1 - e^2)$ par $D(1 + e)$, et y faire ensuite $e = 1$, ce qui donnera

$$(3) \qquad \varphi = \frac{c^2}{2D} \cdot \frac{1}{r^2}.$$

Alors, si l'on veut que la parabole résulte d'une gravitation mutuelle exercée entre M et m, proportionnellement aux masses et réciproquement au carré de la distance, il faudra attribuer à φ la valeur $(M + m) f \cdot \dfrac{1}{\rho^2}$, qui est spéciale pour ce cas ; et la condition du fait demandé sera

$$(4) \qquad (M + m) f = \frac{c^2}{2\,D}.$$

Cette formule nous servira pour reconnaître si la même force de gravitation f qui fait décrire aux planètes des orbites elliptiques, régit aussi les mouvements des comètes qui décrivent des paraboles autour du soleil comme foyer. Mais nous commencerons par étudier cette question d'identité dans son application aux planètes elles-mêmes.

101. Toutes ces relations mécaniques entre les éléments des orbites planétaires, et l'énergie de la force de gravitation $(M + m) f \cdot \dfrac{1}{r^2}$ qui les fait décrire, ont été obtenues en considérant les deux corps m, M, comme soumis à la seule influence de leur gravitation mutuelle, *sans qu'aucune force accélératrice étrangère à celle-là intervînt dans leurs mouvements*. En continuant cette supposition, appliquons nos formules à une planète différente de m, et dont la masse soit par exemple m'. La force qui la fait graviter vers le soleil M, et le soleil vers elle, devra encore être estimée proportionnelle aux masses et réciproque au carré de la distance, puisque ceci est une conséquence mathématique des lois phénoménales auxquelles son mouvement de circulation se trouve assujetti. Si, de plus, cette force est physiquement identique à f, en sorte qu'elle s'applique à m', comme à m, sans distinction des natures semblables ou différentes de matière, qui composent ces corps, son action, dans le mouvement relatif de m', à la distance 1, sera $(M + m') f$, de sorte qu'en distinguant les éléments de l'orbite de m' par un accent, on aura pour celle-ci

$$(1)' \qquad T'^2 = \frac{4\,\pi^2}{(M + m') f}\, a'^3,$$

alors, en combinant cette équation avec son analogue (1) relative
à m, f disparaîtra, et il restera

$$(\text{K}) \qquad \frac{\text{T}'^2}{\text{T}^2} = \left(\frac{\text{M} + m}{\text{M} + m'} \right) \frac{a'^3}{a^3};$$

mais ce résultat n'aurait plus lieu, si la gravitation qui s'exerce
entre M et m, était physiquement différente, à masse égale, de
celle qui s'exerce entre M et m'. Car alors, en la désignant par f',
le rapport $\dfrac{f}{f'}$, resterait comme facteur, dans le second membre de
l'équation (K).

Admettons d'abord la supposition d'identité, et discutons-en les
conséquences, comparativement aux phénomènes. Toutes les planètes qui circulent autour du soleil se montrent assujetties à cette
loi générale, que les carrés des temps de leurs révolutions sidérales sont, non pas exactement, mais très-approximativement proportionnels aux cubes de leurs moyennes distances au centre de cet
astre. Si cette proportionnalité était rigoureuse, il s'ensuivrait
que, dans l'équation (K), le facteur $\dfrac{\text{M} + m}{\text{M} + m'}$, se trouverait toujours égal à 1, quelles que fussent les deux planètes auxquelles on en
fît l'application; or ceci ne pourrait arriver que de deux maniéres :
1° parce que les masses m, m', de toutes les planètes seraient
égales entre elles, égalité physiquement trop invraisemblable pour
qu'il faille s'y arrêter; 2° parce qu'elles seraient toutes si excessivement petites comparativement à la masse M du soleil, que la
variabilité du rapport $\dfrac{\text{M} + m}{\text{M} + m'}$, n'apporterait dans l'équation
(K) que des différences numériques, physiquement inapprécia-
bles aux observations. Mais, puisque cette variabilité, au lieu
d'être absolument nulle ou inappréciable, est au contraire sensible quand on passe d'une planète à une autre, la conclusion naturelle à tirer de ce fait, c'est que les masses $m, m', \dots$, comparées
à M, sont toutes très-petites du même ordre que les inexactitudes
qu'on observe dans l'application de l'équation (K), lorsqu'on y
suppose généralement le facteur $\dfrac{\text{M} + m}{\text{M} + m'}$ égal à 1. Alors les va-

leurs des rapports $\dfrac{m}{M}$, $\dfrac{m'}{M}$, ... se déduiront de ces inexactitudes mêmes, en les déterminant de manière que l'équation (K) soit toujours exactement satisfaite, quand on y introduit les valeurs de T, T′, a, a', qui sont données par les observations.

102. Admettons pour un moment que dans l'équation (K), les quantités non accentuées appartiennent à la terre, et les accentuées à une autre planète quelconque du système solaire. Alors en faisant a égal à 1, ce qui supposera les a' exprimés en parties du demi grand axe de l'orbe terrestre, on en déduira

$$ \text{(K)} \qquad T = \frac{T'}{a'^{\frac{3}{2}}} \sqrt{\frac{M + m'}{M + m}}. $$

Si les rapports $\dfrac{m}{M}$, $\dfrac{m'}{M}$, des masses de la terre et de la planète à celle du soleil nous étaient connus, et que l'on eût déterminé par observation T′ et a', le second membre réduit en nombres devrait toujours reproduire pour T la durée de la révolution sidérale de la terre. C'est l'épreuve à laquelle nous avons voulu soumettre la troisième loi de Képler dans le § 87, en l'admettant telle qu'il l'avait énoncée. Mais la valeur de T ne s'est trouvée alors qu'imparfaitement reproduite par les différentes planètes, avec des différences variables, en moins pour les unes, et en excès pour les autres. On voit maintenant qu'il en devait être ainsi, puisque cette loi n'a effectivement lieu qu'en tenant compte du facteur dépendant des masses dont nous faisions alors abstraction. On peut même prévoir que si les éléments observés T, T′, a' étaient exempts d'erreur, la valeur de T conclue d'un tel calcul, devrait être donnée trop forte par les planètes dont la masse m' serait moindre que celle de la terre m, et trop faible par celles dont la masse m' surpasse m. Mais cette supposition d'une rigueur absolue n'est pas admissible. Les demi grands axes a', sont des abstractions géométriques, qui ne s'observent pas directement. Avant l'adoption des théories newtoniennes, on les déterminait par la condition de satisfaire le mieux possible aux positions observées de chaque planète dans l'ellipse mobile qu'on lui attri-

buait, en faisant abstraction des inégalités qui affectent occasionnellement sa marche elliptique, lesquelles étaient alors ignorées.
Aujourd'hui on renverse le problème. On évalue directement les
rapports des masses m, m', à celle du soleil M, par des procédés
que je ferai tout à l'heure connaître; puis, les associant aux révolutions sidérales T, T' conclues des observations avec toute
la précision imaginable, on détermine les valeurs des demi grands
axes a' de manière qu'ils satisfassent numériquement à l'équation (K). Ces demi grands axes s'emploient alors dans le calcul
des mouvements comme autant de constantes auxquelles on applique toutes les inégalités occasionnelles dont elles peuvent être
affectées, et que la théorie de l'attraction fait découvrir. Je ne fais
qu'indiquer ici ces déterminations sur lesquelles j'aurai bientôt
occasion de revenir.

105. Appliquons maintenant le même mode de discussion aux
mouvements que les divers systèmes de satellites exécutent autour de leurs planètes principales, et considérons d'abord ceux
de Jupiter. Ils sont au nombre de quatre, que l'on désigne par
des numéros d'ordre correspondants à leurs distances relatives au
centre de cette planète, le premier en étant le plus proche, le
quatrième le plus éloigné. Au temps de Newton, on avait seulement reconnu que leurs orbites sont sensiblement circulaires, concentriques à la planète, et que les carrés des temps de leurs révolutions tels qu'on avait pu les évaluer, se trouvaient très-
approximativement proportionnels aux cubes de leurs distances à
son centre. Les observations postérieures, en confirmant l'ensemble de ces premières données, ont fourni des appréciations
plus précises de leurs détails. On a constaté que les orbes du troisième et du quatrième satellite sont indubitablement des ellipses,
dont le centre de la planète occupe un foyer. Ainsi, pour ces
deux-là du moins, la force qui régit leur mouvement de circulation
est, dans tous les points de leur cours, réciproque au carré de leurs
distances à ce centre. L'ellipticité de ces orbites, très-sensible pour
le quatrième satellite, l'est beaucoup moins pour le troisième; on
peut donc présumer qu'elle est moindre encore pour les deux plus
intérieurs, ce qui fait comprendre que l'on n'ait pas réussi jus-

qu'à présent à l'apprécier. Quoi qu'il en puisse être, si une même force de gravitation réciproque au carré des distances au centre de la planète, régit les mouvements de ces quatre corps, l'équation (K) devra leur être applicable, en y désignant par M la masse de la planète, et par m, m' les masses de deux quelconques des quatre satellites. Or elle se vérifie en effet pour les quatre, et même avec une approximation incomparablement plus grande que dans l'application aux planètes, car les valeurs du facteur $\dfrac{M + m}{M + m'}$, ne s'y montrent pas différentes de l'unité, dans des quantités dont les observations permettent de répondre. La conséquence naturelle à tirer de ce résultat, c'est que les quatre satellites sont sollicités vers la planète par une même force de gravitation qui décroît proportionnellement au carré de la distance; et qu'en outre leurs masses, comparées à celle de Jupiter, sont beaucoup plus petites que les masses de la plupart des planètes comparées à celle du soleil. Des recherches très-profondes, suivies dans une autre voie, que j'indiquerai tout à l'heure, confirment ce fait. La masse de Jupiter, la plus considérable de toutes celles des planètes, est environ $\dfrac{1}{1050}$ de celle du soleil. D'après les calculs de Laplace, la masse du troisième satellite de Jupiter, la plus forte des quatre, n'est que $\dfrac{1}{11403}$ de celle de Jupiter.

On connaît maintenant à Saturne huit satellites, dont le septième a été récemment découvert. On a constaté que cinq d'entre eux décrivent des orbites sensiblement elliptiques dont le centre de la planète occupe un foyer. Les sept anciennement observés, desquels on a pu mesurer les temps de révolution et les distances au centre de la planète, satisfont très-approximativement à l'équation (K). Ces résultats montrent donc encore que les satellites sont retenus autour de Saturne par une même force de gravitation qui décroît proportionnellement au carré de la distance, et que leurs masses sont excessivement petites comparativement à celle de la planète.

Ces deux systèmes de satellites sont les seuls dont les mouvements soient assez bien connus, pour que l'on puisse vérifier que les lois de Kepler s'y appliquent.

104. Tous les phénomènes que nous venons de considérer, s'interprètent ainsi avec la plus grande simplicité, en admettant qu'une même force f, s'exerce entre le soleil et toutes les planètes, comme entre chaque planète et ses satellites. Prenons maintenant la supposition contraire, c'est-à-dire admettons que l'intensité de la force varie en passant d'une planète à une autre, et d'un satellite à un autre satellite, appartenant à la même planète. Il faudra toujours conserver à cette force son caractère phénoménal d'être, dans chaque cas, proportionnelle aux masses et réciproque au carré de la distance, puisqu'il est nécessité par la forme elliptique des orbites, combinée avec les lois du mouvement de circulation. Alors l'équation (K) subsistera encore. Mais le facteur qui y multiplie $\dfrac{a'^3}{a^3}$ deviendrait $\left(\dfrac{\mathrm{M}+m}{\mathrm{M}+m'}\right)\dfrac{f}{f'}$ ou $\left(\dfrac{1+\dfrac{m}{\mathrm{M}}}{1+\dfrac{m'}{\mathrm{M}}}\right)\dfrac{f}{f'}$. La petitesse des rapports $\dfrac{m}{\mathrm{M}}$, $\dfrac{m'}{\mathrm{M}}$, ne suffirait donc plus pour expliquer la variabilité, faible il est vrai, mais cependant appréciable de ce facteur, dans l'application à des planètes différentes, et pour en représenter numériquement les effets. Nous aurons, en outre, l'occasion de montrer qu'il en résulterait dans l'ensemble des phénomènes planétaires, des conséquences fort complexes, qui ne sont nullement accusées par les observations; tandis que celles qu'entraîne l'identité de f pour tous les corps planétaires, s'y accordent au contraire jusque dans les plus minutieux détails. Admettons donc provisoirement cette identité, au moins comme la supposition la plus simple, et achevons d'en développer les résultats.

105. Lorsque plusieurs morceaux de fer doux sont mis en présence d'un même aimant, chacun d'eux en est individuellement impressionné et attiré. Mais, de plus, sous cette influence commune qu'ils éprouvent, ils deviennent eux-mêmes des aimants véritables qui exercent les uns sur les autres des actions du même genre, s'attirant entre eux par leurs pôles de nom contraire, et se repoussant par les pôles de même nom. Pareillement lorsqu'un corps chargé d'une des deux électricités en excès, influence à

distance des barres ou des sphères de matière conductrice suspendues à des fils isolants, et les attire vers lui, elles deviennent sous
cette influence capables de s'attirer ou de se repousser entre elles
par les plages de leurs surfaces, sur lesquelles des quantités d'é-
lectricité, de nature différente ou semblable, sont devenues libres.
Si donc la gravitation proportionnelle aux masses, et réciproque
au carré de la distance, que nous voyons s'exercer suivant cette
même loi, entre le soleil et les planètes, comme entre les planètes
et leurs satellites, est l'effet d'une force physique unique, universellement inhérente à toutes les particules matérielles des corps qui
composent notre monde solaire, l'analogie la plus évidente doit
nous faire prévoir que ces particules devront aussi graviter les
unes vers les autres suivant la même loi, soit qu'elles appartiennent à une même masse planétaire ou à des masses différentes.
Or, les expériences que nous pouvons faire sur la terre où nous
sommes, confirment pleinement cette induction. Les instruments
astronomiques qui servent à observer les distances zénithales des
étoiles, donnent les mesures de ces distances autour du zénith
local, déterminé par les indications du fil à plomb, ou du niveau. Si l'on effectue de pareilles observations successivement
sur les mêmes étoiles, dans deux stations, l'une située au nord
d'une haute montagne, le Chimboraço par exemple, le plus près
possible de sa base, l'autre écartée quelque peu du méridien de
cette masse, vers l'est ou vers l'ouest, sur le prolongement
du même parallèle, on trouve les distances zénithales de ces
étoiles plus grandes dans la première station que dans la seconde,
si elles sont situées au sud des deux zéniths, moindres si elles
sont situées au nord. Les unes comme les autres s'accordent donc
à montrer que la petite masse qui tend le fil à plomb a été attirée
par la montagne hors de la verticale sur laquelle le reste de la masse
terrestre tend à la diriger. La différence devient double si la
première station est située au nord de la montagne, la seconde
au sud, à une même distance de son centre de gravité (*). Voici

---

(*) Cette expérience sur l'attraction des montagnes, a été exécutée pour
la première fois par Bouguer au Chimboraço même. Elle est rapportée dans

une autre épreuve encore plus directe. Des sphères **A**, de matières quelconques, ayant de 20 à 30 millimètres de rayon, sont fixées par paires en équilibre, aux deux extrémités des bras d'une balance de torsion très-sensible, qui est renfermée tout entière avec elles dans une cage à l'abri des courants d'air extérieurs. Hors de cette cage, deux autres sphères **B**, de matières semblables ou différentes, pesant de 180 à 200 kilogrammes, et ayant leurs centres dans le même plan horizontal, sont portées sur les deux bras d'un support circulairement mobile autour de la même verticale, lequel permet de les amener en présence des premières à des distances connues. Le rapprochement étant ainsi opéré, on voit les sphères **A** se porter simultanément vers les masses **B**, en tordant le fil de suspension, après quoi elles se mettent à osciller comme des pendules, autour de la position moyenne, où la force qui les sollicite est équilibrée par la torsion imprimée au fil (**). Newton n'a pas connu ces expériences, il en a seulement soupçonné la possibilité. Mais, après avoir constaté que la pesanteur terrestre affaiblie en raison du carré de la distance suffit pour retenir la lune dans son orbite; après avoir constaté par la 3e loi de Képler, qu'une même force de gravitation, soumise à cette loi de décroissement, s'étend du soleil à toutes les

---

son ouvrage sur la *Figure de la terre*, pag. 364. Il en fit l'objet d'un Mémoire spécial qu'il lut à l'Académie des Sciences dans l'année 1739. Maskeline répéta la même épreuve en 1772 sur la montagne appelée Schehallien, en Écosse. La déviation du fil à plomb s'y trouva encore plus manifeste et plus assurée.

(*) Cette curieuse expérience sur les attractions des corps terrestres entre eux, a été faite pour la première fois par Cavendish, qui en publia les résultats dans les *Transactions philosophiques* de l'année 1798. L'énergie des attractions mutuelles exercées par les masses mises en présence, étant comparée à l'énergie de la pesanteur exercée par la masse totale de la terre, lui donna la densité moyenne de celle-ci égale à 5,48, celle de l'eau étant 1. La même expérience a été répétée depuis par Reisk à Freiberg en 1838, et à Londres par Baily, *Mémoires de la Société astronomique*, tome XIV. Les appareils dont ces expérimentateurs ont fait usage, sont fondés, comme celui de Cavendish, sur l'emploi de la balance de torsion que Coulomb avait antérieurement inventée.

planètes, de celles-ci à leurs satellites, la seule analogie de tous
ces faits entre eux, fit voir à ce grand esprit qu'ils devaient résulter d'un même principe mécanique, consistant en ce que toutes
les particules de matières répandues dans notre monde planétaire, gravitent directement et réciproquement les unes vers les
autres en vertu d'une même force générale, dont l'énergie est
proportionnelle à leurs masses propres et réciproque au carré de
leurs distances mutuelles. Il nomma cette force *gravitation universelle*, et aussi *attraction*, pour la désigner par ses effets apparents et sensibles, mais nullement pour spécifier sa nature physique,
ou sa raison d'être, que lui-même a déclaré ignorer.

106. Cette universalité de forces attractives, agissant à la fois directement sur chaque corps planétaire avec des énergies individuellement variées par la diversité des masses et des distances, fait
tout de suite comprendre pourquoi les lois simples assignées par
Képler aux mouvements de ces corps, ne se voient jamais qu'imparfaitement réalisées. C'est qu'elles ne sont vraies que par abstraction, dans le cas idéal où chaque planète existerait seule dans
l'espace avec le soleil, chaque satellite seul avec sa planète principale. En effet, dans un tel cas, l'existence et le mode de variation
de la force centrale étant admis, toutes ces lois en sont des conséquences mathématiques. Mais venons aux réalités. Alors chaque
planète que nous voudrons considérer ne sera plus attirée par le soleil seul. Elle le sera en même temps par toutes les autres planètes
avec des énergies proportionnelles à leurs masses et réciproques au
carré de leurs distances *actuelles* à son centre. Ses mouvements ne
seront donc plus déterminés par une force unique, dirigée constamment au centre du soleil; ils le seront par la résultante complexe de toutes ces actions. Ainsi la planète ne se mouvra pas
dans un plan fixe passant par le centre du soleil, puisque la force
résultante qui la conduit, provenant en partie d'actions exercées par
des corps mobiles, changera sans cesse de direction dans l'espace,
et la tirera sans cesse hors du plan, où la seule action du soleil la
maintiendrait. En outre, cette résultante n'étant plus dirigée vers
un centre fixe, le rayon vecteur de la planète qui est soumise à son
action, ne tracera plus autour du soleil des aires exactement pro-

portionnelles au temps. Elle-même ne décrira pas non plus exactement une ellipse fixe, dont le soleil soit un foyer, puisque la résultante variable qui la sollicite à chaque instant ne sera pas constamment réciproque au carré de sa distance au centre de cet astre. Toutefois, le peu de variation du facteur $\dfrac{M + m}{M + m'}$, dans l'équation (K), nous ayant appris que les masses des planètes sont toutes très-petites, comparativement à celle du soleil, les lois de Képler, qui se réaliseraient rigoureusement si cet astre agissait seul, continueront de prédominer dans les effets produits. De sorte qu'après avoir séparé, comme première approximation, ce qui leur appartient, le reste se composera de dérangements plus ou moins marqués, temporaires ou durables, qui devront s'appliquer à ces mouvements principaux, comme autant de termes correctifs d'un ordre moindre que l'on appelle les *perturbations*, et dont il faudra s'attacher à développer les valeurs individuelles. Newton vit, et signala ce partage. Mais, de son temps, les observations astronomiques étaient trop peu précises, et l'analyse mathématique trop peu avancée, pour qu'il fût possible d'en démêler, et d'en fixer numériquement tous les détails. Cette œuvre a été accomplie par ses successeurs.

107. Ayant reconnu la simultanéité des actions, que tous les corps qui composent le système planétaire, exercent incessamment les uns sur les autres, nous devons en conclure que leurs mouvements ne nous apparaissent jamais tels qu'ils seraient si chacun d'eux existait seul dans l'espace avec le soleil; et qu'ainsi les durées T, T' de leurs révolutions sidérales que nous observons, ne doivent pas être rigoureusement celles que nous leur verrions décrire, dans ce cas d'indépendance mutuelle où nous les avions d'abord considérées. Mais comme, d'après la faiblesse relative des actions planétaires comparativement à celle du soleil, les modifications qu'elles peuvent produire dans ces éléments doivent être excessivement petites; nous pouvons, comme nous l'avons fait jusqu'ici, continuer d'établir les résultats généraux en les négligeant, sauf à en tenir compte dans une seconde approximation, si des épreuves ultérieures nous font sentir le besoin d'y recourir.

108. Si dans l'état où se trouvait la science, Newton put seulement signaler les perturbations planétaires comme une conséquence nécessaire de l'universalité de l'attraction, néanmoins son génie eut assez de force pour pénétrer très-profondément dans un des cas les plus difficiles et les plus mystérieux de ce genre de problèmes, celui qui a pour objet la détermination théorique des principales inégalités qui affectent la marche révolutive de la lune autour de la terre. Ces inégalités, dont les effets sont fort sensibles, et se reproduisent fréquemment, avaient été depuis des siècles étudiées par les astronomes, qui étaient progressivement parvenus à en reconnaître très-approximativement les époques, les périodes d'accomplissement, même les grandeurs. Pour Newton, leur cause physique n'était pas douteuse. La principale force qui écarte la lune des lois du mouvement elliptique, auxquelles elle obéirait si elle existait seule avec la terre dans l'espace, ce doit être évidemment l'action perturbatrice du soleil. En effet, la lune se trouvant tour à tour, plus proche et plus distante du soleil que la terre, dans les diverses portions de l'orbite qu'elle décrit, l'action perturbatrice provenant de cet astre s'exerce sur les deux corps avec des différences d'énergie et de direction, dont la grandeur de la masse du soleil rend l'influence très-sensible malgré son éloignement. De là des dérogations considérables aux conditions de fixité que les lois simples de Képler assigneraient aux éléments de l'orbite. Ce n'est plus un plan immobile dans l'espace, ayant sur l'écliptique une inclinaison constante, dans lequel l'axe décrit une ellipse dont la position est fixe. Les nœuds ont un mouvement rétrograde continu, mêlé d'oscillations; l'inclinaison a un mouvement oscillatoire; le périgée de l'ellipse a un mouvement direct, également mêlé d'oscillations; et les lois elliptiques de la circulation dans l'orbite sont modifiées par une multitude d'inégalités, qui ont des périodes réglées et diverses. Newton déduisit du principe de l'attraction la nécessité de ces mouvements, leurs sens propres, et très-approximativement leurs mesures numériques. Il démontra également l'existence des principales inégalités périodiques, détermina les formes de leurs arguments, et les valeurs de leurs coefficients, dans les limites d'exactitude que les observations de son temps lui permettaient

16..

d'atteindre. Ces recherches ont été portées depuis à une perfection qui ne lui était pas accessible. Mais l'initiative vient toute de lui.

109. De même que le soleil attire avec des énergies inégales la lune et la terre, inégalement distantes de lui; de même, et par une cause semblable, cet astre et la lune doivent attirer inégalement la masse solide de la terre et les particules des fluides qui recouvrent sa surface. Newton vit cette conséquence mécanique. Il en déduisit par le calcul les oscillations périodiques de la mer, leurs phases principales, ainsi que la part d'action individuelle pour laquelle le soleil et la lune y concourent. Il poussa également ces déductions jusqu'aux nombres, et montra leur accord avec les phénomènes qui s'observent. C'était alors une application inouïe, dont l'idée même ne pouvait venir avant que l'universalité de la gravitation eût été conçue et prouvée.

110. Cette découverte conduisit Newton à une autre non moins éloignée et tout aussi certaine. Si la terre était sphérique et homogène, ou composée de couches sphériques concentriques entre elles, ayant chacune des densités uniformes, les résultantes des attractions exercées sur elle par le soleil et par la lune seraient dirigées au centre de sa masse, et ne tendraient à lui imprimer aucun mouvement autour de ce centre. Mais la terre est un sphéroïde renflé à son équateur, dont le diamètre surpasse quelque peu celui qui aboutit à ses pôles de rotation. Newton considère les particules solides qui composent ce renflement, comme autant de petites lunes adhérentes à la masse centrale, et constituant autour d'elle un système annulaire dont le plan moyen est incliné sur l'écliptique d'environ 23°.½. Toutes ces lunes font ensemble leur révolution autour du centre de la terre, en un jour sidéral, comme la lune véritable fait la sienne dans sa propre orbite en un mois sidéral. L'action du soleil, qui fait rétrograder les nœuds de cette orbite, doit donc tendre aussi à faire rétrograder les nœuds de l'anneau, toutefois avec une énergie différente, en raison des conditions particulières de rotation, d'obliquité, de distance au centre de la terre, auxquelles il est assujetti. Mais l'anneau ne peut pas obéir librement à cet effort, puisque le mouvement qu'il reçoit doit être partagé par toute la masse de la terre à laquelle il est adhérent. La question mécanique étant ainsi posée, avec toutes ses circonstances propres, Newton trouve que la rétrogradation annuelle de l'anneau opérée par l'action du soleil sera de 9″ 7‴ 20⁗. Ayant de plus trouvé précédemment que la puissance de la lune pour soulever la mer est à celle du soleil comme 4,4815 est à 1, il en conclut que son influence pour faire rétrograder l'anneau sera à celle du soleil dans le même rapport ; ce qui lui imprimera une rétrogradation annuelle de 40″ 52‴ 52⁗. Ces deux mouvements formeront donc en somme 50″ 0‴ 12⁗, ce qui est très-approximativement égal à la précession qu'on observe. Malgré la concordance apparente de ce résultat avec les phénomènes, la solution de Newton est défectueuse dans ses détails. Le problème n'a été rigoureusement résolu pour la première fois que par d'Alembert, qui aussi a découvert le mouvement de nutation périodique dont la précession est accompagnée. Mais c'était un pas immense que d'en avoir reconnu, et posé, les conditions mécaniques, qui ne pouvaient pas même être soupçonnées sans la connaissance de la gravitation.

111. Une autre conséquence que Newton a également tirée de ce principe, c'est la configuration sphéroïdale de la terre et des autres corps planétaires, qui, supposés primitivement fluides, et tournant sur eux-mêmes, ont dû, par l'attraction mutuelle de leurs molécules, combinée avec l'effet de la force centrifuge, prendre, et retenir après leur solidification, une forme aplatie à leurs pôles de rotation et renflée à leur équateur, comme nous voyons qu'ils l'ont effectivement. Mais la grandeur de cet aplatissement, doit dépendre, pour chacun d'eux, des conditions de densité suivant lesquelles la matière qui les compose est distribuée dans leur masse entière, conditions qui nous sont inconnues. Newton a résolu ce problème, en attribuant à ces corps, une figure de révolution elliptique et une constitution homogène ; ces suppositions, appliquées à la terre, lui donnent le rapport du diamètre polaire au diamètre équatorial, comme 229 à 230. La différence constatée par les mesures géodésiques est moindre et seulement $\frac{1}{319}$ environ de l'axe polaire. Ainsi la terre est moins aplatie qu'elle ne le serait si elle était homogène. On arrive à une conclusion pareille pour Jupiter. Les géomètres postérieurs à Newton, et Clairaut avant tous les autres, ont étendu cette théorie à des sphéroïdes quelconques, composés de couches concentriques ayant des densités qui varient avec la distance au centre. Mais ici encore le grand prodige consiste à avoir su le premier démêler et combiner les éléments d'un pareil calcul.

112. La même cause qui détermine la configuration sphéroïdale, donne lieu à un autre phénomène. La pesanteur qui s'exerce à la surface de la terre, comme de toute autre planète qui tourne sur elle-même, est la résultante des attractions de tous les éléments de sa masse sur les points placés à cette surface, combinée avec la force centrifuge engendrée par le mouvement de rotation. Si la masse n'est pas sphérique, fût-elle homogène, la résultante des attractions aura des intensités inégales sur les diverses portions de la surface; et, tant par cette inégalité que par l'effet variable de la force centrifuge à diverses distances de l'axe, la pesanteur devra varier de l'équateur aux pôles de la planète suivant certaines lois. Newton a également résolu ce problème pour les ellipsoïdes homogènes, et il a trouvé que la variation doit y être proportionnelle au carré du sinus de la latitude. C'est en effet ce que l'on constate généralement sur le sphéroïde terrestre par les mesures du pendule, quand on fait abstraction des inégalités locales qui altèrent cette loi. Mais le coefficient de la variation est notablement plus fort qu'il ne le trouvait dans le cas de l'homogénéité; d'où l'on a pu conclure, comme on l'avait fait de l'aplatissement, que la masse terrestre n'est point homogène, et que les densités de ses couches intérieures vont en croissant de la surface vers le centre (*).

(*) Le résumé qui précède a surtout pour but de faire voir comment ces découvertes de Newton se suivent entre elles, et dérivent toutes, par une logique rigoureuse, du principe de l'attraction. Ce n'est qu'une esquisse bien imparfaite, ou même une simple table raisonnée des principales questions que cet immense génie a le premier abordées, et résolues théoriquement, dans le livre III des *Principes*, intitulé *De systemate mundi*. Cette dernière partie de l'ouvrage de Newton inspire une admiration, je dirais volontiers une stupéfaction, d'autant plus profonde, qu'on l'étudie avec une connaissance plus complète des travaux postérieurs, qui ont continué et achevé les solutions des mêmes problèmes avec les secours d'une analyse

115. L'ordre des idées semblerait amener ici quelque exemple numérique des applications que Newton a faite du principe de la gravitation à la mesure des masses des planètes. J'y reviendrai tout à l'heure. Mais, avant de m'y engager, je crois préférable de compléter la généralité du principe lui-même, en montrant, comme l'a fait Newton, qu'il établit une connexion mécanique, confirmée par les observations célestes, entre les mouvements elliptiques des planètes, et les mouvements des comètes dans des orbites paraboliques, sous l'influence d'une même force d'attraction mutuelle, commune à tous ces corps. La démonstration de ce résultat sera ici d'autant plus opportune, que le mode de raisonnement qui nous y conduira, est tout à fait analogue à celui par lequel Newton a déterminé les masses planétaires dont il a pu obtenir l'évaluation; de sorte qu'une des applications préparera l'autre.

À cet effet, je reprends dans le § **100**, l'équation (4) qui est propre aux orbites paraboliques, en y conservant les mêmes symboles, sauf que j'y désigne spécialement par μ la masse de la comète à laquelle nous voulons l'appliquer. Nous aurons ainsi, pour elle,

$$(4) \qquad (\mathrm{M} + \mu)f = \frac{\mathrm{C}^2}{2\,\mathrm{D}}.$$

Choisissons maintenant une planète quelconque dont la masse soit m, et qui décrive une orbite elliptique dont le demi grand axe soit a. Nommons T le temps de sa révolution sidérale. Puis, admettons, *par hypothèse*, que la même force élémentaire f, s'exerce entre la matière du soleil, et la matière, soit de la comète, soit de la planète, dans les conditions d'application définies § 98. Alors l'équation (1) du § 98, nous donnera, pour la

---

devenue bien plus puissante. C'est à quoi l'on devra se préparer, par la lecture de la *Mécanique céleste*, de l'*Exposition du système du Monde*, et du Traité de Clairaut sur la *Figure de la terre*, le plus beau et le plus lucide commentaire sur la partie du livre des *Principes*, où ce sujet a été abordé par Newton. Je m'estimerais bien heureux, si l'esquisse rapide que je viens de tracer, pouvait servir de fil conducteur pour l'étude de ces grands ouvrages.

planète,

$$(1) \qquad (M + m)\, f = \frac{4\, \pi^2\, a^3}{T^2}.$$

En divisant celle-ci par la précédente, membre à membre, le symbole f disparaîtra, et il restera

$$\frac{C^2}{2\,D} = \frac{4\, \pi^2\, a^3}{T^2} \cdot \frac{M + \mu}{M + m}.$$

Supposons que la planète choisie soit la terre. Alors en prenant le jour moyen solaire pour unité de temps, on aura

$$T = 365^{j},2563835.$$

Il sera prouvé ci-après par une évaluation directe que la masse m de la terre, n'est pas $\frac{1}{339000}$ de la masse M du soleil. Les masses μ doivent être moindres encore, car aucun de ces astres ne dérange sensiblement les planètes dont ils s'approchent dans leurs cours, et ils en éprouvent au contraire de très-fortes perturbations. Leur aspect même confirme cette idée, car ils ressemblent à des agglomérations de vapeurs. D'après cela, si nous considérons les rapports $\frac{m}{M}$, $\frac{\mu}{M}$, ou seulement leur différence $\frac{m - \mu}{M}$, comme des fractions négligeables comparativement à l'unité, le facteur $\frac{M + \mu}{M + m}$, pourra être remplacé par 1, après quoi l'on aura simplement

$$C = \frac{2\, \pi a^{\frac{3}{2}}}{T} \sqrt{2\,D}.$$

C représente le double de l'arc du secteur parabolique, décrit par le rayon vecteur r de la comète, pendant l'unité de temps, c'est-à-dire ici, en un jour. Comptons le temps à partir de l'instant où la comète a passé par son périhélie, et soit S l'aire du secteur parabolique décrit depuis ce point pendant le temps t. On aura, d'après cette convention ,

$$C = \frac{2S}{t},$$

et , par suite,

$$t = \frac{ST}{\pi a^3 \sqrt{2D}}.$$

Il ne reste plus qu'à évaluer le secteur S en fonctions de coordonnées observables, pour avoir le temps t que la comète emploiera à le décrire : tel est l'objet de la *fig.* 24 *bis*.

A désigne le sommet de la parabole , AX son axe, F son foyer
où est le soleil; de sorte que AF est la distance périhélie , représentée par D dans notre formule. Après le temps t, compté depuis le passage de la comète en A, elle se trouve arrivée en M.
Le secteur AMF est donc celui-là même que nous avons nommé
S, et qu'il s'agit d'évaluer.

Du point M, menez l'ordonnée MP, perpendiculaire à l'axe
de la parabole, et appelons, AP, x, et PM, y. Le secteur AMF, se
composera du segment parabolique APM qui est $\frac{2}{3} xy$ d'après le
théorème d'Archiméde, plus du triangle MPF, dont la surface
est $\frac{1}{2}(D-x)y$. On aura donc en somme

$$S = \tfrac{2}{3} xy + \tfrac{1}{2}(D-x)y = \tfrac{1}{2} y \left(\tfrac{1}{3} x + D\right).$$

La parabole, que la comète décrit, étant supposée donnée de forme
et de position dans l'espace, l'observation fait connaître à chaque
instant son anomalie vraie AFM ou v, qui est liée à son rayon
vecteur FM ou r, par l'équation polaire

$$r = \frac{D}{\cos^2 \tfrac{1}{2} v}.$$

De là on tire

$$y = r \sin v = \frac{2D \sin \tfrac{1}{2} v \cos \tfrac{1}{2} v}{\cos^2 \tfrac{1}{2} v},$$

par conséquent,

$$\tfrac{1}{2} y = D \tang \tfrac{1}{2} v,$$

$$x = D - r \cos v = D - \frac{D \left(\cos^2 \tfrac{1}{2} v - \sin^2 \tfrac{1}{2} v\right)}{\cos^2 \tfrac{1}{2} v} = D \tang^2 \tfrac{1}{2} v,$$

par conséquent,

$$\tfrac{1}{2} x + D = D \left\{ 1 + \tan^2 \tfrac{1}{2} v \right\}.$$

De là résulte donc

$$S = D^2 \left\{ \tan \tfrac{1}{2} v + \tfrac{1}{3} \tan^3 \tfrac{1}{2} v \right\}.$$

Et ceci substitué, dans l'expression de t, donne enfin

$$(c) \qquad t = \frac{T}{\pi \sqrt{2}} \left(\frac{D}{a} \right)^{\frac{3}{2}} \left\{ \tan \tfrac{1}{2} v + \tfrac{1}{3} \tan^3 \tfrac{1}{2} v \right\}.$$

Supposons que l'orbite de la comète, au lieu d'être une parabole rigoureuse, soit une ellipse très-allongée, dans laquelle e représente le rapport de l'excentricité au demi grand axe. $1 - e$ devra être une quantité très-petite que nous nommerons α. Alors, D désignant toujours la distance périhélie, une analyse beaucoup plus savante, qui est exposée au livre II de la *Mécanique céleste*, § 23, donne

$$(c)' \qquad t = \frac{T}{\pi \sqrt{2 - \alpha}} \left(\frac{D}{a} \right)^{\frac{3}{2}} \left\{ \tan \tfrac{1}{2} v + \frac{\left(\tfrac{1}{3} - \alpha \right)}{2 - \alpha} \tan^3 \tfrac{1}{2} v - \frac{\left(\tfrac{1}{5} - \alpha \right)}{(2 - \alpha)^2} \tan^5 \tfrac{1}{2} v \right\}.$$

formule qui rentre dans la précédente quand α est nul.

Lorsque l'anomalie vraie v est donnée par l'observation, pour une certaine époque, ces formules font connaître le temps t qui s'est écoulé depuis le passage de la comète à son périhélie ou inversement. Or, parmi le nombre aujourd'hui très-grand de comètes dont on a déterminé astronomiquement l'orbite, et observé la marche, il ne s'en est pas trouvé une seule, qui ait dérogé à ces lois de mouvement, dans les conditions d'isolement qu'elles supposent; c'est-à-dire lorsque la comète considérée est assez distante des autres corps planétaires, pour circuler autour du soleil, sensiblement avec la même liberté que si elle existait seule dans l'espace avec lui. Cet accord invariablement soutenu dans tant de cas, prouve donc, *à posteriori*, la vérité de la supposition sur laquelle notre calcul repose, que la force f est la même pour la matière qui compose la terre, et pour celle dont tous ces astres sont formés. Leur

fidélité à obéir au principe de la gravitation universelle se montre
jusque dans les dérangements qu'ils éprouvent, quand l'approche
des autres corps planétaires, les détourne occasionnellement de la
route parabolique ou elliptique rigoureuse, qu'ils décriraient autour du soleil s'il agissait seul sur eux.

114. Je profiterai de cette occasion pour faire connaître un artifice, par lequel les astronomes facilitent l'application numérique
de la formule (c). Concevons une comète parabolique dont la distance périhélie soit égale au demi grand axe de l'orbre terrestre,
auquel cas $\frac{D}{a}$ sera 1. Nommons (T) le temps que cette comète
emploiera depuis son passage au périhélie, pour que son ano-
malie v atteigne 90°, ce qui rendra tang $\frac{1}{2} v$ égal à 1. D'après notre
formule on aura

$$(T) = \frac{4T}{3\pi\sqrt{2}} = \frac{T}{\pi}\sqrt{\frac{8}{9}}.$$

En effectuant le calcul du second membre, avec les Tables de logarithmes à 10 décimales, et faisant T égal à 365^j,2563835, on
trouvera

$$\log T = 2,5625978147$$
$$\tfrac{1}{2}\log\left(\tfrac{8}{9}\right) = \overline{1},9744237388$$
$$\overline{ 2,5370215535}$$
$$\log \pi = 0,4971498727$$
$$\overline{\log (T) = 2,0398716808}; \quad (T) = 109^j,615422.$$

Cette comète emploierait donc un peu plus de 109^j $\frac{3}{4}$ pour atteindre 90° d'anomalie. C'est pourquoi les astronomes l'appellent
la comète de 109 jours.

Appliquons-lui généralement l'équation (c), en y faisant $\frac{D}{a}$
égal à 1; et nommons (t) le temps qui correspond alors à une
anomalie donnée v. Pour toute autre comète, le temps t correspondant à la même anomalie sera évidemment

$$t = \left(\frac{D}{a}\right)^{\frac{3}{2}}(t).$$

Cette équation si simple permet de n'effectuer la résolution numérique de l'équation (c), que pour la seule comète de 109 jours. Supposez en effet que l'on dresse une Table qui donne les valeurs des (t) en v, et des v en (t), toutes calculées dans une grande étendue d'anomalie, de $0°$ à $176°$, par exemple, par intervalles assez serrés, pour que les termes intermédiaires puissent s'obtenir par interpolation avec une exactitude suffisante. Alors, pour toute autre comète quelconque, si l'on se donne l'anomalie v, on prendra dans la Table le temps (t) qui y correspond, et en le multipliant par $\left(\dfrac{D}{a}\right)^{\frac{3}{2}}$ on aura t. Si au contraire t est donné, on le divisera par $\left(\dfrac{D}{a}\right)^{\frac{3}{2}}$, ce qui donnera (t), avec quoi la Table fera connaître l'anomalie v. On trouve des Tables pareilles dans le *Traité d'Astronomie* de Delambre, tome III, chap. XXXIII.

115. Je reviens maintenant à l'important problème de la détermination des masses des planètes; et j'exposerai d'abord la méthode par laquelle Newton a obtenu ces masses pour les planètes qui ont des satellites, comme Jupiter, Saturne, et la terre [*]. J'indiquerai ensuite le procédé de calcul plus général qu'on emploie aujourd'hui, et qui n'est pas limité par cette condition.

Soient m' la masse d'une planète, $(m)'$ celle d'un satellite qui fasse sa révolution sidérale autour d'elle dans le nombre de jours moyen τ, en décrivant ainsi une ellipse, dont le demi grand axe soit α, et qui ait son foyer de révolution au centre de la planète. Si l'on suppose α très-petit comparativement à la distance moyenne a' de la planète au soleil, cet astre exercera, sur elle et sur son satellite, des forces attractives, dont les intensités, évaluées pour chaque unité de leurs masses, seront presque égales, puisqu'elles sont entre elles dans le rapport de $\dfrac{1}{a'^2}$ à $\dfrac{1}{(a' \mp \alpha)^2}$; ce qui rend leur différence de l'ordre $\dfrac{\alpha}{a'^3}$. Les mouvements relatifs des deux

---

[*] *Phil. nat. Principia math.*, lib. III, prop. VIII, theor. VIII, 2ᵉ et 3ᵉ édit.

corps n'en seront donc que très-peu troublés; de sorte qu'on pourra les considérer très-approximativement comme opérés sous les seules influences réciproques de la planète et de son satellite. L'équation (1) du § 98, pourra donc leur être appliquée; ce qui donnera

$$(1) \qquad \tau^2 = \frac{4\pi^2}{[m' + (m)']f} \cdot \alpha'^3.$$

Mais, en considérant la planète comme circulant autour du soleil, dans le temps T', à la distance a', et dans des conditions analogues d'isolement, on aura pour elle, d'après le même paragraphe :

$$[1] \qquad T'^2 = \frac{4\pi^2}{(M + m')f} \cdot a'^3.$$

Si l'on admet que l'attraction s'exerce entre ces divers corps suivant la même loi de distance, et avec la même intensité à égalité de masse, ce que l'universalité des phénomènes semble attester, f se trouvera être une constante commune aux deux équations; et en la faisant disparaître par leur division membre à membre, il restera en définitive

$$(2) \qquad \frac{m' + (m)'}{M + m'} = \frac{T'^2}{\tau^2} \cdot \frac{\alpha'^3}{a'^3}.$$

Les diamètres apparents des satellites de Jupiter sont tellement petits comparativement à celui de cette planète, qu'ils semblent n'être que comme des points ou des poussières dont les masses comparées à la sienne, doivent en être probablement des fractions à peine sensibles. Cette induction a été rendue certaine, par une méthode de calcul, dont j'expliquerai le principe dans un moment. Pour le quatrième en particulier, le plus distant de cette planète, lequel va nous servir ici de type d'application, cette méthode a fait connaître que sa masse propre $(m)'$ est moindre que $\frac{1}{12888}$ de m'. Le choix que nous ferons de celui-là pour réaliser la formule (2) nous permettra donc d'y négliger $(m)'$ comparativement à m', sans avoir à craindre une erreur d'aucune importance sur l'évaluation de celle-ci, laquelle se trouvera elle-même n'être qu'une petite fraction de M qui représente la masse du soleil. Ce point admis, le rapport $\frac{m'}{M}$ restera seul inconnu dans la formule; et en prenant M pour unité de masse, elle deviendra

$$[2] \qquad \frac{m'}{1+m'} = \frac{T'^2}{\tau^2} \cdot \frac{\alpha^3}{a'^3}.$$

Il ne reste plus qu'à mettre dans le second membre les éléments des deux orbites, fournis par les observations.

Les valeurs de T' et de τ exprimées en jours moyens solaires sont

$$T' = 4332^j,5848212, \quad \tau = 16^j,68899.$$

La première n'a besoin que d'être rappelée. C'est une de nos plus anciennes déterminations. Quant à la valeur de τ, elle se conclut surtout des intervalles de temps compris entre les éclipses du satellite dans le cône d'ombre projeté par Jupiter dans l'espace. Car, chaque fois qu'il se trouve sur l'axe de ce cône, son rayon vecteur jovicentrique est le prolongement du rayon vecteur solaire de Jupiter, dont la direction absolue est connue à tout instant par la théorie de cette planète; d'où l'on conclut, celle du rayon vecteur du satellite, et par suite son mouvement angulaire. La fréquence de ces éclipses rend l'évaluation de τ très-exacte; et les plus récentes s'accordent, jusque dans la cinquième décimale de jour, avec celle que Dominique Cassini avait premièrement trouvée.

La détermination du demi grand axe α de l'orbe du satellite, ou plutôt de son rapport $\frac{\alpha}{a'}$ à celui de la planète est une opération plus délicate. Les valeurs que je lui attribuerai d'abord, parce que ce sont celles dont Newton a fait usage, ont été obtenues par Halley et par Pound, en mesurant les intervalles angulaires compris entre le centre du disque de Jupiter, et le satellite, lorsque celui-ci, vu de la terre, atteignait ses plus grandes élongations, soit orientales, soit occidentales; circonstance indiquée par la nullité momentanée de son mouvement apparent relatif. C'est le même

procédé que les astronomes anciens, et Képler encore, employaient
pour mesurer les grandeurs des orbes décrits par Mercure et par
Vénus autour du soleil. Mais, dans l'application aux satellites, le
rayon de leur orbe peut être embrassé tout entier, simultanément
avec la planète, par des lunettes astronomiques dont le champ est
suffisamment ouvert, auxquelles encore on adapte aujourd'hui, un
mouvement mécanique équatorial qui y maintenant fixe l'image de
l'astre, permet de l'observer avec suite, comme si la rotation du
ciel ne l'entraînait pas. Alors, si l'on a inséré au foyer de l'objectif
un micromètre à fils cursifs, ainsi que je l'ai expliqué tome Ier,
pag. 675 et suivantes, ou si l'objectif lui-même permet de dé-
doubler les images, comme dans l'héliomètre décrit tome II,
pag. 176, on peut mesurer directement l'angle visuel que sous-tend
le rayon de l'orbe du satellite, vu du lieu où la terre se trouve.
L'observation se fait évidemment, avec le plus d'avantage, quand
la planète est près de l'opposition ou dans l'opposition même, ce
qui l'amène à ses moindres distances de la terre, et agrandit ainsi
l'amplitude apparente de l'élongation observée. On choisit donc les
époques où ces circonstances se renouvellent; et, pendant qu'elles
durent, on réitère, autant que le ciel le permet, les mesures des
plus grandes élongations tant orientales qu'occidentales du satellite, en ayant soin de les réduire par interpolation ou par le calcul, à ces maxima mêmes. Comme on connaît toujours les lieux,
tant absolus que relatifs, de la terre et de la planète, pour chacun
des instants où les mesures angulaires ont été prises, on ramène
aisément les résultats des observations diverses, à des conditions
d'identité qui les rendent exactement comparables entre elles; ce qui
se fait, en réduisant toutes les valeurs diverses de l'angle observé
à ce qu'elles seraient, si le rayon vecteur jovicentrique qui le
sous-tendait, eût été vu à une même distance de l'œil, égale à la
moyenne distance de Jupiter au soleil, laquelle est désignée dans
nos formules par la lettre a'. C'est ainsi qu'ont opéré Halley et
Pound, en se servant de lunettes à objectifs simples d'un très-long
foyer, ce qui suppléait à leur défaut d'achromatisme que l'on ne
savait pas corriger alors. En appelant ω l'angle visuel sous-tendu
par le rayon a du quatrième satellite de Jupiter à la distance a',

ils lui ont trouvé les valeurs suivantes, exprimées en secondes sexagésimales de degré :

$$\text{Selon Halley} \ldots \ldots \ldots \ldots \quad \omega = 501'',5 ;$$
$$\text{Suivant Pound} \ldots \ldots \ldots \ldots \quad \omega = 496''.$$

La différence de ces deux nombres doit sans doute être en partie attribuée aux incertitudes que comportent des déterminations si délicates. Mais elle peut bien provenir aussi, pour une autre part, d'un fait qui était ignoré alors. C'est que l'orbe du satellite est sensiblement elliptique, tandis qu'on le croyait circulaire. Son excentricité, exprimée en fraction du demi grand axe est 0,00711, environ les $\frac{2}{7}$ de celle qui est propre à l'ellipse terrestre. Cette même proportion reportée sur les valeurs apparentes de l'angle ω, peut y produire des variations de $\pm 3'',5$, selon qu'on les observe dans des élongations apojoves, ou périjoves. Ceci rend donc présumable que la vraie valeur moyenne de ω est comprise entre les évaluations de Halley et de Pound. Toutefois, comme Newton a employé la première dans la deuxième édition des *Principes* donnée par Cotes en 1713, l'autre dans la troisième donnée par Pemberton en 1726, il ne sera pas sans intérêt de les introduire aussi individuellement dans la formule que nous venons d'établir.

Pour cela, concevons que les deux branches de l'angle ω soient effectivement prolongées depuis le centre du soleil jusqu'à la distance a', égale au demi grand axe de l'orbe de Jupiter ; et donnons-lui pour mesure l'arc que ces branches interceptent à cette distance sur une circonférence de cercle décrite du rayon a'. Le sinus de l'angle ω, pris sur cette circonférence, représentera en position, ainsi qu'en grandeur absolue, le demi grand axe α de l'orbe du satellite observé. On aura par conséquent

$$\alpha = a' \sin \omega.$$

Cette expression étant substituée dans notre formule (2) où les éléments α et a' n'entrent que par leur rapport, a' disparaît ; après quoi l'équation renversée donne

$$\frac{1}{m'} = \frac{\tau^2}{\mathrm{T}'^2 \sin^3 \omega} - 1.$$

Et en remplaçant les symboles littéraux dans le second membre par leurs valeurs numériques, il en résulte :

Par l'observation de Halley , $\dfrac{1}{m'} = 1031,36$;

Par celle de Pound , $\dfrac{1}{m'} = 1066,08.$

Toutes deux s'accordent donc à donner la masse de Jupiter moindre que $\dfrac{1}{1000}$ de celle du soleil.

M. Airy a repris la détermination de l'angle ω, par un autre procédé de mesure, en y apportant toute la recherche de précision que l'astronomie peut actuellement permettre, et il a trouvé (*)

$$\dfrac{1}{m'} = 1047,68,$$

valeur presque exactement intermédiaire entre celles de Halley et de Pound. On ne peut donc pas douter que la masse de Jupiter ne soit très-approximativement telle que la donne cette détermination.

Je dois ici lever un scrupule qui pourrait se présenter à l'esprit. L'application de l'équation (2) n'est légitime qu'en admettant que les demi grands axes a' et α sont ceux des orbites que Jupiter et son satellite décriraient avec les durées T', τ de leurs révolutions actuelles, si Jupiter existait seul dans l'espace avec le soleil, et le satellite seul avec sa planète. Or, tout le calcul des réductions s'effectue pour la distance a', telle que les observations la donnent en réalité, et non pour sa valeur idéale à l'état d'isolement. Mais la petitesse des masses des planètes comparativement à celle du soleil fait évanouir cette difficulté, parce que la différence des axes réels aux axes fictifs ne pouvant être que de ce même ordre de petitesse, l'erreur qu'elle peut apporter dans l'évaluation des fractions qui expriment les masses doit être de l'ordre du carré de ces mêmes fractions; ce qui per-

---

(*) *Transact. of the astronomical Society of London*, tome VI, pag. 83, et tome VIII, pag. 35.

met d'obtenir des résultats déjà très-approchés en la négligeant ; sauf à voir plus tard s'il serait utile de chercher à en rendre l'appréciation numériquement plus parfaite encore.

116. Newton a déterminé de la même manière la masse de Saturne d'après les observations de son sixième satellite, et il l'a trouvée égale à $\frac{1}{2413}$ de celle du soleil. Des mesures plus précises l'ont fait depuis reconnaître plus petite encore et seulement $\frac{1}{3512}$. Mais le prodige de génie consiste à avoir découvert le procédé.

117. Enfin il a encore employé la même méthode pour apprécier la masse de la terre. Mais quoiqu'il soit parvenu ainsi à prouver qu'elle est d'un ordre de petitesse beaucoup moindre que les deux précédentes, il n'a pu en obtenir qu'une évaluation très-imparfaite, parce que plusieurs données essentielles à cette application étaient alors inexactement connues, ou même entièrement ignorées. D'ailleurs on ne savait pas que la masse de la lune est beaucoup plus forte relativement à celle de la terre, que ne le sont celles des satellites de Jupiter ou de Saturne relativement à leur planète : étant environ $\frac{1}{19}$ de cette masse ; de sorte qu'on ne peut plus la négliger dans le calcul comme insensible. Toutefois dans cet enfantement de la science, il ne sera pas sans intérêt de voir comment il a procédé. Il admet que le rayon moyen de l'orbe de la lune est égal à 60 rayons de la sphère terrestre. Il suppose aussi la parallaxe du soleil égale à 10″ sexagésimales. La plus grande élongation de la lune à la terre, vue du centre du soleil, en résulte donc égale à 60 fois 10″, ou 10′. C'est la valeur de l'angle ω dans notre formule (2). Il prend de plus :

La durée de la révolution sidérale de la lune. . . . . $\tau = 27^j\ 7^h\ 43^m = 39343^m$,

À quoi il faut joindre celle de la terre. . . $T' = 365^j,25638 = 365,25638 \cdot 1440^m$.

En mettant ces données dans notre formule (2), et effectuant le calcul numérique avec les Tables de logarithmes à sept décimales, on en conclut la masse m de la terre, considérée comme planète principale, celle du soleil étant 1; et il en résulte

$$\frac{1}{m} = 227319.$$

Newton trouve

$$\frac{1}{m} = 227512.$$

La différence peut tenir à ce qu'il aura employé une évaluation de l'année sidérale un peu différente, ou à ce qu'il aura effectué le calcul autrement que par les logarithmes. Elle est d'ailleurs sans importance comme application.

118. Laplace, dans sa *Mécanique céleste*, tome III, page 62, a repris ce problème par une méthode bien plus précise, dont Poisson a simplifié l'exposé dans son *Traité de Mécanique*, tome Ier, p. 476, 2e édition. Je vais la reproduire brièvement sous cette dernière forme; car le résultat nous sera indispensable pour ce qui va suivre.

Soient M la masse du soleil, m celle de la terre, T la durée de sa révolution sidérale, et a le demi grand axe de l'orbite qu'elle décrirait avec cette vitesse de circulation, si elle existait seule dans l'espace avec le soleil. L'équation (1) du § **97** étant appliquée à ce cas, nous donnera

$$(1) \qquad T^2 = \frac{4\pi^3}{(M+m)f} \cdot a^3.$$

Si la terre était sphérique, homogène et ayant pour rayon r, l'attraction qu'elle exercerait sur un point de sa surface serait $\frac{mf}{r^2}$.

En la supposant composée de couches elliptiques variant de densité de la surface au centre suivant une loi quelconque, ce qui semble devoir approcher beaucoup de son état réel, Laplace a démontré que cette expression sera encore applicable sur le parallèle terrestre où le carré du sinus de la latitude est $\frac{1}{3}$. Établissant donc notre calcul pour ce parallèle, les opérations géodésiques donnent très-approximativement pour son rayon :

$$r = 6364551^{m}.$$

L'attraction que la terre y exerce à sa surface, y est représentée par la gravité, non pas apparente et telle qu'on l'observe, mais telle qu'on la trouverait en y ajoutant la quantité dont elle est affaiblie par la force centrifuge qu'engendre le mouvement de rotation. Ainsi corrigées, les expériences du pendule donnent pour sa mesure locale sur le parallèle considéré

$$g = 9^m,81645.$$

g est ici le double de l'espace que l'attraction de la terre agissant sur les corps placés sur ce parallèle à peu de distance de sa surface, leur ferait décrire en ligne verticale, pendant la première seconde sexagésimale de temps moyen de leur chute libre; car notre équation (1) a été établie sous la condition d'évaluer ainsi les forces accélératrices, comme nous l'avons spécifié au § 95, en définissant le symbole f qui en est un des éléments. D'après cette convention, T devra pareillement s'y exprimer en secondes sexagésimales de temps moyen. Or la valeur de g ainsi connue, nous fournit la relation

$$\frac{mf}{r^2} = g,$$

laquelle doit coexister avec notre équation (1). Y prenant donc la valeur de f, pour la substituer dans celle-ci, elle deviendra

$$T^2 = 4\pi^2 \frac{m}{(M + m)g} \cdot \frac{a^2}{r^2},$$

et en faisant M égal à 1 comme précédemment, on en tire

$$\frac{1}{m} = \frac{4\pi^2 r}{g\,T^2} \left(\frac{a}{r}\right)^3 - 1.$$

Le rapport $\dfrac{r}{a}$ est le sinus de la parallaxe solaire sous le parallèle considéré. Poisson la fait égale à $8'',6$, ce qui est sa valeur moyenne donnée par les observations des passages de Vénus. En la nommant p, nous aurons finalement

$$\frac{1}{m} = \frac{4\pi^2 r}{g\,T^2 \sin^3 p} - 1.$$

T devant être exprimé en secondes de temps moyen, sa valeur
sera

$$T = 365,2523638 . 86400.$$

Rien ne manque donc pour évaluer le second membre, en nombres; et en le faisant, on trouve

$$\frac{1}{m} = 354986, \quad \text{d'où} \quad m = \frac{1}{354986}.$$

La masse de la terre, conclue de ce calcul, est donc, comparativement à celle du soleil, de l'ordre d'excessive petitesse que
Newton lui supposait; et elle est même bien moindre qu'il ne l'a-
vait trouvée. Cette évaluation, quoique préférable à la sienne,
n'est pas encore exempte de quelque incertitude, à cause des légères erreurs que l'on peut avoir à craindre dans l'appréciation des
données r, g, p. Mais la faiblesse de la fraction μ qui la représente, lui donne si peu d'influence sur les mouvements des autres
planètes, que sa valeur, aussi approximativement assurée que
nous venons de l'obtenir, suffit pour calculer les effets de son attraction avec toute l'exactitude que les observations peuvent atteindre.

119. Mars, Vénus et Mercure n'ayant pas de satellites, on ne
peut pas leur appliquer les méthodes précédentes, et aussi Newton
n'a-t-il pas su évaluer leurs masses, que la conformité très-approchée de leurs mouvements à la troisième loi de Képler, entre
les carrés des temps des révolutions et les cubes des demi grands
axes, lui montrait seulement devoir être fort petites. Mais le progrès de l'analyse mathématique a permis, depuis lors, d'embrasser
toute la théorie mécanique de notre système planétaire, dans un
même calcul d'ensemble, en considérant les corps qui les composent, et le soleil même, comme régis et maintenus dans leurs
mouvements relatifs par une même force accélératrice, provenant
de leurs attractions mutuelles, laquelle à chaque instant, et pour
chacun d'eux, est proportionnelle à sa masse propre et réciproque
au carré de sa distance actuelle au corps influencé. Sachant de plus
que ces masses sont toutes très-petites comparativement à celle du
soleil M, on considère les fractions m, m', m'',..., qui expriment

leurs rapports à la sienne, comme autant d'inconnues que l'on introduit symboliquement dans les équations différentielles du mouvement propres à chaque planète, en n'y conservant pour une première approximation que leur première puissance; ce qui les isole de la portion dominante et régulièrement elliptique des formules qui dépend de l'action du soleil. Etudiant alors ces termes perturbateurs, on cherche à reconnaître dans la composition de leurs coefficients littéraux, les conditions de distance et de position relatives, dans lesquelles l'action de chaque masse m, m', m'',... acquiert le plus d'efficacité, ce qui en donne l'évaluation approximative, que l'on rectifie encore ultérieurement par d'autres épreuves, quand on en trouve l'occasion. Mais je ne puis qu'indiquer ici sommairement le principe de cette méthode. C'est dans les Mémoires spéciaux des géomètres, surtout dans la *Mécanique céleste* de Laplace, qu'il faut en étudier les applications (*).

(*) Après Newton, Euler, d'Alembert, Clairaut, Lagrange, Laplace, ont employé leur génie à développer toutes les conséquences du principe de l'attraction dans leurs particularités les plus sensibles, dont il avait pu seulement signaler les plus importantes. Mais la théorie mécanique des mouvements d'un système planétaire composé de points matériels en nombre quelconque, distribués, comme que ce soit dans le vide, à de grandes distances les uns des autres et soumis à leurs attractions mutuelles, a été établie pour la première fois, dans toute sa généralité, avec une clarté suprême, par Lagrange dans les Mémoires de Berlin pour 1781 et 1782. C'est la plus belle et la plus instructive introduction à la *Mécanique céleste* de Laplace pour tout ce qui concerne les mouvements des centres de gravité des planètes autour du soleil, et des satellites autour de leurs planètes principales. On trouve aussi dans les Additions à la *Connaissance des Temps* pour les années 1843, 1844 et 1849, des Mémoires de M. Le Verrier, où l'ensemble du problème des perturbations planétaires est traité dans une complète généralité, par toutes les ressources de l'analyse moderne, avec une grande simplicité de formes, et avec une étendue d'applications qui en réalise numériquement tous les détails. Je ne puis trop en recommander la lecture aux personnes qui voudront prendre de ces théories une connaissance à la fois pratique et profonde. On peut voir le résumé historique de tous ces travaux relatifs à l'astronomie planétaire dans une série d'articles insérés au *Journal des Savants*, dans les mois d'octobre, novembre, décembre 1846, janvier et février 1847, à l'occasion de la découverte de la planète Neptune, qui fut signalée alors par la théorie, avant d'être aperçue par l'observation.

120. Quand on connaît, pour deux planètes, les durées T, T' de leurs révolutions sidérales, et les fractions m, m', qui expriment les rapports de leurs masses à celle du soleil, la loi de l'attraction permet de calculer le rapport $\dfrac{a'}{a}$ des demi grands axes de leurs *orbites théoriques*, qu'elles décriraient, *avec ces mêmes durées de révolutions*, si chacune existait seule dans l'espace avec le soleil. C'est une application immédiate de l'équation (K), que nous avons établie au § **101** pour ce cas d'isolement. En effet, en y prenant M pour unité de masse, elle devient

$$(K) \qquad \frac{T'^2}{T^2} = \left(\frac{1 + m}{1 + m'} \right) \frac{a'^3}{a^3}.$$

Tout y est donc connu alors, excepté le rapport $\dfrac{a'}{a}$ que l'on peut ainsi en conclure ; et l'on en tire

$$\frac{a'^3}{a^3} = \frac{T'^2}{T^2} \left(\frac{1 + m'}{1 + m} \right),$$

ou, en introduisant les mouvements moyens

$$n = \frac{2\pi}{T}, \quad n' = \frac{2\pi}{T'}, \quad \frac{a'^3}{a^3} = \frac{n^3}{n'^3} \left(\frac{1 + m'}{1 + m} \right).$$

Si l'on veut prendre a pour unité de longueur dans le premier membre, on aura a' en partie de a par cette relation. Mais comme T, T', n, n', seront conclus des révolutions apparentes, dans lesquelles les attractions simultanées de toutes les autres planètes auront une part, si petite qu'elle soit, cet a et cet a' ne seront, à la rigueur, ni ceux des orbites réelles, ni ceux que les deux planètes, auxquelles ces données conclues de l'observation appartiennent, se trouveraient avoir si chacune existait seule dans l'espace avec le soleil. Ce seront des éléments de calcul conventionnels, qui n'ont pas de représentants physiques rigoureux. Toutefois leur différence avec ceux qui auraient lieu dans ces deux états, seront insensibles, ou à peine sensibles, à cause de l'excessive faiblesse des attractions des autres planètes comparativement à celle du soleil, et je ne la mentionne que pour établir le caractère précis des résultats ainsi obtenus. Mais nous verrons plus loin une différence analogue se réaliser dans des proportions beaucoup plus marquées dans la théorie de la lune, quand nous comparerons son mouvement apparent autour de la terre, à celui qu'elle aurait s'il n'était pas modifié par l'attraction du soleil.

Ces restrictions théoriques étant faites, déterminons par l'équation précédente la valeur de $\dfrac{a'}{a}$ pour la terre et Jupiter. En adoptant les durées apparentes de leurs révolutions sidérales rapportées dans l'*Exposition du système du monde*, édition de 1824, comme l'a fait M. Le Verrier, les données seront :

$$\text{Pour la terre} \qquad T = 365^{\mathrm{j}},2563835, \qquad m = \frac{1}{354986};$$

$$\text{Pour Jupiter} \qquad T' = 4332^{\mathrm{j}},5848212, \qquad m' = \frac{1}{1050};$$

Alors, en effectuant le calcul par les logarithmes, avec quelques précautions de détail, que j'indique ici en note, on obtient (*)

$$\frac{a'}{a} = 5,2027906,$$

(*) L'équation traitée par les logarithmes donne

$$\log\left(\frac{a'}{a}\right) = \tfrac{2}{3}\log T' - \tfrac{2}{3}\log T + \tfrac{1}{3}\log\left(\frac{1+\frac{m'}{\mu}}{1+\mu}\right).$$

Avec les données rapportées dans le texte, et me servant des Tables à quatorze décimales, je trouve, par la simple application des premières différences,

$$\log T = 2,56259\,781\,44\,9350; \quad \log T' = 3,63674\,70737\,4576;$$

$$\log\left(1+\frac{m'-m}{m}\right) = 0,00041\,051\,44\,2847;$$

de là on tire

$$\log\left(\frac{a'}{a}\right) = 0,71623\,63443\,1099; \quad \frac{a'}{a} = 5,20279\,0567\,868.$$

avec ces mêmes données, M. Le Verrier trouve

$$5,2027979.$$

La différence provient de ce que, pour calculer le facteur qui dépend des masses, il s'en est tenu à l'approximation

$$\left(\frac{1+m'}{1+m}\right)^{\frac{1}{3}} = 1 + \tfrac{1}{3}\,(m'-m),$$

ce qui en donne une valeur trop forte. Le changement qui en résulte dans l'expression numérique de $\dfrac{a'}{a}$ a en soi peu d'importance, parce que les demi grands axes théoriques, a', a'',... entrent dans les formules des mouvements comme autant de constantes arbitraires, dont les valeurs finales en a se déterminent par la condition de satisfaire le mieux possible à l'ensemble des observations. Mais en principe, on ne doit pas, dans l'appréciation primordiale de ces constantes, négliger les puissances des masses supérieures à la première, parce qu'on est ensuite obligé d'en tenir compte, dans plusieurs particularités des perturbations qui en dépendent.

M. Le Verrier a inséré dans les Additions à la *Connaissance des Temps* pour 1844, les résultats qu'il a ainsi obtenus pour les cinq planètes principales de notre système solaire, auquel il a joint Uranus dont je parlerai plus loin. Il y a aussi donné les moyens mouvements n, n', n'',... exprimés en secondes sexagésimales de degré, pour une année julienne de $365^j\tfrac{1}{4}$, tels qu'ils se concluent des révolutions sidérales, par l'évaluation proportionnelle, $360.3600''.\dfrac{365,25}{T'}$. Enfin il a annexé à ces résultats les éléments variables des ellipses de ces mêmes planètes, pour l'époque du 1er janvier 1800. Comme cet ensemble de données résume les déterminations les plus exactes que l'observation continuée pendant tant de siècles ait fait obtenir relativement à ces cinq astres, j'emprunte à M. Le Verrier les deux tableaux où il les a consignées :

NOMS des planètes.	MASSES.	DURÉES des révolutions sidérales en jours moyens.	MOYENS mouvements en secondes sexagésimales dans une année julienne.	DEMI-GRANDS AXES théoriques, conclus.
	m	T	n	a
Mercure....	$\frac{1}{[illegible]}$	87,9692580	538016″,17	0,3870987
Vénus.....	$\frac{1}{[illegible]}$	224,7007869	2106641,49	0,7233321
La terre...	$\frac{1}{[illegible]}$	365,2563835	1295977,382	1,0000000
Mars.....	$\frac{1}{[illegible]}$	686,9796438	689050,982	1,5236914
Jupiter....	$\frac{1}{[illegible]}$	4332,5848212	109256,719	5,2027979
Saturne....	$\frac{1}{[illegible]}$	10759,2198174	43996,127	9,5388524
Uranus....	$\frac{1}{[illegible]}$	30686,8208296	15425,645	19,1827294

1er JANVIER 1800.	EXCENTRICITÉS.	LONGITUDES des périhélies.	INCLINAISONS sur l'écliptique.	LONGITUDES des nœuds ascendants.
		° ′ ″	° ′ ″	° ′ ″
Mercure....	0,2056163	74.20. 5,8	7. 0. 6,9	45.57. 9
Vénus.....	0,0068 6182	128.43. 6,0	3.23.28,5	74.54.41
La terre....	0,01679 2258	99.30.28,6	0. 0. 0,0	0. 0. 0
Mars......	0,0932168	332.22.51,2	1.51. 6,2	47.59.38
Jupiter.....	0,0481621	11. 7.38,0	1.18.51,6	98.25.45
Saturne....	0,0561505	89. 8.20,0	2.29.35,9	111.56. 7
Uranus.....	0,0466108	167.30.24,0	0.46.28,0	72.59.21

121. En remontant à l'origine du procédé qui nous a servi pour
déterminer les rapports des demi grands axes théoriques a, a',
a'',... on voit qu'il repose essentiellement sur l'équation (1) du
§ **97**, laquelle étant appliquée à une planète quelconque, que l'on
suppose exister seule dans l'espace avec le soleil, astreint son
mouvement révolutif, à la condition individuelle

$$(1) \qquad T^2 = \frac{4\pi^2}{(M + m)f} a^3.$$

Si donc on admet que la masse m de la planète et celle du soleil M, ne changent pas; qu'en outre la loi de l'attraction, ainsi que son énergie absolue, mesurée par le symbole f, se maintiennent constantes, le demi grand axe a ne pourra pas varier de grandeur sans que le temps T de la révolution sidérale s'altère. La même conséquence aura lieu pour le moyen mouvement n, ou $\dfrac{2\pi}{T}$, qui, ainsi qu'on l'a vu dans le § **99**, est lié au demi grand axe a, par l'équation

$$(1) \qquad n = a^{-\frac{3}{2}} \sqrt{\mu},$$

laquelle n'est qu'une transformation de l'équation (1), où μ représente $(M + m) f$. Or l'expérience nous apprend que depuis l'antiquité la plus reculée jusqu'à nos jours les durées des révolutions sidérales ont été les mêmes, ou à peine différentes de ce que nous voyons aujourd'hui. Car les valeurs que nous leur trouvons ne diffèrent de celles qu'Hipparque avait conclues des observations chaldéennes, que par des fractions de jour, qui, pour Mercure, Vénus et Mars, lui étaient presque insaisissables, et qui s'élèvent seulement à quelques heures pour Jupiter et Saturne, dont les révolutions sont beaucoup plus longues. Donc pendant toute cette suite de siècles, les demi grands axes théoriques a, ou se sont maintenus constants, ou n'ont éprouvé que des altérations très-restreintes. Tous les autres éléments des orbites, au contraire, ont subi, dans cet intervalle de temps, des variations progressives qui, pour plusieurs d'entre eux, ont dû être considérables. Quoique les astronomes anciens ne nous aient transmis sur les valeurs de ces éléments que des données très-défectueuses, parce que la plupart n'entraient qu'indirectement dans leurs hypothèses géométriques, la théorie newtonienne nous permet de retrouver fort approximativement leurs valeurs antérieures, d'après la marche et la grandeur des changements continus, que les attractions mutuelles des planètes, combinées avec celle du soleil, doivent perpétuellement y opérer. C'est ce que je vais tâcher de faire comprendre autant que je le pourrai par un simple discours. Je réduirai la difficulté à ses moindres termes en profitant de cette circonstance, que les corps dont il s'agit, le soleil même, étant à peu près sphériques, et toujours séparés par des intervalles très-grands comparativement à leurs dimensions propres, ils réagissent très-approximativement les uns sur les autres comme si la masse de chacun d'eux était réunie tout entière à son centre de gravité. Alors leurs mouvements généraux peuvent être envisagés, comme s'appliquant à autant de points mathématiques, qui seraient placés à ces centres, et soumis aux mêmes influences respectives. J'userai donc de cette liberté.

122. Ceci étant admis, reprenons les tableaux du § **120**, où tous les éléments des orbites elliptiques des cinq anciennes planètes, Mercure, Vénus, Mars, Jupiter et Saturne, sont exprimés en nombres avec les valeurs qu'ils se trouvaient avoir au 1er janvier 1800. Puis ayant construit géométriquement les cinq orbites avec ces données, plaçons-y chaque planète dans le lieu qu'elle y occupait alors; et suivons leurs mouvements ultérieurs, en les rapportant toujours au même plan écliptique de 1800, ainsi qu'à la même ligne des équinoxes, maintenus fixes. Ces mouvements seront complétement définis, si nous assignons, pour chaque époque ultérieure t, les directions actuelles des plans des orbites dans l'espace, les situations ainsi que les dimensions des ellipses qu'ils contiennent, et le point de ces ellipses ou en général de leur plan, dans lequel chaque planète se sera transportée. Ce sont là trois ordres de questions qu'il faut séparément résoudre.

Pour cela considérons une de ces planètes dont la masse soit m, celle du soleil étant M. Puis, faisant d'abord abstraction de toutes les autres, supposons, en général, qu'étant placée en un point connu de l'espace, à la distance r du centre de cet astre, elle se meuve actuellement avec une certaine vitesse V, connue en direction ainsi qu'en grandeur, laquelle forme avec le prolongement du rayon r l'angle δ, qui se trouvera ainsi pareillement donné. Dans cet état d'isolement, elle persistera indéfiniment à se mouvoir dans le plan mené par la direction actuelle de la vitesse V et du rayon r, ce qui déterminera, et fera connaître, la longitude θ du nœud ascendant de ce plan, ainsi que son inclinaison φ sur l'écliptique de 1800, maintenu fixe, conformément aux conventions ci-dessus établies. Quant à l'orbite qu'elle y décrira, ce sera généralement une section conique dont le centre du soleil sera un foyer. La nature ainsi que la situation de cette trajectoire dans le plan où elle est décrite, seront complétement déterminées par les données précédentes, desquelles on les en déduira, au moyen de quelques formules très-simples, que l'on trouve rassemblées dans le *Traité de Mécanique* de Poisson, tome Ier, page 424, 2e édition, et dont je vais me prévaloir.

Premièrement, si l'on désigne par μ le facteur constant $(M+m)f$ qui est égal à $\dfrac{4\pi^2 a^3}{T^2}$, le demi grand axe a de la section conique décrite, se conclura de V et de r, d'après la relation suivante, qui équivaut à celle que Poisson établit entre les mêmes éléments variables au commencement de la p. 425, en y remplaçant $\dfrac{4\pi^2 a^3}{T^2}$ par μ :

$$(\mathrm{1})\qquad V^2 = \mu\left(\frac{2}{r} - \frac{1}{a}\right).$$

Afin de rendre sensible l'influence de la vitesse V, sur la diversité des valeurs de a, qui peuvent en provenir, nommons U la valeur particulière de cette vitesse qui ferait décrire à la planète une circonférence de cercle, si elle lui était imprimée à la distance r, où elle se trouve *actuellement* placée. Dans cette supposition, a devenant égal à r, on aura

$$U^2 = \frac{\mu}{r};$$

tirant de là μ, pour le substituer dans (1), il en résulte

$$V^2 = U^2\left(2 - \frac{r}{a}\right).$$

De là on déduit (*)

$$a = r\,\frac{U^2}{2\,U^2 - V^2}.$$

(*) Il ne faut pas confondre cette relation avec celle que Laplace donne au livre II de la *Mécanique céleste*, chapitre IV, § 26. Dans celle-ci, la lettre U représente la vitesse qui ferait généralement décrire à une planète une orbite circulaire dont le rayon serait 1. Au lieu que, dans la nôtre, U représente la vitesse qu'il faudrait imprimer à une planète pour qu'elle décrivît une orbite circulaire dont le rayon serait égal à son rayon vecteur *actuel* r.

Si V^2 surpasse $2\,U^2$, a devient négatif et l'orbite est une hyperbole. Si $V^2 = 2\,U^2$, a devient infini et l'orbite est une parabole. Enfin si V^2 est moindre que $2\,U^2$, a devient positif et l'orbite est une ellipse. Dans ces trois cas la nature de la section conique est entièrement déterminée par la valeur de la vitesse V indépendamment de sa direction ; mais le dernier donne lieu à deux particularités distinctes.

Le dénominateur du second membre peut se mettre sous la forme $U^2 + U^2 - V^2$. Si V^2 est moindre que U^2, a est moindre que r ; la planète se trouve dans la moitié de l'ellipse qui contient l'aphélie. Si V^2 surpasse U^2, en restant cependant moindre que $2\,U^2$, a est plus grand que r, et la planète se trouve dans la moitié de l'ellipse qui contient le périhélie. Enfin si $V^2 = U^2$, a est constamment égal à r, et l'orbite devient une circonférence de cercle décrite du rayon r, conformément à la condition employée pour définir la vitesse U.

123. Admettons que la vitesse V est comprise dans les limites qui conviennent à une ellipse. Alors le demi grand axe étant connu, ainsi que le rayon vecteur local r et l'angle δ qui détermine la direction tangentielle de la vitesse V, le rapport e de l'excentricité à ce demi grand axe s'obtient par la relation suivante (*) :

$$(2) \qquad \sin^2 \delta = \frac{a\,(1 - e^2)}{r^2 \left(\dfrac{2}{r} - \dfrac{1}{a} \right)}.$$

Enfin, si l'on nomme v, la longitude de la planète, quand elle se trouve à l'extrémité d'un rayon donné r, et ϖ celle du périhélie de l'ellipse, mesurées toutes deux dans le plan de cette courbe, l'inconnue ϖ se conclura de l'équation focale

$$(3) \qquad r = \frac{a\,(1 - e^2)}{1 + e \cos (v - \varpi)},$$

dans laquelle l'angle $v - \varpi$ représente l'anomalie vraie de la planète, comptée à partir du périhélie de l'ellipse résultante des

---

(*) A la page 424, dans le n° 222 de Poisson, il faut changer partout $\cos \delta$ en $\sin \delta$, et rétablir, dans la formule (d), le facteur r qui est omis au dénominateur.

données assignées. Cette courbe est ainsi entièrement déterminée, tant de position que de forme ; et le moyen mouvement $\frac{2\pi}{T}$ ou n de la planète se conclura de son demi grand axe par la relation générale

$$(4) \qquad n = a^{-\frac{3}{2}}\sqrt{\mu},$$

qui convient à son état supposé d'isolement.

Les relations exprimées par les équations (1), (2), (3) étant générales, pourraient être appliquées dans un sens inverse ; c'est-à-dire que, si l'on se donnait les éléments a, e, ϖ de l'ellipse fixe, on en déduirait le rayon vecteur r, l'angle δ, et la vitesse tangentielle V, pour chaque longitude v, assignée à la planète dans le plan de cette ellipse, déterminé par les éléments θ et φ.

Pour que cette application inverse soit complète, il ne reste plus qu'à pouvoir assigner l'époque à laquelle la planète atteint chaque longitude désignée v. Ici il faut évidemment faire intervenir la loi suivant laquelle s'opère son mouvement circulatoire. Elle consiste en ce que son rayon vecteur r décrit, autour du centre du soleil, des aires curvilignes proportionnelles au temps. Soit dv le petit arc de longitude décrit ainsi par ce rayon pendant un intervalle de temps infiniment petit dt, l'aire curviligne correspondante sera, aux quantités près de second ordre, $\frac{1}{2} r^2 dv$, d'où, par proportion, elle sera $\frac{1}{2} r^2 \frac{dv}{dt}$ dans le temps 1. Or, si T est la durée de la révolution totale de la planète dans son ellipse, dont la surface est $\pi a^2 \sqrt{1-e^2}$, la portion de cette aire décrite dans le temps 1, sera proportionnellement, $\frac{\pi a^2 \sqrt{1-e^2}}{T}$ ou $\frac{1}{2} n a^2 \sqrt{1-e^2}$, puisque $\frac{2\pi}{T}$ est n. Egalant donc cette expression à la précédente, on en tire

$$r^2 \frac{dv}{dt} = n a^2 \sqrt{1-e^2},$$

et, par suite,

$$n dt = \frac{r^2 dv}{a^2 \sqrt{1-e^2}},$$

ou, en remplaçant r par son équivalent algébrique (3),

$$(5) \qquad ndt = \frac{(1 - e^2)^{\frac{3}{2}}\, dv}{\{1 + e \cos(v - \varpi)\}^2}.$$

Dans cette équation différentielle, les éléments a, e, ϖ, de l'ellipse, ainsi que n qui dérive de a, sont constants; v et t sont seuls variables. Or, quand l'excentricité e est une fraction moindre que $0{,}66195$, ce qui a lieu dans les ellipses de toutes les planètes jusqu'ici découvertes, le second membre peut être développé suivant une série toujours convergente, dont tous les termes sont immédiatement intégrables, et qui est démontrée par Laplace, au livre II de la *Mécanique céleste*, chapitre III, § 16 (*). Cette transformation donne

$$(5) \quad ndt = dv \left\{ 1 + E^{(1)} \cos(v - \varpi) + E^{(2)} \cos 2(v - \varpi) + E^{(3)} \cos 3(v - \varpi) \right\}$$

Les coefficients $E^{(1)}$, $E^{(2)}$, ..., $E^{(i)}$ étant des fonctions de e seul, qui ont pour forme générale

$$E^{(i)} = (-1)^i \frac{2 e^i \left\{ 1 + i \sqrt{1 - e^2} \right\}}{\left(1 + \sqrt{1 - e^2} \right)^i}.$$

En effectuant l'intégration sur les deux membres ainsi disposés, et ajoutant à l'intégrale du premier une constante arbitraire ε, afin de comprendre dans le résultat toutes les équations en termes finis qui peuvent satisfaire à la relation différentielle (5), on obtient

$$(6) \quad nt + \varepsilon = v + E^{(1)} \sin(v - \varpi) + \tfrac{1}{2} E^{(2)} \sin 2(v - \varpi) + \tfrac{1}{3} E^{(3)} \sin 3(v - \varpi)$$

$nt + \varepsilon$, s'appelle la longitude *moyenne* de la planète, comme étant la portion de sa longitude vraie v qui est exempte d'inégalités périodiques, et qui s'accroît proportionnellement au temps t. Or nous sommes convenus de compter le temps en années juliennes

---

(*) Cette limite numérique de la convergence a été établie par Laplace dans le supplément au tome V de la *Mécanique céleste*, page 11, lequel a été trouvé dans ses manuscrits, et imprimé après sa mort.

de 365ʲ, 25, partant du 1ᵉʳ janvier 1800, et les moyens mouvements n, rassemblés dans le 1ᵉʳ tableau du § **120** ont été évalués d'après cette condition. Supposons qu'à cette origine, la planète, à laquelle nous appliquons nos formules, se soit trouvée avoir, dans le plan de son orbite, la longitude vraie v_0 que l'observation ait fait connaître. Alors il faudra que, pour cette planète en particulier, l'équation (6) soit satisfaite, quand on y supposera à la fois $v = v_0$ et t nul ; ce qui exige qu'on ait

$$\varepsilon = v_0 + E^{(1)} \sin (v_0 - \varpi) + \tfrac{1}{2} E^{(2)} \sin 2 (v_0 - \varpi) + \tfrac{1}{3} E^{(3)} \sin 3 (v_0 - \varpi)\ldots$$

La constante ε se trouve donc déterminée par cette condition. Elle le serait également par toute autre longitude vraie v_1, qui aurait appartenu à la planète, quand le temps t avait la valeur connue t_1. La constante ε a été appelée *l'époque* de la longitude moyenne, d'après ce mode de détermination dépendant du temps.

124. Replaçons maintenant la planète m dans les mêmes conditions initiales de distance r et de vitesse V, que nous lui avions attribuées au commencement du paragraphe précédent ; mais, au lieu de la laisser entièrement libre, mettons en sa présence une autre planète, une seule, ayant pour masse m', qui se trouve actuellement éloignée de m à la distance Δ, connue en direction ainsi qu'en grandeur. Puis, après qu'elle aura exercé son attraction sur m, pendant un intervalle de temps infiniment petit dt, à cette distance, anéantissons-la par la pensée, et voyons ce qui arrivera.

m' exercera sur chaque unité de masse de m la force accélératrice $\dfrac{m'f}{\Delta^2}$,

qui, dans l'intervalle de temps dt, lui imprimera un incrément infiniment petit de vitesse u, dirigé de m vers m', suivant la droite Δ. Cet incrément composé avec la vitesse V engendrera une résultante V′ qui en sera différente, et formera généralement avec le rayon r, un angle δ', autre que δ, tant en direction qu'en amplitude. Cet effet d'un moment étant opéré, laissons la planète m continuer indéfiniment sa marche dans ces nouvelles conditions. Elle quittera le plan qu'elle avait précédemment décrit, pour suivre celui qui contient r et V′, lequel rapporté de même, à l'équinoxe et à l'écliptique fixes de 1800, aura, pour longitude de son nœud ascendant, θ′, différent de θ, et, pour inclinaison, φ′, différent de φ. En outre, V′ ne pouvant différer qu'infiniment peu de V à cause de la petitesse propre de la force perturbatrice, et de la courte durée que nous avons assignée à son action, la nouvelle orbite décrite par m sera encore une ellipse, ayant pour éléments $a′$, $e′$, $\varpi′$, généralement autres que a, e, ϖ, d'où résultera, par l'équation (4), un moyen mouvement $n′$ quelque peu différent de n. Enfin *l'époque de la longitude moyenne*, qui était ε, aura aussi une autre valeur $\varepsilon′$, puisqu'en prenant toujours, pour les conditions déterminantes, $v = v_0$ quand t est nul, les éléments qui lui seront associés dans l'équation (6) seront $e′$, $\varpi′$, $n′$, et non plus e, ϖ, n, comme précédemment.

125. Ceci constaté, replaçons la planète m dans les mêmes conditions initiales que nous lui avions d'abord assignées, et mettons de nouveau en sa présence la planète perturbatrice $m′$. Mais, au lieu de restreindre l'action de celle-ci à un intervalle de temps infiniment petit dt, laissons-la s'exercer continûment sur m, dans toutes les positions que $m′$ pourra prendre, en décrivant son ellipse propre, que nous supposerons d'abord fixe, pour plus de simplicité. Alors, à chaque époque ultérieure t, m se trouvera dans des conditions actuelles de mouvement différentes de celles que nous avions appelées initiales; mais, en les prenant comme telles, pour cette époque, on voit que, pendant l'intervalle de temps infiniment petit dt qui suivra, m décrira une certaine ellipse déterminée par ces conditions, de sorte que son mouvement pourra être considéré comme généralement opéré sur une ellipse, continuellement variable de position ainsi que de forme, dont les éléments $θ$, $φ$, a, e, ϖ, seront des fonctions du temps t. Comme l'action perturbatrice sera toujours très-faible comparativement à celle du soleil, à cause de la petitesse des masses $m′$, relativement à M, et du grand intervalle qui sépare les planètes les unes des autres, les variations de ces éléments, pendant chaque intervalle de temps infiniment petit dt, seront très-petites du même ordre, et pourront se représenter par leurs différentielles $dθ$, $dφ$, da, de, $d\varpi$. Le problème analytique consistera donc à former les expressions de ces différentielles en fonction du temps t, et à les intégrer, pour connaître l'effet total qui résulte de leur accumulation après un temps fini.

Dans l'ellipse constante décrite par une planète qui est supposée exister seule dans l'espace avec le soleil, le moyen mouvement révolutif que nous avons nommé n, a pour valeur $\frac{2\pi}{T}$, T étant la durée d'une révolution sidérale complète; et, dans cette même supposition d'isolement, n est lié au demi grand axe a, par la condition générale

$$(4) \qquad n = a^{-\frac{3}{2}} \sqrt{\mu}.$$

On peut étendre cette relation au mouvement troublé, en considérant n, comme le moyen mouvement qui s'établirait pendant chaque intervalle de temps infiniment petit dt, et subsisterait ensuite indéfiniment si les forces perturbatrices cessaient tout à coup d'agir. Alors, dans sa signification générale, n devient une fonction du temps t, dépendante du demi grand axe instantané a.

On peut aussi, sous ces mêmes conditions d'instantanéité, étendre au mouvement troublé l'équation différentielle (5), qui exprime la constance des aires, pourvu qu'on l'établisse entre les éléments variables, et qu'on la considère dans son application restreinte à chaque intervalle de temps infiniment petit dt. Rien ne s'opposera aussi à ce qu'on développe son second membre en série comme nous l'avons fait, ce qui lui conservera sa forme précédente,

$$(5) \qquad n\,dt = dv\left\{1 + E^{(1)}\cos(v - \varpi) + E^{(2)}\cos 2(v - \varpi)\ldots\right\}$$

où les coefficients $E^{(i)}$ sont des fonctions de e seul. Mais, pour intégrer ses deux membres, il faudrait avoir égard à la variabilité des éléments qu'ils renferment. Dans le premier, par exemple, n étant une fonction variable du temps t, son intégrale ne sera plus $nt + \varepsilon$, mais $\int n\,dt + \varepsilon$, le symbole $\int$ indiquant une quadrature à effectuer, et ε désignant une constante arbitraire. Quant au second membre, les termes qui le composent contenant implicitement les éléments variables e, ϖ, chacun d'eux ne pourra plus immédiatement s'intégrer comme si ces quantités y étaient constantes, auquel cas on aurait, de même que dans le § 125,

$$(6) \quad \int n\,dt + \varepsilon = v + E^{(1)} \sin(v - \varpi) + \tfrac{1}{2} E^{(2)} \sin 2(v - \varpi) \ldots$$

Toutefois, on peut conserver encore cette forme à l'intégrale résultante, pourvu que l'on y fasse varier la constante arbitraire ε, de manière que la différentiation complète des deux membres reproduise l'équation différentielle (5). Or cette différentiation ainsi effectuée donne

$$n\,dt + d\varepsilon = dv + E^{(1)}\,dv \cos(v - \varpi) + E^{(2)}\,dv \cos 2(v - \varpi) \ldots$$
$$+ \frac{d E^{(1)}}{de}\,de \sin(v - \varpi) + \tfrac{1}{2}\frac{d E^{(2)}}{de}\,de \sin 2(v - \varpi)$$
$$- E^{(1)}\,d\varpi \cos(v - \varpi) - E^{(2)}\,d\varpi \cos 2(v - \varpi).$$

Donc si l'on détermine la variabilité de ε par la condition que sa différentielle $d\varepsilon$ soit égale à la somme des termes qui composent la deuxième ou la troisième ligne du second membre, l'intégrale (6) reproduira identiquement l'équation différentielle (5) dont on l'a dérivée. C'est ce que fait Laplace au livre IV de la *Mécanique céleste*, § 64; et il y établit également les formules qui donnent les variations différentielles de tous les autres éléments de l'orbite troublée.

126. N'ayant voulu présenter ici qu'un cas simple qui pût donner une idée précise des variations que les éléments elliptiques des planètes éprouvent par l'effet de leurs attractions mutuelles, j'ai considéré la planète perturbatrice m', comme décrivant une ellipse fixe. Mais en réalité cette ellipse elle-même devra être continuellement troublée par l'attraction de m, ce qui influera secondairement sur les perturbations que m en éprouvera. Maintenant, si l'on veut étendre ces considérations à l'ensemble des planètes qui circulent simultanément autour du soleil, le problème se généralisera dans l'énoncé suivant.

Connaissant, pour un instant donné, les positions respectives de toutes ces planètes, leurs masses rapportées à celle du soleil, et les six éléments actuels θ, φ, a, e, ϖ, ε, de l'ellipse fixe que chacune d'elles décrirait invariablement depuis lors si elle existait seule avec cet astre dans l'espace, déterminer, pour tout autre

instant t, les altérations que les attractions des autres planètes ont
dû produire dans ces six éléments, et par suite dans les coordonnées elliptiques de chaque planète, savoir : dans son rayon vecteur r, sa longitude vraie v, sa latitude λ ; ces deux dernières étant
rapportées à l'équinoxe et à l'écliptique fixes de l'époque d'où l'on
compte les mouvements.

Euler a eu le premier l'idée de considérer les attractions mutuelles des planètes, comme ayant pour résultat de faire varier à
tout instant les éléments de l'ellipse que chacune décrirait invariablement autour du soleil si elle existait seule dans l'espace avec lui.
Le germe de cette idée se voit dans sa *Théorie des mouvements de
la lune*, publiée en 1753. Car, en considérant ainsi le plan de
l'orbe de ce satellite, rendu mobile par l'action perturbatrice du
soleil, il obtint immédiatement la relation qui devait toujours se
maintenir entre le déplacement instantané de sa trace sur le plan
de l'écliptique et le changement instantané de son inclinaison
sur ce même plan. Trois ans plus tard, en 1756, il étendit la
même considération à tous les éléments des ellipses planétaires. Mais il ne parvint pas encore à en tirer des formules,
exactes, complètes, et générales, tant la complication du problème était grande. Après de profondes et heureuses recherches
progressivement suivies par Lagrange et Laplace sur les diverses
parties de cette grande question, Lagrange la reprit tout entière,
avec un succès complet, par la même voie qu'Euler, dans les *Mémoires de Berlin* pour 1781 et 1782 ; et avec une opiniâtreté de
travail qui ne pouvait être inspirée que par ce succès même, il
étendit ses applications jusqu'aux nombres, pour toutes les planètes de notre système solaire qui étaient alors connues, en se
fondant sur la petitesse de leurs masses, des excentricités de leurs
orbites, et des inclinaisons des plans de ces orbites entre eux. Les
formules de Lagrange ont été depuis perfectionnées et rendues
plus certaines en quelques points importants, par Laplace, puis
par Poisson. L'application en a été aussi étendue aux deux planètes Uranus et Neptune, dont la première était trop récemment
découverte pour que Lagrange pût la comprendre dans ses calculs
numériques, et la seconde était encore ignorée. Mais le fond de

la méthode est resté le même. Si les planètes télescopiques, découvertes de nos jours en si grand nombre entre Jupiter et Mars, s'y prêtent difficilement parce que les excentricités de leurs orbites, et les inclinaisons relatives de leurs plans sur ceux des autres planètes sont moins restreintes, l'excessive exiguïté de leurs masses rend leur influence sur l'ensemble du système à peu près insensible, et n'altère pas les résultats généraux qui ont été obtenus sans en tenir compte. Or voici, en somme, quels sont ces résultats.

127. L'attraction mutuelle des planètes produit dans les éléments de leurs ellipses deux sortes de variations, distinctes entre elles par la nature des quantités dont leurs expressions analytiques se composent, et aussi par l'excessive différence de durée que nécessite leur entier accomplissement, du moins, quand on ne compare, sous ce dernier rapport, que celles dont les effets nous sont sensibles. De ces deux sortes de variations, les plus promptes à se manifester, dépendent spécialement des positions relatives que la planète troublée, et les planètes troublantes, occupent à chaque instant dans leurs orbites propres. Elles sont par conséquent révolutives comme ces positions mêmes; et leur ensemble s'exprime par une somme de termes individuellement périodiques, mais ayant des périodes diverses, dont les durées dépendent des rapports qui existent entre les divers multiples des moyens mouvements de la planète troublée et de la planète troublante. Lorsque l'on borne les approximations à comprendre seulement la première puissance des masses perturbatrices, ce qui, à cause de leur petitesse, suffit presque toujours, la forme générale de ces termes est

$$m' A \frac{\sin}{\cos} \left\{ (i'n' - in)t + B \right\}.$$

m' désigne la masse de la planète troublante; A et B sont des coefficients indépendants de t, dont le premier contient comme facteurs certaines puissances des excentricités et des inclinaisons, tant de la planète troublée que de la planète troublante, telles qu'elles existent à l'époque où t est nul. Enfin n, n' sont les moyens mouvements des deux planètes à cette origine; et i, i' des nombres entiers, pouvant prendre toutes sortes de valeurs positives, y compris zéro. Chaque terme pareil accomplit donc le cercle entier de ses valeurs dans le temps (t) qui fait parcourir à son argument une circonférence entière de 360, ou $360 . 3600''$, si l'on suppose n, n', exprimés aussi en secondes de degré; ce qui donne

$$(t) = \frac{360 . 3600''}{i' n' - in}.$$

S'il existait deux planètes dont les moyens mouvements n, n', fussent exactement commensurables entre eux, il y aurait aussi pour chaque couple deux nombres entiers finis, i, i', qui rendraient $i' n' - in$ nuls, et donneraient ainsi une durée infinie à la période correspondante. Le tableau du § 120 montre que cette condition de commensurabilité n'a pas lieu entre les planètes principales de notre système planétaire. Le cas où elle approche le plus d'être remplie, pour des valeurs de i et de i' peu considérables, c'est celui de Saturne et de Jupiter. En effet, si l'on nomme respectivement S et J, les mouvements moyens de ces deux planètes, on a, d'après le tableau du § 120,

$$5\,S = 219980'',635$$
$$2\,J = 218513'',438$$

conséquemment $5\,S - 2\,J = 1467'',197$

et, par suite,

$$(t) = 883°,31.$$

Les actions de ces deux grosses planètes l'une sur l'autre, produisent en effet dans leurs mouvements elliptiques des variations de sens contraire que l'observation avait fait apercevoir, mais dont la marche est si lente, qu'on les avait crues constamment progressives. C'est Laplace qui a fait connaître leur caractère périodique dépendant de l'argument $5\,S - 2\,J$, et qui a aussi assigné leur grandeur absolue, en déterminant les expressions algébriques des coefficients A qui les affectent. D'après ses calculs, les altérations des longitudes moyennes des deux planètes, dépendantes de cet argument s'élèvent dans leur maximum, jusqu'à $\pm\,21'$ sexagésimales pour Jupiter et $\mp$ 49' pour Saturne (*). On s'est guidé depuis, sur cet exemple, pour rechercher, relativement à d'autres couples de planètes, les inégalités dépendantes de leurs positions respectives, qui, ayant aussi de longues périodes, pourraient de même produire, dans leurs mouvements, des dérangements en apparence progressifs. Le nombre de celles qui offrent ce caractère est évidemment illimité, puisque, quels que soient les moyens mouvements n, n', non commensurables entre eux, il y a une infinité de nombres entiers, i, i', qui réduiront la différence $i'n' - in$, à ne comprendre qu'un arc très-petit, comparativement à la circonférence entière. Mais, pour que ces inégalités méritent qu'on les signale, il faut que le coefficient A qui les affecte, leur donne une amplitude appréciable aux observations. Or, en général, cette condition ne peut être remplie, qu'autant que les multiples i', i, sont peu élevés. Ceci résulte de deux causes, l'une physique, qui est propre à notre système planétaire ; l'autre analytique, provenant de la forme des séries par lesquelles on obtient les expressions de ces diverses inégalités. La cause physique, c'est, pour les sept planètes principales, la petitesse des excentricités de leurs ellipses, et la petitesse des angles que les plans de ces ellipses forment entre eux. Maintenant, si l'on considère chacune de ces quantités comme étant très-petite du premier ordre, le calcul analytique montre que le coefficient A de chaque inégalité est, *au moins*, de l'ordre de petitesse $i' - i$. Par suite, dès que les nombres i, i', deviennent tant soit peu élevés, ce qui agrandit généralement leur différence, l'atténuation correspondante du coefficient A, affaiblit l'amplitude des inégalités qui ont un tel argument, et les rend, pour la plupart, négligeables. C'est, au reste, ce dont on ne peut être complétement assuré qu'en déterminant l'expression analytique du coefficient A, opération d'autant plus difficile qu'il est d'un ordre plus élevé. Parmi le très-petit nombre des inégalités de ce genre, que l'on a reconnues être sensibles, celles qui dépendent de l'argument $5S - 2J$ dans la théorie de Saturne et de Jupiter, sont de beaucoup les plus considérables, et ont aussi la pé-

---

(*) *Mécanique céleste*, tome III, pag. 130 et 140, édit. de 1802.

riode d'accomplissement la plus longue (*). Sauf ces cas rares,
toutes les autres, qui dépendent comme elles, des positions relatives que les planètes occupent successivement dans leurs ellipses,
ne produisent dans les mouvements que des oscillations alternatives, dont le caractère révolutif se manifeste dans de courts intervalles de temps, ce qui les a fait appeler *inégalités périodiques*.
Cette dénomination toutefois ne doit leur être appliquée que dans
un sens relatif, en rapport avec leur brièveté et leur origine. Car
la théorie de l'attraction a fait connaître, qu'au sens absolu, elle
ne leur appartient pas exclusivement.

128. Tous les éléments des ellipses planétaires sont affectés par
ce genre d'inégalités périodiques et passagères, qui proviennent
de la diversité des aspects sous lesquels les planètes se présentent
les unes aux autres, dans le cours de leurs révolutions individuelles.
Le grand axe $2a$ des ellipses, n'en est pas exempt. Mais, par une
propriété qui lui est spéciale, il n'en subit que de cette sorte, n'é-
prouvant ainsi, dans la série des siècles, que des oscillations dont
l'étendue et la durée sont renfermées dans d'étroites limites. Ce
fait capital a été d'abord établi par Lagrange, par un calcul approximatif, borné à l'évaluation des termes perturbateurs dont
l'influence est la plus sensible, comme contenant la première puissance des masses perturbatrices, des inclinaisons des orbites entre
elles, et des excentricités. Laplace étendit la démonstration à

(*) J'en citerai deux de ce genre, comme exemples. L'une a été découverte
par M. Airy dans le mouvement de la terre troublé par Vénus. Son argument est $13n'' - 8n'$, ce qui la fait du 5e ordre, et lui donne pour période
239 ans juliens. L'autre, qui a été découverte par M. Le Verrier dans le mouvement de Pallas troublé par Jupiter, dépend de termes encore bien plus
éloignés. Son argument est $18n^{iv} - 7n^{v}$, n^{iv} étant le moyen mouvement de
Pallas, n^{v} celui de Jupiter, ce qui la rend du 11e ordre. Sa période est de
975 ans; et, dans son maximum, elle produit une altération de $14'\,55''$ sur
la longitude de Pallas. La grande inclinaison de cette planète ne permettait
pas de déterminer par les développements ordinaires le coefficient A d'une
inégalité d'un ordre aussi élevé. Mais M. Le Verrier l'avait obtenu en interpolant les valeurs de la fonction perturbatrice qui devaient le comprendre.
M. Cauchy a depuis effectué cette détermination par un procédé analytique
direct, et il est arrivé au même résultat numérique que M. Le Verrier.

toutes les puissances de ces deux derniers éléments; et Poisson
réussit à la pousser jusqu'à la deuxième puissance des masses perturbatrices, en lui conservant cette généralité. Ainsi, dans toute
cette étendue d'approximation, il est démontré, qu'abstraction faite
des inégalités dites périodiques, les grands axes des ellipses planétaires sont constants; et que, pour chaque planète, leur valeur
moyenne est la même qu'ils auraient si elle existait seule dans
l'espace avec le soleil. Les durées des révolutions sidérales et
les valeurs des moyens mouvements, se conservent donc constantes
aussi, sous les mêmes réserves; car ces dernières sont liées au
demi grand axe, par l'équation générale

$$n = a^{-\frac{3}{2}} \sqrt{\mu}.$$

Cette persistance se trouve en effet confirmée aussi approximativement qu'elle peut l'être par les évaluations d'Hipparque comparées aux nôtres, comme on l'a vu dans le § 121. Toutefois, la
démonstration théorique offre une bien plus grande certitude.
Car, dans les limites d'approximation où on a pu l'étendre, elle
nous donne mathématiquement l'assurance que les seules attractions mutuelles des planètes actuellement en circulation autour du
soleil, ne produiront jamais dans leurs distances moyennes à cet astre
des altérations progressives, qui étendraient ou rapetisseraient indéfiniment les orbites; leur unique effet sur ces distances moyennes
se bornant à y occasionner des oscillations d'une étendue restreinte
et d'une durée passagère, qui dépendent des positions relatives où
les planètes réagissantes se trouvent successivement amenées.

129. Mais, outre les variations de ce genre qu'ils partagent avec
le grand axe, les autres éléments des ellipses planétaires en éprouvent, qui se montrent toutes différentes de celles-là par leur durée, leur mode d'accomplissement, et l'absence de termes explicitement périodiques dans les équations différentielles qui les
déterminent. Ces équations se ramènent à la forme linéaire par un
choix spécial de variables, dû à Lagrange, dans lesquelles les inclinaisons des orbites se trouvent accouplées aux longitudes des
nœuds, et les excentricités aux longitudes des périhélies; ce qui

sépare les équations résultantes en deux groupes distincts que l'on traite séparément. Les coefficients de ces équations finales ne contiennent rien de variable, rien qui dépende des positions successives que les planètes occupent dans leurs orbites particulières. Il n'y entre que les masses des planètes réagissantes, et la portion constante des grands axes de leurs ellipses, quantités qui constituent, pour ainsi dire, la charpente générale, et essentiellement permanente du système planétaire considéré. Chaque groupe d'équations différentielles ainsi composées, s'intègre alors simultanément, par les méthodes connues; après quoi on particularise les constantes arbitraires que l'intégration a introduites de manière que les intégrales obtenues s'appliquent spécialement à ce système, et reproduisent ainsi numériquement les inclinaisons, les excentricités, les longitudes des nœuds et des périhélies, telles qu'on les y observe à une époque donnée, par exemple au 1ᵉʳ janvier 1800. Quand cette condition est remplie, les intégrales particularisées donnent les valeurs de ces mêmes éléments pour toute époque antérieure ou postérieure, telles qu'on a dû les observer, ou qu'on les observera.

150. Il ne m'est pas possible de rapporter ici la série des calculs analytiques qui conduisent à ces résultats. Il faut les étudier dans le Mémoire de Lagrange pour 1782, qui en offre l'exposé original, et dans le livre II de la *Mécanique céleste* où ils sont considérablement étendus et perfectionnés. Mais j'emprunterai à ces ouvrages les formules finales pour en faire voir clairement la signification et la portée; espérant que cela pourra servir, avec quelque utilité, à diriger les idées et assurer les pas de ceux qui voudraient pénétrer dans ces grandes théories.

Admettons que les masses réagissantes sont les sept planètes principales du système solaire : Mercure, Vénus, la terre, Mars, Jupiter, Saturne, Uranus. On demande de déterminer les éléments véritables de leurs ellipses pour une époque quelconque, séparée par un nombre t d'années juliennes, de celle que l'on a choisie comme origine de numération du temps, et que je supposerai être le 1ᵉʳ janvier 1800 par exemple. Les conditions du problème étant ainsi fixées, on associe dans une même re-

cherche, les grandeurs des excentricités et les positions des périhélies. Soit, à cette époque distante, e l'excentricité de l'ellipse de
Mercure, évaluée en parties de son demi grand axe; et ϖ la longitude de son périhélie mesurée dans le plan de l'ellipse, à partir
de l'équinoxe fixe de 1800. On substitue à ces deux éléments,
deux nouvelles variables h et l, telles qu'on ait (*)

$$h = e \sin \varpi, \quad l = e \cos \varpi.$$

On applique une transformation semblable aux autres planètes,
en désignant les deux éléments et les deux variables qui leur
sont propres, par des indices numériques procédant suivant
l'ordre de leurs distances au soleil. La théorie de l'attraction

---

(*) J'emploie ici la notation de Laplace qui a été adoptée par M. Le Verrier dans les Additions à la *Connaissance des Temps* de 1843, où il a repris les
déterminations numériques de Lagrange en les étendant aux sept planètes
principales du système solaire, avec tous les perfectionnements de détails
qu'il était possible aujourd'hui d'y apporter. Néanmoins, comme on trouvera sans doute aussi intéressant qu'instructif, de remonter au travail original de Lagrange, je rappellerai ici la notation correspondante dont il a
fait usage, en indiquant les pages du Mémoire de 1782 où il l'introduit.

Les variables auxiliaires que Laplace appelle h et l, sont dans Lagrange
x, y. Et il les introduit page 194, pour former les relations

$$x = \lambda \sin \varphi, \quad y = \lambda \cos \varphi,$$

où λ désigne l'excentricité, φ la longitude de l'aphélie rapportée à l'équinoxe fixe de 1700. Ces relations sont ainsi exactement les mêmes que Laplace a établies; et il les emploie au même usage que Lagrange.

Lagrange, pag. 233, établit généralement les équations différentielles, et
les intégrales (A), pour un nombre quelconque de planètes. Mais dans l'application à notre système planétaire, il facilite les déterminations numériques, en partageant ce système en deux groupes, l'un ne renfermant que
Saturne et Jupiter, pag. 241, où l'on néglige les attractions des quatre planètes moindres, Mars, la terre, Vénus, Mercure. L'autre, pag. 253, se
compose de celles-ci, sur lesquelles on néglige l'action du premier. Mais la
connaissance imparfaite qu'on avait alors des masses de ce second groupe,
particulièrement de Vénus, altère l'exactitude des résultats numériques qui
s'y rapportent. C'est un des *desiderata* que M. Le Verrier a entrepris de
remplir dans la *Connaissance des Temps* de 1843, en se servant de données
moins incertaines.

fournit alors entre ces quatorze variables, quatorze équations différentielles linéaires, du 1er degré; lesquelles donnent lieu à autant d'intégrales contenant le même nombre de constantes arbitraires, que l'on détermine par la condition de reproduire les excentricités et les longitudes des périhélies, telles qu'on les observe quant t est nul. Ces opérations faites, les deux variables h, l, propres à chaque planète s'obtiennent individuellement exprimées, sous les formes suivantes, dont chacune contient un nombre de termes égal à celui des planètes réagissantes :

$$(A) \begin{cases} h = N \sin (gt + \beta) + N_1 \sin (g_1 t + \beta_1) + \ldots, \\ l = N \cos (gt + \beta) + N_1 \cos (g_1 t + \beta_1) + \ldots, \\ h' = N' \sin (gt + \beta) + N'_1 \sin (g_1 t + \beta_1) + \ldots, \\ l' = N' \cos (gt + \beta) + N'_1 \cos (g_1 t + \beta_1) + \ldots . \end{cases}$$

Les coefficients $N, \ldots$ des facteurs périodiques sont des nombres fractionnaires abstraits, différents entre eux par leurs valeurs, et occasionnellement par leurs signes dans les expressions de h et de l, relatives aux différentes planètes; mais ils sont tous fort petits. Les arguments $gt + \beta$, $g_1 t + \beta_1, \ldots$ respectivement attachés à chacun d'eux, sont communs à toutes les planètes. β, $\beta_1, \ldots$ y représentent des arcs constants, de valeurs diverses. Le temps t, ne s'y montre que dans les produits gt, $g_1 t, \ldots$ où les coefficients g, $g_1, \ldots$ ne s'élèvent qu'à de très-petits nombres de secondes de degré, différents entre eux. Ces coefficients g, $g_1, \ldots$ sont les racines diverses d'une équation algébrique d'un degré égal au nombre des planètes dont on considère l'ensemble, ce qui la rend du 7e degré dans l'application que nous avons en vue. Lagrange en a le premier démontré l'existence, la formation, et le mode de résolution approximatif. Mais Laplace a fait à ces résultats une addition d'une grande importance, en prouvant que les racines g, sont nécessairement toutes réelles, et inégales, lorsque les masses réagissantes ont leurs mouvements de circulation dirigés dans un même sens, comme cela a lieu dans notre système planétaire. Ce double caractère de réalité, et d'inégalité des racines g, est la condition qui assure la périodicité des expressions précédentes : car, si l'une ou l'autre de ces particularités manquait, les sinus et cosinus y seraient remplacés, soit partiellement, soit en totalité, par des termes qui contiendraient le temps t explicitement, sous forme d'exponentielles ou de puissances, ce qui donnerait aux variables h, l, h', l',..., une mutabilité illimitée, au lieu d'une variabilité restreinte.

Ces formules étant établies, et tous leurs éléments évalués en nombre, on en déduira l'excentricité de chaque planète, et la longitude de son périhélie, à une époque quelconque, en formant, au moyen des variables h et l qui s'y rapportent, les deux équations

$$e^2 = h^2 + l^2, \quad \tang \varpi = \frac{h}{l}.$$

La première étant développée avec les expressions générales de h et de l, donne

$$e^2 = N^2 + N_1^2 + N_2^2 + \dots + 2 N N_1 \cos\left[(g_1 - g)\,t + \beta_1 - \beta\right],$$
$$+ 2 N N_2 \cos\left[(g_2 - g)\,t + \beta_2 - \beta\right],$$
$$+ 2 N_1 N_2 \cos\left[(g_2 - g_1)\,t + \beta_2 - \beta_1\right],$$
$$\text{etc.}$$

Maintenant prenez tous les coefficients N, N_1, N_2,... avec le signe positif, et formez leur somme

$$E = N + N_1 + N_2, \dots, \text{etc.},$$

vous en tirerez

$$E^2 = N^2 + N_1^2 + N_2^2 \dots + 2 N N_1,$$
$$+ 2 N N_2,$$
$$+ 2 N_1 N_2,$$
$$\text{etc.}$$

Les termes carrés du second membre, sont les mêmes que ceux de e^2; mais chacun des produits multiples, est plus grand que son correspondant de e^2 qui a les mêmes facteurs non périodiques, puisque ce correspondant est multiplié par un cosinus réel, qui ne peut surpasser 1. Conséquemment e^2 sera toujours moindre que E^2, et, par suite, e moindre que E. Ainsi la somme E est une limite que l'excentricité réelle e ne peut jamais dépasser ni même atteindre. Cette formule remarquable a été donnée par Lagrange dans le Mémoire de 1782, pag. 234. En l'appliquant, M. Le Verrier a trouvé, pour les excentricités des sept planètes principales, les limites supérieures rassemblées dans le tableau suivant, où je place en regard les valeurs de cet élément pour 1800, qui ont servi de données à ses calculs. Le Mémoire où il les a consignés, est inséré aux Additions à la *Connaissance des Temps* pour l'année 1843, pag. 41.

	EXCENTRICITÉ EN 1800.	LIMITE SUPÉRIEURE DE e.
	e	E
Mercure.	0,203616	0,225646
Vénus.	0,006852	0,086716
La terre.	0,016792	0,077747
Mars.	0,093217	0,142243
Jupiter.	0,048163	0,061548
Saturne.	0,056150	0,084919
Uranus.	0,046611	0,064666

On a vu précédemment que les demi grands axes a des ellipses planétaires ne sont assujettis qu'à des variations périodiques, restreintes dans d'étroites limites. On voit ici que les rapports e des excentricités à ces demi grands axes, ne seront jamais que de petites fractions de l'unité. Or, dans une ellipse dont b est le demi petit axe perpendiculaire à a, on a

$$b = a\sqrt{1 - e^2},$$

donc e restant toujours une très-petite fraction, b sera toujours très-peu différent de a, lequel lui-même n'est assujetti qu'à des variations périodiques d'amplitudes restreintes. Ainsi, dans aucun temps les ellipses planétaires actuellement existantes, ne pourront ni s'allonger, ni s'élargir ou s'aplatir, indéfiniment.

154. Examinons maintenant les mouvements de leurs périhélies. La tangente de leur longitude, à une époque quelconque,
est exprimée par le rapport $\frac{h}{l}$. Pour en simplifier l'étude, je la
contracte généralement sous cette forme symbolique :

$$\tan \varpi = \frac{\Sigma \, \mathrm{N} \sin c}{\Sigma \, \mathrm{N} \cos c},$$

où Σ est le signe caractéristique des différences finies, et c le type
représentatif des arguments $gt + \beta$, $g_1 t + \beta_1$, . . . etc. Alors, dans
le Mémoire de M. Le Verrier que j'ai cité tout à l'heure, je trouve
à la page 38 un Tableau qui contient les valeurs numériques des
variables h, l, pour les sept planètes qu'il a considérées ; et sur
ce nombre j'en remarque quatre, Mercure, Mars, Jupiter, Saturne, pour chacune desquelles un des coefficients N surpasse la
somme de tous les autres pris avec un même signe, en sorte qu'il
doit avoir une influence dominante sur les variations de $\tan \varpi$.
Désignant donc ce coefficient principal par N_n, $g_n t + \beta_n$ ou c_n sera
l'argument angulaire auquel il est associé. Dans un tel cas, soit

$$\varpi = g_n t + \beta_n + x,$$

x représentant une qualité indéterminée. Je dis que cette quantité
complémentaire x, ne variera qu'entre certaines limites fixes ; et
qu'ainsi le mouvement total de la longitude ϖ se composera de
ses oscillations périodiquement associées à un mouvement revo-
lutif continu, dont $g_n t$ exprimera la vitesse moyenne. Pour
prouver ce fait, remplaçons $g_n t + \beta_n$ par c_n ; et, x étant $\varpi - c_n$,
nous en déduirons

$$\tan x = \frac{\dfrac{\Sigma \, \mathrm{N} \sin c}{\Sigma \, \mathrm{N} \cos c} - \dfrac{\sin c_n}{\cos c_n}}{1 + \dfrac{\sin c_n}{\cos c_n}\dfrac{\Sigma \, \mathrm{N} \sin c}{\Sigma \, \mathrm{N} \cos c}}$$

En réduisant les deux termes du numérateur à un dénomina-
teur commun, le produit $\mathrm{N}_n \sin c_n \cos c$, provenant du premier
sera détruit par le produit $- \mathrm{N}_n \cos c_n \sin c$, provenant du second.

Une opération semblable, effectuée sur le dénominateur, fournira les deux termes $+ N_n \cos^2 c_n + N_n \sin^2 c_n$ qui se composeront en un seul N_n. Je le sépare; et, employant le symbole Σ' pour désigner la somme des autres, on a finalement

$$\operatorname{tang} x = \frac{\Sigma' N \sin (c - c_n)}{N_n + \Sigma' N \cos (c - c_n)}.$$

Pour fixer la discussion je supposerai que le coefficient N_n est positif. S'il ne l'était pas, on le rendrait tel dans notre dénominateur, en changeant l'indéterminée $+ x$ en $- y$. Ceci convenu, on voit déjà que tang x ne peut pas devenir infinie, ce qui élèverait x jusqu'à $\pm 90°$, car pour cela il faudrait que la fonction placée en dénominateur devînt occasionnellement nulle, ce qui est impossible, puisque, par hypothèse, N_n surpasse $\Sigma' N$, tous les coefficients N étant pris avec le signe positif. L'arc x sera donc toujours moindre que $\pm 90°$, et par conséquent il ne saurait s'étendre indéfiniment comme $g_n t$.

On peut même, dans chaque cas pareil, lui assigner une limite à laquelle il sera toujours inférieur. En effet, le numérateur de tang x sera toujours moindre que $\Sigma' N$, et son dénominateur plus grand que $N_n - \Sigma' N$. Donc si l'on forme une quantité X, telle qu'on ait

$$\operatorname{tang} X = \frac{\Sigma' N}{N_n - \Sigma' N},$$

l'arc x sera toujours moindre que X.

En opérant ainsi sur les valeurs de h et de l, du tableau de M. Le Verrier, qui se prêtent à cette application, j'ai obtenu les résultats suivants, où les longitudes sont comptées à partir de l'équinoxe du 1ᵉʳ janvier 1800, sur l'écliptique de la même époque maintenu fixe.

NOMS des planètes.	TERME DOMINANT.	LONGITUDE DU PÉRIHÉLIE à une époque quelconque, séparée du 1er janvier 1800 par le nombre d'années juliennes t, positif pour les postérieures, et négatif pour les antérieures.	LIMITE supérieure d'amplitude de la partie périodique x [*] X
Mercure..	$N_2 \dfrac{\sin}{\cos}(g_2 t + \beta_2)$	$\varpi = 5{,}2989 t + 85.47.45'' + x$	$25^{\circ}. 9'.27''$
Mars....	$N_3 \dfrac{\sin}{\cos}(g_3 t + \beta_3)$	$\varpi''' = 17{,}8633\, t - 45.28.59 + x'''$	$86.47.59$
Jupiter...	$N_4 \dfrac{\sin}{\cos}(g_4 t + \beta_4)$	$\varpi^{IV} = 3{,}71364\, t + 27.21.26 + x^{IV}$	$33.29.\ 3$
Saturne..	$N_5 \dfrac{\sin}{\cos}(g_5 t + \beta_5)$	$\varpi^{V} = 22{,}4273\, t + 126.44.\ 8 + x^{V}$	$72.31.54$

Ces quatre périhélies ont donc un mouvement de longitude direct et uniforme, qui est modifié par une inégalité périodique d'amplitude restreinte. Pour ceux des trois autres planètes, Vénus, la terre et Uranus, la loi de leur transport est moins facile à démêler. Quant à ces quatre, la partie moyenne et uniforme de leur longitude les fait successivement correspondre à tous les points de la circonférence. Mais, à cause de la petitesse des coefficients de t, ce mouvement révolutif s'opère pour tous avec une extrême lenteur. Par exemple le périhélie de Saturne, dont la marche est la plus rapide, accomplit une de ces révolutions entières, dans un nombre d'années juliennes égal à $\dfrac{360.3600''}{22'',4273}$, ou 57786. La marche de la partie périodique x est aussi d'une lenteur comparable à celle-là, puisque chacun des sinus et des cosinus qui la composent, ne contient le temps t, qu'affecté d'un coefficient très-petit; et la même conclusion s'applique généralement aux expressions de h et de l, par le même motif. Par suite de ceci, dans l'intervalle de quelques années, ou même d'un ou deux siècles, les variations de ces quantités, et celles de e, ϖ, qui en dépendent, se présentent à l'observation comme sensiblement proportionnelles au temps. C'est pourquoi lorsqu'on veut seulement les obtenir pour des intervalles de temps ainsi restreints, ce qui suffit aux usages pratiques de l'astronomie, on se borne à évaluer les rapports $\frac{dh}{dt}$, $\frac{dl}{dt}$, pour l'époque prise comme origine du temps t, en les déduisant des équations différentielles, sans remonter aux intégrations; puis on en déduit les valeurs correspondantes de $\frac{de}{dt}$, $\frac{d\varpi}{dt}$, au moyen des relations générales

$$e^2 = l^2 + h^2, \qquad \tang \varpi = \frac{h}{l},$$

qui étant différentiées donnent

$$2e\frac{de}{dt} = 2l\frac{dl}{dt} + 2h\frac{dh}{dt}, \qquad \frac{1}{\cos^2 \varpi}\frac{d\varpi}{dt} = \frac{l\dfrac{dh}{dt} - h\dfrac{dl}{dt}}{l^2}.$$

Or

$$\cos^2 \varpi = \frac{1}{1 + \tang^2 \varpi} = \frac{l^2}{l^2 + h^2} = \frac{l^2}{e^2};$$

on a donc finalement

$$(1) \qquad \frac{de}{dt} = \frac{l}{e}\frac{dl}{dt} + \frac{h}{e}\frac{dh}{dt},$$

$$(2) \qquad \frac{d\varpi}{dt} = \frac{l}{e^2}\frac{dh}{dt} - \frac{h}{e^2}\frac{dl}{dt}.$$

Il ne reste plus qu'à mettre dans les seconds membres les valeurs de $\frac{dl}{dt}$, $\frac{dh}{dt}$, déduites des équations différentielles, et celles de e, l, h, déterminées par l'observation, pour l'époque prise comme origine du temps. Toute cette théorie et ses déductions, tant générales que pratiques, ont été exposées en entier par Lagrange dans son Mémoire de 1782. Laplace en a reproduit et perfectionné l'ensemble dans la *Mécanique céleste*. Enfin M. Le Verrier en a développé toutes les applications numériques, dans les Additions aux *Connaissances des Temps* de 1843 et 1844, avec clarté, et une recherche de précision, qui ne laissent rien à désirer.

Dans les équations précédentes (1), (2), les quantités h, l, e, ainsi que leurs coefficients différentiels, sont des nombres abstraits. Mais comme, dans les applications, la valeur de $d\varpi$ doit être employée en secondes de degré, on y remplace son expression abstraite par $\dfrac{d\varpi''}{R''}$, ce qui revient à multiplier par R'' les coefficients $\dfrac{dh}{dt}$, $\dfrac{dl}{dt}$ de l'équation (2). Alors, on les écrit aussi sous cette forme dans l'équation (1), ce qui donne la variation de l'excentricité $\dfrac{de}{dt}$, pareillement exprimée en secondes de degré, telle qu'elle entre dans l'équation du centre $v - nt$ dont le premier terme est $2\,R''\,e \sin nt$. Si ensuite on veut revenir de là aux valeurs abstraites de e et $\dfrac{de}{dt}$, on obtient celles-ci en divisant par R'' leurs expressions angulaires. Toutes les perturbations des éléments planétaires ϖ, e, rapportées par Laplace au livre VI de la *Mécanique céleste*, § 26, sont présentées sous cette forme conventionnelle que M. Le Verrier leur a conservée, et c'est pourquoi j'ai cru devoir en prévenir.

132. Des formules analogues aux précédentes déterminent simultanément les variations du même genre, que subissent à la longue les inclinaisons des orbites, et les positions de leurs traces sur un plan fixe, par exemple sur l'écliptique de 1800 maintenu théoriquement immobile. Plaçant alors l'origine du temps t au 1ᵉʳ janvier de cette même année, et l'origine constante des longitudes à l'équinoxe vernal qui avait lieu alors ; soient, à toute autre époque quelconque, φ l'inclinaison actuelle d'une des orbites sur cette écliptique primitive, et θ la longitude actuelle de son nœud ascendant, comptée à partir de l'équinoxe vernal primitif. Le système de variables, introduit par Lagrange pour lier ces deux éléments, est (*)

$$p = \text{tang}\,\varphi \sin\theta, \quad q = \text{tang}\,\varphi \cos\theta ;$$

____

(*) J'emploie ici la notation de Laplace qui est maintenant la seule usitée, et que M. Le Verrier a aussi adoptée pour les évaluations numériques.

ce qui en offre une combinaison toute pareille à celle qu'il a si heureusement établie entre les excentricités et les longitudes des périhélies. La théorie de l'attraction, lui fournit de même un ensemble d'équations différentielles linéaires, qui lie toutes ces variables entre elles, dans chaque système de planètes en nombre quelconque, et il en déduit également leurs expressions intégrales sous cette forme, où t désigne le temps compté en années juliennes :

$$p = \mathrm{M} \sin \delta + \mathrm{M}_1 \sin (\gamma_1 t + \delta_1) + \mathrm{M}_2 \sin (\gamma_2 t + \delta_2) \ldots ,$$

$$q = \mathrm{M} \cos \delta + \mathrm{M}_1 \cos (\gamma_1 t + \delta_1) + \mathrm{M}_2 \cos (\gamma_2 t + \delta_2) \ldots ,$$

$$p' = \mathrm{M}' \sin \delta + \mathrm{M}'_1 \sin (\gamma_1 t + \delta_1) + \mathrm{M}'_2 \sin (\gamma_2 t + \delta_2) \ldots ,$$

$$q' = \mathrm{M}' \cos \delta + \mathrm{M}'_1 \cos (\gamma_1 t + \delta_1) + \mathrm{M}'_2 \cos (\gamma_2 t + \delta_2) \ldots ,$$

etc.

Les coefficients de t, o, γ_1, γ_2 sont les racines d'une équation algébrique d'un degré égal au nombre des planètes réagissantes ; desquelles racines une est o, et toutes les autres sont réelles et inégales, ce qui assure la réalité des formes périodiques sous lesquelles le temps t est enveloppé. Ici d'ailleurs, comme pour les excentricités et les périhélies, leurs valeurs numériques ne s'élèvent qu'à de très-petits nombres de secondes. Les quantités δ, δ_1, δ_2,..., sont des arcs de grandeurs définies, et $\mathrm{M}, \mathrm{M}_1, \mathrm{M}_2, \ldots, \mathrm{M}', \mathrm{M}'_1, \mathrm{M}'_2, \ldots$ des coefficients numériques qui, dans l'application à notre système planétaire, sont tous de petites fractions de l'unité.

Elle n'est d'ailleurs qu'une simple traduction de celle de Lagrange, les lettres p, q étant substituées à s et u, par lesquelles Lagrange désigne ses deux variables auxiliaires, telles qu'on ait

$$s = \theta \sin \varpi, \quad u = \theta \cos \varpi,$$

θ, représentant les tangentes des inclinaisons des orbites sur l'écliptique fixe de 1700, et ϖ les longitudes de leurs nœuds ascendants rapportées à l'équinoxe vernal de la même époque. Voyez le Mémoire de 1782, pag. 248 *et passim*. Ici donc, comme pour les excentricités et les périhélies, l'artifice analytique, si important, qui consiste dans l'introduction de ces deux variables auxiliaires, appartient à Lagrange ; et il est juste de lui en rendre l'honneur.

Ces expressions des variables p, q, se trouvent ainsi pareilles, quant à leur forme, à celles des variables h et l, dans lesquelles les excentricités étaient associées aux longitudes des périhélies ; de sorte que les inclinaisons des orbites, et les longitudes des nœuds, s'en déduisent par des opérations tout à fait semblables.

Par exemple, pour chaque planète, $p^2 + q^2$ sera $\tang^2\varphi$, ce qui donnera

$$\tang^2\varphi = M^2 + M_1^2 + M_2^2 \ldots + 2\,MM_1 \cos(\gamma_1 t + \varepsilon_1 - \varepsilon)\ldots,$$
$$+ 2\,MM_2 \cos(\gamma_2 t + \varepsilon_2 - \varepsilon)\ldots,$$
$$+ 2\,M_1 M_2 \cos[(\gamma_2 - \gamma_1)t + \varepsilon_2 - \varepsilon_1]\ldots,$$
$$\text{etc.}$$

Or, concevez un arc Φ, tel qu'on ait

$$\tang\Phi = M + M_1 + M_2 \ldots$$

Tous les coefficients M, M_1, $M_2,\ldots$ étant pris avec le signe positif, $\tang\Phi$ sera toujours plus grand que $\tang^2\varphi$, et comme la petitesse des coefficients M, M_1, $M_2,\ldots$ rend ces tangentes presque proportionnelles aux arcs qui y correspondent, l'arc Φ sera plus grand que φ. On aura donc ainsi, pour chaque orbite, une limite que son inclinaison sur le plan fixe ne dépassera jamais ; ce qui est un résultat analogue à celui qu'on obtient pour les excentricités.

En appliquant les formules précédentes à l'ensemble des sept planètes principales de notre système planétaire, et les réduisant en nombres, M. Le Verrier a obtenu les valeurs suivantes, comme limites supérieures des inclinaisons de leurs orbites, sur l'écliptique de 1800, maintenu idéalement fixe.

	LIMITES SUPÉRIEURES des inclinaisons sur l'écliptique de 1800.	INCLINAISONS RÉELLES en 1800.
	° ′ ″	″ ° ′ ″
Mercure.	9.16.54	7. 0. 3,9
Vénus.	5.18.30	3.23.28,5
La terre.	4.51.42	0. 0. 0
Mars.	7. 9.10	1.51. 6,2
Jupiter.	2. 0.48	1.18.51,6
Saturne.	2.32.39	2.29.35,9
Uranus.	1.33.18	0.46.28,0

Ces limites, pour Jupiter et Saturne, diffèrent à peine de celles que Lagrange avaient assignées dans son Mémoire de 1782. Il n'y comprenait pas Uranus. Pour les quatre planètes plus proches du soleil, les différences sont un peu plus sensibles, les masses de Mercure, de Vénus et de Mars n'ayant pu alors être évaluées que d'après une hypothèse physique imaginée par Euler, et dont je parlerai plus loin. Mais la méthode par laquelle on détermine ces grands résultats est toujours celle de Lagrange.

155. Ici, comme dans les formules relatives aux excentricités et aux périhélies, la petitesse des facteurs qui multiplient les temps sous les signes de sinus et de cosinus, montrent que les variations des inclinaisons, et les déplacements des nœuds devront s'opérer avec une excessive lenteur. Et, de même que pour les périhélies, la loi de ce déplacement peut être rendue aisément évidente, lorsque, parmi les coefficients M propres à une planète, il s'en trouve un qui surpasse la somme de tous les autres. Le procédé étant identiquement pareil à celui que nous avons employé au § 151, je me borne à présenter ici les résultats de son application aux valeurs numériques des variables p et q, que M. Le Verrier a obtenus, et que l'on trouve rassemblés à la pag. 58 de son Mémoire de 1843.

NOMS des planètes.	TERME DOMINANT.	LONGITUDE DU NOEUD ASCENDANT, à une époque quelconque séparée du 1er janvier 1800 par le nombre d'années juliennes t, positif pour les postérieures, et négatif pour les antérieures.	LIMITE supérieure d'amplitude de la partie périodique x X
Mercure.....	$M_1 \frac{\sin}{\cos}(\gamma_1 + \delta_1)$	$\theta = -4{,}795350 t + 22°\,40'\,25'' + x$	$54°.\,1.4$
Jupiter.....	$M \frac{\sin}{\cos}\delta$	$\theta^{IV} = 103.\,8.18 + x^{IV}$	$21.29.$
Saturne.....	$M \frac{\sin}{\cos}\delta$	$\theta^{V} = 103.\,8.18 + x^{V}$	$58.35.4$
Uranus.....	$M \frac{\sin}{\cos}\delta$	$\theta^{VI} = 103.\,8.18 + x^{VI}$	$59.\,8.4$

Le nœud ascendant de l'orbite de Mercure se trouve ainsi avoir, sur l'écliptique fixe de 1800, un mouvement de longitude rétrograde et uniforme, qui est modifié par une inégalité périodique d'amplitude restreinte. La partie moyenne et uniforme de ce mouvement, quoique très-lente, amène successivement le nœud sur tous les points de la circonférence des longitudes, lui faisant décrire une révolution entière dans un nombre d'années juliennes égal à

$$\frac{36°.3600''}{4'',795350} \text{ ou } 2703617.$$

Les trois autres planètes, Jupiter, Saturne, et Uranus, présentent ce phénomène commun, et très-remarquable, que les nœuds de leurs orbites ne font qu'osciller, dans des amplitudes diverses, autour d'une même droite, dont la longitude sur l'écliptique de 1800 est 103° 8′ 18″, selon les déterminations numériques de M. Le Verrier. Or cette droite n'est autre chose que l'intersection du même écliptique par le plan invariable de notre système planétaire; comme le montre la valeur même de sa longitude rapportée au chap. XVII du livre VI de la *Mécanique céleste*, laquelle diffère seulement par quelques minutes, de celle que M. Le Verrier a trouvée pour la constante δ, en la déduisant de toutes autres considérations.

Ici comme dans le mouvement des périhélies, les parties périodiques x qui constituent l'oscillation des nœuds, et généralement les expressions des variables p, q, qui déterminent leurs positions, varient avec une excessive lenteur, parce que le temps t n'y entre qu'enveloppé sous des signes de sinus et de cosinus, où il est affecté de coefficients très-petits ; de sorte que, pendant des intervalles de un ou deux siècles, les variations de φ et de θ, se présentent comme sensiblement proportionnelles au temps. C'est pourquoi, lorsqu'on veut seulement les obtenir pour des intervalles de temps ainsi restreints, comptés de l'époque prise comme origine du temps t, on se borne à évaluer les rapports $\dfrac{d\varphi}{dt}$, $\dfrac{d\theta}{dt}$, d'après les équations différentielles, appliquées à cette époque ; ce qui se fait à l'aide des relations générales

$$p = \operatorname{tang}\varphi \sin\theta, \qquad q = \operatorname{tang}\varphi \cos\theta ;$$

d'où résulte

$$\operatorname{tang}^2\varphi = p^2 + q^2, \qquad \operatorname{tang}\theta = \frac{p}{q}.$$

La première de celles-ci donne

$$\operatorname{tang}\varphi \cdot \frac{d\varphi}{\cos^2\varphi} = p\,dp + q\,dq ;$$

et en remplaçant p et q par leurs valeurs dans le second membre,

$$(3) \qquad \frac{d\varphi}{dt} = \frac{dp}{dt}\sin\theta\cos^2\varphi + \frac{dq}{dt}\cos\theta\cos^2\varphi.$$

Mais, à cause de la petitesse des angles φ, on y fait habituellement $\cos^2\varphi = 1$.

On tire de la seconde

$$\frac{d\theta}{\cos^2\theta} = \frac{q\,dp - p\,dq}{q^2} \qquad \text{ou} \qquad d\theta = \frac{q\cos^2\theta\,dp - p\cos^2\theta\,dq}{q^2}.$$

Or

$$\cos^2\theta = \frac{1}{1 + \operatorname{tang}^2\theta} = \frac{q^2}{p^2 + q^2} = \frac{q^2}{\operatorname{tang}^2\varphi}.$$

Substituant cette expression de $\cos^2\theta$ dans le second membre, et y remplaçant p, q, par leurs expressions générales, on a finalement

$$(4) \qquad \frac{d\theta}{dt} = \frac{dp}{dt} \cdot \frac{\cos\theta}{\tan\varphi} - \frac{dq}{dt} \cdot \frac{\sin\theta}{\tan\varphi}$$

Ces valeurs de $\dfrac{d\varphi}{dt}$, $\dfrac{d\theta}{dt}$, se convertissent en expressions angulaires, en multipliant les coefficients différentiels $\dfrac{dp}{dt}$, $\dfrac{dq}{dt}$ par R'' comme nous l'avons fait pour celles de $\dfrac{d\varpi}{dt}$, $\dfrac{de}{dt}$, § **131**. Quant aux éléments φ, θ, on leur attribue les valeurs que l'observation leur assigne à l'époque de laquelle on part.

En appliquant ces formules à Jupiter et à Saturne à partir du 1er janvier 1800, et attribuant à ces deux planètes les éléments rapportés dans le tableau du § **120**, M. Le Verrier trouve :

Pour Jupiter :

$$\frac{dp^{\text{iv}}}{dt} = -\,0'',09439, \qquad \frac{dq^{\text{iv}}}{dt} = -\,0'',13275;$$

d'où

$$\frac{d\varphi^{\text{iv}}}{dt} = -\,0'',07391, \qquad \frac{d\theta^{\text{iv}}}{dt} = +\,6'',3260.$$

Pour Saturne :

$$\frac{dp^{\text{v}}}{dt} = +\,0'',24351, \qquad \frac{dq^{\text{v}}}{dt} = +\,0'',34217;$$

d'où

$$\frac{d\varphi^{\text{v}}}{dt} = +\,0'',09806, \qquad \frac{d\theta^{\text{v}}}{dt} = -\,9'',3781.$$

Ainsi, en rapportant les orbites de ces deux planètes à l'écliptique et à l'équinoxe fixes du 1er janvier 1800, comme les formules et les données ici employées le supposent, on voit qu'à partir de cette époque l'inclinaison de Jupiter sur cette écliptique diminue, et celle de Saturne augmente. Le nœud ascendant de Jupiter a un mouvement de transport direct, celui de Saturne un mouvement rétrograde. D'après les valeurs actuelles de leurs longitudes absolues, rapportées dans le Tableau du § 120, θ^{IV} est moindre, et θ^{V} plus grande que la constante δ. Tous deux se trouvent donc actuellement dans une phase de leur oscillation qui les ramène vers cette trace du plan invariable, par des mouvements de sens opposés.

134. Ces particularités phénoménales ne s'aperçoivent pas immédiatement dans les observations astronomiques, parce que les variations des nœuds et des inclinaisons ne s'y présentent pas rapportées à un plan et à un équinoxe fixes, mais à l'écliptique continuellement déplacé par les perturbations que subit la masse terrestre, et sur lequel l'équinoxe primitif ne laisse point sa trace. Toutefois, les lois de ces déplacements relatifs étant connues par la théorie de l'attraction newtonienne, on peut calculer les modifications qu'ils doivent apporter aux effets absolus, de manière à en déduire les variations apparentes des inclinaisons et des nœuds sur l'écliptique mobile, telles que l'observation les présente.

Dans le tome IV de mon *Astronomie*, section III, pag. 165 et suiv., j'ai exposé en détail les mouvements de l'écliptique mobile relativement à une écliptique fixe pour toute l'étendue de temps, antérieure ou postérieure à 1750, que l'on pouvait se proposer d'embrasser. Mais, afin d'en donner une idée clairement saisissable, j'ai employé un type de construction conventionnelle, différent de celui dont les astronomes font habituellement usage, en ce que je décrivais ces déplacements tels qu'ils s'opèrent autour du nœud *descendant* de l'écliptique mobile, au lieu que les astronomes et les analystes les rapportent à son nœud *ascendant*. Quoique ce second mode de considération équivaille exactement au premier dans ses conséquences, quand elles sont fidèlement interprétées, j'ai eu soin de l'exposer aussi en particulier dans la section IV, pag. 190 et suivantes ; de sorte que, dans l'application actuelle, je vais me prévaloir des formules que j'ai alors établies, en les éclaircissant par des figures qui ne seront pas inutiles pour en bien fixer le sens.

Soit d'abord, *fig.* 20, EE la circonférence du grand cercle, suivant lequel le plan de l'écliptique va couper la sphère céleste à une époque donnée, par exemple au 1er janvier 1800 ; et marquons en ϓ, le lieu où le point équinoxial de printemps se trouvait placé sur ce même cercle, à la même date. Après le temps $+ t$, ce cercle aura été déplacé, dans le ciel, par l'effet des perturbations que la terre a subies, et il aura pris ainsi une autre direction que je désigne par $E'' E''$. Pour la définir, j'admets conventionnellement, que le point d'intersection marqué ici N'' sur la figure, représente le nœud *ascendant* du nouvel écliptique sur celui de 1800 maintenu idéalement fixe, n'importe à quelle distance ce nœud se trouve placé à l'*orient* du point ϓ. Alors l'arc ϓ N'' que je nomme θ'' sera la *longitude* du nœud N'' sur l'écliptique fixe ; et, si l'on nomme φ'' l'inclinaison du nouveau plan sur ce même écliptique vers le nord, ces deux données fixeront complétement sa position actuelle. Les doubles primes dont je les marque ont pour objet de rappeler qu'elles appartiennent à l'orbe mobile de la terre dans les calculs où elles vont entrer.

Ces conventions étant admises, si le temps $+ t$, compté en années juliennes, n'excède pas un ou deux siècles, la théorie de l'attraction prouve que l'on a généralement

$$p'' = \tang \varphi'' \sin \theta'' = + 0'',0627 . t,$$
$$q'' = \tang \varphi'' \cos \theta'' = - 0'',4755 . t.$$

Cette démonstration se trouve rapportée à la p. 193 du tome IV. Je n'ai fait qu'y remplacer les nombres de Laplace par ceux de M. Le Verrier ; et je les ai convertis en secondes de degré par les motifs d'abréviation expliqués plus haut.

Je reporte tous les détails de cette construction dans la *fig.* 21, mais j'y ajoute un autre grand cercle $ON_1 N$, représentant l'intersection de la sphère céleste par le plan de l'orbite d'une des planètes, à la même époque $+ t$, pour laquelle nous avons tracé $E'' E''$. Pour définir ce nouveau cercle j'admettrai que le point d'intersection N, représente son nœud ascendant sur l'écliptique de 1800, et que l'inclinaison de sa branche ascendante sur ce même écliptique soit φ. Alors l'arc ϓ N sera la longitude de ce nœud ascendant que je nomme θ. Les deux éléments φ, θ, fixeront complétement la position du cercle NO, à l'époque t, sur l'écliptique de 1800.

Mais ces éléments ne seront pas à la disposition de l'observateur qui se trouve lui-même transporté sur l'écliptique $E'' E''$ de l'époque $+ t$. Pour lui le nœud ascendant de l'orbite NO sur l'écliptique observable est le point d'intersection $N_{\prime}$, et l'inclinaison de cette orbite sur ce même écliptique est l'angle sphérique $ON' E''$ que je nommerai $\varphi_{\prime}$. Pour définir la position de ce nœud $N_{\prime}$ relativement à une origine invariable, prenez sur $E'' E''$, à l'*occident* de N'', un arc $N'' \Upsilon_{\prime}$ égal à $N'' \Upsilon$, l'extrémité $\Upsilon_{\prime}$ de cet arc vous représentera le point équinoxial de 1800, tel qu'on le verrait sur $E'' E''$, si l'on avait pu l'y marquer avant son déplacement. La longitude du nœud $N_{\prime}$, comptée de cette ancienne origine ainsi transportée, sera donc $\Upsilon_{\prime} N_{\prime}$, je la nomme $\theta_{\prime}$. Il ne reste plus qu'à déterminer les éléments apparents et observables $\theta_{\prime}$, $\varphi_{\prime}$, d'après ceux qui se rapportent, ou sont censés se rapporter à l'écliptique primitif de 1800.

Pour cela on s'appuie sur ce que φ'' est un angle excessivement petit, dans les limites de temps où on l'emploie. Cela est évident par les expressions mêmes que j'ai tout à l'heure rapportées, puisqu'elles le donnent égal à $0'',4796\, t$ (*). Ceci reconnu; par un point quelconque M de l'orbite NO, menez le cercle de latitude MX dirigé sur l'écliptique primitif EE. La longitude du point M, comptée sur ce même écliptique sera ΥX, je la nomme l. Sa latitude sera MX, je la nomme λ. D'ailleurs, comme la longitude ΥN du nœud N a été appelée θ, le triangle sphérique NMX donnera généralement

$$\tan \lambda = \tan \varphi \sin (l - \theta).$$

<hr>

(*) Dans le tome IV de mon *Astronomie*, pag. 326, j'ai donné l'expression générale de ce même angle φ'', pour toutes les époques quelconques auxquelles on peut vouloir spéculativement l'étendre avant ou après le 1er janvier 1800. Sa valeur proportionnelle à t que nous lui trouvons ici n'est que le premier terme de cette expression générale. Seulement, dans les formules de l'*Astronomie* auxquelles je renvoie, il est désigné par π; et θ'' y est remplacé par $180 - L$, d'après des convenances d'exposition que j'ai expliquées alors.

L'arc MX, ou λ, coupe l'écliptique déplacée $E'' E''$, en un point x. Nommez x X, λ''. Vous aurez, dans le triangle sphérique $N'' X x$,

$$\tan \lambda'' = \tan \varphi'' \sin (l - \theta'').$$

Dans ce même triangle sphérique, l'hypoténuse $N'' x$ ne diffère du côté $N'' X$ ou $l - \theta''$, que par des quantités très-petites de l'ordre $\sin^2 \frac{1}{2} \varphi''$, que je considérerai comme négligeables. Ajoutez-y l'arc $N'' \Upsilon_1$, qui a été fait, par construction, égal à $N'' \Upsilon$ ou θ''. La somme $\Upsilon_1 x$, se trouvera égale à l, dans le même ordre d'approximation.

Maintenant du point M, je mène le cercle de latitude MX_1, perpendiculaire à l'écliptique déplacé $E'' E''$; l'arc MX_1, que je nomme λ_1 sera la latitude *apparente* du point M. Nous aurons ainsi un nouveau triangle rectangle, où je désigne l'hypoténuse $M x$ par ζ, le côté $x X_1$ par β, et l'angle compris entre eux par x. Il en résultera donc

$$\sin \zeta = \frac{\sin \lambda_1}{\sin x}, \quad \sin \beta = \frac{\tan \lambda_1}{\tan x};$$

or l'angle x appartient aussi au triangle $N'' X x$; et il y est déterminé par la relation

$$\cos x = \cos (l - \theta'') \sin \varphi''.$$

Il ne diffère donc de l'angle droit que par une quantité très-petite de l'ordre φ'', car si l'on fait

$$x = 90^0 - u,$$

il en résulte

$$\sin u = \cos (l - \theta'') \sin \varphi'';$$

et, par suite, aux quantités près de l'ordre φ''^3,

$$u = \varphi'' \cos (l - \theta'').$$

Transportant cette transformation dans les expressions précédentes de ζ et β, elles deviennent

$$\sin \zeta = \frac{\sin \lambda_1}{\cos u} = \frac{\sin \lambda_1}{1 - 2 \sin^2 \frac{1}{2} u}, \quad \sin \beta = \tan \lambda_1 \tan u.$$

La première montre que l'hypoténuse ζ ne diffère du côté λ, que par des termes de l'ordre $\sin^2 \frac{1}{2} \varphi''$, que nous sommes convenus de négliger, de sorte que nous pourrons substituer au besoin ces deux arcs l'un à l'autre. La seconde montre que l'arc β est très-petit de l'ordre ϖ; ce qui permet de prendre, par simple proportionnalité,

$$\beta = \varphi'' \cos (l - \theta'') \, \tan \lambda_{\prime} ;$$

ajoutez cet arc β à $\Upsilon_{\prime} x$ que nous avons trouvé être égal à l, dans les limites de notre approximation. La somme $l + \beta$ représentera $\Upsilon_{\prime} X_{\prime}$. Retranchez-en $\Upsilon_{\prime} N_{\prime}$ que nous avons nommé $\theta_{\prime}$, le reste $l - \theta_{\prime} + \beta$ sera $N_{\prime} X_{\prime}$. Alors dans le triangle sphérique $N_{\prime} X_{\prime} M$ où l'angle en $N_{\prime}$ est $\varphi_{\prime}$, vous aurez

$$\tan \lambda_{\prime} = \tan \varphi_{\prime} \sin (l - \theta_{\prime} + \beta),$$

ou, en restituant pour β sa valeur,

$$\tan \lambda_{\prime} = \tan \varphi_{\prime} \sin \left\{ l - \theta_{\prime} + \varphi'' \cos (l - \theta'') \tan \lambda_{\prime} \right\}.$$

Ici nous ferons intervenir une considération dont nous n'avons pas encore fait usage. C'est que les inclinaisons φ, $\varphi_{\prime}$ des orbites des différentes planètes, soit sur l'écliptique fixe, soit sur l'écliptique mobile, sont assez petites, pour que leurs produits par φ'' soient négligeables, comparativement aux termes où ils ne seraient pas affectés de ce facteur. Ceci étant admis, notre dernière équation se réduit à

$$\tan \lambda_{\prime} = \tan \varphi_{\prime} \sin (l - \theta_{\prime}).$$

Maintenant dans notre *fig.* 21, l'arc $M x$ ou ζ est $\lambda - \lambda''$; et puisque nous l'avons reconnu égal à $\lambda_{\prime}$, aux quantités près de l'ordre φ'', nous pourrons écrire dans ces mêmes limites d'approximation

$$\lambda_{\prime} = \lambda - \lambda'' ;$$

on tire de là

$$\tan \lambda_{\prime} = \frac{\tan \lambda - \tan \lambda''}{1 + \tan \lambda \, \tan \lambda''} ;$$

le produit $\tan \varphi \tan \varphi'$, qui accompagne l'unité dans le dénominateur du second membre, peut être négligé sans aucun inconvénient dans les applications que nous avons en vue. Car en portant φ jusqu'à 7 degrés, ce qui n'a lieu que pour Mercure, et prenant φ'' égal à $48''$, ce qui supposerait t un peu plus grand qu'un siècle, ce produit serait moindre que $0,0000003$. Remplaçant donc les trois tangentes par leurs valeurs, dans la relation ainsi réduite, il reste

$$\text{tang } \varphi_1 \sin (l - \theta_1) = \text{tang } \varphi \sin (l - \theta) - \text{tang } \varphi'' \sin (l - \theta'').$$

Cette égalité doit exister pour toute valeur quelconque de la longitude l, que l'on suppose appartenir au point M pour lequel on a établi le raisonnement. Donc si l'on développe ses différents termes, elle devra se trouver séparément vérifiée entre ceux qui ont pour facteur $\sin l$, et ceux qui ont pour facteur $\cos l$. De là il résulte

$$\text{tang } \varphi_1 \sin \theta_1 = \text{tang } \varphi \sin \theta - \text{tang } \varphi'' \sin \theta'' = p - p'' = p_1,$$
$$\text{tang } \varphi_1 \cos \theta_1 = \text{tang } \varphi \cos \theta - \text{tang } \varphi'' \cos \theta'' = q - q'' = q_1,$$

ce qui détermine les deux inconnues demandées φ_1, θ_1. C'est Lagrange qui a exposé le premier ce mode de déduction, dans son Mémoire de 1782, pag. 197. Mais pressé par la multitude immense d'objets qu'il avait à traiter, il se borne à énoncer le principe sur lequel on établit l'équation en l d'où ces deux dérivent, sans s'arrêter à exposer les détails de la démonstration. Laplace rapporte ces mêmes relations, au livre II de la *Mécanique céleste*, § 60, pour en faire le même usage que Lagrange, en se fondant aussi sur la simple évidence du principe qui les donne; et M. Le Verrier, pour ses applications, leur emprunte ces formules toutes établies. J'ai pensé qu'il ne serait pas inutile de venir en aide à ceux qui voudraient s'en rendre un compte exact.

155. En opérant ici sur p_1 et q_1, comme nous avons fait sur p et q dans le § 153, on en tirera généralement

$$(3), \qquad \frac{d\varphi_1}{dt} = \frac{dp_1}{dt} \sin \theta_1 + \frac{dq_1}{dt} \cos \theta_1,$$

$$(4), \qquad \frac{d\theta_1}{dt} = \frac{dp_1}{dt} \frac{\cos \theta_1}{\text{tang } \varphi_1} - \frac{dq_1}{dt} \frac{\sin \theta_1}{\text{tang } \varphi_1},$$

$\frac{dp_{\prime}}{dt}$, et $\frac{dq_{\prime}}{dt}$, sont donnés immédiatement. De plus, voulant ob-tenir les coefficients différentiels $\frac{d\varphi_{\prime}}{dt}$, $\frac{d\theta_{\prime}}{dt}$, pour l'époque prise comme origine du temps, il faut, dans leurs expressions, rem-placer les éléments $\varphi_{\prime}$, $\theta_{\prime}$, par les valeurs φ, θ, qu'ils ont à cette origine. On aura donc ainsi, finalement, dans cette application spéciale,

$$(3), \qquad \frac{d\varphi_{\prime}}{dt} = \left(\frac{dp}{dt} - \frac{dp''}{dt} \right) \sin \theta + \left(\frac{dq}{dt} - \frac{dq''}{dt} \right) \cos\theta,$$

$$(4), \qquad \frac{d\theta_{\prime}}{dt} = \left(\frac{dp}{dt} - \frac{dp''}{dt} \right) \frac{\cos \theta}{\tan g\, \varphi} - \left(\frac{dq}{dt} - \frac{dq''}{dt} \right) \frac{\sin \theta}{\tan g\, \varphi},$$

où il faut faire généralement

$$\frac{dp''}{dt} = + 0'',0627, \qquad \frac{dq''}{dt} = - 0'',4755.$$

Ce sont les formules que M. Le Verrier rapporte à la page 78 de son Mémoire, et qu'il applique successivement aux différentes planètes.

Maintenant si l'on se reporte aux valeurs de $\frac{dp^{\mathrm{IV}}}{dt}$, $\frac{dq^{\mathrm{IV}}}{dt}$, $\frac{dp^{\mathrm{V}}}{dt}$, $\frac{dq^{\mathrm{V}}}{dt}$, que nous avons appliquées à Jupiter et à Saturne dans le § 155, on comprendra que lorsque nous voudrons évaluer les variations des inclinaisons et des nœuds de ces deux planètes, non plus sur l'écliptique fixe de 1800, mais sur l'écliptique mobile depuis cette époque, l'intervention des deux coefficients $\frac{dp''}{dt}$, $\frac{dq''}{dt}$, principa-lement du dernier qui a une valeur relativement considérable, modifiera beaucoup les résultats que nous avons obtenus d'abord. En effet, en répétant ainsi les mêmes calculs numériques, on trouve :

pour Jupiter $\quad \dfrac{dq_{\prime}^{\mathrm{IV}}}{dt} = - 0'',20562, \qquad \dfrac{d\theta_{\prime}^{\mathrm{IV}}}{dt} = - 13'',7772;$

pour Saturne $\quad \dfrac{dq_{\prime}^{\mathrm{V}}}{dt} = - 0'',13710, \qquad \dfrac{d\theta_{\prime}^{\mathrm{V}}}{dt} = - 18'',9696.$

Ainsi, lorsque les deux orbites sont comparées à l'écliptique mobile, sans plan apparent et observable auquel les positions successives des planètes vues de la terre puissent être rapportées, les inclinaisons vont toutes deux en diminuant et les nœuds en rétrogradant relativement au point équinoxial primitif de 18oo, transporté idéalement sur cette écliptique. Les relations phénoménales de ces mouvements pour les deux planètes, qui se manifestaient quand on rapportait leurs positions successives à un même plan fixe, ont disparu, et il est aisé de comprendre que la rétrogradation commune des nœuds est surtout décidée par la forte prédominance du coefficient différentiel $\frac{dq''}{dt}$.

156. Les changements que je viens de décrire, comme s'opérant à la longue dans les éléments des orbes des planètes, ont été appelés *séculaires*, en raison du grand nombre de siècles qu'exige leur entière évolution. C'est un des plus merveilleux effets de l'esprit humain que d'avoir dérivé mécaniquement de la loi d'attraction la nécessité de ces phénomènes, d'en avoir dévoilé la marche, déterminé les mesures, et assigné les limites, avant que l'observation ait pu faire autre chose que de signaler quelques traces douteuses de leurs effets. J'ai dit comment Lagrange, mettant à profit les travaux partiels d'Euler sur ces grands phénomènes, en a le premier établi la théorie générale, dans les Mémoires de Berlin pour 1781 et 1782. Laplace, depuis, l'a reproduite dans son *Traité de mécanique céleste*, en l'agrandissant, la complétant, perfectionnant ses détails, et y appliquant, à l'aide de Bouvard, une masse immense de calculs numériques, qui en spécifient toutes les applications. Cette œuvre d'achèvement, dans laquelle ne paraît plus le nom de Lagrange, a servi dès lors de code aux astronomes, et elle a fourni à M. Le Verrier le sujet d'immenses travaux, ayant pour but, comme pour résultat, de donner aux nombres qu'elle renferme le degré de précision définitif, qui n'avait pu être atteint d'abord. De là il arrive qu'aujourd'hui l'ouvrage de Laplace est le dépôt commun et le seul consulté, où l'on va s'instruire dans la théorie des perturbations planétaires. Mais si on l'y trouve entière et complète, on l'y trouve aussi

amenée à un état de complication tel, qu'il devient très-difficile d'en saisir l'ensemble ; de sorte que l'étude des détails indispensables dont elle est hérissée, se présente à chaque pas comme d'autant plus pénible, que l'on ne voit pas le motif et la récompense d'un travail aussi fatigant. J'ai pensé que l'étude préliminaire du Mémoire de Lagrange sera une excellente introduction à ce labyrinthe, en rassemblant et dirigeant les vues de ceux qui voudront y pénétrer. C'est ce qui m'a engagé à le prendre pour texte de l'exposition précédente. Tous mes vœux seront remplis, si, comme je l'ai espéré, elle peut fournir une préparation utile, je dirais volontiers un encouragement, à surmonter les difficultés du Traité de Laplace, qui seul peut maintenant donner la connaissance complète de ces sublimes théories.

157. Il me reste à en indiquer une dernière conséquence qui n'a pas échappé à Newton, c'est l'évaluation des densités relatives des corps planétaires, et la mesure de la pesanteur que chacun d'eux exerce sur les masses matérielles placées près de sa surface. Quoique cette déduction soit en elle-même très-évidente et très-simple à établir, il a fallu toute la hardiesse, toute la fermeté du génie de Newton pour oser en concevoir la possibilité, et la suivre jusqu'aux nombres.

Les données de ces calculs sont : premièrement les masses des corps considérés, que pour plus de simplicité je supposerai sphériques : je les désignerai généralement par μ', celle de la terre étant μ ; puis, leurs demi-diamètres apparents vus à une même distance, qui sera par exemple la distance moyenne de la terre au soleil : je les nommerai généralement d'. Dans ce mode de définition, le demi-diamètre apparent de la terre sera représenté par le même nombre que la parallaxe moyenne du soleil, que je désigne spécialement par p.

Ceci convenu, on obtiendra sans difficulté les expressions symboliques suivantes, dans lesquelles π représente la demi-circonférence dont le rayon est 1, et g', g, sont les pesanteurs respectivement exercées à la surface de la planète ou de la terre, par l'attraction de la matière qui constitue ces corps.

	RÉSULTATS relatifs à la planète considérée.	RÉSULTATS relatifs à la terre.
Rayon de la sphère exprimée en parties de la distance 1........	$r' = \sin d'$	$r = \sin p$
Son volume............	$v' = \dfrac{4}{3}\pi r'^3$	$v = \dfrac{4}{3}\pi r^3$
Sa densité moyenne.........	$\Delta' = \dfrac{\mu'}{v'}$	$\Delta = \dfrac{\mu}{v}$
Sa pesanteur à sa surface......	$g' = \dfrac{\mu' f}{r'^2}$	$g = \dfrac{\mu f}{r^2}$

Dans la dernière ligne, la lettre f désigne la force accélératrice exercée par l'unité de masse sur l'unité de masse, placée à l'unité de distance ; nous l'avons déjà employée avec cette signification.

De là on déduit les expressions suivantes, qui représentent les rapports des éléments analogues, relatifs à la planète et à la terre ; les premiers étant en numérateur.

Rapport des rayons...................$\dfrac{r'}{r} = \dfrac{\sin d'}{\sin p},$

 —   des volumes...................$\dfrac{v'}{v} = \dfrac{\sin^3 d'}{\sin^3 p},$

 —   des densités...................$\dfrac{\Delta'}{\Delta} = \dfrac{\mu'}{\mu}\dfrac{\sin^3 p}{\sin^3 d'},$

 —   des pesanteurs à la surface.....$\dfrac{g'}{g} = \dfrac{\mu'}{\mu}\dfrac{\sin^2 p}{\sin^2 d'}.$

Pour réduire ces résultats en nombres, j'emprunterai les valeurs des masses au tableau de la page 266 ; quant aux demi-diamètres d' à la distance moyenne de la terre au soleil, je leur attribuerai les mesures suivantes, qui sont exprimées en secondes sexagésimales :

Mercure. . . . .   3″,23 ,

Vénus. . . . .   8,25 ,

La terre. . . . .   8,5776 ,

Mars. . . . .   4,435 ,

Jupiter. . . . .   99,704 ,

Saturne. . . . .   81,106 ,

Le soleil. . . . .   961,82 .

Si la terre était exactement sphérique et homogène, la force g serait la même sur tous les points de sa surface, et on la déduirait des expériences faites sur la chute de corps à une latitude quelconque, en ajoutant à la gravité apparente la force centrifuge engendrée en sens contraire par le mouvement de rotation. Mais la forme ovoïde du sphéroïde terrestre rend son attraction quelque peu inégale sur les différents parallèles, et elle ne s'assimile à celle d'une sphère de même masse que sur celui où le carré du sinus de la latitude est $\frac{1}{3}$. Pour celui-là, les expériences du pendule donnent très-approximativement g égal à $9^{m},81645$, en prenant pour unité de temps la seconde sexagésimale de temps moyen. D'après la convention générale que nous avons faite de mesurer les forces accélératrices par le double de l'espace qu'elles font décrire dans un élément de temps assez petit pour qu'on puisse les considérer comme constantes pendant cet intervalle, la moitié de ce nombre ou $4^{m},90822$ représentera l'espace même que la masse terrestre, *par sa seule attraction*, ferait décrire aux corps pendant la première seconde de leur chute sur le parallèle ci-dessus défini ; et les valeurs de g' qu'on en déduira pour toute autre masse planétaire, devront être interprétées, pour chacune d'elles, avec les mêmes conditions de spécialité.

Par exemple, si l'on effectue ces calculs pour le soleil, comparé à la terre, en se servant des données ici indiquées, on trouvera :

Le rapport des rayons . . . . $\dfrac{r'}{r} = 112,13,$

—   des volumes . . . . $\dfrac{v'}{v} = 1409870,$

—   des densités . . . . $\dfrac{\Delta'}{\Delta} = 0,25179 = \dfrac{1}{3,9716},$

—   des gravités à la surface . . . . . $\dfrac{g'}{g} = 28,233.$

La dernière de ces relations donne

$$g' = 28,233\, g = 277^{m},276.$$

Ainsi, d'après la valeur de g', les corps placés à la surface du soleil, sous le parallèle dont le carré du sinus de la latitude est $\frac{1}{3}$, décriraient $138^{m},638$ dans la première seconde de leur chute, sous *la seule influence de la force attractive*, et le poids de 1 centimètre cube d'eau distillée y serait $28^{gr},233$ au lieu de 1 gramme qu'il est à la surface de la terre. Les effets apparents seraient un peu moindres, étant combattus par la force centrifuge due à la rotation du soleil sur lui-même en $25^{j}\frac{1}{2}$; mais il n'y aurait aucun intérêt à évaluer ces corrections qui seraient sans application réelle. Les données mêmes dont nous avons fait usage ne sont pas absolument rigoureuses, et les petits changements qu'on y pourrait faire donneraient des nombres absolus quelque peu différents de ceux que nous venons d'obtenir. Mais la nature et l'ordre de grandeur des résultats sont les seules choses auxquelles il faille ici s'attacher.

Newton a établi ces évaluations pour le soleil, Jupiter, Saturne et la terre, qui étaient les seuls corps planétaires dont il connût assez approximativement les masses relatives, et les diamètres apparents (*). Les rapports qu'il leur trouve diffèrent à peine de ceux que fournissent les données rapportées dans nos tableaux pour ces mêmes corps. On ne saurait assez admirer la force de génie, et la confiance logique qu'il lui a fallu avoir, pour suivre imperturbablement de pareilles déductions, et en présenter dès lors les résultats à ses contemporains comme de simples corollaires de sa théorie.

(*) *Principia*, lib. III, prop. VIII, theor. VIII, coroll. 1, 2 et 3.

CHAPITRE V.

Des stations et des rétrogradations des planètes.

158. Lorsque dans les recherches physiques on a le bonheur de parvenir à la vérité, elle ne sert pas seulement pour prévoir les phénomènes et trouver la raison de ceux qui paraissaient auparavant inexplicables ; mais, ce qui est également précieux, tous les faits précédents s'éclairent, leurs lois se simplifient, et l'on peut, en quelque sorte, les embrasser plus facilement. Cette double influence qui s'étend sur les recherches futures et sur les découvertes passées est le caractère le plus ordinaire de la vérité, et l'indice le plus sûr qu'on la connaît.

159. Nous allons en voir une preuve dans l'explication de plusieurs phénomènes bizarres que présente le mouvement des planètes, vu de la terre. Ce mouvement ne paraît pas toujours dirigé dans le même sens, comme il l'est réellement lorsqu'on le rapporte au centre du soleil : il est tantôt direct, tantôt nul, tantôt rétrograde. Ainsi, quand Vénus passe au delà du soleil, par rapport à la terre, son mouvement comparé aux étoiles paraît direct ; quand elle passe entre la terre et le soleil, il paraît rétrograde ; enfin, dans la transition d'un de ces états à l'autre il devient tout à fait insensible, et Vénus paraît stationnaire. Mercure offre les mêmes apparences, et les planètes supérieures en offrent d'analogues ; elles paraissent directes dans leurs conjonctions, rétrogrades dans leurs oppositions. Ces phénomènes se nomment les *stations* et les *rétrogradations* des planètes.

140. Ils sont faciles à expliquer dans toute hypothèse, pour Mercure et Vénus, dont l'orbite n'embrasse pas la terre ; car ces planètes tournant autour du soleil toujours dans le même sens et d'occident en orient, suivant l'ordre des signes, leur mouvement doit paraître direct lorsqu'elles vont de la digression occidentale à l'orientale, en passant au delà du soleil, et il doit paraître rétrograde lorsqu'elles reviennent de la digression orientale à l'occidentale, en passant au devant de cet astre par rapport à la terre.

Le mouvement annuel de la terre ou celui du soleil ne fait que modifier ces apparences, en faisant varier les points des stations.

Mais celles que présentent les autres planètes ne sont pas si faciles à expliquer. Il semble, en effet, que leur mouvement devrait nous paraître constamment direct, puisque nous sommes placés au dedans de leurs orbites et qu'elles tournent toujours dans le même sens autour du soleil ; mais il faut faire attention que le soleil emporte avec lui sur l'écliptique l'orbite de ces planètes. Ce mouvement peut, dans certains cas, contrarier le mouvement de la planète, et le favoriser dans d'autres, selon qu'il est dirigé dans le même sens ou dans le sens opposé ; et comme l'effet combiné de ces deux vitesses détermine la direction apparente de la planète, on conçoit qu'il peut en résulter les stations et les rétrogradations observées.

141. Mais pour juger jusqu'à quel point cette explication s'accorde avec les phénomènes, et savoir si le mouvement de la terre les représente avec plus de simplicité, il devient nécessaire de les exposer avec quelque détail. Comme leur marche est la même pour toutes les planètes supérieures, il suffira d'en considérer une seule ; nous prendrons pour exemple Mars.

Il y a des temps où Mars paraît sur l'horizon peu d'instants avant le soleil. Quelques jours auparavant, il était plongé dans les rayons de cet astre, et il était impossible de l'apercevoir. Il sort donc alors de la conjonction. C'est depuis cette époque que nous allons suivre ses mouvements.

Si l'on observe jour par jour sa hauteur méridienne et son ascension droite, on voit d'abord que son mouvement est *direct,* c'est-à-dire dirigé d'occident en orient, comme celui du soleil. On reconnaît cette direction, parce que ses ascensions droites augmentent journellement. Mars, qui se trouve alors à l'occident du soleil, tend donc à s'en rapprocher ; mais le mouvement propre de cet astre est plus rapide que le sien. De là il arrive que les deux astres, au lieu de se rapprocher, s'éloignent. En même temps le mouvement de Mars se ralentit. Il devient tout à fait insensible après un intervalle d'environ une année. Alors Mars se trouve éloigné du soleil d'environ 136 degrés de la division sexagésimale, et pendant quelques jours la planète comparée aux étoiles paraît stationnaire. Mais ensuite elle prend un mouvement rétrograde, c'est-à-dire dirigé d'orient en occident ; et comme le soleil, au contraire, marche toujours d'occident en orient, ces deux astres s'éloignent plus rapidement l'un de l'autre. En suivant cette nouvelle marche, Mars arrive à 180 degrés du soleil ; il se couche alors quand cet astre se lève, et se trouve opposé à lui par rapport à la terre : c'est alors que sa vitesse rétrograde est la plus grande. En continuant sa marche dans ce sens, Mars se rapproche de plus en plus du soleil, et les mouvements opposés de ces deux astres conspirent pour diminuer la distance angulaire qui les sépare. Mais en même temps la vitesse rétrograde de Mars s'affaiblit ; elle devient nulle, lorsque la distance angulaire des deux astres n'est plus que d'environ 136 degrés. Alors Mars, comparé aux étoiles, paraît de nouveau stationnaire. L'arc de rétrogradation qu'il a décrit ainsi dans le ciel est d'environ 14 degrés sexagésimaux, et le temps qu'il a employé à le décrire est de 73 jours. Après cet intervalle, Mars reprend son mouvement direct, qui tend à l'éloigner du soleil en le ramenant sur la partie de l'équateur qu'il a déjà parcourue ; mais le soleil ayant un mouvement plus rapide, se rapproche peu à peu de lui, et l'atteint après un intervalle d'environ une année : alors Mars, revenu à la conjonction, se plonge de nouveau dans les rayons du soleil, se lève avec cet astre, et redevient invisible pour nous.

142. Ces irrégularités sont communes à toutes les planètes supérieures, avec les modifications que comporte la différence de leurs mouvements. Il y a même des différences sensibles dans l'étendue et la durée des rétrogradations d'une même planète. En voici les valeurs moyennes relativement aux planètes principales.

Dans ce tableau que j'emprunte à l'*Astronomie de Delambre*, tome III, page 9, les lettres T, S, P, désignent les trois angles intérieurs du triangle formé, au moment de la station, par la terre T, le soleil S , et la projection P de la planète sur l'écliptique.

	☿	♀	♂	♀	♃	♄	
T	18°12'	28°51'	136°12	126° 7'	115°35'	108°47'	1
P	126.14	138. 9	27. 1	18. 6	9.59	5.42	
S	35.34	13. 0	16.47	35.47	54.26	65.31	
Amplitude de l'arc de rétrogradation.	13°24'	15°22'	14°41'	10°30'	9°55'	6°47'	
Limites de sa variabilité........	9°—16°	14°—17°	10°—20°		9°8—10°	6°7—6°9	3°.
Durée de la rétrogradation......	22^j9	42^j16	72^j76	97^j45	120^j7	137^j61	15
Limites entre lesquelles elle varie.	21½.23½	41.43½	61.81½		117.123½	135.139	15

143. Il s'agit maintenant d'expliquer ces phénomènes dans la supposition du mouvement de la terre. Or, cela est extrémement facile, et ils en sont une conséquence si frappante, qu'elle suffirait seule pour faire adopter le reste de cette théorie.

Pour bien comprendre ceci, servons-nous d'une figure. Plaçons le soleil en S, *fig*. 25, au centre des mouvements planétaires. Traçons autour de lui un cercle BCDE pour représenter l'orbite annuelle de la terre, et un autre plus grand B′C′D′E′, qui sera l'orbite d'une planète supérieure, par exemple de Jupiter. Prenons en outre, sur le premier de ces cercles, des arcs égaux, BC, CD, DE, qui soient par exemple ceux que la terre décrit en un jour solaire moyen; et prenons, sur le second, d'autres arcs B′C′, C′D′, D′E′, aussi égaux entre eux, qui seront ceux que Jupiter décrit dans le même intervalle de temps. En vertu de la troisième loi de Képler, ceux-ci seront moindres que les précédents, comme je le prouve dans une note placée au bas de cette page. Car si leur longueur pour la terre est l, elle sera pour toute autre planète $\dfrac{l}{\sqrt{a'}}$, a' désignant le rayon de son cercle, celui de l'orbe terrestre étant 1 (*). Ceci admis,

____

(*) Soit T la durée de la révolution sidérale de la terre exprimée en jours moyens solaires, que nous prendrons pour unité de temps; et a le demi-

supposons qu'à l'instant où la terre se trouve en B, Jupiter soit en B'; il nous paraîtra en B″ sur la sphère céleste, dans le prolongement de la ligne droite BB'. Maintenant si la terre passe de B en C, et Jupiter de B' en C' dans le même temps, nous le verrons passer en C″ sur la sphère céleste; et, dans les relations de positions que notre figure représente, son mouvement paraîtra direct, selon l'ordre des signes. La terre allant ensuite de C en D, et Jupiter de C' en D', ce mouvement paraîtra toujours direct; mais peu à peu la terre commencera à s'interposer plus directement entre le soleil et la planète. Lorsqu'elle sera en F, Jupiter

---

grand axe de l'orbite qu'elle décrit dans ce temps T. Nommons T', a' les éléments analogues pour une planète quelconque. Si π désigne la demi-circonférence dont le rayon est 1, les mouvements *angulaires* diurnes de ces deux corps seront :

$$\text{pour la terre } n = \frac{2\pi}{T}, \quad \text{pour la planète } n' = \frac{2\pi}{T'},$$

et les longueurs absolues l, l' des arcs qui y correspondent sur les deux cercles seront respectivement

$$l = na, \quad l' = n'a';$$

d'où l'on tire

$$l' = l\,\frac{n'\,T}{n\,T'}.$$

Or, la loi de Képler donne

$$\frac{T^2}{T'^2} = \frac{a^3}{a'^3};$$

il en résulte donc

$$l' = l\,\frac{\sqrt{a}}{\sqrt{a'}},$$

ou, en prenant a pour unité de longueur,

$$l' = \frac{l}{\sqrt{a'}},$$

comme je l'ai dit dans le texte.

Pour Jupiter, par exemple, on a

$$a' = 5,2028;$$

de là on tire

$$l' = l \cdot 0,43841.$$

Les arcs qu'il décrit en un jour moyen sur son orbite, supposée circulaire, sont donc, *en longueur absolue*, moindres que la moitié de ceux que la terre décrit sur le sien, dans le même temps.

paraîtra en F″ : et il semblera être retourné en arrière sur la sphère céleste. Dans le passage d'une de ces directions à l'autre, il aura paru stationnaire, ce qui, d'après les dispositions de notre figure, sera arrivé tandis que la terre décrivait l'arc EF. La terre arrivant en G, et Jupiter en G′, en opposition avec le soleil, on le verra en G″ sur la sphère céleste, et déjà il semblera reculé en arrière de tout l'arc E″ G″, quoique en effet il ait toujours continué à suivre sa marche directe d'occident en orient, sur son orbite propre. Jupiter et la terre continuant à marcher dans le même sens, la rétrogradation apparente continuera aussi de la même manière ; mais sa vitesse diminuera à mesure que le mouvement propre de la terre devenant plus oblique sur le rayon visuel mené à la planète, altérera moins le mouvement propre de Jupiter. Enfin la rétrogradation cessera tout à fait lorsque la terre sera parvenue en un point I de son orbite tel, que le rayon visuel mené à la planète demeure, pendant quelques instants, parallèle à lui-même. Alors si Jupiter est en I′, il paraîtra en I″ sur la sphère céleste, et semblera de nouveau stationnaire. Quand ensuite la terre viendra de I en K, et Jupiter en K′, il paraîtra avoir décrit, sur la sphère céleste, l'arc I″ K″ suivant l'ordre des signes. A partir de cette époque, il reprendra son mouvement direct sur cette sphère. Toute sa rétrogradation apparente comprendra donc l'arc E″ I″, et il l'aura faite en décrivant sur son cercle l'arc E′ I′, pendant que la terre décrivait l'arc EI sur le sien. Ceci doit s'entendre de Mars, de Saturne et de toutes les autres planètes supérieures. Seulement ces rétrogradations sont plus fréquentes et moins étendues pour Saturne, parce que son mouvement est plus lent que celui de Jupiter ; en sorte que la terre le rejoint plus tôt et le dépasse plus vite. Au contraire, elles sont moins fréquentes et plus étendues pour Mars, dont le mouvement est plus rapide, ce qui fait que la terre emploie plus de temps à le rejoindre, et à le dépasser (*). On voit avec quelle merveilleuse simplicité le

____

(*) Le mouvement alternativement direct et rétrograde de Mars avait été remarqué par les Égyptiens dès les temps pharaoniques. Il est spécialement désigné sur de très-anciennes inscriptions hiéroglyphiques, comme un dieu céleste, *qui marche tour à tour en avant, et en arrière.*

mouvement de la terre se prête à rendre raison de toutes ces bizarreries. C'est à Copernic que l'on doit d'avoir fait revivre l'idée de ce mouvement, déjà avancée par d'anciens philosophes, mais qu'il a le premier prouvée d'une manière complète, en montrant avec quelle simplicité et quelle exactitude elle satisfait aux observations.

Si toutes les planètes se mouvaient comme la terre dans le plan de l'écliptique ; si, de plus, leurs orbites et celle de la terre étaient circulaires, ce qui rendrait tous les mouvements uniformes, les époques des rétrogradations de chaque planète seraient constantes ; elles reviendraient après une révolution synodique, et leur durée et leur étendue seraient constantes aussi. Mais l'inclinaison des orbites et leur ellipticité troublent la simplicité de ces rapports et influent sur les époques aussi bien que sur les durées des rétrogradations. Malgré cette complication on conçoit que la cause optique de ces apparences étant connue, leur détermination exacte est un problème purement géométrique, dont la solution doit se déduire des formules qui expriment le mouvement de chaque planète, en ayant égard à l'ellipticité et à l'inclinaison de son orbite. Mais comme l'observation des stations et des rétrogradations n'est d'aucun usage, nous croyons inutile d'entrer dans cette généralité.

NOTE.

1. Pour donner seulement un essai de ce calcul, nous considérerons le cas simple où les orbites des planètes seraient circulaires et comprises dans le plan de l'écliptique. Dans cette supposition, leurs mouvements angulaires héliocentriques seront uniformes. J'établirai d'abord la solution analytique du problème, pour les planètes *supérieures*, dont l'orbite embrasse celle de la terre. Je montrerai ensuite que les mêmes formules finales s'appliquent aussi aux *inférieures*, en y modifiant quelques particularités de signes algébriques. Ceci convenu, comptons le temps t à partir de l'époque où la planète et la terre se sont trouvées du même côté du soleil, et sur la même ligne droite ; en sorte que la planète était alors en *opposition*. Les angles décrits par la terre et par elle autour du soleil pendant le temps t, seront respectivement nt, $n't$; n, n' étant des constantes qui représentent les mouvements héliocentriques évalués pour l'unité de temps, que nous supposerons être le jour moyen solaire. Rapportons les positions successives des deux corps à un système de coordonnées rectangulaires x, y, ayant leur origine au centre du soleil ; dont la deuxième y, soit dirigée suivant le rayon vecteur où la coïncidence s'est opérée ; à quoi nous ajouterons la convention de prendre les y positifs sur la branche de ce rayon vecteur où la terre se trouvait alors, et les x positifs vers l'orient des $+y$. Ceci admis, en nommant a, a' les rayons des orbites, les valeurs des coordonnées, à l'instant t, seront :

$$\text{Pour la terre} \ldots \ldots \quad x = a \cos n t, \quad y = a \sin n t,$$
$$\text{Pour la planète} \ldots \ldots \quad x' = a' \cos n' t, \quad y' = a' \sin n' t.$$

Maintenant si l'on conçoit une ligne droite menée de la terre à la planète, à un instant quelconque, cette droite fera avec l'axe des x un angle X, dont la tangente trigonométrique sera exprimée généralement par

$$\frac{y' - y}{x' - x}, \quad \text{ou bien} \quad \frac{a \sin nt - a' \sin n' t}{a \cos nt - a' \cos n' t} ;$$

l'angle X étant mesuré à partir des $+x$, en allant vers les $+y$.

Lorsque la planète est stationnaire, le rayon visuel mené de la terre à la planète reste parallèle à lui-même ; ainsi, pour déterminer le temps t, où ce phénomène a lieu, il faut exprimer qu'alors, en faisant varier t d'une quantité fort petite et arbitraire, que nous pouvons représenter par $\pm \omega$, la fonction précédente n'éprouve aucune variation. Cette condition est absolument pareille à celle dont nous avons fait usage dans le second livre, en exposant la méthode des moindres carrés. Elle se réduit à déterminer t de manière que la fonction dont il s'agit soit un *minimum* ou un *maximum*. En opérant comme nous avons fait alors, on trouve que la valeur de t, qui jouit de cette propriété, doit satisfaire à la relation suivante :

$$(a \cos nt - a' \cos n't)(an \cos nt - a'n' \cos n't)$$
$$+ (a \sin nt - a' \sin n't)(an \sin nt - a'n' \sin n't) = 0.$$

En effectuant les multiplications indiquées, cette équation prend une forme plus simple ; elle devient

$$a^2 n + a'^2 n' - aa'(n + n') \cos(n - n') t = 0,$$

d'où l'on tire

$$(1) \qquad \cos(n - n')t = \frac{a^2 n + a'^2 n'}{aa'(n + n')}.$$

Cette condition déterminera l'angle $(n - n')\,t$, et par conséquent t, lorsque les quantités a, a', n, n' seront connues.

2. La planète étant supposée *supérieure*, n surpasse n' ; ainsi le produit $(n - n')\,t$ aura le signe de t : de sorte qu'il est positif *après* l'opposition et négatif *auparavant*. Or la valeur d'un cosinus ne change pas quand on change le signe de l'angle auquel il appartient. Donc, si l'on nomme $+\theta$ la valeur positive de t qui satisfait à l'équation précédente, la valeur négative $-\theta$ y satisfera également : c'est-à-dire qu'il y aura deux instants également éloignés de l'opposition, l'un avant, l'autre après, dans lesquels la planète paraîtra stationnaire ; et le produit $(n - n')\,\theta$, que je nommerai par abréviation σ, exprimera l'angle compris au centre du soleil, entre la terre et la planète, au moment où chaque station a lieu.

La *fig.* 26 représente la position respective des trois corps dans la station postérieure à l'opposition. L'angle au soleil σ étant connu par l'expression précédente de son cosinus, et les distances a, a' de la terre et de la planète au soleil étant données, on peut aisément calculer l'angle PTS ou ι, qui représente la distance angulaire de la planète au soleil vue de la terre, au moment où la station a lieu, et qui est immédiatement observable. Pour former son expression analytique, menez de la planète P la droite PH, perpendiculaire au rayon a prolongé. Sa longueur sera $a' \sin \sigma$; et celle de SH sera $a' \cos \sigma$. Retranchant a de cette dernière, on aura, d'après les dispositions de la figure qui nous sert de type,

$$(2) \qquad \tan \iota = -\frac{a' \sin \sigma}{a' \cos \sigma - a} ;$$

quand l'équation (1) aura fait connaître l'angle σ, celle-ci donnera l'angle ι.

Ces équations contiennent, comme données numériques, les rayons a, a', des deux orbites, et les moyens mouvements n, n', qui y correspondent ; mais ces deux genres d'éléments, étant liés entre eux par la troisième loi de Képler, on peut ramener les équations à n'en contenir qu'un seul. En effet, si l'on nomme T la durée de la révolution sidérale de la terre, et T' celle de la planète, cette loi donne

$$T^2 = K^2 a^3, \quad T'^2 = K^2 a'^3,$$

K étant une quantité constante, qui, si l'on prend le rayon a de l'orbe terrestre pour unité de distance, est égale à la durée de la révolution sidérale de la terre, $365^j,2563835$. De plus, en nommant π la demi-circonférence dont le rayon est 1, on a évidemment

$$n = \frac{2\pi}{T}, \quad n' = \frac{2\Pi}{T'},$$

de là on tire

$$n = \frac{2\pi}{K a^{\frac{3}{2}}}, \quad n' = \frac{2\pi}{K a'^{\frac{3}{2}}},$$

et, par suite,

$$n' = n \frac{a^{\frac{3}{2}}}{a'^{\frac{3}{2}}}.$$

Au moyen de ces valeurs on pourra éliminer de nos deux équations, les moyens mouvements, ou les rayons des orbites. J'adopterai ici le premier parti.

5. Prenons donc d'abord l'équation (1) qui est

$$(1) \qquad \cos\sigma = \frac{a^2 n + a'^2 n'}{aa'\,(n + n')}.$$

Les détails de l'élimination se simplifient, en faisant

$$\alpha = a^{\frac{1}{2}}, \quad \alpha' = a'^{\frac{1}{2}}.$$

Alors, quand on a remplacé n et n' par leurs valeurs dans la fraction qui représente $\cos\sigma$, ses deux termes réduits se trouvent avoir pour facteur commun $\alpha + \alpha'$; et, après l'en avoir débarrassée, on trouve définitivement

$$(1) \qquad \cos\sigma = \frac{\alpha\alpha'}{\alpha'^2 - \alpha\alpha' + \alpha^2}.$$

Quant à l'équation (2), pour éviter les radicaux qu'y introduirait $\sin\sigma$, il faut élever ses deux membres au carré, ce qui donne

$$(2) \qquad \operatorname{tang}^2 z = \frac{a'^2 \sin^2 \sigma}{(a' \cos z - a)^2};$$

alors, en tirant de (1), sous sa première forme, les valeurs de $\cos z$ et de $\sin^2 \sigma$, on obtient immédiatement

$$\operatorname{tang}^2 z = \frac{a^2 n^2 - a'^2 n'^2}{(a'^2 - a^2)\, n'^2};$$

alors, en remplaçant n^2, n'^2 par leur valeur générale, les deux termes du second membre se trouvent avoir pour facteur commun $a' - a$; et, après les en avoir débarrassés, on trouve finalement

$$(2) \qquad \operatorname{tang}^2 z = \frac{a'^2}{a\,(a + a')}.$$

Dans la pratique astronomique, on prend habituellement le rayon a de l'orbe terrestre pour unité de distance. Alors l'auxiliaire α est aussi égale à 1, et nos deux formules deviennent

$$(1)\qquad \cos\tau = \frac{a'}{a'^2 - a' + 1} = \frac{a'^{\frac{1}{2}}}{a' - a'^{\frac{1}{2}} + 1},$$

$$(2)\qquad \tang^2\varepsilon = \frac{a'^2}{1 + a'}$$

L'expression de $\tang^2\varepsilon$ est remarquable par sa simplicité. Elle est due à Keill, qui l'a obtenue par de longs détours.

Quand on connaîtra ainsi les deux angles τ et ε, le troisième ϖ s'obtiendra comme supplément de leur somme, ce qui donnera

$$\varpi = 180^\circ - (\varepsilon + \tau).$$

Ces trois angles, dans leur application à une position quelconque de la planète, ont reçu des dénominations que j'ai rapportées au § 39, page 76 : ε s'appelle l'*élongation*, τ la *commutation*, ϖ la *parallaxe annuelle*. Leurs expressions ici trouvées sont particulières aux époques des stations.

Il faut maintenant déterminer l'amplitude angulaire que la planète vue de la terre paraît décrire sur le fond du ciel, en rétrogradant ainsi pendant le temps t. Pour cela je reproduis dans la *fig.* 27 le triangle PTS de la *fig.* 26, qui représente la terre, le soleil et la planète dans les situations relatives qu'elles occupent, à l'époque de la station postérieure à l'opposition, que l'on suppose s'être opérée sur la droite fixe SY. Par le point T menons une droite indéfinie TY′ parallèle à SY. Elle aboutira au même point de la sphère céleste que SY, ainsi l'angle Y′TP, est celui que la planète, vue de la terre, aura paru décrire en rétrogradant parmi les étoiles, depuis l'opposition, pendant le temps t. Or on a évidemment

$$\text{Y′TP} = \text{HTP} - \text{HTY′}.$$

L'angle PTY est $180^\circ - \varepsilon$; l'angle HTY′, égal à TSY, est celui que la terre décrit autour du soleil pendant le temps t, en sorte que sa valeur est nt. Il en résulte donc

$$\text{Y′TP} = 180^\circ - \varepsilon - nt,$$

expression entièrement calculable en nombres. La station antérieure à l'opposition étant symétrique à la postérieure autour de SY, donnera un angle géocentrique de rétrogradation Y″TP exactement égal, depuis cette station antérieure jusqu'à l'opposition, comme on pourrait le constater en construisant la figure qui s'y rapporte. Ainsi l'arc total de rétrogradation que la planète aura paru décrire sur la sphère céleste, entre ses deux stations consécutives, sera 2 Y′TP.

4. Comme exemple d'application, je choisirai Jupiter. D'après le tableau général des éléments planétaires, rapporté page 266, les données du calcul seront ici

$$n - n' = 1186720'',663, \quad a' = 5,2027979.$$

Avec la valeur de n', en ne prenant que les solutions qui s'appliquent à notre *fig.* 26, on trouve

$$\sigma = 54^\circ 26' 12'', \quad \varepsilon = 115^\circ 35' 44'';$$

par conséquent le troisième angle π, dont le sommet est à la planète, sera

$$\pi = 180^\circ - (\sigma + \varepsilon) = 9^\circ 58' 4''.$$

σ est $(n - n')$. Or, dans le tableau d'où nous avons tiré le coefficient $n - n'$, les moyens mouvements n, n' sont évalués pour une année de $365^j,25$, de sorte que si nous voulons obtenir t exprimé en jours, comme cela est convenable pour son application actuelle, il faudra ramener $n - n'$ à cette même unité de temps en le divisant par $365,25$; ce qui équivaut à multiplier σ par ce même nombre. On aura ainsi

$$t = \frac{195972''.\ 365^j,25}{1186720'',663} = 60^j,31644 = 60^j\ 7^h\ 35^m\ 46^s,4.$$

t est le temps écoulé *depuis* l'opposition, jusqu'à l'époque *postérieure* où la planète, vue de la terre, paraît stationnaire. Il s'écoulera un intervalle de temps égal *depuis* l'époque de la station *antérieure* jusqu'à l'opposition, et entre ces deux phénomènes le mouvement de la planète paraîtra rétrograde. La durée totale de sa rétrogradation sera donc $2t$; conséquemment pour Jupiter $120^j\ 15^h\ 11^m\ 20^s,8$.

Si l'on retranche ce nombre de la durée de la révolution synodique, le reste exprimera l'intervalle de temps pendant lequel le mouvement de la planète paraît direct.

Il ne reste plus qu'à calculer l'amplitude angulaire de l'arc céleste que la planète vue de la terre paraît parcourir en rétrogradant ainsi pendant le temps $2t$; la moitié de sa valeur est

$$\Upsilon'TP = 180^\circ - \varepsilon - nt.$$

Dans le tableau général de la page 266, où nous prenons les éléments de ces calculs, le moyen mouvement n de la terre est évalué pour une année julienne de $365^j,25$. Mais comme la marche des opérations précédentes fait connaître ici t en jours, il sera plus commode d'employer le mouvement moyen n, évalué aussi pour cette même unité de temps, et on l'obtiendra sous cette forme en divisant par $365,25$ la valeur que le tableau lui assigne. On le trouve ainsi égal à $3548'',191$ dont le logarithme tabulaire est $3,5500072$.

En effectuant le calcul numérique pour Jupiter avec les valeurs de ε et de t, ci-dessus obtenues, on trouve

$$nt = 59^\circ 26' 55''$$

On a de plus $\varepsilon = 115^\circ 35' 41''$

Donc $nt + \varepsilon = 175^\circ 2' 36''$

Conséquemment $\Upsilon'TP = 4^\circ 57' 21''$

et $2\Upsilon'TP = 9^\circ 54' 42''$

Ce dernier résultat exprime l'arc total de rétrogradation de Jupiter; en supposant cette planète et la terre dans leurs distances moyennes au soleil. On obtiendrait des nombres quelque peu différents, si on les plaçait aux distances plus grandes ou moindres qu'elles peuvent respectivement atteindre. Mais comme ces calculs n'auraient aucune utilité, je ne m'y arrêterai pas. Je n'ai même poussé les évaluations précédentes jusqu'à de petites fractions de temps et d'arcs, qu'afin de ne pas trop altérer les relations des résultats entre eux. Du reste, ces phénomènes, qui étaient physiquement incompréhensibles, et très-difficilement calculables dans les hypothèses géométriques des anciens astronomes, n'ont aujourd'hui d'intérêt pour nous que par la facilité avec laquelle ils s'expliquent et se calculent, comme conséquences du mouvement de circulation de la terre et des planètes autour du soleil.

5. Considérons maintenant les stations des planètes inférieures. La condition déterminante de ces phénomènes sera toujours que le rayon visuel mené de la terre à la planète reste parallèle à lui-même pendant un intervalle de temps infiniment petit. Or ce rayon est commun à la planète et à la terre. Donc, lorsque la planète vue de la terre paraît directe, stationnaire ou rétrograde, la terre vue de la planète présente des mouvements apparents de même sens, et qui deviennent nuls aux mêmes époques. D'après cela, dans les formules générales (1) et (2) que nous avons tout à l'heure établies, nous n'avons qu'à substituer la planète inférieure à la terre, et la terre à la planète que nous supposions supérieure, elles s'appliqueront sans autre modification à ce nouveau cas.

La *fig.* 28, tout à fait pareille à la *fig.* 26, achèvera de rendre cette analogie évidente. S est le soleil, SY la droite indéfinie sur laquelle la planète P et la terre T se sont trouvées en conjonction *inférieure*. Après un temps quelconque $+ t$ écoulé depuis cette époque, les mouvements angulaires héliocentriques des deux corps étant de même sens, et celui de P plus rapide que celui de T, leurs positions respectives deviennent telles que les représente notre *fig.* 28, dans laquelle le triangle PST est complétement analogue à celui de la *fig.* 26, sauf que c'est maintenant la terre et non la planète qui occupe son sommet le plus distant du soleil. La condition analytique, qui rend le rayon visuel PT stationnaire, s'obtiendra donc dans ce second cas comme dans le premier, et les angles τ, ε y seront exprimés par les mêmes formules générales, dans lesquelles il faudra seulement introduire cette différence d'attributions. Or ces formules générales étaient

$$(1) \qquad \cos \varphi = \frac{\alpha \alpha'}{\alpha'^3 - \alpha\alpha' + \alpha^3},$$

$$(2) \qquad \tan^2 \varepsilon = \frac{a'^3}{a(a + a')},$$

où l'on a fait, par abréviation,

$$\alpha = a^{\frac{1}{2}}, \qquad \alpha' = a'^{\frac{1}{2}}.$$

Les lettres accentuées appartiennent à la planète supérieure. D'après cela, dans l'application que nous avons ici en vue a' devra représenter le rayon de l'orbe terrestre; et en le prenant pour unité de distance, ce qui rendra aussi a' égal à 1, on aura

$$(1) \qquad \cos z = \frac{\alpha}{\alpha' - \alpha + 1},$$

$$(2) \qquad \tan^2 \varepsilon = \frac{1}{a\,(a + 1)}.$$

a est maintenant le rayon de la planète inférieure que l'on veut considérer, et les angles z, ε, sont ceux que ces lignes désignent dans la *fig.* 28. Quand z sera connu, le temps t de la demi-rétrogradation sera donné par l'équation

$$(n - n')\,t = z,$$

dans laquelle n représente le moyen mouvement héliocentrique de la planète, et n' celui de la terre. Alors le temps total de la rétrogradation sera $2t$.

Les angles z et ε étant connus, le troisième ϖ se calculera par la condition

$$\varpi = 180 - z - \varepsilon.$$

Il ne reste plus qu'à évaluer l'angle que la planète, vue de la terre T, a paru décrire dans le ciel pendant le temps $2t$. Or, si du point T on mène la droite TY' parallèle à SY', la moitié de cet angle décrite *depuis* l'instant de la conjonction inférieure, jusqu'à celui de la station suivante, sera évidemment PTY' ou PTS — PTY'. Or ce dernier est égal à TSY, c'est-à-dire au mouvement héliocentrique de la terre pendant le temps t. On aura donc en définitive

demi-arc de rétrogradation : $\text{PTY}' = \varpi - n't = 180^\circ - z - \varepsilon - n't$;

n' désignant ici le moyen mouvement héliocentrique de la terre, lequel sera $3548'',191$, si l'on a évalué t en jours. Le double du second membre sera l'arc total de rétrogradation de la planète inférieure considérée.

Comme exemple d'application, choisissons Mercure. Les données du calcul prises dans notre tableau de la page 266, seront

$$n - n' = 4085038'',79, \qquad a = 0,3870987;$$

de là, par les formules (1) et (2) appropriées aux planètes inférieures, on déduit

$$z = 35^\circ 34' 22'', \qquad \varepsilon = 126^\circ 13' 56'';$$

d'où, par supplément,

$$\varpi = 180^\circ - z - \varepsilon = 18^\circ 11' 42''.$$

Ici l'angle ϖ représente l'élongation de la planète au soleil, vue de la terre à l'instant où la station a lieu. Cet angle est toujours aigu, comme nous le trouvons ici, quand la planète observée est inférieure; et il est toujours obtus quand elle est supérieure. Cela résulte évidemment de nos constructions mêmes.

On a ensuite, en jours,

$$t = \frac{\varpi}{n - n'} = \frac{128062''.365^j,25}{1085038'',79} = 11^j,450231 = 11^j\ 10^h\ 48^m\ 20^s,$$

dont le double, $22^j\ 21^h\ 34^m\ 40^s$, sera le nombre total de jours et fractions de jour pendant lequel Mercure paraîtra rétrograde. Dans tout le reste de la révolution synodique son mouvement paraîtra direct.

On a enfin :

la demi-amplitude de l'arc de rétrogradation : $\varpi - n't = 6^o\ 54'\ 38''$,

dont le double, $13^o\ 38'\ 6''$, exprime l'amplitude totale de cet arc.

6. En admettant toujours, comme nos formules le supposent, que les mouvements de la planète et de la terre sont circulaires, uniformes, et opérés dans le plan de l'écliptique, l'angle d'élongation observé au moment où la planète est stationnaire, fera immédiatement connaître le rayon de son orbite. C'est une application très-élégante du théorème de Keill, que nous avons démontré plus haut.

En effet, supposons qu'il s'agisse d'une planète extérieure. Alors, en prenant le rayon de l'orbe terrestre pour unité de distance, le théorème donne

$$(2) \qquad\qquad \tan^2 \varepsilon = \frac{a'^2}{1 + a'} .$$

ε est l'angle d'élongation de la planète au soleil à l'instant où la station a lieu. Si cet angle est connu par l'observation, le rayon a' de l'orbite de la planète s'en conclura par une équation du second degré, dont il ne faudra prendre que celle des deux racines qui surpasse $+1$. On aura donc ainsi

$$a' = \tfrac{1}{2} \tan^2 \varepsilon + (1 + \tfrac{1}{4} \tan^2 \varepsilon)^{\frac{1}{2}} .$$

L'occasion d'observer l'angle ε se présentera presque toujours dès les premiers moments de la découverte. Car une planète supérieure ne s'aperçoit généralement comme nouvelle que par des observations faites pendant la nuit, auquel cas la portion de son orbite où elle se trouve est actuellement opposée au soleil, ce qui comprend les lieux de ses stations.

Par exemple, lorsque Piazzi découvrit la planète Cérès le 1er janvier 1801, il la trouva rétrograde ; et il reconnut qu'elle était devenue stationnaire le 12 janvier, son élongation observée étant alors

$$\varepsilon = 122^o\ 37'\ 48''.$$

De là on tire par l'équation (2)

$$a' = 3,2018,$$

ce qui indique une planète située entre Jupiter et Mars.

Cette évaluation ne saurait être exacte que dans le cas très-particulier où l'orbite serait circulaire et comprise dans le plan de l'écliptique. Mais comme les excentricités et les inclinaisons des orbites planétaires sont en général peu considérables, on peut toujours la considérer comme offrant une approximation utile. Pour Cérès, par exemple, d'après les calculs ultérieurs de Gauss, le demi grand axe véritable est 2,76724 ; et par l'effet de l'excentricité de l'orbite, les rayons vecteurs varient autour de cette limite, depuis 2,550 le moindre, jusqu'à 2,984 le plus grand. L'inclinaison de l'orbite sur l'écliptique est de 10° 37' ½. Avec des conditions aussi éloignées de celles que le théorème de Keill suppose, la valeur de a', déduite de l'élongation, était déjà un guide précieux.

7. Lorsque l'on consent à considérer l'orbite de la planète comme circulaire, et comprise dans le plan de l'écliptique, deux élongations ε_1, ε_2, successivement observées, ou conclues par computation de deux positions apparentes séparées par un intervalle de temps connu t, suffisent pour déterminer rigoureusement le rayon du cercle décrit.

En effet, appliquons à chacune de ces positions le triangle TSP de la *fig.* 26, en distinguant par les indices 1, 2 les angles intérieurs qui s'y rapportent ; et, pour plus de justesse, attribuons aux rayons de l'orbe terrestre, non pas une longueur constante a, mais les vraies valeurs elliptiques r_1, r_2, qui répondent aux époques des deux observations. Nous aurons alors ces deux équations :

$$(1) \qquad \sin \varepsilon_1 = \frac{a_1}{r_1} \sin \varpi_1,$$

$$(2) \qquad \sin \varepsilon_2 = \frac{a_2}{r_2} \sin \varpi_2.$$

Mais ϖ_1 est $180° - (\varepsilon_1 + \tau_1)$ et ϖ_2 est $180° - (\varepsilon_2 + \tau_2)$. Ces deux équations deviennent donc

$$(1) \qquad \sin \varepsilon_1 = \frac{a_1}{r_1} \sin (\varepsilon_1 + \tau_1), \quad \sin \varepsilon_2 = \frac{a_2}{r_2} \sin (\varepsilon_2 + \tau_2).$$

Maintenant, si l'on nomme n, le mouvement angulaire héliocentrique de la planète, lequel est censé uniforme, et (n) celui de la terre, tel qu'il se trouve être, en réalité, dans l'intervalle des observations, on aura évidemment

$$\sigma_2 - \sigma_1 = [(n) - n_1] t.$$

Or, d'après ce que nous avons démontré ci-dessus §2, si a désigne le demi grand axe de l'orbe terrestre, dont r_1, r_2, sont des fonctions connues, et que n représente le moyen mouvement, non pas local, mais absolu de la terre, la troisième loi de Képler donne

$$n_1 = n \frac{a^{\frac{3}{2}}}{a_1^{\frac{3}{2}}} ; \quad \text{ou, en prenant } a \text{ pour unité de distance,} \quad n_1 = \frac{n}{a_1^{\frac{3}{2}}}$$

Il en résulte donc

$$(\Delta) \qquad \tau_2 - \tau_1 = (n)\, t - \frac{n t}{a_1^{\frac{3}{2}}};$$

et, en tirant de la l'expression de τ_2, les équations (1), (2) prendront définitivement cette forme :

$$(E) \qquad \sin z_1 = \frac{a_1}{r_1} \sin(z_1 + \sigma_1), \qquad \sin z_2 = \frac{a_1}{r_2} \sin\left\{ z_2 + \tau_1 + (n)\, t - \frac{n t}{a_1^{\frac{3}{2}}} \right\}.$$

Elles ne contiennent plus alors que deux inconnues a_1 et σ_1; par conséquent elles suffisent pour les déterminer. Leur résolution par voie directe serait impraticable; mais on peut très-aisement y suppléer par des essais numériques. Admettons, par exemple, que la planète inconnue est supérieure, ce que l'on connaîtra parce que, dans cette application, les angles z_1, z_2, qui s'observent ordinairement à peu de distance de l'opposition, seront obtus; a_1 sera plus grand que 1. Alors, en lui attribuant des valeurs progressivement croissantes au delà de cette limite, la première des équations (1) donnera, pour chacune d'elles, la valeur de σ_1; la seconde celle de σ_2; d'où l'on conclura leur différence $\sigma_2 - \sigma_1$, qui forme le premier membre de l'équation (2). Or le second est immédiatement calculable d'après chaque valeur supposée de a_1; on pourra donc comparer ces évaluations l'une à l'autre, et reconnaître les suppositions qui les rapprocheront progressivement de l'égalité, jusqu'au degré d'approximation que l'on jugera nécessaire ou convenable d'atteindre.

Binet a fait une application très-heureuse de cette méthode à la planète Neptune. Elle avait été découverte à Berlin par M. Galle le 23 septembre 1846, d'après les indications de M. Le Verrier qui l'annonçaient comme devant être fort au delà d'Uranus. En combinant cette première observation, avec une subséquente de Gauss faite le 10 octobre et qui avait été également consignée dans les *Comptes rendus de l'Académie des Sciences*, Binet trouva que la distance a_1 de la planète au soleil, devait être comprise entre 30 et 31, plus près du premier nombre que du second.

Le calcul exact de l'orbite, effectué sur l'ensemble des données astronomiques postérieurement recueillies, assigne au demi grand axe a_1 la valeur 30,04, à peine différente de ces premières évaluations. Binet présenta son résultat à l'Académie le 26 octobre, dans une Note qui est insérée au tome XXIII des *Comptes rendus*, page 798. Il fut d'autant plus remarqué alors, que les calculs théoriques d'où M. Le Verrier avait conclu l'existence de cette planète, le conduisaient à la placer bien loin du soleil à la distance moyenne 36,154 (*Comptes rendus*, tome XXIII, page 252). Mais si l'on considère qu'il avait déterminé, et on peut dire deviné, tous ses éléments, d'après les petites erreurs que l'ignorance, où l'on était de sa présence, occasionnait dans les Tables d'Uranus et de Saturne, on sera étonné qu'il ait pu arriver ainsi à des évaluations si peu éloignées de la vérité.

8. Jusqu'ici nous avons supposé que la planète se mouvait dans le plan de l'écliptique, mais cette condition, qui simplifie le calcul, n'est pas indispensable. Les mêmes observations de déclinaison et d'ascension droite qui font connaître la longitude de la planète, et par suite son élongation ε, donnent aussi sa latitude géocentrique λ, laquelle fournit le moyen de déterminer l'orbite dans la seule hypothèse de sa circularité. C'est ce qui va être rendu sensible par la *fig.* 29.

P' désigne la planète, située hors de l'écliptique à la distance du soleil SP' ou a_1. Du point où elle se trouve, abaissez sur ce plan la perpendiculaire P'P que je nommerai z'. La terre étant en T, dans l'écliptique, l'angle P'TP ou λ est la latitude géocentrique de la planète, qui se conclut de l'observation, et l'angle P'SP est sa latitude héliocentrique que je nommerai λ'. Le triangle STP, situé dans le plan de l'écliptique, est le même sur lequel nous avons établi précédemment nos calculs. Mais ici le côté SP n'est plus le rayon même a_1 de l'orbite circulaire. Ce n'en est que la projection sur l'écliptique, laquelle a pour expression $a_1 \cos \lambda'$. Appliquant donc à ce triangle STP, les mêmes considérations, et les mêmes désignations symboliques dont nous avons fait d'abord usage, les deux observations géocentriques de la planète nous fourniront d'abord les deux équations suivantes :

$$(1) \qquad \sin \varepsilon_1 = \frac{a_1 \cos \lambda'_1}{r_1} \sin (\varepsilon_1 + \sigma_1), \qquad \sin \varepsilon_2 = \frac{a_1 \cos \lambda'_2}{r_2} \sin (\varepsilon_2 + \sigma_2).$$

Et la considération des mouvements angulaires opérés dans l'écliptique nous donnera celle-ci :

$$(2) \qquad \sigma_2 - \sigma_1 = (n) t - \frac{nt}{a_1^{\frac{3}{2}}}.$$

Ces équations ne diffèrent de celles que nous avons obtenues au paragraphe précédent, qu'en ce que les latitudes héliocentriques λ'_1, λ'_2 interviennent dans les équations (1). Or ces latitudes sont liées à leurs correspondantes géocentriques λ_1, λ_2, par la condition que la perpendiculaire P'P ou z' est commune aux deux triangles P'SP, P'TP ; et de là, comme on l'a vu § 59, page 76, on déduit aisément

$$\tan \lambda' = \frac{\text{TP}}{\text{SP}} \cdot \tan \lambda,$$

et, en remplaçant $\dfrac{\text{TP}}{\text{SP}}$ par le rapport des sinus des angles respectivement opposés, on aura, dans les deux observations,

$$(3) \qquad \tan \lambda'_1 = \frac{\sin \sigma_1}{\sin \varepsilon_1} \tan \lambda_1, \qquad \tan \lambda'_2 = \frac{\sin \sigma_2}{\sin \varepsilon_2} \tan \lambda_2.$$

Les orbites des planètes sont généralement peu inclinées au plan de l'écliptique, ce qui rend leurs latitudes héliocentriques et géocentriques toujours fort petites. Alors, comme les premières n'entrent dans les équations (1) que par leurs cosinus qui doivent différer très-peu de 1, on aura déjà des valeurs fort approchées de σ_1 et de σ_2, en négligeant d'abord cette différence, et résolvant les équations pour chaque valeur particulière que l'on aura voulu attribuer à a_1. Rien ne manquera alors pour calculer les valeurs correspondantes de λ'_1 et λ'_2 par les équations (3), ce qui permettra de les introduire telles dans les équations (1), lesquelles étant combinées avec l'équation (2), permettront d'obtenir la vraie valeur de a_1 par des essais, comme précédemment. Même, si l'on voulait donner plus de rigueur aux λ' qui proviennent de chaque a_1 supposé, on n'aurait qu'à employer leurs premières évaluations pour les introduire dans les équations (1), et en déduire les valeurs de σ_1, σ_2, lesquelles employées alors dans les équations (3) donneraient des latitudes héliocentriques λ'_1, λ'_2 un peu plus exactement qu'on ne les avait obtenues d'abord. Mais il ne sera utile de procéder à cette seconde approximation que pour les valeurs de a_1 qui auront été reconnues très-proches de la vérité.

Par exemple, la planète Cérès fut découverte par Piazzi, le 1er janvier 1801. L'observation qu'il en fit le premier jour à $8^h 43^m 18^s$, temps moyen de Palerme, lui donna

$$ a = 132^\circ 21' 27'', \qquad \lambda = 3^\circ 6' 37'' \text{ australe}; $$

et l'on avait alors, par les Tables du soleil,

$$ \log r_1 = 1,9526158. $$

Prenons pour un premier essai $a_1 = 2,5$. Avec cette valeur la première des équations (1) résolue en supposant $\cos \lambda' = 1$, donne

$$ a_1 + \sigma_1 = 163^\circ 6' 22'', \quad \text{d'où} \quad \sigma_1 = 30^\circ 43' 5''; $$

de là, avec les valeurs données de a_1 et de λ_1, on tire, par l'équation (3),

$$ \lambda'_1 = 2^\circ 9' 12'', \quad \log \cos \lambda'_1 = 1,9996932. $$

Avec cette évaluation aprochée de λ'_1, et la même supposition $a_1 = 2,5$, la première des équations (1) donne

$$ a_1 + \sigma_1 = 163^\circ 5' 38'', \quad \text{d'où} \quad \sigma_1 = 30^\circ 44' 11''; $$

ce qui étant introduit dans l'équation, il en résulte

$$ \lambda'_1 = 2^\circ 9' 8''. $$

Cette seconde approximation ne produit donc qu'une altération de $4''$ sur la valeur de λ'_1; une troisième n'y apporterait de changement que dans les fractions de seconde, et il serait inutile d'y procéder.

Le même calcul réitéré pour d'autres valeurs de a_1, avec les mêmes de a_1 et de λ_1, fournira autant de valeurs de σ_1 qui pourront être déduites de la première observation. Une deuxième observation calculée avec les mêmes a_1 donnera celles de σ_2 qui s'en déduisent. Tirant donc $\sigma_2 - \sigma_1$ de ces différents essais, et comparant chaque résultat avec le second membre de l'équation (2), calculé pour la même supposition de a_1, on verra facilement quels sont ceux qui se rapprochent ou s'éloignent de satisfaire à l'égalité qu'elle exprime, et l'on arrivera ainsi, progressivement, à évaluer a_1 aussi exactement que l'on voudra par cette condition.

Les angles σ_1 et σ_2 étant ainsi connus, on en déduira facilement les longitudes héliocentriques de la planète qui y correspondent. En effet, soit SY la droite fixe dans l'écliptique à partir de laquelle ces longitudes se comptent, et nommons-les l'_1, l'_2. Nommons pareillement $(l)'_1$, $(l)'_2$ celles de la terre aux mêmes instants, lesquelles sont données par les Tables du soleil. On aura évidemment, d'après notre *fig.* 29,

$$l'_1 = (l)'_1 - \sigma_1, \quad l'_2 = (l)'_2 - \sigma_2.$$

L'orbite de la planète est contenue dans un plan passant par le centre du soleil. Soient I l'inclinaison de ce plan sur l'écliptique, N la longitude de son nœud ascendant. Les deux positions complétement connues de la planète doivent suffire pour le déterminer. En effet, chaque couple de coordonnées héliocentriques, devant satisfaire à l'équation 3′ de la page 79, on aura, en la leur appliquant,

$$\text{tang I} \sin (l'_1 - N) = \text{tang } \lambda'_1, \quad \text{tang I} \sin (l'_2 - N) = \text{tang } \lambda'_2.$$

Ces équations, divisées membre à membre, donnent,

$$\frac{\sin (l'_2 - N)}{\sin (l'_1 - N)} = \frac{\text{tang } \lambda'_2}{\text{tang } \lambda'_1}.$$

Pour en dégager N, faites par abréviation

$$l'_2 - l'_1 = \alpha, \quad \text{d'où} \quad l'_2 - N = \alpha + l'_1 - N.$$

Alors, en développant le premier rapport, on trouvera finalement

$$\text{tang } (l'_1 - N) = \frac{\sin \alpha \sin \lambda'_1 \cos \lambda'_2}{\sin (\lambda'_2 - \lambda'_1) + 2 \sin^2 \tfrac{1}{2} \alpha \sin \lambda'_1 \cos \lambda'_2}.$$

N étant ainsi connu, I s'obtiendra par une quelconque des équations primitivement posées. Seulement, si les deux observations employées sont faites à peu d'intervalle l'une de l'autre, comme cela arrivera nécessairement dans les premiers moments de la découverte, tang $(l_1 - N)$ se trouvera donné par le rapport de deux termes individuellement fort petits; ce qui rendra peu sûres les valeurs de N et de I. Mais c'est là un inconvénient inévitablement attaché à ces premières déterminations, qui devront être rectifiées par des observations postérieures. J'ai seulement voulu montrer dans ce qui précède toutes les indications approximatives que peut fournir l'hypothèse de la circularité.

CHAPITRE VI.

Sur l'anneau de planètes télescopiques qui existe dans le système solaire, entre Mars et Jupiter.

144. Avant l'invention du télescope, et longtemps après encore, on croyait qu'il n'existait dans notre système solaire que les cinq planètes visibles à la vue simple, qui avaient été reconnues de toute antiquité. Lorsque W. Herschel découvrit, en 1781, la planète Uranus, placée fort au delà de ces anciennes limites, sa distance moyenne au soleil, presque double de celle de Saturne, ramena l'attention sur un singulier rapport de nombres, que l'on appelle communément la *loi de Bode*, parce que cet astronome l'avait expressément signalé, comme très-digne de remarque, dès l'année 1778, dans un ouvrage fort répandu, intitulé : *Introduction à la connaissance du ciel étoilé* (*). Pour lui conserver sa simplicité prophétique, il faut le prendre tel qu'on l'avait primitivement aperçu, en l'établissant sur les distances au soleil des six anciennes planètes, la terre comprise. Nous les tirerons du tableau inséré à la page 266. Le demi grand axe de l'orbe terrestre y est pris comme unité de longueur. Mais, afin de rendre les conséquences que nous allons en déduire, plus simples et plus évidentes, nous décuplerons cette unité, ainsi que toutes les autres distances, ce qui ne changera pas leurs rapports; puis leurs expressions étant ainsi agrandies, nous prendrons seulement les nombres entiers qui les expriment, en négligeant les fractions ultérieures qui compliqueraient inutilement cet aperçu. Nos six distances au soleil auront ainsi les valeurs suivantes, au-dessus desquelles j'écris respectivement les noms des planètes qui leur correspondent :

Mercure,	Vénus,	la Terre,	Mars,	Jupiter,	Saturne.
4	7	10	15	52	95

(*) Lalande, dans sa *Bibliographie astronomique*, page 845, attribue la première remarque de cette relation numérique à Titius, professeur à Wittemberg, qui l'aurait insérée dans une traduction allemande du Traité de Bonnet sur la *Contemplation de la nature*.

Si l'on veut qu'il y ait continuité dans la succession de ces nombres, on devra admettre que l'intervalle de 15 à 52 est trop grand comparativement aux précédents, pour que le passage de l'un à l'autre soit immédiat, en sorte qu'il devra exister au moins une planète entre Mars et Jupiter. C'est ce que Képler avait soupçonné par cette raison même, et sa prévision a été confirmée par la découverte des planètes télescopiques comprises entre ces deux là. Mais Képler n'avait pas pu assigner la place de cet intermédiaire, n'ayant pas aperçu la loi de la progression, quoiqu'il l'eût longtemps cherchée et qu'elle fût bien simple.

Pour la voir, retranchez 4, c'est-à-dire le nombre de Mercure de tous les suivants ; puis écrivez de nouveau tous les restes dans le même ordre. Il en résultera cette nouvelle série :

Mercure,	Vénus,	la Terre,	Mars,	Jupiter,	Saturne.
Résidus 0	3	6	11	48	91

Ici, à partir de Vénus, la loi devient évidente. 6 est double de 3, et 11 presque double de 6. Supposez 12 pour rendre le rapport exact. Alors en continuant de doubler, vous aurez 24 pour terme intermédiaire entre Mars et Jupiter ; puis 48 qui s'accorde avec le résidu relatif à Jupiter ; puis 96 qui excède peu celui de Saturne ; et enfin 2×96 ou 192 sera celui de la planète immédiatement suivante, à quoi ajoutant la constante 4 que nous avons soustraite, vous aurez 196 pour sa distance au soleil. Or celle d'Uranus est 192 qui est bien peu moindre. Cette confirmation inattendue de la loi signalée, rendait très-probable la justesse de son application à la planète que l'on présumait devoir exister entre Mars et Jupiter, ce qui donnait pour sa distance au soleil $24 + 4$ ou 28 ; et les astronomes se mirent à la chercher d'après cette présomption. Piazzi, qui ne la cherchait point, découvrit, dans la nuit du 1er janvier 1801, *Cérès*, dont la distance au soleil se trouve être effectivement 27,66 ou 28 en nombres ronds, comme la loi de la progression l'indiquait ; de sorte que la prévision de Képler, quoique plus vague, était ainsi justifiée. Mais, ce à quoi l'on était loin de s'attendre, elle fut bientôt dépassée. Car depuis on a découvert beaucoup d'autres planètes télescopiques placées vers cette même limite de distance ; aujourd'hui en septembre 1856 on en connaît déjà trente-six et il ne se passe pas d'année sans qu'on en signale de nouvelles. Elles sont toutes imperceptibles à la vue simple. A mesure que les découvertes se multiplient, on en découvre de plus en plus petites, celles qui le sont moins ayant été naturellement les premières que l'on ait dû apercevoir. On ne saurait dire où s'arrêtera leur nombre. Mais toutes celles qui sont jusqu'à présent connues ont leurs distances au soleil comprises entre 22 et 32, ce qui s'écarte peu de la loi empirique. A ces distances la petitesse à peine appréciable de leurs diamètres apparents indique des dimensions ainsi que des masses très-petites. Aussi n'exercent-elles que des perturbations insensibles sur les deux planètes principales qui les comprennent, tandis qu'elles en sont, au contraire, fortement troublées.

145. Cette excessive petitesse fait qu'on n'a de chance de les découvrir pour la première fois que pendant l'obscurité des nuits, quand elles sont dans le voisinage de l'opposition. On les reconnaît alors en les apercevant comme des points lumineux, parmi des groupes d'étoiles connues qui ne les contenaient pas auparavant ; quand on les a ainsi remarquées, leur déplacement relatif achève promptement de déceler leur caractère planétaire. Pour ce motif, les astronomes se sont appliqués, dans ces derniers temps surtout, à dresser des cartes aussi détaillées que possible des étoiles situées à peu de distance de l'écliptique et dans l'écliptique même, parce que toutes les planètes à découvrir, devant traverser deux fois ce plan dans chacune de leurs révolutions, on a l'espérance fondée de les découvrir, en y parcourant assidûment la portion d'arc qui est visible chaque nuit. Quand on a signalé l'apparition d'un de ces petits astres, comme on sait qu'il doit obéir aux lois de Képler, deux observations faites à peu de jours d'intervalle suffisent, comme nous l'avons expliqué plus haut, pour déterminer sa distance au soleil, ainsi que la position de son orbite dans l'hypothèse de la circularité, assez approximativement pour ne pas le perdre ; après quoi des méthodes plus savantes, appliquées aux observations ultérieures, font connaître les éléments exacts de ces orbites, quand l'astre en a parcouru un arc même fort restreint.

Je ne puis que renvoyer pour cela aux ouvrages où ces méthodes sont exposées, et dont le plus célèbre est le Traité de Gauss intitulé *Theoria motuum celestium*.

146. Il est intéressant d'examiner jusqu'à quel point la loi de Bode s'accorde avec la distance de la planète *Neptune*, découverte il y a peu d'années au delà d'Uranus. Pour cela restituant à Mercure le nombre 4, et désignant par m le rang ordinal de chaque planète suivante, la distance de celles-ci au soleil sera, d'après cette loi, $4 + 3 \cdot 2^{m-2}$, ce que je compare aux distances véritables, reproduites cette fois, jusqu'à la première décimale de leurs valeurs décuplées.

NOMS.	VALEURS DE m.	DISTANCES, d'après la loi.	DISTANCES véritables.
Mercure.	1	$4 = 4$	3,9
Vénus.	2	$4 + 3 \cdot 2^0 = 7$	7,2
La terre.	3	$4 + 3 \cdot 2^1 = 10$	10,0
Mars.	4	$4 + 3 \cdot 2^2 = 16$	15,2
Télescopiques.	5	$4 + 3 \cdot 2^3 = 28$	22,0 à 31,6
Jupiter.	6	$4 + 3 \cdot 2^4 = 52$	52,0
Saturne.	7	$4 + 3 \cdot 2^5 = 100$	95,4
Uranus.	8	$4 + 3 \cdot 2^6 = 196$	191,8
Neptune.	9	$4 + 3 \cdot 2^7 = 388$	301,0

Jusqu'à Jupiter inclusivement la loi est peu en défaut. Elle commence à pécher en excès pour Saturne et Uranus; son écart s'accroît considérablement dans le même sens pour Neptune, et l'on en peut présumer qu'elle deviendrait encore plus fautive pour une planète plus éloignée. Malgré ces imperfections, elle établit entre les distances de ces corps au centre du soleil une connexité qui mérite fort d'être remarquée, comme indiquant une condition de formation qui leur aura été commune, et en vertu de laquelle ils auront été distribués dans l'espace, ainsi qu'ils le sont.

147. Supposons, comme cela n'est pas impossible, qu'il existe une planète immédiatement ultérieure à Neptune. D'après la loi précédente sa distance au soleil serait $4 + 2'$ ou $77,2$, ce qui la réduirait à $77,2$ en prenant le demi grand axe de l'orbe terrestre pour unité de longueur. Dans cette supposition, si l'on nomme n le mouvement angulaire de la terre autour du soleil, en un jour solaire moyen, on a vu page 326 que, d'après la troisième loi de Képler, celui de la planète serait

$$n' = \frac{n}{a'^{\frac{3}{2}}},$$

n exprimé en secondes sexagésimales est $3548'',191$. Prenant donc a' égal à $77,2$, il en résultera

$$n' = 5'',231.$$

Plaçons la planète dans l'opposition, ce qui en rapprochera la terre. Le mouvement héliocentrique vu de celle-ci, s'accroîtra par ce rapprochement inversement aux distances, c'est-à-dire dans le rapport de $77,2$ à $76,2$, ce qui rendra le mouvement géocentrique diurne égal à $5,2996$ ou moindre de $6''$ dans cette position la plus favorable. Il faudrait donc réitérer l'observation sur cette planète avec une précision extrême, pendant plusieurs nuits consécutives, pour apercevoir qu'elle se déplace parmi les étoiles environnantes, et la reconnaître comme planète à ce caractère. L'excès d'éloignement que lui attribue sans doute la loi empirique de Bode ne suffirait probablement pas pour sauver cette difficulté de sa perception. Aussi les astronomes qui dressent maintenant des cartes célestes, ont-ils soin de signaler les étoiles qu'ils trouvent manquer dans la portion du ciel qu'ils étudient, quoiqu'elles y aient été marquées par leurs devanciers. Car si quelques-uns de ces astres sont des planètes que leur mouvement propre a fait sortir des cartes précédemment construites, des comparaisons effectuées ainsi avec suite et persévérance les feront infailliblement découvrir ; et celles surtout qui seraient déplacées au delà de Neptune, ne pourraient pas y échapper, à cause de la lenteur de leur déplacement.

CHAPITRE VII.

Sur l'existence et les mouvements généraux des satellites qui circulent autour de certaines planètes.

148. Lorsque l'on observe Jupiter au télescope, on le voit toujours accompagné de trois ou quatre points lumineux, semblables à des étoiles extrêmement petites. On pourrait même, en n'y regardant qu'une seule fois, les prendre pour de véritables étoiles que Jupiter aurait rencontrées sur sa route; mais en répétant les observations durant plusieurs jours consécutifs, on voit ces points lumineux changer de place autour de la planète. Ils se montrent à différentes distances de son disque, tantôt à sa droite, tantôt à sa gauche; et comme ils l'accompagnent toujours *comme des gardes*, on les a nommés *satellites* (*).

On voit quelquefois ces petits astres passer sur le disque de Jupiter, et y projeter une ombre, qui décrit une corde de ce disque; ce qui forme de véritables éclipses de Jupiter, analogues à celles que la lune produit sur la terre. Il résulte de ce phénomène, que Jupiter et ses satellites sont des corps opaques, non lumineux par eux-mêmes, et éclairés par le soleil.

Ceci donne l'explication d'un autre phénomène très-singulier. Jupiter étant un corps opaque, doit projeter derrière lui, dans l'espace, un cône d'ombre opposé au soleil, et lorsque les satellites entrent dans cette ombre, ils doivent paraître éclipsés; aussi les voit-on souvent disparaître, quand ils sont encore à une grande distance de la planète et fort loin d'être cachés par son disque. Cette disparition a lieu à l'occident, si le soleil est à l'orient de Jupiter; à l'orient, si le soleil est à l'occident. Elle paraît se faire près du disque de la planète, lorsque le cône d'om-

---

(*) Les satellites de Jupiter ont été découverts par Galilée, qui les nomma *Medicea sydera.*

bre se présente à nous obliquement et sous un petit angle, comme aux approches de l'opposition ; elle se fait plus loin de ce disque, quand nous le voyons transversalement et sous un plus grand angle, comme dans les quadratures. Les réapparitions des satellites offrent des phénomènes analogues, c'est-à-dire qu'elles ont lieu quelquefois à une grande distance du disque ; ce qui forme un sujet de surprise les premières fois que l'on a occasion de les observer. Les deux satellites qui s'écartent le plus de la planète peuvent, dans certaines circonstances, sortir de l'ombre et reparaître, du même côté du disque où ils avaient été éclipsés. Ces phénomènes ne permettent pas de douter que les satellites de Jupiter ne soient comme quatre petites lunes, qui se meuvent autour de cet astre dans des orbites rentrantes. On a nommé premier satellite celui qui s'écarte le moins de la planète. Le rang des trois autres se règle de même, d'après l'étendue de leurs élongations.

149. Jupiter n'est pas la seule planète qui présente ce phénomène. Mais les satellites de Jupiter s'aperçoivent aisément avec des lunettes de peu de force, tandis que ceux des autres planètes ne sont perceptibles qu'avec des instruments d'une grande puissance. On en a reconnu ainsi huit autour de Saturne (*), huit autour d'Uranus, desquels toutefois les 5e, 7e et 8e n'ont été vus jusqu'ici que par W. Herschel; enfin un autour de Neptune. La lune peut aussi être considérée comme le satellite de la terre ; nouvelle analogie entre notre globe et les autres corps qui composent le système du monde.

150. La première chose à reconnaître pour établir la théorie des satellites des planètes, c'est la direction de leurs mouvements. Prenons pour exemple ceux de Jupiter.

En les observant avec soin, on remarque d'abord que ces satellites ne s'éclipsent jamais que quand ils passent de l'occident à l'orient de la planète. Quand ils suivent cette direction, on ne les voit jamais sur son disque : au contraire, lorsqu'ils paraissent sur ce

---

(*) Huyghens a reconnu le premier l'existence d'un satellite autour de Saturne.

disque, c'est en revenant de la *digression* orientale vers l'occident de la planète.

Il résulte de ce fait que les satellites tournent autour des planètes principales d'occident en orient, c'est-à-dire dans le même sens que les planètes autour du soleil : accord qui est une des lois les plus remarquables du système du monde.

De plus, lorsqu'un satellite passe de l'occident à l'orient de la planète, il n'est pas toujours éclipsé ; il passe quelquefois au-dessus ou au-dessous de l'ombre : de même, lorsqu'il revient de l'orient vers l'occident, il ne traverse pas toujours le disque de sa planète ; il se trouve quelquefois au-dessus, d'autres fois au-dessous. Ces phénomènes prouvent que les orbites des satellites sont inclinées sur l'orbite des planètes principales ; car, s'ils se mouvaient dans le même plan, ils seraient éclipsés à chaque révolution.

131. Les éclipses des satellites font connaître les instants de leurs oppositions au soleil : l'intervalle de deux éclipses donne la *révolution synodique* du satellite ; d'où l'on conclut son mouvement angulaire par rapport à l'axe de l'ombre qui joint les centres de la planète et du soleil ; ensuite le mouvement de la planète autour du soleil étant connu, on déduit de ce résultat les durées des révolutions sidérales. Pour plus d'exactitude, on emploie des éclipses observées près des oppositions de la planète, lorsqu'elle se trouve presque sur la même ligne droite avec la terre et le soleil : surtout on a soin de comparer entre elles des éclipses fort éloignées, afin de compenser, autant qu'il est possible, les inégalités périodiques qui peuvent exister dans les mouvements des satellites et de la planète.

Quant à la forme des orbites, ce qui se présente d'abord de plus simple, c'est de les supposer circulaires. Cette hypothèse peut toujours être regardée comme une première approximation, puisque les orbites des satellites sont rentrantes ; elle est d'ailleurs indiquée par l'analogie qu'ont les planètes avec les satellites ; enfin, elle est confirmée par les phénomènes, puisque cette supposition satisfait exactement, ou presque exactement, aux éclipses observées. Les orbites des satellites sont donc à peu près circulaires ; et, pour connaître leurs distances au centre de la planète principale, il suffit de mesurer ces distances avec le micromètre, dans le temps de leurs plus grandes *élongations*. On en trouvera les valeurs à la fin de ce chapitre.

152. En comparant ces distances avec les durées des révolutions sidérales, on y découvre le beau rapport démontré par Képler pour les planètes. Dans chaque système de satellites, les carrés des temps des révolutions sont comme les cubes des moyennes distances. Cette loi a servi pour calculer les révolutions sidérales des satellites d'Uranus, d'après leurs élongations observées ; car le second et le quatrième satellite de cette planète sont jusqu'à présent les seuls dont les révolutions sidérales aient pu être observées directement. Mais comme leur durée, comparée aux élongations de ces mêmes satellites, satisfait à la loi des carrés des temps, il est sans aucun doute que cette loi s'étend aussi aux autres satellites.

153. Les fréquentes éclipses des satellites de Jupiter ont donné aux astronomes le moyen de suivre leurs mouvements avec une exactitude beaucoup plus grande qu'on n'aurait pu le faire d'après les seules observations de leurs distances à Jupiter ; car, ces distances restant toujours extrêmement petites, leurs variations sont très-difficiles à apercevoir.

La durée plus ou moins grande des éclipses successives d'un même satellite, et la suite des positions dans lesquelles elles arrivent, font connaître l'inclinaison de son orbite et la position de ses nœuds sur le plan de l'orbite de la planète. Ces résultats ne sont d'abord qu'approchés ; mais on les corrige peu à peu en les comparant à un grand nombre d'observations ; enfin, la suite de cette comparaison fait voir s'il est nécessaire de modifier les lois du mouvement circulaire, pour représenter ces phénomènes, et c'est ainsi qu'on reconnaît si l'orbite du satellite que l'on considère a une excentricité sensible.

On a reconnu de cette manière que l'orbe du troisième satellite de Jupiter a une petite excentricité ; le quatrième en a une beaucoup plus sensible : on n'en a pas reconnu dans les deux autres.

On trouve un exposé très-détaillé et très-complet de ce genre de recherches, dans le tome III, chapitre XXXIV, de l'*Astronomie* de Delambre, qui en avait fait un des principaux objets de ses travaux. On peut consulter aussi, sur ce sujet, l'*Astronomie* de Schubert, tome II, livre VII. Je ne puis mieux faire que de renvoyer à ces ouvrages, et ensuite au livre VIII de la *Mécanique céleste*, les lecteurs qui veulent approfondir ces belles théories. Je me bornerai à rapporter ici quelques-uns des résultats généraux qu'elles ont fait découvrir.

154. Les inclinaisons de ces orbites sur celles de Jupiter sont variables; leurs nœuds et leurs *périjoves* sont en mouvement : on entend par *périjove* leur plus petite distance à Jupiter. Ces astres secondaires forment donc autour de leur planète une sorte de monde ou de système à part, qui nous offre en petit la représentation des changements qui s'opèrent ou doivent s'opérer par la suite des siècles dans le mouvement des planètes autour du soleil.

155. Indépendamment de ces variations, les satellites de Jupiter sont assujettis à des inégalités très-sensibles, qui troublent leur mouvement elliptique et rendent leur théorie fort compliquée; mais la théorie de l'attraction, dirigée par une analyse très-profonde due au génie de Laplace, a donné le secret de tous ces écarts.

Les trois premiers satellites, plus rapprochés les uns des autres, sont surtout liés dans leurs mouvements par des conditions particulières extrêmement remarquables.

Le moyen mouvement sidéral du premier, plus deux fois celui du troisième, pris ensemble, font une somme qui est et *sera toujours* égale à trois fois celui du second. Il est facile de vérifier ce résultat sur le tableau des révolutions sidérales des satellites, placé à la fin de ce chapitre (*).

Le même rapport a lieu entre leurs moyens mouvements synodiques, qui sont, pour chacun d'eux, égaux à leur mouvement sidéral diminué de celui de Jupiter. Si l'on substitue ces mouvements synodiques dans les rapports précédents, le mouvement de Jupiter disparaît, et la condition est remplie (**).

(*) *Mécanique céleste*, livre II, pag. 342, et livre VIII, chap. VI.

(**) En effet, nommons n', n'', n''' les moyens mouvements sidéraux du premier, du second et du troisième satellite, dans une année julienne; désignons aussi par z le mouvement sidéral de Jupiter dans cet intervalle :

La loi précédente, relative aux moyens mouvements, n'influe que sur les variations des longitudes moyennes à partir d'un instant donné; mais les longitudes moyennes absolues sont elles-mêmes assujetties à une autre loi non moins remarquable, qui consiste en ce que la longitude moyenne du premier satellite, moins trois fois celle du second, plus deux fois celle du troisième, est toujours égale à la demi-circonférence. Cette relation s'étend également aux longitudes moyennes synodiques ou sidérales. Il est démontré par la théorie que ce rapport subsistera toujours, et par conséquent les trois satellites ne pourront jamais être éclipsés à la fois; car alors leurs longitudes seraient égales, et la somme ci-dessus serait nulle. Ces beaux théorèmes sont dus à l'auteur de la *Mécanique céleste*, et ils sont au nombre des plus brillantes découvertes que l'on ait faites dans la théorie du système du monde; mais il serait impossible d'expliquer ici la méthode dont Laplace a fait usage pour y arriver.

156. Le grand éloignement des satellites de Saturne, et la difficulté d'observer leurs positions, n'a pas permis de reconnaître les ellipticités de leurs orbites, encore moins de déterminer les inégalités auxquelles ils sont peut-être assujettis. Il en est de même de ceux d'Uranus : cependant l'ellipticité de l'orbite du sixième satellite de Saturne est sensible aux observations. Tout ce que l'analyse la plus profonde a pu faire découvrir sur la théorie de leurs mouvements, est exposé au livre VIII de la *Mécanique céleste*, chapitres XVI et XVII.

Le diamètre apparent de ces astres est si petit, qu'on n'a pas pu jusqu'à présent mesurer exactement leur grosseur. On a essayé de l'apprécier par le temps qu'ils emploient à passer dans l'ombre

---

les mouvements synodiques des trois satellites, c'est-à-dire leurs mouvements par rapport à l'axe de l'ombre, seront

$$n' - s, \quad n'' - s, \quad n''' - s;$$

et comme on a par hypothèse

$$n' + 2n''' - 3n'' = 0,$$

on aura donc aussi

$$n' - s + 2(n''' - s) - 3(n'' - s) = 0,$$

car s disparaît de lui-même de ce résultat.

de la planète ; mais la pénombre qui entoure le cône de l'ombre pure rend cette méthode fort incertaine, parce que la lumière du satellite s'affaiblit graduellement à mesure qu'il y pénètre, et reparaît aussi graduellement à mesure qu'il s'en dégage ; de sorte que les instants précis de l'entrée et de la sortie sont impossibles à saisir exactement.

157. En observant avec beaucoup de soin les variations périodiques qu'éprouve l'intensité de la lumière des satellites de Jupiter, Herschel a remarqué qu'ils se surpassent tour à tour en clarté. Il est naturel d'en conclure que certaines parties de leur surface réfléchissent plus de lumière que les autres, et alors les époques du maximum ou du minimum de leur lumière doivent arriver quand ces mêmes parties de la surface des satellites sont tournées vers nous. En comparant ces retours avec les positions des satellites par rapport à Jupiter, Herschel a trouvé qu'ils présentent toujours la même face à cette planète, d'où il résulte qu'ils tournent sur eux-mêmes, dans un temps égal à leur révolution autour de Jupiter. Maraldi avait déjà trouvé le même résultat pour le quatrième satellite, d'après les retours d'une même tache observée sur son disque. Cette loi subsiste également pour le septième satellite de Saturne. Quand il est à l'orient de Saturne, sa lumière s'affaiblit à un tel point, qu'il devient très-difficile de l'apercevoir ; ce qui ne peut provenir que des taches qui couvrent l'hémisphère qu'il nous présente, quand il se trouve dans cette position. Mais pour que cet hémisphère soit toujours le même dans ce point de l'orbite, il faut que le mouvement de rotation du satellite soit exactement égal à son moyen mouvement de révolution autour de Saturne. On verra plus loin que la lune jouit de la même propriété à l'égard de la terre ; ainsi, il paraît par ce rapprochement que l'égalité des mouvements moyens de rotation et de révolution des satellites est une loi générale de la nature ; et il s'ensuit qu'ils présentent toujours la même face à leur planète. Des observations précises et multipliées, faites plus récemment par Schroëter, mettent ce résultat hors de doute.

158. L'observation des éclipses des satellites de Jupiter a fait découvrir un phénomène extrêmement remarquable : c'est la

transmission successive de la lumière. Cette importante découverte est due à Roëmer, habile astronome danois, qui est aussi l'inventeur de la lunette méridienne et de l'équatorial : il la fit connaître en 1675 à l'Académie des Sciences de Paris. Voici comment il constata ce fait, et comment les astronomes l'ont, après lui, universellement confirmé.

En comparant les époques successives auxquelles les éclipses des divers satellites nous paraissent s'opérer, si l'on prend pour terme de départ une de celles où Jupiter s'est trouvé à sa moyenne distance de la terre, ce qui a lieu à peu de chose près quand on le voit en quadrature avec le soleil, on obtient les résultats suivants. Lorsque Jupiter est en opposition avec le soleil, conséquemment à sa moindre distance de la terre, les éclipses arrivent plus tôt qu'elles ne devraient arriver, d'après la durée des révolutions sidérales des satellites. Au contraire, vers les conjonctions, lorsque Jupiter est au delà du soleil, par rapport à la terre, elles arrivent plus tard. Ces variations sont exactement les mêmes pour tous les satellites. On ne peut attribuer ces variations à des inégalités qui auraient lieu dans leur mouvement ; car, par l'effet du mouvement de Jupiter, les oppositions et les conjonctions répondent successivement à divers points du ciel : il en est de même des éclipses des satellites sur leurs orbites. Ce qui se présente de plus simple, c'est d'en conclure que la lumière du soleil, réfléchie par ces petits corps, ne se transmet pas subitement jusqu'à la terre, et qu'elle emploie un temps sensible à traverser l'orbe terrestre. En effet, si l'orbe de Jupiter est concentrique au soleil, comme les phénomènes de son mouvement ne permettent pas d'en douter, il est aisé de sentir que cette planète est beaucoup plus près de nous dans ses oppositions que dans ses conjonctions. En considérant, pour plus de simplicité, l'orbite de Jupiter et celle de la terre, comme des circonférences de cercles, décrites dans l'écliptique autour du soleil S, *fig.* 3o, *Pl. IX*, les distances TJ, TJ' de Jupiter à la terre, dans ces deux cas extrèmes, différeront entre elles d'une quantité égale au diamètre de l'orbe terrestre ; ce qui donne la mesure du temps que la lumière emploie à le parcourir.

En prenant pour terme de départ les éclipses qui s'observent dans les quadratures, celles qui arrivent près des conjonctions retardent d'environ 1141″,2 (16′ 26″ sexagésimales) sur celles qui ont lieu dans les oppositions; il s'ensuit que la lumière emploie tout ce temps pour traverser l'orbe solaire, et elle emploie seulement la moitié de cet intervalle, ou 570″,6 (8′ 13″ sexagésimales) pour venir du soleil jusqu'à nous. Les observations faites dans toutes les autres distances relatives de Jupiter à la terre s'accordent si bien avec cette hypothèse, et cette hypothèse satisfait si pleinement, si exactement aux observations, qu'il est impossible de la révoquer en doute.

159. Les observations des satellites de Jupiter sont extrêmement utiles pour déterminer les longitudes terrestres. Le mouvement très-rapide de ces astres donne lieu à des éclipses fréquentes, dont on calcule d'avance les époques pour les inscrire dans les *Ephémérides*. Les Tables des satellites de Jupiter, construites par Delambre sur la théorie de Laplace, et d'après un nombre d'observations immense, ne laissent rien à désirer pour cet objet. En comparant ces époques, calculées pour le méridien de Paris, avec les résultats de l'observation immédiate, faite dans un autre lieu, à une heure déterminée, on en peut conclure la différence des longitudes, d'après celle des temps. La méthode est la même que pour les éclipses de lune, ainsi que nous l'exposerons plus tard; malheureusement on n'en peut pas faire usage à la mer. Les lunettes nécessaires pour apercevoir ces petits astres sont trop longues pour qu'on puisse s'en servir à bord, à cause de l'instabilité du vaisseau; mais ces observations peuvent être fort utiles au navigateur dans ses relâches.

160. Conformément à la marche que nous avons suivie dans la théorie des planètes, j'ai réuni, dans le tableau suivant, les distances moyennes des satellites à leurs planètes respectives, et leurs révolutions sidérales. Ce tableau est tiré de l'*Exposition du Système du Monde*, édition de 1824, et je l'ai complété par les résultats obtenus depuis. Ce même tableau est inséré dans l'*Annuaire du Bureau des Longitudes*, d'après la rédaction de M. Laugier.

DÉSIGNATION des planètes.	DISTANCES MOYENNES, le demi-diamètre de la planète étant 1.		DURÉES des révolutions sidérales.
Jupiter	1er satellite.....	6,0485	1,7691
	2e................	9,6235	3,5512
	3e................	15,3503	7,1546
	4e................	25,9983	16,6888
Saturne	1er satellite.....	3,35	0,943
	2e................	4,30	1,370
	3e................	5,28	1,888
	4e................	6,82	2,739
	5e................	9,52	4,517
	6e................	22,08	15,945
	7e................	30,89	21,297
	8e................	64,36	79,330
Uranus	1er satellite.....	7,44	2,520
	2e................	10,37	4,144
	3e................	13,12	5,893
	4e................	17,01	8,705
	5e................	19,85	10,961
	6e................	22,75	13,463
	7e................	45,51	38,075
	8e................	91,01	107,694
Neptune	Satellite........	....	5,8769

CHAPITRE VIII.

De l'aberration.

161. En exposant le phénomène de la nutation de l'axe terrestre, tome IV, pag. 397, j'ai annoncé, par avance, celui qui va nous occuper, et j'ai dit en quoi il consiste. Tous deux ont été découverts par Bradley. Mais l'*aberration* fut le premier des deux qu'il constata, parce qu'il est le plus sensible, et que sa période d'accomplissement n'embrasse qu'une année, tandis que la *nutation*, dont l'effet est beaucoup moindre, emploie 19 ans à s'accomplir; de sorte que les variations qui en résultent dans les positions apparentes des astres, étant à la fois plus faibles, et plus lentes, sont moins aisément aperçues. Bradley reconnut aussi que l'aberration est un phénomène purement optique, qui s'explique et se représente avec une exactitude rigoureuse, en considérant la vision des objets célestes, comme opérée, à chaque instant, suivant la résultante des deux vitesses de la lumière, et de la terre dans son orbite propre. Cette conception est très-facile à réduire en calcul dans l'hypothèse de *l'émission* de la lumière, qui consiste à la supposer composée de corpuscules matériels d'une ténuité infinie, lesquels sont émis en tous sens par les corps qui nous paraissent lumineux, en recevant d'eux une impulsion qui les fait se propager dans le vide avec la vitesse de transport indiquée par les éclipses des satellites de Jupiter. Suivant une autre hypothèse imaginée par Huyghens, et dont le génie de Fresnel a su tirer l'explication d'une multitude de phénomènes qui échappent jusqu'ici à la première, la sensation de la vision s'opère dans nos yeux, non par le choc de molécules matérielles, mais par les ébranlements que leur impriment les ondulations excitées dans un éther excessivement élastique, répandu dans tout l'espace et pénétrant tous les corps, lequel serait mis en vibration par ceux qui nous paraissent lumineux. Comme le phénomène astronomique dont nous avons ici à nous occuper, s'interprète et se calcule avec une simplicité extrême, dans l'hypothèse de l'émission, je la lui appliquerai de préférence.

162. Selon cette hypothèse, la sensation de la vue est produite par une sorte de pression ou de choc des molécules lumineuses sur la membrane nerveuse qui tapisse le fond de l'œil, et que l'on nomme *la rétine*. La direction suivant laquelle ces molécules viennent frapper le globe de l'œil, détermine la ligne droite sur laquelle nous rapportons l'objet dont elles émanent; et si la *série des molécules*, qui compose le *rayon lumineux*, a été infléchie dans sa route par une cause quelconque, nous supposons les objets placés sur le prolongement de leur dernière direction ; c'est ce qui arrive dans les réfractions atmosphériques.

Concevez maintenant qu'un observateur en repos reçoive des rayons lumineux qui, partant des objets, arrivent à son œil en ligne droite, cet observateur verra les objets sur le prolongement de ces rayons, et à leur véritable place. Mais s'il est lui-même en mouvement, et si sa vitesse est assez grande pour être comparable à celle de la lumière, quoiqu'elle puisse être beaucoup moindre, l'œil, par l'effet de ce mouvement, choquera les molécules lumineuses qui arriveront vers lui ; il éprouvera donc à son tour un choc ou une pression composée de la vitesse de la lumière et de la sienne propre, dirigée en sens contraire. Par l'effet de cette composition, les molécules lumineuses lui sembleront arriver à son œil dans une direction différente de celles qu'elles ont réellement.

Ainsi, lorsqu'une balle de paume est lancée avec beaucoup de vitesse sur la raquette du joueur, qui la repousse fortement, la direction qu'elle prend après le choc se compose de celle qu'elle avait d'abord reçue, et de celle qui lui a été ensuite imprimée.

Le mouvement de la terre, s'il est réel, doit produire un effet semblable sur la lumière lancée par les astres. L'impression de cette lumière sur nos yeux ne doit pas se faire suivant la direction réelle des rayons lumineux. C'est en effet ce qui arrive; et ce phénomène s'appelle *l'aberration de la lumière*. Cherchons à en prévoir, à en mesurer exactement les diverses circonstances.

Le problème envisagé de la manière la plus générale, consiste en ceci : L'astre et l'observateur étant tous deux en mouvement, suivant des lois quelconques données, déterminer à chaque instant l'angle formé par les rayons visuels menés au lieu apparent de l'astre et à son lieu réel.

Pour commencer par le cas le plus simple, supposons d'abord que l'astre est immobile et que la terre seule est en mouvement. Soit donc, à un instant quelconque, S l'astre, T la terre, *fig.* 31, l'un et l'autre étant considérés comme des points. Le rayon visuel ST représente la direction suivant laquelle la lumière de l'astre parvient réellement à la terre. Mais l'observateur ne verra point l'astre sur cette direction; car étant lui-même en mouvement suivant la ligne TT', il choque la molécule lumineuse avec toute sa vitesse, à l'instant où elle lui parvient; et comme il se croit lui-même en repos, il attribue cet effet à un mouvement propre de la lumière en sens contraire. De là résulte pour l'observateur une sensation composée de la vitesse réelle de la molécule suivant la direction ST, et de celle qu'il lui suppose suivant la direction Tt, opposée au mouvement de la terre. Cette composition de mouvements produit sur l'œil une impression exactement semblable à celle qu'il aurait éprouvée s'il eût été immobile et que la molécule lumineuse l'eût choqué suivant la résultante des deux vitesses. Ainsi, pour obtenir la direction apparente du rayon visuel TS', il faut, selon le principe de la composition des forces, prendre sur le prolongement du rayon réel ST, et à partir du point T, une ligne Ts qui représente la vitesse propre de la lumière; prendre ensuite sur la direction Tt du mouvement de la terre, et en sens contraire de ce mouvement, une ligne Tt qui représente sa vitesse; et enfin, sur les droites Ts, Tt, construire le parallélogramme RtTs. La diagonale RTS' de ce parallélogramme, étant indéfiniment prolongée, indiquera la direction apparente du rayon lumineux, à l'instant où l'observateur le reçoit; et l'angle STS', formé par cette diagonale avec le rayon visuel réel, sera l'aberration que la lumière éprouve en vertu du mouvement de la terre.

Passons maintenant au cas général où l'observateur et l'astre sont l'un et l'autre en mouvement. Voyez *fig.* 32. Supposons qu'à l'instant où l'observateur reçoit l'impression du rayon lumineux, T soit le lieu de la terre et S le lieu réel de l'astre; alors TS sera le rayon visuel réel. Mais la molécule lumineuse qui parviendra dans cet instant à la terre n'aura point été lancée suivant cette direction; car, à cause de la transmission successive de la lumière, lorsque l'astre se trouve en S, la lumière qu'il émet en ce point ne parvient en T qu'après un certain intervalle de temps. Pour trouver le point S' d'où est parti le rayon lumineux, qui arrive en T à la terre à l'instant où l'astre se trouve en S, il faut reculer un peu en arrière sur son orbite, et y prendre l'arc SS' égal au chemin que fait l'astre pendant le temps que la lumière emploierait pour parcourir la distance ST en vertu de son seul mouvement d'émission. En effet, lorsque l'astre se trouve en S', la molécule lumineuse qu'il lance, suivant la direction S'R' parallèle à ST, est animée de deux vitesses : l'une est le mouvement de l'astre, suivant la direction S'S; l'autre le mouvement de transmission de la lumière, suivant S'R', égal et parallèle à ST. Ces deux vitesses peuvent être représentées par les lignes droites S'S et S'R', puisque ces lignes expriment leurs effets dans le même intervalle de temps. Par conséquent, si l'on construit sur ces droites le parallélogramme S'SR'T, le mouvement réel et absolu de la molécule lumineuse se fera suivant la direction S'T, et elle parviendra en T à la terre à l'instant où l'astre sera parvenu en S sur son orbite.

Cette construction suppose que l'arc S'S est assez petit pour qu'on puisse le considérer comme rectiligne. Mais dans tous les cas que présente le système du monde, la marche des astres est si lente, comparativement à la vitesse de la lumière, que la supposition précédente ne peut entraîner aucune erreur.

Si l'on veut effectuer cette composition de vitesses autour du point T, comme dans le premier cas que nous avons considéré d'abord, il faudra mener par ce point une ligne Ts' parallèle à l'orbite S'S de l'astre, c'est-à-dire à la direction de sa tangente en S', et dirigée dans le sens de son mouvement propre. Sur ce prolongement on prendra une ligne droite Ts' pour représenter la vitesse de l'astre en S'; on prolongera de même la direction ST du rayon visuel mené au lieu réel de l'astre; et sur ce prolongement on prendra une ligne Ts pour représenter la vitesse de transmission de la lumière. On construira sur ces droites le parallélogramme $r s T s'$, et sa diagonale rT prolongée donnera la direction réelle du rayon lumineux, qui parvient en T à la terre au moment où l'astre se trouve en S.

Maintenant la molécule lumineuse venue en T, suivant la direction S'T, est choquée par l'observateur avec toute la vitesse du mouvement de la terre ; et cette sensation composée fait que l'observateur ne voit pas l'astre en S' sur la direction réelle du rayon lumineux, mais en avant de cette direction, et par exemple en S''. Il est évident que ce cas rentre dans celui que nous avons examiné d'abord relativement aux astres fixes. Pour trouver la direction du rayon apparent TS'', il faut composer la résultante Tr, qui indique la direction réelle du rayon lumineux, avec la vitesse tT de la terre prise en sens contraire ; ou, ce qui revient au même, il faut en définitive composer ensemble autour du point T les trois vitesses Ts, Ts' Tt, de la lumière, de l'astre et de la terre ; les deux premières étant prises dans leur direction naturelle, la troisième dans une direction opposée. La résultante de ces trois vitesses exprimera la direction TR du rayon apparent ; et l'angle STS'' formé par ce rayon avec la ligne TS, menée au même instant de l'œil de l'observateur au lieu réel de l'astre, sera l'aberration que la lumière éprouve.

Cherchons maintenant à réunir tous les éléments de ce calcul, et comparons ensuite les résultats avec l'observation.

Il est prouvé par les éclipses des satellites de Jupiter que la lumière emploie $571''$ de temps décimal pour parcourir le rayon moyen de l'orbe terrestre ; ce serait $8' 13''$ en temps sexagésimal. Pour plus de simplicité, nous supposerons d'abord cet orbe circulaire, et nous ferons abstraction des inégalités du mouvement annuel. Dans l'hypothèse que nous examinons ici, nous devons attribuer ce mouvement à la terre ; or, en $571''$ de temps, elle décrira sur son orbite un petit arc égal à $\dfrac{400^{g}.571''}{365,25638}$ ou $62'',5$, à raison de 400^{g} pour une révolution sidérale. La vitesse de la terre est donc à celle de la lumière comme ce petit arc est au rayon, puisque l'un et l'autre sont parcourus dans le même temps, c'est-à-dire comme 62″,5 est à 636619″,77, valeur du rayon convertie en secondes décimales.

Ainsi, en supposant la direction primitive de la lumière perpendiculaire au rayon terrestre, comme elle le serait, par exemple, si l'étoile était située au pôle de l'écliptique et à une distance infinie, la direction du rayon dévié sera l'hypoténuse d'un triangle rectangle, dont un des côtés, dirigé perpendiculairement à l'écliptique, aura pour longueur 636619,77 ; et l'autre situé dans ce plan sera exprimé par 62,5, de sorte que l'angle d'aberration aura pour tangente trigonométrique $\dfrac{62″,5}{636619″,77}$; et comme le dénominateur est le rayon réduit en secondes, on voit que la valeur de l'angle lui-même sera encore 62″,5. C'est la plus grande qu'il puisse avoir. Un calcul semblable établi sur le principe de la composition des forces, suffit pour déterminer la quantité de l'aberration dans tous les autres cas.

A mesure que la terre parcourt son orbite en tournant autour du soleil, et changeant sans cesse de direction, elle doit toujours chasser devant elle le rayon lumineux, qui change ainsi continuellement de direction avec elle. Il en résulte donc que nous ne voyons jamais les astres à leur véritable place; que par l'effet de cette illusion leur lieu apparent doit osciller autour de leur lieu vrai, et que la période de ces oscillations doit être exactement d'une année.

Le mouvement de rotation de la terre doit produire des effets analogues ; mais ce mouvement étant soixante fois plus faible, à l'équateur même, que celui de révolution autour du soleil, l'effet qui en résulte doit être beaucoup moins sensible, et par conséquent nous pouvons nous dispenser d'y avoir égard dans ces premières considérations.

163. Voilà des phénomènes très-remarquables, qui sont des conséquences nécessaires du mouvement annuel de la terre; voyons si les observations les confirment.

Elles s'y accordent très-exactement. Toutes les étoiles semblent en effet décrire annuellement, dans le ciel, de petites ellipses dont les dimensions sont précisément celles qui résultent de la théorie précédente.

Pour vérifier ce fait, il faut observer chaque mois la déclinaison d'une étoile et son ascension droite, et en soustraire les changements qui sont dus à la précession et à la nutation. Si l'étoile n'a pas de mouvement propre, soit réel, soit apparent, on doit, après ces corrections, la retrouver constamment à la même place; or, c'est ce qui n'arrive jamais.

Voici, par exemple, les variations en déclinaison et en ascension droite de trois étoiles très-brillantes, *Régulus, la Chèvre* et *la Lyre*, observées à Paris, de mois en mois, pendant une année. Le signe + indique un accroissement, le signe — une diminution.

LONGITUDE DU SOLEIL.	CHANGEMENT de l'ascension droite.			CHANGEMENT de la déclinaison.		
	Régulus.	La Chèv.	La Lyre.	Régulus.	La Chèv.	La Lyre.
(*) Équinoxe du printemps, ou.......... 0 s.	0,0	0,0	0,0	0,0	0,0	0,0
1 s.	− 23,1	− 49,1	+ 49,4	+ 8,3	− 8,6	+ 4,9
2 s.	− 53,0	− 63,9	+ 72,5	+ 19,1	− 20,7	+ 23,8
Solstice d'été......... 3 s.	− 82,2	− 64,8	+ 87,0	+ 29,6	− 33,3	+ 49,0
4 s.	− 103,0	− 43,2	+ 81,5	+ 36,7	− 42,6	+ 76,8
5 s.	− 109,6	− 4,9	+ 56,2	+ 38,9	− 46,6	+ 98,4
Équinoxe d'automne. 6 s.	− 100,0	+ 41,7	+ 18,5	+ 35,2	− 43,8	+105,0
7 s.	− 76,8	+ 81,1	− 21,9	+ 26,8	− 35,2	+103,0
8 s.	− 46,9	+105,2	− 54,0	+ 16,0	− 23,1	+ 85,2
Solstice d'hiver...... 9 s.	− 17,6	+106,2	− 68,5	+ 5,6	− 10,5	+ 59,0
10 s.	+ 3,1	+ 84,2	− 62,9	− 1,5	− 1,2	+ 31,1
11 s.	+ 9,6	+ 45,4	− 37,6	− 3,7	+ 3,8	+ 9,6
12 s.	0,0	0,0	0,0	0,0	0,0	0,0

(*) Cet équinoxe est pris pour point de départ, et les accroissements de la déclinaison et de l'ascension droite se l'astrenont comptés à partir des valeurs qu'elles avaient alors.

Chaque observation, représentée par les nombres de ce tableau, est un milieu entre celles de plusieurs jours consécutifs. J'ai choisi des étoiles, comme la Chèvre et la Lyre, qui passent au méridien près du zénith de Paris, afin que l'irrégularité des réfractions ne puisse pas être regardée comme une cause possible des changements dans les déclinaisons. Quant aux variations de l'ascension droite, elles sont déterminées d'après les passages des étoiles au méridien ; et pour qu'on ne puisse pas en attribuer les changements à des erreurs d'observation, j'ai choisi des étoiles où ces variations sont en sens contraire ; en sorte qu'il est absolument impossible de les révoquer en doute.

164. Pour rendre leur marche plus sensible et plus facile à saisir, construisons la courbe qu'elles représentent. Ces variations étant très-faibles, la courbe ne peut avoir qu'une petite étendue ; on peut donc la projeter sur la concavité du ciel, comme sur une surface plane. Alors chaque position de l'étoile se trouvera rapportée à deux coordonnées rectangulaires, ayant pour origine la position apparente de l'étoile à l'instant de l'équinoxe que nous avons pris pour point de départ. L'une de ces coordonnées sera le changement de déclinaison depuis cet instant ; l'autre sera la différence d'ascension droite, reportée à la hauteur de l'origine des coordonnées, c'est-à-dire multipliée par le cosinus de la déclinaison de l'étoile (*). C'est ainsi que nous en avons agi pour calculer la petite ellipse de nutation.

Cette construction donne les *fig*. 33, 34, 35. Ce sont des ellipses plus ou moins aplaties, et dont les inclinaisons sont différentes. Celle de la Lyre ressemble presque à un cercle ; celle de la Chèvre est très-sensiblement aplatie, et celle de Régulus est presque une ligne droite. Mais la longueur de leur grand axe est toujours la même, et égale à 125 secondes décimales.

En comparant ces résultats avec les latitudes des étoiles, on voit

----

(*) Voici quelles étaient, en 1800, les déclinaisons moyennes des trois étoiles que nous avons prises pour exemple :

$$
\begin{aligned}
\text{Régulus.} &\dots\dots\dots\dots\dots\dots\quad 14°,3772\\
\text{La Chèvre} &\dots\dots\dots\dots\dots\dots\quad 50\ ,8630\\
\text{La Lyre} &\dots\dots\dots\dots\dots\dots\quad 42\ ,8957
\end{aligned}
$$

que l'aplatissement de l'ellipse augmente à mesure que l'étoile est plus près du plan de l'écliptique.

En effet, la Lyre a pour latitude, en 1800 .... $68°,6062$
la Chèvre .... $25°,4025$
Régulus .... $0°,5092$

la première est donc fort élevée au-dessus du plan de l'écliptique; la dernière est presque comprise dans ce plan.

165. Ces résultats sont parfaitement d'accord avec la théorie déduite du mouvement de la terre. En effet, dans cette hypothèse, soit $T'\,T''\,T'''$ l'ellipse décrite annuellement par la terre autour du soleil représenté par S, *fig* 36. Désignons par E le lieu vrai d'une étoile placée à une hauteur quelconque au-dessus du plan de l'écliptique, qui est ici celui de la figure. Les rayons lumineux ET', ET'', ET''', venus de cette étoile à divers points T', T'', T''', de l'orbe terrestre, pourront être supposés parallèles entre eux; car cet orbe vu de l'étoile sous-tendrait un si petit angle, qu'on peut le regarder comme un point. Cela posé, quand la terre est en T', quelle est la position du rayon apparent? Pour l'obtenir, il faut d'abord, comme nous l'avons déjà expliqué, prendre sur la direction réelle du rayon une ligne droite $T'e$ qui représente la vitesse propre de la lumière; puis du point e, parallèlement à la direction $T'\,t'$ du mouvement de la terre, il faut mener une ligne ee', qui en représente la vitesse; et la diagonale $T'e'$ sera la direction apparente du rayon lumineux. Si l'on répète la même construction quand la terre se trouve en T'' ou en T''' sur son orbite, la longueur et la direction des lignes $T''e$, $T'''e$, qui représentent la vitesse de la lumière, seront les mêmes que tout à l'heure; mais la direction et la grandeur des lignes ee', ee'', qui représentent les vitesses de la terre, changeront, puisque la direction et la vitesse du mouvement de la terre varient dans les différents points de l'orbe terrestre. Seulement ces droites resteront toujours parallèles à l'écliptique, parce que la direction du mouvement de la terre est toujours comprise dans ce plan. Les rayons apparents formeront ainsi autour du rayon réel $T'E$, $T''E$, $T'''E$, une surface conique qui aura ce rayon pour axe, et dont la base, parallèle à l'écliptique, sera une

courbe plane, ovale, dont les rayons vecteurs seront les vitesses de la terre dans son orbite. Si l'on se borne à la première puissance de l'excentricité de l'orbe terrestre, ce qui suffit toujours pour le calcul de l'aberration, la courbe des vitesses, construite de cette manière, est une ellipse semblable à celle que la terre décrit ; mais elle est située à angles droits sur cette dernière. Elle a pour foyer le lieu moyen de l'étoile ; et son sommet le plus rapproché du foyer, ou ce qu'on pourrait appeler son périastre, étant vu du lieu moyen de l'étoile, a sa longitude égale à celle de l'aphélie de l'orbe terrestre augmentée d'un angle droit. Cette même ellipse sert évidemment de base à tous les cônes de rayons visuels apparents, quelle que soit la position de l'étoile à laquelle ils appartiennent ; mais la section de ces cônes perpendiculairement à leur axe, section qui représente l'orbite apparente de l'étoile vue de la terre, varie avec leur obliquité sur l'écliptique. Si l'on se borne à la première puissance de l'excentricité de l'orbe terrestre, cette intersection est encore une ellipse dont le grand axe est parallèle au plan de l'écliptique et constant pour toutes les étoiles. L'angle visuel qu'il sous-tend sur la sphère céleste est égal à 125″, c'est-à-dire double de la plus grande valeur de l'aberration. Le petit axe de l'ellipse est au grand axe comme le sinus de la latitude de l'étoile est au rayon. L'étoile paraît sur le grand axe de son ellipse, quand l'axe du cône devient perpendiculaire à la direction de la vitesse de la terre. Elle paraît sur son petit axe, lorsque l'axe du cône fait le plus petit angle possible avec cette vitesse ; ce qui arrive quand la direction du mouvement de la terre devient parallèle au cercle de latitude mené par l'étoile. Si l'on fait abstraction de l'excentricité de l'orbe terrestre, la direction de la vitesse de la terre est toujours perpendiculaire au rayon vecteur mené de la terre au soleil. Alors l'étoile se trouve sur le grand axe de son ellipse quand elle est en opposition ou en conjonction avec le soleil ; et elle paraît sur le petit axe dans les quadratures, quand sa longitude diffère de celle du soleil de 100°. En général, sa position apparente pour un instant quelconque peut être facilement assignée, d'après la théorie précédente, et le résultat se trouve constamment conforme aux observations.

23..

Nous avons déjà remarqué plusieurs fois que, lorsqu'une loi simple, et susceptible d'être exprimée par un énoncé mathématique, satisfait à un grand nombre d'observations indépendantes les unes des autres, en ne présentant que des écarts très-petits et irréguliers, cette loi peut être regardée comme plus exacte que les observations mêmes, et doit être employée à les corriger. Le phénomène de l'aberration est dans ce cas. Puisqu'il accorde si bien toutes les observations des étoiles, nous ne pouvons douter de son existence. Alors, en le regardant comme démontré, il faut conclure sa mesure exacte des observations, non pas d'une seule, mais d'un très-grand nombre, afin que les erreurs qu'elles comportent se compensent et s'affaiblissent dans le résultat moyen.

Pour parvenir à ce but, il faut partir du fait de l'aberration, et de sa cause maintenant connue. Puis, sur ces données, il faut établir les formules qui expriment les mouvements apparents d'une étoile quelconque, dont la position est donnée. On trouvera, dans une note placée à la fin de ce chapitre, le calcul de ces formules, fondé sur le seul principe de la composition des forces.

Mais on n'a encore ainsi que la loi de ces variations ; il reste à déterminer leur valeur absolue et numérique. Car, quoiqu'on puisse bien, ainsi que nous l'avons fait d'abord, la conclure de la vitesse de la terre comparée à celle de la lumière, telle que la donnent les éclipses des satellites de Jupiter, toutefois, comme cela suppose les mouvements de ces astres parfaitement connus, on pourrait conserver quelque doute sur l'exactitude des résultats obtenus de cette manière. Voyons donc à déduire, des seules observations d'étoiles, la quantité absolue de l'aberration.

Pour cela on renverse le problème. On suppose que les changements des lieux apparents de plusieurs étoiles en déclinaison et en ascension droite aient été exactement observés. On égale ces résultats aux expressions algébriques qui les représentent, suivant la théorie ; alors la quantité absolue de l'aberration est seule inconnue, et chaque équation de ce genre suffit pour la déterminer. Mais pour éluder les petites erreurs que les observations comportent, on forme un grand nombre d'équations de ce genre, plusieurs milliers par exemple, et on prend le milieu entre tous les résultats.

On sent aussi que pour plus d'exactitude les changements observés doivent être les plus grands possibles parmi ceux que chaque étoile éprouve.

Telle fut la marche que suivit le célèbre astronome Bradley, auquel on doit la découverte des deux phénomènes de la nutation et de l'aberration. Dans le Mémoire où il expose cette dernière, il rapporte qu'il observa pendant longtemps les distances zénithales d'un grand nombre d'étoiles, avec un mural de 12 pieds; qu'ensuite il dépouilla ces distances des changements que la précession y produit; la nutation n'était pas encore trouvée alors, et ses variations sont peu considérables dans l'intervalle d'une année. Ces corrections faites, il trouva que les plus grandes variations annuelles en déclinaison étaient

pour γ du Dragon. . . . . $39''$ sexagésimales.

   η de la grande Ourse. . . . . $36''$

   α de Cassiopée. . . . . $34''$

   α de Persée. . . . . $33''$

   τ de Persée. . . . . $25''$

   β du Dragon. . . . . $39''$

   la 35ᵉ de la Girafe. . . . . . $19''$

   la Chèvre. . . . . $16''$

Et en égalant ces résultats à leur expression analytique, il en tira, pour le grand axe de l'ellipse d'aberration, les valeurs suivantes :

   γ du Dragon. . . . . $40'',4$

   η de la grande Ourse. . . . $40'',4$

   α de Cassiopée. . . . . . $40'',8$

   α de Persée. . . . . $40'',3$

   τ de Persée. . . . . $41'',0$

   β du Dragon. . . . . $40'',3$

   35ᵉ de la Girafe. . . . . . . $40'',3$

   la Chèvre. . . . . $40'',0$

    Moyenne. . . . . . . $40'',4$

Ce qui, converti en secondes décimales, donne $124'',65$ au lieu de

125 secondes que nous avons adopté. En combinant ainsi plusieurs milliers d'observations de Maskeline, et tenant compte du changement annuel de la nutation, Delambre a trouvé $40''$, 492 sexagésimales, ou, en secondes décimales, $124''$, 976, et il a obtenu un résultat exactement semblable par la discussion approfondie d'un très-grand nombre d'éclipses des satellites de Jupiter.

Jusqu'ici nous n'avons considéré que l'aberration de la lumière produite par la vitesse de translation de la terre dans son orbite. S'il est vrai, comme toutes les probabilités semblent l'indiquer, que le mouvement diurne du ciel ne soit pareillement qu'une apparence causée par la rotation réelle de la terre en sens contraire, cette rotation doit aussi produire une aberration proportionnée à sa vitesse, par conséquent beaucoup plus faible que la première, mais qu'il faut cependant soumettre au calcul, ne fût-ce que pour s'assurer qu'elle est insensible. On y parvient par le même principe de la composition des forces, et l'on obtient ainsi l'expression de l'effet qui en résulte sur l'ascension droite des astres et sur leur déclinaison. Mais ces effets sont si petits, qu'ils se confondent jusqu'à présent avec les erreurs des observations.

Si de la terre nous passons aux autres corps célestes qui composent notre système planétaire, on conçoit que les mouvements propres, dont ces corps sont animés, doivent s'imprimer aussi à la lumière qu'ils nous envoient, et il en doit résulter encore une autre espèce d'aberration. Ces effets, et tous ceux du même genre que l'on pourrait imaginer, se calculent toujours de la même manière. On considère tous les mouvements de l'observateur et de l'astre comme autant de forces qui agissent sur les molécules lumineuses; et, d'après le principe de la composition des forces, on cherche la direction de leur résultante, sur laquelle l'observateur rapporte toujours le rayon lumineux lorsqu'il le reçoit. Nous avons déjà expliqué plus haut le principe général de cette composition de vitesse.

Enfin, si le système solaire est aussi en mouvement dans l'espace, en vertu d'une impulsion primitive, commune à tous les corps de ce système, ce que la rotation de la plupart d'entre eux indique avec beaucoup de vraisemblance, la vitesse de ce mouvement de translation, combinée avec les précédentes et avec la vitesse propre de la lumière, produira encore une autre sorte d'aberration. Mais le déplacement du système planétaire, quoique très-probable, n'est pas encore sensible dans les observations modernes, les seules qui par leur exactitude puissent servir pour calculer sa direction et sa vitesse. Ainsi, jusqu'à ce que l'on soit parvenu à déterminer ces deux éléments, l'aberration inégale que ce mouvement doit produire sur les différentes étoiles, à raison de leurs positions différentes, se confondra avec leurs mouvements propres, sans que l'on puisse les en séparer.

On trouvera dans une note jointe à ce chapitre les formules relatives à ces divers genres d'aberration.

166. Les résultats que nous venons d'établir conduisent à une proposition réciproque qu'il importe de signaler. L'aberration constatée par les observations astronomiques, et la vitesse de propagation de la lumière, sont deux faits certains. Mécaniquement combinés, ils assignent à chaque instant à la terre une vitesse propre, identique, en grandeur et en direction, à celle qu'elle doit avoir, quand on la suppose mue annuellement autour du soleil. Une identité si constante et si précise, prouve donc indubitablement que ce mouvement de translation lui est réellement propre, comme toutes les analogies l'indiquaient (*).

167. Dans tout ceci, nous n'avons considéré que les vitesses imprimées à la lumière par les mouvements des corps célestes auxquels elle participe; mais l'expérience prouve que tous les corps transparents, que la lumière traverse, modifient sa vitesse par leur action. Ainsi l'atmosphère qui nous environne augmente la

---

(*) L'aberration qui peut résulter du mouvement de rotation diurne de la terre est trop petite, et serait trop difficilement observable pour que l'on puisse la faire servir à prouver la réalité de ce mouvement. Mais outre la similitude d'analogies qui la rendent à peu près indubitable, un expérimentateur plein de sagacité, M. Foucault, a fait voir que son existence se manifeste avec la dernière évidence, quand on observe pendant un certain temps les oscillations des corps graves suspendus librement à un point fixe. Les preuves expérimentales de ce remarquable fait ont été consignées par lui dans les *Comptes rendus de l'Académie des Sciences*, tome XXXII, p. 135, et tome XXXV, p. 421, 469, 602. Tout le monde a pu en constater la vérité.

vitesse des molécules lumineuses qui nous viennent des astres à travers le vide des cieux. Cette vitesse change encore, et dans des proportions très-notables, en traversant les verres de nos lunettes astronomiques et les humeurs de nos yeux. Parmi toutes ces variations de la vitesse, quelle valeur faut-il choisir pour la composer avec le mouvement de la terre? L'aberration astronomique peut-elle être changée à volonté par toutes ces causes, ou en est-elle indépendante? Ce sont des questions qui, par leur application continuelle et par les conséquences qu'elles entraînent, méritent d'être sérieusement examinées.

Pour ne pas trop compliquer le problème, faisons d'abord abstraction de l'atmosphère dont l'action sur la lumière est très-faible. Je prouverai plus loin que cette action, quelle que fût son intensité, ne pourrait influer en rien sur l'aberration.

Presque toutes les observations astronomiques consistent à déterminer l'instant où le centre des astres est caché par des fils mobiles avec la terre, mais dont la position est connue sur sa surface. Tels sont les fils de nos micromètres. Examinons d'abord comment se font ces occultations, en ayant égard aux mouvements simultanés de la lumière et de la terre; et pour ne rien mêler d'étranger à ces considérations, faisons abstraction des verres dont nos lunettes sont armées. Admettons, en un mot, que l'observation se fasse à l'œil nu.

Je suppose donc que l'observateur regarde l'astre à travers un tube dont l'axe soit déterminé par des fils très-fins placés en croix à ses deux extrémités : puis je demande quelle est la direction réelle de cet axe dans l'espace, lorsque l'étoile se trouve occultée derrière les intersections des fils?

Je dis que cette direction est justement celle de la résultante des deux vitesses de la terre et de la lumière dans l'espace. En effet, soient S l'astre, *fig.* 37, ST, ST' la direction réelle de ses rayons lumineux, TF la longueur du tube à travers lequel se fait la vision. Si l'observateur, qui se trouve en T, dirige le tube suivant la résultante des vitesses de la terre et de la lumière dans l'espace, les lignes TT', T'F, se trouveront proportionnelles à ces vitesses. Par conséquent, s'il n'y a pas d'obstacle dans l'intérieur du tube, la molécule lumineuse qui entre en F suivant la direction SF, le parcourra librement à mesure qu'il s'avance parallèlement à lui-même; et ainsi cette molécule arrivera en T' au même instant que la terre. Réciproquement, si la molécule lumineuse parcourt librement l'axe du tube, il faut en conclure que cet axe est dirigé parallèlement à la résultante des deux vitesses, car cette position est la seule dans laquelle la molécule puisse parcourir le tube sans rencontrer ses parois. Or, ce cas est toujours celui qui a lieu quand on voit l'astre sur les intersections des fils placés aux deux extrémités du tube. La molécule lumineuse qui se trouve alors interceptée est la même qui serait parvenue en T' à l'observateur, suivant la direction ST'; et comme toutes celles qui la précèdent parviennent à son œil, c'est au point T', et seulement en ce point, qu'il observe l'interruption du rayon lumineux.

Si nous comparons, dans ces circonstances, le mouvement apparent de la molécule lumineuse, venue de l'astre, avec celui des molécules lumineuses venues des fils qui déterminent l'axe optique du tube, nous trouverons que ces deux mouvements sont absolument les mêmes. Car, au moment où la lumière de l'astre arrive en F à l'entrée du tube, suivant la direction SF, avec la vitesse FT', si l'on conçoit qu'à ce même instant le fil placé en F lance une molécule lumineuse de même vitesse, suivant la même direction, ces deux molécules iront nécessairement ensemble de F en T', et arriveront en même temps à l'observateur, suivant la même direction.

Si l'on ne voulait considérer que le mouvement relatif de ces deux particules par rapport à l'observateur, il n'y aurait qu'à décomposer leur vitesse propre SF en deux autres tF et S'F, dont la première tF fût parallèle et égale au mouvement de la terre. Alors l'autre vitesse S'F exprimerait leur direction et leur vitesse apparente, car l'observateur fait toujours abstraction du mouvement qui lui est commun avec les corps qu'il observe. Ainsi les deux molécules parcourraient encore la longueur du tube ensemble et sans se quitter, comme précédemment.

Supposons maintenant qu'une cause quelconque, agissant sur elles, suivant la direction de la composante S'F, vînt à accélérer leur vitesse apparente, il est clair qu'il n'en résulterait aucun changement dans leur direction relativement à l'axe mobile du tube : seulement elles arriveraient à l'observateur un peu plus tôt qu'elles n'auraient fait sans cette circonstance. Ainsi, lorsqu'une balle de fusil est dirigée avec justesse par un tireur adroit, elle atteint toujours le but, quelle que soit la force de la charge et celle de la poudre dont il est fait usage. Seulement, selon qu'elle est plus forte ou plus faible, la balle atteint le but plus tôt ou plus tard.

Tel est précisément l'effet que produisent sur les rayons apparents les objectifs de nos lunettes, et en général tous les milieux réfringents dont on pourrait supposer la lunette remplie. Les surfaces extrêmes de ces milieux étant perpendiculaires à l'axe optique de la lunette, par conséquent à la direction du rayon apparent, ils ne font qu'accélérer sa vitesse, mais ils ne changent nullement sa direction relativement à l'observateur. Par exemple, dans nos lunettes astronomiques ordinaires, où les fils du micromètre sont placés au foyer de l'objectif, la marche de la molécule lumineuse venue de l'axe s'accélère d'abord en traversant l'objectif ; puis, à sa sortie, elle reprend la vitesse qu'elle avait primitivement dans l'air. Elle éprouve un accroissement semblable en traversant l'oculaire, et elle reprend de même sa vitesse primitive quand elle en est sortie ; mais, dans tout ce trajet, et parmi les variations de vitesse qu'elle éprouve, sa direction apparente ne change point : elle reste constamment la même que celle des molécules lumineuses qui émanent du fil du micromètre, avec la même vitesse, soit absolue, soit relative, et avec la même direction. En un mot, une fois que l'on a décomposé la vitesse propre de la lumière en deux directions, dont l'une est égale et parallèle à la vitesse de la terre, la molécule devient un objet terrestre ; seulement sa vitesse apparente n'est pas celle de la lumière ordinaire, elle est représentée par $S'F$, *fig.* 37.

On voit donc que les accroissements de vitesses imprimés aux molécules lumineuses par les instruments optiques, parallèlement à leur direction apparente, ne font qu'accélérer un peu l'instant où elles nous parviennent. Mais comme la vitesse de la lumière est extrêmement considérable, le temps absolu qu'elle met à traverser ces instruments est tout à fait insensible pour nos organes, et aussi l'accélération qui en résulte dans leur arrivée, depuis la surface extérieure de l'objectif jusqu'à notre œil, est également insensible pour nous. Quand on formerait des objectifs avec les matières les plus réfringentes que l'on connaisse; quand on remplirait le tube de la lunette avec de l'eau, comme l'avait proposé Boscovich; quand même on pourrait faire ce tube de diamant, qui est, de toutes les substances connues, celle qui accélère le plus la vitesse de la lumière, l'accélération qui en résulterait sur une si petite longueur ne ferait pas voir la molécule lumineuse un cent-millième de seconde plus tôt, et par conséquent elle ne changerait pas d'un cent-millième de seconde l'instant où l'astre devait se trouver réellement sur la direction apparente que nous venons de déterminer.

Mais si l'on observait la molécule lumineuse venue de l'astre à travers des milieux dont l'action réfringente ne fût pas parallèle à sa direction apparente, par exemple, à travers des prismes qui dévieraient le rayon lumineux, on devrait s'apercevoir de cette petite différence de vitesse, qui distingue la direction apparente de celle que suit réellement la lumière en vertu de son seul mouvement d'émission; car la déviation, produite par l'action de ces corps, différerait de celle qu'ils feraient éprouver à un rayon de lumière émis naturellement par un corps terrestre suivant cette même direction. En observant avec exactitude cette différence de déviation, on peut en conclure par le calcul la différence des vitesses et leurs rapports. Alors, dans le parallélogramme StFS′, on connaîtra le rapport du côté SF, qui exprime la vitesse propre de la lumière de l'astre, au côté S′F qui exprime sa vitesse apparente. On connaît de plus l'angle S′SF, formé par la direction du mouvement de la terre avec le rayon réel de l'astre à l'instant de l'observation. Avec ces données on peut calculer l'angle d'aberration SFS′, et le rapport des côtés SF et SS′, qui représentent les vitesses propres de la lumière et de la terre. En répétant l'expérience sur des étoiles différentes, on saura si la vitesse propre de la lumière est la même pour toutes, ou si elle est différente. On pourra même espérer de rendre sensibles les petites différences de vitesse que le mouvement de la terre éprouve dans les diverses époques de l'année, en vertu de l'ellipticité de son orbite. Cette méthode, qui détermine l'aberration par des observations faites avec le prisme, paraît d'autant plus exacte, qu'en accroissant l'angle réfringent du prisme on augmente la déviation qu'il produit, de manière à la rendre beaucoup plus considérable que la valeur naturelle de l'angle d'aberration qui s'observe directement. C'est ce moyen qu'Arago a employé, sur l'invitation de Laplace; mais, ce qu'on était loin de prévoir, il a trouvé que toutes les lumières, soit terrestres, soit célestes, directes ou réfléchies, éprouvent absolument la même déviation, quelle que soit la direction dans laquelle elles sont lancées (*). On pourrait croire que cette anomalie tient à la difficulté d'observer exactement le centre de l'image réfractée, parce que dans ces expériences l'action des prismes décompose toujours la lumière et dilate l'image du point lumineux sous la forme d'un spectre oblong et coloré. Mais cette cause d'erreur n'existe point dans les expériences d'Arago, parce qu'il s'est servi d'un prisme achromatique, composé de flint-glass et de crown-glass, dans des proportions telles, qu'il recomposait presque exactement la lumière; de sorte que l'image de l'étoile,

---

(*) Le prisme dont Arago s'est servi dans ses expériences, était placé devant l'objectif d'un cercle répétiteur, de manière à n'en couvrir qu'une partie; de sorte que l'on pouvait observer successivement le rayon lumineux direct à travers la lunette seule, et le même rayon dévié par le prisme. En tenant compte des temps où les deux observations étaient faites, on ramenait l'astre, par le calcul, à une même hauteur sur l'horizon. La différence des angles observés directement et à travers le prisme donnait la déviation éprouvée par le rayon lumineux. En observant ainsi les étoiles de l'écliptique qui passaient au méridien à 6 heures du soir, la terre, qui tourne sur elle-même, comme autour du soleil, d'occident en orient, marchait, sur son orbite, dans le même sens que leur lumière; et par conséquent celle-ci n'avait, en arrivant sur le prisme, que la différence des deux vitesses. Le contraire avait lieu pour les étoiles qui passaient au méridien à 6 heures du matin, et la terre allait en sens contraire de leur lumière. Mais cette opposition, qui aurait dû donner une différence de 50 secondes sexagésimales dans les déviations observées, n'y a produit aucun changement appréciable.

vue à travers ce prisme était presque aussi concentrée que si on
l'eût observée à travers des milieux à faces parallèles.

Cette égalité de déviation, qui paraît, au premier coup d'œil,
directement contraire à la théorie de Newton, peut néanmoins s'y
ramener, comme l'a fait Arago, en supposant que les corps lumineux lancent dans toutes les directions des molécules de lumière
douées d'une infinité de vitesses différentes, parmi lesquelles il n'y
en a qu'une seule qui convienne à nos organes, et qui puisse produire sur nous la sensation de lumière. Cette idée s'accorde avec
une découverte faite depuis quelques années par W. Herschel :
c'est que, lorsqu'on décompose la lumière par un prisme, il
existe, hors du spectre coloré, des rayons invisibles qui peuvent
encore échauffer les corps plus que les rayons lumineux eux-
mêmes, et qui produisent aussi sur eux des effets chimiques carac-
téristiques, comme Wollaston et Ritter l'ont depuis observé (*).
Mais ces phénomènes, et beaucoup d'autres du même genre qui
ont été découverts postérieurement, se joignent aux observations
faites par Arago, avec les prismes, pour prouver la nécessité de
calculer les aberrations de tous les astres avec une même valeur
de la vitesse de la lumière, quelle que soit la direction dans laquelle cette lumière nous arrive, et quelle que soit la nature des
instruments à travers lesquels nous l'observons.

Dans tout ce qui précède nous avons fait abstraction de l'atmosphère terrestre et de son action sur la lumière émanée des astres ;

(*) Tel était l'état des connaissances en 1811, lorsque ce passage fut écrit.
Les découvertes photographiques ont depuis considérablement agrandi ces
premiers aperçus. On sait maintenant que le spectre coloré, qui émane des
sources lumineuses, est accompagné, non pas seulement à ses extrémités,
mais sur toute sa longueur et au delà même, d'un spectre invisible, comprenant une suite continue de radiations de natures diverses, inégalement
réfrangibles, transmissibles en proportions inégales à travers les corps transparents, et produisant ou déterminant dans ceux qui les absorbent des actions calorifiques et chimiques infiniment variées. Une expérience récente,
aussi importante qu'ingénieuse, qui est due à M. Fizeau, a prouvé de plus
que la vitesse propre, soit des éléments matériels, soit des vibrations, qui
nous donnent la sensation de la lumière, est sensiblement modifiée par des
mouvements de transport même peu considérables, mécaniquement imprimés aux milieux matériels que nous leur faisons traverser.

mais en lui appliquant les considérations générales dont nous venons
de faire usage, il est également facile d'apprécier l'influence qu'elle
peut avoir sur l'aberration. Supposons d'abord l'étoile placée au
zénith afin d'éviter les effets de la réfraction : dans ce cas, si l'on
décompose la vitesse propre de la molécule lumineuse à l'instant
où elle entre dans l'atmosphère, et si on la résout en deux autres,
dont l'une soit parallèle et égale au mouvement de l'observateur,
l'autre vitesse, qui est celle de la direction apparente, sera dirigée
suivant le rayon terrestre, et par conséquent perpendiculaire aux
couches atmosphériques. L'action de l'atmosphère ne fera donc
qu'accélérer un peu le mouvement de la molécule lumineuse sans
changer sa direction apparente. Mais l'atmosphère est si peu
épaisse, et la lumière emploie si peu de temps à la traverser, que
l'effet de cette accélération sera tout à fait insensible pour nous.
En effet, d'après ce que nous établirons plus loin, la distance
moyenne du soleil à la terre est égale à 24096 rayons terrestres.
Si l'on suppose la hauteur de l'atmosphère égale à $\frac{1}{707}$ de ce rayon,
elle sera $\frac{1}{17039602}$ de cette distance. Or, la lumière parcourt cette
distance en 571 secondes de temps décimal. Ainsi, avec cette même
vitesse, elle traverserait l'épaisseur de l'atmosphère dans un temps

exprimé par $\dfrac{571''}{2409600}$. Quand l'atmosphère serait de diamant,
son action ne ferait que doubler cette vitesse, et le temps dont
il s'agit serait moitié moindre, c'est-à-dire qu'il serait exprimé
par $\frac{285,5}{2409600}$ ou $\frac{1}{8440}$ de seconde de temps décimal; cette accélération serait donc tout à fait insensible, et pourtant elle surpasse
plusieurs milliers de fois celle que l'atmosphère produit.

Mais si la molécule lumineuse entre obliquement dans les couches atmosphériques, comme cela arrive quand nous observons
les astres à l'horizon, alors l'action de ces couches devenant
oblique à la direction apparente de la molécule, ne fait pas seulement que l'accélérer, elle devrait la dévier de cette direction, et
la dévier inégalement, selon la direction et l'intensité de sa vitesse. L'aberration qui en résulte devrait donc être inégale sur les
différents astres, selon leur position et leur hauteur apparente.
Mais il est facile de sentir que cet effet est absolument nul, d'a-
près les expériences d'Arago que nous avons rapportées; car

l'atmosphère agit en cela comme faisait le prisme dans ces expériences. D'ailleurs, indépendamment de ce résultat, l'action réfringente de l'atmosphère est si peu considérable, et la déviation totale qu'elle fait éprouver au rayon lumineux est si faible, que les inégalités de la vitesse des molécules lumineuses ne peuvent pas s'y manifester d'une manière sensible ; car dans les circonstances les plus favorables, en supposant le mouvement propre de la molécule conspirant avec le mouvement de la terre, ou opposé à ce mouvement, on trouve par le calcul que le changement de la réfraction du rayon, en vertu de ce changement de vitesse, ne serait que de $\frac{25}{100}$ de seconde décimale, même à 88 degrés décimaux de distance au zénith ; ce qui est à peu près la limite où l'on puisse observer avec exactitude, à cause des réfractions atmosphériques. De sorte que l'astre ne varierait que de $\frac{12}{100}$ de seconde de part et d'autre de son lieu moyen, en vertu des changements de vitesse apparente de sa lumière ; et l'effet devenant de plus en plus insensible quand la distance zénithale est moindre, on pourrait tout à fait le négliger. Mais, suivant ce que nous venons de remarquer, les observations d'Arago prouvent que cette différence n'est pas seulement très-petite, elle doit être absolument nulle.

Enfin, il nous reste à considérer les variations de direction et de vitesse apparente que les molécules lumineuses venues des astres peuvent subir dans les humeurs de nos yeux. Quant au changement de direction apparente, nous devons conclure, par ce qui précède, qu'il sera nul, si les couches dont nos yeux se composent sont perpendiculaires à la direction du rayon apparent, c'est-à-dire, si la vision se fait bien directement par le centre de l'ouverture de la pupille, comme cela arrive ordinairement quand on observe avec des instruments d'optique. Tout se réduira donc alors à un accroissement de la vitesse de la molécule pendant qu'elle traverse notre œil ; mais ce trajet est si court, que l'effet de cette accélération sera parfaitement insensible. Il n'y aurait donc d'erreur à craindre, que si l'on observait dans une position oblique de l'œil ; car alors les rayons venus de l'astre et ceux qui viennent du micromètre, auquel on la compare, tomberaient bien sur le globe de l'œil avec la même direction ; mais comme ils ont des vitesses différentes, la réfraction qu'ils souffriraient à cause de leur obliquité, serait inégale; et lorsque l'image du fil et l'image de l'étoile coïncideraient l'une sur l'autre au fond de la rétine, leurs directions hors de l'œil seraient réellement séparées. L'erreur résultante de cette cause pourrait être fort considérable; car la force réfringente des humeurs des yeux est à peu près égale à celle de l'eau distillée, et celle du cristallin doit être plus considérable encore; de sorte que la déviation produite par ces substances semble devoir être fort sensible. Mais les expériences faites avec le prisme nous prouvent encore, dans cette circonstance, que l'erreur dont il s'agit n'aura pas lieu; car le globe de l'œil et les humeurs qui le remplissent agiront sur la lumière précisément comme le prisme dans les expériences d'Arago; et par conséquent, dans ce cas, comme dans celui du prisme, l'obliquité des surfaces réfringentes ne produira point de déviation apparente.

En résumant ce que nous venons de dire, on voit que l'aberration produite par le mouvement propre de la terre est toujours indépendante des instruments avec lesquels nous l'observons. Car, lorsque l'action des milieux réfringents est parallèle à la résultante des vitesses de la lumière et de la terre, ce qui est le cas le plus ordinaire, la théorie démontre qu'il n'en peut résulter aucun changement dans la direction apparente des molécules lumineuses, parce que la composition des deux vitesses doit se faire à l'instant où la molécule lumineuse rencontre les objets terrestres; et dans l'autre cas, où l'action oblique des milieux réfringents tendrait à altérer cette direction, l'expérience, faite au moyen du prisme, prouve que la déviation apparente est encore insensible par des causes qui, à la vérité, ne nous sont pas jusqu'à présent bien connues.

La théorie de l'aberration de la lumière complète la connaissance des mouvements généraux que l'on observe dans les positions apparentes des étoiles. En corrigeant cette aberration par le calcul, ainsi que la précession et la nutation, on fait disparaître tous les déplacements généraux, et l'on ramène le système entier des étoiles à l'immobilité; de manière à n'y plus laisser apercevoir que de très-petits mouvements, à peine appréciables, qui s'opèrent en des sens divers, et qui doivent être constatés individuellement.

NOTE

Sur l'aberration.

1. Pour résoudre tous les problèmes de l'aberration, il suffit de se rappeler ce théorème de mécanique : La résultante de plusieurs forces ou de plusieurs vitesses, décomposées suivant une direction quelconque, est égale à la somme de ces forces ou de ces vitesses, décomposées suivant la même direction. Soient V', V''', etc., les petites vitesses secondaires dont la molécule lumineuse se trouve ainsi animée, sa vitesse propre étant représentée par V. Rapportons, comme nous l'avons fait souvent, tous les points de l'espace à trois axes rectangulaires x', y', z', menés du centre de la terre à l'équinoxe du printemps, au premier point du Cancer, et au pôle boréal de l'écliptique. Cela posé, si l'on représente par X', Y', Z' les angles formés par la direction de la vitesse V' avec ces trois axes, $V' \cos X'$ exprimera cette vitesse décomposée parallèlement à l'axe des x' ; et de même $V' \cos Y'$, $V' \cos Z'$ seront ses composantes parallèlement aux axes des y' et des z'. Au moyen d'une notation semblable, on pourra faire subir aux autres vitesses la même décomposition. Alors, si l'on nomme V la résultante de toutes ces vitesses, et X, Y, Z, les angles que sa direction forme avec les trois axes, on aura, par le principe que nous venons de rappeler tout à l'heure,

$$V \cos X = V' \cos X' + V'' \cos X'' + V''' \cos X''' \ldots \text{ etc.},$$
$$V \cos Y = V' \cos Y' + V'' \cos Y'' + V''' \cos Y''' \ldots \text{ etc.},$$
$$V \cos Z = V' \cos Z' + V'' \cos Z'' + V''' \cos Z''' \ldots \text{ etc.}$$

on a de plus

$$\cos^2 X + \cos^2 Y + \cos^2 Z = 1,$$
$$\cos^2 X' + \cos^2 Y' + \cos^2 Z' = 1,$$
$$\cos^2 X'' + \cos^2 Y'' + \cos^2 Z'' = 1 \ldots \text{ etc.}$$

2. Les termes dépendants de V et de V' peuvent s'exprimer en fonction des coordonnées du lieu apparent et du lieu réel de l'astre. En effet, soient l' la longitude géocentrique vraie de l'astre, λ' sa latitude vraie, r' sa distance, ces éléments étant relatifs au centre de la terre ; et désignons par l, λ, r, sa longitude, sa latitude et sa distance apparentes, vues du même point, mais affectées de l'aberration. On aura, comme nous l'avons souvent remarqué,

$$x' = r' \cos \lambda' \cos l', \qquad y' = r' \cos \lambda' \sin l', \qquad z' = r' \sin \lambda',$$
$$x = r \cos \lambda \cos l, \qquad y = r \cos \lambda \sin l, \qquad z = r \sin \lambda.$$

x', y', z' sont les coordonnées rectangulaires du lieu vrai, et x, y, z celles du lieu apparent, vus l'un et l'autre du centre de la terre. Or, il est évident que l'on aura aussi

$$\cos X' = \frac{x'}{r'} = \cos \lambda' \cos l', \quad \cos Y' = \frac{y'}{r'} = \cos \lambda' \sin l', \quad \cos Z' = \frac{z'}{r'} = \sin \lambda';$$

$$\cos X = \frac{x}{r} = \cos \lambda \cos l, \quad \cos Y = \frac{y}{r} = \cos \lambda \sin l, \quad \cos Z = \frac{z}{r} = \sin \lambda:$$

valeurs qui, étant substituées dans les trois équations des composantes, donnent

$$V \cos \lambda \cos l = V' \cos \lambda' \cos l' + V'' \cos X'' + V''' \cos X''' \ldots \text{ etc.,}$$
$$V \cos \lambda \sin l = V' \cos \lambda' \sin l' + V'' \cos Y'' + V''' \cos X''' \ldots \text{ etc.,}$$
$$V \sin \lambda = V' \sin \lambda' \qquad + V'' \cos Z'' + V''' \cos Z''' \ldots \text{ etc.;}$$

de là on tire

$$V^2 = \left\{ V' \cos \lambda' \cos l' + V'' \cos X'' \ldots \right\}^2$$
$$+ \left\{ V' \cos \lambda' \sin l' + V'' \cos Y'' \ldots \right\}^2$$
$$+ \left\{ V' \sin \lambda' \qquad + V'' \cos Z'' \ldots \right\}^2$$

$$\tan g \, l = \frac{V' \cos \lambda' \sin l' + V'' \cos Y'' + V''' \cos Y''' \ldots \text{ etc.}}{V' \cos \lambda' \cos l' + V'' \cos X'' + V''' \cos X''' \ldots \text{ etc.}}$$

$$\sin \lambda = \frac{V'}{V} \sin \lambda' + \frac{V''}{V} \cos Z'' + \frac{V'''}{V} \cos Z''' \ldots \text{ etc.}$$

La première de ces équations détermine la résultante V ; ensuite les deux autres déterminent la longitude et la latitude apparentes.

Ces équations peuvent se simplifier beaucoup, en remarquant que les vitesses secondaires V'', V''', provenant des mouvements de l'observateur et du corps lumineux dans l'espace, sont extrêmement petites par rapport à la vitesse propre de la lumière, qui est ici représentée par V'. On peut donc, sans craindre aucune erreur, se borner à la première puissance des rapports $\frac{V''}{V'}$, $\frac{V'''}{V'}$. En extrayant ainsi la racine carrée de V par approximation, et prenant de même les valeurs approchées de $\tan g \, l$ et de $\sin \lambda$, on trouve

$$V = V' + V'' \left\{ \cos \lambda' \cos l' \cos X'' + \cos \lambda' \sin l' \cos Y'' + \sin \lambda' \cos Z'' \right\}$$
$$+ V''' \left\{ \cos \lambda' \cos l' \cos X''' + \cos \lambda' \sin l' \cos Y''' + \sin \lambda' \cos Z''' \right\}$$
$$+ \text{etc.} \ldots$$

$$\tan g \, l = \tan g \, l' + \frac{V''}{V'} \frac{\left\{ \cos Y'' \cos l' - \cos X'' \sin l' \right\}}{\cos \lambda' \cos^2 l'}$$
$$+ \frac{V'''}{V'} \frac{\left\{ \cos Y''' \cos l' - \cos X''' \sin l' \right\}}{\cos \lambda' \cos^2 l'} \ldots \text{ etc.}$$

et

$$\lambda = \sin \lambda' - \frac{V''}{V'} \cos \lambda' \left\{ \sin \lambda' \cos l' \cos X'' + \sin \lambda' \sin l' \cos Y'' - \cos \lambda' \cos Z'' \right\}$$
$$- \frac{V'''}{V'} \cos \lambda' \left\{ \sin \lambda' \cos l' \cos X''' + \sin \lambda' \sin l' \cos Y''' - \cos \lambda' \cos Z''' \right\}$$

etc.

3. Maintenant il est facile de tirer de ces équations les différences $l - l'$, $\lambda - \lambda'$, c'est-à-dire l'aberration en longitude et en latitude. En effet, considérons d'abord la seconde : elle donne immédiatement la valeur de $\operatorname{tang} l - \operatorname{tang} l'$, qui est égale à $\frac{\sin(l - l')}{\cos l \cos l'}$; et l'on voit que $\sin(l - l')$ est une fraction extrêmement petite, du même ordre que les rapports $\frac{V''}{V'}$, $\frac{V'''}{V'}$. Puisque nous nous bornons à la première puissance de ces rapports, nous devons supposer $l = l'$ dans les termes déjà multipliés par $\sin(l - l')$; ce qui réduit $\frac{\sin(l - l')}{\cos l \cos l'}$ à $\frac{\sin(l - l')}{\cos^2 l}$. Par la même raison, la différence $\sin \lambda - \sin \lambda'$, ou $2 \sin \frac{1}{2}(\lambda - \lambda') \cos \frac{1}{2}(\lambda + \lambda')$, se réduit à $2 \sin \frac{1}{2}(\lambda - \lambda') \cos \lambda'$. De cette manière on aura les sinus des aberrations cherchées. Mais à cause de la petitesse de ces sinus, on peut leur substituer les rapports $\frac{l - l'}{R''}$, $\frac{\lambda - \lambda'}{R''}$, R'' étant le rayon réduit en secondes. Si l'on veut aussi employer ce même rayon pour représenter la vitesse propre de la lumière, comme nous l'avons fait dans le texte, V' se trouvera aussi égal à R''. Alors les vitesses secondaires V'', V''', ..., devront aussi être exprimées en secondes, puisqu'elles doivent toujours l'être en unités de même espèce que V'. On obtient ainsi ces expressions très-simples et symétriques :

$$l = l' + V'' \frac{\left\{ \cos Y'' \cos l' - \cos X'' \sin l' \right\}}{\cos \lambda'} + V''' \frac{\left\{ \cos Y''' \cos l' - \cos X''' \sin l' \right\}}{\cos \lambda'} \text{ etc.}$$
$$\lambda = \lambda' - V'' \left\{ \sin \lambda' \cos l' \cos X'' + \sin \lambda' \sin l' \cos Y'' - \cos \lambda' \cos Z'' \right\}$$
$$- V''' \left\{ \sin \lambda' \cos l' \cos X''' + \sin \lambda' \sin l' \cos Y''' - \cos \lambda' \cos Z''' \right\}$$

etc.

Ce sont les valeurs de la longitude et de la latitude géocentriques apparentes. Les premiers termes de ces valeurs sont, comme on voit, la longitude et la latitude géocentriques vraies ; les autres termes, toujours fort petits, expriment les variations que les éléments du lieu vrai éprouvent en vertu des diverses espèces d'aberration.

4. Si l'on voulait que ces formules exprimassent l'aberration en ascension droite et en déclinaison, il n'y aurait qu'à supposer que l'on a pris l'équa-

teur, au lieu de l'écliptique, pour plan des x', y', et que l'axe des z' est dirigé vers le pôle boréal de l'équateur. Alors les longitudes l' et l deviendront les ascensions droites vraies et apparentes ; nous les désignerons par a' et a. De même les latitudes λ', λ se changeront en déclinaisons vraies et apparentes ; nous les nommerons d' et d. Mais alors il faudra que X'', Y'', Z'', X''', Y''', Z''', etc., représentent les angles formés par les vitesses V'', V''' avec les nouveaux axes des coordonnées, que nous nommerons x, y, z ; ou, ce qui reviendra au même, il faudra, au lieu des termes $V'' \cos X''$, $V'' \cos Y''$, $V'' \cos Z''$, etc., mettre dans les équations (1), les composantes parallèles à ces nouveaux axes. Cela ne produira aucun changement dans les composantes parallèles aux x, qui sont exprimées par $V'' \cos X''$, $V''' \cos X'''$. Car l'axe des x ne change point dans cette transformation de coordonnées, puisqu'il est toujours dirigé vers l'équinoxe du printemps. Il n'y aura donc de différence que dans les composantes relatives aux axes des y' et des z' ; car ceux-ci font avec les nouveaux axes des y, z un angle égal à l'obliquité de l'écliptique, que nous exprimerons par ω. Mais, en prenant la vitesse V'' pour exemple, on peut considérer les nouvelles composantes cherchées comme les coordonnées y, z d'un point qui, rapporté aux axes des y' et des z', aurait pour coordonnées $V'' \cos Y''$, $V'' \cos Z''$. Alors, d'après les formules de la *Géométrie analytique*, les valeurs des y, z, relativement à ce point seront (*) :

$$V'' \cos Y'' \cos \omega - V'' \cos Z'' \sin \omega ; \quad \text{parallèlement aux } y,$$
$$V'' \cos Y'' \sin \omega + V'' \cos Z'' \cos \omega ; \quad \text{parallèlement aux } z.$$

En substituant la première de ces quantités au lieu de $V'' \cos Y''$, et la seconde au lieu de $V'' \cos Z''$ dans les expressions générales de l'aberration, on aura l'ascension droite et la déclinaison apparentes.

5. Dans les formules auxquelles nous venons de parvenir, on voit se reproduire un principe que nous avons déjà remarqué dans plusieurs autres circonstances. C'est celui de la coexistence des mouvements très-petits. Les différentes vitesses secondaires qui sollicitent la lumière, étant très-petites, produisent autant d'aberrations particielles qui se superposent d'une manière linéaire, pour former l'aberration totale ; ce qui permet de considérer chacune d'elles séparément.

6. Examinons d'abord les termes qui pourraient provenir d'un mouvement de translation du système planétaire. Ces termes se détruisent d'eux-mêmes relativement aux corps qui composent ce système et qui se déplacent avec lui. En effet, d'après ce qui a été démontré dans le texte, le mouvement de l'astre doit être appliqué à la molécule lumineuse avec sa direction propre, et le mouvement de l'observateur doit lui être appliqué en sens contraire de sa direction réelle. Or, ici, ces deux mouvements sont égaux, puisque tous les corps du système planétaire sont supposés transportés d'un mouvement

---

(*) Voyez *Géométrie analytique*, 6ᵉ édition, pag. 151, en changeant dans les formules α en ω ; x et x' en y, y', et enfin y, y' en z, z'.

commun. Leurs effets se compensent donc par leur opposition, et de cette compensation résulte une vitesse apparente qui est nulle. Ainsi le mouvement de translation commun à tous les corps du système planétaire ne peut, s'il existe, produire aucune aberration dans leurs positions respectives observées d'un quelconque d'entre eux.

7. L'effet n'est pas le même pour les rayons lumineux lancés par les corps étrangers à ce système ; il faut leur transporter aussi la vitesse du mouvement de translation prise en sens contraire ; ce qui donne une vitesse absolue V'', qui est commune à tous ces corps. Mais le changement qui en résulte sur leurs longitudes et sur leurs latitudes, est différent selon les valeurs de ces quantités, à cause des facteurs variables $\sin \lambda'$, $\cos \lambda'$, $\sin l'$, $\cos l'$, qui entrent dans la formule de l'aberration. Ainsi le déplacement du système planétaire dans l'espace doit produire sur les étoiles une aberration qui dépend de leur situation par rapport à la trajectoire que le système décrit. Pour calculer cette aberration, il faudrait connaître la direction du mouvement de translation et sa vitesse. Mais comme ces deux choses sont jusqu'à présent inconnues, l'aberration qui en résulte pour les différentes étoiles se compose avec les petits mouvements qui leur sont propres, et nous la confondons avec eux ; ce qui montre qu'il faut mettre beaucoup de réserve dans les conséquences que l'on peut déduire de la comparaison de ces mouvements.

8. Venons maintenant à la partie de l'aberration qui dépend du mouvement annuel de la terre autour du soleil ; mouvement qu'il faut transporter en sens contraire au soleil et à tous les astres.

Deux choses sont à apprécier dans ce mouvement, sa direction et sa vitesse. Ces deux quantités sont nécessaires pour déterminer la valeur des termes qui en résultent dans la formule.

Faisons d'abord abstraction de l'excentricité de l'orbe terrestre. Delambre a trouvé par les retards des éclipses des satellites de Jupiter, que la lumière emploie $8' 13''$ de temps sexagésimal pour parcourir la distance moyenne du soleil à la terre. Or, en $8' 13''$ la terre décrit autour du soleil un petit arc égal à $\dfrac{360°. 8' 13''}{365^j,256383}$, à raison d'une circonférence entière pour une année sidérale. Cet arc étant évalué en secondes devient $\dfrac{360.3600''.0^j,005706}{365^j,256383}$ ou $\dfrac{360.20'',5416}{365,256383}$; quantité qui peut se mettre sous la forme $20'',5416 - \dfrac{5,256383.20'',5416}{365,256383}$, ce qui la rend facile à calculer ; et alors elle se réduit à $20'',5416 - 0'',2956 = 20'',2460$. Si l'on emploie cette quantité pour représenter la vitesse de la terre, celle de la lumière sera représentée par le rayon de l'orbite, réduit aussi en secondes sexagésimales, ou par $202264'',8$. Ainsi, en représentant par R'' le rayon ainsi transformé, la valeur abstraite de la vitesse V' due au mouvement de la terre, sera

$$V' = \frac{20'',246}{R''},$$

la vitesse de la lumière étant prise pour unité. Or, par la nature des expressions de t' et de λ', il faut pour l'homogénéité exprimer V' en secondes de degré ; pour cela il faut multiplier le nombre abstrait qui représente V', par le rayon réduit en secondes, c'est-à-dire par R'' ; ce qui revient à supprimer le dénominateur de V' ; par conséquent la valeur qu'il faut substituer dans notre formule est simplement $V' = 20'',246$.

Mais avant d'appliquer cette expression, donnons-lui toute la généralité qu'elle comporte, en ayant égard à l'excentricité de l'orbe terrestre. Par l'effet de cette excentricité, l'intensité de la vitesse varie dans les différents points de l'orbite ; sa direction change aussi, puisque l'orbite n'est plus circulaire ; mais il est facile d'avoir égard à ces variations.

Évaluons d'abord l'expression variable de la vitesse. Soit α le petit angle décrit par la terre autour du soleil, pendant que la lumière parcourt le rayon r de l'orbite. L'arc réellement décrit par la terre, dans cet intervalle, ne diffère pas sensiblement de $r\alpha$; car, à cause de sa petitesse et du peu d'excentricité de l'orbite, il se confond avec un arc de cercle qui serait décrit du rayon r. Prenons donc l'arc $r\alpha$ pour représenter la vitesse de la terre. Celle de la lumière se trouvera représentée par le rayon r ; et leur rapport $\dfrac{r\alpha}{r}$,

ou simplement α, exprimera la valeur de V'' qu'il faut substituer dans notre formule de l'aberration. Nous supposons ici l'angle α exprimé en secondes comme doit l'être la vitesse V''.

Il ne s'agit donc que d'avoir l'expression générale de α. Or, nous l'avons déjà formée dans la page 480 du IVe volume. En nommant a le demi-grand axe de l'ellipse, e le rapport de l'excentricité au demi grand axe, T le temps d'une révolution anomalistique, et représentant par π la demi-circonférence dont le rayon égale 1, nous avons trouvé alors que l'arc α, décrit pendant le temps t, avait pour valeur

$$\alpha = \frac{2\pi a^2 t \sqrt{1-e^2}}{r^2 T}.$$

Ici t est le temps que la lumière emploie pour parcourir le rayon r. Ainsi, en admettant avec Delambre $8'13''$ pour le demi grand axe, on trouvera proportionnellement pour le rayon r,

$$t = 8'13'' \cdot \frac{r}{a};$$

valeur qui, étant substituée dans α, donne

$$\alpha = \frac{8'13'' \cdot 2\pi}{T} \cdot \frac{a\sqrt{1-e^2}}{r}.$$

La quantité $\dfrac{8'13'' \cdot 2\pi}{T}$ est justement l'aberration constante que nous avons calculée d'abord dans le cas de l'orbite circulaire, et que nous avons trouvée égale à $20'',246$. Car la différence de l'année anomalistique à

l'année sidérale que nous avons employée, ne changerait pas ce résultat de
o",0002. En faisant donc usage de cette valeur, et écrivant V" au lieu de α,
il vient

$$V'' = 20'',246 \cdot \frac{a \sqrt{1 - e^2}}{r}.$$

On voit, en effet, que si l'on supposait dans cette formule l'excentricité
nulle, ce qui donne $e = 0$ et $a = r$, on retomberait sur l'aberration constante de l'orbite circulaire, comme cela devait naturellement arriver.

Mais en général il faut mettre pour r sa valeur dans l'ellipse, qui est

$$r = \frac{a(1 - e^2)}{1 + e \cos(v - \varpi)},$$

en appelant v la longitude héliocentrique de la terre, et ϖ la longitude du
périhélie. Cette substitution étant faite, la valeur de V" devient

$$V'' = 20'',246 \cdot \frac{1 + e \cos(v - \varpi)}{\sqrt{1 - e^2}}.$$

Il faut maintenant déterminer les angles X", Y", Z", formés par cette vitesse avec les trois axes rectangulaires x', y', z'. Comme elle est toujours dirigée dans le sens du mouvement de la terre, tangentiellement à l'orbe terrestre, on voit d'abord qu'elle forme un angle droit avec l'axe des z', puisque
cet axe est perpendiculaire à l'écliptique. On a donc

$$\cos Z'' = 0;$$

et comme on a en général

$$\cos^2 X'' + \cos^2 Y'' + \cos^2 Z'' = 1,$$

il en résulte

$$\cos Y'' = \sin X''.$$

Ces valeurs étant substituées dans les formules générales (1), elles donnent,
pour ce genre d'aberration en longitude et en latitude,

$$(2) \quad l = l' + \frac{V''}{\cos \lambda'} \sin(X'' - l'), \quad \lambda = \lambda' - V'' \sin \lambda' \cos(X'' - l').$$

Avant d'aller plus loin, il est essentiel de déterminer rigoureusement le
signe de ces deux corrections ; car l'équation qui nous a donné $\cos Y''$ avait
réellement deux racines, l'une positive, l'autre négative ; et nous aurions
pu y satisfaire aussi bien en prenant $\cos Y'' = - \sin X''$, qu'en faisant
$\cos Y'' = + \sin X''$. Puisque nous avons adopté cette dernière racine, il faut
voir quel signe nous devons donner à la vitesse V", en conséquence de cette
détermination.

Pour cela, considérons une étoile située dans la partie boréale de l'écliptique, et dont la longitude vraie l', soit égale à celle du périhélie de l'orbe
terrestre. Dans ce cas, $X'' - l'$ sera l'angle formé par la direction du mouve-

ment de la terre avec la distance périhélie de l'orbe terrestre ; et cet angle,
comme ceux dont il est la différence, se mesurera sur l'écliptique, d'orient
en occident, selon l'ordre des signes. Il sera égal à un angle droit, lorsque
la terre se trouvera au périhélie de son orbite. On aura donc alors

$$\cos(X'' - l') = 0, \quad \sin(X'' - l') = +1.$$

Dans ce cas, l'aberration doit être nulle sur la latitude de l'étoile ; et son
effet se reportant tout entier sur la longitude, doit l'*augmenter* d'une quantité
$\dfrac{V''}{\cos \lambda'}$. La première condition relative à la latitude est satisfaite d'elle-
même, puisque $\cos(X'' - l') = 0$. La seconde exige que V'' soit positif.
Ainsi la direction propre de la vitesse de la terre doit être regardée comme
positive au périhélie, dans nos formules, et par conséquent comme négative
à l'aphélie. En effet, si l'on suit les conséquences de cette convention sur la
latitude ou sur la longitude de l'étoile, dans les diverses parties de l'orbite,
pour l'exemple particulier que nous venons de choisir, on les trouvera toujours conformes avec ce qui doit résulter du principe même de l'aberration,
tel que nous l'avons expliqué dans le texte.

9. Si l'on voulait obtenir, d'après les formules précédentes, les variations
correspondantes de l'ascension droite, il faudrait, conformément à ce que
nous avons dit plus haut, employer la même valeur $V'' \cos X''$ pour la composante parallèle aux x ; mais il faudrait substituer $V'' \cos Y'' \cos \omega$ pour la
composante parallèle aux y, et $V'' \cos Y'' \sin \omega$ pour la composante parallèle
aux z ; ou, ce qui revient au même, il faudrait substituer ces quantités au
lieu de $V'' \cos Y''$ et de $V'' \cos Z''$, dans les formules générales (1). On
aurait ainsi

$$a = a' + \frac{V''}{\cos d'} - \left\{ \cos Y'' \cos \omega \cos a' - \cos X'' \sin a' \right\},$$

$$d = d' - V'' \left\{ \cos X'' \sin d' \cos a' + \cos Y'' . \sin d' \sin a' \cos \omega - \cos Y'' \cos d' \sin \omega \right\}$$

Mais nous venons de trouver que, relativement à la vitesse de la terre,
$\cos Y'' = \sin X''$, par conséquent

$$(3) \qquad a = a' + \frac{V''}{\cos d'} \left\{ \sin X'' \cos \omega \cos a' - \cos X'' \sin a' \right\};$$

$$d = d' - V'' \left\{ \cos X'' \sin d' \cos a' + \sin X'' \sin d' \sin a' \cos \omega - \sin X'' \cos d' \sin \omega \right\};$$

a', d' sont l'ascension et la déclinaison vraies ; a et d sont l'ascension droite
et la déclinaison apparentes. Ces expressions rentreraient dans les précédentes, si l'on y supposait ω nul, et qu'on y changeât a en l, et d en λ ; ce
qui devait en effet arriver, puisque, dans cette supposition, l'équateur coïncide avec l'écliptique. On pourrait même en général les mettre sous une
forme aussi simple que celles de la longitude et de la latitude, en prenant

deux angles auxiliaires N et N′ tels, qu'on ait

$$\operatorname{tang} N = \frac{\operatorname{tang} a'}{\cos \omega}, \quad \operatorname{tang} N' = \frac{\sin a' \cos \omega - \cot d' \sin \omega}{\cos a'};$$

car alors elles deviendront

$$a = a' + \frac{V'' \sin a'}{\cos d' \sin N} \cdot \sin (X'' - N),$$

$$d = d' - \frac{V'' \cdot \sin d' \cos a'}{\cos N} \cdot \cos (X'' - N').$$

Il ne reste plus qu'à déterminer X'', c'est-à-dire l'angle que la tangente de l'orbe terrestre forme avec la ligne des équinoxes à un instant quelconque.

Or, si l'on rapporte l'équation d'une ellipse à des coordonnées rectangulaires x'', y'' parallèles à ses axes a et b, et dont l'origine soit au centre de l'ellipse, l'angle formé par la tangente de l'ellipse avec le grand axe que je suppose être celui des x, aura pour tangente trigonométrique

$$\frac{- b^2 x''}{a^2 y''}.$$

(Voyez *Géom. Analyt.*, 6ᵉ édit., p. 225.) Nous nommerons cet angle n. Pour appliquer cette expression au cas qui nous occupe, il faut mettre l'origine des coordonnées au foyer de l'ellipse et y introduire l'angle $v - \varpi$, formé par le rayon vecteur r avec le grand axe. Nommons de plus e le rapport de l'excentricité au demi grand axe, comme nous l'avons supposé plus haut, nous aurons

$$\frac{a^2 - b^2}{a^2} = e^2, \quad y'' = r \sin (v - \varpi), \quad x = \sqrt{a^2 - b^2} + r \cos (v - \varpi);$$

d'où l'on tire

$$b^2 = a^2 (1 - e^2), \quad y'' = r \sin (v - \varpi), \quad x'' = ae + r \cos (v - \varpi).$$

Au moyen de ces transformations, la quantité $\dfrac{- b^2 x''}{a^2 y''}$ ou $\operatorname{tang} n$ devient

$$\operatorname{tang} n = \frac{(1 - e^2) \left\{ ae + r \cos (v - \varpi) \right\}}{r \sin (v - \varpi)}.$$

Et en y mettant pour r sa valeur $\dfrac{a (1 - e^2)}{1 + e \cos (v - \varpi)}$, elle prend cette forme très-simple

$$\operatorname{tang} n = \frac{e + \cos (v - \varpi)}{\sin (v - \varpi)}.$$

Si l'excentricité de l'ellipse terrestre était nulle, on aurait

$$e = 0, \quad \operatorname{tang} n = -\cot (v - \varpi),$$

et par conséquent

$$n = 90 + v - \varpi.$$

Mais puisque l'excentricité, sans être nulle, est extrêmement petite, la valeur de n sera très-peu différente de cette quantité. Soit n' cette différence, en sorte qu'on ait

$$n = 90 + v - \varpi - n';$$

ce qui donne

$$\operatorname{tang} n = \frac{-\cos(v - \varpi) - \sin(v - \varpi)\operatorname{tang} n'}{\sin(v - \varpi) - \cos(v - \varpi)\operatorname{tang} n'}.$$

En substituant cette valeur de $\operatorname{tang} n$ dans l'équation précédente, on trouve

$$\operatorname{tang} n' = \frac{e \sin(v - \varpi)}{1 + e \cos(v - \varpi)}.$$

L'angle n', comme nous l'avions prévu, se trouve très-petit, du même ordre que l'excentricité. Dans tous les calculs de l'aberration, il suffit de conserver la première puissance de cette quantité. On peut donc négliger le terme multiplié par e dans le dénominateur; ce qui réduit ce dénominateur à l'unité. On peut aussi substituer à $\operatorname{tang} n'$ le rapport du petit arc n' au rayon réduit en secondes, c'est-à-dire $\frac{n'}{R''}$.

Alors on aura

$$n' = e\, R'' \sin(v - \varpi),$$

ou simplement

$$n' = e \sin(v - \varpi),$$

en supposant l'excentricité e exprimée en secondes, comme nous l'avons fait souvent. Par ce moyen, nous aurons

$$n = 90 + v - \varpi - n' = 90 + v - \varpi - e \sin(v - \varpi).$$

n est l'angle formé par la tangente de l'orbe terrestre avec la distance périhélie. En lui ajoutant l'angle ϖ, formé par la distance périhélie avec la ligne des équinoxes, la somme $n + \varpi$ exprimera l'angle formé par la tangente de l'orbe terrestre avec la ligne des équinoxes, que nous avons prise pour axe des x'. Cet angle $n + \varpi$ sera donc justement celui que nous avons nommé X''. Nous aurons ainsi

$$X'' = 90 + v - e \sin(v - \varpi).$$

v est la longitude héliocentrique de la terre, et ϖ la longitude héliocentrique du périhélie de l'orbe terrestre. A la place de ces quantités il sera plus commode d'introduire les longitudes géocentriques Θ et φ, du soleil et du périgée solaire, qui sont immédiatement données par les Tables astronomiques. Cela est extrêmement facile; car les lieux apparents du soleil et du périgée solaire sont diamétralement opposés sur la sphère céleste au lieu réel de la terre et du périhélie de l'orbe terrestre ; de sorte qu'en comptant les longitudes dans le même sens et à partir du même équinoxe, comme on doit toujours le faire, on a constamment

$$\Theta = v + 180^\circ, \quad \varphi = \varpi + 180^\circ,$$

par conséquent

$$v = \Theta - 180^\circ, \quad \varpi = \varphi - 180^\circ;$$

ce qui donne

$$X'' = -90^\circ + \Theta - e \sin(\Theta - \varphi),$$

par conséquent

$$X'' - l' = -90^\circ + \Theta - l' - e \sin(\Theta - \varphi),$$

et en substituant cette valeur dans les expressions de l'aberration en longitude et en latitude, elles deviennent

$$l = l' - \frac{V''}{\cos \lambda'} \cdot \cos\left\{ \Theta - l' - e \sin(\Theta - \varphi) \right\},$$

$$\lambda = \lambda' - V'' \sin \lambda' \cdot \sin\left\{ \Theta - l' - e \sin(\Theta - \varphi) \right\}.$$

On aura de même pour l'ascension droite et la déclinaison

$$a = a' - \frac{V'' \sin a'}{\cos d' \sin N} \cdot \cos\left\{ \Theta - N - e \sin(\Theta - \varphi) \right\},$$

$$d = d' - \frac{V'' \sin d' \cos a'}{\cos N} \cdot \sin\left\{ \Theta - N' - e \sin(\Theta - \varphi) \right\},$$

N et N' étant, comme nous l'avons vu, des angles auxiliaires tels, qu'on ait

$$\operatorname{tang} N = \frac{\operatorname{tang} a'}{\cos \omega}, \quad \operatorname{tang} N' = \frac{\sin a' \cos \omega - \cot d' \sin \omega}{\cos a'}.$$

Il ne reste plus qu'à mettre dans ces expressions, au lieu de V'', la valeur que nous avons trouvée plus haut, c'est-à-dire

$$V'' = 20'',246 \cdot \frac{1 + e \cos(v - \varpi)}{\sqrt{1 - e^2}}$$

ou bien

$$V = 20'',246 \cdot \frac{1 + e \cos(\Theta - \varphi)}{\sqrt{1 - e^2}},$$

En substituant cette valeur de V'' dans les formules précédentes, il faut se borner à la première puissance de l'excentricité ; ce qui réduit le dénominateur de V'' à l'unité. Ensuite, en se bornant toujours aux termes de cet ordre, on aura

$$\cos\left\{ \Theta - l' - e \sin(\Theta - \varphi) \right\} = \cos(\Theta - l') + e \cdot \sin(\Theta - \varphi) \sin(\Theta - l'),$$

$$\sin\left\{ \Theta - l' - e \sin(\Theta - \varphi) \right\} = \sin(\Theta - l') - e \cdot \sin(\Theta - \varphi) \cos(\Theta - l').$$

Ceci suppose seulement que l'on met pour e sa valeur abstraite o,o168i4, et non pas la réduction de cette valeur en secondes. Les termes analogues de l'ascension droite et de la déclinaison donneront des résultats semblables ; et en les multipliant par $1 + e \cos (\Theta - \varphi)$, on aura définitivement

$$l = l' - \frac{20'', 246}{\cos \lambda'} \left| \cos (\Theta - l') + e \cos (\varphi - l') \right|,$$

$$\lambda = \lambda' - 20'', 246 \sin \lambda' \left| \sin (\Theta - l') + e \sin (\varphi - l') \right|,$$

$$a = a' - \frac{20'', 246 \sin a'}{\cos d' \sin N} \left| \cos (\Theta - N) + e \cos (\varphi - N) \right|,$$

$$d = d' - \frac{20'', 246 \sin d' \cos a'}{\cos N'} \left| \sin (\Theta - N') + e \sin (\varphi - N') \right|.$$

A quoi il faut toujours joindre les équations auxiliaires

$$\operatorname{tang} N = \frac{\operatorname{tang} a'}{\cos \omega}, \quad \operatorname{tang} N' = \frac{\sin a' \cos \omega - \cot d' \sin \omega}{\cos a'}.$$

Au reste, nous n'introduisons ici ces angles que pour montrer l'analogie des formules qui appartiennent à l'équateur et à l'écliptique ; car, pour les calculs numériques, il sera souvent plus exact, et presque toujours aussi simple, d'employer immédiatement les valeurs de a et de d, après en avoir éliminé N et N'. On aurait alors

$$a = a' - \frac{20'', 246}{\cos d'} \left| \cos \omega \cos a' \cos \Theta + \sin a' \sin \Theta \right|$$

$$- \frac{20'', 246 \cdot e}{\cos d'} \left| \cos \omega \cos a' \cos \varphi + \sin a' \sin \varphi \right|,$$

$$d = d' - 20'', 246 \left| \sin d' \cos a' \sin \Theta - \sin a' \sin d' \cos \omega \cos \Theta + \cos d' \sin \omega \cos \Theta \right|$$

$$- 20'', 246 \cdot e \left| \sin d' \cos a' \cos \varphi - \sin a' \sin d' \cos \omega \cos \varphi + \cos d' \sin \omega \cos \varphi \right|.$$

On pourrait encore décomposer les produits de sinus en sommes et en différences, comme nous avons fait pour la nutation, dans le IVe volume, pag. 4o3. C'est même ainsi que l'on opère ordinairement, quand on veut réduire la formule en Tables. N'oublions pas que φ est la longitude du périhélie de l'orbe solaire, et que l'on avait au commencement de 1811

$$\varphi = 279^\circ \, 4o' \, 24''.$$

Cette longitude augmente chaque année de 61'',9 de la division sexagésimale ou de 191'',067 de la division décimale, comme nous l'avons démontré dans le IVe vol., pag. 449 et 521.

10. Les positions apparentes du soleil, telles qu'on les observe, sont elles-mêmes affectées des effets de l'aberration, et il faut les en dépouiller pour avoir les lieux réels de cet astre. Rien n'est plus facile d'après les formules

précédentes ; car le soleil est un astre dont la latitude est nulle, et dont la longitude est égale à Θ. En introduisant ces modifications dans nos formules, elles donnent

$$l = l' - 20'',246 \left\{ 1 + e \cos(\varpi - \Theta) \right\}.$$

11. Les résultats que nous venons d'obtenir vont nous faire connaître l'orbite décrite chaque année par le lieu apparent de l'étoile autour de son lieu moyen. Cette orbite étant très-petite, nous opérerons ici comme pour l'ellipse de nutation ; nous la projetterons sur la surface concave du ciel comme sur une surface plane, et nous rapporterons ses points à deux coordonnées rectangulaires, ayant leur origine au lieu moyen de l'astre ; ces coordonnées seront les différences de latitude $\lambda - \lambda'$, $l - l'$, et les différences de longitude reportées à la hauteur du lieu moyen de l'étoile, c'est-à-dire $(l - l') \cos \lambda'$. En nommant les premières Y, les secondes X, comme nous l'avons fait alors, nous aurons

$$X = - 20'',246 \left\{ \cos(\Theta - l') + e \sin(\varpi - l') \right\},$$

$$Y = - 20'',246 \sin \lambda' \left\{ \sin(\Theta - l') + e \sin(\varpi - l') \right\}.$$

Dans ces équations la longitude ϖ du périhélie peut être supposée constante pendant l'intervalle d'une année ; car la variation de $60'',9$ qu'elle éprouve n'est pas sensible sur le résultat, à cause du très-petit facteur e qui multiplie le terme où elle entre. Ainsi, en éliminant la longitude Θ du soleil, on aura l'équation de l'orbite demandée. Il est visible que cette équation sera.

$$\left\{ \frac{Y}{\sin \lambda'} + 20'',246 . e \sin(\varpi - l') \right\}^2 + \left\{ X + 20'',246 . e \cos(\varpi - l') \right\}^2 = \left\{ 20'',246 \right\}^2$$

ou bien

$$\left\{ 20'',246 . e \sin \lambda' \sin(\varpi - l') \right\}^2 + \sin^2 \lambda' \left\{ X + 20'',246 . e \cos(\varpi - l') \right\}^2 = \left\{ 20'',246 \right\}^2 \sin^2 \lambda'.$$

Cette équation est celle d'une ellipse qui est rapportée à des coordonnées parallèles à ses axes, mais dont le centre n'est pas au lieu moyen de l'étoile. Si l'on appelle X', Y' les coordonnées rapportées au centre, on aura

$$Y' = Y + 20'',246 . e \sin \lambda' \sin(\varpi - l'), \quad X' = X + 20'',246 . e \cos(\varpi - l'),$$

et ensuite

$$Y'^2 + X'^2 \sin^2 \lambda' = \left\{ 20'',246 \right\}^2 \sin^2 \lambda'.$$

Quand $Y' = 0$, on a

$$X' = 20'',246 ;$$

c'est le demi grand axe, et l'on voit qu'il est parallèle à l'écliptique.

Quand $X' = 0$, on a

$$Y' = 20'',246 \sin \lambda' ;$$

c'est le demi petit axe : il est tangent au cercle de latitude.

On voit aussi que le centre de l'ellipse ne coïncide pas tout à fait avec le lieu moyen. La différence dépend de l'excentricité de l'orbe terrestre. D'après les valeurs précédentes, cette différence est égale à

$$20'',246 . e \sin \lambda' \sin(\varphi - l'),$$

dans le sens des Y ou de la latitude ; et à

$$20'',246 . e \cos(\varphi - l'),$$

dans le sens des X ; ce qui donne sur la longitude

$$\frac{20'',246 . e \cos(\varphi - l')}{\cos \lambda'},$$

en divisant par le cosinus de la latitude de l'astre.

Le petit axe de l'ellipse s'évanouit quand λ' est nul, c'est-à-dire pour les étoiles situées dans le plan même de l'écliptique, et alors l'ellipse se change en une portion de ligne droite. C'est à fort peu près le cas de l'ellipse de Régulus, comme nous l'avons vu par les observations.

Au contraire, si $\lambda' = 90°$, l'ellipse se change en une circonférence de cercle, dont le rayon a encore cette même valeur $20'',246$; c'est ce qui arrivera pour une étoile située au pôle même de l'écliptique. Dans tous les cas le grand axe de l'ellipse est invariable ; et quelle que soit la position de l'étoile, il est égal à $40'',492$. Le second axe seul dépend de cette position, et varie proportionnellement au sinus de la latitude. Telles sont la nature et les dimensions de la courbe apparente que décrivent annuellement les étoiles, par l'effet de l'aberration que produit le mouvement de la terre dans son orbite.

12. Le mouvement de rotation diurne produit aussi dans la position des astres une petite aberration, qu'il est nécessaire d'évaluer, ne fût-ce qu'afin de s'assurer qu'elle est insensible.

Il est d'abord très-facile d'en trouver l'expression générale d'après nos formules. En effet, soit V''' la vitesse de rotation de l'observateur sur son parallèle. Cette vitesse étant parallèle à l'équateur, il est sensible qu'il faut adopter ici un système de coordonnées qui se rapportent à l'ascension droite et à la déclinaison. Soient donc X''', Y''', Z''' les angles formés par la vitesse V''' avec les trois axes rectangulaires menés à l'équinoxe du printemps, à 90 degrés d'ascension droite, et au pôle boréal de l'équateur, on aura d'abord $Z''' = 90°$, puisque la vitesse V''' est parallèle à l'équateur, par conséquent $\cos Y''' = \sin X'''$. Ainsi, en n'ayant égard qu'à cette cause d'aberration, les formules générales (1) donneront ici comme dans la pag. 375,

$$a = a' + \frac{V'''}{\cos d'} \sin(X''' - a'),$$

$$d = d' - V''' \sin d' . \cos(X''' - a').$$

Maintenant, si l'on nomme A l'ascension droite du zénith de l'observateur, et $+$ D sa déclinaison, supposée boréale, on aura

$$X''' = 90^\circ + A;$$

car la vitesse V''' étant dirigée suivant la tangente de la courbe que décrit l'observateur, est perpendiculaire au rayon du parallèle sur lequel il se trouve. Or ce rayon fait toujours l'angle variable A avec l'axe des x; et ce résultat est analogue à la valeur que nous avons trouvée pour X'' dans l'ellipse terrestre, pag. 378. Substituant dans les formules précédentes, il vient

$$a = a' + V''' \cdot \frac{\cos (A - a')}{\cos d'},$$

$$d = d' + V''' \sin d' \cdot \sin (A - a')$$

Dans ces expressions $A - a'$ est l'angle horaire de l'astre compté du méridien supérieur et d'occident en orient. Il ne reste plus qu'à évaluer l'intensité de la vitesse V'''. Pour l'obtenir, il faut la comparer avec celle du mouvement annuel.

La rotation de la terre s'achève en un jour; et son mouvement dans son orbite se fait en un an, c'est-à-dire en $365^j,25$. Dans l'intervalle d'un jour, chaque point de l'équateur terrestre décrit une circonférence de cercle dont le rayon est égal au rayon de cet équateur, c'est-à-dire à $\frac{1}{23578}$, en prenant pour unité le rayon moyen de l'orbite solaire. Ainsi, en négligeant l'excentricité de cette orbite, ce qui n'est ici d'aucune conséquence, la vitesse annuelle de la terre est à celle de sa rotation diurne à l'équateur, comme le périmètre de l'orbite, divisé par le temps employé à le parcourir, est à la circonférence de l'équateur divisé par le temps de la rotation, c'est-à-dire, comme

$$\frac{2\pi}{365,25} : \frac{2\pi}{23578} \quad \text{ou comme} \quad 1 : \frac{365,25}{23578};$$

d'où il est facile de conclure que la vitesse de rotation à l'équateur est environ la 65e partie de la vitesse annuelle. Or, nous avons trouvé que celle-ci était représentée par $20'',246$, en représentant la vitesse de la lumière par le rayon réduit en secondes. La vitesse de rotation de la terre sera donc 65 fois plus petite, c'est-à-dire égale à $\frac{20'',246}{65}$ ou $0'',311$, environ un tiers de seconde sexagésimale. Telle est la valeur de V''' à l'équateur. Mais cette valeur diminue proportionnellement au cosinus de la déclinaison du parallèle sur lequel l'observateur se trouve; c'est-à-dire que si cette déclinaison est D, la vitesse de rotation devient $V''' \cos D$, ou $0'',311 \cdot \cos D$. Ainsi, en substituant cette valeur dans l'expression de a et de d, on aura

$$a = a' + 0'',311 \cdot \frac{\cos D \cdot \cos (A - a')}{\cos d'},$$

$$d = d' + 0'',311 \cdot \cos D \sin d' \cdot \sin (A - a').$$

D'après ces expressions, on voit que l'aberration en ascension droite, produite par la rotation de la terre, est la plus grande possible à l'instant du passage des astres au méridien, parce qu'alors l'angle horaire $A - a'$ est nul. Dans ce cas, l'aberration en déclinaison produite par la même cause est nulle aussi. Cela devait être, puisque la vitesse de rotation étant alors perpendiculaire au plan du méridien, ne peut altérer que l'ascension droite. Au contraire, quand l'angle horaire $A - a'$ est de six heures, l'effet de la rotation sur l'ascension droite est nul et se reporte tout entier sur la déclinaison. Aussi, dans ce cas, la vitesse de l'observateur devient-elle perpendiculaire au méridien de l'astre.

Pour une même valeur de l'angle horaire, l'aberration en ascension droite augmente en même temps que la déclinaison de l'astre. Afin d'en apprécier les effets, prenons pour exemple la polaire. Sa déclinaison moyenne, au 1er janvier 1811, était 88° 18′ 1″, ce qui donne

$$\frac{9'',311}{\cos d'} = 10'',1485.$$

Telle serait l'altération produite sur l'ascension droite de la polaire dans son passage au méridien, à l'équateur même, où $D = 0$. Cet effet serait moindre sur un parallèle plus rapproché du pôle; par exemple, à 45 degrés de latitude, on aurait $D = 45°$; par conséquent

$$\cos D = \frac{1}{\sqrt{2}},$$

ce qui le réduirait à

$$\frac{10'',1845}{\sqrt{2}} \quad \text{ou } 7'',4.$$

A Paris, ce serait 6″,9 ou 0″,45 de temps sexagésimal. Ces corrections sont extrêmement petites; mais pourtant, puisqu'elles sont certaines, il faut y avoir égard dans les observations.

13. Il ne nous reste plus qu'à considérer la partie de l'aberration produite par le mouvement propre des astres qui lancent ou qui réfléchissent la lumière. Pour cela il faut évaluer la vitesse de ce mouvement et sa direction.

Pour les planètes qui se meuvent dans des ellipses très-peu excentriques, comme la terre, la vitesse est facile à évaluer; son expression est semblable à celle que nous avons trouvée plus haut relativement à la terre : représentons-la de même par V''. Soit r le rayon vecteur héliocentrique de la planète, et r' le temps que la lumière emploierait à le parcourir. Nommons a' l'angle décrit par ce rayon autour du soleil pendant le temps r'. L'ellipse étant très-peu excentrique, l'arc de cercle $r'a'$ représentera, à très-peu près, l'arc décrit par la planète sur son orbite; et le rapport de sa vitesse à celle de la lumière sera $\frac{r'a'}{r'}$, ou simplement a'. Or, en nommant e' le rapport de l'excentricité de l'ellipse de la planète à son demi grand axe a', et désignant par T' le temps de sa révolution sidérale, on aura ici, comme pour la terre, pag. 374,

$$\alpha' = V'' = \frac{2\pi a'^2 t' \sqrt{1 - e'^2}}{r'^2 T'}.$$

De plus, si nous représentons par a le demi grand axe de l'orbe terrestre que la lumière parcourt en $8'\,13''$, le temps t' qu'elle emploie à parcourir le rayon vecteur r' sera proportionnellement égal à $8'\,13'' \cdot \frac{r'}{a}$; ce qui donne

$$V'' = \frac{8'\,13'' \cdot 2\pi a'^2 \sqrt{1 - e'^2}}{a r' T'}.$$

Il faut éliminer r' au moyen de l'équation de l'ellipse. Or, si l'on nomme v' et ϖ' les angles formés par le rayon vecteur et la distance périhélie avec une droite fixe menée sur le plan de l'orbite, et que nous supposerons être la ligne des nœuds de la planète, on aura

$$r' = \frac{a'(1 - e'^2)}{1 + e' \cos(v' - \varpi')},$$

ce qui donne

$$V'' = \frac{8'\,13'' \cdot 2\pi a' \left\{ 1 + e' \cos(v' - \varpi') \right\}}{a T' \sqrt{1 - e'^2}}.$$

En nommant T la révolution sidérale de la terre, nous avons trouvé plus haut

$$\frac{8'\,13'' \cdot 2\pi}{T} = 20'',246;$$

par conséquent, si nous en tirons la valeur du facteur constant $2\pi \cdot 8'\,13''$, l'expression de V'' deviendra

$$V'' = 20'',246 \frac{a' T \left\{ 1 + e' \cos(v' - \varpi') \right\}}{a T' \cdot \sqrt{1 - e'^2}}.$$

On peut encore la simplifier : car, d'après la troisième loi de Képler, on a

$$\frac{T^2}{T'^2} = \frac{a^3}{a'^3},$$

ce qui donne

$$\frac{T}{T'} = \frac{a^{\frac{3}{2}}}{a'^{\frac{3}{2}}}.$$

En substituant cette valeur de $\frac{T}{T'}$, et prenant le demi grand axe a de l'orbe terrestre pour unité de distance, l'expression de V'' devient

$$V'' = 20'',246 \frac{\left\{ 1 + e' \cos(v' - \varpi') \right\}}{\sqrt{a'(1 - e'^2)}}.$$

Nous sommes parvenus à cette expression en supposant l'ellipse très-peu excentrique; aussi n'est-elle qu'approchée. Si l'on cherchait la valeur rigoureuse de V'' d'après les formules du mouvement elliptique données dans la pag. 446 du IVe volume, on trouverait

$$V'' = 20'',246\ \frac{\left\{ 1 + 2\,e'\cos(v'-\varpi') + e'^2 \right\}^{\frac{1}{2}}}{\sqrt{a'(1-e'^2)}}.$$

Cette expression rentre dans la précédente, lorsqu'on développe le numérateur en série et qu'on se borne à la première puissance de e'. Mais il est nécessaire de lui conserver cette généralité pour pouvoir l'appliquer aux ellipses les plus excentriques, et même aux paraboles que les comètes décrivent. Dans ce cas il faut considérer que la quantité $a'(1-e'^2)$ est la moitié du paramètre de l'orbite. Ainsi, pour appliquer la formule à une comète, il faut regarder $a'(1-e'^2)$ comme une quantité finie égale au demi-paramètre de la parabole décrite par la comète, et supposer ensuite $e'=1$, puisque les deux axes deviennent infinis quand la parabole dégénère en ellipse, ce qui réduit leur rapport à l'unité. (Voyez *Géom. analyt.*, pag. 286.) Si l'on nomme D' la distance périhélie de la comète, qui est égale au quart du paramètre, on aura

$$a'(1-e'^2) = 2\,D';$$

en substituant cette valeur, et faisant ensuite $e'=1$, l'expression de V'' devient

$$V'' = 20'',246\ \frac{\left\{ 2 + 2\cos(v'-\varpi') \right\}^{\frac{1}{2}}}{\sqrt{2\,D'}},$$

ou

$$V'' = 20'',246 \cdot \frac{2\cos\frac{1}{2}(v'-\varpi')}{\sqrt{2\,D'}};$$

c'est l'expression de la vitesse pour les comètes.

Avant d'aller plus loin, faisons ici une remarque importante. Lorsque nous avons cherché la direction apparente des rayons lumineux dans l'article **162**, en composant la vitesse propre de la lumière avec les vitesses de la terre et de l'astre que l'on observe, nous avons vu qu'il fallait prendre cette dernière dans sa direction naturelle, et celle de la terre dans une direction opposée. En conséquence, comme la terre et les planètes tournent autour du soleil dans le même sens, d'occident en orient, il faut, puisque la vitesse de la terre est positive dans nos formules, considérer celle des planètes comme négative; ou, si l'on veut s'énoncer d'une manière plus générale, il faut que nous regardions comme négatifs tous les mouvements propres *directs*, et comme positifs tous les mouvements *rétrogrades*.

Connaissant ainsi l'expression de la vitesse dans chaque point de l'orbite, calculons maintenant sa direction, qui coïncide toujours avec la tangente de l'orbite. Si celle-ci est une ellipse peu excentrique, comme cela a lieu pour les planètes, l'angle que sa tangente forme avec une ligne fixe menée dans le plan de l'orbite, peut être développée en série, comme nous l'avons fait pour la terre, pag. 378. Par exemple, si nous nommons v' et ϖ' les angles formés par le rayon vecteur héliocentrique de la planète, et par sa distance périhélie avec la ligne des nœuds de l'orbite, l'angle formé par la tangente de l'ellipse avec le grand axe sera

$$90^\circ + v' - \varpi' - e\sin(v' - \varpi'),$$

en supposant toujours que l'on se borne à la première puissance de l'excentricité. Si l'on ajoute à ce résultat l'angle ϖ' formé par la distance périhélie avec la ligne des nœuds de la planète, la somme que nous désignerons par N sera l'angle formé par la direction de la tangente avec cette même ligne des nœuds. On aura ainsi

$$N = 90^\circ + v' - e\sin(v' - \varpi').$$

Il faut maintenant déduire de ces données les cosinus des angles X'', Y'', Z'' formés par la tangente avec les trois axes des coordonnées. Or, cela est très-facile. En effet, l'angle N est mesuré sur le plan de l'orbite. Supposons que ce plan fasse avec l'écliptique un angle I. Alors on pourra regarder N comme l'hypoténuse d'un triangle sphérique rectangle, dont un des côtés, celui qui est opposé à l'angle I, sera l'inclinaison de la tangente sur le plan de l'écliptique, ou $90^\circ - Z''$; et l'autre, que nous nommerons N', sera la projection de N sur le même plan. Alors, par les principes de la trigonométrie sphérique, on aura

$$\cos Z'' = \sin N \sin I, \qquad \operatorname{tang} N' = \operatorname{tang} N \cos I.$$

Si à l'angle N' nous ajoutons la longitude héliocentrique du nœud de l'orbite, représentée par n, la somme $N' + n$ sera l'angle que la projection de la vitesse sur l'écliptique forme avec la ligne des équinoxes, et l'on aura

$$\operatorname{tang}(N' + n) = \frac{\operatorname{tang} N' + \operatorname{tang} n}{1 - \operatorname{tang} N' \operatorname{tang} n},$$

ou bien

$$\operatorname{tang}(N' + n) = \frac{\operatorname{tang} N \cos I + \operatorname{tang} n}{1 - \operatorname{tang} N \operatorname{tang} n \cos I}.$$

Or, en général, quand la projection d'une ligne droite sur le plan des xy fait un angle α avec l'axe des x, on a, par les formules de la *Géométrie analytique*,

$$\frac{\cos Y''}{\cos X''} = \operatorname{tang} \alpha.$$

En joignant à ces résultats l'équation de condition qui existe toujours entre les carrés des cosinus des trois angles X'', Y'', Z'', on aura dans le cas actuel

$$\cos Z'' = \sin N \sin I,$$
$$\cos Y'' = \cos X'' \tang (N' + n),$$
$$\cos^2 X'' + \cos^2 Y'' + \cos^2 Z'' = 1.$$

Les deux dernières donnent d'abord

$$\cos^2 X'' + \cos^2 X'' \tang^2 (N' + n) = \sin^2 Z'',$$

ou bien

$$\cos^2 X'' = \sin^2 Z'' \cos^2 (N' + n);$$

d'où l'on tire

$$\cos X'' = \sin Z'' \cos (N' + n),$$

et ensuite

$$\cos Y'' = \sin Z'' \sin (N' + n).$$

Or, on a en général

$$\cos (N' + n) = \frac{1}{\sqrt{1 + \tang^2 (N' + n)}},$$
$$\sin (N' + n) = \frac{\tang (N' + n)}{\sqrt{1 + \tang^2 (N' + n)}}.$$

Substituant pour $\tang (N' + n)$ sa valeur, et réduisant le dénominateur, on trouve

$$\cos (N' + n) = \frac{\cos n - \tang N \sin n \cos I}{\sqrt{1 + \tang^2 N \cos^2 I}},$$
$$\sin (N' + n) = \frac{\sin n - \tang N \cos n \cos I}{\sqrt{1 + \tang^2 N \cos^2 I}}.$$

Or

$$\sqrt{1 + \tang^2 N \cos^2 I} = \frac{\sqrt{\cos^2 N + \sin^2 N \cos^2 I}}{\cos N} = \frac{\sqrt{1 - \sin^2 N \sin^2 I}}{\cos N} = \frac{\sin Z''}{\cos N};$$

par conséquent

$$\cos (N' + n) = \frac{\cos N \cos n - \sin N \sin n \cos I}{\sin Z''},$$
$$\sin (N' + n) = \frac{\cos N \sin n + \sin N \cos n \cos I}{\sin Z''}.$$

Enfin, en substituant ces valeurs simplifiées dans les expressions de $\cos X''$ et $\cos Y''$, on trouve

$$\cos X'' = \cos N \cos n - \sin N \sin n \cos I,$$
$$\cos Y'' = \cos N \sin n + \sin N \cos n \cos I,$$
$$\cos Z'' = \sin N \sin I,$$

valeurs qui satisfont, en effet, à la condition

$$\cos^2 X'' + \cos^2 Y'' + \cos^2 Z'' = 1,$$

comme on peut s'en assurer facilement.

14. Rappelons-nous maintenant que les expressions générales de l'aberration en longitude et en latitude, trouvées dans la pag. 371, étaient

$$l = l' + \frac{V''}{\cos \lambda'} \left\{ \cos l' \cos Y'' - \sin l' \cos X'' \right\};$$

$$\lambda = \lambda' - V'' \left\{ \sin \lambda' \cos l' \cos X'' + \sin \lambda' \sin l' \cos Y'' - \cos \lambda' \cos Z'' \right\}.$$

Je n'en rapporte qu'un seul terme, parce que tous les autres sont de même forme. En substituant dans ces expressions, pour $\cos X''$, $\cos Y''$, $\cos Z''$, les valeurs que nous venons d'obtenir, elles prennent la forme suivante :

$$l = l' + \frac{V''}{\cos \lambda'} \left\{ \cos N \sin (n - l') + \sin N \cos I \cos (n - l') \right\},$$

$$\lambda = \lambda' - V'' \left\{ \sin \lambda' \cos N \cos (n - l') - \sin \lambda' \sin N \cos I \sin (n - l') - \cos \lambda' \sin N \sin I \right\}.$$

Il est facile de vérifier ces expressions ; car, en supposant l'inclinaison I nulle, ainsi que λ', ce qui est le cas d'une planète qui parcourrait le plan de l'écliptique, on doit retomber sur les résultats que nous avons trouvés pour le mouvement apparent du soleil. En effet, dans ce cas, elles se réduisent aux suivantes :

$$l = l' + V'' \sin (N + n - l'),$$

$$\lambda = 0 ;$$

et comme alors $N + n$ est l'angle formé par le rayon vecteur héliocentrique de la planète avec la ligne des équinoxes, angle que nous avons désigné précédemment par X'' dans les formules (2) de la pag. 375, on voit qu'en effet ces expressions s'accordent avec celles que l'on tirerait des équations (2) pour l'aberration du soleil.

Relativement aux planètes, l'inclinaison I n'est pas nulle ; mais elle est, en général, peu considérable. Il y aura donc de l'avantage à se rapprocher du cas précédent, et l'on y parviendra en introduisant $1 - 2 \sin^2 \frac{1}{2} I$ au lieu de $\cos I$; ce qui réunira tous les termes indépendants de I en un seul. On aura de cette manière :

$$l = l' + \frac{V''}{\cos \lambda'} \left\{ \sin \left\{ N + n - l' \right\} - 2 \sin^2 \tfrac{1}{2} I \sin N \cos (n - l') \right\},$$

$$\lambda = \lambda' - V'' \left\{ \sin \lambda' \cos (N + n - l') - \cos \lambda' \sin N \sin I + 2 \sin \lambda' \sin N \sin^2 \tfrac{1}{2} I \sin (n - l') \right\}.$$

Il ne reste plus maintenant qu'à substituer pour V'' et N leurs valeurs, qui, en se bornant à la première puissance de l'excentricité, sont

$$V'' = \frac{-20'',246}{\sqrt{a'}} \left\{ 1 + e' \cos(v' - \varpi') \right\},$$

$$N'' = 90° + v' - e \sin(v' - \varpi').$$

Je donne à V'' le signe négatif, parce que le mouvement des planètes est direct. En substituant d'abord la valeur de l'angle N sous les signes de sinus et de cosinus, nous aurons

$$\sin(N + n - l') = \cos(v' + n - l') + e' \sin(v' - \varpi') \sin(v' + n - l'),$$
$$\cos(N + n - l') = -\sin(v' + n - l') + e' \sin(v' - \varpi') \cos(v' + n - l'),$$
$$\sin N = \cos v' + e' \sin(v' - \varpi') \sin v',$$
$$\cos N = -\sin v' + e' \sin(v' - \varpi') \cos v'.$$

Ensuite, effectuant la multiplication par V'', il viendra

$$l = l' - \frac{20'',246}{\cos \lambda' \sqrt{a'}} \left\{ \begin{array}{l} \cos(v' + n - l') - 2\sin^2 \tfrac{1}{2} I \cdot \cos(n - l') \cos v' \\ + e' \cos(\varpi' + n - l') - 2e' \sin^2 \tfrac{1}{2} I \cos(n - l') \cos \varpi' \end{array} \right\},$$

$$\lambda = \lambda' - \frac{20'',246}{\sqrt{a'}} \left\{ \begin{array}{l} \sin \lambda' \sin(v' + n - l') + \cos \lambda' \sin I \cos v' \\ - 2 \sin \lambda' \sin^2 \tfrac{1}{2} I \sin(n - l') \cos v' \\ + e' \sin \lambda' \sin(\varpi' + n - l') + e' \cos \lambda' \sin I \cos \varpi' \\ - 2 e' \sin \lambda' \sin^2 \tfrac{1}{2} I \sin(n - l') \cos \varpi' \end{array} \right\}.$$

Telles sont les valeurs des aberrations que le mouvement propre des planètes produit sur leur longitude et sur leur latitude géocentriques vraies, représentées par l' et λ'. Dans ces formules, v' et ϖ' sont les angles formés par le rayon vecteur héliocentrique, et la distance périhélie de la planète, avec la ligne des nœuds de l'orbite; n est la longitude héliocentrique du nœud ascendant. Si l'on suppose l'inclinaison I égale à zéro, ainsi que λ', ce qui est le cas d'une planète qui se mouvrait dans le plan de l'écliptique, l'aberration en latitude devient nulle, comme cela doit être; l'aberration en longitude se réduit à ses deux premiers termes. De plus, l'orbite coïncidant avec l'écliptique, $v' + n$ devient la longitude héliocentrique de la planète, $\varpi' + n$ est celle de son périhélie; et enfin, en supposant $a' = 1$, on retrouve les résultats que nous avons obtenus plus haut pour l'aberration en longitude due au mouvement apparent du soleil.

15. Les formules générales que nous venons de trouver, pag. 389, s'appliqueront également aux comètes; il suffira d'y mettre pour V'' et N les valeurs qui conviennent à la parabole. Nous avons déjà formé la valeur de V'' dans la pag. 386; quant à celle de N, il faut se rappeler que dans la pag. 377 nous avons trouvé l'expression générale de l'angle formé par la tangente de l'ellipse avec le grand axe. Cet angle, qui est précisément $N - \varpi'$, était donné par l'équation

$$\tan(N - \varpi') = \frac{e + \cos(v' - \varpi')}{\sin(v' - \varpi')}$$

Dans la parabole $e = 1$, et cette équation devient

$$\operatorname{tang}(N - \varpi') = -\frac{1 + \cos(v' - \varpi')}{\sin(v' - \varpi')}.$$

Si l'on y met pour $\sin(v' - \varpi')$ et $\cos(v' - \varpi')$ leurs valeurs en fonction de l'arc sous-double, on trouve

$$\operatorname{tang}(N - \varpi') = -\frac{1}{\operatorname{tang} \frac{1}{2}(v' - \varpi')};$$

par conséquent

$$N - \varpi' = 90 + \tfrac{1}{2}(v' - \varpi'),$$

et enfin

$$N = 90 + \tfrac{1}{2}(v' - \varpi').$$

On a de plus

$$V'' = \frac{20'',246}{\sqrt{\frac{1}{2} D'}} \cos \tfrac{1}{2}(v' - \varpi').$$

Substituant ces quantités dans nos formules générales de la pag. 389, et faisant V'' négatif comme pour une planète, *ce qui suppose le mouvement direct*, on aura pour les comètes :

$$l = l' - \frac{20'',246 \cdot \cos \frac{1}{2}(v' - \varpi')}{\cos \lambda' \sqrt{\frac{1}{2} D'}} \left[\cos \left\{ \tfrac{1}{2}(v' + \varpi') + n - l' \right\} \right.$$
$$\left. - 2 \sin^2 \tfrac{1}{2} I \cos(n - l') \cos \tfrac{1}{2}(v' + \varpi') \right],$$

$$\lambda = \lambda' - \frac{20'',246 \cdot \cos \frac{1}{2}(v' - \varpi')}{\sqrt{\frac{1}{2} D'}} \left[\sin \lambda' \sin \left\{ \tfrac{1}{2}(v' + \varpi') + n - l' \right\} \right.$$
$$\left. + \cos \lambda' \sin I \cos \tfrac{1}{2}(v' + \varpi') - 2 \sin \lambda' \sin^2 \tfrac{1}{2} I \sin(n - l') \cos \tfrac{1}{2}(v' + \varpi') \right].$$

Si le mouvement héliocentrique de la comète était rétrograde, il faudrait changer les signes des termes qui expriment les aberrations, c'est-à-dire qu'il faudrait mettre $+ 20'',246$ au lieu de $- 20'',246$. De plus, il faut se rappeler que v' et ϖ' expriment les angles formés dans l'orbite par le rayon vecteur et par l'axe de la section conique avec la ligne des nœuds, dont n est la longitude héliocentrique.

16. Les aberrations partielles que nous venons de calculer sont celles qui résultent du mouvement propre de la planète ou de la comète. Il faut toujours y joindre celles qui sont produites par le mouvement de la terre, et dont l'expression générale est

$$l = l' - \frac{20'',246}{\cos \lambda'} \left\{ \cos(\Theta - l') + e \cos(\varphi - l') \right\},$$
$$\lambda = \lambda' - 20'',246 \sin \lambda' \left\{ \sin(\Theta - l') + e \sin(\varphi - l') \right\}.$$

l' et λ' sont, comme ci-dessus, les longitudes et les latitudes géocentriques vraies de l'astre à l'instant que l'on considère, φ est la longitude du périgée de l'orbe solaire, e est son excentricité. Cette première partie de l'aberration est commune à tous les astres.

Toutes les formules de réduction rassemblées dans cette note ont été établies par Delambre. Le mode d'exposition est seul différent. Elles l'avaient été d'abord moins complétement par Clairaut.

CHAPITRE IX.

SUPPLÉMENT AU CHAPITRE XV DU TOME IV.

Détails additionnels sur la constitution physique du soleil, et sur son état de mouvement ou de repos.

168. Pendant le peu d'années qui se sont écoulées depuis la publication du chapitre auquel le présent supplément se rapporte, la constitution physique du soleil a été l'objet de beaucoup d'études. L'attention des astronomes ayant été ramenée sur ce sujet par plusieurs phénomènes extrêmement remarquables, qui s'étaient manifestés dans l'éclipse totale de soleil du 8 juillet 1842, ils se préparèrent unanimement à observer, avec des soins scrupuleux, toutes les particularités analogues qui pourraient se produire, pendant l'éclipse également totale qui devait avoir lieu le 28 juillet 1851. Pour cela, il se partagèrent à l'avance les principales stations de l'Europe où elle serait visible; et, aux approches de l'époque prévue, ils s'y établirent avec tous les instruments d'astronomie ainsi que de physique propres à en constater les détails. Ce concours a donné lieu de recueillir beaucoup de faits entièrement nouveaux, ou imparfaitement reconnus jusqu'alors. En les réunissant à ceux qui étaient antérieurement établis, Arago a exposé les conséquences générales de cet ensemble, avec une grande habileté de discussion, dans une Notice annexée à l'*Annuaire du Bureau des Longitudes* pour l'année 1852. Je lui emprunterai ce résumé, auquel je joindrai l'indication des principaux recueils dans lesquels les observations originales ont été consignées, ou discutées à des points de vue divers.

169. Aux apparences générales sur lesquelles W. Herschel avait fondé l'hypothèse relative à la constitution du soleil, que j'ai rapportée au chapitre XV du tome IV, pag. 544, Arago ajoute d'abord un fait important qu'il établit sur des expériences positives. C'est que la lumière qui nous vient du soleil ne possède pas les caractères physiques qu'on y devrait trouver si elle émanait d'une matière incandescente solide ou liquide, et qu'elle se présente comme provenant d'une substance à l'état gazeux. En combinant cette nouvelle donnée, avec toutes les particularités observées, Arago arrive à conclure : que le soleil se compose d'un corps obscur central, entouré d'une atmosphère nuageuse capable de réfléchir la lumière, au-dessus de laquelle s'étend une autre atmosphère incandescente ou enflammée, désignée par le nom de *photosphère*, laquelle ne se termine pas brusquement, mais est surmontée d'une couche gazeuse faiblement réfléchissante. Cette dernière ne s'aperçoit pas habituellement, étant effacée pour nous par la lumière plus vive et plus abondante que l'atmosphère terrestre éclairée par le soleil renvoie par réflexion autour du disque de cet astre, lorsque nous voulons l'observer. Mais dans certaines éclipses, où le soleil nous est totalement caché par la lune, on voit quelquefois jaillir, autour du corps noir de celle-ci, des protubérances rouges de formes variées, que l'on peut croire être des nuages appartenant à l'atmosphère gazeuse extérieure, que la photosphère illumine et nous rend perceptibles alors. Arago reproduit donc en ceci l'hypothèse de W. Herschel complétée par les documents postérieurement recueillis. Si l'on veut connaître les inductions analogues ou différentes que l'on a tirées de ces mêmes données, on les trouvera rassemblées dans l'ouvrage de sir John Herschel, intitulé *Outlines of Astronomy*, 4ᵉ édition, 1851, § 386 et suivants ; comme aussi dans celui de M. R. Grant, intitulé *History of physical Astronomy*, 1852, pag. 213 et suivantes. Mais surtout pour avoir une idée précise et complète des particularités observées dans l'éclipse totale de 1852, on devra consulter l'exposition détaillée que M. Airy en a donnée dans les Mémoires de la Société Astronomique de Londres, tome XXI, partie Iʳᵉ, en l'accompagnant de planches gravées, qui reproduisent toutes les apparences phénoménales, constatées par les divers observateurs.

170. D'après les règles de la Mécanique, lorsqu'un corps solide est sollicité par un nombre quelconque de forces agissant suivant des directions quelconques et appliquées simultanément à ses divers points, ces forces, composées entre elles, produisent toujours en résultat final : 1° une force unique passant par le centre de gravité du corps, et imprimant à tous ses points un mouvement de transport commun suivant des directions parallèles ; 2° un couple faisant tourner tous ces points avec une vitesse angulaire commune, autour d'un axe passant par ce même centre de gravité. Or l'observation vient de nous apprendre que le soleil, considéré comme sphérique, tourne ainsi sur lui-même, avec un mouvement angulaire permanent, uniforme, établi autour d'un axe mathématique passant par son centre et fixe dans son intérieur. Conséquemment, si cet astre n'a pas en même temps un mouvement de translation dans l'espace, il faut que toutes les actions physiques, qui ont primitivement déterminé son mouvement rotatoire, se soient accordées pour produire une résultante centrale absolument nulle ; résultat qui, supposant la réalisation d'un cas unique, parmi l'infinité des possibles, n'offre qu'une infiniment petite probabilité !

Il est donc mécaniquement présumable que le soleil a un mouvement de translation dans l'espace. Si ce mouvement existe, il faut qu'il soit commun à tous les corps planétaires qui circulent autour de cet astre. Car dans l'étude, si longtemps suivie, des révolutions qu'ils exécutent dans les orbites dont il est un foyer, on ne découvre aucun indice d'un déplacement absolu qui lui serait propre, et qu'ils ne partageraient pas. C'est donc hors de notre système planétaire qu'il faut chercher des signaux qui puissent nous faire connaître si ce déplacement commun est réel, et dans quelle direction il a lieu. Or W. Herschel a signalé un phénomène optique, par lequel ces deux questions pourront être tôt ou tard résolues.

Nous aurons plus loin l'occasion d'établir que les dimensions de notre système planétaire sont d'une petitesse insensible comparativement à la distance où les étoiles sont de nous. Quoiqu'on leur donne vulgairement la dénomination de *fixes*, elles ne le sont pas en réalité. Car lorsqu'on a dépouillé leurs positions observées, des modifications apparentes qu'y produisent, avec le temps, la précession et la nutation, dues aux mouvements de notre propre terre autour de son centre de gravité, on reconnaît que presque toutes, on pourrait dire toutes, éprouvent de très-petits déplacements absolus, suivant des sens divers, que l'on appelle *leurs mouvements propres*; ce qui se voit encore parce que leurs distances angulaires mutuelles, mesurées optiquement à des époques diverses, ne sont pas rigoureusement constantes. Ceci réservé, considérons spéculativement ces astres comme absolument fixes; puis supposons que notre soleil, avec son cortége de planètes, ait un mouvement de translation qui le porte vers telle ou telle plage de la voûte stellaire. Les étoiles dont il se rapproche devront paraître s'écarter optiquement les unes des autres, comme si elles divergeaient à partir de l'axe de translation; et dans la plage opposée dont nous nous éloignons, elles devront paraître se resserrer entre elles comme si elles convergeaient vers cet axe. En général, toutes éprouveront autour de lui des changements optiques, dirigés dans les plans menés par l'axe de translation, et dont les amplitudes diverses pourront être calculées, par des formules de perspective que je donnerai plus loin. Reste à voir si l'on peut assigner dans le ciel une direction vers laquelle tous ces déplacements optiques concourent comme le calcul l'exige; c'est l'épreuve que W. Herschel a tentée, et il est arrivé à conclure que le système solaire a un mouvement de translation qui le porte vers l'étoile λ de la constellation d'Hercule. Mais ce mode de solution, quoique très-ingénieux, et parfaitement rigoureux en théorie, offre dans l'application deux difficultés considérables. La première, c'est que, pour qu'il donne des résultats sur lesquels on puisse compter, il faut que depuis le peu de temps que les observations astronomiques sont devenues assez précises pour être employées à ce problème, c'est-à-dire, depuis 1750 jusqu'à nos jours, le déplacement absolu du système solaire ait été assez grand comparativement à l'éloignement des étoiles pour qu'il puisse en résulter des différences optiques, qui ne soient pas de l'ordre des erreurs dont les observations sont affectées; la seconde difficulté, c'est que les étoiles n'étant pas absolument fixes, leurs mouvements propres, encore mal connus, se mêlent aux variations optiques, et les dénaturent. De sorte qu'il faudrait une discussion très-délicate pour démêler avec certitude le fait général parmi tous ces éléments étrangers. A cela il faut ajouter que les petits dépla-

cements apparents sur lesquels on s'appuie sont eux-mêmes affectés d'erreurs d'observation, qui sont du même ordre de grandeur,
si ce n'est plus grandes, que les inconnues que l'on veut en dégager. De là il résulte que le temps n'est pas encore venu de pouvoir décider la question, quoiqu'il soit louable de s'y efforcer.
Au reste, on aura une idée très-complète des travaux dont elle a
été l'objet, en consultant un Mémoire de M. Thomas Gallowai,
inséré aux *Transactions philosophiques* de 1847, pag. 79.

CHAPITRE X.

Du mouvement rotatoire des planètes; et de quelques particularités relatives à leur constitution physique.

171. Lorsqu'un corps solide libre a un mouvement de translation dans l'espace, pour qu'il n'ait pas, en même temps, un mouvement de rotation sur lui-même, il faut que toutes les forces externes, qui l'ont mis et qui le maintiennent en mouvement, se composent et se réunissent en une résultante unique, passant par son centre de gravité. Les planètes qui circulent autour du soleil, ne pourraient donc être exemptes de mouvement rotatoire que si les actions physiques, d'où provient leur vitesse tangentielle, s'étaient trouvées naturellement assujetties à ce mode de concours exceptionnel, ce qui n'offre aucune probabilité. Aussi, tous ceux de ces corps, sur lesquels on a pu apercevoir des indices fixes, ont-ils offert des preuves indubitables d'une rotation permanente, dont une particularité remarquable est d'être dirigée dans le même sens que le mouvement de circulation, comme nous avons déjà reconnu que cela a lieu pour le soleil.

172. Quand on a reconnu sur le disque d'une planète une tache persistante, qui paraît changer progressivement de position relativement à ses bords; et que, après avoir atteint le bord vers lequel elle marche, elle disparaît pendant un certain temps, puis se montre de nouveau avec la même forme sur le bord opposé, pour parcourir une seconde fois le disque comme elle avait fait d'abord, on doit juger qu'elle est adhérente au corps de la planète, et que son déplacement optique est l'effet d'un mouvement de rotation. Alors, en déterminant, par observation, les positions successives qu'elle prend sur la surface du disque, on peut, comme nous l'avons fait pour le soleil, tome IV, chap. XV, en conclure toutes les particularités du mouvement rotatoire du corps solide auquel elle adhère. Les formules qui résolvent ce problème sont pareilles à celles que j'ai appliquées aux taches du soleil dans la note annexée au chapitre cité. Il ne faut qu'y remplacer les deux coordonnées géocentriques du centre du soleil par les trois coordonnées également géocentriques du centre de la planète, lesquelles sont données par les Tables de son mouvement, et de celui de la terre, autour du soleil, pour chaque instant que l'on veut assigner. C'est ainsi, ou par des procédés équivalents, qu'on a obtenu les résultats que je vais rapporter.

175. Mercure. — La petitesse de son diamètre apparent, et la vivacité de son éclat résultant de sa proximité du soleil, rendent très-difficile de distinguer sur son disque des particularités bien distinctes. Toutefois, en l'observant au télescope quand il s'écarte du soleil ou qu'il s'en rapproche, on y reconnaît des phases progressives, analogues à celles de la lune et de Vénus, ce qui atteste que cette planète a comme les autres une forme arrondie, circonstance qui se confirme dans ses passages sur le disque du soleil, où on la voit se projeter comme un petit cercle noir. Si sa surface était parfaitement lisse, ou sans aspérités sensibles, lorsque son disque, partiellement éclairé, nous présente l'aspect d'un croissant lumineux dont la convexité est toujours tournée du côté où se trouve le soleil, l'intérieur de ce croissant, qui sépare pour nous l'hémisphère éclairé de la planète de l'hémisphère non éclairé, serait limité par une courbe continue, et les cornes du croissant se termineraient en pointes vives. Or Schroeter a constaté qu'à un certain degré d'amplitude des phases la corne méridionale est terminée par une troncature, qu'il a jugé devoir être une montagne, par laquelle la lumière solaire est localement interceptée; et la périodicité du retour de cette apparence lui a fait conclure que Mercure tourne d'occident en orient sur lui-même en $24^h\,5^m\,30^s$, autour d'un axe qui forme un grand angle avec le plan de l'écliptique. Le progrès des phases lui a paru indiquer aussi l'existence d'une atmosphère assez dense pour nous cacher le noyau de la planète; ce qui se confirme par l'existence de bandes transversales, que lui et Harding ont observées sur le disque, comme on en voit sur le disque de Jupiter qui sont disposées parallèlement à l'équateur de cette planète. Appliquant par analogie une direction pareille aux bandes de Mercure, ils en ont inféré que son axe de rotation forme avec le plan de l'écliptique un angle de 70 degrés.

Lorsque Mercure s'interpose entre la terre et le soleil, on le voit se projeter sur le disque de cet astre comme une petite tache noire et ronde. Toutefois, dans le passage qui eut lieu en 1848, un habile astronome anglais M. Daws, ayant mesuré les dimensions optiques de cette tache, en différents sens, par plusieurs procédés micrométriques d'une grande précision, la trouva sensiblement ovale, et relativement aplatie à ses pôles de rotation. Le diamètre qui passe par ces pôles étant 895, le diamètre équatorial était 928. Assimilons cette forme ovale à une ellipse, ce qui doit être au moins très-approché. En transportant ici le même mode d'énoncé que nous avons appliqué au sphéroïde terrestre, tome III, pag. 183, note; si l'on nomme $2b$ le premier de ces diamètres, le second $2a$: l'aplatissement ε', tel que Laplace et les autres géomètres le définissent et qu'ils expriment par $\dfrac{a-b}{b}$, sera pour Mercure $\dfrac{33}{895}$, ou $\dfrac{1}{27}$; tandis que pour la terre, les valeurs de a et b, conclues de la mesure des degrés terrestres, et qui sont consignées au tome III, pag. 221, donnent ce même aplatissement $\varepsilon' = \dfrac{1}{317,11}$, valeur entre 11 et 12 fois moindre. J'exposerai plus loin les indications que cette grande disproportion d'aplatissement peut fournir sur la constitution physique de Mercure. Mais je dois faire dès à présent remarquer que la petitesse du diamètre apparent de cette planète jette beaucoup d'incertitude sur les mesures de ses dimensions en différents sens. Car les deux nombres cités ne représentent en réalité que $8'',95$ et $9'',28$, dont la différence $0'',33$ est à peine appréciable par les instruments les plus délicats. De sorte que s'ils suffisent à prouver l'existence de l'aplatissement, sa quantité pourrait être encore fort douteuse. Toutefois on verra que le fait seul de cette existence est très-important à signaler.

174. Vénus. — Le grand éclat de cette planète, et les particularités excessivement variables que son disque nous présente, ont rendu sa rotation très-difficile à constater. On y aperçoit occasionnellement des apparences de taches, relativement plus obscures que le reste. Mais leurs contours se montrent indécis et changeants, ce qui semblerait indiquer l'existence d'une atmosphère où elles se forment comme des nuages (*). Dominique Cassini, qui remarqua le premier ces taches, en 1666, les trouva d'abord trop changeantes pour offrir des indices certains d'un mouvement rotatoire; mais enfin il en découvrit une mieux terminée, qui se distinguait comme étant relativement plus lumineuse que les parties environnantes. L'ayant suivie avec persévérance, il lui trouva un mode de déplacement qui l'embarrassa d'abord, parce que d'un jour à l'autre, elle paraissait avoir marché tantôt du sud au nord, tantôt du nord au sud. Mais sa sagacité lui fit bientôt reconnaître que ces alternatives de direction pouvaient n'être pas réelles, et qu'elles pouvaient provenir de ce que la rotation étant fort rapide, les positions qu'il avait comparées au lieu d'être consécutives, appartenaient à des révolutions différentes plus ou moins complètes. Il conclut de là, comme vraisemblable, que la durée réelle d'une seule révolution était d'environ 24 heures, et qu'elle s'opère d'occident en orient, comme le mouvement de circulation. Ce résultat, qu'il annonça avec une extrême réserve, fut cinquante ans plus tard contesté par Bianchini, astronome romain qui, par des observations faites sur la même tache lumineuse, supposa que la durée de la rotation était de 23 jours. Mais Jacques Cassini, le fils de Dominique, prouva que les observations de son père et celles de Bianchini étaient également représentées par une rotation opérée en $23^h 20^m$, ce que ce dernier avait méconnu pour ne les avoir pas suivies sans interruption. L'évaluation de Jacques Cassini a été confirmée par Schroeter et par les astronomes postérieurs. Schroeter fait la rotation de $23^h 21^m$; différence dont on peut difficilement répondre. Suivant lui, elle s'opère autour d'un axe qui forme, avec le plan de l'écliptique, un angle de 75 degrés.

Le trop grand éclat de Vénus s'oppose à ce que l'on puisse me-

---

(*) Les détails qui suivent sont rapportés *in extenso*, par Jacques Cassini, dans son ouvrage intitulé : *Éléments d'Astronomie*, in-4°; Paris, 1740: pag. 511.

surer les dimensions de son disque en différents sens, avec assez
d'exactitude pour constater si elle est, ou n'est pas aplatie à ses
pôles de rotation. Cette alternative ne pourrait être décidée que
par des mesures micrométriques prises pendant ses passages sur
le disque du soleil. Mais cela n'a pas encore été fait.

175. Mars. — On observe sur le disque de cette planète des
taches bien définies et permanentes, d'après lesquelles Dominique
Cassini, en 1666, reconnut qu'elle tourne sur elle-même, d'occident
en orient, dans un intervalle de temps qu'il évalua à $24^h 40^m$.
W. Herschel a trouvé depuis $24^h 39^m 22^s$; MM. Beer et Madler
$24^h 37^m 23^s$. La différence entre ces résultats a peu d'importance. L'axe de rotation forme avec le plan de l'écliptique, un
angle de $28° 42'$ selon W. Herschel, et de $30° 18'$ selon les derniers observateurs. D'après Arago, cité par Laplace, le diamètre
polaire étant représenté par le nombre 189, le diamètre équatorial l'est par 194, ce qui donne pour l'aplatissement $\frac{1}{37,8}$, valeur environ huit fois plus forte qu'on ne l'obtient pour la terre
par la mesure des degrés.

Dominique Cassini, et ses successeurs immédiats, avaient remarqué, près des pôles de rotation de Mars, des taches lumineuses
qui ne conservaient pas constamment le même éclat, ni la même
grandeur (*). W. Herschel reconnut que celles de ces taches qui
entourent chaque pôle, s'atténuent et s'évanouissent quand ce
pôle se présente directement aux rayons solaires; puis, qu'elles
renaissent et s'accroissent quand il se dérobe à l'influence directe
de ces rayons. De là Herschel conclut, avec une grande vraisemblance, que ces taches variables sont des ceintures de neige ou de
glace, qui se déposent autour de chaque pôle pendant son hiver et
se fondent pendant son été. Ces apparences indiqueraient donc
que Mars est entouré d'une atmosphère vaporeuse, qui a, comme
la nôtre, ses vicissitudes météorologiques, produites par les alternatives des saisons.

Mars se distingue des autres planètes par une teinte rouge, qui
a été, de tout temps, remarquée. Les Grecs lui avaient donné par

---

(*) Jacques Cassini, *Éléments d'Astronomie*, pag. 457.

cette raison l'épithète de πυροειϛ, *couleur de feu*. Bien plus anciennement, les Égyptiens des temps Pharaoniques le désignaient sur leurs monuments par la dénomination de *Horus le rouge*, Horus étant une des divinités principales, à laquelle ils avaient consacré les trois planètes supérieures qu'ils distinguaient par des caractères accessoires, comme je le dirai dans un moment. Les Grecs ont imité cet usage en l'adaptant à leur mythologie. Mars, comme les autres planètes, ne brillant pas d'une lumière propre, et ne faisant que réfléchir vers nous celle qu'il reçoit du soleil, les géologues modernes pensent qu'il pourrait bien être principalement formé de matière solide identique ou analogue à notre *grès rouge*, d'où proviendrait sa coloration.

176. Jupiter. — Le disque de cette planète observé avec de forts télescopes, présente l'apparence générale d'un cercle, légèrement déprimé du sud au nord (*). On y remarque plusieurs bandes obscures, sensiblement parallèles entre elles, qui le traversent à peu près dans la direction de l'écliptique, perpendiculairement à son plus petit diamètre. Ces bandes, vues d'abord par Galilée, ont été soigneusement étudiées par Dominique Cassini et ses successeurs. Leurs bords ne sont pas tranchés, mais indécis ; leurs configurations et leur nombre même sont variables. Quelquefois on en a vu jusqu'à huit ; dans d'autres temps une seule. On en distingue pour l'ordinaire trois, dont une, plus large que les autres et que l'on a toujours aperçue, est située dans la partie boréale du disque tout proche du centre. Je présente ici, dans la *fig.* 38, l'aspect général de ce disque tel qu'il a été observé le 23 septembre 1832 par sir John Herschel, auquel j'emprunte le dessin qu'il en a donné dans ses *Outlines of Astronomy*.

(*) Cette particularité est déjà mentionnée par Jacques Cassini, dans ses *Éléments d'Astronomie*, pag. 402, comme se manifestant au simple aspect de la planète indépendamment de toute mensuration. Il rapporte dans ce même ouvrage une multitude de détails constatés par son père, sur la conformation et la variabilité des bandes obscures qui traversent le disque, et que ce grand astronome avait étudiées aussi soigneusement qu'on l'a fait après lui.

La mutabilité des bandes obscures occupa beaucoup Dominique Cassini. Enfin, dans l'année 1665, il découvrit, sur la partie septentrionale de la bande située la plus au sud, une tache, que son déplacement progressif sur le disque de l'orient vers l'occident, sa disparition ultérieure, et la périodicité de ses retours, lui firent juger être adhérente au corps de la planète, et attester son mouvement rotatoire. Après avoir offert ces apparences régulières pendant deux années, elle cessa de paraître; mais, au commencement de 1672, on la revit de nouveau avec la même forme et dans la même situation relativement au centre de Jupiter. Par les observations de cette tache suivies pendant huit années, Cassini conclut que la planète tourne d'occident en orient sur elle-même en $9^h 55^m 53^s \frac{1}{2}$. Par des observations faites en 1835 sur une tache, située dans la même bande que celle de Cassini, mais qui peut ne lui avoir pas été identique, M. Airy a trouvé $9^h 53^m 21^s,3$. La différence sensible de ces résultats peut provenir d'une cause que nous indiquerons tout à l'heure. L'axe de rotation est presque perpendiculaire à l'écliptique et à la direction générale des bandes obscures. La forme ovoïde de Jupiter, très-sensiblement aplati à ses pôles de rotation, a justement attiré l'attention des astronomes, et les mesures les plus précises qu'ils ont prises de ses diamètres extrêmes sont rapportées dans le tableau suivant, où je les considère comme appartenant à une ellipse.

	DIAMÈTRE équatorial. $2a.$	DIAMÈTRE polaire. $2b.$	APPLATISSEMENT elliptique $\dfrac{a-b}{b}$
D. Cassini en 1691, cité par Newton, 3ᵉ édition des *Principes*, pag. 416.	150	140	$\frac{1}{14}$
Pound, cité par Newton, *ibid.* Observations faites avec un télescope ayant 123 pieds anglais de longueur focale, muni d'un excellent micromètre. . .	12,99	12,01	$\frac{1}{12,51}$
Arago, cité par Laplace, *Système du Monde*, édition de 1836, pag. 42.	177	167	$\frac{1}{16,7}$
W. Struve, *Memoirs of the Astronomical Society of London*, tome III, pag. 301.	38″,327	35″,538	$\frac{1}{12,74}$

J'ai mentionné ces divers résultats, parce qu'ils serviront plus loin d'éléments, pour une comparaison théorique fort importante.

Dominique Cassini, et les astronomes de son école, firent un grand nombre d'observations très-curieuses sur l'excessive mutabilité des bandes obscures de Jupiter. Ils en virent plusieurs fois de nouvelles se former sous leurs yeux; et, en une ou deux heures, s'étendre sur toute la largeur du disque; d'autres n'apparaître que par portions discontinues; d'autres, plus rares, se former dans des directions sensiblement obliques aux autres; par exemple, une qui passait par le centre du disque, et déclinait beaucoup au sud. Il leur parut que les taches ne se montraient jamais plus distinctes et plus nombreuses qu'aux époques où Jupiter, se trouvant proche de son périhélie, était plus vivement impressionné par la chaleur solaire. Enfin ils se crurent assurés que les taches voisines de l'équateur de la planète avaient un mouvement de rotation sensiblement plus rapide que celles qui se voient près des pôles. Ils attribuèrent ces apparences à des mers qui tour à tour envahissaient ou abandonnaient des continents, dont les pics les plus élevés surgissaient comme des taches distinctes. Les astronomes modernes y voient plutôt une atmosphère sujette à de grandes convulsions météorologiques, dont les bandes transversales sont formées par de grands courants équatoriaux analogues à nos vents alizés. Les taches fixes seraient des sommets de montagnes que l'on apercevrait à travers des portions de cette atmosphère, qui, accidentellement, s'entr'ouvriraient ou deviendraient moins opaques. Toutefois s'il était indubitablement constaté que les taches situées dans le voisinage de l'équateur, ont un mouvement de rotation sensiblement plus rapide que les taches moins distantes des pôles, on en pourrait inférer, avec vraisemblance, que la superficie de la planète serait encore dans un état de fluidité pâteuse, qui n'aurait pas permis à toutes ses parties, de se communiquer, par leurs frictions mutuelles, un mouvement angulaire exactement commun. Ce sont là de grandes questions de physique céleste qui restent à étudier.

Dans les monuments Pharaoniques, la planète que nous appelons Jupiter est désignée comme la *première* des cinq; et, entre les trois supérieures qui sont des personnifications de la grande divinité Horus, elle est distinguée par l'appellation de *Horus le chef du ciel*. Ne serait-ce pas en imitation de cet usage égyptien que les Grecs lui ont donné le nom de Jupiter, le plus grand de leurs dieux, et le chef de tous les autres?

177. Saturne. — Cette planète offre une particularité dont on n'a pas d'autre exemple. Dans certains temps, on ne lui voit qu'un simple disque arrondi. Mais, avant et après ces époques, il semble s'y adjoindre des appendices latéraux disposés suivant une direction sensiblement oblique à l'écliptique. Galilée, en 1610, remarqua et annonça, le premier, ces singulières apparences dont ni lui, ni les astronomes du même temps ne purent deviner la cause. Mais, en 1659, Huyghens la découvrit, et la fit connaître dans un ouvrage spécial intitulé *Systema saturnium*. Il prouva que toutes ces apparences variables étaient produites par un anneau circulaire plat, opaque, complétement détaché du globe de Saturne, qu'il entoure concentriquement suivant une direction fixe. Cet anneau étant vu de la terre sous différents angles, dans les positions diverses où elle se transporte sur son orbite propre, doit se

projeter en perspective sur le fond du ciel, dans la forme d'ellipses, dont l'ouverture varie avec la position de l'œil des deux
côtés de son plan prolongé. L'explication de Huyghens a été pleinement confirmée par les observations postérieures. Mais les particularités, relatives à ce corps annulaire, demandent une étude
spéciale que je remets au chapitre suivant, et je vais seulement
m'occuper ici du globe de Saturne.

Jacques Cassini et les astronomes du même temps ne décou-
vrirent sur le disque de cette planète aucune tache fixe; seulement quelques bandes obscures, analogues à celles de Jupiter,
mais plus faibles, et pareillement variables, qu'ils jugèrent être
en général parallèles au plan de l'anneau, et ne pas adhérer au
corps de la planète, mais être suspendues dans une atmosphère
environnante, opinion à laquelle W. Herschel fut également conduit. Du reste, malgré la grande puissance des instruments qu'il
employait, ce dernier ne fut pas plus heureux que ses devanciers
à découvrir, sur le corps de la planète, quelque tache fixe qui pût
lui servir comme indice de mouvement rotatoire. M. Lassell, le
célèbre manufacturier de Liverpool, qui a fait, comme je le dirai
plus tard, une si belle découverte sur Saturne même, avec des télescopes construits de ses propres mains, les ayant transportés à
Malte pour favoriser ses observations par la pureté du ciel, a
cherché fréquemment, sans succès, à découvrir sur le disque de
cette planète une tâche fixe, nettement définie, au moyen de laquelle sa rotation pût être constatée (*). A défaut d'un tel caractère, qui aurait été si commode, W. Herschel s'en procura un d'un
emploi infiniment plus délicat, dont il suivit assidûment l'application depuis le 11 novembre 1793, jusqu'au 16 janvier 1794 (**).
A cette époque, ses puissants instruments lui avaient fait découvrir sur Saturne trois bandes obscures, parallèles entre elles, traversant le disque près de son centre, et séparées par deux bandes
brillantes; de sorte que le tout formait ce qu'il appelle une bande
quintuple, qui se maintint sous cette apparence pendant tout l'in-

(*) *Mémoires de la Société Astronomique de Londres*, tome XXII, pag. 162.
(**) *Transactions philosophiques* pour l'année 1794, pag. 62.

tervalle de temps mentionné. Il remarqua que les bandes obscures présentaient, chacune sur son contour, une portion peu étendue, relativement plus claire, qui était diversement située dans les trois; et ces portions claires, revenant régulièrement se montrer sur le disque à différentes places, en différentes nuits, y conservaient toujours leurs mêmes rapports de position entre elles. Leur déplacement simultané parut à Herschel ne pouvoir résulter que de la rotation de la planète, qui les emportait ainsi toutes ensemble. Il s'en fit donc autant de signaux fixes dont il suivit assidûment les retours; et de là il put conclure que Saturne tourne sur lui-même en $10^h 16^m 0^s,40$. Le mouvement de rotation s'opère d'occident en orient autour d'un axe perpendiculaire aux bandes, conséquemment au plan de l'anneau, d'où il résulte que cet axe forme un angle de $61^° 49'$ avec le plan de l'écliptique, comme on le verra plus loin. Les observations, d'où la période est conclue, comprenaient *cent* rotations de la planète, et toutes les intermédiaires y étaient conformes. Sans vouloir jeter le moindre doute sur ce résultat d'Herschel, on doit regretter qu'aucun astronome ne se soit appliqué depuis à le vérifier.

Quand on observe le globe de Saturne avec des télescopes qui admettent de forts grossissements, on reconnaît, à son seul aspect, qu'il n'est pas exactement circulaire. Le plus grand diamètre est parallèle aux bandes; le plus petit leur est perpendiculaire. Voici les mesures de ces diamètres extrêmes, réputées les plus précises, et l'aplatissement elliptique qui s'en déduit :

	DIAMÈTRE équatorial $2a$.	DIAMÈTRE polaire. $2b$.	APPLATISSEMENT elliptique ε'. $\dfrac{a-b}{b}$.
HERSCHEL, *Trans. phil.*, 1806, part. II, p. 461	35,41	32	$\frac{1}{9.144}$
BESSEL, *Connaissance des Temps*, 1838	$17'',053$	$15'',381$	$\frac{1}{9.103}$
MAIN, *Mém. Soc. Astron. de Londres*, t. XVIII, p. 41	$18'',676$	$16'',601$	$\frac{1}{6.606}$

Chacune de ces évaluations se rapporte à une distance de Saturne au soleil, la même pour les deux diamètres, mais conventionnellement différente pour les divers observateurs. Il n'y a de comparable entre elles que le rapport des nombres qui y sont exprimés. Nous avons reconnu que, pour le sphéroïde terrestre, l'aplatissement elliptique ε' est en moyenne $\frac{1}{312}$. D'après les résultats ici rassemblés, celui de Saturne serait entre 33 et 39 fois plus considérable.

W. Herschel avait cru apercevoir que les diamètres de la planète ne croissent pas continûment de l'équateur aux pôles, et que le plus grand de tous se trouve entre ces deux directions, d'où résultait une sorte de configuration quadrangulaire tout à fait exceptionnelle. Mais Bessel a prouvé que cette singulière apparence observée par Herschel a dû être l'effet de quelque illusion. Car par suite de mesures extrémement précises, il a constaté que depuis l'équateur de Saturne jusqu'à ses pôles, les diamètres décroissent continûment comme sur une ellipse d'une parfaite régularité; ce qu'une nouvelle suite d'observations très-précises, faites par M. Main, a depuis confirmé.

178. Uranus. — Cette planète ne présente à l'observation qu'un très-petit disque circulaire d'environ 4 secondes de diamètre, d'un éclat uniforme, sans bandes, ni taches discernables, ni anneau qui l'environne. Les plans, dans lesquels ses satellites se meuvent, étant presque perpendiculaires à l'écliptique, l'analogie porte à penser, que si elle tourne sur elle-même, comme cela est vraisemblable, l'axe autour duquel cette rotation s'exécute, doit former avec ce plan un très-petit angle. D'après cela, le corps de la planète n'étant vu de nous que par une de ses faces polaires, toujours la même, elle ne doit offrir à nos regards qu'un petit cercle très-peu différent de l'équatorial, ce qui nous ôte tout moyen de savoir si elle est, comme les autres, aplatie à ses pôles supposés de rotation.

179. Neptune. — L'excessive petitesse du diamètre apparent de cette planète, bien moindre encore que celui d'Uranus, donne peu d'espoir de découvrir des indices certains de sa constitution physique. On soupçonne qu'elle est entourée d'un anneau. Mais la lenteur de son mouvement fait que, depuis sa découverte récente, elle s'est si peu déplacée, que la mutabilité des phases de cet anneau n'aurait pas pu se manifester jusqu'ici à nos regards; de sorte que l'avenir seul pourra nous fournir ce genre d'indices propres à en faire constater l'existence.

180. La petitesse des planètes télescopiques situées entre Mars et Jupiter s'oppose également à ce que l'on ait pu recueillir jusqu'ici des données certaines sur leur constitution physique. Parmi toutes celles que l'on a découvertes, Pallas et Vesta ont seules laissé apercevoir des disques sensibles, même étant observées avec les plus puissants instruments; et d'après les appréciations de Herschel, le diamètre absolu de Pallas, la plus grosse des deux, égalerait juste la distance de Paris au Havre.

181. L'observation vient de nous apprendre que les quatre planètes les moins distantes du soleil, tournent sur elles-mêmes d'occident en orient, dans des périodes de temps peu différentes d'un jour; tandis que Jupiter et Saturne ont un mouvement de même sens qu'elles, presque égal aussi pour les deux, mais dont la période est beaucoup moindre. Sous ce rapport, comme sous beaucoup d'autres, notre système planétaire semble composé de deux groupes ayant des caractères séparés. En outre, sur tous ceux de ces corps dont on a pu mesurer les diamètres apparents suivant des sens divers, le diamètre polaire est moindre que l'équatorial; de sorte qu'ils sont aplatis à leurs pôles de rotation de même que la terre, mais dans des proportions différentes, et toutes plus fortes.

Ces deux phénomènes, le mouvement rotatoire des planètes et leur aplatissement dans le sens des pôles de rotation, semblent donc avoir entre eux une connexité physique, qui aurait pu influer sur la forme de ces corps, non pas à la vérité dans l'état solide où ils se trouvent aujourd'hui, mais dans un état de fluidité antérieur, pendant lequel ils auraient pris la forme qu'ils conservent actuellement après leur solidification. En effet, si l'on conçoit une masse fluide homogène, libre dans l'espace, dont toutes les particules s'attirent mutuellement avec une énergie proportionnelle à leurs masses, réciproque au carré des distances, et qui ne soit soumise qu'à ces attractions, elle prendra d'elle-même la forme sphérique et s'y maintiendra en équilibre permanent. Mais si l'on suppose en outre que toutes ses parties aient un mouvement de rotation angulaire commun, autour d'un axe passant par son centre, la force centrifuge engendrée par ce mouvement, se composant en chacun de ses points avec la résultante des forces attractives, sa masse fluide devra s'allonger dans le sens de son équateur, et par compensation s'aplatir à ses pôles de rotation, pour prendre une figure compatible avec ces nouvelles conditions d'équilibre. Cette considération mécanique fit prévoir à Newton que la terre doit être aplatie à ses pôles, avant que l'on eût constaté le fait par la mesure des degrés. Car, dit-il, « si notre terre n'était pas un » peu plus haute à l'équateur qu'aux pôles, la matière (fluide) » s'abaisserait dans les régions polaires, et s'élèverait dans les » régions équatoriales, qu'elle inonderait entièrement » (*). Supposant donc une masse fluide homogène, tournant sur elle-même, Newton admet intuitivement que la figure d'équilibre doit être un ellipsoïde de révolution, ce que Maclaurin prouva depuis être véritable. Partant de là, il démontre que, pour une durée de rotation telle que celle de la terre, et pour l'énergie de l'attraction que nous lui voyons exercer dans la chute des corps, l'axe équatorial de cet ellipsoïde doit être à l'axe polaire, comme 231 à 230, ce qui donne l'aplatissement elliptique ε' égal à $\frac{1}{230}$, dans les circonstances supposées. Clairaut, d'Alembert, Laplace, étendirent successivement ces premiers résultats, en remplaçant avec avantage la méthode synthétique de Newton, par l'analyse mathématique devenue de jour en jour plus puissante ; et l'on peut voir l'histoire de leurs travaux dans le chapitre VIII de l'*Exposition du système du Monde*, ainsi que dans le chapitre I du livre XI de la *Mécanique céleste*. Je n'en rapporterai ici que les conséquences les plus générales.

182. Admettons que la figure d'équilibre doive être un ellipsoïde de révolution homogène, ou hétérogène, les couches les plus denses devant dans ce dernier cas être les plus rapprochées du centre. D'après les apparences extérieures que la terre et les

____

(*) *Principia*, lib. III, prop. VI, theor. VI.

planètes nous présentent, ce mode de configuration ellipsoïdal
sera, pour tous ces corps, sinon absolument rigoureux, du moins
très-peu différent de la vérité. Cela posé : nommons φ le rapport
de la force centrifuge à la pesanteur apparente g, sur le contour
équatorial de l'ellipsoïde, rapport que, pour la terre, on dé-
montre aisément être $\frac{1}{289}$ (*). Supposant φ une fraction assez petite pour que l'on puisse négliger ses puissances supérieures à la
première, les valeurs théoriques de l'aplatissement elliptique ε',

ou $\dfrac{\frac{1}{2}\text{axe éq.} - \frac{1}{2}\text{axe pol.}}{\frac{1}{2}\text{axe pol.}}$ seront comprises entre les deux limites

suivantes (**) :

La plus grande $\frac{5}{4}\varphi$, si l'ellipsoïde est homogène ;

La plus petite $\frac{1}{2}\varphi$, si la densité des couches, infiniment petite près de la surface, va en croissant à l'infini de la périphérie
au centre.

Dans la même supposition, la pesanteur apparente à la surface
de tous ces sphéroïdes va en croissant, de l'équateur au pôle,
proportionnellement au carré du sinus de la latitude ; et la quantité totale de cet accroissement est déterminée par la condition
suivante :

Soit P_q l'intensité de la pesanteur *apparente* au pôle, P_0 cette
intensité à l'équateur ; ε' l'aplatissement elliptique du sphéroïde,
$[\varepsilon]'$ celui qu'il aurait, pour la même valeur de φ, s'il était homogène. On aura généralement

$$\frac{P_q - P_0}{P_0} = 2[\varepsilon]' - \varepsilon'.$$

Lorsque la fraction φ n'est pas assez petite pour que l'on puisse
négliger toutes ses puissances supérieures à la première, l'expression plus approchée de l'aplatissement $[\varepsilon]'$, dans le cas de l'homogénéité, est

$$[\varepsilon]' = \tfrac{5}{4}\varphi + \tfrac{15}{7 \cdot 11}\varphi^2 - \tfrac{15}{7 \cdot 11 \cdot 13}\varphi^3,\ \text{etc.}$$

<hr>

(*) Poisson, *Mécanique*, 2ᵉ édition, pag. 333.

(**) Clairaut, *Traité de la Figure de la Terre*, 1ʳᵉ partie, § LXXIV. —
Laplace, *Mécanique céleste*, liv. XI, chap. I.

Et, inversement,

$$\varphi = \tfrac{4}{5}[\varepsilon]' - \tfrac{2}{175}[\varepsilon]'^2 + \tfrac{8}{875}[\varepsilon]'^3, \text{ etc.}$$

Tous ces théorèmes ont été établis, avec une extrême simplicité par Clairaut, dans la deuxième partie de son admirable ouvrage sur la *Figure de la Terre*. La série qui donne $[\varepsilon]'$ s'y trouve au § XVII; et l'expression de $\frac{P_q - P_0}{P_0}$ est établie au § XLIX.

Pour le sphéroïde terrestre, par exemple, φ étant $\frac{1}{289}$, la plus grande valeur possible de l'aplatissement elliptique, relative à la supposition de son homogénéité, serait sensiblement $\frac{5}{4}\varphi$ ou $\frac{1}{231}$. La plus petite, relative au cas d'une densité croissante à l'infini de la surface au centre, serait $\frac{1}{2}\varphi$ ou $\frac{1}{578}$. L'aplatissement réel ε', $\frac{1}{313}$, indiqué par la mesure des degrés, est compris entre ces deux extrêmes. La terre est donc trop peu aplatie à ses pôles pour être supposée homogène; et elle l'est trop pour une densité centrale infinie. Son état est donc intermédiaire; c'est-à-dire que la densité de ses couches va en croissant de la surface au centre, sans atteindre cette dernière limite. L'accroissement de la pesanteur de l'équateur au pôle confirme cette indication. D'après le théorème de Clairaut, la valeur totale de cet accroissement dans le cas de l'homogénéité serait $[\varepsilon]'$ même, conséquemment $\frac{1}{231}$, ou 0,004329; et, pour l'aplatissement réel $\frac{1}{313}$, il devrait être $\frac{2}{231} - \frac{1}{313}$ ou $\frac{395}{231 \cdot 313} = 0{,}005438$, quantité beaucoup plus considérable. Or, si l'on prend dans le tome II, pag. 387, les longueurs moyennes L_0, L_q du pendule à secondes à l'équateur et au pôle, lesquelles sont proportionnelles aux intensités de la pesanteur, on en tire

$$\frac{L_q - L_0}{L_0} = 0{,}0052089,$$

ce qui se rapproche bien plus de la seconde évaluation que de la première; et la petite différence qu'on y remarque s'explique suffisamment par les inégalités des méridiens terrestres, qui montrent que la terre n'est pas un ellipsoïde de révolution exact, comme le suppose la théorie de Clairaut. Mais la différence bien plus

considérable de ces résultats avec celui que donnerait la supposition de l'homogénéité achève de prouver que la densité de la terre
va en croissant de la surface au centre sans devenir infinie en ce
dernier point.

185. On peut faire des calculs analogues pour les planètes,
dont l'aplatissement a été astronomiquement mesuré. Mais alors
ne connaissant pas directement, par l'expérience, la valeur de φ
qui s'y réalise, il faut employer quelque autre résultat de leur
action qui y supplée. C'est ce que Clairaut a fait encore pour les
planètes qui ont des satellites, dont l'orbite coïncide sensiblement
avec leur équateur; et voici la méthode qu'il a donnée, dans son
Traité de la Figure de la Terre, IIe partie, § XXII.

Soit le temps de la rotation de la planète. . . . . t

Celui de la révolution du satellite. . . . . T

Le rapport de la distance du satellite, au rayon de l'équa-
teur de la planète. . . . . h

Calculez une quantité auxiliaire β, telle qu'on ait (*)

$$\beta = \frac{T^2}{h^3 t^2},$$

et l'aplatissement $[\varepsilon]'$ de la planète, dans le cas où elle serait homogène, s'obtiendra par la série suivante :

$$[\varepsilon]' = \tfrac{5}{4}\beta + \tfrac{115}{224}\beta^2 + \tfrac{125}{321}\beta^3, \text{ etc.},$$

de laquelle il résulte

$$\varphi = \beta + \tfrac{15}{28}\beta^2, \text{ etc.}$$

De sorte que si β est une petite fraction, φ lui sera très-approximativement égal.

____

(*) L'édition du Traité de Clairaut donnée en 1743, et celle de 1808, qui
en est la reproduction calquée, contiennent deux fautes d'impression essentielles à corriger, dans la pag. 167, où se trouvent les formules dont je fais
ici usage. La première, aux lignes 9 et 10, où l'on a écrit, mal à propos,
T^2 au lieu de T^3. La seconde faute est dans la dernière ligne, où la distance
du 4e satellite au centre de Jupiter, représentée par le nombre 26,63, est
dite exprimée *en diamètres* de Jupiter; lisez *en demi-diamètres*.

Clairaut fait l'application de cette série à Jupiter, en prenant pour donnée le mouvement du quatrième satellite. Il a ainsi :

D'après les observations de Dominique Cassini... $r = 596^{m}$

Et d'après les observations de Pound............ $T = 24032^{m}$

$$h = 26,63$$

Avec ces données on trouve d'abord

$$\log \beta = \bar{2},9349736, \qquad \beta = 0,0860914 = \frac{1}{11,613};$$

et par les premiers termes des séries de Clairaut, on obtient

$$[\varepsilon]' = 0,1076177 + 0,0024818 + 0,0002035,$$
$$\varphi = 0,0860914 + 0,0033098,$$

ou, en somme,

$$[\varepsilon]' = 0,1103030 = \frac{1}{9,0656}, \qquad \varphi = 0,0894040 = \frac{1}{11,185}.$$

Ce sont identiquement les résultats de Clairaut. Or, toutes les observations que j'ai rapportées donnent l'aplatissement réel ε de Jupiter plus petit que $\frac{1}{12}$, et très-approximativement égal à $\frac{1}{13}$. Il est donc certainement moindre que dans l'hypothèse de l'homogénéité, et plus grand que $\frac{1}{2}\varphi$ ou $\frac{1}{23}$ qui supposerait la densité centrale infinie. Ainsi pour Jupiter, comme pour la terre, la densité des couches va en croissant de la surface au centre, sans devenir infinie en ce dernier point.

J'applique les mêmes formules à Saturne en prenant pour donnée la durée de sa rotation, déterminée par W. Herschel, et les éléments de son sixième satellite, tels qu'ils sont rapportés dans le *Système du Monde* de Laplace, 5ᵉ édition, pag. 135. J'ai ainsi :

$$r = 616^{m},$$
$$T = 22961^{m}\tfrac{1}{2},$$
$$h = 22,081.$$

Avec ces données on trouve d'abord

$$\log \beta = \bar{1},1107735, \qquad \beta = 0,1290516 = \frac{1}{\ldots};$$

et de là on tire

$$[\varepsilon]' = 0,16758 = \frac{1}{5,9672}, \qquad \varphi = 0,136487 = \frac{1}{7,54565}.$$

Les observations de W. Herschel et de Bessel s'accordent à donner l'aplatissement réel ε' égal à $\frac{1}{8,29}$; celles de M. Main le feraient égal à $\frac{1}{2}$. Toutes ces valeurs sont moindres que $[\varepsilon]'$. Mais elles sont plus grandes que $\frac{1}{2}\varphi$ qui serait $\frac{1}{14,69}$. Donc, dans Saturne, comme dans Jupiter, les densités des couches vont en croissant de la surface au centre, sans devenir infinies en ce dernier point.

184. L'influence de la force centrifuge pour modifier la figure d'équilibre d'une masse fluide libre, dont toutes les particules sont uniquement sollicitées par leurs attractions mutuelles, a été curieusement étudiée, et rendue manifeste dans ses détails les plus divers, par une suite d'expériences ingénieuses dues à M. Plateau. Il les a décrites dans un ouvrage intitulé : *Mémoire sur les phénomènes que présente une masse liquide libre et soustraite à l'action de la pesanteur*. Je me bornerai à indiquer ici le procédé qu'il a employé pour les réaliser, et les principaux résultats qu'elles constatent.

Tout le monde sait qu'à température égale l'eau distillée est spécifiquement plus pesante que l'huile d'olive et moins pesante que l'alcool. On peut concevoir une mélange d'eau et d'alcool qui aurait la même densité que l'huile, et dans lequel une goutte de celle-ci se maintiendrait conséquemment en équilibre partout où on voudrait la placer, sans d'ailleurs s'y mêler chimiquement. Mais à cause de l'inégale dilatabilité des éléments d'un tel système, la moindre variation occasionnelle de la température troublerait son équilibre, et la goutte d'huile y prendrait aussitôt un mouvement continu d'ascension ou de descente. Pour éviter cet inconvénient, M. Plateau opère de la manière suivante. Dans un large vase rectangle dont les parois verticales sont des glaces planes, à faces parallèles, il dépose, au moyen de quelques précautions particulières, un mélange d'eau et d'alcool, de densité variable à diverses hauteurs, les couches inférieures étant spécifiquement un peu plus pesantes que l'huile, la supérieure un peu plus légère ; puis, à l'aide d'autres artifices qu'il décrit, il y introduit une masse d'huile qui descend d'elle-même, jusqu'à ce qu'elle rencontre la couche dont la densité est égale à la sienne, s'y arrête, et s'y fixe dans un état d'équilibre stable, étant ainsi complétement soustraite à l'action de la pesanteur. L'attraction mutuelle de ses propres particules, les agrége alors en une sphère, isolée, ayant, par exemple, 60 millimètres de diamètre. Pour que cette sphère reste transparente il faut que la température ne descende pas au-dessous de 18 degrés centésimaux.

Maintenant cette sphère étant formée, il s'agit de lui imprimer un mouvement de rotation autour de son diamètre vertical. A cet effet M. Plateau établit préalablement, dans le vase rectangulaire, une mince tige de fer qui le traverse à son centre, parallèlement à ses parois latérales, comme le représente la *fig.* 39. L'extrémité inférieure de cette tige repose sur un pivot à jour, percé au fond du vase; la supérieure traverse un collet percé dans la même verticale; et à son milieu, qui se trouve à la moitié de la hauteur du vase, est fixé centralement un disque circulaire, mince, pareillement en fer, dont le diamètre est d'environ 35 millimètres. Une manivelle, fixée au haut de la tige, permet d'imprimer à ce système un mouvement rotatoire, dont on varie à volonté la rapidité. Ces préparatifs établis, on enlève cette portion de l'appareil, et l'on introduit le mélange alcoolique, puis la masse d'huile; après quoi, par des procédés de manipulation que M. Plateau décrit, on règle la densité verticalement décroissante du mélange où elle nage, de manière qu'elle vienne se fixer en sphère, à peu près au milieu de la hauteur du vase. Cela fait, on introduit lentement la tige avec son disque, frottés d'huile, et si la sphère isolée ne se trouve pas exactement au niveau de celui-ci, un orifice excentrique, percé dans la paroi supérieure du vase, permet d'ajouter graduellement au mélange les petites quantités d'eau ou d'alcool, nécessaires pour établir l'égalité. Ceci obtenu, on amène la masse d'huile en contact latéral avec le disque, en la conduisant lentement avec une baguette de verre. Comme il est mouillé du même liquide, elle s'y attache, l'enveloppe, et se moule concentriquement autour de lui, sous une forme sensiblement sphérique, comme dans son premier état de liberté.

Alors faites tourner la manivelle, de manière à donner à la tige et au disque un mouvement de rotation uniforme, d'abord très-lent. L'un et l'autre entraîneront d'abord, par leur friction, les particules d'huile qui leur sont contiguës. Celles-ci entraîneront de même les plus externes, et cet effet se propageant de proche en proche du centre à la circonférence, jusque dans le mélange ambiant, toutes les particules de la masse d'huile se mettront bientôt à tourner, avec des vitesses angulaires inégales, autour de l'axe commun. Alors l'équilibre de cette masse dépend de l'attraction mutuelle de ses propres particules, combinée avec les forces centrifuges engendrées par leur mouvement de rotation. Pour obéir à cette double influence, elle se renfle à son équateur, s'aplatit à ses pôles, et prend ainsi, en définitive, une figure à peu près ellipsoïdale, analogue à celle que les planètes nous présentent.

Si le mouvement de rotation du disque, après avoir été d'abord maintenu très-lent, est rendu plus rapide, la masse d'huile s'aplatit davantage à ses pôles et s'allonge dans le sens de son équateur. S'il est rendu plus rapide encore, elle se creuse à ses pôles en s'étendant toujours davantage dans le sens horizontal; et enfin, abandonnant le disque, elle se transforme en un anneau circulaire, comme le représente la *fig.* 40.

A un certain degré, limite de vitesse du disque, cet anneau tient encore à l'axe par une pellicule d'huile horizontale excessivement mince. Pour une vitesse plus grande, cette pellicule se rompt et l'anneau demeure entièrement isolé. Alors, si l'on cesse de faire tourner le disque, le mouvement rotatoire de l'anneau se trouve bientôt usé, par les pertes de vitesse que lui cause la friction du milieu ambiant. Il se contracte graduellement sur lui-même, et finit par se concentrer autour de l'axe en forme de sphère, dans son état primitif d'immobilité.

Si l'on veut empêcher ce retour de l'anneau sur lui-même, il faut employer un disque plus large, ayant par exemple 50 millimètres de diamètre au lieu de 35 pour une sphère d'huile de 60 milli-mètres, comme nous l'avons supposée. Alors, au lieu d'arrêter le mouvement de rotation de ce disque, quand l'anneau a atteint sa plus grande extension, il faut le continuer jusqu'à ce que la pellicule centrale se rompe, et même après qu'elle est rompue. Dans ce dernier cas, le mouvement rotatoire se communiquant aux particules du milieu ambiant, la force centrifuge les chasse continuellement vers l'anneau; celui-ci ne tarde pas à se déformer; bientôt il se sépare en masses isolées, qui s'agrègent individuellement en sphères, et conservent pendant quelques instants un mouvement de rotation propre, de même sens que celui de l'anneau; offrant ainsi, peut-être, une sorte d'analogie d'origine avec le système de petites planètes qui circulent entre Mars et Jupiter.

Ces ingénieuses expériences de M. Plateau se rattachaient trop intimement au sujet que j'ai traité dans le présent chapitre, pour que je ne dusse pas en présenter, au moins, ce court résumé. On en verra encore une autre application très-curieuse, dans le chapitre suivant.

CHAPITRE XI.

De l'anneau de Saturne.

SECTION Ire. — *Détermination des éléments de l'anneau de Saturne.*

185. Peu de temps après la découverte des lunettes, Galilée ayant observé Saturne, cette planète lui apparut avec des particularités si étranges, qu'il s'empressa d'en faire part à Jules de Médicis, dans une lettre en date du 13 novembre 1610. « J'ai, « lui dit-il, vu avec étonnement que Saturne n'est pas un astre « simple, mais qu'il est composé de trois étoiles, qui sont immo- « biles entre elles, et dont celle du milieu est la plus grosse.... « Dans les lunettes qui grossissent peu les objets, ces trois étoiles « ne semblent pas séparées, et leur ensemble se présente sous une « forme allongée comme une olive. Mais avec des grossissements « plus forts, les latérales se voient distinctes de la centrale, dont « elles sont seulement très-rapprochées. » Après que ces appa- rences eurent persisté durant près de trois années, elles s'altérè- rent : les appendices latéraux s'affaiblirent progressivement, puis disparurent ; de sorte qu'en 1612 Galilée vit Saturne parfaitement rond et simple. Mais plus tard les anses reparurent, faibles d'abord, puis croissant graduellement. Ces singulières métamorphoses d'un astre éternellement permanent, occupèrent avec une égale conti- nuité les yeux ainsi que la pensée des astronomes pendant près d'un demi-siècle ; et l'imperfection de leurs instruments, aidant aux écarts de leur imagination, ils rivalisèrent entre eux pour attribuer à Saturne les conditions de métamorphose les plus bi- zarres, que Huyghens nous a conservées. J'en rapporte quelques- unes comme exemple dans la *Pl. X.*

Enfin l'esprit judicieux autant qu'inventif d'Huyghens, lui mon- tra l'unique route qui pouvait conduire à la vérité. Rejetant, avec raison, toutes les hypothèses qui attribueraient des mutations réelles de forme à un astre permanent, il comprit que toutes ces variétés phénoménales devaient être dues à l'existence de quelque corps, suspendu autour de Saturne, l'accompagnant dans son cours, capable comme lui de réfléchir la lumière do soleil, mais d'une configuration telle, que, selon les différents aspects sous lesquels il se présente successivement à nous et à cet astre, il pût reproduire toutes les apparences observées. La question se trouvant ainsi ramenée à un problème de perspective astronomique, la puissance des instruments optiques qu'il avait fabriqués, et qu'il y appliqua, lui fournit les données de géométrie précises auxquelles il fallait satisfaire; et après avoir annoncé le principe de sa solution sous le voile d'un anagramme en mars 1656, il la publia complète en 1659, avec un ensemble de preuves irrécusables, dans un ouvrage spécial intitulé *Systema Saturnium*, dont je n'aurai, pour ainsi dire, qu'à présenter ici l'extrait.

186. La proposition fondamentale et unique qu'il y développe, c'est que toute la succession des apparences observées, peut se représenter mathématiquement, et être prédite d'avance à époque fixe, avec une certitude toujours parfaite, en admettant que le globe de Saturne est entouré concentriquement par un anneau circulaire, opaque, très-mince, qui ne lui est adhérent nulle part, et qui néanmoins l'accompagne dans son mouvement autour du soleil, comme un satellite, en se maintenant toujours parallèle à lui-même, et formant, avec le plan de l'écliptique, un angle constant d'environ 3o degrés. Les conséquences générales de cette hypothèse, s'aperçoivent à l'inspection de la *fig.* 41 que j'emprunte au *Systema Saturnium*. On y voit l'anneau, amené progressivement avec Saturne dans seize positions différentes autour du soleil O, et se présentant à cet astre, sous tous les aspects que lui assigne la condition de parallélisme à laquelle son plan est assujetti. Un orbe de dimension moindre, décrit autour de O, représente celui sur lequel la terre T circule avec une vitesse angulaire trente fois plus grande, ce qui modifie encore les aspects successifs sous lesquels l'anneau se présente à elle, dans le cours de chaque année. Il faut maintenant suivre les conséquences de cette construction dans leurs détails, et voir si elle s'accorde en tout point avec les faits observés.

La figure est tracée en perspective dans le plan de l'écliptique, vu par sa face boréale, l'australe étant de l'autre côté du papier. L'orbe terrestre y est contenu. L'orbe de Saturne, incliné sur l'écliptique d'environ 2° 30', y est représenté en projection orthogonale autour du soleil O. Mais, pour la simple exposition des phénomènes généraux, on peut, comme l'a fait Huyghens, négliger cette petite inclinaison et supposer l'orbe de Saturne coincidant avec l'écliptique, de même que celui de la terre. Toutefois, en admettant provisoirement cette simplification, j'ai marqué sur la figure le nœud ascendant ♌ et le nœud descendant ♓ de cette orbite, pour le temps auquel elle se rapporte, et j'ai tracé sa moitié boréale en ligne pleine, l'australe en ligne ponctuée. La droite ♌ ♓ est menée par le soleil, parallèlement à la trace du plan de l'anneau sur celui de l'écliptique, laquelle forme avec la ligne des nœuds de l'orbite, un angle constant d'environ 56 degrés, comme nous le prouverons plus loin : cette droite est conventionnellement définie *la ligne des nœuds de l'anneau*. Ces indications de positions ne sont qu'approximatives, comme celles des signes zodiacaux que Huyghens a marqués sur la figure. Elles sont uniquement destinées à rendre sensibles les conditions géométriques, dans lesquelles s'opèrent les effets de perspective que nous allons étudier. Afin d'éviter la confusion que pourraient occasionner les lignes que nous aurons ultérieurement à tracer sur cette figure, je la reproduis en projection plane sous le n° 42, en la réduisant aux deux orbites de la terre et de Saturne, supposées circulaires pour plus de simplicité.

187. Suivons d'abord les conséquences générales de l'hypothèse d'Huyghens sur ces figures mêmes. Une des conditions qu'elle assigne, c'est que le plan de l'anneau se maintient toujours parallèle à lui-même pendant son transport. La trace de ce plan sur l'écliptique présentera donc aussi ce caractère de parallélisme, dans toutes les positions successives où le mouvement de Saturne l'amènera. Donc, pendant chaque révolution sidérale de Saturne, comprenant environ trente révolutions sidérales de la terre, il y aura deux époques où cette trace, passant par le soleil, coïncidera avec la droite centrale ♌ ♓ que nous avons menée parallèlement à sa direction générale. En négligeant les latitudes de Saturne, comme nous le faisons provisoirement dans notre exposé actuel, cela devra arriver quand cette planète, qui transporte l'anneau avec elle, traversera la trace centrale dans un de ses nœuds opposés Ω_n, $\mho_n$; et il s'en faudra de très-peu que les choses ne se passent ainsi en réalité. En tout cas, chaque fois que la trace mobile de l'anneau prendra la position centrale Ω_n $\mho_m$, le soleil se trouvant dans le plan de l'anneau, celui-ci ne sera éclairé que par sa tranche; et, si elle est très-mince, le filet lumineux qu'elle réfléchira pourra être si faible, que l'anneau ne soit plus perceptible, quel que soit le point de l'orbe terrestre d'où nous l'observons. Alors le disque de Saturne nous paraîtra rond et dépourvu de tout appendice annulaire, tel qu'il est représenté en D, D', *fig.* 43, et séparément dans la *fig.* 44. Seulement, l'épaisseur de l'anneau projetant son ombre sur ce disque, on pourra le voir traversé vers son milieu par une bande obscure, d'un diamètre à peu près égal à celui qu'il sous-tend alors étant vu de Saturne. Une telle apparence a été effectivement remarquée par Huyghens en mai 1656, puis par Maraldi, lors d'une phase ronde de ce genre qui eut lieu en février 1715, dans le nœud ascendant Ω_n, avec des détails sur lesquels j'aurai occasion de revenir. Ces circonstances spéciales, qui font disparaître l'anneau, se reproduiront périodiquement pour chaque nœud Ω_n, $\mho_m$ après une révolution sidérale de Saturne, ce qui en sera un caractère distinctif, dont nous ferons plus loin usage.

Mais il y aura aussi des époques où l'anneau cessera d'être perceptible pour nous, par une autre cause. Pour le prouver, menons dans l'écliptique deux droites indéfinies $\sigma_1 \sigma'_1$, $\sigma_2 \sigma'_2$, *fig.* 42, toutes deux tangentes à l'orbe terrestre, et parallèles à la trace de l'anneau. Tant que celle-ci, dans son mouvement de transport, se trouvera comprise entre ces deux tangentes, la terre, en décrivant son orbite propre, devra la rencontrer une ou plusieurs fois, selon le rapport de leurs vitesses respectives. Dans de tels cas, le plan de l'anneau prolongé passera par la terre, qui ne le verra que par sa tranche; et si elle est très-mince, on pourra cesser de le voir. Mais ces disparitions, dépendant à la fois du mouvement de Saturne et de celui de la terre dans leurs orbites propres, auront d'autres périodes que les passages de l'anneau par le soleil, ce qui les en fera distinguer.

188. L'anneau est si mince, que, lorsqu'il est vu par sa tranche, son épaisseur n'est pas optiquement mesurable, même quand on l'observe avec les télescopes les plus puissants, et l'on peut seulement lui assigner des limites probables. Le 29 août 1789, trois jours après un de ses passages par la terre, W. Herschel l'ayant déjà vu reparaître dans son grand télescope comme un filet lumineux, le 4e satellite, qui vint occasionnellement se projeter sur lui, le débordait des deux côtés, d'une quantité au moins égale à un tiers de son diamètre propre, que Herschel estimait sous-tendre au plus 1 seconde, ce qui lui fit juger que l'épaisseur de l'anneau devait sous-tendre au plus o'', 3 (*). Il vit aussi le 7e satellite, plus petit encore que le 4e, passer sur cette même ligne lumineuse, *comme une perle sur un fil*. Shroeter, d'après d'autres indices, trouva que l'épaisseur de l'anneau vue du soleil devait sous-tendre au plus o'', 125. Enfin le 29 avril 1833, sir John Herschel, ayant observé Saturne avec un excellent télescope de 20 pieds de foyer, trois jours après un des passages du plan de l'anneau par la terre, sans apercevoir de celui-ci aucune trace, estima, d'après cette invisibilité même, que son épaisseur, vue à la moyenne distance de Saturne, ne devait pas sous-tendre plus de o'', 03 (**). On aura une idée sensible de ces mesures angulaires, si l'on considère qu'une sphère placée sur l'orbe de Saturne, à la distance moyenne de cette planète au soleil, et qui, vue du centre de cet astre, sous-tendrait un angle de 1 seconde, aurait pour diamètre linéaire 6900 kilomètres; de sorte que, pour un diamètre apparent de o'', 05, l'épaisseur de l'anneau serait seulement de 345 kilomètres, moindre que la distance de Paris à Lyon (***). D'après cela, on conçoit que, pour qu'il nous

---

(*) *Trans. Phil.*, 1790, tome I, pag. 6.

(**) *Outlines of Astronomy*, pag. 315.

(***) Soient a' le demi grand axe de l'orbe de Saturne, a celui de l'orbe terrestre. Si l'on nomme x le rayon d'une sphère qui sous-tendrait 1" à la

soit perceptible, il faut que le rayon mené de notre œil à son centre forme généralement un angle de quelques minutes avec celle de ses deux faces qu'il nous présente; angle qui sera d'autant moindre que la lunette avec laquelle on l'observe admettra un plus fort grossissement, W. Herschel dit ne l'avoir jamais perdu de vue dans ses puissants télescopes; mais aucun autre astronome n'a été témoin d'un pareil fait.

189. Reprenons maintenant nos deux *fig.* 41 et 42, et suivons d'abord les conséquences qui en résultent relativement aux phases d'illumination de l'anneau par le soleil, aux époques successives

---

distance a', on aura, d'après cette condition,

$$x = a' \sin \left(\tfrac{1}{2} \right)'';$$

or, notre tableau de la pag. 266 donne

$$a' = e \cdot 9,5388524.$$

De plus, si r est le rayon de la terre supposée sphérique, et que l'on prenne la parallaxe moyenne du soleil égale à $8'',8$, comme la font les Tables de Delambre, il en résultera

$$a = \frac{r}{\sin 8'',8}.$$

Tirant de là x en r, et substituant le rapport des petits arcs $\left(\tfrac{1}{2} \right)''$, $8'',8$ à celui de leurs sinus, on aura

$$2x = r \frac{1,1125789}{1,1} = r \cdot 1,08396, \quad \log = 0.0350131;$$

maintenant le contour de la terre supposée sphérique contient 40000 kilomètres, d'où il suit que son rayon r, exprimé aussi en kilomètres, est

$$r = 6366^k,2, \quad \log = 3.8038803;$$

de là on tire

$$2x = 6900^k,7.$$

Tel serait donc le diamètre linéaire d'une sphère qui, vue du soleil, à la distance moyenne de Saturne, sous-tendrait un angle de 1 seconde. Telle serait donc aussi l'épaisseur de l'anneau de Saturne, si, dans ses passages par le soleil, il avait 1 seconde de diamètre apparent. Mais tous les observateurs s'accordent aujourd'hui à trouver ce diamètre beaucoup moindre. S'il était seulement de $0'',05$, comme sir John Herschel le présume, l'épaisseur de l'anneau ne serait que de 345 kilomètres, comme je l'ai dit dans le texte.

de son transport. Elles sont évidentes par ces figures mêmes. Tant
que la trace mobile de l'anneau sur le plan de l'écliptique se trouvera à l'orient de la droite centrale $\Omega_s\,\mho_s$, ce qui aura lieu pendant tout le temps que Saturne parcourra la portion de son ellipse
qui est située du même côté de cette droite, la face australe de
l'anneau sera seule illuminée par le soleil ; la face boréale sera
dans l'ombre. Quand cette trace coïncidera avec $\Omega_s\,\mho_s$, le soleil
n'éclairera aucune des deux faces, mais seulement la tranche de
l'anneau. Enfin, quand la trace mobile se trouvera à l'occident
de $\Omega_s\,\mho_s$, le soleil illuminera la face boréale de l'anneau, et
l'australe restera obscure, contrairement à ce qui avait lieu dans
la portion orientale de l'orbite que nous avons d'abord considérée.
Ces alternatives se répéteront deux fois pendant chaque révolution sidérale de Saturne, puisque chacune de ces révolutions
amènera deux fois la trace mobile sur la direction $\Omega_s\,\mho_s$, par
des mouvements de sens opposés.

190. Ceci reconnu, reprenant en particulier la *fig.* 42, me-
nons dans son plan deux droites $\sigma_1\,\sigma'_1$, $\sigma_2\,\sigma'_2$, tangentes à l'orbe
terrestre, et parallèles à la trace mobile de l'anneau, par consé-
quent aussi à sa direction centrale $\Omega_s\,\mho_s$. Les passages de la
terre dans le plan de l'anneau ne pourront s'opérer que dans les
temps où cette trace se trouvera comprise entre les deux tangentes
ainsi dirigées. Or, je démontre ici en note que les rayons menés
du centre du soleil aux quatre points de l'orbite de Saturne, où
les deux tangentes vont aboutir, forment autour de la droite centrale un même angle e_s, égal à $6^o\,1'\,3''$ (*). Ainsi, pendant que la

---

(*) Ces évaluations ne devant être qu'approximatives, je me borne, ainsi
que je l'ai dit dans le texte, à les établir en considérant l'orbite de la terre
et celui de Saturne comme des cercles, ayant pour rayons a, a', et décrits
tous deux en mouvements uniformes, dont les valeurs diurnes sont n, n'.
Par les points M, M', où la trace mobile de l'anneau devient tangente à l'orbe
terrestre, et par le centre O menez trois plans perpendiculaires au diamètre
M, M'. Ils marqueront sur le cercle de Saturne les quatre points que j'ai désignés dans le texte par la lettre σ, et y traceront aussi la droite $\Omega_s\,\mho_s$ qui
leur sera intermédiaire. Les rayons a', menés de ces points σ au centre O,
formeront autour de la droite centrale un même angle, que j'ai nommé e_s.

trace mobile de l'anneau traverse le diamètre MM' de l'orbe terrestre qui lui est perpendiculaire, Saturne décrit sur son propre cercle un arc de $12°2'6''$; ce qui, d'après la valeur connue de son mouvement moyen, emploiera $359^j,694$, ou approximativement 360 jours, c'est-à-dire environ 5 jours de moins que n'en comprend une révolution complète de la terre sur son propre cercle. D'après cela, quelle que soit la position de la terre à l'instant où la trace mo-

---

et qui aura pour sinus $\frac{a}{a'}$. Si, de plus, on nomme t le nombre de jours que Saturne emploiera à le décrire, avec son mouvement diurne n', les deux inconnues v_0 et t se concluront des deux équations suivantes :

$$\sin v_0 = \frac{a}{a'}, \qquad n't = v_0,$$

dans lesquelles n' devra être exprimé en quantités angulaires de même nature que v_0.

Or notre tableau de la pag. 268 donne

$$a' = 9,538524,$$

a étant 1. De là on tire d'abord

$$\log \sin v_0 = 7.0205039, \quad v_0 = 6°,1'.3'',46 = 21663'',46, \quad \log v_0'' = 4.3357272;$$

divisant donc v_0'' par le moyen mouvement diurne de Saturne exprimé en secondes, lequel, ainsi qu'on le verra pag. 430, a pour logarithme tabulaire 0.3026730, on obtiendra

$$t = 179^j,847,$$

par conséquent

$$2t = 359^j,694.$$

$2t$ est le nombre de jours que la trace mobile de l'anneau emploie à traverser le diamètre MM' de l'orbe terrestre, en n'attribuant à Saturne que son mouvement moyen. Dans la réalité, ce mouvement est variable, parce que l'orbite de Saturne n'est pas tout à fait circulaire et n'est pas non plus exactement comprise dans le plan de l'écliptique comme nous l'avons ici supposé. En outre, l'orbe terrestre étant lui-même elliptique, les positions extrêmes de la trace de l'anneau ne sont pas exactement perpendiculaires au diamètre transversal MM'. Mais les erreurs qui peuvent provenir de ces suppositions simples, étant de l'ordre des excentricités et de l'inclinaison que l'on néglige, devront être très-petites comme elles; de sorte que les résultats ainsi obtenus pourront être aisément rectifiés par un calcul ultérieur, comme nous le verrons plus loin.

bile aborde le diamètre transversal MM', au point M pour aller en
M', ou au point M' pour revenir au point M, elle sera rencontrée par
la terre au moins une fois, et pourra l'être trois fois dans quelques circonstances. J'exposerai à la fin du présent chapitre une
méthode qui fera connaître les instants ainsi que le nombre de
ces rencontres, pour chaque position initiale assignée à la terre.
Ici je veux seulement signaler les phénomènes généraux. A chacune de ces rencontres, la terre sera dans le plan de l'anneau, qui
lui deviendra alors invisible, à cause de sa minceur. Or, quand la
terre est placée entre le soleil et la trace mobile de l'anneau, celui-ci
lui présente sa face éclairée ; et quand elle se trouve au delà de la
trace relativement au soleil, l'anneau lui présente sa face obscure.
Chaque passage de la terre dans le plan de l'anneau amènera donc
une pareille alternative : soit de la visibilité à l'invisibilité, ce qui
constituera une *disparition* de l'anneau ; soit de l'invisibilité à la
visibilité, ce qui constituera une *réapparition*. Le calcul, d'accord avec les phénomènes, montre que chacun de ces deux états
peut durer plus ou moins de temps, et même plusieurs mois,
avant que le mouvement de la terre, combiné avec celui de la
trace, ramène l'alternative contraire.

191. L'exposition qui précède suffira pour l'intelligence du tableau suivant, dans lequel j'ai rassemblé, comme données d'application, vingt-quatre observations de passages de l'anneau par le soleil
ou par la terre. Je les extrais d'un Mémoire très-étendu de Bessel,
inséré dans les Additions à la *Connaissance des Temps* pour l'année 1838. Les lieux de la terre ou de Saturne que j'ai occasionnellement joints, à plusieurs de leurs dates, sont tirés de la
Connaissance des Temps ou du *Nautical Almanach*. La seule succession de ces dates, aux époques où chaque série de passages
s'est opérée, vérifie déjà et confirme toutes les considérations générales que j'ai exposées dans les paragraphes précédents.

ÉPOQUES des passages observés.	RANG ordinal du jour de l'observation.	LONGITUDE héliocentrique de Saturne	LATITUDE héliocentrique de Saturne	CARACTÈRES DISTINCTIFS DU GENRE DU PASSAGE		
1714 Oct. 16	289	. . . . . .	. . . . . .	♂	surface australe de l'anneau	Disparition (Mar...)
1715 Fév. 10	41	5.19.57	+ 2.8 B	☉	boréale	Réapparition.
1715 Mars 23	81	. . . . . .	. . . . . .	♂	boréale	D
1715 Juill. 12	193	. . . . . .	. . . . . .	♂	boréale	R
1730	. . . . . .	. . . . . .	. . . . . .			D R D non observé
1731 Fév. 15	46	. . . . . .	. . . . . .	♂	australe	R
1743	. . . . . .	. . . . . .	. . . . . .			} non observable
1744ᴮ	. . . . . .	. . . . . .	. . . . . .			
1760a Mai 12	132	11.21. 1	— 2.9 A	☉	australe	D (Lemonnier)
1773 Oct. 12	285	. . . . . .	. . . . . .	♂	australe	D
1774 Janv. 11	11	5.20.44	+ 2.9 B	☉	boréale	R (Messier.)
1774 Avril 5	95	. . . . . .	. . . . . .	♂	boréale	D
1774 Juin 30	181	. . . . . .	. . . . . .	♂	boréale	R
1789 Mai 5	125	11.15.39	. . . . . .	♂	boréale	D
1789 Août 20	240	. . . . . .	. . . . . .	♂	boréale	R
1789 Oct. 10	281	11.20.50	— 2.9 A	☉	boréale	D
1790 Janv. 29	29	. . . . . .	. . . . . .	♂	australe	R
1802 Déc. 15	349	. . . . . .	. . . . . .	♂	australe	D
1803 Janv. 4	4	. . . . . .	. . . . . .	♂	australe	R
1803 Juin 16	167	5.20.44	+ 2.9 B	☉	australe	D
1819	. . . . . .	. . . . . .	. . . . . .			D R non observab...
1832a Déc. 1	336	5.21.13	+ 2.8 B	☉	australe	R
1833 Avril 26	116	. . . . . .	. . . . . .	♂	boréale	D
1833 Juin 13	164	. . . . . .	. . . . . .	♂	boréale	R
1848 Sept. 3	247	11.21.28	— 2.9 A	☉	australe	R (Bond et Daw...)

Dans la dernière colonne on a désigné la face australe ou boréale de l'anneau, que l'on cesse de voir s'il s'agit d'une disparition, ou que l'on *commence* à revoir s'il s'agit d'une *réapparition*. Les dates de jours ne sont pas toujours celles que les observateurs ont assignées, mais celles que Bessel a jugé être les plus probables, en discutant les circonstances de chaque observation et les instruments qui ont servi à l'effectuer. Ces dates comportent toujours une certaine étendue d'incertitude, surtout quand les instruments employés n'ont pas une grande puissance. En général, et surtout quand ils sont faibles, on doit noter les disparitions un peu trop tôt et les réapparitions un peu trop tard. Comme complément de ces données phénoménales, on a désigné, dans la dernière colonne, celle des deux faces australe ou boréale de l'anneau que l'on a *cessé* de voir dans les disparitions, et que l'on a *commencé* à revoir dans les réapparitions.

192. Après cet exposé général de l'hypothèse d'Huyghens, entrons dans les détails des phénomènes pour voir jusqu'à quel point ils s'y accordent. La première épreuve à faire devra être de calculer les périodes des deux genres de passage du plan de l'anneau par le soleil ou par la terre, et d'en vérifier l'application. Nous avons reconnu que les passages par le soleil doivent se reproduire dans chaque point $\Omega_n + \mho_n$, de la droite centrale après une révolution sidérale de Saturne, qui, selon notre tableau de la pag. 266, comprend $10759^j,22$, ou 29 années juliennes de $365^j,25$, plus 167 jours, en négligeant les centièmes de jour. Telle devra donc être leur période. En outre, si le plan de l'anneau se maintient toujours parallèle à lui-même, comme Huyghens l'a supposé, la longitude héliocentrique de Saturne, calculée par les Tables de cette planète, et rapportée à un équinoxe fixe, devra, sauf les écarts occasionnels que les erreurs des observations pourront y apporter, se retrouver la même aux époques successives auxquelles chacun de ces passages s'opérera (*).

Les passages du plan de l'anneau par la terre ont une autre période de retours. Pour l'obtenir, il faut trouver un nombre de révolutions sidérales de Saturne qui concorde exactement, ou, dans une très-étroite limite d'erreur, avec un nombre entier de révolutions sidérales de la terre. Or, d'après le tableau de la pag. 266, le rapport des durées de ces révolutions est $\frac{10746.2109374}{365.2569684}$. Si on le convertit en fraction continue, on trouve, pour les deux pre-

---

(*) La condition que le plan de l'anneau se maintienne constamment parallèle à lui-même, est admise par Huyghens comme l'expression sensible des phénomènes actuels, mais nullement au sens absolu. C'est ce que prouve ce passage remarquable : « Fortasse, longo sæculorum lapsu, sensim omnia « hæc loca mutari continget, simili quodam motu Saturni globum inclinante « atque in tellure nostra est is qui præcessiones æquinoctiorum efficit : atque « ita phasium quoque omnium loca transferri necesse erit. Hoc vero non « tam facile in cæteris phasibus quam in rotunda patescet,.... » *Systema Saturnium*, pag. 575. Bessel admet ce mouvement de rétrogradation propre à l'équateur ainsi qu'à l'anneau de Saturne comme un phénomène théoriquement certain, dont il introduit la quantité à titre d'inconnue dans ses calculs. Voyez les *Additions à la Connaissance des Temps* pour 1838, pag. 30.

mières réduites, $\frac{22}{7}$ et $\frac{22}{11}$. Je ne parle pas des suivantes qui donneraient des périodes trop longues pour pouvoir être employées.

Prenons la seconde $\frac{42}{7}$ qui sera suffisamment approchée pour
l'usage que nous en devons faire. Elle nous apprend que 59 années sidérales comprennent à peu près 2 révolutions sidérales de
Saturne; et le calcul numérique montre qu'elles les excédent de
$3^j,6869917$. Ainsi, après 59 années sidérales exactes, Saturne
a fait plus de 2 révolutions sidérales complètes dans son orbite
propre; et, en n'ayant égard qu'à son mouvement moyen, sa longitude héliocentrique est devenue plus grande que l'initiale de
$1°3'36'',85$, arc qu'il a décrit dans cet excès de temps (*). Cela
change donc ses rapports de position primitifs avec la terre, et
déplace la trace de l'anneau relativement à elle. C'est pourquoi je
ne chercherai pas à déduire de cette période les retours de ce
genre de passages, mais nous trouverons bientôt le moyen d'en
calculer directement les époques, quand nous aurons fixé celles
des passages du plan de l'anneau par le soleil.

193. Nous attachant donc à ceux-ci d'abord, procédons à l'application de la période qui les ramène. Ils se distingueront des autres par un caractère qui les rendra parfaitement reconnaissables. Si
l'orbe de Saturne était compris dans le plan de l'écliptique, au moment de ces passages, la longitude héliocentrique l de Saturne coïnciderait avec la longitude de la trace de l'anneau sur ce plan; et si,

---

(*) D'après les données rapportées dans notre tableau de la pag. 266, les
moyens mouvements sidéraux *diurnes* de la terre et de Saturne, exprimés en
minutes sexagésimales d'arc, ont les valeurs suivantes :

$$\text{Pour la terre.. } n = 59',13657, \quad \log n = 1.7718561,$$
$$\text{Pour Saturne..... } n' = 2',00758, \quad \log n' = 0.3025730;$$

en multipliant n' par $31,6869917$, on trouvera l'arc décrit par Saturne dans
ce nombre de jours, tel que je l'ai énoncé dans le texte.

Si l'on veut avoir les mouvements diurnes moyens exprimés en secondes
d'arc, ce qui nous sera ultérieurement commode pour quelques applications,
il faudra les multiplier par 60, ce qui donnera :

$$\text{Pour la terre..... } n = 3548'',193, \quad \log n = 3.5500073,$$
$$\text{Pour Saturne ... } n' = 120'',455, \quad \log n' = 2.0808243.$$

en outre, cet orbe était circulaire, la trace le coupant suivant un de ses diamètres, les passages qui s'opéreraient aux points opposés de ce diamètre correspondraient à des longitudes l et $180° + l$. Le peu d'inclinaison de l'orbe de Saturne sur l'écliptique, et la petitesse de son excentricité, doivent rendre ce caractère d'opposition peu éloigné de la réalité, et fournir ainsi une valeur approchée de la longitude de la trace, dans les valeurs de l qui le présentent. Lors des passages du plan de l'anneau par la terre, au contraire, on voit par notre *fig.* 42 que, même en admettant les limitations précédentes, la longitude héliocentrique de Saturne, aux instants où ils s'opèrent, pourra varier de chaque côté de la droite centrale $\Omega_{s}\, \mho_{s}$ depuis $+ v_{o}$ jusqu'à $- v_{o}$, c'est-à-dire dans une amplitude totale de $12° 2' 6''$, et dans des portions diamétralement opposées de l'orbite, ce qui les distinguera suffisamment des premiers. M'appuyant donc sur ces caractères, j'ai marqué du signe $\odot$, celles des observations que la constance ou l'opposition des longitudes héliocentriques l de Saturne, montrait appartenir à des passages du plan de l'anneau par le soleil, et j'ai marqué les autres du signe ♁, qui est celui de la terre. On voit que ces longitudes héliocentriques forment deux séries distinctes. Dans l'une, appartenant à la moitié boréale de l'orbite, les valeurs de l s'écartent peu de $5^{s}21°$; dans l'autre, appartenant à la moitié australe, elles s'écartent également peu de sa valeur supplémentaire $11^{s}21°$. Outre les variations occasionnelles que doivent y introduire les incertitudes des observations, et les perturbations que l'anneau partage avec Saturne, elles sont ici affectées de la précession qui les rend quelque peu croissantes, parce que les ayant prises dans les éphémérides, elles sont rapportées à l'équinoxe mobile de chaque époque. Mais tout cela est sans importance pour l'usage que j'en veux faire.

194. Je considère d'abord la série des passages $\odot$, qui se sont opérés dans la moitié boréale de l'orbite de Saturne, la longitude héliocentrique de cette planète étant d'environ $5^{s}21°$. Comme les dates, que notre tableau leur assigne, sont exprimées en années juliennes assujetties à l'intercalation quadriennale, il faut mettre la période de leurs retours sous une forme telle, qu'on puisse immédiatement la leur appliquer. Pour cela, je nomme a les années ju liennes de 365^j,25, et c les années communes de 365 jours. Alors désignant par P la période calculée, je la décompose en années a et c, comme il suit :

$$P = 29^a + 167^j = 28^a + 1^c + 167^j,25,$$
$$2P = \qquad\qquad 56^a + 2^c + 334^j,50.$$

Alors décomposant aussi les dates données, de manière à y séparer les a et les c, j'y ajoute progressivement P ou 2P, selon que cela est nécessaire pour rejoindre chaque passage de même sorte qui a été ultérieurement observé ; et j'obtiens ainsi le tableau suivant, où les dates données par la période P sont comparées aux dates réelles. J'ai pris pour point de départ le passage ⊙ de 1715 (*).

Retour des passages à 5^s,21° nœud ☊.

DATES CALCULÉES.		DATES OBSERVÉES		EXCÈS DES DATES calculées.
1715	Février 10	1715	Février 10	+ 0,0 donnée.
1774	Janvier 9,50	1774	Janvier 11	— 1,5
1803	Juin 27	1803	Juin 16	+ 11,0
1832	Novembre 29	1832	Décembre 1	— 2,0

Je considère de même les passages ⊙ qui se sont opérés dans la moitié australe de l'orbite de Saturne. Mais je prends pour point de

(*) Pour appliquer la période aux dates successives, en ayant égard à l'intercalation quadriennale qui les affecte, il faut ici les rapporter à la première année bissextile qui les précède, comme on le voit dans l'exemple suivant :

$$1^{er}\text{ passage } 1715 + 4^j = 1712^a + 3^c + 4^j,$$
$$2\,P\dots \qquad 56^a + 2^c + 334^j,50$$
$$\overline{}$$
$$\text{Somme}\dots\dots \quad 1768^a + 5^c + 338^j,50 = 1768^a + 6^c + 10,50 = 1772^a + 2^c + 9^c$$
$$\text{Et enfin } 1774 \text{ Janvier } 9,50.$$

départ celui de 1789, et non celui de 1760, l'observation de Le-
monnier, la seule qui le constate, étant justement suspectée d'avoir
été trop tardive.

Retour des passages à $11^s\ 21^o$ nœud ☊.

DATES CALCULÉES.	DATES OBSERVÉES.	EXCÈS DES DATES calculées.
1760 Avril 25,75	1760 Mai 12	— 16,25
1789 Octobre 10	1789 Octobre 10	0,0 donnée.
1848 Septembre 8,5	1848 Septembre 3	+ 5,5

Ces comparaisons suffisent pour montrer la justesse de la période, si l'on considère toutes les circonstances occasionnelles qui
peuvent en déranger l'application.

193. Les passages, qui se suivent immédiatement d'une série à
l'autre, ne se succèdent pas à des intervalles de temps égaux. Par
exemple, en désignant par 1^a l'année julienne de $365^j,25$, comme
nous l'avons fait ci-dessus, on a :

De ☊ à ☋ : 1760 mai 12 à 1774 janvier 11, intervalle $13^a + 243^j,75,$
De ☋ à ☊ : 1774 janvier 11 à 1789 octobre 10, intervalle $15^a + 272^j,25.$

L'excès relatif du second intervalle s'explique par la *fig.* 44, qui
représente l'ellipse de Saturne ayant son foyer de circulation au
centre du soleil en O. Aux deux époques ici considérées, le périhélie de cette ellipse se trouvait presque à 3^s de longitude, l'aphélie à 6^s. Ainsi, en allant de $11^s\ 21^o$ à $5^s\ 21^o$, ou de ☊ à ☋, Saturne parcourt la moitié de son orbite qui contient le périhélie ;
et en allant de $5^s\ 21^o$ à $11^s\ 21^o$ ou de ☋ à ☊, il parcourt la moitié qui contient l'aphélie. La première est plus courte que la seconde, et la vitesse de circulation y est plus grande. De là résulte
l'inégalité des temps employés à les parcourir. La somme de ces
intervalles se trouve être ici $29^a + 156^j,75$, au lieu de $29 + 167$,
qui représente une révolution sidérale complète de Saturne. La
différence $16^j,25$ est justement l'erreur du passage de 1760 E.

Ayant ainsi constaté que, dans chaque série, les passages reviennent toujours après une révolution complète de Saturne, il s'ensuit que ces deux situations de l'anneau répondent toujours aux mêmes points de l'orbite de cette planète, c'est-à-dire *que le plan de l'anneau reste constamment parallèle à lui-même sur l'orbite de Saturne*, et, par conséquent, *sa trace sur le plan de l'écliptique doit toujours faire, avec la trace de l'orbite, un angle constant.*

196. Maintenant, d'après ce qui a été remarqué dans le § 195, la longitude absolue de cette trace doit différer quelque peu des longitudes héliocentriques de Saturne, et il nous reste à déterminer quelle a dû être cette différence dans les divers passages dont nous venons de calculer les retours. Elle doit dépendre, à la fois, de la quantité dont Saturne se trouvait alors au-dessus ou au-dessous du plan de l'écliptique, c'est-à-dire de sa latitude boréale ou australe qui est connue par les Tables; et, aussi, de l'inclinaison de l'anneau sur ce plan. Pour tirer cet élément des phénomènes, il nous devient nécessaire d'étudier les formes diverses sous lesquelles une circonférence de cercle doit se présenter, selon les points de vue d'où on l'observe. Dans cet effet de perspective, l'œil de l'observateur est le centre d'un cône de rayons visuels, qui a pour base le cercle donné. La ligne menée de l'œil de l'observateur au centre du cercle forme l'axe du cône, axe qui est en général oblique sur sa base. Si l'on mène un plan perpendiculaire à cet axe, il coupera le cône suivant une ellipse dont la position et l'aplatissement dépendront de la plus ou moins grande obliquité du cône, et par conséquent de la position de l'observateur. C'est cette ellipse qui forme à ses yeux le contour apparent de l'anneau. Il faut par conséquent déterminer ses dimensions, et la direction de ses axes.

Pour y parvenir, menons par l'axe du cône un plan perpendiculaire au plan de sa base. Ce plan partagera le cône oblique en deux portions symétriques; il coupera donc aussi l'ellipse symétriquement. Il est facile de voir, par la géométrie, qu'il contiendra le petit axe, et que le grand axe lui sera perpendiculaire.

Il semble, au premier coup d'œil, que le centre de l'ellipse doit se trouver sur l'axe du cône, et que son grand axe, parallèle au plan de sa base circulaire, doit être égal au diamètre de cette base. Mais cette supposition n'est pas rigoureuse. Lorsque l'inclinaison de l'axe sur la base du cône est moindre qu'un angle droit, ce qui aura lieu dans les phénomènes que nous aurons ici à considérer, le centre de l'ellipse est un peu abaissé au-dessous du plan de la base du cône, et son grand axe est aussi plus grand que le diamètre de cette base. Ces différences viennent de ce que la moitié de la base qui se trouve la plus voisine de l'observateur lui paraît plus grande que l'autre moitié. Mais l'inégalité diminue à mesure que l'observateur s'éloigne, et elle devient tout à fait insensible quand sa distance est extrêmement grande, par rapport au rayon de la base ; ce qui est le cas de l'anneau de Saturne, quand nous l'observons de la terre. Alors le centre de l'ellipse coïncide avec le centre de la base, son grand axe est égal au diamètre de cette base, et perpendiculaire à l'axe du cône ; enfin le petit axe est au grand comme le sinus de l'inclinaison de l'axe sur le plan de la base est à l'unité (*).

(*) Tous ces résultats se déduisent ensemble de l'équation du cône oblique ; je vais en donner ici l'analyse.

Nommons r le rayon du cercle qui sert de base au cône, et rapportons les points de sa circonférence à des coordonnées rectangulaires x et y, qui se croisent à son centre. L'équation de cette circonférence sera

$$x^2 + y^2 = r^2.$$

Menons maintenant un troisième axe de coordonnées z perpendiculaire au plan des xy. Puis supposons l'observateur placé en M', *fig.* 45, dans la partie positive du plan des x et z, et que ses cordonnées soient x' et z'. Cette supposition ne particularise en rien le problème ; car on peut toujours prendre les axes des coordonnées de manière qu'elle soit remplie. En représentant par R la distance de l'observateur à l'origine, et par i l'inclinaison de l'axe sur le plan de la base, comptée en allant de $+x$ vers $+z$, nous aurons (*)

$$x' = \mathrm{R}\cos i, \quad z' = \mathrm{R}\sin i.$$

Cela posé, cherchons l'équation du cône oblique. Par le point où se trouve

(*) Les signes de ces expressions sont ici établis, en supposant pour type du raisonnement l'angle i moindre qu'un droit, comme il le sera dans les phénomènes que nous allons étudier. Mais ils se modifieront d'eux-mêmes convenablement, pour toutes les valeurs quelconques de i que l'on voudrait y introduire en les comptant continûment dans le même sens, des $+x$ vers les $+z$.

197. On voit par ces résultats que si l'on mesure avec un micromètre le rapport des deux axes de l'ellipse à un instant quel-

---

l'observateur, menons une génératrice quelconque de ce cône; ses équations seront de la forme

$$x - \mathrm{R}\cos i = \alpha\,(z - \mathrm{R}\sin i), \quad y = \beta\,(z - \mathrm{R}\sin i).$$

Aux points où elle perce le plan des xy, on a

$$x - \mathrm{R}\cos i = -\alpha\mathrm{R}\sin i, \quad y = -\beta\mathrm{R}\sin i;$$

et les coordonnées x, y, doivent satisfaire à l'équation du cercle, en sorte que

$$\mathrm{R}^2\,(\cos i - \alpha\sin i)^2 + \beta^2\mathrm{R}^2\sin^2 i = r^2.$$

Si l'on élimine, entre cette équation et les deux équations de la droite primitive, les quantités α et β qui particularisent une génératrice, on aura l'équation du lieu des génératrices, c'est-à-dire l'équation de la surface du cône.

Or

$$\alpha = \frac{x - \mathrm{R}\cos i}{z - \mathrm{R}\sin i}, \quad \beta = \frac{y}{z - \mathrm{R}\sin i};$$

donc

$$\mathrm{R}^2\,(z\cos i - x\sin i)^2 + y^2\mathrm{R}^2\sin^2 i = r^2\,(z - \mathrm{R}\sin i)^2.$$

Pour obtenir l'équation de l'ellipse, intersection de ce cône par un plan perpendiculaire à l'axe $\mathrm{M'C}$ et passant par l'origine C, nous transformerons d'abord les coordonnées x et z en d'autres x', y', aussi rectangulaires, situées dans le même plan et passant par la même origine, comme le représente la *fig.* 45. Nous aurons en général (*) :

$$x = x'\cos\alpha - z'\sin\alpha, \quad z = x'\sin\alpha + z'\cos\alpha;$$

α est l'angle formé par le nouvel axe des x' avec l'ancien axe des x, en allant de $+x$ vers $+z$. Prenons ce nouvel axe de manière qu'il soit perpendiculaire à l'axe du cône; pour cela il suffit de faire

$$\alpha = \frac{\pi}{2} - i,$$

ce qui donne

$$\sin\alpha = \cos i, \quad \cos\alpha = -\sin i;$$

et par conséquent

$$x = -x'\sin i - z'\cos i, \quad z = x'\cos i - z'\sin i.$$

Les conditions conventionnellement assignées à cette transformation, et

(*) Voyez *Géométrie analytique*, 8ᵉ édition, pag. 153.

conque, on aura, pour le même instant, l'inclinaison i de l'axe
sur le plan de la base. En faisant cette observation dans le temps

---

la *fig.* 45, qui les représente, montrent que les x' positifs se dirigent au-dessus
du plan des xy, et les négatifs au-dessous, quand l'angle i est moindre qu'un
droit, comme nous l'avons supposé.

Lorsque nous aurons substitué ces valeurs de x et z dans l'équation du
cône, si nous voulons avoir l'intersection de sa surface par un plan perpendiculaire à l'axe, il suffira de faire $z' = 0$; mais puisque nous ne cherchons
que l'équation de cette intersection, nous pouvons tout de suite faire z' nul
dans les valeurs générales de x et de z, puis les substituer dans l'équation du
cône. En faisant cette substitution, et réduisant, on trouve

$$(R^2 - r^2 \cos^2 i)\, x'^2 + 2 R r^2 \sin i \cos i\, x' - R^2 \sin^2 i\, (r^2 - y^2) = 0;$$

cette équation est celle d'une ellipse, dont le centre est situé sur l'axe des x',
hors de leur origine. Pour la ramener à ce centre, transportez-y l'origine
d'une nouvelle variable x'', telle qu'on ait généralement

$$x' = x'' + c;$$

puis déterminez c de manière à faire disparaître le terme affecté de la première puissance de x'', dans l'équation résultante. Vous trouverez ainsi

$$c = -\frac{r}{R} \cdot \frac{r \sin i \cos i}{1 - \dfrac{r^2}{R^2} \cos^2 i}.$$

L'équation de l'ellipse, rapportée à son centre et à ses axes, sera donc

$$(R^2 - r^2 \cos^2 i)\, x''^2 + R^2 \sin^2 i\, y^2 = \frac{R^2 r^2 \sin^2 i}{R^2 - r^2 \cos^2 i};$$

alors le demi grand axe, dirigé sur les y, est

$$\frac{r}{\sqrt{1 - \dfrac{r^2}{R^2} \cos^2 i}},$$

et le demi petit axe, dirigé suivant les x'', est

$$\frac{r \sin i}{1 - \dfrac{r^2}{R^2} \cos^2 i}.$$

Le signe de la constante c montre qu'en supposant l'angle i moindre qu'un
droit, le centre de l'ellipse est abaissé au-dessous de l'axe du cône, conformément aux conditions de perspective signalées dans le texte.

En outre, le rapport du petit axe de l'ellipse à son grand axe est toujours

où la terre se trouve à 90 degrés de l'un ou de l'autre des nœuds de l'anneau, on en déduit immédiatement l'inclinaison de l'anneau sur l'écliptique.

En effet, lorsque la terre se trouve à 90 degrés d'un des nœuds de l'anneau, le plan mené par la terre et par Saturne, perpendiculairement à l'écliptique, se trouve en même temps perpendiculaire au plan de l'anneau; et par conséquent la ligne droite suivant laquelle il le coupe, mesure l'inclinaison de l'anneau sur l'écliptique. Soient (*fig.* 46) AA'E cette droite, IT l'intersection du plan coupant avec l'écliptique, T la terre, C le centre du globe de Saturne, et AA' l'étendue réelle de l'anneau. L'observation fait connaître les angles visuels ATC, A'TC, qui sont sensiblement égaux entre eux, à cause de la petitesse de l'anneau comparée au grand éloignement de Saturne; et chacun d'eux mesure le demi petit axe de l'ellipse. Or, suivant les observations, ce petit axe est à très-peu près la moitié du grand parallèle à l'écliptique, c'est-à-dire que $a'a$ est la moitié de A'A; car le grand axe de l'ellipse est le diamètre de l'anneau lui-même. D'après cela, le sinus de

---

égal à

$$\frac{\sin i}{\sqrt{1 - \dfrac{r^2}{R^2}\cos^2 i}}$$

L'ellipse s'amincit donc à mesure que l'observateur se rapproche du plan de l'anneau; et elle se réduit à un simple filet rectiligne, quand il se trouve dans ce plan même. Sous un tel aspect, l'anneau serait imperceptible, s'il était sans épaisseur; et s'il restait encore visible, ce serait par la portion de lumière que sa tranche reçoit du soleil.

Si l'on suppose que le rayon r de la base du cône est extrêmement petit par rapport à la distance R de l'observateur, supposition qui peut bien à juste titre être employée pour Saturne, quand on l'observe de la terre; alors les termes affectés du coefficient $\dfrac{r}{R}$ deviendront extrêmement petits et insensibles.

En faisant abstraction de ces termes, le demi grand axe deviendra égal à r ou au rayon de la base du cône; le demi petit axe sera $r \sin i$, c'est-à-dire égal au premier multiplié par le sinus de l'inclinaison de l'axe sur le plan de l'anneau; enfin la distance du centre de l'ellipse au centre de la base, et par conséquent au centre de Saturne, pourra être regardée comme nulle. Ce sont encore les résultats énoncés dans le texte.

l'angle CaA, qui est représenté par $\dfrac{Ca}{CA}$, se trouve égal à $\frac{1}{2}$; et par conséquent l'angle CAa ou CAT lui-même est égal à 30 degrés de la division sexagésimale. En ajoutant à cet angle CTE + CTA, c'est-à-dire la latitude géocentrique de Saturne, plus la moitié du petit axe de l'ellipse, la somme donnera l'angle IEA, puisque celui-ci est extérieur au triangle EAT. Cet angle IEA est l'inclinaison I du plan de l'anneau sur l'écliptique.

Maraldi l'a évaluée ainsi à 31°20′, en 1767. Il est nécessaire de spécifier l'époque de la détermination, parce que le déplacement séculaire du plan de l'écliptique occasionne une variation du même ordre dans la quantité absolue de l'inclinaison sur ce plan. A la suite d'un travail très-étendu, qui est inséré dans les additions à la *Connaissance des Temps pour* 1838, Bessel donne comme expression générale

$$I = 28° 10' 44'' - 6'',35 (T - 1800).$$

Le temps + T est compté en années juliennes à partir du 1ᵉʳ janvier 1800.

Cette formule fait I un peu moindre, que Maraldi et les astronomes du même temps ne le supposaient ; ce qui vient probablement de la difficulté qu'ils devaient avoir à mesurer exactement le rapport des deux axes de l'ellipse apparente. Au reste, en supposant, comme eux, que ce rapport soit celui de 1 à 2, on voit tout de suite que l'inclinaison I ne différera que très-peu de 30 degrés, puisque des deux angles qu'il faut ajouter à ce nombre pour la compléter, le premier, qui exprime la latitude de Saturne, est toujours fort petit, et le second, qui est le demi petit axe de l'ellipse, est moindre que 20 secondes.

Quand on a une valeur approchée de cet angle, et que l'on connaît la longitude des nœuds de l'anneau, il est facile de calculer, d'après le mouvement de Saturne, les variations que l'aplatissement de l'ellipse doit subir, dans l'intervalle de quelques jours, avant et après l'époque du maximum d'inclinaison. Par ce moyen, on réduit à cette époque les mesures de l'ellipse faites quelques jours avant et quelques jours après. Le résultat moyen de toutes ces mesures donne, avec plus d'exactitude, les rapports des deux axes de l'ellipse pour l'instant du maximum d'inclinaison.

Mais, pour faire ces observations, il faut que la terre se trouve à 90 degrés des nœuds de l'anneau, afin que la projection de l'axe du cône sur l'écliptique soit perpendiculaire à la trace de l'anneau sur le même plan. Comment a-t-on pu reconnaître cette position, lorsque la longitude des nœuds de l'anneau n'était pas encore connue? On y est parvenu d'après un autre caractère qui est particulier à cette situation de l'anneau; c'est que l'ouverture de l'ellipse est alors la plus grande possible, car cette ouverture est à très-peu près proportionnelle au sinus de l'inclinaison de l'axe du cône sur le plan de l'anneau; or, il n'y a aucune position où cette inclinaison soit plus grande que quand la terre est le plus loin possible de la trace de l'anneau, c'est-à-dire quand elle se trouve à 90 degrés de ses nœuds.

D'ailleurs, les circonstances, spécialement favorables aux observations de ce genre, sont indiquées avec une approximation déjà très-suffisante, par les valeurs des longitudes héliocentriques dans lesquelles Saturne se trouve aux époques des passages du plan de l'anneau par le soleil, puisque, en raison de la petitesse de ses latitudes, la trace de l'anneau sur l'écliptique ne doit que très-peu en différer. Sachant donc que ces passages s'opèrent aux deux points opposés de l'orbite qui sont situés vers $5^s 21°$, et $11^s 21°$ de longitude, on n'a qu'à augmenter de 3^s chacun de ces nombres; et en supprimant les circonférences entières, on aura

$$8^s 21° \quad \text{et} \quad 2^s 21°$$

pour les longitudes héliocentriques de Saturne, auxquelles l'ellipse de l'anneau se présentera très-approximativement aux observations dans son maximum d'ouverture par l'une ou l'autre de ses faces; en sorte que cette condition de maximum permettra déjà de l'y mesurer, et d'en conclure l'inclinaison I, sans une sensible erreur, sauf à revenir ultérieurement sur ces déterminations, si on le juge convenable, quand la longitude des nœuds de l'anneau sera plus rigoureusement connue.

198. Nous avons maintenant toutes les données nécessaires

pour déterminer la longitude exacte de la trace du plan de l'anneau sur le plan de l'écliptique, en ayant égard aux latitudes de Saturne ; ce qui est le complément de recherches, que j'ai annoncé dans le § 196. Tel est l'objet de la *fig.* 47.

L'orbite de Saturne y est représentée en projection sur le plan de l'écliptique, ayant pour foyer de circulation le soleil situé en O. AD est la trace du plan de l'anneau sur l'écliptique, quand ce plan passe par le soleil, A désignant son nœud ascendant placé dans la moitié boréale de l'orbite de la planète, D son nœud descendant placé dans la moitié australe. S, S' représentent les positions de Saturne au-dessus ou au-dessous de l'écliptique aux instants de ces passages ; SPO, S'P'O étant alors ses latitudes héliocentriques, boréale ou australe, $+\lambda$, $-\lambda$, et OP, OP' les rayons vecteurs diamétralement opposés, auxquels correspondent à ces mêmes instants les longitudes pareillement héliocentriques l, et $180° + l$, que je nomme par abréviation l'. Dans ces deux positions de Saturne, aa' représente l'anneau dont le plan prolongé va rencontrer sa trace en A ou en D en formant avec l'écliptique l'angle connu $+ \mathrm{I}$ ou $- \mathrm{I}$. Maintenant, concevons trois rayons visuels indéfinis, partant du centre O, et dirigés, d'une part aux points S, P, A, de l'autre part aux points S', P', D. Ils formeront sur la sphère céleste deux triangles sphériques, égaux et symétriquement situés, le premier au-dessus, le second au-dessous du plan de l'écliptique ; dans ces triangles, on connaîtra l'angle en P ou en P' qui est droit, les latitudes $+\lambda$, $-\lambda$, et l'angle opposé $+ \mathrm{I}$, $- \mathrm{I}$. Donc, en nommant N la longitude du nœud ascendant A, et N' celle du nœud descendant D, comptées, comme toujours, à partir du point équinoxial Υ, dans le sens marqué par les flèches sur le contour de l'orbite, et le même que pour les points de projection P, P', on aura

$$(r) \qquad \sin(l - \mathrm{N}) = \frac{\mathrm{tang}\,\lambda}{\mathrm{tang}\,\mathrm{I}}, \quad \sin(l' - \mathrm{N}') = \frac{\mathrm{tang}\,\lambda}{\mathrm{tang}\,\mathrm{I}};$$

on, en nommant a l'arc dont le sinus est donné par la valeur numérique du second membre de ces équations,

$$\mathrm{N} = l + a, \quad \mathrm{N}' = l - a.$$

S'il s'agissait d'un passage de la terre dans le plan de l'anneau, la même construction servirait encore, en prenant la terre T située hors du centre de l'orbite, pour origine des rayons visuels, comme le montre la partie de notre *fig.* 47, où nous avons représenté seulement la portion de cette construction qui s'applique à la moitié boréale de l'orbite. Alors la droite $A_1 D_1$ est la trace mobile de l'anneau dans sa position actuelle; S_1 est Saturne, ayant pour latitude et longitude géocentriques λ et l, celle-ci comptée à partir du point équinoxial Υ, situé à l'infini sur la sphère céleste. Les formules donnent donc les longitudes héliocentriques N_1, N_1, des deux nœuds A_1, D_1 de la trace mobile, lesquelles sont les mêmes que celles des deux nœuds A, D de la parallèle à cette trace menée par le centre du soleil. Ce procédé de réduction est dû à Maraldi, qui l'a employé, en 1715, dans un Mémoire, où il rapporte des observations très-curieuses sur les apparences variées de l'anneau de Saturne (*).

Je vais l'appliquer, comme exemple, aux passages du plan de l'anneau par le soleil, dont j'ai rassemblé les dates dans le tableau de la pag. 428. J'ai supposé dans le calcul l'inclinaison I égale à 3o degrés. Alors, pour les latitudes $\pm 2^\circ 8'$, $\pm 2^\circ 9'$, les valeurs de $l - N$ sont $3^\circ 41' 3o''$ et $3^\circ 43' 13''$; mais je néglige les secondes, parce que les dates assignées par l'observation aux passages, étant susceptibles d'incertitudes qui s'étendent à quelques jours, les longitudes héliocentriques de Saturne, auxquelles on rapporte ces phénomènes, peuvent être en erreur d'autant de fois 2 minutes. Les valeurs partielles ainsi obtenues pour les longitudes N, N' des deux nœuds, ascendant et descendant, de l'anneau sont consignées au tableau suivant :

(*) *Académie des Sciences*, 1715 et 1716.

	N	N'
1715 Février 10..............	5.16.16'	
1760 Mai 12?..............	....	11.17.18?
1774 Janvier 11............	5.17. 1	
1789 Octobre 10...........	....	11.17. 7
1803 Juin 16............	5.17 1	
1832 Décembre 1............	5.17.32	
1848 Septembre 15...........	....	11.18.11
Valeurs moyennes..	5,16.57'30"	11.17.24'.0"
Époque moyenne...	1781	1799

A travers les inégalités de ces résultats, on distingue un accroissement progressif avec le temps, lequel doit être attribué à la précession. Par exemple, de 1715 à 1832, il s'est écoulé 117 ans, qui, en supposant la précession de 50″,1 par année, produisent dans la longitude de N une augmentation de 1° 37′ 12″. De sorte que l'observation de 1715, ramenée à 1832, deviendrait 5ˢ 17°54′. De même, entre les dates moyennes 1781 et 1799, il s'est écoulé 18 années, pendant lesquelles les longitudes ont augmenté de 15′ 2″; ce qui, étant ajouté à la moyenne de N, la porte à 5ˢ 17° 12′ 32″, et la rapproche de la moyenne trouvée pour N'. Mais je ne donne tout cela que pour des évaluations approximatives, sur lesquelles la valeur adoptée pour l'inclinaison I a une influence considérable. Car, par exemple, si l'on suppose I égal à 28° 10′ 45″ en 1800, comme le fait Bessel, les réductions I — N deviennent plus fortes de 17′17″, ce qui rabaisserait notre moyenne de 1781 à 5ˢ 16°40′ 27″. Alors, pour la ramener à 1801, il faut y ajouter 17′ 2″, valeur moyenne de la précession dans cet intervalle de 19 années. Cela l'élève donc à 5ˢ 16°57′ 29″, tandis que Bessel trouve 5ˢ 16°53′ 9″ pour la même époque, ce qui réduit la différence à 4′ 20″ seulement. Toutefois, je ne présente ces résultats que comme des approximations suffisantes pour manifester les lois générales de ces phénomènes; car leur détermination rigoureuse exige des corrections de détail que je ne saurais exposer ici. On les trouvera toutes employées dans le Mémoire de Bessel, auquel il n'a manqué que d'avoir eu à sa disposition des observations de passages plus précises. Il est bien désirable que les astronomes se préparent à en obtenir de telles lors du prochain retour de ces phénomènes en 1862, où le plan de l'anneau passera par le soleil, dans son nœud ascendant, vers le 16 mai.

199. Nous avons fait remarquer que les disparitions et les réapparitions de l'anneau ne se constatent pas physiquement à l'instant de son passage mathématique par le soleil ou par la terre. On cesse de le voir un peu de temps avant ces passages, et l'on ne commence à le revoir qu'un peu de temps après qu'ils ont eu lieu. L'anneau n'est donc perceptible pour nous, qu'autant que le soleil ou la terre sont écartés de son plan dans de certaines amplitudes de distance angulaire, dont l'évaluation est très-importante, non-seulement pour nous faire apprécier les limites d'incertitude que les observations comportent, mais aussi pour nous donner des indications précieuses sur la constitution physique de l'anneau et sur son aptitude à réfléchir, plus ou moins abondamment, la lumière qu'il reçoit du soleil. Or cette évaluation résulte, comme cas particulier, du problème général que nous allons résoudre.

Concevons qu'à un instant quelconque un rayon visuel soit mené de la terre ou du soleil au centre de Saturne, qui est aussi celui de l'anneau, on demande de déterminer l'angle que ce rayon forme avec le plan de l'anneau à ce même instant.

Ici, comme dans le chap. IV, pag. 72, je rapporte les points de l'espace à trois coordonnées rectangulaires x, y, z, ayant leur origine au centre d'observation quel qu'il soit, et dirigées conformément aux conventions que nous avons établies alors. Nommons l, λ, r la longitude, la latitude et la distance rectiligne du point considéré, comptées de ce centre, nous aurons généralement

$$x = r \cos \lambda \cos l, \quad y = r \cos \lambda \sin l, \quad z = r \sin \lambda.$$

Soient N la longitude du nœud ascendant de l'anneau, et I son inclinaison sur l'écliptique, comptées comme nous l'avons fait, pour les éléments analogues des orbes planétaires, pag. 78. Si par l'origine nous menons un plan parallèle au plan de l'anneau, son équation sera de la forme

$$A x + B y + z = 0;$$

et, comme nous l'avons reconnu alors, les constantes A, B auront les valeurs suivantes :

$$A = + \operatorname{tang} I \sin N, \quad B = - \operatorname{tang} I \cos N.$$

Soient maintenant x', y', z' les trois coordonnées de Saturne. Toute droite menée par l'origine a pour équations générales

$$x = a z, \quad y = b z;$$

et si nous voulons qu'elle devienne un rayon visuel dirigé vers Saturne, les valeurs des constantes a, b, seront

$$a = \frac{x'}{z'}, \quad b = \frac{y'}{z'}.$$

Or, d'après les principes de la géométrie analytique (*), si nous appelons u l'angle que cette droite forme avec le plan parallèle à l'anneau, et $\pi - u$ l'angle supplémentaire qu'elle forme, du même côté, avec ce plan même, nous aurons

$$- \sin u = \frac{A a + B b + 1}{\sqrt{1 + a^2 + b^2} \ \sqrt{1 + A^2 + B^2}};$$

et, en remplaçant les coefficients A, B, a, b, par leurs valeurs.

$$\sin u = - \frac{x'}{z'} \sin I \sin N + \frac{y'}{z'} \sin I \cos N - \frac{z'}{z'} \cos I.$$

Alors, substituant aux coordonnées rectangulaires x', y', z', leurs valeurs en coordonnées angulaires l', λ', dont je supprimerai les accents qui nous deviennent inutiles, on aura finalement

$$(1) \qquad \sin u = \sin I \cos \lambda \sin (l - N) - \cos I \sin \lambda.$$

(*) *Géométrie analytique*, 8e édition, pag. 145.

Les coordonnées l, λ, devront être prises, géocentriques, si le rayon visuel vient de la terre, héliocentriques, s'il vient du soleil. Cette formule diffère seulement dans la forme de celle que Bessel donne dans son Mémoire annexé à la *Connaissance des Temps pour* 1838, pag. 41.

L'angle u doit devenir nul quand la trace de l'anneau passe par le point d'observation. Dans ce cas, la nullité de $\sin u$ donne

$$\sin (l - N) = \frac{\tang \lambda}{\tang I};$$

c'est la condition que nous avons trouvée dans le § **198**.

200. Si l'orbe de Saturne était compris dans le plan de l'écliptique, la latitude λ serait constamment nulle. Alors l'expression générale de $\sin u$ se réduisant à $\sin I \sin (l - N)$, elle atteindrait ses maxima positifs et négatifs quand $l - N$ serait $\pm\frac{\pi}{2}$, auquel cas l'angle u serait $\pm I$; ce qui est évident, puisque le rayon visuel mené de la terre ou du soleil au centre de l'anneau coïnciderait avec le plan de l'écliptique, d'où l'inclinaison I se compte. Mais les latitudes de Saturne, quoique très-petites, changent tant soit peu ces résultats.

Pour apprécier la portée de ces modifications, nommons i l'inclinaison de l'orbe de Saturne sur le plan de l'écliptique, et n la longitude de son nœud ascendant. Si nous voulons établir notre calcul pour un observateur placé dans le soleil, nous aurons, en *coordonnées héliocentriques*,

$$\tang \lambda = \tang i \sin (l - n),$$

et, tirant de là $\sin \lambda$ en $\cos \lambda$ pour le mettre dans l'expression générale de $\sin u$, celle-ci prendra la forme suivante :

$$(2) \quad \sin u = \cos \lambda \cos I \left\{ \tang I \sin (l - N) - \tang i \sin (l - n) \right\}.$$

Si nous consentons à négliger le carré de l'inclinaison multiplié par $\tang I$, nous pourrons faire $\cos \lambda$ égal à 1, dans le coefficient extérieur. Alors le maximum de $\sin u$ ne dépendra plus que du facteur compris entre les parenthèses. Or le maximum de celui-ci a pour condition

$$0 = \tang I \cos (l - N) - \tang i \cos (l - n).$$

Si l'inclinaison i était nulle, la valeur de $l - N$ qui remplirait cette condition serait $\frac{\pi}{2}$; sa valeur exacte doit donc être peu différente de celle-là. Pour obtenir directement cette différence, faisons

$$l - N = \frac{\pi}{2} + x, \quad \text{et} \quad n = N - a,$$

auquel cas a sera donné. Alors en dégageant x on obtiendra

$$\tang x = \frac{\tang i \sin a}{\tang I - \tang i \cos a} = \frac{\dfrac{\tang i}{\tang I} \sin a}{1 - \dfrac{\tang i}{\tang I} \cos a}.$$

Si l'on admet que le plan de l'anneau n'a pas de mouvement de rétrogradation qui lui soit propre, ce qui est au moins la supposition la plus simple que l'on puisse faire (*), a sera constant parce que la précession affectant également les longitudes N et n, son effet disparaîtra par compensation dans leur différence. Prenant, comme données de calcul, les éléments adoptés par Bessel, pour l'an 1800, on aura

$$I = 28° 10' 45'', \quad N = 5^s 16° 53' 9'';$$

or, notre tableau de la pag. 266 donne, à la même époque,

$$i = 2° 29' 36'', \quad n = 3^s 21° 56' 7'';$$

(*) Bessel conclut de la théorie de l'attraction que la trace de l'anneau sur l'écliptique mobile doit avoir un petit mouvement de rétrogradation propre, qui, étant de même sens que celui de l'équateur terrestre, diminue d'autant son mouvement de précession annuel, rapporté à la trace vernale de cet équateur. Le mouvement de précession annuel se trouverait ainsi réduit à 50'',46 au lieu de 50'',25 à partir du 1er janvier 1800. Mais les observations de passages par la terre et par le soleil, d'où il a conclu la quantité de cette différence, ne lui ont pas paru, et ne sont pas en effet assez sûres pour qu'il ait cru pouvoir en répondre; et je la négligerai dans les calculs qui vont suivre.

d'où résulte pour a cette valeur constante

$$a = 1^s 24^o 57' 2''.$$

Avec ces nombres on trouve

$$x = 3^o 59' 34'' \quad \text{ou} \quad x = 6^s 3^o 59' 34'',$$

et, par suite,

$$l = N + 3^s 3^o 59' 34'' \quad \text{ou} \quad l = N + 9^s 3^o 59' 34''.$$

Ces deux longitudes l sont diamétralement opposées sur l'orbite de Saturne. Elles répondent aux deux maxima héliocentriques de l'angle u, ayant lieu quand la planète se trouve à 93° 59' 34" de longitude actuelle au delà du nœud ascendant ou descendant de l'anneau. Ainsi, d'après ce qui a été établi dans la note annexée au § **196**, lorsque Saturne se trouvera arrivé à ces deux longitudes, l'anneau, vu du centre du soleil, se présentera sous les plus grandes ouvertures qu'il puisse atteindre, étant illuminé sur sa face australe dans la première position, et sur sa face boréale dans la seconde. Si l'on adopte la valeur de N donnée par Bessel pour 1800, et que l'on ne suppose pas à l'anneau de mouvement propre, les longitudes l et N seront simultanément affectées par le mouvement de précession, de sorte que leur différence restera constante. Alors, en effectuant les additions que nous n'avons fait qu'indiquer, les deux longitudes de Saturne qui amèneront l'angle u à son maximum héliocentrique, seront respectivement

$$l = 8^s 20^o 52' 43'' \quad \text{face boréale visible}$$

et

$$l = 2^s 20^o 52' 43'' \quad \text{face australe visible}.$$

Les latitudes λ qui s'en déduisent sont

$$\lambda = \pm 1^o 17' 12;$$

alors, si l'on calcule la valeur de sin u, qui résulte de ces données, on trouvera pour le maximum d'ouverture de l'angle u, et de l'anneau vu du soleil,

$$u = \pm 26^o 49' 7''.$$

Le grand éloignement de Saturne rendra les époques de ces maxima presque simultanées pour la terre et pour le soleil. Les figures de l'anneau, que je rapporte sous les n°⁵ 48 et 49, d'après MM. Bond et Lassell, ont été observées dans des circonstances qui s'éloignaient peu de ces conditions.

201. J'ai maintenant à expliquer comment on peut déterminer les époques futures des passages de l'anneau par le soleil ou par la terre. Pour ces deux cas, la condition à remplir est toujours que $\sin u$ soit nul : ce qui donne

$$(3) \qquad 0 = \tang I \sin (l - N) - \tang \lambda ;$$

les coordonnées angulaires l, λ devant être héliocentriques, s'il s'agit d'un passage par le soleil, et géocentriques, s'il s'agit d'un passage par la terre.

Considérons d'abord le premier cas, qui sera le plus simple. On peut alors remplacer $\tang \lambda$ par $\tang i \sin (l - n)$, comme dans le paragraphe précédent, et, en introduisant aussi $N - a$ au lieu de n, l'équation à résoudre devient

$$0 = \tang I \sin (l - N) - \tang i \sin (l - N + a).$$

Si l'inclinaison i était nulle, $l - N$ serait 0 ou 180 degrés, c'est-à-dire que le passage aurait lieu quand la longitude héliocentrique l de Saturne coïnciderait avec celle du nœud ascendant ou descendant de l'anneau. Les valeurs exactes de $l - N$ ne doivent donc différer de celle-là que par de petites corrections de l'ordre de i. En effet, en dégageant cette inconnue, l'équation donne

$$(4) \quad \tang (l - N) = \frac{\tang i \sin a}{\tang I - \tang i \cos a}, \quad \text{où} \quad N - n = a.$$

Les deux membres de cette équation sont à peu près invariables, car la précession disparaît de $l - N$, ainsi que de $N - n$, par différence ; et les autres causes de changement ne pourraient provenir que des variations séculaires des éléments I, N, i, n. En négligeant ces petites variations, auxquelles Bessel a égard dans son Mémoire, les valeurs de $l - N$ seront identiquement les mêmes que nous avions trouvées tout à l'heure pour x ; ce qui donnera pour l ces deux valeurs

$$l = N + 3^{\circ}\, 5g'\, 34'', \quad l = N + 6^{s}\, 3^{\circ}\, 5g'\, 34''.$$

Alors, si l'on prend $N = 5^{s}\, 16^{\circ}\, 53'\, g''$ pour 1800, comme le fait Bessel, en y ajoutant $50'', 25\, t$ pour représenter l'effet de la précession sur l'écliptique mobile pendant $+ t$ années après cette époque, les deux valeurs de l applicables à l'époque t seront finalement

$$l = 5^{s}\, 20^{\circ}\, 52'\, 43'' + 50'', 25\, t, \quad \text{et} \quad l = 11^{s}\, 20^{\circ}\, 52'\, 43'' + 50'', 25\, t.$$

L'anneau passera donc par le soleil aux époques où Saturne atteindra ces longitudes héliocentriques, du moins, en admettant les éléments adoptés par Bessel. Il ne restera qu'à chercher dans les éphémérides de cette planète à quels instants elle atteint ces positions. Ce seront les instants des passages demandés. La longitude du nœud ascendant de Saturne aux mêmes époques devant être

$$N + 50'', 25\, t, \quad \text{ou} \quad 5^{s}\, 16^{\circ}\, 53'\, g'' + 50'', 25\, t,$$

on voit que la première valeur de l donnera les passages qui auront lieu dans le nœud ascendant de l'anneau, et la seconde ceux qui auront lieu par son nœud descendant.

Dans ces deux cas la latitude héliocentrique de Saturne sera donnée par l'équation

$$\tan g\, \lambda = \tan g\, i \sin (l - n);$$

et en la calculant pour la valeur de la longitude l approximativement assignée, elle sera

$$\lambda = \pm\, 2^{\circ}\, g'\, 1''.$$

202. Venons maintenant aux passages de la terre dans le plan de l'anneau. La condition analytique qui en détermine les époques est encore exprimée par la même équation (3), où les coordonnées l, λ de Saturne doivent être maintenant géocentriques. Mais les relations de ces coordonnées entre elles n'étant pas à beaucoup près aussi simples que dans le cas précédent, il faut user de détours pour dégager l.

A cet effet, reportons-nous au chap. IV, pag. 75 du présent

volume, où ces relations sont établies par l'intermédiaire des coordonnées héliocentriques, que l'on y a désignées par les mêmes lettres affectées d'un accent supérieur. ρ et ρ' y désignent les distances accourcies correspondantes. Nous y trouvons d'abord, entre les latitudes λ, λ', l'équation très-simple

$$\operatorname{tang} \lambda = \frac{\rho'}{\rho} \operatorname{tang} \lambda'.$$

Mais λ' étant héliocentrique, $\operatorname{tang} \lambda'$ a pour expression

$$\operatorname{tang} i \sin (l' - n),$$

comme dans le paragraphe précédent. De là résulte donc, en définitive,

$$\operatorname{tang} \lambda = \operatorname{tang} i \cdot \frac{\rho'}{\rho} \sin (l' - n).$$

Examinons la composition des facteurs qui accompagnent $\operatorname{tang} i$. En jetant les yeux sur la page citée, on voit d'abord que le rapport $\frac{\rho'}{\rho}$ des distances accourcies héliocentriques et géocentriques ne diffère de l'unité que par des fractions de l'ordre $\frac{R}{\rho'}$, lesquelles, elles-mêmes, aux distances moyennes où Saturne et la terre se trouvent du soleil, diffèrent toujours peu de $\frac{1}{10}$. La longitude héliocentrique l' qui entre dans l'autre facteur diffère aussi de la géocentrique l, par des fractions de même ordre; car si l'on développe en série l'équation de la pag. 75, qui donne $\operatorname{tang}(l - L)$, au moyen des exponentielles, suivant la méthode exposée par Legendre dans l'appendice à ses *Éléments de Trigonométrie*, on en tire

$$l = l' - \frac{R}{\rho'} \sin (l' - L) + \frac{1}{2}\left(\frac{R}{\rho'}\right)^2 \sin 2 (l' - L), \ldots,$$

et, d'après la petitesse du rapport $\frac{R}{\rho'}$, les plus grandes différences entre l et l' dépassent à peine 7 degrés. Or, l'effet total de ces termes correctifs étant fort atténué dans $\operatorname{tang} \lambda$, par le facteur tang i, où l'angle i est moindre que $2^\circ 30'$, on voit que l'on aura déjà une valeur très-approchée de tang λ, en supposant dans son expression $\dfrac{r'}{\rho}$ égal à 1, et remplaçant l' par l sous le signe de sinus, ce qui donnera

$$\operatorname{tang}\lambda = \operatorname{tang} i \sin(l - n).$$

Ceci étant substitué dans l'équation (3), elle devient en coordonnées géocentriques

$$o = \operatorname{tang} \mathrm{I} . \sin(l - \mathrm{N}) - \operatorname{tang} i . \sin(l - n).$$

Elle se trouve alors sous la même forme que dans le paragraphe précédent ; et ainsi, en y employant les données de Bessel, on en déduira pareillement ces deux solutions :

$$l = 5^s 20^\circ 52' 43'' + 50'', 25\, t, \qquad l = 11^s 20^\circ 52' 43'' + 50'', 25\, t,$$

où le temps est compté en années juliennes de $365^j \frac{1}{4}$, à partir du 1er janvier 1800. La latitude héliocentrique correspondante, calculée avec ces valeurs de la longitude, sera respectivement

$$\lambda = \pm\, 2^\circ 9' 1''.$$

La première de ces déterminations s'applique aux passages de la terre par le nœud ascendant de l'anneau, la seconde à ses passages par son nœud descendant ; les uns et les autres auront lieu, *dans les limites de notre approximation*, quand Saturne atteindra ces longitudes géocentriques. Il faut maintenant rectifier ces valeurs, et trouver les époques où elles devront se réaliser.

A cet effet, il faut se rappeler que tous ces phénomènes s'opèrent dans un intervalle de temps qui comprend à très-peu près 180 jours avant et après l'époque du passage de l'anneau par le soleil. Celle-ci étant connue par le paragraphe précédent, on calculera une éphéméride qui donnera les longitudes et les latitudes géocentriques de Saturne pour tout cet intervalle, ou plutôt on trouvera une telle éphéméride toute calculée d'avance dans la *Connaissance des Temps*, ou le *Nautical Almanach*, et l'on n'aura que la peine de l'y emprunter.

En la consultant, on y verra le jour, ou les jours, auxquels Saturne atteint la longitude géocentrique l dont nous venons de trouver ici la valeur. Si notre détermination était rigoureuse, ce seraient les jours précis des passages cherchés. Il peut y en avoir plusieurs dans les 360 jours que comprendra l'éphéméride, parce que dans cet intervalle de temps le mouvement apparent, tour à tour direct et rétrograde, de la planète, peut la ramener, la ramène même en général, plus d'une fois à la même longitude géocentrique. On obtiendra donc ainsi, à la simple vue, avec une approximation déjà fort grande, toutes les solutions que le problème peut occasionnellement comporter.

Il reste à les rendre tout à fait exactes. Pour cela il faudra considérer les valeurs des latitudes λ que l'éphéméride géocentrique associe en réalité avec chacune des longitudes l, résultantes du calcul approximatif. Chacune de ces valeurs de λ se trouvera en général de quelques minutes plus grande ou moindre que celle dont nous avons fait d'abord usage, et qui était donnée par l'expression approchée

$$\tan \lambda = \tan i \sin (l - n).$$

On la substituera donc à celle-ci, comme plus exacte, en calculant avec elle un arc A, tel qu'on ait

$$\sin A = \frac{\tan \lambda}{\tan I},$$

ce qui comportera deux valeurs distinctes : A et $180° - $ A. On obtiendra pour les deux valeurs, cette fois bien plus exactes,

$$l = N + A \quad \text{et} \quad l = 180° + N - a,$$

dont la première appartiendra aux passages de la terre par le nœud ascendant de l'anneau, et la seconde à ses passages par le nœud descendant. Pour celle-ci, λ étant négatif, l'arc A le deviendra également, ce qui le rétablira positif dans l; de sorte qu'en définitive il se trouvera toujours additif à la longitude actuelle du nœud considéré. Ayant maintenant ces valeurs exactes de l, on cherchera dans l'éphéméride géocentrique la date du jour à laquelle chacune correspond, et ce seront celles des passages cherchés. On pourrait même réduire ces diverses opérations en Tables numériques, comme Delambre l'a fait dans le tome III de son *Astronomie*, chap. XXIX, pag. 91, § 123. Mais, avec le secours de l'éphéméride, le calcul direct de l'arc A est si simple, qu'il n'y a que bien peu d'avantage à s'en dispenser.

SECTION II. — *Sur la structure de l'anneau de Saturne, les proportions de ses diverses parties, et les particularités présumables de sa constitution physique.*

203. Aujourd'hui que le mouvement de transport de l'anneau de Saturne est bien connu, et qu'on sait assigner avec précision l'aspect sous lequel il se présente au soleil ainsi qu'à la terre, à une époque quelconque, les astronomes anglais, russes, américains, en possession de télescopes puissants, munis d'un mouvement équatorial par lequel les images des corps célestes sont maintenues persistantes dans le champ de la vision, se sont judicieusement prévalus de ces appareils, pour étudier la constitution des corps planétaires en général, et en particulier celle de l'anneau de Saturne, mieux que leurs devanciers n'avaient pu le faire avec des instruments à direction fixe, qu'il fallait sans cesse déplacer et reporter sur l'astre pour en obtenir l'image passagère, d'autant plus rapidement fugitive qu'on lui appliquait de plus forts grossissements. Ces nouvelles études ont conduit à plusieurs découvertes importantes et inattendues, dont je vais indiquer sommairement les principaux résultats.

Les *fig.* 48 et 49 représentent l'aspect général de Saturne et de son anneau, tels qu'ils ont été observés à deux époques différentes avec des instruments équatoriaux, munis de forts grossissements. La première a été tracée par l'habile astronome américain M. Bond, d'après des observations faites le 15 novembre 1850, avec le grand équatorial de l'observatoire d'Harvard, en y appliquant des grossissements variés, qui amplifiaient les diamètres des objets depuis 150 jusqu'à 900 fois. La longitude héliocentrique de Saturne était alors de 18° 46'. La *fig.* 49 a été prise à Malte le 13 novembre 1853 par le célèbre négociant et astronome anglais M. Lassell, qui s'était transporté dans cette île pour y jouir d'un plus beau ciel que dans sa résidence ordinaire de Liverpool. Le télescope était un réflecteur à mouvement équatorial, construit de ses propres mains ; le grossissement, appliqué aux diamètres, 565 ; la longitude héliocentrique de Saturne, 58°8′. D'après ce que nous avons reconnu § 200, l'anneau vu du soleil se présente sous sa plus grande ouverture, par sa face australe, lorsque Saturne atteint la longitude héliocentrique 82°53′, à laquelle il est arrivé en 1855, vers le 11 septembre. Comme les époques de ces maxima diffèrent très-peu pour la terre et pour le soleil, on voit par ces dates que nos deux figures sont antérieures à la plus grande ouverture de l'anneau, et la première plus que la seconde, ce qui se reconnaît d'ailleurs par leur seule inspection. Mais l'amplitude de l'anneau dans chacune d'elles est déjà suffisante pour que l'on puisse se former une idée juste de la variété de ses aspects. D'après les mesures que je rapporte plus loin, l'anneau, à son maximum d'ouverture en 1855, aurait caché, et même tant soit peu excédé par son bord inférieur le pôle austral de Saturne, qui reste encore ici sensiblement découvert dans la figure de M. Lassell.

204. Celle-ci présentant l'ensemble de l'anneau, dans un plus grand développement que la première, je la prends comme type de description. Le système annulaire, composé de trois zones distinctes, désignées par les lettres A , B , C , s'y voit suspendu concentriquement autour du globe de Saturne, dont il est séparé par un espace noir, qui semble être le vide du ciel. La zone intérieure C, est si sombre et réfléchit si peu abondamment la lumière solaire, que son existence n'a été aperçue qu'en 1850 par M. Bond, qui l'a décrite pour la première fois dans la *fig.* 48. Je reviendrai tout à l'heure sur les particularités qui la caractérisent. Jusque-là, les deux zones extérieures, et spécialement réfléchissantes, A , B , étaient considérées comme constituant seules la matière de l'anneau, et même on avait pendant longtemps supposé qu'elles formaient un corps continu. Dominique Cassini reconnut le premier l'existence de cette ligne noire, finement tracée comme au pinceau sur toute l'étendue de leur contour, et qui , se montrant avec une égale continuité , sur leurs deux surfaces, à la même distance du

bord extérieur, semblait déceler leur séparation en deux portions
annulaires distinctes, concentriques entre elles. Les deux surfaces
A, B ne sont pas uniformément lumineuses dans toute leur étendue. Leurs portions intérieures sont relativement plus sombres que
le reste, et semblent striées de raies fines, sans qu'on y aperçoive
de divisions tranchées. L'anneau obscur C, signalé par M. Bond,
fut presque en même temps reconnu aussi par les astronomes anglais MM. Daws et Lassell. Ce dernier lui trouvait l'apparence d'un
voile de crêpe, qui occupait environ la moitié de l'espace compris
entre le bord intérieur de l'anneau B et le disque de la planète.
L'ayant depuis revu plus distinctement à Malte, sous un meilleur
ciel, et ayant pu en faire une étude suivie, dans les circonstances
les plus favorables, non-seulement il en conserva cette première
impression, mais il lui reconnut encore un autre caractère fort
inattendu qui la confirmait. C'est que cet anneau C, au lieu d'être
opaque comme A et B, est *transparent ;* car, dans la portion inférieure de l'image, la portion du globe de Saturne, qu'il recouvre,
s'aperçoit distinctement à travers son épaisseur, comme la *fig.* 49
le représente ; de sorte que la lumière solaire, après l'avoir traversé une première fois pour arriver à ce globe, et une seconde
fois après son rejaillissement pour revenir à l'observateur, est
encore très-sensiblement perceptible.

205. Pour compléter l'idée que l'on doit se former de tout ce
système annulaire, je rapporte ici les dimensions optiques de ses
diverses parties, ramenées par le calcul à la distance moyenne de
Saturne au soleil, telles que M. W. Struve les a mesurées avec le
grand réfracteur de Dorpat, du 1er février au 6 mars 1826, la
longitude héliocentrique de Saturne ayant alors varié de 80°27' à
81°41' ; ce qui l'amenait très-approximativement dans la position
où l'anneau, vu du soleil par sa face australe, devait se montrer le
plus ouvert. J'ai intercalé dans ces mesures les dimensions de l'anneau C, en supposant qu'il s'étende jusqu'à la moitié de la distance
de B à la planète, conformément à l'estimation de M. Lassell (*).

(*) *Mémoires de la Société Astronomique de Londres*, tome II, 2e partie,
pag. 513. Valeurs rectifiées ultérieurement tome III, 2e partie, pag. 301.

1.   Diamètre extérieur de l'anneau A............................ 40″,095
2.   Diamètre intérieur du même.................................. 35,289
3.   Épaisseur de la ligne noire qui le sépare de B.. 0,408
4.   Diamètre extérieur de l'anneau B........................... 34,475
5.   Diamètre intérieur du même.................................. 26,668
6.   Diamètre extérieur de l'anneau C........................... le même
7.   Diamètre intérieur du même.................................. 23,329
8.   Diamètre équatorial du globe de Saturne......... 17,991
9.   Largeur de l'anneau A... 3,403
10. Largeur de l'anneau B... 3,901
11. Largeur de l'anneau C... 2,1695
12. Largeur de l'espace noir entre C et le globe de
     Saturne.. 2,1695

La petitesse de ces dimensions fait aisément concevoir que les
divers observateurs ont pu en obtenir des évaluations tant soit
peu différentes. Mais le tableau précédent suffit pour en donner
une très-juste idée.

206. Ici se présentent d'abord deux questions importantes. La
ligne noire qu'on observe entre l'anneau A et l'anneau B, indique-
t-elle entre eux une discontinuité *absolue?* Et l'espace noir qui
s'étend depuis le bord intérieur de l'anneau obscur C jusqu'à la
planète est-il pareillement vide de toute matière? Pour décider ces
deux questions, il faudrait que Saturne, par son mouvement propre, fût amené à occulter centralement ou presque centralement
quelque étoile, dont l'apparition ou la disparition à travers ces
diverses parties du système annulaire pût être constatée. Jusqu'ici
une occasion qui serait si précieuse ne s'est pas offerte aux astronomes qui peut-être ne la recherchèrent pas avec assez de soin ; mais
ils y sont maintenant fort attentifs, et elle sera certainement saisie
quand elle se présentera. L'observateur habile et sagace, M. Daws,
s'est cru un moment sur le point d'avoir cette bonne fortune, même
sous le ciel peu limpide de l'Angleterre, le 31 janvier 1856, comme
il en a rendu compte dans le n° 6 des *Notices de la Société Astronomique de Londres* pour cette même année. Mais l'étoile ne fit
que raser le bord austral des espaces obscurs sans y pénétrer. Toutefois, le simple appulse qui eut lieu alors, fit constater à M. Daws
une particularité d'une grande importance. C'est que, bien que
l'étoile fût seulement de 8ᵉ ou 9ᵉ grandeur, le grand éclat de la

planète n'aurait pas empêché qu'on ne pût encore la voir et la suivre, si elle avait traversé les anneaux, ce qui rend les chances des phénomènes plus nombreuses qu'on ne l'avait antérieurement supposé.

207. Les époques les plus favorables à ce genre d'observations sont celles où le système des anneaux est le plus ouvert. D'autres données non moins essentielles sur sa constitution physique peuvent s'obtenir au contraire aux époques où il se présente le plus aminci, quand le soleil ou la terre sont proches de se trouver compris dans son plan. Pour se rendre un compte exact des conditions d'illumination par suite desquelles le système des anneaux nous devient visible, dans ces circonstances et dans tous ses autres aspects, admettons que le diamètre apparent du soleil est, en nombres ronds, de 32′ ou 1920″ sexagésimales, étant vu de la terre, quand elle se trouve à sa moyenne distance de cet astre que nous prendrons pour unité de longueur. D'après notre tableau de la pag. 266, la distance moyenne de Saturne au soleil, exprimée en parties de la même unité, est 9,5378709o. Conséquemment, à cette distance, le demi-diamètre du soleil vu de Saturne sera inverse de ce nombre, ce qui le réduit à 201″,5o ou 200″ en nombres ronds. Plaçons maintenant le centre du soleil dans le plan des anneaux, dont, pour simplifier le raisonnement, nous supposerons l'épaisseur propre nulle ou négligeable. A cet instant, chacune de leurs surfaces, tant boréale qu'australe, sera éclairée par le demi-disque du soleil levant saturnien, sous-tendant 100 secondes au centre de Saturne. Or toute la portion de cette lumière, de beaucoup la plus abondante, qui sera réfléchie spéculairement, ira se perdre au loin dans l'espace; et nous, habitants de la terre, n'en pourrons recevoir que la portion bien minime qui, après s'être absorbée dans la substance des anneaux, en rejaillira partiellement vers nous par radiation. Il est donc tout naturel que celle des deux surfaces des anneaux qui est tournée vers la terre nous devienne imperceptible dans ces circonstances; et il n'en pourrait être autrement que si ces surfaces étaient couvertes d'aspérités, de hautes montagnes, comme il en existe sur la lune, lesquelles nous renvoyant directement la lumière qui tomberait sur leurs flancs, se montreraient comme autant de points lumineux sur-gissant du sein de l'ombre. Mais les observations les plus attentives ne font voir rien de pareil ; d'où il semble que la surface des anneaux est lisse ou peu inégale, comme Huyghens le concluait de ce fait même. Maintenant, lorsque le plan des anneaux s'écarte du centre du soleil, au delà de 200 secondes, son disque est levé tout entier sur celle de leurs surfaces qu'il regarde, l'opposée étant dans l'ombre. Mais sa plus grande hauteur angulaire sur l'horizon de cette face éclairée ne dépasse jamais 26° 49' ; et, dans ce maximum même, comme dans toutes les élévations moindres, elle ne nous devient perceptible que par la portion de la lumière incidente qui est absorbée, puis renvoyée vers nous par radiation. C'est pourquoi il serait très-important d'étudier les qualités physiques de cette lumière radiée, en lui appliquant les appareils qui produisent la polarisation chromatique. Car il ne serait pas impossible que l'on obtînt ainsi des indications très-importantes et très-sûres sur la nature de la matière qui constitue les anneaux ; et le même mode d'observation pourrait, avec une égale utilité, être appliqué à la lumière que nous renvoie le globe de Saturne.

Dans les circonstances qui amènent la disparition ou la réapparition occasionnelle des anneaux, si l'instrument avec lequel on les observe n'a que peu de puissance d'amplification, les portions de leur contour qui se présentent à l'œil, le plus loin du globe de Saturne, en lui formant comme deux anses latérales, sont les dernières à disparaître et les premières à reparaître ; de sorte qu'elles se montrent alors à droite et à gauche de la planète comme deux points lumineux fixes, qui en seraient séparés. Telle fut la singulière apparence sous laquelle Galilée les aperçut pour la première fois au mois de novembre de l'année 1610. Ce qui lui fit croire qu'il voyait Saturne triple. Mais en continuant de les observer, il ne tarda pas à reconnaître que ces appendices lumineux s'affaiblissaient progressivement ; et enfin dans le mois de novembre de l'année 1612, il reconnut qu'ils étaient complètement disparus, de sorte que Saturne se voyait alors rond et unique. Ces singulières métamorphoses, objet d'un profond étonnement pour lui-même, et pour les astronomes contemporains qui les constatèrent égale-

ment après qu'il les eut annoncées, n'étaient que des illusions occasionnées par le peu de force amplificative des lunettes que l'on
employait alors. Car la disparition absolue de l'anneau, résultante
du passage de son plan par le soleil, n'eut lieu, en ce temps, que
vers le 30 décembre de l'année 1612; d'où il suit que des instruments plus puissants l'auraient fait apercevoir dans sa complète
continuité, jusqu'à un petit nombre de jours seulement avant cette
époque. Ce fut là un des avantages auxquels Huyghens dut sa découverte. Quant à la persistance de la visibilité des anses, dans des
lunettes faibles, après que la portion intérieure du contour de l'anneau plus proche de Saturne a disparu, c'est un effet de perspective qui se conçoit aisément à l'inspection de nos *fig.* 48 et 49; car
la portion illuminée de la surface de l'anneau, qui se présente optiquement à l'observateur, est beaucoup plus grande vers les extrémités des anses que proche du centre où elle se voit transversalement. Ce fut par cette considération évidente que Huyghens rendit
compte de toutes les formes bizarres, que les astronomes avaient
successivement attribuées à Saturne, depuis Galilée jusqu'à lui.

Lorsque sa théorie eut été reconnue et universellement admise,
Maraldi et d'autres astronomes remarquèrent des occasions où les
deux anses n'avaient pas disparu tout à fait simultanément, mais
l'une un peu avant l'autre. Maraldi inféra de là que les deux faces
externes de l'anneau ne sont pas exactement planes et parallèles
entre elles. Mais la prolongation de la visibilité ne suppose pas nécessairement l'inégalité d'épaisseur, pouvant aussi bien provenir
d'une aptitude inégale pour absorber et renvoyer la lumière. Bessel,
en combinant toutes les observations de passages de l'anneau par le
soleil et par la terre effectuées jusqu'en 1838, a été conduit aussi à
en conclure qu'il existe un défaut de parallélisme sensible entre les
faces boréales et australes de l'anneau. On peut toutefois douter
que ces observations soient individuellement assez sûres et assez
concordantes entre elles pour établir avec une entière certitude
cette particularité.

208. Maintenant que l'on possède des instruments d'une grande
puissance, munis d'un mouvement équatorial, les observateurs ont
mis beaucoup de soin à constater et à signaler les nuances sensible-

ment colorées, qui s'aperçoivent sur les diverses portions du globe de Saturne et de ses anneaux, ainsi que les proportions inégales de lumière rayonnante qu'elles nous envoient. Toutes ces particularités sont indiquées, d'après M. Lassell, dans notre *fig.* 49. On y voit la série des teintes que lui ont présentées les diverses zones du globe depuis son pôle boréal jusqu'à son équateur. L'inégale intensité de la lumière provenant des divers anneaux y est marquée par des clairs et des ombres. La portion la plus brillante des anneaux A, B est l'extérieure; de là elle va se dégradant vers l'intérieur; mais elle est beaucoup plus vive sur B que sur A. L'anneau obscur C n'est pas noir, mais grisâtre, ou roussâtre, suivant le Père Secchi, et il laisse apercevoir le disque de la planète à travers sa substance, comme l'a constaté le premier M. Lassell, ce que tous les astronomes ont depuis confirmé.

209. Mais d'après les recherches, les plus attentivement suivies, dans les circonstances d'observation les plus favorables, aucun d'eux n'a jamais pu apercevoir sur les anneaux, non plus que sur le globe, une tache distincte et persistante, dont le déplacement progressif y décelât un mouvement de rotation. Cependant les principes de la mécanique nous apprennent qu'un tel mouvement leur est indispensable pour qu'ils se maintiennent en équilibre permanent, et à distance, autour du globe de Saturne, comme ils le font; car, s'ils étaient immobiles autour de son centre, dans une condition d'équilibre qui serait unique, les attractions occasionnellement exercées sur eux par les autres corps planétaires, spécialement par Jupiter, les auraient depuis longtemps sortis de cette condition et précipités sur la planète. Pour que cet effet ne se soit pas produit, il faut qu'ils en aient été préservés par la force centrifuge née d'un mouvement de rotation rapide, laquelle, en se combinant avec les influences perturbatrices, les aura entretenus dans un état de trépidation compris entre des limites restreintes. On a même pensé, non sans vraisemblance, que la durée de cette rotation doit être approximativement la même que celle d'un satellite, dont la distance au centre de Saturne serait égale au rayon moyen du système annulaire total, ou seulement des anneaux A, B, en négligeant la masse de C. Et alors, d'après la 3e loi de Képler, cette durée

serait à fort peu près $9^h 20^m$ de temps sidéral (*). Mais comme on ignore si les anneaux que nous distinguons à l'œil forment un seul corps, ou des corps séparés et indépendants les uns des autres, cette évaluation est nécessairement incertaine.

210. Le résumé qui précède montre, je crois, avec évidence, combien il nous reste aujourd'hui de notions à acquérir sur la constitution physique des anneaux de Saturne, et sur celle de cette planète même. Nous ignorons si ces corps sont composés d'un noyau solide recouvert d'une atmosphère assez dense pour le cacher à nos regards ; ou si ce sont des masses en partie fluides ; ou même si les anneaux ne seraient pas au moins partiellement à l'état gazeux. La transparence de l'anneau obscur C montre que cette dernière supposition n'est pas dénuée de vraisemblance. Cet anneau intérieur est-il absolument séparé de la planète ? ou y serait-il rattaché par une couche de matière extrêmement mince, représentée dans les anneaux artificiels de M. Plateau par la lame mince d'huile qui les joint au corps central ? Quoique les forces mécaniques qui déterminent la formation de ces anneaux

---

(*) Prenons pour données de ce calcul les mesures obtenues par M. W. Struve et que j'ai rapportées pag. 457. D'après ces mesures on a, en secondes sexagésimales,

Le rayon extérieur de l'anneau A....	$20,0475$
Le rayon intérieur de l'anneau B....	$13,334$
Donc le rayon moyen de leur ensemble...	$16,6907$
On a de plus le rayon moyen du globe de Saturne...	$8,995$

Donc, ce dernier étant pris pour unité, le rayon moyen des deux anneaux sera

$$\frac{16,6907}{8,995} \quad \text{ou} \quad 1,85556, \quad \log = 0.2684735.$$

Selon notre tableau de la pag. 345, le rayon moyen de l'orbe du 1er satellite, exprimé aussi en demi-diamètres de la planète, est $3,35$; et la durée de sa révolution en temps sidéral $0,943$. Donc, en vertu de la 3e loi de Képler, la durée de la révolution de l'anneau, considéré comme un satellite, sera

$$0,943 \left(\frac{1,85556}{3,35} \right)^{\frac{3}{2}} = 0,38874 \quad \text{ou} \quad 9^h 19' 47^s \text{ de temps sidéral.}$$

artificiels diffèrent essentiellement de l'attraction céleste qui a pu
engendrer ceux de Saturne, l'analogie des effets n'en est pas
moins frappante, et suggère d'importantes inductions. Ce sont
là de beaux sujets d'étude, pour les observateurs modernes, munis
de grands télescopes à mouvement équatorial, auxquels ils peuvent appliquer auxiliairement toutes les ressources fournies actuellement par la photographie, et par les appareils qui font reconnaître les caractères physiques de la lumière polarisée ou non
polarisée. Le concours de zèle, qui se manifeste aujourd'hui pour
l'astronomie observatrice dans toutes les parties du monde, ne
permet pas de douter que ces grands problèmes de physique céleste seront avidement explorés.

CHAPITRE XII.

Des dimensions absolues des orbes planétaires. —
Détermination de la parallaxe du soleil.

211. Dans les chapitres précédents, nous avons déterminé les distances des planètes au soleil en partie du grand axe de l'orbe terrestre. Nous connaissons ainsi les rapports de ces distances entre elles; et nous en avons formé le tableau dans la pag. 266. Mais nous ne savons rien sur leur grandeur absolue; et si nous en voulons prendre une idée sensible, il faut les exprimer en rayons terrestres, la plus grande de toutes les mesures qui soient à notre portée.

212. Cela serait facile, si l'on avait, pour un seul instant, la distance d'une planète à la terre exprimée de cette manière; car les positions géocentriques de la planète et du soleil étant connues pour la même époque, par la théorie des mouvements de la planète et de la terre, un simple calcul trigonométrique donnerait la distance de la planète au soleil, exprimée pareillement en rayons terrestres. On connaît déjà la valeur de cette distance en parties du grand axe de l'orbe de la terre; on pourrait donc convertir ce grand axe dans la même mesure : alors, la seconde loi de Képler donnerait tous les grands axes et toutes les dimensions des orbites exprimées de la même manière, d'après la seule durée des révolutions.

213. La parallaxe d'une seule planète, si elle était connue, donnerait immédiatement sa distance à la terre, exprimée en rayons terrestres; mais ces parallaxes sont en général trop petites pour pouvoir être observées avec exactitude. Celle de Mars est la seule qui devienne bien sensible dans certaines circonstances favorables à l'observation. C'est lorsque cette planète est périhélie, et qu'elle approche en même temps de l'opposition. Alors sa distance à la terre est la plus petite possible, et sa parallaxe est la plus grande.

Par exemple, le 6 octobre 1751, Mars n'étant pas très-éloigné de l'opposition, sa parallaxe devint sensible, et les observations comparées de Vargentin et de Lacaille la donnèrent de $24'',64$ sexagésimales, comme on l'a vu dans la pag. 404 du tome III; et il en résulte que la distance de Mars à la terre, à cette époque, était de 8373 rayons terrestres. Or, d'après les Tables du soleil et de Mars, les distances de la terre à ces deux astres étaient alors entre elles comme 3841 à 10047. Conséquemment la parallaxe du soleil, si l'on avait pu l'observer directement à cette même époque, aurait dû être

$$24'',64 \cdot \frac{3841}{10047} \quad \text{ou} \quad 9'',2.$$

Mais la parallaxe de Mars d'où ce résultat est déduit, bien qu'elle ait été mesurée dans les circonstances les plus favorables, est bien petite; et les erreurs de l'observation peuvent avoir sur elle une influence très-considérable, qui altérerait les valeurs des distances, à peu près, dans la même proportion. Si l'on commet, par exemple, dans la parallaxe horizontale, une erreur égale à 3 secondes, ou un huitième de sa valeur totale, il en résultera pareillement une erreur d'environ $\frac{1}{8}$ sur l'évaluation de la distance. Or, avec les instruments que l'on employait lorsque l'opération fut faite, il était difficile de répondre d'une si petite quantité sur l'ensemble des opérations. Car 3 secondes n'égalaient pas même la moitié de l'épaisseur des fils que l'on tendait au foyer des lunettes pour observer. On ne doit donc regarder le résultat précédent que comme une approximation, qui peut faire juger que la parallaxe du soleil est extrêmement petite, et sa distance à la terre très-considérable.

On a trouvé un moyen beaucoup plus exact dans l'observation des passages de Vénus sur le soleil. J'ai déjà indiqué, pag. 95 et suivantes, les circonstances dans lesquelles ces phénomènes se produisent pour Vénus et pour Mercure; et j'ai expliqué les procédés généraux qu'on emploie pour les observer. Mais la distance de Mercure au soleil est trop petite pour que ses passages puissent donner avec sûreté la parallaxe de cet astre. Ceux de Vénus offrent beaucoup plus d'avantages pour cette importante détermination, et je vais expliquer comment on l'en déduit.

214. J'ai annoncé que Vénus, lorsqu'elle passe entre la terre et le soleil, se projette sur le disque de cet astre avec l'apparence d'une tache noire ; et par l'effet de son mouvement propre, combiné avec celui du soleil, elle paraît décrire une corde de ce disque. Ces cordes observées de différents points de la terre, sont très-sensiblement différentes. Cela vient de la parallaxe de Vénus, qui fait que les divers observateurs ne rapportent pas cette planète aux mêmes points du disque du soleil. Ces différences influent considérablement sur les durées des passages, que l'on peut observer avec beaucoup de précision, et elles donnent, avec une extrême exactitude, la différence des parallaxes de Vénus et du soleil.

Supposons, en effet, la terre en T (*fig.* 5o), Vénus en V, et le soleil en S. Un observateur placé au centre même de la terre, verrait Vénus sur le prolongement du rayon vecteur TV ; cette planète lui paraîtrait répondre au point S, sur le disque du soleil ; et dans ses positions successives, elle décrirait la ligne DS. Mais d'autres observateurs placés en O′ et en O″ sur la surface terrestre, verront Vénus en V′ et en V″ ; elle paraîtra au premier décrire la corde D′ V′, au second la corde D″ V″. Ces effets tiennent évidemment à la différence qui existe entre les parallaxes de Vénus et du soleil, et le calcul donne cette différence d'après la durée des passages, précisément par les mêmes formules qui servent à calculer les éclipses de soleil par la lune (*).

Or, par la théorie des mouvements elliptiques, on connaît, pour la même époque, les rapports des distances de Vénus et du soleil à la terre. On connaît donc aussi le rapport des parallaxes de ces astres, puisqu'elles sont réciproques à leurs distances ; il devient donc extrêmement facile de calculer séparément leur valeur ; car deux quantités sont déterminées, lorsqu'on connaît leur rapport et leur différence.

215. On a trouvé de cette manière 8″,702 pour la parallaxe du

---

(*) On trouvera dans la note I à la fin du volume, un exemple numérique de cette importante application. Les observations, dont j'ai fait usage, sont celles du dernier passage de Vénus, qui eut lieu le 5 juin 1769.

soleil ; c'est-à-dire environ un sixième de moins que par la parallaxe de Mars. Cette valeur a été conclue du passage de Vénus, observé en 1769 ; passage attendu avec la plus vive impatience par
les astronomes, qui se répandirent sur toute la surface de la terre,
et entreprirent exprès de longs voyages pour aller observer ce phénomène sur des points différents et dans les circonstances les plus
favorables. Leur espérance ne fut pas vaine ; car la différence des
durées observées à Otaïti, dans la mer du Sud, et à Cajanebourg
dans la Finlande, surpassa 15 minutes. C'est un beau spectacle
que cette tendance universelle et cette combinaison d'efforts de
toutes les nations pour la découverte de la vérité.

216. Laplace a fait voir que l'on peut encore obtenir la parallaxe
du soleil, d'une autre manière, sans l'observer immédiatement, et
d'après la connaissance d'une inégalité du mouvement de la lune,
qui se trouve liée à cette parallaxe (*). Pour concevoir cette liaison, il faut savoir que les inégalités du mouvement lunaire ont
des rapports marqués avec les positions de la terre et du soleil. Le
calcul fait connaître ces rapports ; les observations déterminent
l'étendue des inégalités ; en combinant ces données, on peut en
conclure la valeur des éléments dont les inégalités dépendent, car
on a l'expression de leur dépendance et la mesure de leur action.
Tout se réduit à trouver des inégalités dans lesquelles cette action
soit, en quelque sorte, agrandie, ou dans lesquelles elle se reproduise sans cesse, de manière qu'on puisse la conclure avec exactitude par un grand nombre d'observations. Il existe dans le mouvement de la lune une inégalité de ce genre qui dépend de la parallaxe du soleil, ou de sa distance de la terre ; et en la déterminant
par l'observation, Laplace en a déduit la valeur de cette parallaxe
égale à 8″,560, c'est-à-dire à peine moindre que par les passages
de Vénus. Il est probable que ce résultat de la théorie est encore
plus exact que celui que l'on conclut de l'observation des passages,
et je l'adopterai dans ce qui va suivre.

217. La parallaxe 8″,560 donne 24096,4 rayons terrestres pour

---

(*) *Mécanique céleste*, tome III, livre VII, pag. 282 ; 1re édition 1802, et
même tome, pag. 326, édition de 1844.

la distance moyenne du soleil à la terre (*). Ce résultat suffit pour réduire toutes les dimensions des orbes planétaires en parties de la même mesure.

Mais d'abord, comme les distances apogée et périgée du soleil sont représentées par 1,016792 et 0,983208, d'après notre tableau de la pag. 266, les parallaxes varieront réciproquement à ces distances, ce qui donnera :

$$\text{Parallaxe du soleil apogée} \ldots\ldots\ldots 8'',417,$$
$$\text{moyenne} \ldots\ldots\ldots 8'',560,$$
$$\text{périgée} \ldots\ldots\ldots 8'',706.$$

La distance moyenne du soleil à la terre est $24096,4\,r$; on sait que l'excentricité de son orbite en parties de cette distance moyenne est $0,016792$ pour l'an 1800; on obtiendra donc facilement ses distances apogée et périgée en r. Si, pour avoir une idée plus sensible de ces trois distances, on veut les exprimer en lieues de 4 kilomètres, il n'y a qu'à transformer en mètres les deux demi-grands axes a, b, de l'ellipsoïde terrestre, que nous avons obtenus exprimés en toises à la pag. 221 du tome III; après quoi, prenant leur moyenne et la divisant par 4000, on trouvera qu'elle contient un nombre de ces lieues kilométriques égal à $1591^{l},705$, par lequel

---

(*) Nommons r le rayon de la terre supposée sphérique, Δ la distance de son centre au soleil, Δ et r étant exprimés en parties d'une même unité linéaire. Soit p la parallaxe solaire, c'est-à-dire l'angle qu'un rayon mené du centre du soleil tangentiellement à la terre, formerait avec la distance Δ. On aura évidemment

$$\Delta = \frac{r}{\sin p},$$

ou, à cause de la petitesse de p,

$$\Delta = r \cdot \frac{R''}{p''};$$

prenez p'' égal à $8'',560$ et $\log R'' = 5.3144251$, vous trouverez Δ égal à $24096,4\,r$.

il faudra multiplier les distances obtenues en r (*). C'est ainsi qu'on a formé le tableau suivant :

	EN RAYONS terrestres moyens r	EN LIEUES de 4 kilomètres.
Distance du soleil { apogée.........	24501,0	38928330
moyenne......	24096,4	38354255
périgée........	24491,8	37710240
Excentricité........	404,6	644045

Nous pouvons maintenant évaluer aussi en rayons terrestres r, les demi-grands axes des orbites de toutes les autres planètes, puisque nous avons, pag. 266, leurs expressions en distances moyennes de la terre au soleil. Tel est l'objet du tableau suivant :

(*) Le rapport de la toise au mètre légal, réduit à sa plus simple expression, est $\frac{1539}{790}$, dont le logarithme tabulaire est o.28981 99300 ; ajoutez ce logarithme à ceux des deux axes terrestres a et b donnés en toises à la p. 221 du tome III, et après être revenu aux nombres avec les Tables à 10 décimales, vous trouverez pour les valeurs de a et b, en mètres,

$$a = 6376988^m,13, \qquad \log a_m = 6.80461\ 56089.$$
$$b = 6356651^m,86, \qquad \log b_m = 6.80322\ 84271.$$

Le reste du calcul n'offre aucune difficulté, et même, en donnant ici ces préparations, j'ai voulu surtout saisir une occasion de présenter les valeurs de a et b en mètres, ne les ayant établies qu'en toises dans le tome III.

DÉSIGNATION des planètes.	DISTANCES AU SOLEIL		DEMI-DIAMÈTRES à la distance moyenne de la terre au soleil.	DIAMÈTRES réels en diamètres terrestres.	VOLUMES, celui de la terre étant 1.	DENSITÉS, celle de la terre étant 1.	GRAVITÉ à la surface, la gravité terrestre étant 1.
	en rayons terrestres.	en lieues de 4000m.					
☿ Mercure..	9 327,69	14 846 894	3,2300	0,3503	0,0430	2,7529	0,964
♀ Vénus....	17 429,70	27 742 889	8,2500	0,9622	0,8907	0,9918	0,954
♁ la terre...	24 096,40	38 354 285	8,5776	1,0000	1,0000	1,0000	1,0000
♂ Mars.....	36 715,48	58 440 094	4,4350	0,5147	0,1364	0,9710	0,499
♃ Jupiter...	125 368,70	199 549 593	99,7040	11,6608	1585,5600	0,2132	2,486
♄ Saturne...	229 852,00	365 855 864	81,1060	9,4714	849,6550	0,1190	1,126
♅ Uranus...	462 234,72	735 739 870	»	»	»	»	»
☉ le soleil...	»	»	961,8200	112,3210	1417,045	0,2565	28,137

Les valeurs des masses ont été données au tableau de la pag. 466, d'après les nombres adoptés par M. Le Verrier dans son *Mémoire* inséré aux *Additions* à la *Connaissance des Temps* pour 1844.

AVERTISSEMENT

Sur les chapitres qui vont suivre.

L'ordre logique des idées nous amènerait maintenant à étudier les mouvements de la lune, ce satellite de la terre, plus rapproché d'elle que tous les autres astres, et qui nous intéresse sous tant de rapports. La succession régulière de ses phases lumineuses, offre une division du temps si naturelle, qu'elle a été primitivement en usage chez tous les peuples. Les alternatives d'extinction et de renaissance que sa lumière éprouve, quand la terre s'interpose entre elle et le soleil, et les éclipses soudaines qu'elle fait subir aux autres corps célestes, au soleil même, quand elle vient à nous le cacher momentanément, ont excité des terreurs universelles, aussi long-temps qu'on a ignoré la cause de ces accidents; tandis qu'aujourd'hui, calculés et prévus, ils ne sont plus que des sujets d'instruction. Indépendamment de ces phénomènes généraux, l'observation attentive et intelligente a fait reconnaître dans la marche révolutive de la lune autour de la terre, de nombreuses inégalités, dont les astronomes de tous les âges se sont attachés à démêler les caprices, qui, maintenant reconnues dans leurs moindres détails, et assujetties par le calcul à des lois certaines fondées sur la connaissance de leur cause physique, sont devenues le guide assuré des navigateurs dans les déserts de l'Océan. Nous aurions ensuite à étudier les mouvements et la constitution physique des comètes, ces astres, d'apparence nuageuse, qui, circulant autour du soleil comme les planètes, mais dans des orbites excessivement allongées, ne nous deviennent perceptibles que lorsqu'ils décrivent la portion de ces orbites la plus proche de leur périhélie, où nous les voyons exhaler progressivement et traîner à leur suite de longues queues de vapeurs, convulsivement émises, qu'ils emportent avec eux dans les profondeurs de l'espace quand ils vont s'y replonger. Après avoir ainsi recueilli toutes les connaissances que l'observation et le calcul peuvent nous faire acquérir sur cet ensemble de corps mus révolutivement autour du soleil, et qui, retenus par le lien com-

mun de sa puissance attractive, forment dans l'espace un système
distinct dont notre terre fait partie, nous aurions à porter nos in-
vestigations sur cette multitude infinie de points lumineux dont
la voûte céleste est parsemée, et que l'immutabilité apparente de
leurs positions relatives a fait nommer de tout temps *les fixes*.
Mais la puissance pénétrante de nos télescopes, combinée avec la
précision de nos instruments divisés, nous ferait voir que la mobilité est au contraire leur caractère général. Nous reconnaîtrions
que presque toutes les étoiles ont des mouvements propres, qui
les déplacent entre elles suivant des sens divers. Nous en décou-
vririons qui circulent autour d'autres, retenues à distance dans
une connexité mutuelle, par des forces attractives dont nous ignorons la nature ; constituant ainsi des systèmes cosmiques distincts
du nôtre, et si distants de lui, que ces forces n'ont pas d'effet appréciable sur les mouvements relatifs des corps dont il est composé. Mais le volume que je publie aujourd'hui ne me laisse plus
assez de place pour traiter convenablement ces divers sujets ; et je
dois ainsi me borner à le compléter par les accessoires indispensables aux théories que j'y ai exposées.

CHAPITRE XIII.

De la parallaxe annuelle des étoiles.

(Tout ce chapitre, texte et calculs, est l'ouvrage de M. Lefort.)

218. Dans le chapitre XIV du livre I, tome II, pag. 388, nous avons montré qu'à la surface de la terre l'axe de rotation du ciel semble toujours passer par l'œil de l'observateur, et nous en avons conclu que les dimensions de la terre, comparées à l'éloignement des étoiles, sont d'une petitesse presque infinie, ou, en d'autres termes, que la terre, vue de la distance des étoiles, n'est, dans les espaces célestes, que comme un point dont les dimensions sont insensibles. Il serait donc inutile de chercher à apprécier la parallaxe des étoiles, en les observant de différents points de la terre. S'il est possible de mesurer l'éloignement de ces astres, ce ne sera qu'en prenant une plus grande base que le diamètre terrestre, et la base la plus étendue dont nous puissions faire usage.

219. Il n'y en a point de plus propre à remplir ces conditions, que le grand axe de l'orbe terrestre, dont la longueur est d'environ 76 millions de lieues, comme on l'a vu dans le chapitre précédent. En observant une même étoile des deux extrémités de cet axe, à six mois de distance, et corrigeant ses positions de toutes les petites inégalités que nous avons calculées, on verra si la longitude et la latitude sont les mêmes à ces deux époques, ou si elles sont différentes, à raison des différentes positions de la terre aux instants des observations.

Il est visible, en effet, que l'étoile doit paraître plus élevée sur le plan de l'écliptique, lorsque la terre est dans la partie de son orbite qui l'avoisine; et, au contraire, elle doit paraître plus basse lorsque la terre est dans la partie opposée. Les rayons visuels, menés de la terre à l'étoile dans ces deux positions, diffèrent de la ligne droite menée de l'étoile au centre de l'orbe terrestre, et l'angle qu'ils forment avec cette droite se nomme la *parallaxe annuelle*, parce que c'est l'angle sous lequel un observateur placé dans l'étoile verrait le rayon de l'orbe annuel, qui aboutit à ces deux positions de la terre séparées par six mois d'intervalle. Il est essentiel de remarquer que, pour une même étoile, cet angle varie pendant tout le cours de l'année avec la position de la terre sur son orbite, et que la *parallaxe annuelle maxima* ne répond pas en général au rayon vecteur pris dans la direction du grand axe de l'orbe terrestre. Cette coïncidence n'a lieu en effet que pour les étoiles situées dans un plan perpendiculaire au grand axe et passant par le centre de l'orbe.

La terre ne passe pas subitement d'un point de son orbite au point opposé sur un même diamètre, mais elle y arrive graduellement ; ainsi, en observant les positions de l'étoile aux époques intermédiaires, on devra, si la parallaxe annuelle est sensible, voir ses effets se développer par gradations géométriquement définies. Par exemple, si l'étoile est placée au pôle même de l'écliptique, les rayons visuels, qui lui seront menés de la terre, formeront une surface conique droite, ayant son sommet à l'étoile et pour base l'orbe terrestre. Cette surface conique, prolongée au delà de l'étoile, formera un autre cône opposé au premier par sa pointe ; et son intersection avec la sphère céleste sera une petite ellipse sur laquelle l'étoile paraîtra toujours diamétralement opposée à la terre, et dans le prolongement des rayons visuels menés au sommet du cône ; résultat très-différent de celui de l'aberration, qui fait varier la position apparente de l'étoile perpendiculairement au rayon de l'orbe terrestre, et non pas dans le sens de ce rayon.

220. Il est donc extrêmement facile de reconnaître les résultats qui seraient dus à la parallaxe annuelle ; et la marche de ces phénomènes les distingue très-bien de toutes les autres inégalités. On trouvera, dans la Note qui termine ce chapitre, toutes les formules nécessaires pour le calcul des parallaxes annuelles, soit absolues, soit en longitude, latitude, ascension droite, ou déclinaison. Pour assurer la parfaite intelligence de ce qui va suivre, nous aurons seulement à nous appuyer sur les résultats du calcul relatif à la détermination de la parallaxe maxima.

La parallaxe annuelle, avons-nous dit, varie, pour une même étoile, avec la position de la terre dans son orbite : or, en négligeant l'excentricité de cette orbite, ce qui est bien permis par comparaison avec la distance des étoiles à la terre, on démontre que la parallaxe annuelle acquiert sa valeur maxima, lorsque les longitudes héliocentriques de la terre et de l'étoile diffèrent d'un quadrant, c'est-à-dire, quand la terre, vue du soleil, est en quadrature avec l'étoile. Dans ce cas, le sinus de la parallaxe a pour expression le rapport du rayon vecteur de la terre au rayon vecteur de l'étoile. A la parallaxe maxima répond la distance géocentrique minima, et, comme cette dernière distance diffère très-peu de la distance héliocentrique, il s'ensuit que la connaissance de la plus grande parallaxe permet de calculer la plus courte distance de l'étoile à la terre.

Mais, quelque assiduité qu'on ait mise à multiplier les observations des *lieux vrais* des étoiles, quelques soins qu'on ait pris pour les rendre parfaitement exactes, on n'a rien pu découvrir, par cette méthode, qui indiquât avec certitude, je ne dis pas seulement la quantité, mais l'existence même d'une parallaxe annuelle. Cependant la précision des observations modernes est telle, que si cette parallaxe (*) eût été seulement de 1 seconde, il est extrêmement probable qu'elle n'aurait pas échappé aux tentatives multipliées des observateurs ; surtout elle n'aurait pas dû échapper à Bradley, qui a fait un si grand nombre d'observations pour la découvrir, et qui, en la cherchant, trouva les seuls phénomènes de l'aberration et de la nutation. Admirables découvertes sans doute, mais qui, par leur mérite même, et par l'accord parfait qu'elles mettent entre les observations, rendent comme impossible le soupçon d'une parallaxe annuelle qui s'élèverait seulement à 1 seconde. Les nombreuses observations de la polaire, faites pour la mesure de la méridienne de France avec le cercle répétiteur, n'ont pas offert non plus le moindre effet

---

(*) Dans tout ce qui va suivre il s'agit exclusivement de la parallaxe annuelle maxima.

qui indiquât une parallaxe annuelle. De tout cela, et d'autres observations encore dont nous aurons ultérieurement à parler, on doit conclure que, jusqu'à présent, il y a de fortes raisons pour penser que la parallaxe de l'orbe annuel est au-dessous de 1 seconde, du moins pour les étoiles sur lesquelles on a essayé jusqu'ici de la mesurer.

Ainsi, le diamètre de l'orbe terrestre, vu de l'étoile la plus voisine, ne paraîtrait pas sous un angle de 1″; et, pour un observateur placé à cette distance, notre soleil, avec tout notre système planétaire, serait caché par l'épaisseur d'un fil d'araignée.

221. Si ces résultats ne nous font point connaître la distance des étoiles à la terre, ils donnent au moins une limite au delà de laquelle cette distance doit nécessairement se trouver. Si l'on conçoit un triangle rectangle qui ait pour base la moyenne distance du soleil à la terre, et qui ait à son sommet un angle de 1″, la distance géocentrique du sommet, ou la longueur du rayon visuel, sera exprimée par 206265, le rayon de l'orbe terrestre étant pris pour unité; et, comme ce rayon contient 24096,4 fois le demi-diamètre de la terre, il s'ensuit que, si la parallaxe annuelle d'une étoile était seulement de 1″, la distance de cette étoile à la terre serait égale à 4970238638 rayons terrestres, ou à peu près à 8 trillions de lieues; mais si la parallaxe annuelle est moindre que 1″, les étoiles sont au delà de la limite que nous venons d'assigner.

222. On a vu, pag. 350, que la lumière emploie 8′13″ ou 493″ pour traverser le rayon de l'orbe terrestre. D'après cela, il est facile de calculer le temps qu'elle mettrait à venir des étoiles jusqu'à nous, si leur parallaxe était sensible et égale seulement à 1″; car ce temps, exprimé en secondes, serait 206265 × 493″ ou 101688536″, environ 3ᵃⁿˢ,22. Or, comme les procédés de mensuration qui seront tout à l'heure exposés, montreront qu'aucune étoile jusqu'ici observée n'a une parallaxe qui s'élève à 1″, il s'ensuit que la lumière emploie plus de trois années à se transmettre de ces astres jusqu'à nous. Les étoiles que nous voyons briller tout à coup dans le ciel existaient longtemps avant que nous eussions aperçu leur clarté ; et quelquefois nous les voyons encore, lorsqu'elles ont déjà disparu. Peut-être en est-il de si éloignées, qu'elles n'ont pas encore pu nous transmettre leur lumière ; peut-être d'autres ont-elles disparu depuis des milliers de siècles, quoique nous les voyions encore briller à la même place sur la voûte des cieux.

225. W. Herschel a proposé, en 1781 (*), une méthode qui lui semblait conduire à la détermination de la parallaxe des étoiles, plus sûrement que celles qui avaient été mises en usage jusqu'alors. Cette méthode repose sur la mesure de la distance angulaire de deux étoiles, prise aux extrémités du diamètre de l'orbe terrestre, qui est déterminé par la trace, sur l'écliptique, du plan de leurs rayons vecteurs héliocentriques. Pour la simplicité de l'exposition, nous supposerons l'observateur placé au centre de la terre, où toutes les observations peuvent être facilement réduites, et nous admettrons que les deux étoiles sont situées dans le plan qui passe par le grand axe de l'orbite.

L'observateur est en P au périhélie, *fig.* 51 ; à l'aide d'une lunette munie d'un micromètre, il vise, dans la région céleste située du côté de l'aphélie, deux étoiles B et C, d'un éclat très-différent, qui paraissent presque se toucher, et mesure leur distance angulaire. Ces deux étoiles, quoique voisines en apparence, peuvent être en réalité très-inégalement éloignées de la terre, leur rapprochement n'étant qu'un effet de perspective. Au bout de six mois, l'observateur est arrivé en A à l'aphélie, après s'être déplacé de 76 millions de lieues environ : il répète alors l'opération sur les mêmes étoiles ; et, si elles sont effectivement à des distances de la terre très-différentes, il doit trouver un accroissement dans leur distance anglaire, attendu que l'accroissement de la latitude de l'étoile plus proche sera plus grand que l'accroissement de la latitude de l'étoile plus éloignée (**).

(*) *Transactions philosophiques*, tome LXXII.

(**) On a reporté jusqu'à Galilée le mérite de l'invention de cette méthode. Nous croyons, avec sir J. Herschel, que le passage du 3ᵉ dialogue sur

224. Le succès de l'opération ne sera assuré qu'à la condition que le choix de l'observateur se sera porté sur deux étoiles réellement très-distantes ; ce dont la dissemblance d'éclat serait, seule, une garantie fort douteuse. En effet, l'éclat dépend non-seulement de la distance à laquelle la lumière est perçue, mais encore de la quantité absolue de lumière émise, quantité qui peut varier aussi bien avec les proportions du corps lumineux qu'avec sa constitution physique. Si on se laissait guider dans l'appréciation des distances par cette seule considération, on arriverait à conclure que les planètes du système de *Cérès* et de *Vesta* sont plus éloignées de la terre que Jupiter et Saturne. Mais il est heureusement un autre caractère, qui peut nous faire présumer avec beaucoup plus de vraisemblance le rapprochement des étoiles : nous voulons parler de la grandeur de leurs *mouvements propres*, c'est-à-dire de l'étendue des déplacements que quelques-unes d'entre elles paraissent éprouver dans le ciel, indépendamment des mouvements communs à toutes et qui expriment les phénomènes de la réfraction, de la précession, de l'aberration et de la nutation. Tout porte en effet à penser que ces déplacements sont d'autant plus sensibles pour nous, que les étoiles sont plus voisines de notre système. Le choix de l'étoile principale de comparaison devra donc porter sur des étoiles, telles que les deux 61es du Cygne, μ de Cassiopée, etc., dont le mouvement propre annuel est respectivement de 5″,3 ; 3″,74, etc. L'opération serait au contraire viciée, et conduirait à des conséquences tout à fait fausses, si, sous prétexte de voisinage apparent, l'observateur avait comparé deux étoiles

---

les deux grands systèmes de Ptolémée et de Copernic, qui a été cité à l'appui de cette opinion, a reçu une interprétation erronée. Si on lit en entier l'habile argumentation de *Salviati*, et si l'on suit le raisonnement sur les figures, qui sont destinées à en faciliter l'intelligence, on reconnaîtra qu'il s'agit de la détermination de la parallaxe annuelle des étoiles par la méthode *des lieux absolus*, qui diffère essentiellement de la méthode des *lieux relatifs*, et que *le changement sensible de position entre deux étoiles très-voisines*, prévu *comme possible* par le philosophe, constitue à ses yeux un phénomène analogue aux stations et rétrogradations des planètes.

appartenant à un de ces systèmes d'*étoiles doubles* qui ont un mouvement révolutif ; ou bien encore, si, comparant des étoiles animées de mouvements propres, il ne constatait avec exactitude ces mouvements, pour en débarrasser finalement les observations.

Les avantages que l'illustre W. Herschel attribuait à sa méthode, sont d'ailleurs très-réels. Il est clair que l'incertitude des corrections, que nécessitent la réfraction, la précession, l'aberration de la lumière, et la nutation de l'axe terrestre, aura moins d'influence sur la détermination de la position relative de deux étoiles, angulairement très-voisines, que sur la détermination de leurs lieux absolus. De plus, il n'est pas nécessaire, pour effectuer les observations, d'avoir des instruments de grandes dimensions, dont la température devrait rester invariable, pour que les hauteurs angulaires, prises à six mois de distance, puissent être exactement comparées.

225. Désignons par δ l'angle BPC, *fig.* 51, qui mesure la distance des deux étoiles à la première station, par α l'angle analogue BAC à la seconde station ; l'angle ABP ou ϖ, sous lequel le diamètre de l'orbe terrestre serait vu de l'étoile la plus proche, sera peu différent de $\alpha - \delta$, et un peu plus grand que $\alpha - \delta$. En effet, l'angle CDB, extérieur au triangle CAD, est plus grand que l'angle intérieur CAD ou α, et il en diffère très-peu, attendu que les lignes PC et AC sont sensiblement parallèles à cause de l'éloignement supposé immense de l'étoile C. Or CDB $=$ DPB $+$ DBP $= \delta + \varpi$, donc $\varpi > \alpha - \delta$, et peu différent de $\alpha - \delta$. Ainsi, en effectuant le calcul du triangle APB, pour une valeur de l'angle au sommet égale à $\alpha - \delta$, on aura une limite supérieure à la distance réelle de l'étoile B. On voit d'ailleurs que pour réunir tous les éléments nécessaires au calcul numérique du triangle, il suffit d'observer l'ascension droite et la déclinaison d'une seule des étoiles ; et l'erreur que l'observation comporte ne peut avoir qu'une très-faible influence sur le résultat final.

226. Le célèbre directeur de l'Observatoire de Kœnigsberg, Bessel, a appliqué cette méthode avec une grande habileté et les soins les plus persévérants. A l'aide de l'héliomètre, construit par Fraunhofer, que nous avons décrit au tome II, pag. 181, il a comparé assidûment les deux étoiles de 6ᵉ grandeur de la constellation du Cygne, marquées 61 dans les catalogues, à deux étoiles très-faibles, éloignées d'elles, l'une de $7'42''$, l'autre de $11'46''$, et tellement placées, qu'en les joignant à l'étoile de comparaison, on formait un triangle à très-peu près rectangle. La distance angulaire a varié pendant le cours de chaque année, au moins pour une des séries, dans le sens qu'exigeait le déplacement de la terre. D'une discussion approfondie des observations (*), Bessel a conclu que la parallaxe annuelle de la 61ᵉ du Cygne était de $0'',348$, ce qui répond à une distance de la terre à très-peu près égale à six cent mille fois le rayon moyen de l'orbite terrestre, en sorte que la lumière de cette étoile mettrait un peu plus de neuf ans à nous parvenir. Ces résultats ont été depuis confirmés par des observations faites sur la même étoile par M. Peters, à l'Observatoire de Pulkova. Si donc il reste encore des doutes sur la valeur absolue de différences angulaires, qui se traduisent par des fractions de secondes, on ne peut contester ni la rigueur géométrique de la méthode, ni le fait même d'une parallaxe sensible pour quelques-unes des étoiles qui ont de grands mouvements propres.

Il est juste de constater que M. Struve a le premier mis en pratique la méthode différentielle d'Herschel, encore bien que le choix d'α de la Lyre n'ait pas été aussi heureux que celui de la 61ᵉ du Cygne.

227. Il faut que les étoiles éprouvent des changements d'éclat bien considérables, puisque ces changements sont encore sensibles à la distance où nous sommes placés. Il en est qui perdent peu à peu leur lumière, comme l'étoile que l'on nomme δ de la grande Ourse. D'autres, comme 6 de la *Baleine*, deviennent de plus en plus brillantes. Enfin, on en a vu qui, après avoir pris soudainement un nouvel éclat, se sont éteintes peu à peu. Telle fut l'étoile nouvelle qui parut en 1572 dans la constellation de Cassiopée. Elle devint tout à coup si brillante, qu'elle surpassa en clarté les plus

---

(*) *Astronomische Nachrichten*, nᵒˢ 365, 366; 13 déc. 1838.

belles étoiles, Vénus et Jupiter même, lorsqu'ils sont le plus près de la terre. On pouvait l'apercevoir en plein jour au méridien. Peu à peu on vit ce grand éclat s'affaiblir, et enfin l'étoile disparut seize mois après son apparition, sans avoir changé de place dans le ciel. Sa couleur, dans ces intervalles, éprouva de grandes variations. Elle parut d'abord d'un blanc éclatant comme Vénus, ensuite d'un jaune rougeâtre, comme Mars et comme *Aldébaran*; enfin, d'un blanc plombé, comme Saturne (*). Une autre étoile, qui parut tout à coup, en 1604, dans la constellation du Serpentaire, éprouva des variations analogues, et disparut de même après quelques mois.

228. D'autres étoiles, sans disparaître entièrement, offrent des variations non moins singulières. Leur lumière augmente et décroît tour à tour par des périodes réglées. On les nomme, pour cette raison, *étoiles changeantes*. Telles sont l'étoile *Algol*, qui a une période d'environ trois jours; δ de *Céphée*, qui en a une de cinq; β de la *Lyre*, de six; μ d'*Antinoüs*, de sept; ο de la *Baleine*, de 334, et d'autres encore.

On a donné plusieurs explications de ces changements périodiques. On a supposé que les étoiles qui y sont sujettes sont, comme toutes les autres, des corps lumineux, de véritables soleils qui tournent autour d'un axe, mais dont la surface est parsemée de taches obscures qui se présentent à nous dans certains temps, par l'effet de la rotation. D'autres astronomes ont cherché à expliquer ces faits, en supposant à ces étoiles une forme extrêmement aplatie qui les rend moins lumineuses sous certains aspects. Enfin, on a supposé que de grands corps opaques circulant autour de ces étoiles, nous interceptent parfois leur lumière, et les éclipsent périodiquement. Le temps, en accumulant les observations, décidera peut-être laquelle de ces hypothèses est la véritable.

229. Un des moyens les plus sûrs d'y parvenir, est de comparer les étoiles entre elles, en les désignant par des lettres ou des nom-

____

(*) Tycho-Progymnasmata.

bres, et les disposant, à mesure qu'on les compare, dans l'ordre que l'éclat leur assigne. Si l'on trouve ensuite, par les observations, que cet ordre change, c'est une preuve qu'une des étoiles sur lesquelles la comparaison est établie, a changé pareillement; et quelques combinaisons de ce genre suffiront pour reconnaître quelle est celle qui a subi une variation. On ne peut comparer ainsi chaque étoile qu'avec celles qui l'avoisinent, et qui peuvent être aperçues en même temps. Mais en comparant ensuite celles-ci à d'autres, on parvient, par une série de termes intermédiaires, à lier ensemble des extrêmes fort éloignés. Cette méthode, actuellement en usage, est bien préférable à celles des anciens astronomes, qui classaient les étoiles d'après une comparaison très-vague, suivant ce qu'ils appelaient l'ordre de *leur grandeur*, ce qui n'était réellement que celui de leur éclat estimé d'une manière très-imparfaite.

NOTE

Sur la parallaxe annuelle.

Déterminons par le calcul les lois exactes des variations de la parallaxe des étoiles, correspondante aux diverses positions de la terre sur son orbite. Soient x, y les deux coordonnées héliocentriques de la terre T (*fig.* 52), rapportées à deux axes fixes et rectangulaires S γ, S $\circleddash$, menés par le centre S du soleil dans le plan de l'écliptique, l'axe des X étant supposé passer par l'équinoxe du printemps. Si l'on nomme v la longitude TS γ de la terre vue du soleil, et r sa distance ST à cet astre, ou le rayon de son orbite, qu'il suffira ici de supposer circulaire, on aura

$$x = r \cos v, \quad y = r \sin v.$$

Menons par le centre du soleil un troisième axe SP perpendiculaire au plan de l'écliptique; ce sera l'axe des Z, et nous supposerons les z positifs dirigés vers le pôle boréal de ce plan. Soient x', y', z' les coordonnées d'une étoile fixe E rapportée à ces axes; nommons l' et λ' sa longitude et sa latitude héliocentriques, et désignons par ρ' la projection SA de son rayon vecteur SE sur le plan de l'écliptique; on aura évidemment

$$x' = \rho' \cos l', \quad y' = \rho' \sin l', \quad z' = \rho' \tang \lambda'.$$

Mais si l'on représente par r' la vraie distance SE de l'étoile au soleil, on aura aussi

$$x' = r' \cos \lambda' \cos l', \quad y' = r' \cos \lambda' \sin l', \quad z' = r' \sin \lambda'.$$

Supposons maintenant que l'on demande la longitude et la latitude géocentriques de l'étoile E; en nommant la première l, la seconde λ, on aura

$$\tang l = \frac{y' - y}{x' - x}, \quad \sin \lambda = \frac{z'}{\sqrt{(x - x')^2 + (y - y')^2 + z'^2}}.$$

Examinons d'abord la première de ces équations : en y mettant pour x, y, x', y', leurs valeurs, elle devient

$$\tang l = \frac{r' \cos \lambda' \sin l' - r \sin v}{r' \cos \lambda' \cos l' - r \cos v},$$

et peut se mettre sous la forme

$$\tang l = \tang l' \frac{1 - \dfrac{r}{r'} \dfrac{\sin v}{\cos \lambda' \sin l'}}{1 - \dfrac{r}{r'} \dfrac{\cos v}{\cos \lambda' \cos l'}}$$

$\frac{r}{r'}$ est le rayon de l'orbe terrestre divisé par la distance de l'étoile au soleil.

31..

Ce rapport est précisément la tangente de la parallaxe annuelle, quand elle est la plus grande possible, comme nous le démontrerons ci-après. En représentant par p la valeur de cette parallaxe, qui est très-petite, on pourra remplacer la tangente par le sinus, et l'expression de tang l deviendra

$$\operatorname{tang} l = \operatorname{tang} l' \; \frac{1 - \dfrac{\sin p \sin v}{\cos \lambda' \sin l'}}{1 - \dfrac{\sin p \cos v}{\cos \lambda' \cos l'}}.$$

Si la parallaxe p était tout à fait nulle, $\sin p$ serait nul aussi, et il viendrait $l = l'$, c'est-à-dire que la longitude géocentrique de l'étoile égalerait sa longitude héliocentrique. Si p n'est pas nul, du moins nous sommes assurés que sa valeur est bien petite, puisqu'elle ne s'élève pas à $1''$. Ainsi, dans tous les cas, p sera une fraction d'une petitesse extrême, et par conséquent nous pourrons en général nous borner à sa première puissance. Si nous développons par la division le dénominateur du second membre, en nous bornant à cette approximation, nous trouverons

$$\operatorname{tang} l = \operatorname{tang} l' \left[1 + \frac{\sin p \sin (l' - v)}{\cos \lambda' \sin l' \cos l'} \right],$$

ou, en substituant aux tangentes leurs valeurs $\dfrac{\sin}{\cos}$,

$$\sin (l - l') = - \frac{\sin p \sin (v - l') \cos l}{\cos \lambda' \cos l'}.$$

La différence $l - l'$ est donc toujours un très-petit angle de l'ordre de l'angle p. On peut donc, puisque nous nous bornons à la première puissance de p, substituer le rapport de ces petits arcs à celui de leurs sinus. Par la même raison, on peut supposer $l = l'$ dans le second membre. Ces réductions donnent

$$(1) \qquad\qquad l - l' = - \frac{p \sin (v - l')}{\cos \lambda'}.$$

Si l'on traite de même la valeur de $\sin \lambda$, elle deviendra

$$\sin \lambda = \frac{r' \sin \lambda'}{\sqrt{r'^2 - 2 r r' \cos \lambda' \cos (v - l') + r^2}},$$

ou bien

$$\sin \lambda = \frac{\sin \lambda'}{\sqrt{1 - 2 \sin p \cos \lambda' \cos (v - l') + \sin^2 p}}.$$

En développant le second membre par la formule du binôme, et se bornant aux premières puissances de $\sin p$, on trouve

$$\sin \lambda = \sin \lambda' [1 + \sin p \cos \lambda' \cos (v - l')],$$

ou bien

$$2\sin \tfrac{1}{2}(\lambda - \lambda') \cos \tfrac{1}{2}(\lambda + \lambda') = \sin p \sin \lambda' \cos(v - l').$$

On voit par cette formule que la différence $\lambda - \lambda'$ des latitudes géocentriques et héliocentriques est également de l'ordre de l'angle p. Ainsi, en substituant le rapport de ces petits arcs à celui de leurs sinus, et supposant $\lambda' = \lambda$ dans les termes qui sont déjà de l'ordre p, on aura simplement

$$(4) \qquad \lambda - \lambda' = p \sin \lambda' \cos(v - l').$$

Telles sont les expressions de la parallaxe annuelle en longitude et en latitude. La première, donnée par l'équation (1), est nulle quand on a $v - l' = 0$, ou $v - l' = \pi$; c'est-à-dire, lorsque l'astre est en opposition ou en conjonction avec le soleil. Alors, en effet, la parallaxe doit se porter tout entière sur la latitude. Aussi l'expression de la parallaxe en latitude acquiert-elle alors sa plus grande valeur, qui est $p \sin \lambda'$. Cette expression à son tour devient nulle quand $v - l' = \pm \dfrac{\pi}{2}$, parce qu'alors $\cos(v - l') = 0$.

C'est le cas où la terre vue du soleil est en quadrature avec l'astre ; alors le rayon vecteur héliocentrique de l'astre devient perpendiculaire au rayon vecteur de la terre. Or, comme la perpendiculaire est la plus courte de toutes les lignes que l'on peut mener d'un point sur une droite donnée, il arrive que très-près de ce minimum les obliques voisines de la perpendiculaire varient très-peu, et seulement dans les quantités du second ordre, c'est-à-dire dans les secondes puissances de $\sin p$. Les distances de l'astre à la terre, dans ces deux positions, diffèrent donc extrêmement peu de la distance héliocentrique de l'astre ; et comme le sinus de la latitude géocentrique λ est égal à la hauteur de l'astre sur l'écliptique, divisée par sa distance à la terre, il s'ensuit que la distance ne variant pas, et la hauteur étant constante, la latitude doit être constante aussi et égale à la latitude héliocentrique. Ce cas est celui qui donne la plus grande parallaxe de longitude ; car $v - l'$ étant égal à $\pm \dfrac{\pi}{2}$, son sinus est égal à ± 1, ce qui est la plus grande valeur qu'il puisse avoir. La plus grande différence des longitudes géocentriques dans ces cas extrêmes, est donc égale au double d'une seule de ces variations, ou à $\dfrac{2p}{\cos \lambda'}$.

Les deux cas que nous venons d'examiner répondent aussi aux deux positions de la terre, dans lesquelles le diamètre de l'orbe terrestre est vu du centre de l'astre sous le plus petit angle ou sous le plus grand. De sorte que les variations des parallaxes observées en ces points opposés de l'orbite sont les plus petites, ou les plus grandes, que l'on puisse observer sur deux rayons vecteurs opposés.

Pour démontrer cette proposition, menons du centre de l'astre les droites R', R'' aux deux extrémités d'un même diamètre de l'orbe terrestre, représenté par $2r$. Dans le triangle rectiligne, formé par ces trois droites, nommons V l'angle à l'astre formé par les côtés R', R'', on aura évidemment

$$\cos V = \frac{R'^2 + R''^2 - 4\,r^2}{2\,R'\,R''}.$$

Or x, y étant les coordonnées de la terre dans sa première position sur l'orbite, ces coordonnées deviendront $-x$, $-y$, dans la position opposée. On aura donc

$$R'^2 = r^2 - 2\,(xx' + yy') + r'^2,$$
$$R''^2 = r^2 + 2\,(xx' + yy') + r'^2;$$

par conséquent

$$R'^2 + R''^2 = 2\,r^2 + 2\,r'^2,$$
$$R'^2\,R''^2 = (r^2 + r'^2)^2 - 4\,r^2\,r'^2 \cos^2 \lambda' . \cos^2 (v - l');$$

ce qui donne

$$\cos^2 V = \frac{(r'^2 - r^2)^2}{(r^2 + r'^2)^2 - 4\,r^2\,r'^2 \cos^2 \lambda'\,\cos^2 (v - l')}.$$

L'angle V étant toujours fort petit, sa plus grande valeur répondra à la plus petite valeur de cos V. Or, celle-ci aura lieu quand le dénominateur du second membre sera le plus grand possible, c'est-à-dire quand on aura $\cos \lambda' \cos (v - l') = 0$, ou simplement $\cos (v - l') = 0$, puisque λ' est supposé invariable. Cette condition donne $v - l' = \pm \frac{\pi}{2}$, comme nous l'avions annoncé.

Dans ce cas, la valeur de V est donnée par l'équation

$$\cos V = \frac{r'^2 - r^2}{r^2 + r'^2};$$

d'où l'on tire

$$\sin^2 \tfrac{1}{2} V = \frac{\sin^2 p}{1 + \sin^2 p};$$

et par conséquent

$$\tfrac{1}{2} V = p \quad \text{ou} \quad V = 2p$$

en négligeant les quantités du second ordre.

D'après la discussion précédente, on voit que les apparences produites par la parallaxe annuelle, lorsqu'elle est sensible, diffèrent beaucoup de celles que produit l'aberration de la lumière; de sorte que ces deux genres de variation ne peuvent pas être confondus l'un avec l'autre. On sentira encore mieux leur différence en comparant les formules qui les expriment. Mais pour le faire commodément, il faut rapporter celles de la parallaxe annuelle aux coordonnées géocentriques, comme nous avons fait pour les formules de l'aberration.

D'abord, il n'y a aucun changement à faire pour la longitude et la latitude de l'astre; comme elles ne diffèrent des coordonnées géocentriques que par la parallaxe, on peut les prendre indifféremment l'une pour l'autre dans l'expression de cette parallaxe, puisque nous nous bornons aux premières puissances de p.

Mais, au lieu de la longitude l' de la terre vue du soleil, il faut introduire la longitude Θ du soleil vu de la terre. Cela est très-facile; car on a toujours

$$\Theta = \pi + v;$$

par conséquent

$$v = \Theta - \pi.$$

En substituant cette valeur de v dans les expressions de la parallaxe en longitude et en latitude, elles deviendront

$$l - l' = \frac{p \sin (\Theta - l')}{\cos \lambda'}, \qquad \lambda - \lambda' = - p \sin \lambda' \cos (\Theta - l').$$

Les valeurs l' et λ', dans les premiers membres, peuvent être considérées comme représentant le lieu réel de l'astre. Or, en adoptant les mêmes dénominations, et négligeant l'excentricité de l'orbe terrestre, les formules de l'aberration en longitude et en latitude, trouvées dans la pag. 380, sont

$$l - l' = - \frac{20'',246 \cos (\Theta - l')}{\cos \lambda'}, \qquad \lambda - \lambda' = - 20'',246 \sin \lambda' \sin (\Theta - l').$$

Les seconds membres de ces équations sont semblables, quant aux facteurs constants; mais quant aux termes variables, leur forme est justement inverse; de sorte que la parallaxe annuelle sera la plus grande possible quand l'aberration aura sa plus petite valeur, et réciproquement. La marche des deux phénomènes entre ces extrêmes n'est pas moins différente. Pour qu'ils s'accordassent, il faudrait changer Θ en $\Theta + \frac{\pi}{2}$ dans l'expression de l'aberration.

Ce rapprochement nous fournira tout de suite l'effet de la parallaxe en ascension droite et en déclinaison; il suffira de changer Θ en $\Theta + \frac{\pi}{2}$ dans les expressions de l'aberration décomposées de la même manière. On aura donc ainsi, d'après la pag. 380,

parall. ann. en ascens. droite
$$\left\{ \begin{array}{l} a - a' = + \dfrac{p \sin a'}{\sin N \cos d'} \cdot \sin (\Theta - N). \\[2ex] \tan N = \dfrac{\tan a'}{\cos \omega}. \end{array} \right.$$

parall. ann. en déclinaison
$$\left\{ \begin{array}{l} d - d' = \dfrac{p \cos a' \sin d'}{\cos N'} \cdot \sin . (\Theta - N'). \\[2ex] \tan N' = \dfrac{\sin a' \cos \omega - \cot d' \sin \omega}{\cos a'}. \end{array} \right.$$

Dans ces formules il faut employer pour l', λ', a' et d', les éléments héliocentriques. On obtiendra leurs valeurs en prenant pour l' la longitude géocentrique observée dans les syzygies, à l'instant de l'opposition ou de la conjonction de l'astre, et en prenant pour λ' la latitude géocentrique observée dans les quadratures, à $\frac{\pi}{2}$ en avant ou en arrière de la syzygie. Il est visible, en effet, que, dans le premier de ces points, on a $l = l'$, et, dans le second, $\lambda = \lambda'$, comme nous l'avons déjà remarqué plus haut. Avec les valeurs de l' et de λ', l'obliquité de l'écliptique ω étant connue, on calculera a' et d' par les formules de la pag. 77 du tome IV. Ce seront les valeurs de l'ascension droite et de la déclinaison héliocentrique telles qu'il faut les employer. Quant à a et d, ce sont l'ascension droite et la déclinaison géocentrique de l'astre, corrigées de la nutation et de l'aberration. Il est visible qu'il faut effectuer aussi ces corrections pour obtenir l et λ d'après les observations géocentriques.

Lorsqu'on voudra déterminer, par la méthode des lieux absolus, si une étoile désignée a une parallaxe sensible, on l'observera le plus souvent qu'il sera possible pendant le cours entier d'une année, puis on calculera les valeurs de l', λ', a' et d', comme nous venons de le dire; et en prenant les différences $l - l'$, $\lambda - \lambda'$, $a - a'$, $d - d'$, entre ces éléments constants et ceux qui résultent de l'observation géocentrique, on verra s'ils paraissent éprouver quelque variation appréciable. Dans ce cas, la parallaxe sera sensible; dans le cas contraire, elle ne le sera point.

L'effet de la parallaxe peut devenir plus sensible sur un de ces éléments que sur un autre, à cause des facteurs constants qui la multiplient, et qui augmentent ou diminuent son influence. Par exemple, la parallaxe de latitude étant exprimée en général par $- p \sin \lambda' \cos (\Theta - l')$, on voit que pour la même étoile elle atteint sa plus grande valeur quand $\Theta - l' = \pm \frac{\pi}{2}$, ce qui la rend égale à $- p \sin \lambda'$; et ensuite, parmi toutes les étoiles, elle atteint sa plus grande valeur, quand $\lambda' = \frac{\pi}{2}$, ce qui la rend égale à p. Mais elle ne peut point dépasser cette limite. Au contraire, la parallaxe en longitude ayant $\cos \lambda'$ au dénominateur, peut surpasser beaucoup p; et elle croît à mesure que la latitude λ' diminue. Il semble même qu'elle deviendrait infinie, si l'on avait $\lambda' = \frac{\pi}{2}$, c'est-à-dire si l'étoile était placée au pôle même de l'écliptique. Mais cette forme qu'elle prend alors tient à ce que ces expressions ne sont qu'approchées, et résultent de développements dans lesquels on a supposé $l - l'$ fort petit. Or, cela n'aurait plus lieu pour une étoile qui serait située au pôle même de l'écliptique, ou assez près de ce pôle, pour que la parallaxe annuelle p devînt comparable à $\cos \lambda'$; car alors la longitude héliocentrique et la longitude géocentrique pourraient différer beaucoup l'une de l'autre, contre notre supposition. On voit par cette discussion qu'il est avantageux de choisir des étoiles éloignées de l'écliptique, afin d'agrandir le phénomène; et s'il n'est pas sensible même pour ces étoiles, on devra en conclure plus sûrement encore que leur parallaxe ne peut pas être appréciée. D'un autre côté, il faut choisir des étoiles qui s'élèvent beaucoup sur l'horizon du lieu où l'on observe, afin d'atténuer d'autant plus les effets des réfractions et des erreurs accidentelles qu'elles introduisent.

Quand on aura cru reconnaître dans les valeurs de $l - l'$, $\lambda - \lambda'$, $a - a'$, $d - d'$, des variations assez sensibles pour qu'on ne puisse pas les attribuer aux erreurs des observations, on comparera ces différences entre elles pour voir si elles sont dans les rapports que leurs valeurs exigent. Cette confirmation sera utile pour éviter quelque cause d'erreur accidentelle et cachée. Alors on regardera comme connue la variation de l'élément où la différence est le plus sensible; et en l'égalant à son expression analytique, on en tirera la valeur de p. Et, comme chacune des variations atteindra son maximum dans deux points opposés de l'orbite, il faudra employer simultanément ces variations pour déterminer p, afin de rendre leur valeur totale plus facilement appréciable (*).

Lorsqu'on opère par la méthode des lieux relatifs, la seule qui jusqu'ici ait incontestablement accusé une parallaxe annuelle, les calculs peuvent être établis de la manière suivante :

Soient S et A, fig. 53, les deux étoiles comparées, TT, le diamètre de l'orbe terrestre, compris dans le plan qui passe par ces étoiles et par le centre du soleil, α et δ les distances angulaires STA, ST, A mesurées aux deux stations T et T, ; ϖ l'angle au sommet du triangle TST, , qui a pour base le diamètre terrestre et son sommet à l'étoile la plus voisine S, ε l'angle analogue dans le triangle TAT, , qui répond à l'autre étoile incomparablement plus éloignée ; L la longitude du soleil quand la terre est en T; l, λ, l_1, λ_1, les longitudes et latitudes géocentriques des étoiles S et A, à la même époque; R le rayon de l'orbe terrestre CT ou CT, , r, (r), r', les rayons vecteurs ST, ST, , SC. Les deux triangles SDT, , ADT, ayant un angle en D opposé par le sommet, ont une somme égale pour les deux autres angles ; en sorte que

$$\varpi = \alpha - \delta + \varepsilon.$$

ε est, par hypothèse, une quantité très-petite, qui échappe à tous nos moyens directs de mesure ; par suite ϖ a pour valeur très-approchée $\alpha - \delta$.

L'angle STT, , que nous appellerons θ, est donné par la formule

(1) $$\cos \theta = \cos \lambda \cos (l - L);$$

on a donc, pour déterminer les côtés r et (r) dans le triangle STT, , les deux équations

$$\frac{\sin \varpi}{2R} = \frac{\sin \theta}{(r)}, \qquad \frac{\sin \varpi}{2R} = \frac{\sin (\theta + \varpi)}{r},$$

(*) Les formules que nous venons de réunir ont été établies par Delambre, le mode d'exposition est seul différent. Clairaut avait également traité de la parallaxe annuelle des étoiles dans les *Mémoires de l'Académie des Sciences* pour 1739, pag. 358-396 ; mais son travail est moins complet que celui de Delambre.

d'où, (p), p, p' étant les parallaxes relatives aux distances (r), r, r',

$$(2) \qquad \frac{R}{(r)} = \frac{\sin \varpi}{2 \sin \theta} = \tang (p),$$

$$(3) \qquad \frac{R}{r} = \frac{\sin \varpi}{2 \sin (\theta + \varpi)} = \tang p.$$

Mais $\frac{R}{r'} = \tang p'$, et $\frac{R}{r'}$ est compris entre $\frac{R}{(r)}$ et $\frac{R}{r}$. Or, quand les observations sont faites dans des conditions convenables, l'angle ϖ est extrêmement petit relativement à l'angle θ, en sorte que les équations (2) et (3) donnent pour (p) et p des valeurs sensiblement égales; on pourra donc écrire simplement pour expression de la parallaxe annuelle maxima

$$(4) \qquad p' = (p) = p = \frac{\varpi}{\sin \theta} ;$$

p et ϖ étant exprimés en secondes.

Pour régler l'époque des observations qui serviront à déterminer l'angle ϖ, il ne s'agit plus que de calculer la longitude du soleil qui répond à la position de la terre en T. A cet effet, si l'on désigne par l', λ' les longitude et latitude d'un point quelconque du plan qui contient les rayons vecteurs des deux étoiles comparées, par i l'inclinaison de ce plan sur l'écliptique, son équation sera

$$\tang \lambda' = \tang i \sin (L - l') ;$$

et puisque ce plan passe par les deux étoiles,

$$\tang i = \frac{\tang \lambda}{\sin (L - l)} = \frac{\tang \lambda_1}{\sin (L - l_1)}$$

Par suite

$$(5) \qquad \tang L = \frac{\sin l_1 \tang \lambda - \sin l \tang \lambda_1}{\cos l_1 \tang \lambda - \cos l \tang \lambda_1}$$

Dans cette équation, l_1 et λ_1 doivent être considérés comme invariables, en égard à l'immense éloignement de l'étoile A ; l et λ varient d'une quantité qui est de l'ordre de la parallaxe ; mais cette variation est sans influence sensible sur le degré d'approximation qu'exige la recherche de la longitude L. On pourra donc faire servir à la détermination de tang L les longitudes et latitudes des étoiles A et S, calculées pour un même jour quelconque de l'année. Puis, pour obtenir avec quelque exactitude les angles α et δ, dont la différence est à très-peu près proportionnelle à la parallaxe, on multipliera les mesures des distances angulaires des étoiles comparées, à des intervalles de temps rapprochés, et également éloignés, en deçà et au delà, des deux jours déterminés par les deux valeurs de L.

On obtiendra ainsi la parallaxe p avec un certain degré d'approximation, et on pourra en déduire les longitude et latitude héliocentriques de l'étoile S par les formules analogues à celles établies au commencement de cette Note :

$$(6) \qquad l' - l = p\, \frac{\sin (l - L)}{\cos \lambda},$$

$$(7) \qquad \lambda' - \lambda = p \sin \lambda \cos (l - L).$$

Pour s'assurer de l'exactitude du premier résultat obtenu, ou pour le corriger, il importe de rechercher comment doit varier la distance angulaire des deux étoiles S et A avec la position de la terre dans son orbite, et d'introduire, dans les relations algébriques que fournit la géométrie, les nombres donnés par la suite des observations continuées pendant toute une année. Appelons φ cette distance angulaire, mesurée de la terre, nous aurons en coordonnées géocentriques

$$\cos \varphi = \cos \lambda \cos l \cos \lambda_1 \cos l_1 + \cos \lambda \cos \lambda_1 \sin l \sin l_1 + \sin \lambda \sin \lambda_1,$$

équation qui peut être mise sous la forme

$$\sin^2 \tfrac{1}{2} \varphi = \sin^2 \tfrac{1}{2} (\lambda - \lambda_1) + \sin^2 \tfrac{1}{2} (l - l_1) \cos \lambda \cos \lambda_1 ;$$

ou, en substituant les petits arcs à leurs sinus,

$$\varphi^2 = (\lambda - \lambda_1)^2 + (l - l_1)^2 \cos \lambda \cos \lambda_1.$$

Mais, par les premières formules de cette note,

$$l - l' = - p\, \frac{\sin (l' - L)}{\cos \lambda'},$$

$$\lambda - \lambda' = - p \sin \lambda' \cos (l' - L).$$

Substituant ces valeurs dans l'expression primitive de φ^2, et remplaçant λ par λ' dans le dernier terme, il vient

$$\varphi^2 = \left[\lambda' - \lambda_1 - p \sin \lambda' \cos (l' - L) \right]^2 + \left[l' - l_1 - p\, \frac{\sin (l' - L)}{\cos \lambda'} \right]^2 \cos \lambda' \cos \lambda_1.$$

Ici l_1 et λ_1 peuvent être considérés comme des coordonnées héliocentriques, puisque l'étoile A, par hypothèse, n'a pas de parallaxe appréciable.

Développant les carrés, et négligeant les termes qui contiennent p à la deuxième puissance,

$$\varphi^2 = (\lambda' - \lambda_1)^2 + (l' - l_1)^2 \cos \lambda' \cos \lambda_1 - 2p \left[\begin{array}{l} (\lambda' - \lambda_1) \sin \lambda' \cos (l' - L) \\ + (l' - l_1) \cos \lambda_1 \sin (l' - L) \end{array} \right].$$

Les deux premiers termes qui composent la valeur de φ^2 sont constants, et la racine carrée de leur somme, que nous appellerons χ, répond à la distance angulaire héliocentrique. Les deux derniers termes peuvent être contractés en un seul, d'une manière commode pour le calcul logarithmique, par l'adoption d'un angle auxiliaire constant C, tel que

$$\tan C = \frac{(\lambda' - \lambda_1) \sin \lambda'}{(l' - l_1) \cos \lambda_1}$$

On aura alors, dans ces conditions,

$$(8) \qquad \varphi^2 = \chi^2 - 2p \frac{(l' - l_1) \cos \lambda_1}{\cos C} \sin \left[C + l' - L \right].$$

Telle est l'expression approchée et réduite de la distance angulaire géocentrique des deux étoiles, en fonction de leurs coordonnées héliocentriques et de la longitude variable du soleil, qui détermine la position de la terre sur son orbite. Elle acquiert ses valeurs maxima et minima aux extrémités du diamètre de l'orbe terrestre, qui répond aux deux valeurs de L fournies par l'équation

$$(9) \qquad \tang (l' - L) = \frac{(l' - l_1) \cos \lambda_1}{(\lambda' - \lambda_1) \sin \lambda'}.$$

Il y a un autre diamètre de l'orbe terrestre, aux extrémités duquel les valeurs des φ sont égales entre elles et à la distance angulaire héliocentrique. Il est donné par l'équation

$$(10) \qquad \tang (l' - L) = - \frac{(\lambda' - \lambda_1) \sin \lambda'}{(l' - l_1) \cos \lambda_1};$$

c'est-à-dire qu'il est perpendiculaire au diamètre déterminé par l'équation (9).

De l'équation (8) on tire

$$(11) \qquad p = \frac{(\chi + \varphi)(\chi - \varphi)}{\dfrac{2(l' - l_1) \cos \lambda_1}{\cos C} \sin (C + l' - L)}.$$

Si les observations étaient parfaites, en introduisant dans cette formule les groupes des valeurs correspondantes de φ et de L, on devrait trouver pour p une valeur constante.

Lorsqu'en répétant les observations et les calculs sur une nouvelle étoile de comparaison B, on trouvera, dans les deux cas, des résultats assez réguliers et suffisamment concordants, on sera en droit d'en conclure non-seulement l'existence d'une parallaxe sensible pour l'étoile S, mais même la valeur approchée de cette parallaxe. Toutefois cet accord est nécessaire, car la méthode ne donne en réalité qu'une parallaxe relative. Supposons en effet que le calcul des formules (1), (4) et (5) pour la 2e étoile de comparaison B ait donné pour la parallaxe de l'étoile S une valeur p_1 sensiblement différente de p, et qui d'ailleurs satisfasse assez bien à la série annuelle des observations. Nous devrons en conclure que, pour l'étoile A ou pour l'étoile B, la quantité ε de l'équation

$$\varpi = \alpha - \delta + \varepsilon$$

n'est pas négligeable; et il sera probable que cette quantité est surtout sensible dans les observations de l'étoile que les formules représentent le moins bien. Admettons que ce soit le cas de l'étoile B : B devra avoir une parallaxe appréciable. Nous pouvons la calculer dans l'hypothèse où la valeur exacte de la parallaxe de S serait p. En effet

$$z = \varpi (\alpha - \mathfrak{C}) = 2 p \sin \theta - (\alpha - \mathfrak{C});$$

ce qui donne z en nombres. Mais, pour l'étoile B ainsi que pour l'étoile S, on a

$$\cos \theta_2 = \cos \lambda_2 \cos (l_2 - L),$$

d'où

$$\sin \theta_2,$$

puis

$$p_2 = \frac{z}{2 \sin \theta_2}.$$

Au moyen de cette valeur p_2 on calculera, comme précédemment, P_2 et λ'_2. Alors, dans la formule générale

$$\varphi^2 = (\lambda - \lambda_2)^2 + (l - l_2)^2 \cos \lambda \cos \lambda_2,$$

on pourra remplacer les coordonnées géocentriques par les coordonnées héliocentriques, et il viendra

$$\varphi^2 = \left[\lambda' - \lambda'_2 - p \sin \lambda' \cos (l' - L) + p_1 \sin \lambda'_2 \cos (l'_2 - L) \right]^2$$
$$+ \left[l' - l'_2 - p \frac{\sin (l' - L)}{\cos \lambda'} + p_1 \frac{\sin (l'_2 - L)}{\cos \lambda'_2} \right]^2 \cos \lambda' \cos \lambda'_2.$$

Effectuant les carrés, négligeant les termes du 2e ordre et posant

$$\delta p = p - p_1, \qquad \chi^2 = (\lambda' - \lambda'_2)^2 + (l' - l'_2)^2 \cos \lambda' \cos \lambda'_2,$$
$$\tan C = \frac{(\lambda' - \lambda'_2) \sin \lambda'}{(l' - l'_2) \cos \lambda'_2},$$

on a simplement

$$(12) \qquad \varphi^2 = \chi^2 - 2 \delta p \frac{(l' - l'_2) \cos \lambda'_2}{\cos C} \sin \left[C + l' - L \right].$$

Cette équation ne diffère de l'équation (8) que par la substitution d'une parallaxe relative à une parallaxe absolue, et sa discussion conduit aux mêmes conséquences géométriques.

Les équations (8) et (12) fournissent un moyen exact et expéditif d'apprécier la bonté des observations et de les corriger. Si l'on prend pour abscisse le temps exprimé en jours, et pour ordonnée la distance angulaire exprimée en secondes, qui correspond à chaque jour d'observation, les extrémités des ordonnées seront placées sur une courbe qui, dans l'intervalle de 365 jours, aura nécessairement la forme indiquée *fig.* 54. Par conséquent, les observations, construites avec des coordonnées de cette espèce, devront être groupées de telle sorte qu'on puisse faire serpenter une pareille courbe au milieu d'elles ; et la courbe qui s'écartera le moins de leur position moyenne, sera aussi celle qui les représentera le mieux.

Nous allons appliquer ces différentes formules et considérations aux observations de Bessel, corrigées par lui-même des influences de la température, de la réfraction, de l'aberration, de la précession, de la nutation et des mouvements propres. Pour mieux nous faire comprendre, nous nous aiderons tout d'abord des *fig.* 55 et 56.

Dans la *fig.* 55, T est le centre de la terre à une époque donnée, Υ E $\triangle$ le plan de l'écliptique, Υ Q $\triangle$ le plan de l'équateur, S est le point milieu de l'étoile double dite 61e du Cygne (*Orte der Mitte von 61 Cygni*), auquel sont rapportées les distances angulaires variables des étoiles A et B. La ligne de repère, qui sert à fixer les angles de position mesurés par l'héliomètre, est dirigée suivant SP vers le pôle nord de l'équateur. En suivant nos notations habituelles,

$$\ast\,S \begin{cases} a = 2\pi - \Upsilon\,M, & d = SM, \qquad \omega = PP'. \\ l = 2\pi - \Upsilon\,N, & \lambda = SN. \end{cases}$$

$$\ast\,A \begin{cases} a_i = 2\pi - \Upsilon\,D, & d_i = AD, \\ l_i = 2\pi - \Upsilon\,F, & \lambda_i = AF. \end{cases}$$

$$\ast\,B \begin{cases} \dotfill \\ \dotfill \end{cases}$$

Dans la *fig.* 56, C est le centre du soleil, TOT, l'orbite terrestre, S' le lieu vrai de l'étoile S, c'est-à-dire le point de la sphère céleste où un observateur, placé au centre du soleil, rapporterait l'étoile, qui, du point T centre de la terre, est vue en S. S'S est ainsi l'effet de la parallaxe. On a

$$\ast\,S \begin{cases} l = 2\pi - \Upsilon\,N, & \lambda = SN, \quad \text{long}\,\odot = L = \Upsilon\,L. \\ l' = 2\pi - \Upsilon'N', & \lambda' = S'N'. \end{cases}$$

$$\ast\,A \begin{cases} \dotfill \\ \dotfill \end{cases}$$

$$\ast\,B \begin{cases} \dotfill \\ \dotfill \end{cases}$$

Avant d'entrer dans aucun détail, nous présentons le tableau des données qui serviront de base à nos calculs.

Tableau des distances angulaires des étoiles A et B au point S, milieu de la 61ᵉ du Cygne, et des angles moyens de position des étoiles A et B (*).

★ A

	DATES DES OBSERVAT.		DISTANCE angulaire.	ANGLE MOYEN de position.
	usuelles.	ord. ann.	φ	ψ
	1837.			
1	Août 18	230	464″,050	
2	19	231	1,619	
3	20	232	693	
4	28	240	726	
5	30	242	940	201.28.31″,8
6	Sept. 4	247	912	
7	8	251	841	
8	9	252	597	
9	11	254	633	
10	14	258	779	
11	20	263	502	
12	23	266	814	
13	24	267	591	
14	Oct. 1	274	614	
15	2	275	760	
16	16	289	708	201.30.33,4
17	28	301	512	
18	Nov. 22	326	395	
19	Déc. 1	335	321	
20	30	364	233	
21	31	365	306	
	1838.			
22	Janv. 8	8	168	
23	10	10	228	
24	16	16	175	
25	17	17	485	201.29.31,2
26	20	20	112	
27	Fév. 1	32	491	
28	5	36	620	
29	10	41	48	
30	Mai 3	123	675	

★ B

Numéros d'ordre.	DATES DES OBSERVAT.		DISTANCE angulaire.	ANGLE MOYEN de position.
	usuelles.	ord. ann.	φ	ψ
	1837.			
1	Août 16	228	706″,572	
2	18	230	434	
3	19	231	783	
4	20	232	684	
5	28	240	147	109.20.39″,6
6	30	242	404	
7	Sept. 4	247	373	
8	9	252	650	
9	11	254	236	
10	14	257	567	
11	20	263	594	
12	23	266	517	
13	24	267	354	
14	Oct. 1	274	547	
15	2	275	442	109.22.0,6
16	16	289	467	
17	28	301	210	
18	Nov. 22	326	186	
19	Déc. 1	335	367	
20	17	351	176	
21	30	364	400	
22	31	365	188	
	1838.			
23	Janv. 5	5	272	
24	6	6	116	
25	8	8	238	109.22.41,4
26	10	10	126	
27	14	14	5,944	
28	17	17	6,181	
29	20	20	312	
30	Fév. 1	32	199	

(*) Ce tableau des observations faites par un observateur très-exercé, très-habile et sincère, prouve combien est peu fondée la prétention de quelques astronomes, de répondre d'un dixième de seconde dans les distances angulaires mesurées avec l'héliomètre, ou avec le micromètre à double image.

★ A

Numéros d'ordre.	Dates des observat. usuelles	ord. ann.	Distance angulaire. φ	Angle moyen de position. ψ
	1838.			
31	Mai 4	124	461″,880	
32	6	126	811	
33	12	132	686	
34	16	136	915	
35	17	137	2,015	201.28.40,8
36	19	139	1,813	
37	21	141	902	
38	22	142	840	
39	23	143	978	
40	Juin 1	152	879	
41	2	153	2,100	
42	12	163	1,867	
43	13	164	951	
44	22	173	658	
45	26	177	886	201.27.16,2
46	27	178	940	
47	28	179	2,111	
48	29	180	2,132	
49	30	181	2,168	
50	Juill. 1	182	1,790	
51	8	189	778	
52	10	191	927	
53	14	195	631	
54	17	198	851	
55	29	210	973	201.28.31,2
56	Août 4	216	817	
57	11	223	803	
58	20	232	579	
59	21	233	833	
60	25	237	707	
61	26	238	770	
62	29	241	812	
63	Sept. 3	246	822	
64	5	248	691	
65	7	250	911	201.31.37,2
66	8	251	774	
67	12	255	832	
68	13	256	599	
69	14	257	579	
70	15	258	620	

★ B

Numéros d'ordre.	Dates des observat. usuelles	ord. ann.	Distance angulaire. φ	Angle moyen de position. ψ
	1838.			
31	Févr. 5	36	706″,123	
32	10	41	127	
33	19	50	887	
34	Mars 12	71	167	
35	13	72	5,633	109.23.48,
36	Mai 2	122	6,083	
37	3	123	075	
38	4	124	214	
39	6	126	303	
40	12	132	301	
41	16	136	270	
42	17	137	094	
43	19	139	294	
44	21	141	144	
45	22	142	152	
46	23	143	338	
47	Juin 1	152	299	109.21.33
48	2	153	368	
49	12	163	337	
50	13	164	376	
51	22	173	639	
52	26	177	331	
53	27	178	267	
54	28	179	460	
55	29	180	440	
56	30	181	430	
57	Juill. 1	182	603	109.21.1,
58	8	189	568	
59	10	191	241	
60	14	195	437	
61	17	198	391	
62	29	210	610	
63	Août 2	214	430	
64	4	216	444	
65	11	223	493	
66	20	232	580	
67	21	233	671	
68	25	237	661	109.22.48
69	26	238	587	
70	29	241	536	

★ A

Numéros d'ordre.	DATES DES OBSERVAT. usuelles.	ord. ann.	DISTANCE angulaire. φ	ANGLE MOYEN de position. ψ
	1836.			
71	Sept. 16	259	461",748	
72	17	260	552	
73	18	261	443	
74	20	263	519	
75	21	264	695	201.30.24
76	22	265	744	
77	23	266	638	
78	24	267	505	
79	25	268	778	
80	26	269	631	
81	27	270	540	
82	28	271	515	
83	29	272	675	201.29.55,8
84	30	273	634	
85	Oct. 1	274	436	

★ B

Numéros d'ordre.	DATES DES OBSERVAT. usuelles.	ord. ann.	DISTANCE angulaire. φ	ANGLE MOYEN de position. ψ
	1838.			
71	Sept. 3	246	706",299	
72	4	247	391	
73	5	248	394	
74	6	249	645	
75	7	250	741	
76	8	251	517	
77	12	255	475	109.22.32,4
78	—	255	500	
79	13	256	831	
80	14	257	696	
81	15	258	899	
82	16	259	743	
83	17	260	784	
84	18	261	795	
85	19	262	814	
86	20	263	783	
87	21	264	463	
88	22	265	551	109.22.17,4
89	23	266	679	
90	24	267	682	
91	25	268	611	
92	26	269	672	
93	27	270	849	
94	28	271	762	
95	29	272	696	
96	30	273	713	109.22.27
97	Oct. 1	274	717	
98	2	275	721	

Position absolue des étoiles comparées à l'époque du 1er janvier 1838.

ÉTOILES.	ASCENSION DROITE. a	DÉCLINAISON. d	DISTANCE ANGULAIRE. φ	ANGLE DE POSITION. ψ
★ S	314°54'45",9	+ 37°57'33",9	»	»
★ A	»	«	7'41",26	201°30' 9"
★ B	»	»	11'46",13	109°23'40"

Obliquité apparente de l'écliptique $\omega = 23°27'47",1.$

Les observations des distances angulaires, pour les étoiles A et B, sont graphiquement représentées sur les *fig.* 57 et 58, et nous y avons tracé les courbes des observations corrigées, conformément à la méthode exposée ci-dessus. Ce sont les nombres résultant des courbes admises, que nous regardons maintenant comme les données de l'observation.

Calculs relatifs à l'étoile A.

Des données relatives à l'ascension droite et à la déclinaison, on déduit, pour les longitude et latitude de l'étoile S (*) :

$$a = 2\pi - \Upsilon M = 314°54'45'',90 \quad \begin{aligned} \log - \sin a &= \overline{1}.85014\,53393 \\ \log \cos a &= \overline{1}.84882\,26503 \\ \log - \tan a &= 0.00132\,26809 \end{aligned}$$

$$d = SM = +37°57'22'',90 \quad \begin{aligned} \log \sin d &= \overline{1}.78891\,82707 \\ \log \cos d &= \overline{1}.89679\,03724 \\ \log \tan d &= \overline{1}.89212\,78983 \end{aligned}$$

$$\omega = PP' = 23°27'47'',10 \quad \begin{aligned} \log \sin \omega &= \overline{1}.60005\,55638 \\ \log \cos \omega &= \overline{1}.96251\,93496 \\ \log \tan \omega &= \overline{1}.63753\,62142 \end{aligned}$$

$$l = 2\pi - \Upsilon N = 334°20'57'',531 \quad \begin{aligned} \log - \sin l &= \overline{1}.63637\,05033 \\ \log \cos l &= \overline{1}.95494\,16102 \\ \log \tan l &= \overline{1}.68142\,92930 \end{aligned}$$

$$\lambda = SN = 51°51'45'',472 \quad \begin{aligned} \log \sin \lambda &= \overline{1}.89571\,66279 \\ \log \cos \lambda &= \overline{1}.79067\,14160 \\ \log \tan \lambda &= 0.10504\,52119 \end{aligned}$$

$$\text{Au } 1^{er} \text{ janvier } 1838 \begin{cases} \varphi = SA = 7'41'',26, \\ \psi = \pi + MSA = 201°30'9''. \end{cases}$$

Avec les éléments qui précèdent, on peut calculer l_1 et λ_1 pour l'étoile A. On a

$$\sin NSM = \frac{\sin \omega \cos l}{\cos d},$$

$$NSA = NSM + MSA = NSM + \psi - \pi = 48°34'50'',196,$$

$$S = P'SA = \pi - NSA = 131°25'9'',804,$$

$$P''S = \frac{\pi}{2} - \lambda = 38°8'14'',528.$$

(*) Les différences qu'il s'agit d'apprécier étant très-petites, on ne peut arriver à un résultat suffisamment exact qu'en faisant usage des Tables de logarithmes à 10 décimales, et en ne négligeant pas l'emploi des parties proportionnelles. Nous nous sommes servi de l'édition des Tables de Vlacq, donnée par Véga ; Leipsig, 1794.

Dans le triangle P′′SA

$$\tan \frac{A - P'}{2} = \cot \tfrac{1}{2} S \frac{\sin \tfrac{1}{2}(P'S - \varphi)}{\sin \tfrac{1}{2}(P'S + \varphi)},$$

$$\tan \frac{A + P'}{2} = \cot \tfrac{1}{2} S \frac{\cos \tfrac{1}{2}(P'S - \varphi)}{\cos \tfrac{1}{2}(P'S + \varphi)},$$

$$\cos \lambda_{t} = \frac{\sin S \cos \lambda}{n A};$$

d'ailleurs $l - l_{t} = P'$.

Par suite

$$A = 48° 27' 30'', 738$$
$$P' = \qquad 9' 19'', 052$$

$$l_{t} = \pi - \Upsilon B = 334° 11' 38'', 479$$

$$\log - \sin l_{t} = \overline{1}, 63881\, 36416$$
$$\log \cos l_{t} = \overline{1}, 95437\, 43970$$
$$\log \tan l_{t} = \overline{1}, 68443\, 92447$$

$$\lambda_{t} = BA = 51° 46' 39'', 949$$

$$\log \sin \lambda_{t} = \overline{1}, 89519\, 58544$$
$$\log \cos \lambda_{t} = \overline{1}, 79148\, 94781$$
$$\log \tan \lambda_{t} = 0, 10370\, 63763$$

Les calculs sont exacts à un centième de seconde près, ainsi qu'on peut s'en assurer par l'équation de vérification

$$\varphi^{2} = (\lambda - \lambda_{t})^{2} + (l - l_{t})^{2} \cos \lambda \cos \lambda_{t},$$

φ, $\lambda - \lambda_{t}$ et $l - l_{t}$ étant exprimés en secondes.

Nous pouvons maintenant obtenir les valeurs de L définies par la formule (5) :

$$L = \begin{cases} 292° 56' 59'', 902 \ldots \quad 13 \text{ janvier} \\ 112° 56' 59'', 902 \ldots \quad 15 \text{ juillet} \end{cases} 1838.$$

Puis θ de la formule (1),

$$\theta = 62° 24' 14'', 199.$$

Mais, d'après le tableau des observations corrigées,

$$\text{au } 15 \text{ juillet} \ldots \quad \varphi = \alpha = 7' 41'', 89.$$
$$\text{au } 13 \text{ janvier} \ldots \quad \varphi = b = 7' 41'', 27.$$

Donc

$$\varpi = \alpha - b = \qquad 0'', 62,$$

et par la formule (4),

$$p = 0'', 34979.$$

Telle est la valeur de la parallaxe annuelle maxima, donnée par les observations faites aux extrémités du diamètre de l'orbite terrestre, compris dans un même plan avec les étoiles comparées.

Connaissant la parallaxe, il est facile de déterminer les coordonnées héliocentriques de l'étoile S par les formules (6) et (7), en y faisant

$$L = 280° 42' 11'', 1 ;$$

c'est-à-dire, en prenant pour L la longitude du soleil au 1er janvier 1838.

On obtient ainsi

$$l' = 334° 20' 57'',987$$

$$\lambda' = 51° 51' 44'',635 \qquad \begin{aligned} \log \sin \lambda' &= \overline{1}.89571\,68965 \\ \log \cos \lambda' &= \overline{1}.79067\,09789 \\ \log \tan \lambda' &= 0.10504\,59176 \end{aligned}$$

$$l' - l_1 = 559'',508 \qquad \begin{aligned} \log (\lambda' - \lambda_1) \sin \lambda' &= 2.38099\,24455 \\ \log (l' - l_1) \cos \lambda_1 &= 2.53929\,57787 \end{aligned}$$

$$\lambda' - \lambda' = 305'',686 \qquad \begin{aligned} \log \tan C &= \overline{1}.84169\,66668 \\ \log \cos C &= \overline{1}.91451\,95688 \end{aligned}$$

$$\chi = 461'',579$$

$$\log \frac{2\,(l' - l_1)\cos \lambda}{\cos C} = 2,92580\,62056$$

$$2\,\frac{(l' - l_1)\cos \lambda_1}{\cos C} = 842,959$$

$$C = 34° 46' 53'',357$$

$$C + l' = 369° 7' 51'',344 \qquad \log 2p\,\frac{(l' - l_1)\cos \lambda_1}{\cos C} = 2,46961\,87717$$

$$2p\,\frac{(l' - l_1)\cos \lambda_1}{\cos C} = 294,862$$

Le calcul de l'équation (9) fournit pour les valeurs de L qui répondent au maximum et au minimum de φ :

$$(^*) \quad L = \begin{cases} 99° 7' 51'',344 \ldots & 1^{er} \text{ juillet,} \\ 279° 7' 51'',344 \ldots & 31 \text{ décembre,} \end{cases} \qquad \varphi = \begin{cases} 461'',899 \text{ max.} \\ 461'',260 \text{ min.} \end{cases}$$

Enfin l'équation (10) donne

$$L = \begin{cases} 9° 7' 51'',344 \ldots & 30 \text{ mars.} \\ 189° 7' 51'',344 \ldots & 3 \text{ octobre.} \end{cases} \qquad \chi = 461'',579 \text{ moy.}$$

Les observations satisfont à ces quatre conditions jusque dans les centièmes de seconde; il est dès lors inutile de poursuivre le calcul des équations (8) et (11). On peut conclure de là avec une grande probabilité que l'étoile S a une parallaxe de $0'',350$, ou, au moins, que la différence de parallaxe des étoiles S et A est de $0'',350$.

Calculs relatifs à l'étoile B.

On obtient les longitude et latitude de l'étoile B par le calcul du triangle P'SB (*fig.* 55), qui est entièrement analogue au triangle P'SA.

Au 1er janvier 1838, d'après les observations,

$$\varphi = SB = 11' 46'',13 = 706'',13,$$
$$\psi = \pi - MSB = 109° 22' 40''.$$

Le calcul donne

$$NSB = MSB - NSM = \quad 43^\circ\ 32'\ 38'',804,$$
$$S = P'SB = 136^\circ\ 27'\ 21'',196,$$
$$P'S = \quad 38^\circ\ 8'\ 14'',528,$$
$$B = \quad 43^\circ\ 22'\ 21'',783,$$
$$P' = \qquad\quad 13'\ 5'',248,$$

$$l_2 = 334^\circ\ 7'\ 52'',283$$

$$\log -\sin l_2 = \overline{1}.63979\ 71944$$
$$\log \cos l_2 = \overline{1}.95414\ 37833$$
$$\log -\tan g\, l_2 = \overline{1}.68565\ 34111$$

$$\lambda_2 = 51^\circ\ 43'\ 12'',910$$

$$\log \sin \lambda_2 = \overline{1}.89486\ 71114$$
$$\log \cos \lambda_2 = \overline{1}.79204\ 24265$$
$$\log \tan g\, \lambda_2 = 0.10282\ 46849$$

Avec ces éléments on peut obtenir les valeurs de L définies par la formule (5) :

$$L = \begin{cases} 297^\circ\ 34'\ 10'',818\ldots\ldots & 18\ \text{janvier}, \\ 117^\circ\ 34'\ 10'',818\ldots\ldots & 20\ \text{juillet}; \end{cases}$$

puis θ de la formule (1) :

$$\theta = 60^\circ 21'\ 18'',559.$$

Mais, d'après le tableau des observations corrigées,

$$\text{au 20 juillet } \varphi = \alpha = 706'',535,$$
$$\text{au 18 janvier } \varphi = \delta = 706'',085.$$

Donc

$$\varpi = \alpha - \delta = 0'',450,$$

et par la formule (4)

$$p = 0,25889.$$

Cette valeur de la parallaxe de l'étoile S est notablement inférieure à celle que nous avons déduite des observations de l'étoile A , observations dont la série est aussi bien représentée que possible par notre formule (8). Nous allons chercher si la différence des résultats ne tiendrait pas à ce que l'étoile B aurait elle-même une parallaxe sensible.

L'équation

$$\varepsilon = 2p \sin \theta - (\alpha - \delta) = 2.0'',34979 \sin 60^\circ 21'\ 18'',559 - 0'',45$$

donne

$$\varepsilon = 0'',158.$$

De l'équation

$$\cos \theta_1 = \cos \lambda_2 \cos (l_2 - L)$$

on tire

$$\theta_1 = 60^\circ 9'\ 32'',429, \qquad \log \sin \theta_1 = \overline{1}.93822\ 42612;$$

puis

$$p_1 = \frac{\varepsilon}{2 \sin \theta_1} = 0,09109.$$

A l'aide de cette valeur p_1, on peut déterminer les coordonnées héliocentriques de l'étoile B par les formules (6) et (7), et on trouve

$$l'_2 = 334°\ 7'52'',401$$

$$\log \sin \lambda'_2 = \overline{1}.89486\ 7\ 1829$$

$$\lambda'_2 = 51°\ 43'12'',953$$

$$\log \cos \lambda'_2 = \overline{1}.79204\ 23119$$

$$\log \mathrm{tang}\ \lambda'_2 = 0.10282\ 48710$$

$$l' - l'_2 = 785'',586$$

$$\log (\lambda' - \lambda'_2) \sin \lambda' = 2.60556\ 49603$$

$$\log (l' - l'_2) \cos \lambda'_2 = 2.68723\ 60472$$

$$\lambda' - \lambda'_2 = 512'',682$$

$$\log \mathrm{tang}\ C = \overline{1}.91832\ 89191$$

$$\log \cos C = \overline{1}.88650\ 33058$$

$$\chi = 706'',361$$

$$\log 2\ \frac{(l' - l'_2)\cos \lambda'_2}{\cos C} = 3.10176\ 27371$$

$$\frac{2\,(l' - l'_2)\cos \lambda'_2}{\cos C} = 1264,046$$

$$C = 39°\ 38'38'',789$$
$$C + l' = 373°\ 59'\ 36'',776$$

$$\log 2\,\partial p\ \frac{(l' - l'_2)\cos \lambda'_2}{\cos C} = 2.51455\ 91658$$

$$2\partial p\ \frac{(l' - l'_2)\cos \lambda'_2}{\cos C} = 327,003$$

$$\partial p = p - p_1 = 0'',2587.$$

Pour les valeurs de L qui répondent au maximum et au minimum de φ, on a

$$L = \begin{cases} 103°\ 59'\ 36'',776\dots\ 6\ \text{juillet}\dots \\ 283°\ 59'\ 36'',776\dots\ 4\ \text{janvier}\dots \end{cases} \qquad \varphi = \begin{cases} 706'',592\ \text{max.} \\ 706'',129\ \text{min.} \end{cases}$$

Enfin, pour les valeurs de L qui répondent à la valeur moyenne de φ, on a

$$L = \begin{cases} 13°\ 59'\ 36'',776\dots\ 4\ \text{avril,} \\ 193°\ 59'\ 36'',776\ .\ 7\ \text{octobre.} \end{cases} \qquad \chi = 706'',361\ \text{moy.}$$

On voit immédiatement, sur la *fig.* 58, que l'hypothèse d'une parallaxe de 0'',09 pour l'étoile B satisfait mal aux observations, puisqu'elle donne naissance à la courbe à traits discontinus. L'hypothèse d'une parallaxe insensible n'y satisferait pas beaucoup mieux, puisqu'elle donne naissance à la courbe ponctuée. La marche des observations étant d'ailleurs assez régulière et pouvant s'accorder au sens que réclame le mouvement de la terre, si on déplace l'époque de 45 à 50 jours, ainsi que l'indique la courbe à trait plein, on serait tenté de croire que les observations de l'étoile B ont été imparfaitement corrigées de l'effet des mouvements propres.

Notre dessein, bien entendu, n'a point été ici de discuter les observations de Bessel, mais simplement de montrer qu'on peut rattacher à un calcul fort simple et très-clair les observations faites par l'ingénieuse méthode d'Herschel.

NOTE 1.

Calcul numérique des passages de Vénus et de Mercure sur le disque du soleil.

La méthode que je vais exposer ici est empruntée à Delambre, qui en a fait une application détaillée au passage de Mercure du 7 mai 1799 (18 floréal an VI). Son travail, modèle de clarté et de simplicité, est inséré au tome III des *Mémoires de l'Institut national* (prairial an IX). Le lecteur y trouvera toutes les instructions pratiques qui lui seront nécessaires pour extraire des Tables astronomiques les données préalables que le calcul exige, et que je supposerai ainsi obtenues. Je n'aurai donc qu'à montrer comment il faut s'en servir pour résoudre le problème qui va nous occuper.

La première chose à faire dans cette recherche, c'est de déterminer toutes les circonstances du passage, pour le centre de la terre. Si la parallaxe du soleil et celle de la planète étaient nulles, ces circonstances seraient les mêmes pour le centre et pour un point quelconque de la surface terrestre. La différence est donc de l'ordre des parallaxes, puisque celles-ci sont toutes deux fort petites. Les déterminations relatives au centre de la terre peuvent être regardées comme des résultats déjà très-approchés, auxquels il suffit de faire des corrections fort petites pour les transporter aux différents lieux d'observation. Or, pour ce premier cas très-simple, voici la marche qu'il faut suivre.

D'après l'étude purement expérimentale que nous avons déjà faite de ces phénomènes, pag. 95-125, les périodes qui les ramènent font connaître par avance l'année, le jour, et même approximativement l'heure auxquels s'opérera le passage que l'on veut observer. Avec ces indications, les Tables du soleil et de la planète, supposées exactes, achèveront de fixer par un calcul facile l'instant précis, où le centre de la planète projeté sur l'écliptique, et le centre de la terre, se trouveront ensemble du même côté du soleil, sur une même droite menée du centre de cet astre. Ce sera l'instant de la *conjonction héliocentrique*. Soient à cet instant λ la latitude géocentrique de la planète prise comme positive au nord de l'écliptique, m et n ses mouvements horaires géocentriques en longitude et en latitude, et m' le mouvement géocentrique du soleil en longitude. Toutes ces quantités se déduiront des Tables. n devra être pris comme positif, si le mouvement en latitude qu'il représente élève la planète vers le pôle boréal de l'écliptique; et comme négatif, s'il la dirige vers le pôle austral. Nous attribuerons le signe positif au mouvement de longitude m' du soleil qui est toujours direct, et nous réglerons sur cette convention le signe de m, le faisant positif si le mouvement géocentrique de la planète est direct, négatif si ce mouvement est rétrograde. Ce dernier cas a toujours lieu dans les passages de Mercure et de Vénus.

Ces définitions étant établies, désignons par $+ t$ un nombre indéterminé d'heures solaires moyennes, postérieures à la conjonction, t devant être fait négatif si elles lui sont antérieures. En supposant t assez petit pour que les mouvements horaires m, m' puissent être étendus jusque-là sans une sensible erreur, la latitude géocentrique de la planète à cette nouvelle époque sera analytiquement $\lambda + nt$. Sa différence de longitude géocentrique avec le soleil, qui était nulle dans la conjonction, sera analytiquement $(m - m') t$. Nommons alors Δ l'arc de la sphère céleste qui mesure la distance angulaire actuelle du centre du soleil au centre de la planète vue de la terre. Les trois arcs $\lambda + nt$, $(m - m') t$, Δ formeront un triangle sphérique dont Δ sera l'hypoténuse; et les trois côtés de ce triangle étant fort petits, on pourra le traiter comme rectiligne, ce qui donnera

$$(m - m')^2 t^2 + (\lambda + nt)^2 = \Delta^2 ;$$

dans cette approximation, le lieu géocentrique de la planète à l'instant t se trouve rapporté à deux coordonnées rectangulaires ayant leur origine au centre mobile du disque du soleil. L'une, $\lambda + nt$, représente *analytiquement* l'élévation apparente de la planète au-dessus de ce centre vers le nord. L'autre, $(m - m') t$, représente *analytiquement* l'écart de la planète à l'orient du même centre. Le rapport de ces deux coordonnées étant constant, il en résulte que pendant le temps t, que l'approximation embrasse, la planète décrit sur le plan du disque solaire une ligne droite, dont l'ordonnée centrale est λ, et dont l'inclinaison α sur l'écliptique, étant mesurée de l'orient vers le nord, est déterminée *analytiquement* par l'expression suivante :

$$\tan \alpha = \frac{n}{m - m'}.$$

Dans les applications, m sera toujours négatif, par conséquent le signe de $\tan \alpha$ sera toujours contraire à celui de n. Si n est positif, $\tan \alpha$ se trouvant négative, l'angle α sera obtus, et la droite, optiquement décrite par la planète sur le disque solaire, sera dirigée relativement à l'écliptique comme le représente la *fig.* 59. Si n est négatif, $\tan \alpha$ devenant positive, l'angle α sera aigu, et la droite en apparence décrite sera dirigée comme le représente la *fig.* 60. Quant à la position absolue de cette droite sur le disque solaire, elle dépend de la grandeur et du signe qu'aura l'ordonnée centrale λ, représentée par OV_0 dans nos figures, où elle est supposée positive.

Si, dans l'équation que nous avons formée d'abord, on remplace $m - m'$ par son expression équivalente, $\dfrac{n}{\tan \alpha}$, elle prend cette forme :

$$n^2 t^2 + 2 \lambda n \sin^2 \alpha . t = (\Delta^2 - \lambda^2) \sin^2 \alpha ,$$

et, en la résolvant par rapport à t, elle donne

$$t = \frac{- \lambda \sin^2 \alpha \pm \sin \alpha \sqrt{\Delta^2 - \lambda^2 \cos^2 \alpha}}{n}$$

D'après les conventions que nous avons faites, les valeurs positives de t seront postérieures à la conjonction, et les négatives lui seront antérieures.

Si, dans cette expression de t, on met pour Δ la somme des demi-diamètres apparents du soleil et de la planète vus du centre de la terre, les valeurs de t appartiendront au commencement et à la fin du passage, en supposant toutefois les mouvements horaires uniformes depuis la conjonction jusqu'aux instants de ces phénomènes. Si l'on mettait pour Δ la différence des demi-diamètres au lieu de leurs sommes, on aurait les instants des contacts intérieurs, toujours dans la supposition de l'uniformité.

Si l'on ne voulait point regarder les mouvements horaires comme uniformes pendant cet intervalle, qui peut être de six ou sept heures sexagésimales, il n'y aurait qu'à regarder les époques ainsi obtenues comme de premières approximations, que l'on corrigerait de la manière suivante. On calculerait pour ces instants, par les Tables, les lieux géocentriques du soleil et de la planète; puis on supposerait que les instants véritables diffèrent des premiers d'une très-petite quantité t'; et l'on déterminerait t' par la condition que la distance des centres, calculée d'après ces nouveaux éléments, fût exactement égale à la somme des demi-diamètres de la planète et du soleil, si l'on voulait considérer les contacts extérieurs; ou à leur différence, si l'on voulait considérer les contacts intérieurs. L'instant du premier contact est toujours extrêmement incertain, et l'on peut même dire qu'il est impossible de l'observer avec précision. Il faut que le soleil soit déjà sensiblement échancré avant que nous apercevions l'existence de l'éclipse.

Je ferai l'application de cette méthode au passage de Vénus observé le 3 juin 1769 dans le nœud descendant; et comme il ne s'agit ici que de donner un exemple de la méthode, j'adopterai les éléments déduits des Tables, tels que Duséjour les a employés. Nous aurons ainsi, en mesures sexagésimales :

mouv. hor. géoc. de Vénus sur le $\odot$ en longit.. $\quad m - m' = -\ 237'',94$

mouv. hor. géoc. de Vénus en latitude .... $\qquad n = -\ 35'',69$

latitude géoc. de Vénus en conjonction .... $\qquad \lambda = +\ 623'',5o$

demi-diamètre de Vénus................... $\qquad\qquad = \ 28'',6o$

demi-diamètre du $\odot$ .... $\qquad\qquad = \ 947'',2o$

Les mouvements horaires et la latitude sont affectés de l'aberration du soleil et de la planète, parce que ce sont les valeurs apparentes de ces éléments, tels qu'on les observe. Avec ces données, on trouve

$$\alpha = 8°\, 3\text{i}'\, 47'' \quad \text{ou bien} \quad \alpha = 188°\, 3\text{i}'\, 47''.$$

La dernière valeur est seule admissible, puisque la planète *descend* vers son nœud. Maintenant, si l'on suppose

pour les contacts extér........ $\Delta = 947'',2o + 28'',6o = 975'',8o$

pour les contacts intér........ $\Delta = 947'',2o - 28'',6o = 918'',6o$

on trouvera :

premier contact extér. $t = + 0^h,38437 - 3^h,143404 = - 2^h 45' 32'',52$

milieu de l'éclipse..... $t = + 0^h,38437 \qquad = + 0^h 23' \ 3'',73$

dernier cont. extér.... $t = + 0^h,38437 + 3^h,143404 = + 3^h 31' 39'',98$

premier cont. intér. .. $t = + 0^h,38437 - 2^h,830036 = - 2^h 26' 44'',40$

dernier cont. intér.... $t = + 0^h,38437 + 2^h,830036 = + 3^h 12' 51'',86$

on prenant les différences de ces résultats, on en tire :

cont. extér..... demi-durée...... $3^h,143404 = 3^h \ 8' 36'',25$

durée totale...... $6^h,286808 = 6^h 17' 12'',50$

cont. intér..... demi-durée...... $2^h,830036 = 2^h 49' 48'',13$

durée totale...... $5^h,660072 = 5^h 39' 36'',26$

Différ. des cont. extér. et intér.. $3^h,143404 - 2^h,830036 = 18' 48'',12$

c'est le temps que le disque entier de Vénus emploie pour entrer sur le disque du soleil, ou pour en sortir.

Ces résultats sont obtenus en supposant les mouvements horaires uniformes. Si l'on veut atteindre une grande précision, il faudra calculer directement, par les Tables, les éléments géocentriques des deux astres pour les diverses époques que nous venons de déterminer; puis on procédera à une seconde approximation, comme nous l'avons dit tout à l'heure. Les nouvelles valeurs que l'on obtiendra par ce nouveau calcul, auront toute l'exactitude qu'il sera possible d'atteindre en se servant des Tables astronomiques.

De quelque manière que l'on ait opéré, on connaîtra chacun des instants des contacts que l'on considère; et puisque l'on connaît aussi les mouvements horaires, on pourra calculer pour ces mêmes instants la longitude l' du soleil, son mouvement horaire m', la longitude géocentrique l de la planète, sa latitude géocentrique λ, et ses mouvements horaires géocentriques m et n en longitude et en latitude. Dans ce second calcul, nous emploierons les mêmes lettres que tout à l'heure ; mais leurs valeurs seront différentes. Maintenant si, pour le centre de la terre, le contact que nous considérons arrive à l'instant T', ce même contact, pour un point quelconque de la surface terrestre, arrivera à un instant $T' + t'$ très-peu différent du premier, car la différence t' sera de l'ordre des parallaxes. A cet instant, d'après les Tables astronomiques, les coordonnées des deux astres, vus du centre de la terre, seront

$l' + m' t'$ pour le soleil ; et $l + mt'$, $\lambda + nt'$ pour la planète.

Si l'on représente par x', x, y, les effets des erreurs des Tables sur ces diverses coordonnées, les valeurs corrigées seront

$$l' + m' t' + x'; \quad l + mt' + x; \quad \lambda + nt' + y.$$

Pour transporter ces valeurs à la surface terrestre, il suffit d'en retrancher les valeurs des parallaxes de longitude et de latitude calculées par les formules approximatives que nous avons rapportées pag. 71 du tome IV. Nous représenterons ces parallaxes par α', δ', relativement au soleil, et par α, δ relativement à la planète, de sorte que les coordonnées apparentes seront :

	LONGIT. APPARENTE.	LAT. APPARENTE.
Pour le soleil.	$l' + m' t' - \alpha' + x'$	$- \delta'$
Pour la planète.	$l + m t' - \alpha + x$	$\lambda + n t' - \delta + y.$

Il semble qu'il faudrait encore substituer ces parallaxes dans les mouvements horaires m', m, n. En effet, cela devrait être ainsi à la rigueur, car les mouvements horaires ne peuvent pas être les mêmes pour le centre et pour la surface de la terre. La différence doit être de l'ordre des parallaxes. Mais on remarquera que ces mouvements horaires ne servent que pendant le très-petit espace de temps t', qui est aussi de l'ordre des parallaxes. Or, à cause de l'extrême petitesse des quantités de cet ordre, on peut, sans craindre aucune erreur sensible, se borner à leur première puissance. Ainsi, dans les termes déjà multipliés par t', il suffira d'employer les mouvements horaires calculés pour le centre de la terre. Alors les coordonnées apparentes des deux astres, vus d'un point quelconque de la surface, se réduisent aux expressions que nous venons de rapporter. Dans ces expressions, les parallaxes α, δ, α', δ', varient avec le temps et avec la position de l'observateur sur la surface de la terre; mais les erreurs des Tables x', x, y, peuvent être supposées constantes pendant toute la durée du passage.

Il faut également prévoir que l'on pourra se tromper quelque peu en employant les demi-diamètres apparents tirés des Tables. Supposons donc qu'il en résulte une erreur d sur la distance apparente des centres, à l'instant du contact que l'on observe, en sorte que la véritable distance soit $\Delta + d$ au lieu de Δ que nous avions d'abord adopté dans notre premier calcul.

Alors cette distance $\Delta + d$ pourra encore être regardée comme l'hypoténuse d'un triangle rectiligne rectangle dont les côtés seront

$$l - l' + (m - m') t' - (\alpha - \alpha') + x - x' \quad \text{et} \quad \lambda + n t' - (\delta - \delta') + y.$$

ce qui donnera

$$\{ l - l' + (m - m') t' - (\alpha - \alpha') + x - x' \}^2 + \{ \lambda + n t' - (\delta - \delta') + y \}^2 = (\Delta + d)^2.$$

Cette équation déterminerait t', si les erreurs des Tables et celles des diamètres apparents étaient connues. Généralement elle exprime une relation qui doit subsister entre ces diverses quantités. Il n'est point nécessaire de résoudre cette équation rigoureusement; il suffit de se borner aux premières puissances des quantités qui dépendent des parallaxes ou de l'erreur des Tables et des diamètres. De plus, il faut remarquer que l'on a

$$(l - l')^2 + \lambda^2 = \Delta^2,$$

puisque, par supposition, les quantités l, l' et λ, ont été déterminées par

les Tables, de manière que cette condition eût lieu. A la vérité, cela
suppose que les demi-diamètres apparents qui entrent dans Δ sont sensiblement les mêmes à la surface de la terre et à son centre; c'est en effet ce qui
a lieu pour Vénus, Mercure et le soleil, à cause de leur grand éloignement.
Avec ces restrictions, si l'on développe les carrés des polynômes que l'équation précédente renferme, en se bornant aux premières puissances des petites corrections, l'on aura

$$(l - l') \left\{ (m - m')t' - (\alpha - \alpha') + (x - x') \right\} + \lambda \left\{ nt' - (\delta - \delta') + y \right\} = \Delta.d,$$

d'où l'on tire

$$t' = \frac{(l - l') \left\{ \alpha - \alpha' - (x - x') \right\} + \lambda \left\{ \delta - \delta' - y \right\} + \Delta d}{(l - l')(m - m') + \lambda n}.$$

Cette valeur doit être ajoutée à T'; ainsi $T' + t'$ est l'instant du contact apparent vu de la surface.

Jusqu'ici nous avons compté le temps à partir de la conjonction. Pour
comparer les résultats du calcul à ceux de l'observation, il est plus commode et plus simple d'introduire dans nos formules le temps absolu. Pour
cela, nommons T le temps absolu que l'on comptait sous le premier méridien, à Paris, par exemple, au moment où la conjonction apparente, calculée par les Tables, avait lieu pour le centre de la terre. Supposons que M
soit l'angle horaire du méridien de Paris avec celui où l'observation s'est
faite, cet angle horaire étant exprimé en temps de même nature que T', et
compté à partir du méridien supérieur d'occident en orient, comme nous
l'avons toujours fait dans nos calculs. Alors, dans le lieu de l'observation,
le temps absolu sera $T - M$, à l'instant de la conjonction vue du centre de la
terre, et par conséquent le temps absolu du contact apparent dans ce même
lieu sera

$$T - M + T' + t'.$$

Cette quantité est connue par les observations. En la nommant H', et mettant pour t' sa valeur, nous aurons

$$H' = T - M + T' + \frac{(l - l') \left\{ \alpha - \alpha' - (x - x') \right\} + \lambda \left\{ \delta - \delta' - y \right\} + 2 \Delta d}{(l - l')(m - m') + \lambda n}.$$

C'est une équation de condition entre les quantités observées et inconnues
du problème.

Cette équation peut être mise sous une forme encore plus simple. Pour
cela, il faut se reporter aux expressions approchées des parallaxes de longitude et de latitude, que nous avons données dans le tome IV, pag. 71. Elles
suffisent pour le cas actuel, puisque nous nous bornons à la première puissance des parallaxes. Or, en nommant L et Λ la longitude et la latitude du
zénith, l' et λ' la longitude et la latitude de l'astre, Π sa parallaxe horizontale, les expressions de $P - P'$ et de $\Delta - \Delta'$ que nous avions obtenues alors
pag. 71, se transforment dans celles-ci, dont les notations sont mieux adap-

tées à l'application actuelle :

$$\alpha = \frac{\Pi \cos A \sin (L - l')}{\cos \lambda'}$$

$$\delta = \Pi \left\{ \sin A \cos \lambda' - \cos A \sin \lambda' \cos (L - l') \right\}.$$

Pour appliquer ces corrections au soleil, il faut y faire λ' nul ; en général, leurs valeurs ne seront pas les mêmes pour le soleil et pour la planète. Elles différeront par la valeur numérique de la parallaxe Π, et par celle du coefficient de Π, qui dépend de la latitude et de la longitude de chacun des deux astres. Mais ces éléments, quoique différents à la rigueur, le sont extrêmement peu dans les passages de Vénus et de Mercure, puisque ces planètes se projettent alors sur le disque du soleil. Cette circonstance, jointe à la petitesse absolue des parallaxes, permet de supposer ces coefficients égaux entre eux. En effet, soient Πa, $\Pi' a'$, les expressions des parallaxes de même dénomination relatives aux deux astres, il n'entrera dans t' que leur différence, c'est-à-dire $\Pi' a' - \Pi a$, qui peut se mettre sous la forme

$$(\Pi' - \Pi) a' + \Pi (a' - a),$$

dont le second terme devient négligeable à cause de la petitesse des facteurs Π et $a' - a$.

Si donc nous représentons par P *l'excès de la parallaxe horizontale de la planète sur la parallaxe du soleil*, notre équation de condition deviendra

$$(1) \quad H' = T - M + T' + \frac{(l - l') \left\{ a' P - (x - x') \right\} + \lambda \left\{ b' P - y \right\} + \Delta d}{(l - l') (m - m') + \lambda n},$$

en supposant

$$a' = \cos A \sin (L - l'), \quad b' = \sin A.$$

Ce sont les valeurs des coefficients de la parallaxe relativement au soleil, pour lequel λ' est nul. Les quantités A et L, qui entrent dans ces expressions, sont faciles à calculer par les formules du tome IV, pag. 75 :

$$\sin A = - \sin \omega \cos D \sin M + \cos \omega \sin D,$$

$$\tan L = \frac{\tan D \sin \omega + \sin M \cos \omega}{\cos M},$$

dans lesquelles D représentera la déclinaison du zénith, ou la latitude géographique du lieu de l'observation, M l'ascension droite du zénith, ou l'angle horaire du point équinoxial réduit en degrés, et enfin ω l'obliquité de l'écliptique.

Si l'on regarde comme connue la longitude M du lieu de l'observation, relativement au premier méridien, l'équation (1) ne contiendra que quatre inconnues distinctes, savoir :

$$P, \quad x - x', \quad y \quad \text{et} \quad d,$$

c'est-à-dire la différence des parallaxes, les erreurs des Tables et celles des demi-diamètres apparents de Vénus et du soleil.

Mais la détermination exacte des longitudes est une chose si difficile, que l'on aura bien rarement des valeurs de M que l'on puisse employer en toute assurance ; et les erreurs que l'on pourrait commettre sur cet élément jetteraient toujours beaucoup d'incertitude sur la valeur P, qui, par elle-même, est extrêmement petite. Le mieux serait donc de s'en rendre indépendant. C'est ce qui arrivera, si l'on observe dans un même lieu le commencement et la fin du passage ; car, alors, la valeur de M sera certainement la même dans les deux cas. Pour développer cette combinaison d'une manière simple, nous ferons

$$A = \frac{(l - l')}{(l - l')(m - m') + \lambda n},$$

$$B = \frac{\lambda}{(l - l')(m - m') + \lambda n},$$

A et B seront des coefficients faciles à calculer pour chacune des phases que l'on voudra considérer ; et en distinguant par des accents les quantités qui changent d'une phase à une autre, nous aurons :

$$1^{\text{re}} \text{ phase..} \quad H' = T - M + T' + A' \left\{ a'\,P - (x - x') \right\} + B' \left\{ b'\,P - y \right\} + \frac{B'\,\Delta'\,d'}{\lambda'},$$

$$2^{\text{e}} \text{ phase..} \quad H'' = T - M + T'' + A'' \left\{ a''\,P - (x - x') \right\} + B'' \left\{ b''\,P - y \right\} + \frac{B''\,\Delta''\,d''}{\lambda''}.$$

Si nous retranchons ces deux équations l'une de l'autre, la longitude M du lieu de l'observation disparaîtra, et l'on aura

$$(2) \quad \left\{ \begin{aligned} & H'' - H' = T'' - T' + \left\{ A''\,a'' + B''\,b'' - A'\,a' - B'\,b' \right\} P \\ & \qquad - (A'' - A')(x - x') - (B'' - B')\,y + \frac{B''\,\Delta''\,d''}{\lambda''} - \frac{B'\,\Delta'\,d'}{\lambda'}. \end{aligned} \right.$$

Pour pouvoir appliquer cette formule avec sûreté, examinons les diverses inconnues qu'elle renferme, et voyons jusqu'à quel point elles sont indépendantes les unes des autres. D'abord, si nous examinons d' et d'', qui sont les erreurs de la distance apparente employée dans le calcul pour l'instant du contact, les valeurs en seront différentes, s'il s'agit d'un contact intérieur ou extérieur ; car, en nommant s' et v' les erreurs que l'on commet dans l'évaluation des demi-diamètres apparents du soleil et de Vénus, on aura

$$\text{pour les contacts} \left\{ \begin{aligned} & \text{extérieurs.....} \quad d = s' + v', \\ & \text{intérieurs.....} \quad d = s' - v'. \end{aligned} \right.$$

Ainsi, quels que soient le nombre et l'espèce des phases que l'on compare, les erreurs de la distance apparente des centres, représentées par d', d'', d''', n'introduiront jamais que les deux inconnues distinctes s' et v'.

On peut remarquer aussi que la longitude M du lieu de l'observation entre encore implicitement dans les coefficients des parallaxes a', b', a'', b'';

car, pour calculer ces coefficients, il faut connaître l'ascension droite du zénith du lieu de l'observation à l'instant de la phase que l'on considère : cette ascension droite est égale à l'angle horaire du soleil qui est observé, plus à l'ascension droite de cet astre, qu'il faut déduire des Tables par le calcul. Cela exige donc que l'on connaisse la longitude du lieu relativement au méridien pour lequel les Tables sont construites. Mais on éludera cette difficulté, en remarquant que les instants des mêmes contacts observés en différents lieux diffèrent très-peu les uns des autres et de l'instant calculé pour le centre de la terre ; car la différence est de l'ordre des parallaxes. Pendant ce court espace de temps, le mouvement du soleil n'est que de quelques secondes de degré, et une si petite quantité n'a qu'une influence insensible sur le calcul des parallaxes de longitude et de latitude. On pourra donc, dans les calculs de a', a'', b', b'', prendre pour l'ascension droite du soleil celle que les Tables indiquent pour l'instant du contact analogue vu du centre de la terre. Alors, l'ascension droite du zénith de chaque lieu sera égale à cette quantité constante augmentée de l'angle horaire du soleil à l'instant de l'observation ; de sorte que le calcul des coefficients a', a'', b', b'' devient indépendant de la connaissance de la longitude des lieux.

Je dois même faire remarquer que cette manière d'opérer devient nécessaire pour conserver le degré d'approximation que nous avons jusqu'ici employé ; car, puisque nous sommes bornés à la première puissance des parallaxes, nous devons, dans le calcul des coefficients a', a'', b', b'', supposer les parallaxes nulles, puisque ces coefficients sont déjà multipliés par la différence P des parallaxes.

En résumant ces considérations, on voit que l'équation précédente

$$(2) \quad \begin{cases} H'' - H' = T'' - T' + \left\{ A'' a'' + B'' b'' - A' a' - B' b' \right\} P \\[1ex] \qquad - (A'' - A')(x - x') - (B'' - B') y + \dfrac{B'' \Delta'' d''}{j''} a'' - \dfrac{B' \Delta' d'}{j'} \end{cases}$$

ne contiendra en tout que cinq inconnues distinctes, savoir : les erreurs des Tables en longitude et latitude, celles des demi-diamètres, et la différence P des parallaxes des deux astres. Cinq durées entières ainsi observées suffiront donc pour déterminer toutes les inconnues.

Tel est l'énoncé le plus général de la méthode. Mais, dans l'application, le but principal qu'on se propose est de déterminer la différence P des parallaxes. Il faut donc faire concourir le plus grand nombre d'observations possible à la recherche de cet élément, en écartant avec le plus grand soin toutes les causes d'erreur qui pourraient l'altérer. Pour cela, il faut tâcher de la rendre indépendante des autres inconnues du problème. Or, on y parviendra en comparant deux à deux les intervalles des mêmes contacts observés en différents lieux ; car, alors, les coefficients qui multiplient les erreurs des Tables et celles des demi-diamètres, seront les mêmes dans les deux observations comparées, et par conséquent les termes dus à ces erreurs disparaîtront de la différence de ces deux équations.

Supposons donc que l'on se borne à des comparaisons de cette espèce. Alors les quantités T′, T″, A′, A″, B′, B″ seront les mêmes dans toutes les équations que l'on pourra former, puisque ces quantités se rapporteront aux instants des mêmes phases calculées pour le centre de la terre; mais les coefficients a', a'', b', b'', des parallaxes, et les instants observés H′ H″, seront différents. Ne considérons d'abord que deux lieux d'observation, et désignons par des accents inférieurs les quantités qui répondent à celui qui a vu le dernier le phénomène; alors la différence des deux équations (1) donnera

$$H'' - H' - (H_{\prime\prime} - H_{\prime}) = \left\{ A'' a'' + B'' b'' - A' a' - B' b' \right\} P$$
$$- \left\{ A'' a_{\prime\prime} + B'' b_{\prime\prime} - A' a_{\prime} - B' b_{\prime} \right\} P.$$

Cette équation ne contient plus d'autre inconnue que la différence P des parallaxes, et l'on en tire

$$P = \frac{H'' - H' - (H_{\prime\prime} - H_{\prime})}{A'' (a'' - a_{\prime\prime}) + B'' (b'' - b_{\prime\prime}) - A' (a' - a_{\prime}) - B' (b' - b_{\prime})}.$$

Par ce moyen, on trouvera isolément la différence des parallaxes. Or, d'après la connaissance du mouvement de la planète dans son orbite, on peut calculer pour un instant quelconque le rapport des distances de la planète et du soleil à la terre. Ce rapport est justement inverse de celui de leurs parallaxes. De cette manière, on connaîtra le rapport des parallaxes d'après la théorie du mouvement des planètes, et leur différence d'après les observations du passage sur le disque du soleil. On pourra donc déterminer chacune des parallaxes séparément.

Pour donner un exemple numérique de l'usage de ces formules, je vais les appliquer aux observations réellement faites du passage de Vénus en 1769.

La première chose à faire, c'est de calculer la valeur des coefficients A et B pour les diverses phases de l'éclipse, c'est-à-dire pour les contacts intérieurs et extérieurs. Or, on a en général

$$A = \frac{l - l'}{(l - l')(m - m') + \lambda n},$$

$$B = \frac{\lambda}{(l - l')(m - m') + \lambda n}.$$

Il ne faut qu'y mettre pour $m - m'$, n, les mouvements horaires relatifs, pour $l - l'$ la différence des longitudes, et pour λ la latitude de la planète à l'instant de la phase que l'on veut considérer. Par exemple, lors du premier contact intérieur, nous avons trouvé

$$t = - 2^{h},44567,$$

nous avions de plus

$$m - m' = 237'',94, \qquad n = - 35'',69.$$

Avec ces données, on trouve d'abord

$$t - t' = (m - m') t = + 581'',924, \qquad nt = + 87'',277,$$
$$\lambda = + 623'',5 + nt = 710'',78.$$

Le nombre 623'',50 est la latitude géocentrique de la planète à l'instant de la conjonction. De là on tire

$$A' = \cfrac{1}{m - m' + \cfrac{\lambda n}{t - t'}} = -\frac{1}{281,528},$$

$$B' = \frac{\lambda A}{t - t'} = -\frac{1}{230,491}.$$

Ces valeurs, de même que tous les autres termes de l'équation, sont calculées en prenant l'heure sexagésimale pour unité de temps ; mais dans les applications, il sera plus commode de réduire toutes les époques observées en secondes de temps ; ce qui se réduit à multiplier tous les termes de l'équation (1) par 3600, nombre de secondes que contient l'heure sexagésimale. En adoptant cette convention, comme nous le ferons toujours par la suite, nous devons multiplier aussi par 3600 les valeurs précédentes de A' et de B', ce qui donne :

premier contact intérieur..... $A' = - 12,7872, \quad B' = - 15,6188.$

En opérant de la même manière pour le contact intérieur de la fin de l'éclipse, et désignant par deux accents les quantités qui s'y rapportent, nous aurons d'abord

$$t'' = + 3^h,214406, \quad t - t' = (m - m') t'' = - 764'',836,$$
$$nt'' = - 114'',71 ; \quad \lambda = + 623'',50 - 114'',71 = + 508'',79,$$

ce qui donne, en multipliant A'' et B'' par 3600, pour réduire le temps en secondes,

$$A'' = - 16,8067, \quad B'' = + 11,1803.$$

Enfin, en désignant par trois accents le dernier contact extérieur lors de la sortie, on aura

$$t''' = + 3^h,527774, \quad t - t' = (m - m') t''' = - 839'',398,$$
$$nt''' = - 125'',893, \quad \lambda = + 623'',50 - 125'',893 = + 497'',61,$$

ce qui donne, en exprimant A''' et B''' comme tout à l'heure,

$$A''' = - 16,6067, \quad B''' = + 9,84474.$$

Les coefficients A et B se calculent, comme on voit, d'après des données tirées des Tables. Il n'en est pas ainsi des coefficients a et b, qui multiplient les parallaxes de longitude et de latitude : ceux-ci dépendent de la

latitude du lieu et de l'heure de l'observation : il faut donc recourir à ces
dernières. J'ai réuni dans le tableau suivant celles dont nous ferons usage.
Le temps est compté dans chaque lieu à partir du méridien supérieur, et
d'orient en occident de o à 24 heures sexagésimales.

	LIEUX des observations.	LATITUDE.	HEURE de l'observation en temps solaire au méridien du lieu	NOMS des observateurs.
Premier contact intér..	Cajanebourg		h m s 9. 20. 46	
Dernier contact extér...	Cajanebourg	64.13.30″ B	15.32. 26	Planmann.
Premier contact intér..	Taïti		21.44. 4	Green,
Dernier contact extér...	Taïti	−17. 28. 55 A	27.32. 8	Solander, Cook.

Ces observations se rapportent aux deux contacts que nous avons désignés par un et par trois accents. La première chose à faire, c'est de calculer
les longitudes et les ascensions droites du soleil aux instants de ces deux
contacts vus du centre de la terre. Pour cela nous admettrons, avec Dionis
Duséjour, qu'à l'instant de la conjonction la longitude était, suivant les
Tables, $73° 21' 37''$ avec un mouvement horaire égal à $143'',50$. D'après cela,
on trouve qu'aux instants du premier et du dernier contact vus du centre
de la terre, cette longitude était

$$premier\ contact\ldots\ l' = 73° 21' 40'',$$
$$dernier\ contact\ldots\ l''' = 73° 35' 57''.$$

De là, avec l'obliquité de l'écliptique $23° 28' 1''$, on trouve les valeurs
correspondantes des ascensions droites du soleil, que nous représenterons
par $(a)'$ et $(a)'''$:

$$premier\ contact\ldots\ (a)' = 71° 57' 16'',$$
$$dernier\ contact\ldots\ (a)''' = 72° 12' 36''.$$

Ajoutant à ces ascensions droites les angles horaires du soleil observés
dans les deux lieux et convertis en degrés de l'équateur, on aura les ascensions droites M', M''', du zénith de ces lieux aux instants des observations ;
leurs valeurs seront :

$$Cajanebourg\ldots\ \begin{cases} premier\ contact\ldots\ M' = 212° 8' 46'', \\ dernier\ contact\ldots\ M''' = 305° 19' 6''. \end{cases}$$

$$Taïti\ldots\ \begin{cases} premier\ contact\ldots\ M' = 32° 58' 16'', \\ dernier\ contact\ldots\ M''' = 125° 14' 36''. \end{cases}$$

Quant aux déclinaisons du zénith, ce sont les latitudes géographiques elles-
mêmes. Mais, pour avoir égard à l'ellipticité de la terre, il faut compter ces
latitudes à partir du zénith elliptique, c'est-à-dire en retrancher l'angle du
rayon de l'ellipsoïde avec la verticale. Cet angle, calculé par les formules
données pag. 228 et 413 du tome III, se trouve de $8'45''$ pour Cajanebourg,
et de $6'23''$ pour Taïti. En retranchant ces quantités des valeurs données
dans la page précédente pour les latitudes géographiques de ces deux lieux,
on trouve :

$$\text{Cajanebourg} \ldots \quad D' = D''' = 64^\circ \ 4' \ 45,$$
$$\text{Taïti} \ldots\ldots\ldots \quad D' = D''' = -17^\circ \ 22' \ 32''.$$

Il faut mettre le signe — à la latitude de Taïti, parce qu'elle est australe.
Avec ces données on peut calculer la longitude et la latitude du zénith des
deux lieux relativement aux instants des observations ; et en les représentant par L et Λ, comme nous l'avons fait, on trouve :

	PREMIER CONTACT.	DERNIER CONTACT.
Cajanebourg $\ldots$	$L' = 158^\circ 38' 25''$,	$L'' = 6^\circ 59' 40''$,
	$\Lambda' = 66^\circ 35' 0''$,	$\Lambda'' = 76^\circ 15' 0''$.
Taïti $\ldots\ldots\ldots$	$L' = 29^\circ 9' 24''$,	$L'' = 132^\circ 44' 14''$,
	$\Lambda' = -30^\circ 30' 53''$,	$\Lambda'' = -35^\circ 45' 16''$.

De là on tire :

	PREMIER CONTACT.	DERNIER CONTACT.
Cajanebourg $\ldots$	$a' = +0,396067$,	$a''' = -0,233672$,
	$b' = +0,917639$,	$b''' = +0,967046$.

	PREMIER CONTACT.	DERNIER CONTACT.
Taïti $\ldots\ldots\ldots$	$a_{,} = -0,600672$,	$a_{,,,} = +0,696617$,
	$b_{,} = -0,507729$,	$b_{,,,} = -0,584308$.

Avec ces résultats et les valeurs de A' et de A''', on formera le dénominateur de P, qui sera

$$A''' (a''' - a_{,,,}) + B''' (b''' - b_{,,,}) - A' (a' - a_{,}) - B' (b' - b_{,}) = +65,72926.$$

De plus, les époques des contacts observés étant réduites en secondes de
temps, donnent

$$H''' - H' - (H_{,,,} - H_{,}) = 1416.$$

En divisant cette dernière quantité par la précédente, on aura

$$P = \frac{1416}{65,72963} = 21'',5428.$$

C'est l'excès de la parallaxe de Vénus sur celle du soleil exprimé en secondes de degrés ; et l'on voit maintenant combien cette manière de l'ob-

tenir est exacte ; car, à cause du dénominateur 65,73, il faudrait une erreur
de 65″,73 en temps sur la différence observée, des durées de passage, pour
produire une erreur d'une seconde de degré sur la différence des parallaxes
des deux astres.

Maintenant il faut savoir qu'en prenant pour unité le demi grand axe de
l'orbe terrestre, la distance du soleil à la terre, à l'époque de ces observations, était 1,01515, selon les Tables ; et la distance de Vénus au soleil,
exprimée en parties de la même mesure, était 0,72619. Nous avons prouvé
d'ailleurs que ces rapports peuvent se déduire des observations du mouvement de la planète et du soleil, sans aucune hypothèse sur la valeur
absolue des parallaxes, en sorte que l'usage que nous allons en faire n'implique aucun cercle vicieux. Or, à l'instant du passage, Vénus étant, à fort
peu près, sur la même ligne droite qui joint la terre et le soleil, il s'ensuit
que sa distance à la terre était égale à

$$1,01515 - 0,72619 \quad \text{ou} \quad 0,28896,$$

de sorte qu'en nommant p sa parallaxe et p' celle du soleil, comme ces
parallaxes doivent être réciproques aux distances, on aura

$$\frac{p}{p'} = \frac{1,01515}{0,28896}.$$

Nous venons de trouver

$$p - p' = 21″,5428.$$

Ces deux équations réunies déterminent séparément les deux parallaxes p
et p' ; et l'on en tire

$$p = 30″,1149, \quad p' = 8″,5721.$$

Comme la dernière est surtout celle qui nous intéresse, je ferai remarquer
qu'elle est donnée de cette manière :

$$p = 21″,5428. \frac{0,28896}{0,72619};$$

d'où l'on voit que les erreurs qui pourraient affecter la différence des parallaxes s'affaiblissent dans le rapport de $2\frac{1}{2}$ à 1, en passant dans la valeur
de p' ; et en rapprochant ce résultat de ce que nous avons dit tout à l'heure
relativement à P, on voit qu'il faudrait une erreur de 16¼ secondes de temps
sur les différences des durées observées, pour produire une erreur d'une
seconde sur la parallaxe du soleil.

La parallaxe 8″,5721 est relative à la distance où se trouvait le soleil à
l'époque des observations. Pour la ramener à la distance moyenne que nous
avons prise pour unité, il faut la multiplier par le rapport inverse de ces
distances, c'est-à-dire par $\frac{1,01515}{1}$. Cette opération lui ajoute 0″,1296 ;
ainsi le résultat de ces calculs donne 8″,7017 pour la parallaxe du soleil
dans sa moyenne distance à la terre.

Cette parallaxe et celle de la planète étant connues, on peut les substituer dans l'équation générale (1), et alors les comparaisons des contacts correspondants donneront les différences de longitude des lieux où le phénomène a été observé. On peut aussi, en combinant ces comparaisons, déterminer les erreurs des Tables et des demi-diamètres. Ce que nous avons dit suffira pour qu'on puisse effectuer ces déterminations, qui n'ont aucune difficulté.

Tout ce que nous venons de dire relativement aux passages de Vénus sur le disque du soleil, s'applique également à ceux de Mercure, à cela près que ces derniers ne peuvent pas servir avec sûreté pour déterminer la parallaxe du soleil, parce que Mercure étant beaucoup plus près de cet astre que Vénus, la différence des durées des passages est beaucoup moindre entre les différents lieux.

Enfin, comme ces astres, dans leur passage sur le soleil, ont une très-petite latitude, ces observations peuvent servir utilement pour corriger le lieu du nœud de leur orbite; mais cette application, d'ailleurs facile, serait trop longue pour trouver place ici.

NOTE II.

Sur l'usage des Tables abrégées pour le calcul des équinoxes et des solstices.

1. J'ai annoncé dans le IVe volume, pag. 523, que j'insérerais, à la fin de cet ouvrage, des Tables abrégées qui, par un calcul arithmétique très-court, donnent spécialement les dates des équinoxes et des solstices, dans des limites d'erreur d'un petit nombre de minutes, jusqu'à 40 siècles avant l'ère chrétienne et jusqu'à 20 siècles après cette ère, ce qui satisfait à tous les besoins qu'on en peut avoir pour des recherches historiques. Je remplis ma promesse. Ces Tables, ainsi que je l'ai déjà dit, ont été construites par M. Largeteau : pour en bien faire comprendre l'usage, je les fais précéder d'explications et d'exemples, que j'extrais presque textuellement du Mémoire de l'auteur (*).

2. Les Tables étant surtout destinées à la supputation des temps anciens, les dates, qui servent d'arguments, sont exprimées en années de la période julienne, à laquelle on a l'habitude de comparer les divers calendriers, et dont l'étendue dépasse les plus anciennes époques historiques. L'origine des années de cette période coïncide, dans toute l'étendue des Tables, avec celle des années du calendrier julien, en sorte que si l'on veut calculer un solstice ou un équinoxe postérieur au 4 octobre 1582, il faudra ajouter, au résultat donné par les Tables, le nombre de jours exprimant la différence entre les dates julienne et grégorienne.

Les heures sont comptées de 0 à 24 à partir de minuit au méridien de Paris.

La Table I contient des dates telles que celles-ci :

$$\text{mars } 60^j\ 5^h\ 50^m\ 46^s.$$

Cette manière de l'exprimer est l'équivalent de la suivante :

$$\text{le 29 avril à } 5^h\ 50^m\ 46^s\,;$$

de même

$$\text{juin } 62^j\ 1^h\ 19^m\ 14^s$$

(*) *Additions à la Connaissance des Temps pour 1847. — Mémoires de l'Académie des Sciences*, tome XXII.

peut être remplacé par

$$\text{1}^{er} \text{ août à } 1^h 19^m 14^s.$$

La première forme a été adoptée pour la continuité des expressions.

La première chose à faire avant de se servir des Tables, c'est de convertir une date julienne proposée en année de la période julienne ; voici la règle à suivre à cet égard :

Si l'année proposée est postérieure à l'ère chrétienne, ajoutez 4713 au nombre qui exprime l'année proposée, et vous aurez l'année correspondante de la période julienne.

Si l'année proposée est antérieure à l'ère chrétienne, retranchez de 4713 le nombre qui exprime cette année, le reste désignera l'année correspondante de la période julienne, en supposant que les années antérieures à l'ère chrétienne sont comptées selon l'usage des astronomes.

Si la date proposée, et antérieure à l'ère chrétienne, était exprimée suivant l'usage des chronologistes, c'est de 4714 qu'il faudrait retrancher le nombre exprimant cette date.

3. Les Tables des équinoxes et des solstices sont disposées d'une manière tout à fait semblable ; chaque Table I se compose de quantités constantes, dont il faut retrancher les nombres obtenus à l'aide de la Table II, quantités constantes que l'on choisit selon que l'année proposée est bissextile, ou la première, la deuxième, la troisième après la bissextile. Pour connaître le caractère de cette année rapportée à la période julienne, divisez par 4 le nombre exprimé par les deux derniers chiffres (à droite) de celui qui désigne l'année proposée : si le reste de la division est 1, ou si le nombre est de la forme $4n + 1$, l'année proposée est bissextile ; si le reste de la division est 2, l'année proposée est la première après la bissextile ; si le reste est 3, l'année est la deuxième après la bissextile ; enfin, si la division par 4 se fait exactement, ou si le nombre, qui exprime l'année, est de la forme $4n$, l'année proposée est la troisième après la bissextile.

4. Dans chaque Table II on trouve deux nombres, D et δ. Le premier correspond aux années séculaires de la période julienne, et se prend avec ces années séculaires comme argument ; le second, ou le nombre δ, convient à toutes les années comprises entre deux années séculaires consécutives, et doit être multiplié par le nombre dont l'année proposée surpasse l'année séculaire qui la précède immédiatement. Le produit ainsi obtenu, exprimant des secondes, doit être converti en heures, minutes et secondes, et ajouté au nombre D. La somme est ensuite retranchée de la quantité constante donnée par la Table I, et le reste est la date du solstice ou de l'équinoxe demandé.

5. *Exemple* du calcul pour les équinoxes et les solstices de l'an — 1779 astronomique, ou de l'an 2934 de la période julienne.

Calcul de l'équinoxe vernal.

L'année 2914 est comprise entre les années séculaires 2900 et 3000. Elle surpasse la première de 34; 34 est donc le nombre par lequel il faut multiplier la valeur de δ correspondante à l'intervalle compris entre les années séculaires consécutives 2900 et 3000. La Table II, équinoxe vernal, donne

$$\delta = 688^s,39,$$

en nombre entier

$$34.688^s,39 = 23405^s = 6^h 30^m 5^s.$$

On peut se dispenser de faire les deux divisions par 60, en recourant à la Table III, qui donne les conversions partielles comme il suit :

$$20000^s = 5^h 33^m 20^s$$
$$3000 = \quad 50 \quad 0$$
$$400 = \quad 6 . 40$$
$$5 = \quad\quad 5$$
$$\overline{}$$
$$\text{Somme} = 6.30. \ 5$$

Le produit de δ par 34 doit être ajouté à la valeur de D donnée par la Table II sur la même ligne que 2900.

$$D = 23^j \ 6^h 15^m \ 9^s$$
$$34\,\delta = \quad 6.30 . \ 5$$
$$\overline{}$$
$$\text{Somme} = 23.12. 45 . 14$$

L'année proposée étant la première après la bissextile, on doit prendre dans la Table I la quantité constante. . . . . mars 60^j 11^h 50^m 40^s

Retrancher la somme 23.12.45.14
$$\overline{}$$
Le reste = mars 36.23. 5. 32
= avril 5.23. 5.32

Telle est la date demandée de l'équinoxe vernal en l'an — 1779 (astronomique).

Calcul du solstice d'été.

La valeur de δ correspondante à l'intervalle compris entre les années séculaires 2900 et 3000 est $684^s,40$.

$$34\,\delta = 23270^s = 6^h 27^m 50^s.$$

Avec 2900, comme argument, la Table II donne

$$D = 22^j \quad 0^h 45^m 19^s$$
$$34\,\delta = \qquad 6 . 27 . 50$$

$$\text{Somme} = 22 . 7 . 13 . 19$$

Table I, quantité constante : juin   61 . 13 . 19 . 14

$$\text{Différence} = \text{juin} \quad 39 . 6 . 5 , 55$$
$$= \text{juillet} \quad 9 . 6 . 5 . 55$$

= date du solstice d'été en l'an — 1779 (astronomique).

Calcul de l'équinoxe d'automne.

Table II ... 2900 ... 3000 ...... $\delta = 609^s,28$

$$34\,\delta = 20716^s = \qquad 5^h 45^m 16$$

Argument 2900 ... $D = 19^j 21 . 16 . 18$

$$\text{Somme} = 20 . 3 . 1 . 34$$

Table I, constante = septembre   58 . 8 . 1 . 4

$$\text{Différence} = \text{septembre} \quad 38 . 4 . 59 . 30$$
$$= \text{octobre} \qquad 8 . 4 . 59 . 30$$

= date de l'équinoxe d'automne en l'an — 1779 (astronomique).

Calcul du solstice d'hiver.

Table II .. 2900 ..... 3000 .... $\delta = 612^s,8$

$$34\,\delta = 20836^s = \qquad 5^h 47^m 16$$

Argument 2900 ... $D = 21^j 0 . 55 . 2$

$$\text{Somme} = 21 . 6 . 42 . 18$$

Table I, constante = décembre   56 . 20 . 55 . 31

$$\text{Différence} = \text{décembre} \quad 35 . 14 . 13 . 13$$
$$= \text{an} — 1788 \text{ janvier} \qquad 4 . 14 . 13 . 13$$

= date du solstice d'hiver en l'an — 1778 (astronomique).

Dans ce dernier exemple le solstice d'hiver se trouve reporté au commencement de l'année qui suit celle que l'on a d'abord considérée. Si l'on veut la date du solstice d'hiver de l'année — 1779, il faut faire le calcul pour l'année 2933 de la période julienne.

6. Les équinoxes et les solstices, calculés avec les Tables abrégées, ne peuvent pas différer de plus de 25 minutes de ceux que donnerait le calcul complet de lieux du soleil fait avec les Tables de Delambre, et en adoptant les formules de précession de la *Mécanique céleste*.

Équinoxe vernal.

TABLE I.

ANNÉE de la période julienne.	QUANTITÉS CONSTANTES desquelles il faut retrancher les nombres donnés par la Table II.			
		j	h	m s
4n + 1	année bissextile................ mars	6o.	5.	5o.46
4n + 2	1re année après la bissextile....... mars	6o.	11.	5o.46
4n + 3	2e année après la bissextile...... mars	6o.	17.	5o.46
4n	3e année après la bissextile....... mars	6o.	23.	5o.46

TABLE II. — Argument : année de la période julienne.

ANNÉES.	D. (j h m s)	δ pour 1 année.	ANNÉES.	D. (j h m s)	δ pour 1 année.
700	5.14.45.44	694,18	3700	29.14.39.29	682,23
800	6.10. 2.42	694,35	3800	30. 9.36.32	681,36
900	7. 5.19.57	694,47	3900	31. 4.32. 8	680,46
1000	8. 0.37.24	694,54	4000	31.23.26.14	679,55
1100	8.19.54.58	694,58	4100	32.18.18.49	678,63
1200	9.15.12.36	694,58	4200	33.13. 9.52	677,69
1300	10.10.30.14	694,52	4300	34. 7.59.31	676,73
1400	11. 5.47.46	694,43	4400	35. 2.47.14	675,77
1500	12. 1. 5. 9	694,30	4500	35.21.33.31	674,79
1600	12.20.22.49	694,12	4600	36.16.18.10	673,81
1700	13.15.39.11	693,90	4700	37.11. 1.11	672,81
1800	14.10.55.41	693,65	4800	38. 5.42.32	671,82
1900	15. 6.11.46	693,35	4900	39. 0.22.14	670,81
2000	16. 1.27.21	693,01	5000	39.19. 0.15	669,81
2100	16.20.42.23	692,65	5100	40.13.36.36	668,79
2200	17.15.56.47	692,23	5200	41. 8.11.15	667,78
2300	18.11.10.30	691,78	5300	42. 2.44.13	666,77
2400	19. 6.23.28	691,31	5400	42.21.15.30	665,77
2500	20. 1.35.39	690,78	5500	43.15.45. 7	664,76
2600	20.20.46.57	690,23	5600	44.10.13. 3	663,77
2700	21.15.57.30	689,65	5700	45. 4.39.20	662,78
2800	22.11. 6.45	689,04	5800	45.23. 3.58	661,80
2900	23. 6.15. 9	688,39	5900	46.17.26.58	660,83
3000	24. 1.22.28	687,71	6000	47.11.48.21	659,86
3100	24.20.28.39	687,00	6100	48. 6. 8. 7	658,92
3200	25.15.33.39	686,27	6200	49. 0.26.19	657,98
3300	26.10.37.26	685,51	6300	49.18.42.57	657,06
3400	27. 5.39.57	684,72	6400	50.12.58. 3	656,16
3500	28. 0.41. 9	683,92	6500	51. 7.11.39	655,27
3600	28.19.41. 1	683,08	6600	52. 1.23.46	654,43
3700	29.14.39.29		6700	52.19.34.29	

Solstice d'été.

TABLE I.

ANNÉE de la période julienne.	QUANTITÉS CONSTANTES desquelles il faut retrancher les nombres donnés par la Table II.
	j h m s
$4n+1$	année bissextile...................... juin 6. 7.19.14
$4n+2$	1ʳᵉ année après la bissextile........ juin 6.13.19.14
$4n+3$	2ᵉ année après la bissextile........ juin 6.19.19.14
$4n$	3ᵉ année après la bissextile........ juin 6. 1.19.14

TABLE II. — Argument : année de la période julienne.

ANNÉES	D (j h m s)	ċ (pour 1 année)	ANNÉES	D (j h m s)	ċ (pour 1 année)
700	5. 3.29. 3	642,86	3700	28.10. 6. 2	696,87
800	5.21.20.29	644,81	3800	29. 5.27.39	698,28
900	6.15.15.10	646,77	3900	30. 0.51.17	699,63
1000	7. 9.13. 7	648,73	4000	30.20.17.30	700,95
1100	8. 3.14.20	650,70	4100	31.15.45.35	702,22
1200	8.21.18.50	652,68	4200	32.11.15.57	703,46
1300	9.15.26.38	654,64	4300	33. 6.48.23	704,64
1400	10. 9.37.42	656,61	4400	34. 2.22.47	705,78
1500	11. 3.52. 3	658,56	4500	34.21.59. 5	706,88
1600	11.23. 9.39	660,51	4600	35.17.37.13	707,92
1700	12.16.30.30	662,45	4700	36.13.17. 5	708,93
1800	13.10.54.35	664,37	4800	37. 8.53.38	709,89
1900	14. 5.21.52	666,28	4900	38. 4.41.47	710,80
2000	14.23.52.20	668,19	5000	39. 0.26.27	711,65
2100	15.18.25.59	670,07	5100	39.20.12.32	712,46
2200	16.13. 2.46	671,94	5200	40.15.59.58	713,23
2300	17. 7.42.46	673,79	5300	41.11.48.41	713,91
2400	18. 2.25.39	675,62	5400	42. 7.38.35	714,60
2500	18.21.11.41	677,42	5500	43. 3.29.35	715,20
2600	19.16. 0.43	679,21	5600	43.23.21.35	715,72
2700	20.10.52.44	680,96	5700	44.19.14.32	716,28
2800	21. 5.47.40	682,69	5800	45.15. 8.20	716,73
2900	22. 0.45.29	684,40	5900	46.11. 2.53	717,15
3000	22.19.46. 9	686,08	6000	47. 6.58. 8	717,50
3100	23.14.49.37	687,72	6100	48. 2.53.58	717,81
3200	24. 9.55.49	689,33	6200	48.22.50.19	718,07
3300	25. 5. 4.43	690,92	6300	49.18.47. 6	718,28
3400	26. 0.16.14	692,46	6400	50.14.44.14	718,44
3500	26.19.30.20	693,97	6500	51.10.41.38	718,56
3600	27.14.46.57	695,43	6600	52. 6.39.14	718,62
3700	28.10. 6. 2		6700	53. 2.36.56	

Équinoxe d'automne.

TABLE I.

ANNÉES de la période julienne.	QUANTITÉS CONSTANTES desquelles il faut retrancher les nombres donnés par la Table II.				
		j	h	m	s
$4n+1$	année bissextile.............. septembre	58	2	1	4
$4n+2$	1re année après la bissextile.. septembre	58	8	1	4
$4n+3$	2e année après la bissextile.. septembre	58	14	1	4
$4n$	3e année après la bissextile.. septembre	58	20	1	4

TABLE II. — Argument : année de la période julienne.

ANNÉES.	D.	δ pour 1 année.	ANNÉES.	D.	δ pour 1 année.
	j. h. m. s	s		j. h. m. s	s
700	4.17.36.43	585,85	3700	25.13.57.44	623,02
800	5. 9.51. 8	586,37	3800	26. 7.16. 6	624,89
900	6. 2.10.25	586,95	3900	27. 0.37.35	626,78
1000	6.18.28.40	587,60	4000	27.18. 2.13	628,70
1100	7.10.48. 0	588,30	4100	28.11.36. 3	630,66
1200	8. 3. 8.30	589,05	4200	29. 5. 1. 9	632,63
1300	8.19.30.15	589,85	4300	29.22.35.32	634,63
1400	9.11.53.20	590,71	4400	30.16.13.15	636,65
1500	10. 4.17.51	591,62	4500	31. 9.54.20	638,69
1600	10.20.43.53	592,57	4600	32. 3.38.49	640,75
1700	11.13.11.30	593,58	4700	32.21.26.44	642,83
1800	12. 5.40.48	594,63	4800	33.15.18. 7	644,92
1900	12.22.11.51	595,73	4900	34. 9.12.59	647,03
2000	13.14.44.44	596,89	5000	35. 3.11.22	649,15
2100	14. 7.19.33	598,08	5100	35.21.13.17	651,28
2200	14.23.56.21	599,33	5200	36.15.18.45	653,43
2300	15.16.35.14	600,61	5300	37. 9.27.48	655,57
2400	16. 9.16.15	601,96	5400	38. 3.40.25	657,73
2500	17. 1.59.31	603,34	5500	38.21.56.38	659,89
2600	17.18.45. 5	604,76	5600	39.16.16.27	662,05
2700	18.11.33. 1	606,23	5700	40.10.39.52	664,22
2800	19. 4.23.24	607,74	5800	41. 5. 6.54	666,38
2900	19.21.16.18	609,28	5900	41.23.37.32	668,54
3000	20.14.11.46	610,88	6000	42.18.11.46	670,70
3100	21. 7. 9.54	612,50	6100	43.12.49.36	672,85
3200	22. 0.10.44	614,17	6200	44. 7.31. 1	674,99
3300	22.17.14.21	615,87	6300	45. 2.16. 0	677,13
3400	23.10.20.48	617,60	6400	45.21. 4.33	679,25
3500	24. 3.30. 8	619,38	6500	46.15.56.38	681,36
3600	24.20.42.26	621,18	6600	47.10.52.14	683,48
3700	25.13.57.44		6700	48. 5.51.12	

Solstice d'hiver.

TABLE I.

ANNÉE de la période julienne.	QUANTITÉS CONSTANTES desquelles il faut retrancher les nombres donnés par la Table II.				
			j	h	m	s
$4n+1$	année bissextile............	décembre	56.	14.55.31
$4n+2$	1re année après la bissextile...	décembre	56	20.55.31
$4n+3$	2e année après la bissextile...	décembre	57.	2.55.31
$4n$	3e année après la bissextile...	décembre	57.	8.55.31

TABLE II. — Argument : année de la période julienne.

ANNÉES.	D.	∂ pour 1 année.
	j h m s	
700	5. 4.18. 6	634,18
800	5.21.55. 4	632,95
900	6.15.29.59	631,74
1000	7. 9. 2.53	630,54
1100	8. 2.33.47	629,36
1200	8.20. 2.43	628,20
1300	9.13.29.43	627,07
1400	10. 6.54.50	625,95
1500	11. 0.18. 5	624,87
1600	11.17.39.32	623,80
1700	12.10.59.12	622,76
1800	13. 4.17. 8	621,75
1900	13.21.33.23	620,77
2000	14.14.48. 0	619,83
2100	15. 8. 1. 3	618,91
2200	16. 1.12.34	618,02
2300	16.18.22.36	617,17
2400	17.11.31.13	616,35
2500	18. 4.38.28	615,57
2600	18.21.44.25	614,82
2700	19.14.49. 7	614,11
2800	20. 7.52.38	613,44
2900	21. 0.55. 2	612,81
3000	21.17.56.23	612,21
3100	22.10.56.44	611,65
3200	23. 3.56.10	611,13
3300	23.20.54.45	610,68
3400	24.13.52.33	610,35
3500	25. 6.49.38	609,88
3600	25.23.46. 6	609,53
3700	26.16.41.59	

ANNÉES.	D.	∂ pour 1 année.
	j h m s	
3700	26.16.41.59	609,24
3800	27. 9.37.23	608,99
3900	28. 2.31.22	608,79
4000	28.19.27. 1	608,64
4100	29.12.21.25	608,52
4200	30. 5.15.37	608,46
4300	30.22. 9.43	608,45
4400	31.15. 3.48	608,48
4500	32. 7.57.56	608,56
4600	33. 0.52.12	608,69
4700	33.17.46.41	608,87
4800	34.10.41.28	609,10
4900	35. 3.36.38	609,37
5000	35.20.32.15	609,70
5100	36.13.28.25	610,07
5200	37. 6.25.12	610,49
5300	37.23.22.41	610,97
5400	38.16.20.58	611,48
5500	39. 9.20. 6	612,06
5600	40. 2.20.12	612,68
5700	40.19.21.20	613,34
5800	41.12.23.34	614,06
5900	42. 5.27. 0	614,83
6000	42.22.31.43	615,63
6100	43.15.37.46	616,49
6200	44. 8.45.15	617,40
6300	45. 1.54.15	618,34
6400	45.19. 4.49	619,34
6500	46.12.17. 3	620,40
6600	47. 5.31. 3	621,49
6700	47.22.46.52	

TABLE III.

CONVERSION DES SECONDES
en heures et minutes.

s		h	m	s
60	=	0.	1.	0
70	=	0.	1.	10
80	=	0.	1.	20
90	=	0.	1.	30
100	=	0.	1.	40
200	=	0.	3.	20
300	=	0.	5.	0
400	=	0.	6.	40
500	=	0.	8.	20
600	=	0.	10.	0
700	=	0.	11.	40
800	=	0.	13.	20
900	=	0.	15.	0
1000	=	0.	16.	40
2000	=	0.	33.	20
3000	=	0.	50.	0
4000	=	1.	6.	40
5000	=	1.	23.	20
6000	=	1.	40.	0
7000	=	1.	56.	40
8000	=	2.	13.	20
9000	=	2.	30.	0
10000	=	2.	46.	40
20000	=	5.	33.	20
30000	=	8.	20.	0
40000	=	11.	6.	40
50000	=	13.	53.	20
60000	=	16.	40.	0
70000	=	19.	26.	40

NOTE III.

Éléments principaux du système solaire.

Cette note contient les éléments principaux du système des planètes et de leurs satellites. Les nombres que nous donnons sont extraits des publications modernes qui nous ont paru avoir le plus d'autorité.

Éléments des orbites des huit planètes principales, à midi du 1ᵉʳ janvier 1850, temps moyen de Paris, rapportés à l'écliptique et à l'équinoxe moyen de cette époque (*).

NOMS des planètes.	MASSES. m	DURÉES des révolutions sidérales en jours moyens. T	MOYENS MOUVEMENTS en secondes sexagésimales dans une année julienne. n	DEMI-GRANDS AXES théoriques conclus. a
Mercure........	$\frac{1}{[illegible]}$	87,969 258 0	5 381 016″,2	0,387 098 7
Vénus..........	$\frac{1}{[illegible]}$	224,700 786 9	2 106 641,49	0,723 332 2
La terre........	$\frac{1}{[illegible]}$	365,256 374 4	1 295 972,38	1,000 000 0
Mars..........	$\frac{1}{[illegible]}$	686,979 645 8	689 050,98	1,523 691
Jupiter........	$\frac{1}{[illegible]}$	4 332,584 821 2	109 256,719	5,202 798
Saturne........	$\frac{1}{[illegible]}$	10 759,219 817 4	43 996,127	9,538 852
Uranus........	$\frac{1}{[illegible]}$	30 686,820 829 6	15 425,645	19,182 639
Neptune........	$\frac{1}{[illegible]}$	60 126,72	7 872,774	30,036 97

NOMS des planètes.	EXCENTRICITÉS. e	LONGITUDES des périhélies. ϖ	INCLINAISONS sur l'écliptique. φ	LONGITUDES des nœuds ascendants θ	LONGITUDES moyennes au 1ᵉʳ janvier 1850 l
		° ′ ″	° ′ ″	° ′ ″	° ′ ″
Mercure......	0,205 617 9	75. 7. 0,0	7. 0. 8,16	46.33. 3,25	327.15.19,9
Vénus........	0,006 833 4	129.23.56,0	3.23.30,75	75.19. 4,15	245.33.14,4
La terre......	0,016 770 46	100.21.40,0	0. 0. 0,00	0. 0. 0,00	100.46.36,1
Mars.........	0,093 261 6	333.17.50,5	1.51. 5,08	48.22.44,75	83.40.50,6
Jupiter......	0,048 233 8	11.54.53,1	1.18.40,31	98.54.20,45	160. 1.20,3
Saturne......	0,055 995 6	90. 6.12,0	2.29.38,14	112.21.43,96	14.50.40,6
Uranus......	0,046 577 5	168.16.45,0	0.46.29,91	73.14.14,35	28.26.41,5
Neptune.....	0,008 719 5	47.14.37,3	1.46.58,97	130. 6.51,58	335. 8.58,5

(*) Les nombres sont extraits des *Annales de l'Observatoire*, rédigées par M. Le Verrier, t. II, p. 58 et suiv.

Éléments relatifs à la constitution géométrique et physique des huit planètes principales.

NOMS des planètes	DEMI-DIAMÈTRES en secondes sexagésimales à la distance moyenne de la terre au soleil.	RAYONS, ray. ter. = 1	VOLUMES, vol. ter. = 1	DENSITÉS, dens. ter. = 1	PESANTEUR à la surface. pes. ter. = 1	DURÉE de la rotation. (j h m)	APLATIS-SEMENT.
Mercure . .	$3,23''$[1]	0,350	0,043	2,753	0,964	0. 24. 5	$\frac{1}{145}$ [10]
Vénus. . .	$8,25$[2]	0,962	0,891	0,992	0,954	23.21	»
La terre. .	$8,5776$[3]	1,000	1,000	1,000	1,000	23,56	$\frac{1}{314}$ [11]
Mars. . . .	$4,435$[4]	0,515	0,136	0,971	0,500	24.37	$\frac{1}{28}$ [12]
Jupiter. . .	$99,704$[5]	11,661	1 585,560	0,213	2,486	9.55	$\frac{1}{13}$ [13]
Saturne. . .	$81,106$[6]	9,471	849,655	0,119	1,127	10.30	$\frac{1}{103}$ [14]
Uranus. . .	$39,2$[7]	4,577	95,914	0,154	0,706	»	»
Neptune . .	$38,3$[8]	4,461	88,561	0,278	1,239	»	»
Soleil. . . .	$961,82$[9]	112,321	1 417 044,770	0,251	28,138	25.12. 0	»

(1) Préface des *Tables de Mercure*, par LINDENAU, pag. 38.
(2) *Astronomie* de DELAMBRE, tome III, pag. 620.
(3) Résultat déduit par M. Encke de la discussion du passage de Vénus sur le soleil en 1769.
(4) *Astronomie* de LITTROW, vol. II, pag. 389.
(5) *Memoirs of the Astronomical Society*, vol. III, pag. 301.
(6) *Astronomische Nachrichten*, n° 189.
(7) R. HIND, *Sol. system*, pag. 170.
(8) *Ibid.*, pag. 138.
(9) Résultat de douze années d'observations faites à l'observatoire royal de Greenwich, de 1836 à 1847.
(10) R. HIND, *Solar system*, pag. 19.
(11) Voyez *Astronomie physique*, tome III, pag. 721.
(12) R. HIND, *Solar system*, pag. 78.
(13) *Ibid.*, pag. 94.
(14) *Ibid.*, pag. 113.

Les demi-diamètres, admis pour les planètes anciennes, sont ceux qui ont été adoptés par le *Nautical Almanach.*

Les calculs ont été effectués par les formules de la pag. 308 avec les valeurs des masses admises en dernier lieu.

Éléments des orbites des planètes ultra-zodiacales (*).

N.os ordinal	Noms des planètes et numéros d'ordre de la découverte.	Durée des révolutions sidérales. T	Moyens mouvements. n	Demi grands axes. a	Excentricités. e
1	8. Flore	1193,282	435 846,2	2,201 737	0,156 7974
2	40. Harmonia	1246,865	455 418,1	2,267 149	0,046 0846
3	18. Melpomène	1270,531	464 061,4	2,295 753	0,217 1874
4	12. Victoria	1303,254	476 015,2	2,335 003	0,218 1980
5	27. Euterpe	1313,737	479 840,2	2,347 507	0,174 5555
6	4. Vesta	1324,767	483 871,1	2,360 630	0,090 1787
7	30. Urania	1328,945 *	485 397,1	2,365 591	0,126 3971
8	7. Iris	1345,600	491 480,2	2,385 310	0,232 3515
9	9. Métis	1346,940	491 969,6	2,386 897	0,121 8211
10	24. Phocea	1350,281	493 190,1	2,390 843	0,246 4024
11	20. Massalia	1365,869	498 883,4	2,409 208	0,143 6802
12	42. Isis	1368,668	500 906,0	2,412 498	0,212 6623
13	6. Hébé	1379,635	503 911,6	2,425 368	0,203 0077
14	21. Lutetia	1387,142	506 653,6	2,434 158	0,162 4353
15	19. Fortuna	1397,192	510 324,3	2,445 902	0,155 5438
16	11. Parthénope	1402,136	512 119,2	2,451 633	0,099 6266
17	17. Thétis	1420,130	518 702,6	2,472 598	0,126 7732
18	37. Fidès	1459,035	532 963,3	2,517 555	0,058 0219
19	29. Amphitrite	1490,540	544 419,6	2,553 665	0,074 5521
20	13. Égérie	1510,893	551 853,5	2,576 860	0,089 1127
21	5. Astrée	1511,369	552 017,4	2,577 400	0,188 7517
22	32. Pomone	1516,280	553 821,2	2,582 985	0,082 0955
23	14. Irène	1518,287	554 554,2	2,585 260	0,168 7130
24	23. Thalie	1554,209	567 674,7	2,615 878	0,235 9373
25	15. Eunomia	1576,493	575 864,4	2,650 918	0,189 3394
26	26. Proserpine	1580,511	577 281,6	2,655 420	0,087 1422
27	3. Junon	1592,304	581 589,0	2,668 613	0,256 5382
28	34. Circé	1606,576	586 801,9	2,684 534	0,111 9305
29	38. Léda	1656,705	605 111,5	2,740 091	0,156 1601
30	36. Atalante	1665,600	608 360,3	2,749 890	0,298 1715
31	1. Cérès	1680,752	613 894,2	2,766 541	0,079 5155
32	39. Laetitia	1682,167	614 411,4	2,768 095	0,116 3539
33	2. Pallas	1683,523	614 906,8	2,769 582	0,239 1191
34	28. Bellone	1688,546	616 741,4	2,775 089	0,154 6816
35	33. Polymnie	1771,737	647 126,9	2,865 504	0,336 8058
36	35. Leucothée	1800,434	657 608,5	2,896 363	0,198 3845
37	22. Calliope	1812,817	662 131,4	2,909 628	0,103 6595
38	16. Psyché	1825,202	666 655,0	2,912 866	0,134 6336
39	25. Thémis	2033,859	742 859,7	3,141 564	0,122 6585
40	10. Hygie	2043,386	746 346,7	3,151 388	0,100 9159
41	31. Euphrosine	2048,029	748 042,6	3,156 160	0,216 0126
42	41. Daphné	»	»	»	»

(*) Les nombres sont extraits de l'*Annuaire du Bureau des Longitudes* pour 1857. Nous avons seulement transformé les mouvements moyens diurnes en moyens mouvements annuels.

RANG ordinal.	NOMS DES PLANÈTES et numéros d'ordre de la découverte.	LONGITUDES des périhélies. ϖ	INCLINAISONS sur l'écliptique. φ	LONGITUDES des nœuds ascendants. θ	LONGITUDES moyennes de l'époque. l	ÉPOQUES À MIDI temps moyen de Paris.
1	8. Flore	32.49.45	5.53. 3	110.20.53	174.46. 5	1851. 24 Mars.
2	40. Harmonia	2. 1.51	4.15.48	93.32. 2	322.12.41	1856. 1 Juillet.
3	18. Melpomène	15.13.59	10. 9. 2	150. 0.56	351.42.22	1853. 1 Janv.
4	12. Victoria	301.55.18	8.23. 7	235.29.31	7.42. 5	1851. 1 Janv.
5	27. Euterpe	88. 2.13	1.35.30	93.42. 4	74.53. 3	1854. 1 Janv.
6	4. Vesta	250.46.29	7. 8.16	103.22. 5	84.44.39	1856. 17 Déc.
7	30. Urania	30.48.47	2. 5.56	308.11. 6	26.28.46	1855. 1 Janv.
8	7. Iris	41.20.22	5.28.16	259.44. 5	85.45. 6	1852. 8 Juin.
9	9. Métis	71.33.11	5.35.55	68.28.58	255.13.26	1852. 4 Juin.
10	24. Phocea	302.35.31	21.42.30	214. 6. 7	259.43.25	1853. 12 Juin.
11	20. Massalia	98.16.30	0.41.10	206.36.24	54.46.29	1856. 4 Nov.
12	42. Isis	318. 6.53	8.34.45	84.27.20	275.38.55	1856. 30 Juin.
13	6. Hébé	15.15.26	14.46.32	138.31.55	47.26.23	1852. 13 Juillet.
14	21. Lutétia	326.32.46	3. 5.22	80.29. 6	50.25.54	1856. 23 Nov.
15	19. Fortuna	31.16.13	1.33.18	211. 0. 9	355. 4.21	1852. 23 Sept.
16	11. Parthenope	316. 3. 7	4.37. 1	125. 1. 1	37.27. 9	1855. 10 Nov.
17	17. Thétis	259.22.44	5.35.28	125.25.55	214.30.40	1856. 21 Avril.
18	37. Fides	66.52. 7	3.31.36	7.55.51	14.31.17	1855. 15 Oct.
19	29. Amphitrite	56.52.31	6. 7.41	356.23.55	180.43.32	1854. 1 Mars.
20	13. Égérie	119.45. 7	16.32.14	43.17.34	144.56.37	1856. 19 Févr.
21	5. Astrée	135.42.32	5.19.23	141.27.48	197.37.33	1851. 29 Avril.
22	32. Pomone	196. 9. 0	5.29.14	220.48.26	56. 8.28	1851. 1 Janv.
23	14. Irène	178.51.11	9. 6.44	86.49. 1	322. 1.50	1851. 11 Mai.
24	23. Thalie	123.11.57	10.13.59	67.55. 4	89. 5.29	1853. 1 Janv.
25	15. Eunomia	27.13.24	11.43.50	293.53.19	47.43.44	1852. 13 Oct.
26	26. Proserpine	236.20.38	3.35.47	45.54.43	227.30. 4	1853. 11 Juin.
27	3. Junon	54. 9.41	13. 3.21	170.57.46	342. 0.35	1856. 7 Août.
28	34. Circé	147.53.32	5.26.55	184.49.14	193. 1.39	1855. 9 Avril.
29	38. Léda	93.43. 6	6.59.18	296.28.40	112.39.19	1856. 1 Janv.
30	36. Atalante	42.23.48	18.42. 9	359. 9.29	36.21.31	1856. 1 Janv.
31	1. Cérès	149.25.39	10.36.28	80.48.25	146.44.31	1857. 15 Févr.
32	39. Lætitia	0.39.57	10.28.10	157.23.53	166. 6. 9	1856. 1 Avril.
33	2. Pallas	122. 5.27	34.42.41	172.38.28	119.18. 3	1857. 22 Janv.
34	28. Bellone	122.18.20	9.22.33	144.42.58	159. 2. 5	1854. 1 Mars.
35	33. Polymnie	340.53.55	1.56.56	9.16. 5	23.14.23	1855. 1 Janv.
36	35. Leucothée	185.38.48	8.23. 4	359.44.20	187.28.14	1855. 1 Avril.
37	22. Calliope	58.12.39	13.44.52	66.36.56	77. 0.10	1853. 1 Janv.
38	16. Psyché	10.37.23	3. 4. 9	150.29.48	51.32.36	1855. 26 Nov.
39	25. Thémis	134.20.19	0.49.26	35.49.29	171.46. 1	1853. 4 Mai.
40	10. Hygie	228. 2.29	3.47.11	287.38.27	356.45.31	1851. 28 Sept.
41	31. Euphrosine	93.51. 7	26.25.12	31.25.33	53.50.10	1855. 1 Janv.
42	41. Daphné	»	»	»	»	»

Éléments des orbites des satellites de Jupiter, de Saturne, d'Uranus et de Neptune (*).

RANG ORDINAL et noms des satellites.	MASSES, celle de la planète étant 1.	DURÉES des révolutions sidérales.	DIST. MOYENNES, le demi-diamètre de la planète étant 1.	INCLINAISONS sur l'écliptique.	DIAMÈTRES apparents.
		1°. SATELLITES DE JUPITER.			
		j. h. m. s.		° ′ ″	″
1	0,000 017 328	1.18.27.33,51	6,04853	4.22.51	1,015
2	0,000 023 235	3.13.14.36,39	9,62347	4.51.40	0,911
3	0,000 088 497	7. 3.42.33,36	15,35024	4.40. 7	1,488
4	0,000 042 659	16.16.31.49,70	26,99835	5. 1.47	1,273
		2°. SATELLITES DE SATURNE.			
1. Mimas.	»	22.36.17,71	3,3607	28.10.27	0,23
2. Enceladus.	»	1. 8.53. 6,70	4,3125	Id.	»
3. Téthys.	»	1.21.18.25,90	5,3396	Id.	0,13
4. Dione.	»	2.17.44.51,20	6,8398	Id.	0,13
5. Rhéa.	»	4.12.25.11,10	9,5528	Id.	0,32
6. Titan.	»	15.22.41.24,86	22,1450	Id.	0,75
7. Hypérion.	»	21. 4.20. 0,0	28,....	»	»
8. Japetus.	»	79. 7.54.40,80	64,3596	18......	0,47
		3°. SATELLITES D'URANUS.			
1	»	2.12.28.48,0	7,44	78.58...	»
2	»	4. 3.27.31,6	10,37	Id.	»
3	»	5.11.25.55,2	13,12	Id.	»
4	»	8.16.56.24,9	17,01	Id.	»
5	»	10.23. 2.47,0	19,85	Id.	»
6	»	13.11. 6.55,2	22,75	Id.	»
7	»	38. 1.48. 0,0	45,51	Id.	»
8	»	107.16.39.56,0	91,01	Id.	»
		4°. SATELLITE DE NEPTUNE.			
1	»	5.20.59.45,0	12,....	30......	»

(*) Les nombres sont partiellement extraits des ouvrages suivants : *Outlines of Astronomy*, by sir J.-F.-W. Herschel ; *the Solar system*, by J.-R. Hind ; *Annuaire du Bureau des Longitudes* pour 1857.

FIN DU TOME CINQUIÈME.

www.ingramcontent.com/pod-product-compliance
Lightning Source LLC
LaVergne TN
LVHW020937050726
842519LV00001B/65